Veröffentlichungen des Deutschen Historischen Instituts London

Publications of the German Historical Institute London

**Veröffentlichungen des Deutschen Historischen Instituts London**

Herausgegeben von Andreas Gestrich

Band 76

**Publications of the German Historical Institute London**

Edited by Andreas Gestrich

Volume 76

*Kerstin Brückweh*

# Menschen zählen

Wissensproduktion durch britische
Volkszählungen und Umfragen
vom 19. Jahrhundert bis ins digitale Zeitalter

DE GRUYTER
OLDENBOURG

ISBN 978-3-11-040778-5
e-ISBN (PDF) 978-3-11-040785-3
e-ISBN (EPUB) 978-3-11-040788-4
ISSN 2192-0257

**Library of Congress Cataloging-in-Publication Data**
A CIP catalog record for this book has been applied for at the Library of Congress.

**Bibliografische Information der Deutschen Nationalbibliothek**
Die Deutsche Nationalbibliothek verzeichnet diese Publikation in der Deutschen Nationalbibliografie; detaillierte bibliografische Daten sind im Internet über http://dnb.dnb.de abrufbar.


Titelbild: Census 1931. Filing at the Census Office, Acton, The National Archives of the UK (Kew), RG 54/5.
Einbandgestaltung: hauser lacour
Druck und Bindung: Hubert & Co. GmbH & Co. KG Göttingen
♾ Gedruckt auf säurefreiem Papier
Printed in Germany

FSC www.fsc.org MIX Papier aus verantwortungsvollen Quellen FSC® C016439

www.degruyter.com

# Inhaltsverzeichnis

**Zweiter Teil: Die Ordnung der Gesellschaft**



**Dritter Teil: Entscheidungen über Zensusfragen im politischen Prozess und ihre Umsetzung in der Praxis**

Anhang

# Vorwort

Eine Geschichte der Markt- und Meinungsforschung sollte dieses Buch werden. Allerdings zeigte sich schnell, dass in Großbritannien die Markt- und Meinungsforschung aufs engste mit den Volkszählungen verbunden ist, deren Geschichte für das 20. Jahrhundert bisher kaum erforscht ist. Also begann ich mit der Lektüre der bisherigen Arbeiten zu Volkszählungen und Umfragen im 19. Jahrhundert einerseits und mit solchen zur Markt- und Meinungsforschung im 20. Jahrhundert andererseits und fand kein Ende. Denn mein Interesse an der Geschichte der Vorannahmen, Methoden und Arbeitsprozesse ließ keine deutlichen Zäsuren erkennen – der Untersuchungszeitraum sich somit nicht eingrenzen. Es blieb mir also nichts anderes übrig, als eine Wissensgeschichte der Umfragemethoden von der ersten britischen Volkszählung 1801 bis heute zu erzählen. Wie es dazu kam, dass mit dem digitalen Zeitalter im 21. Jahrhundert sich nun doch eine Zäsur herausschält, soll die Geschichte dieses Buches und nicht das Vorwort erzählen.

Hier möchte ich vielmehr die Gelegenheit nutzen, mich dafür zu bedanken, dass dieses Buch nicht nur ein intellektuelles Abenteuer, sondern auch ein lebensweltliches in London und Großbritannien wurde. Dafür und für die hervorragenden Arbeitsbedingungen und seine Menschlichkeit möchte ich dem Direktor des Deutschen Historischen Instituts London, Professor Andreas Gestrich, danken. Ebenso gilt der Dank allen Mitarbeitern und Mitarbeiterinnen des Deutschen Historischen Instituts, die das Arbeiten und Leben an diesem schönen Ort in London geprägt haben. Der besondere Dank für anhaltende Diskussionen, Textlektüren und Unterstützung gilt Indra Sengupta und Silke Strickrodt sowie Valeska Huber, Angela Schattner und Martina Steber. Die Möglichkeiten, die das Institut mir in der britischen Wissenschaftslandschaft und darüber hinaus bot, hätten besser nicht sein können – allen dadurch entstandenen Kontakten namentlich zu danken, ist unmöglich. Gleiches gilt für die Unterstützung in zahlreichen britischen Archiven und Institutionen. Diskussionen bzw. Vorträge in London, Oxford, Cambridge, Edinburgh, Wilmington, Mühlheim, Köln, Wien, Braunschweig, Göttingen, Berlin, Trier und Tübingen haben dieses Buch geprägt, dafür sei allen Beteiligten herzlich gedankt.

Die Perspektive der Rückkehr nach Deutschland nach sechs Jahren London eröffnete mir Professor Anselm Doering-Manteuffel, der mich in seinen Tübinger Lehrstuhl einband und zum reibungslosen Ablauf des Habilitationsverfahrens entschieden beitrug – dafür gebührt ihm mein ausdrücklicher Dank. Der Dank geht ebenso an die Tübinger Kollegen und Kolleginnen Silke Mende, Fernando Esposito, Lars Legath sowie Frau Schlauch und Frau Schönwald, die mich freundlich aufgenommen haben. Ebenso möchte ich mich bei den weiteren Gutachtern meiner Habilitationsschrift Professorin Ingrid Hotz-Davies, Professor Ewald Frie, Professor Andreas Gestrich und Professor Heinz-Gerhard Haupt, meinem Bielefelder Doktorvater, für die Kommentare und Anregungen bedanken. Den Rückumzug nach Deutschland mitten in der turbulenten letzten Schreibphase und die Vorbereitung auf das Habilitationskolloquium ermöglichte mir das Rückkehrerstipendium der Max Weber Stiftung – dafür sei ihr und ihren Mitarbeitern herzlich gedankt.

Auf dem Weg zur endgültigen Buchversion bekam ich die Gelegenheit, die Ergebnisse meiner Arbeit und vor allem das Schlusskapitel in Essen, Mannheim, Frankfurt, Freiburg und Zürich zu diskutieren – den Einladenden und den Diskutanten sei hiermit herzlich gedankt. Dank gebührt zudem Professor Lutz Raphael, der mich durch die Einbindung in das interdisziplinäre SOFI-Projekt aus meinem Methodenhimmel in die praktische Zusammenarbeit mit Sozialwissenschaftlern holte und mir zugleich Raum für die Überarbeitung des Buchmanuskriptes ließ. Schlussendlich möchte ich mich für die Aufnahme in die Buchreihe des Deutschen Historischen Instituts und die aufmerksame Betreuung der Publikation durch Markus Mößlang und Jane Rafferty vom DHI sowie durch Rabea Rittgerodt und Elise Wintz vom Verlag Oldenbourg/de Gruyter bedanken. Beim Korrekturlesen stand mir Gudrun de Novellis zur Seite, beim Formatieren und beim Erstellen des Registers meine Essener Hilfskräfte Carsten Heth und Marie-Christin Schönstädt – herzlichen Dank. Alle Fehler sind natürlich meine Fehler.

Für ihre konstante Unterstützung gilt meinen Eltern und meiner Schwester samt Familie Dank. Gewidmet ist das Buch Leo Konrad Brückweh, der in London inmitten der Arbeit an diesem Buch in die Welt kam, und Sebastian Weiß, der mit freundlichem Druck dafür gesorgt hat, dass dieses Buch trotzdem ein Ende fand und unsere Familie wieder verlässt, um hoffentlich gelesen zu werden.

Berlin, im Juli 2015 Kerstin Brückweh

# Einleitung

Gesellschaften und ihre politischen Herrschaftsapparate nutzten schon immer verschiedene Methoden der (Selbst-)Beobachtung. Je nach Epoche und Kontext konnten diese z. B. in theologisch-religiöse, literarisch-künstlerische oder in der Neuzeit zunehmend in sozial- und politikwissenschaftliche Beschreibungen von und Urteile über Gesellschaft gekleidet sein. Im Rahmen der Verwissenschaftlichung der Gesellschaftsbeobachtung entwickelten sich Umfragen ab dem 19. Jahrhundert zu einem wichtigen Instrument für die Produktion von Wissen über die Bevölkerung.[1] Die Volkszählung ist die „Urform" einer kontinuierlichen Beobachtung von Gesellschaft,[2] die weit vor diesen Zeitraum zurückreicht, aber erst in der modernen sozialwissenschaftlichen Gesellschaftsbeobachtung beträchtlich über die reine Erhebung von Einwohnerzahlen oder Steuer- und Militärlisten hinausgeht. Sie ist nicht nur die Urform, sondern zugleich die wichtigste ‚Daten'-quelle[3] für andere Bereiche der Umfrageforschung. So wird der britische Zensus von Umfrageforschern als „*the* ultimate benchmark data source" bezeichnet.[4]

Volkszählungs- und andere Umfragedaten werden in den verschiedensten Bereichen eingesetzt. Auf ihrer Grundlage wird eine Vielzahl von Entscheidungen in Politik, Wirtschaft und Gesellschaft gefällt.[5] Unsichtbar für die Befragten und andere historische Akteure, die mit Zensus- und Umfragedaten arbeiten, sind allerdings die Methoden und Arbeitsprozesse, die zwischen der Angabe von Namen, Alter, Beruf, Nationalität etc. und den – in Tabellen oder anderen Formen – präsentierten Ergebnissen ablaufen. In diesem Buch wird von der grundsätzlichen Beobachtung ausgegangen, dass die vielfältigen Daten der empirischen Umfrageforschung zwar in zahlreichen Bereichen verwendet, deren Vorannahmen, Methoden und Arbeitsprozesse aber selten hinterfragt werden. Durch die Untersuchung eben dieser Vorannahmen, Methoden und Arbeitsprozesse soll ein Einblick in die „Fertigungshallen sozialer Fakten"[6] gewonnen werden. Die Sammlung sog. sozialer Fakten verstehen private und staatliche Umfragestellen als ihre Kernaufgabe. So hieß es 1950 im von der staatlichen Social Survey Division herausgege-

[1] Zur Verwissenschaftlichung des Sozialen siehe Raphael, Verwissenschaftlichung des Sozialen, S. 166. Siehe zudem die weitergeführte Betrachtung: Ders., Embedding the Human and Social Sciences in Western Societies. Stärker auf die Zirkulation von Wissen bezogen ist der Vorschlag von Philipp Sarasin, auf den unten noch eingegangen wird: Sarasin, Was ist Wissensgeschichte?.

[2] Diese Formulierung lehnt sich an Jürgen Osterhammel an, der die Volkszählung als Urform „eines kontinuierlichen *self-monitoring* von Gesellschaften" bezeichnet hat. Osterhammel, Verwandlung der Welt, S. 57. Hervorhebung im Original.

[3] ‚Daten'quelle wird im Folgenden der besseren Lesbarkeit halber nicht durchgehend in Anführungsstriche gesetzt, es wird aber grundsätzlich von der sozialen Konstruiertheit von ‚Daten', ‚Fakten', ‚Informationen' etc. ausgegangen.

[4] McDonald und King, Sampling the Universe, S. 92 f. Hervorhebung im Original.

[5] Für den letzten Zensus von 2011 hieß es z. B.: „The census provides information on housing and population that government needs to develop policies, and to plan and run public services such as health and education. The data are also widely used by academics, businesses, voluntary organisations and the public." Office for National Statistics, Why we Have a Census.

[6] Raphael, Verwissenschaftlichung des Sozialen, S. 191.

benen Handbuch für Interviewer: „The Survey helps the work of government by collecting social facts."[7] Der Anspruch, unbestreitbar objektive ‚Fakten' für die Anwendung in Politik, Wirtschaft und Gesellschaft bereitzustellen, ist vor allem in der Außendarstellung der beteiligten Disziplinen zu beobachten. In der alltäglichen Arbeitspraxis geht es hingegen häufig darum, die Methoden und Arbeitsprozesse zu verbessern und zu präzisieren. So fragte der amerikanische Marktforscher Howard Hovde 1936 seine Kollegen nach den größten Problemen bei ihrer Tätigkeit: An erster Stelle wurden „Improperly worded questionnaires" genannt, gefolgt von „Faulty interpretations", „Inadequacy of samples", „Improper statistical methods" und „Presentation of results without supporting data."[8] Die Bedeutung insbesondere der Fragebogenerstellung betonte 1958 auch der in Großbritannien tätige Statistiker Claus Moser: „It has been said that ‚no survey can be better than its questionnaire.'"[9] Immer wieder finden sich zudem Hinweise auf Schwierigkeiten bei der Stichprobenauswahl sowie auf eigenwillige Interviewer, die ihre Ideen einbringen und das Ergebnis der Umfrage ‚gefährden'. So wies zum Beispiel das Gallup Institute 1968 seine Interviewer an: „Our surveys are strictly scientific and impartial. To maintain our standard, it is important that interviewers be absolutely matter-of-fact in asking questions. Leave out your own feelings. Do not influence the contact in any way at all."[10] Im Folgenden wird es um eine Geschichte der Umfragemethoden und gleichzeitig darum gehen, wie aus einer großen Anzahl von Fragebögen ein Bild Großbritanniens erzeugt wurde: „Census 2001: Turning a Quarter Billion Pages of Paper into a Picture of the United Kingdom."[11] Welche Methoden wurden zur Beobachtung der britischen Gesellschaft eingesetzt und wie veränderten sie sich in den letzten zweihundert Jahren? Welche Ordnungsvorstellungen wurden in den Methoden sichtbar bzw. lagen ihnen zugrunde? Wie sehr war die Datenerhebung durch die Praxis, z. B. durch das Interview an der Haustür, geprägt? Welche gesellschaftlichen Akteure waren an der Produktion des Wissens beteiligt? In welche politischen Prozesse war die Auswahl von Fragethemen eingebunden? Mit der Beantwortung dieser Fragen hat das vorliegende Buch die Dekonstruktion von Vorannahmen und Produktionsprozessen sozialer ‚Fakten' am Beispiel von Volkszählungen und Umfragen zum Ziel. Aber nicht nur das. Grundlegend ist zunächst die Hypothese, dass sozialwissenschaftliche Konstruktionen des Sozialen die Wahrnehmungen und Ordnungsmuster von Gesellschaft sowie mögliche Erklärungen für Wandlungsprozesse prägen. Volkszählungen und Umfragen spiegeln nicht einfach Wirklichkeit, sondern sie prägen ihr eigene Ordnungen auf.[12] Die grundsätzliche Anlage der methodischen Prakti-

[7] Harris, Handbook for Interviewers, S. 10.

[8] Howard T. Hovde, Recent Trends in the Development of Market Research, in: American Marketing Journal (1936), S. 3. Zitiert nach Payne, Art of Asking Questions, S. 5.

[9] Moser, Survey Methods in Social Investigation, S. 211 f.

[10] Social Surveys (Gallup Poll) Limited, Interviewer's Manual, Nr. 19, Januar 1967, S. 12, UKDA, SN 2550. Vgl. auch z. B. Lima Andrews, Symposium on Interviewing Problems.

[11] ONS, Census of England and Wales 2001, General Report 2005, S. 49.

[12] So formulierte es Jürgen Osterhammel beispielhaft für die Statistik. Osterhammel, Verwandlung der Welt, S. 59.

ken – so eine weitere Hypothese des Buches und ein Grund für den langen Untersuchungszeitraum – blieb erstaunlich stabil, während sich die Akteure und ihre Forschungsinteressen ebenso veränderten wie der Staat, die Verwaltung und die Gesellschaft. Den Kernbestand der Analyse bilden deshalb die britischen Volkszählungen von ihrer Einführung im Jahr 1801 bis heute. Sie bieten sich aufgrund ihrer Regelmäßigkeit – sie wurden mit Ausnahme von 1941 alle zehn Jahre durchgeführt – für eine Geschichte der Methoden an. Das würde auch für die Volkszählungen anderer Länder, z.B. der Vereinigten Staaten von Amerika gelten, aber wenn man die *longue durée* und die verschiedenen Zweige der Umfrageforschung im Blick behält, so fällt die Bedeutung der britischen Forschung vor allem in der zweiten Hälfte des 20. Jahrhunderts auf: Nach einer Phase, in der viele Innovationen aus der US-amerikanischen Marktforschung kamen, so zum Beispiel verbunden mit dem Namen George Gallup in der Zwischen- und Nachkriegszeit, waren es in den letzten Dekaden des 20. Jahrhunderts und zu Beginn des 21. Jahrhunderts nicht zuletzt britische Unternehmen wie der sog. Informationsdienstleister Experian, die sich zu Global Playern entwickelten (vgl. dazu Kapitel III).[13] Die Volkszählungen werden in diesem Buch immer wieder mit anderen Umfragen verglichen, um Ähnlichkeiten, Unterschiede und Transferprozesse zu verdeutlichen. Die Bezeichnung Umfrageforscher wird umfassend für Personen verwendet, die in der privatwirtschaftlichen Markt- und Meinungsforschung, in der staatlichen sowie in der universitären Sozialforschung tätig sind und sich über ähnliche Arbeitsmethoden definieren.

## 1. Forschungsstand und Erkenntnisinteresse

Das vorliegende Buch unterscheidet sich durch seine lange Perspektive von bisherigen Arbeiten zur britischen Volkszählung und zur staatlichen Sozialforschung,[14] die sich dem Thema vor allem aus einer institutionengeschichtlichen Perspektive gewidmet oder sich auf das Wirken einzelner Personen im Zensusbüro konzentriert haben.[15] Aufgrund des sehr ausgeprägten Interesses an der Familienfor-

[13] Nach McDonald und King, zwei Protagonisten der Branche, finden es die zumeist über die englische Sprache global operierenden Unternehmen am einfachsten, englischsprachige Firmen zu beschäftigen. Dieser Nachfrage sei vor allem durch britische Firmen entsprochen worden, wohingegen US-amerikanische Firmen sich vor allem auf den inneramerikanischen Markt fokussiert hätten. McDonald und King, Sampling the Universe, S. 55.

[14] In noch längerer Perspektive, aber nur bedingt an der Methodengeschichte interessiert: Higgs, Information State. Nicht das ganze 20. Jahrhundert einbeziehend, aber dafür vergleichend und auf die statistische Denkweise bezogen: Desrosières, Politik der großen Zahlen.

[15] Higgs, Life, Death and Statistics; Goldman, Statistics and the Science of Society. Vgl. auch die Abschnitte zum General Register Office in Szreter, Fertility, Class and Gender in Britain. Vgl. zudem die Publikationen (früherer) Mitarbeiter der Institutionen: Moss, Government Social Survey. Siehe zudem Nissel, People Count – an Nissel lehnt sich das vorliegende Buch im Titel, nicht aber in analytischer Hinsicht an. Vgl. außerdem die von der Behörde herausgegebene Jubiläumsschrift: Office for National Statistics, 60 Years of Social Survey. Vgl. Eyler, Victorian Social Medicine.

schung, für die kommerzielle Anbieter Zensusdaten im Internet anbieten,[16] gibt es zudem Einführungsbücher zur Arbeit mit Zensusdaten, die wichtige Hintergründe zur Organisation der Volkszählungen, zu Personen sowie zu Gesetzen geben und zudem Quellen wie die *Census Reports* digital aufbereiten.[17] Im Zentrum stand bisher das 19. Jahrhundert, was wiederum zum Teil mit dem Interesse von Familienhistorikern an den individuellen Angaben in den Zensusbögen zusammenhängt, denn diese unterliegen einer 100-jährigen Sperrfrist und sind deshalb bisher nur bis zum Zensus von 1911 zugänglich.[18] Ein weiterer Grund für den Fokus auf das 19. Jahrhundert ist darin zu sehen, dass Volkszählungen bisher, außer als Datenquelle z. B. in der Sozialgeschichte,[19] vor allem im Kontext von *nation building* und *state formation* als wichtiger Untersuchungsgegenstand erachtet worden sind. So sind bereits bedeutende Aspekte der Geschichte der Volkszählung erforscht worden, auf die im Folgenden noch näher eingegangen werden soll. Die Produktionsprozesse der ‚sozialen Fakten' sind allerdings bisher nicht ins Zentrum des Erkenntnisinteresses gerückt, obwohl die verwendeten Methoden und die Probleme in der Volkszählungspraxis maßgeblichen Einfluss auf diese sog.

[16] Siehe z. B. die Internetportale www.ancestry.co.uk, www.findmypast.co.uk oder www.1911census.co.uk.

[17] Besonders hilfreich für eine Kontextualisierung der Zensusquellen ist HIGGS, Making Sense of the Census Revisited; LAWTON (Hrsg.), Census and Social Structure; DRAKE, Census, 1801–1891. Für familiengeschichtlich interessierte Laien, z. B. CHRISTIAN und ANNAL, Census. The Expert Guide. Wichtige Dokumente und einleitende Essays, die als Einführungstexte für Familienhistoriker und Historiker gleichermaßen Relevanz haben, sind auf der Seite www.histpop.org veröffentlicht worden. *Histpop* steht für *The Online Historical Population Reports Project* und ist ein Projekt, das am UK Data Archive der University of Essex angesiedelt war. Die einleitenden Essays wurden von Matthew Woollard, dem Leiter des UK Data Archives, und Edward Higgs und somit von führenden Personen in diesem Feld geschrieben. Eine weitere wichtige Online-Ressource ist das im Department of Geography an der University of Portsmouth angesiedelte Projekt *A vision of Britain through time* – das ebenfalls *Census Reports* enthält, aber vor allem auf Karten spezialisiert ist (www.visionofbritain.org.uk). Dahinter stehen Humphrey Southall und das *Great Britain Historical Geographical Information System Project* (www.gbhgis.org).

[18] Zwar gilt für personenbezogene Daten grundsätzlich die 100-jährige Sperrfrist, der Zensus von 1911 wurde aber früher zugänglich gemacht und fand sofort nach seiner Freigabe großes Interesse in der Öffentlichkeit: James Meikle und Peter Walker, Hundreds of Thousands Log in to View Digitalised 1911 Census. 7.2 m Page Views within First Few Hours Online, THE GUARDIAN, 13. 1. 2009.

[19] Zentraler Ort für die Erforschung der Geschichte der Demografie in Großbritannien ist die 1964 von Peter Laslett und Tony Wrigley gegründete Cambridge School for the History of Population and Social Structure. Der Zensus ist dabei nur eine Datenquelle für die einerseits über den Beginn der Volkszählung von 1801 hinausgehenden und andererseits auch die Geografischen Informationssysteme einbeziehenden Studien der Gruppe. Siehe stellvertretend: WRIGLEY und SCHOFIELD, Population History of England; GARRETT et al., Changing Family Size in England and Wales. Wichtige Vertreter der historischen Demografie im deutschsprachigen Raum: EHMER, Bevölkerungsgeschichte und historische Demographie; ders., Volkszählungslisten als Quelle der Sozialgeschichte; ders., Volkszählung; PFISTER und FERTIG, Population History of Germany; PFISTER, Bevölkerungsgeschichte; GEHRMANN, German Census-Taking. Zum Verhältnis von Sozialgeschichte und Sozialforschung: ZIEMANN, Sozialgeschichte und Empirische Sozialforschung. In transnationaler Perspektive siehe HARTMANN und UNGER, Zur transnationalen Wissensgeschichte.

Daten haben, wie sich in diesem Buch, das eine Wissensgeschichte der Umfragemethoden sein will, zeigen wird. Obwohl die Geschichte der Sozialwissenschaften und ihrer Vorläufer dabei eine wichtige Rolle spielt, ist die Wissenschaftsgeschichte in diesem Buch nur ein Teilbereich der Wissensgeschichte. Wissen ist vielmehr die übergeordnete Kategorie: Mithilfe verschiedener Methoden generieren Menschen Wissen über ihre Gesellschaft mit dem Ziel, sich die Welt zu erklären und sie zu ordnen. Manchmal helfen dabei Wissenschaften, manchmal andere Formen der Wissensproduktion, die sich außerhalb des wissenschaftlichen Feldes bewegen. Einige dieser Methoden, die – wie z. B. der Fragebogen oder die Konsumentenklassifikationen – in den Alltag eindringen, werden in diesem Buch thematisiert.

## a) Volkszählungen im 19. Jahrhundert: *state formation* und *nation building*

„The British census, first taken in 1801, played a crucial role in allowing people to visualize their nation in new ways during the nineteenth century."[20] Dieser Satz findet sich am Anfang des 2011 erschienen Buches *A Cultural History of the British Census,* in dem Kathrin Levitan ein auf Foucaults Überlegungen zur *Governmentality* und Überwachung gestütztes, doppeltes Argument vertritt: Einerseits habe der Zensus einen Apparat zur Verfügung gestellt, mit dem verschiedene Bevölkerungsgruppen identifiziert und kontrolliert werden konnten, andererseits habe er den verschiedenen Bevölkerungsgruppen eine Möglichkeit geboten, die Volkszählungsveröffentlichungen als argumentatives Werkzeug für die Durchsetzung eigener Interessen einzusetzen. Levitan bezieht sich vor allem auf die ab den 1820er-Jahren beginnenden Presseveröffentlichungen über die Volkszählungen und untersucht die Aneignungen des Zensus durch verschiedene Bevölkerungsteile. Sie ist davon überzeugt, „that the census *was* involved in nation-building and *did* contribute to a unitary British national identity, even as it also cemented or even created divisions within the nation."[21] Mit dieser Betonung auf das *nation building* ordnet sich Levitans Buch in wichtige Forschungsdiskussionen zur britischen Geschichte ein, insbesondere in die *new political history,* die ab den 1980er-Jahren eine Neuinterpretation der britischen Geschichte des mittleren und ausgehenden 19. Jahrhunderts propagierte.[22] In dieser Form der *new political history* wurden die Aushandlungsprozesse von individuellen und kollektiven Identitäten untersucht, die die *new political historians* durch Rhetoriken von Inklusion und Exklusion genauso bestimmt sahen wie durch lokale Kulturen oder den Diskurs dominierende Narrative wie *nation*, *gender*, *race* oder *class*; während

[20] LEVITAN, Cultural History of the British Census, S. 1.
[21] Ebd., S. 9. Hervorhebungen im Original.
[22] Für eine zusammenfassende Darstellung der *new political history* siehe: HALL, MCCLELLAND und RENDALL: Introduction; PEDERSEN, What ist Political History Now. Zur zeitgeschichtlichen *new political history* siehe BRÜCKWEH und STEBER, Aufregende Zeiten.

eine neue Aufmerksamkeit auf Sprache, Ideen und Diskurse prägend für diese *new political history* war, entwickelte sich anderseits ein Forschungsinteresse an Techniken wie dem Zensus, die ebenfalls für die Herausbildung der Nation wichtig waren.[23] So bezog sich nicht zuletzt Benedict Anderson in seinem einflussreichen Buch *Imagined Communities* auf den Zensus, die Karte und das Museum: „together, they profoundly shaped the way in which the colonial state imagined its dominion – the nature of the human beings it ruled, the geography of its domain, and the legitimacy of its ancestry."[24] Mit Bezug auf Anderson und Foucault stellte 2001 Bruce Curtis in seiner Geschichte zum kanadischen Zensus den Zensus als Praktik der *state formation* heraus:

> Census making is itself a practice of state formation, an assertion of sovereign authority over people and social relations. It seeks to tie people as state subjects and citizens to official identities within a determinate territory in order to rule them. It does so through the disciplining of social relations and the centralization of knowledge.[25]

Mit dem Buch von Curtis deutet sich ein weiterer Forschungskontext an, nämlich die Einordnung der Volkszählungen verschiedener Länder in die Geschichte der Statistik. Studien wie *The Politics of Population. State Formation, Statistics, and the Census of Canada, 1840–1875* von Bruce Curtis, *Numbers and Nationhood. Writing Statistics in Nineteenth-Century Italy* von Silvana Patriarca, *Disciplining Statistics. Demography and Vital Statistics in France and England, 1830–1885* von Libby Schweber, *Wissensproduktion im Staat. Das königlich preußische statistische Bureau 1860–1914* von Michael C. Schneider oder die unveröffentlichte Arbeit *Public Numbers and the Victorian State. The General Register Office, the Census, and Statistics in Nineteenth-Century Britain* von Gabriel Wolfenstein haben, neben der zeitlichen Beschränkung auf das 19. Jahrhundert und den Bezug auf den Staat bzw. die Nation, die Betonung der Statistik gemeinsam.[26] Das Wort *statistics*/Statistik wird zumeist auf die sich im 18. Jahrhundert in den deutschen Staaten herausgebildete Beschreibungsweise des Staates zurückgeführt, auch wenn in der Praxis der quantitativen Erfassung von Bevölkerung vor allem die politische Arithmetik Verwendung fand.[27] Wichtig für die Volkszählung war die frühe Ver-

[23] Brückweh und Steber, Aufregende Zeiten, S. 674; zu den neuen Techniken vgl. Poovey, Making a Social Body, S. 4: „The image of a single culture had begun to seem plausible in 1860 – even though different subgroups continued to exist – because the technologies capable of materializing an aggregate known as the ‚population' had been institutionalized for several decades. These technologies included the census." Wichtig für die Aufmerksamkeit auf Sprache, Ideen und Diskurse waren Gareth Stedman Jones' Arbeiten und die dem *linguistic turn* folgendenen Ansätze: Stedman Jones, Languages of Class; Lawrence und Taylor, Poverty of Protest; Lawrence, Speaking for the People; Epstein, In Practice.

[24] Anderson, Imagined Communities, S. 243.

[25] Curtis, The Politics of Population, S. 36.

[26] Patriarca, Numbers and Nationhood; Schweber, Disciplining Statistics; Schneider, Wissensproduktion im Staat; Wolfenstein, Public Numbers and the Victorian State; Stigler, History of Statistics; Perrot und Woolf, State and Statistics in France; Schmidt, Statistik und Staatlichkeit. Zeitlich weiter gefasst und das 20. Jahrhundert einbeziehend: Anderson, American Census.

[27] Porter, Statistics and Statistical Methods, S. 239.

bindung der Statistik mit der Administration des Staates. Es sind diese Diskussionen um die Geschichte der Statistik und ihrer Vorläufer wie der politischen Arithmetik, die den Forschungsblick auf die Volkszählungen in besonderem Maße beeinflusst haben.[28]

## b) Statistik, *sample surveys* und andere methodische Probleme

Die Bedeutung, die die Statistik für die Geschichte der Volkszählungen einnimmt, änderte sich im Zeitraum von zirka 1890 bis 1930: „Statistics [...] changed during this period from an empirical science of society, as it had been during the nineteenth century, into a mathematical and methodological field."[29] Während Theodore Porter hier nahe legt, dass die Statistik in diesem Zeitraum (unabhängig von einer universitären Verankerung) ihren Status als eigenständige Sozialwissenschaft verlor, betont er zugleich die große Bedeutung, die von der Statistik als wissenschaftlichem Werkzeug ausging. Besonders wichtig wurde in dieser Umbruchzeit und vor allem im 20. Jahrhundert die Technik des *sampling*, d. h. der statistischen Stichprobe.[30] Damit gingen Diskussionen einher, ob und wie von der Zählung weniger Personen generelle Aussagen über eine größere Einheit, wie z. B. die Bevölkerung, getroffen werden konnten. War es überhaupt zulässig, von wenigen Personen auf alle zu schließen und, wenn ja, wie musste dann die Stichprobe ausgewählt werden? Wichtig an dieser neuen Methode der *sample surveys* war die Abgrenzung von der nicht zuletzt von Charles Booth geprägten *social survey*-Tradition, die ebenfalls um 1900 in Großbritannien besonders präsent war, sich aber vor allem um klar definierte Gruppen oder lokal festgelegte Einheiten und nicht um eine Repräsentation der Gesamtheit bemühte (siehe dazu Kapitel I).[31]

28 Für einen guten Forschungsüberblick über die Statistik im 19. Jahrhundert und ihre Aufteilung in einen mathematischen und einen administrativen Zweig, zu dem die Volkszählungen gehören, siehe Schweber, Disciplining Statistics, S. 19–32. Siehe zudem Glass, Numbering the People; Cullen, Statistical Movement; Desrosières, Politik der großen Zahlen; Porter, Rise of Statistical Thinking 1820–1900; Buck, People who Counted; Mykkänen, William Petty's Governmental Science of Statistics; Emery, Facts of Life; MacKenzie, Statistics in Britain; Crook und O'Hara (Hrsg.), Statistics and the Public Sphere; Nikolow, Nation als statistisches Kollektiv; Slack, Government and Information.

29 Porter, Statistics and Statistical Methods, S. 238.

30 Siehe z. B. Kruskal und Mosteller, Representative Sampling.

31 Sarah Igo hat dies wie folgt formuliert: „Determining the precise scientific relationship between a part and the whole, a selected sample and the entire universe of possible subjects, is what distinguished twentieth-century survey research from social survey of the nineteenth century, which took local communities or defined groups (London's poor, French working-class families, black Philadelphians) as their object. In general, surveys in this earlier period that attempted to extrapolate from small numbers of responses were met with distrust." Igo, Hearing the Masses, S. 216. Siehe zudem u. a. Bales, Charles Booth's Survey; Hennock, Concepts of Poverty; Freitag, Kriminologie in der Zivilgesellschaft. Allgemein zur Geschichte der Objektivität und der Wahrscheinlichkeit siehe Daston und Galison, Objectivity; Gigerenzer et al., Empire of Chance; Krüger, Daston und Heidelberger (Hrsg.), Probalistic

Der besondere Stellenwert der *sample surveys* in der Umfrageforschung und in der geschichtswissenschaftlichen Forschung der letzten Jahre wird verständlich, wenn man einen Blick auf ihre Präsenz und Bedeutung in verschiedenen Bereichen wirft. Insbesondere für die kommerzielle Umfrageforschung war die Stichprobenerhebung elementar, da sie vor allem nach 1945 eine kostengünstige Durchführung von Umfragen ermöglichte. Zudem basierte sie auf statistischen Kenntnissen und somit auf Expertenwissen, das im 20. Jahrhundert geschätzt wurde und der Umfrageforschung zu einem wissenschaftlichen Status verhelfen sollte.[32] In der Öffentlichkeit wurden *sample surveys* ebenfalls bekannt, da sie vorgaben, die ‚öffentliche Meinung' zu repräsentieren, eine Idee, die im politischen Prozess seit 1945 (mit Vorläufern bis in die 1920er-Jahre) zunehmend als wissenswert erachtet wurde. Nicht zuletzt aufgrund einiger spektakulärer Fehleinschätzungen bei Wahlvorhersagen wurde die Stichprobe als Methode der politischen Meinungsforschung in der Öffentlichkeit bekannt (siehe dazu auch Kapitel I).

Zu einem wichtigen Untersuchungsgegenstand in der geschichtswissenschaftlichen Forschung haben sich insbesondere die Meinungsumfragen entwickelt. Zur Debatte steht hier etwa das Verhältnis von Meinungsumfragen und Demokratie bzw. die Frage, was Meinungsumfragen überhaupt hervorbringen und wie sie das soziale Leben prägen.[33] Aufgrund der ähnlichen Methoden gehören die Meinungsumfragen ebenso wie die Hörer- und die Marktforschung zur Umfrageforschung.[34] In ihrer geschichtswissenschaftlichen Erforschung hat sich verstärkt die Sichtweise durchgesetzt, dass Umfragen nicht wirklich die Meinung der Befragten wiedergeben, sondern vielmehr aufgrund vorgegebener Fragen Meinungen generieren. In einem der zentralen Texte zu diesem Aspekt liest sich dies in den Worten von Thomas Osborne und Nikolas Rose wie folgt: „We can observe that public opinion is something that is demanded by the very activity of asking questions in surveys. That is, the existence of questionnaires and surveys themselves promote

Revolution. Ideas in History I; Krüger, Gigerenzer und Morgan (Hrsg.), Probalistic Revolution. Ideas in Science 2; Hacking, Emergence of Probability; ders., Taming of Chance; Porter, Trust in Numbers.

32 Dazu auch die Einschätzung von Porter: „Statistical mathematics during the twentieth century stood for objectivity and technical rigor – which, paradoxically, were particularly valued in connection with practical and applied research." Porter, Statistics and Statistical Methods, S. 239.

33 Bourdieu, Meinungsforschung; Habermas, Strukturwandel der Öffentlichkeit, z. B. S. 319f.

34 Für einen Überblick siehe Yeo, Social Survey in Social Perspective; dies., Social Surveys in the Eighteenth and Nineteenth Centuries; Herbst, Polling in Politics and Industry. Vgl. auch z. B. Kruke, Demoskopie in der Bundesrepublik Deutschland; Keller, Archäologie der Meinungsforschung; Fulda, Market Place of Political Opinions; Reinecke und Zierenberg, Vermessungen der Mediengesellschaft. Zu Frankreich: Blondiaux, La fabrique de l'opinion. Zu den USA: Igo, Averaged American. Für Kanada siehe: Robinson, Measure of Democracy. Einen längeren Zeitraum betrachten: Herbst, Numbered Voices. Zur Marktforschung siehe: Conrad, Observer les consommateurs; Schwarzkopf, Marktforschung, Produktwerbung und Verbraucherlenkung im Nationalsozialismus; Gries und Schwarzkopf (Hrsg.), Ernest Dichter; Mort, Competing Domains. Zum Verhältnis von Sozialwissenschaften und Kirche: Ziemann, Katholische Kirche und Sozialwissenschaften.

the idea that there is a public opinion ‚out there' to be had and measured."[35] Trotz der Bedeutung der Fragebögen hat sich die Forschung mit diesem sozialwissenschaftlichen Werkzeug und seiner Geschichte bisher selten kritisch beschäftigt.[36] Mehr noch: Die Konzentration auf Statistik, Stichproben und Meinungsumfragen hat zu einer Schieflage in der Historiografie geführt. Dadurch wurden andere Methoden, wie das Interview,[37] die nicht weniger wichtig für den Verlauf einer Umfrage oder einer Volkszählung sind, vernachlässigt. Mit dem Fragebogen, dem Interview und den Gesellschaftsklassifikationen werden deshalb in diesem Buch sozialwissenschaftliche Methoden, Techniken und Praktiken kritisch betrachtet, die bisher kaum Aufmerksamkeit in der historischen Forschung fanden, aber für die Produktion von ‚Daten' zentral sind.[38]

Untersuchungen zur auf Stichproben konzentrierten Meinungsforschung haben bisher häufig übersehen, dass insbesondere für Länder mit einem kontinuierlichen Zensus wie Großbritannien die Volkszählungsdaten von immenser Wichtigkeit, z. B. für die Festlegung der Stichproben, waren. Die bisher in der Forschung getrennt untersuchten Bereiche von Volkszählungen und Umfragen werden deshalb in der vorliegenden Studie in den Abschnitten über das 20. Jahrhundert miteinander verbunden.

## c) Sozialwissenschaften, Selbstbeobachtungen und Wissensgeschichte

Dieses Buch baut auf einem grundlegenden Befund der Wissensgeschichte auf: Soziale Ordnungen werden in modernen Gesellschaften nicht zuletzt in ihrer Selbstbeobachtung generiert, das heißt, dass die wissenschaftliche Beobachtung selbst

[35] OSBORNE und ROSE, Do the Social Sciences Create Phenomena?, S. 387.

[36] Zeitgleich zur Arbeit an diesem Buch beschäftigte sich Paul Dobraszczyk mit Volkszählungsbögen, allerdings auf das 19. Jahrhundert beschränkt : DOBRASZCZYK, Using and Abusing Victorian Census Forms. Jennifer Platt und Jean M. Converse, die sich beide mit der Geschichte von (sozial-)wissenschaftlichen Methoden in den USA auseinandergesetzt haben, widmen sich Fragebögen nicht (Platt) oder nur sporadisch (Converse): CONVERSE, Survey Research in the United States; PLATT, History of Sociological Research Methods in America.

[37] Zur Geschichte des Interviews in der qualitativen Sozialforschung siehe neuerdings: SAVAGE, Identities and Social Change. Außerdem: TE HEESEN, Naturgeschichte des Interviews.

[38] Für die Frühe Neuzeit vgl. BRENDECKE, Imperium und Empirie; ders., FRIEDRICH und FRIEDRICH (Hrsg.), Information in der Frühen Neuzeit; BEHRISCH (Hrsg.), Vermessen, Zählen, Berechnen. Zur Bedeutung des Formulars in der Verwaltungsgeschichte, die sich als Kulturgeschichte des 19. und 20. Jahrhunderts versteht, siehe: BECKER, Formulare als ‚Fließband' der Verwaltung?; ders. und CLARK (Hrsg.), Little Tools of Knowledge. Zur Geschichte der Gesellschaftsklassifikationen siehe vor allem SZRETER, Genesis of the Registrar-General's Social Classification of Occupations. Siehe auch seinen vergleichenden Aufsatz: Ders., Official Representation of Social Classes in Britain, the United States, and France. Und sein umfassendes, aus der historischen Demografie kommendes Werk: SZRETER, Fertility, Class and Gender in Britain. Zur kritischen Auseinandersetzung mit Kategorien in der historischen Demografie siehe SZRETER, SHOLKAMY und DHARMALINGAM (Hrsg.), Categories and Contexts. Zur Frage der Klassifikationen aus soziologischer Perspektive siehe BOWKER und STAR, Sorting Things Out.

ein Teil der Konstruktion von Gesellschaft ist.[39] Jede Art wissenschaftlicher Arbeit strebt danach, eine Ordnung herzustellen, es war aber insbesondere die Soziologie, die sich als Ordnungswissenschaft verstand[40] und sich sogar selbst als „Schlüsselwissenschaft des 20. Jahrhunderts" ausgegeben hat.[41] Abseits dieser Selbstbeschreibung etablierten in der Tat die Sozialwissenschaften und vor allem die empirische Sozialforschung „ein spezifisches System der gesellschaftlichen Selbstbeobachtung und Selbstbeschreibung, das seinerseits aufs engste mit den Konflikten um die Deutung der sozialen Welt, vor allem um die Ordnungsmuster für ihre Zukunft verbunden war."[42] In diesem Sinne geht es auch in dem vorliegenden Buch – in Anlehnung an Niklas Luhmann – um die Beobachtung der Beobachter.[43] Aus der Vielzahl der Denkweisen und Disziplinen, die unter dem Oberbegriff ‚Sozialwissenschaften' oder *social sciences* zusammengefasst werden können,[44] wurde hier die Umfrageforschung und die besondere Form der Volkszählung ausgewählt. Wie sehr sich die Geschichte der verschiedenen Bereiche unterscheiden kann, zeigt sich im Verlauf dieses Buches z. B. im Vergleich zur Arbeit von Mike Savage, der sich

[39] Ich beziehe mich hier auf Überlegungen, die Thomas Mergel für die Konzeption des Projektes „Soziale Ordnungen, sozialer Wandel und sozialer Umbruch in wissenschaftlicher Beobachtung. Die beiden deutschen Gesellschaften im Vergleich, 1950–2000" (SFB 640 Repräsentationen sozialer Ordnungen im Wandel, Humboldt-Universität Berlin) angestellt und mir freundlicherweise zur Verfügung gestellt hat. Siehe auch Mergel, Wissenssoziologische Bemerkungen; Reinecke und Mergel, Das Soziale vorstellen, darstellen, herstellen; Tanner, Tatsachenblick; Becker, Telling abour Society. Grundlegend: Berger und Luckmann, Gesellschaftliche Konstruktion der Wirklichkeit. Zur Wissensgeschichte siehe zudem: Kaschuba, Vorbemerkung; Vogel, Von der Wissenschafts- zur Wissensgeschichte; Szöllösi-Janze, Wissensgesellschaft in Deutschland; Maasen, Wissenssoziologie; Schützeichel (Hrsg.), Handbuch; Landwehr (Hrsg.), Geschiche(n) der Wirklichkeit; Fried und Stolleis (Hrsg.), Wissenskulturen; Hacking, Social Construction of What?; ders., Making up People; Overath und Krassnitzer (Hrsg.), Bevölkerungsfragen. Stärker auf Wissenschaft bezogen: Jessen und Vogel (Hrsg.), Wissenschaft und Nation; Nikolow und Schirrmacher (Hrsg.), Wissenschaft und Öffentlichkeit; Weingart, Wissenschaftssozziologie.

[40] So die Darstellung von Anter, Macht der Ordnung, S. 11; Negt, Konstituierung der Soziologie als Ordnungswissenschaft; Nolte, Ordnung der deutschen Gesellschaft; Frie, Bedrohte Ordnungen.

[41] So lautete ein Vortrag von Jürgen Matthes auf dem deutschen Soziologentag 1980, wie Benjamin Ziemann beobachtet hat: Ziemann, Metaphorik des Sozialen, S. 224 f.

[42] Raphael, Ordnungsmuster und Selbstbeschreibungen, S. 14.

[43] Der Begriff ‚Selbstbeobachtung' ist von Niklas Luhmann übernommen, der von einer „Beobachtung zweiter Ordnung" spricht, wenn Beobachter Beobachter beobachten. Luhmann, Beobachtung der Beobachter im politischen System, S. 80; ders., Gesellschaft der Gesellschaft, insbes. S. 879–893; ders., Wissenschaft der Gesellschaft; vgl. auch Daston und Lunbeck (Hrsg.), Histories of Scientific Observation und Kieserling, Selbstbeschreibung und Fremdbeschreibung.

[44] Zum Begriff in den verschiedenen Ländern siehe: Porter und Ross, Introduction. Umfassend zur Geschichte der Sozialwissenschaften: Dies. (Hrsg.), Modern Social Scienes. Vgl. zudem Wagner (Hrsg.), Social Sciences and Modern States. Ebenfalls aus vergleichender Perspektive siehe Brückweh, schumann, Wetzell und Ziemann (Hrsg.), Engineering Society. Bezogen auf Großbritannien siehe vor allem: Bulmer (Hrsg.), Essays on the History of British Sociological Research; Abrams, Origins of British Sociology; Wittrock, Wagner und Whitley (Hrsg.), Discourses on Society. Zur empirischen Sozialforschung in Deutschland: Weischer, Unternehmen; Overschall, Empirische Sozialforschung.

ebenfalls mit den „politics of method“ beschäftigt hat, allerdings für einen kürzen Zeitraum (insbesondere die 1950er und 1960er) und vor allem auf eine Sekundäranalyse qualitativer britischer Sozialforschung bezogen.[45]

Prägend für die englischsprachige Forschung zur Geschichte der Sozialwissenschaften und der Umfrageforschung waren die zahlreichen Beiträge von Niklas Rose und seine Interpretation von Michel Foucault.[46] Zudem wurde insbesondere für die britischen Sozialwissenschaften häufig betont, dass diese wesentlich weniger theoretisch als beispielsweise die deutschen seien. Dies soll insbesondere für ihre Anfänge gegolten haben, so fasst die Historikerin Jose Harris für die Zeit von 1870 bis 1914 zusammen:

> British social theorizing in this period and later has been disparagingly compared with the powerful new schools of sociological analysis that were being generated on the Continent by theorists such as Max Weber, Emil Durkheim, Vilfredo Pareto, and other disciplines. By contrast with these great systematic schools, so it is often argued, British attempts to understand the nature of society and the dynamics of social relationships were shallow, eclectic, and methodologically naïve; and detached social analysis was always harnessed to and distorted by the British impulse towards moralism and social reform.[47]

Wenn das sicherlich auch als englisches Understatement zu lesen ist, so ist einer weiteren Beobachtung von Harris zuzustimmen, dass nämlich die Sozialforscher auf dem Kontinent außerhalb der politischen Entscheidungsprozesse standen und somit eine Beobachterperspektive einnehmen konnten, ihre britischen Kollegen hingegen aktiv an Sozialreformen oder z. B. am Zensus und anderen Erhebungen im General Register Office beteiligt waren.[48] In diesem Buch stehen deshalb zwei Aspekte im Zentrum: erstens die Produktion von Wissen und zweitens die Akteure des Wissens bzw. genauer die Zirkulation zwischen den verschiedenen Akteuren des Wissens.

Damit schließt das Buch an neuere Überlegungen der Wissensgeschichte an.[49] Denn es interessieren hier nicht die Ergebnisse der Volkszählungen, sondern viel-

[45] Savage, Identities and Social Change. Siehe auch: Marsh, Survey Method; Osborne, Rose und Savage, Reinscribing British Sociology; Savage und Burrows, Coming Crisis of Empirical Sociology. Zur Auseinandersetzung von Soziologen mit den Herausforderungen von Big Data siehe u. a. Burrows und Savage, After the Crisis?. Und zu Arbeiten von Historikern, die auf einer methodenkritischen Sekundäranalyse von empirischen sozialwissenschaftlichen Studien basieren: Lawrence, Social-Science Encounters.

[46] Siehe z. B. Miller und Rose, Governing the Present; Rose, Governing the Soul. Foucault, Geschichte der Gouvernementalität; ders., Ordnung der Dinge; ders., Archächologie des Wissens. Foucault ist allerdings nicht der einzige Bezugspunkt, so vertritt Bruce Curtis teilweise – mit Bezug auf Stephan Fuchs – einen systemtheoretischen Standpunkt, vgl. Curtis, Politics of Population, S. 30. Er bezieht sich hier auf Fuchs, New Wars of Truth.

[47] Harris, Private Lives, Public Spirit, S. 221.

[48] Ebd., S. 221 f. Zur Geschichte der Soziologie in Großbritannien siehe auch: Halsey und Runciman (Hrsg.), British Sociology Seen From Without and Within, und ebenfalls vom Soziologen Halsey geschrieben: Halsey, History of Sociology in Britain. Stärker an der Geschichte sozialwissenschaftlicher Methoden interessiert: Savage, Identities and Social Change.

[49] Vgl. insbesondere Sarasin, Was ist Wissensgeschichte?. Siehe zudem die Klassiker der Wissenssoziologie, die sowohl in Sarasins übersichtlicher Darstellung als auch in dieser Arbeit vielfach eine Rolle spielen: Fleck, Entstehung und Entwicklung einer wissenschaftlichen Tat-

mehr ihre Durchführung, ihre Produktionsorte und Methoden. Es geht um Wissensproduktion, um die Mechanismen und die Genese des Wissens über die britische Gesellschaft. „Census numbers are routinely treated as made science by historians and social scientists," so die Beobachtung von Bruce Curtis, der daraus die Konsequenz zieht, den Zensus in Anlehnung an Bruno Latour als „science in the making" zu betrachten.[50] Genau dies geschieht auch in dem vorliegenden Buch. Denn „science in the making" ist ein unsicherer, unvorhersagbarer Prozess, der durch Konflikte und Debatten gekennzeichnet ist; wohingegen „made science" nur das Endprodukt, also die ‚Daten', betrachtet.[51] Wichtig ist in Bezug auf die Volkszählung dabei ein konstruktivistisches Verständnis. Um noch einmal Bruce Curtis zu zitieren: „Census knowledge is reflexive knowledge; it is shaped by the conditions of its own production and is not simply a reflection of pre-existing conditions."[52] Im vorliegenden Buch geht es somit nicht allein um die von Umfrageforschern am Schreibtisch oder auf Konferenzen und Arbeitstreffen erarbeiteten Methoden und Techniken (z.B. die Stichprobe oder der Fragebogen), sondern ebenso um den Einsatz dieser Methoden und Techniken in der Praxis und deren Rückwirkung auf die Generierung von Wissen. Denn: Wissensproduktion ist einem Vorschlag von Philipp Sarasin folgend nur ein Aspekt einer Geschichte des Wissens, die neben der Produktion auch die Zirkulation von Wissen und seinen verschiedenen Ausformungen untersuchen will.[53] Wissen zirkuliert demnach zwischen Menschen und Gruppen zwar nicht gleichmäßig oder schrankenlos, aber das Wissen reagiert auf Anstöße aus anderen Wissensfeldern und sozialen Räumen und verändert sich dabei. Genau dies kann in der Geschichte der Volkszählung beobachtet werden. Denn bei einer Volkszählung handelt es sich – zumindest in einer Demokratie wie in Großbritannien – nicht um einen reinen *Top-Down*-Prozess, vielmehr müssen die Themen im politischen Prozess ausgehandelt werden. Selbst Befragten, die sich mit einem ausformulierten Fragebogen konfrontiert sehen, bietet sich als weiterreichendes Feedback noch die Möglichkeit, sich der Volkszählung durch Boykott, Nicht- oder Falschbeantwortung zu widersetzen. Ein besonders eindringliches Beispiel dafür ist der Boykott der Suffragetten 1911, die keine Angaben zu ihrer „Fruchtbarkeit" machen wollten, solange ihnen nicht das Wahlrecht gewährt würde.[54]

Die aus der Zensuspraxis resultierenden Probleme wurden für jeden neuen Zensus kritisch reflektiert. Dies zeigt sich vielfach in diesem Buch, das auch den Akteuren des Wissens einen Platz einräumt. Dazu gehören nicht nur die Umfra-

sache; FOUCAULT, Ordnung der Dinge; LATOUR, Science in Action; ders., Hoffnung der Pandorra; ders. und WOOLGAR, Laboratory Life; RHEINBERGER, Experimentalsysteme und epistemische Dinge. Zudem wichtig für die vorliegende Arbeit: BONSS, Einübung des Tatsachenblick; KNORR-CETINA, Fabrikation von Erkenntnis.

[50] CURTIS, Politics of Population, S. 30.

[51] Ebd. Grundlegend ist LATOUR, Science in Action.

[52] CURTIS, Politics of Population, S. 35.

[53] SARASIN, Was ist Wissensgeschichte?, S. 164.

[54] Vgl. LIDDINGTON und CRAWFORD, ‚Women do not Count, Neither Shall they be Counted'; WHITE, No Vote – No Census.

geforscher, sondern auch die Befragten und die Interviewer, die wissensgestaltend eingreifen, wie sich an vielen Stellen des Buches zeigen wird.[55]

## 2. Methoden, Quellen und Aufbau

„Wissen ist ein historisches Phänomen."[56] Es interessiert deshalb nicht, ob bestimmte Wissensbestände wahr oder falsch, besser oder schlechter, nützlich oder unnütz sind, es geht auch nicht um eine Verbesserung der Methoden, sodass Volkszählungen oder Umfragen künftig reibungsloser gelingen können. Vielmehr stellt sich die Frage, wie, von wem, wann, warum, unter welchen Bedingungen und in welchen Kontexten Volkszählungen durchgeführt wurden. Zu berücksichtigen sind weiterhin Themen und Inhalte der Fragen, denn das Umfrageinstrumentarium, insbesondere die Formulierung der Fragen und deren Abfolge im Fragebogen, hing von den Themen und ihrer vermuteten Brisanz ab (von einfach, z. B. die Frage nach dem Namen, bis problematisch bzw. nicht fragbar, z. B. Fragen nach der Höhe des Einkommens im Zensus). Daraus ergibt sich eine Dreiteilung des Buches: Erstens geht es um die Methodik der Umfrageforschung und um die Umfrageforscher, d. h. wer befragt und wie wird gefragt (Kapitel I und II). Während einerseits dieser Teil der Arbeit im Büro hinter verschlossenen Türen erledigt wird, ist er andererseits besonders öffentlich, da die Bevölkerung, d. h. die zu einem bestimmten Zeitpunkt in einem bestimmten geografischen Raum anwesenden Menschen, mit einem Fragebogen und somit mit dem zentralen Werkzeug der Umfrageforschung konfrontiert wird. Dass dabei der Interviewer bzw. Volkszähler als weiterer Akteur der Umfrageforschung ins Spiel kommt, bedarf besonderer Betrachtung. Das Scharnier des Buches und gleichzeitig den zweiten Teil bilden die Ausführungen zur Ordnung des Wissens (Kapitel III): Wie wurde aus der Befragung von Einzelnen das Soziale, d. h. die Gesellschaft, konstruiert? Dieser Teil stellt die Gesellschaftsklassifikationen ins Zentrum. Dabei wird mit

[55] Wolfenstein nimmt in seiner Dissertation in einem Kapitel die Gezählten in den Blick und schlägt auf dieser Grundlage verschiedene Phasen des Interesses der Bevölkerung am Zensus vor – von der vereitelten Einführung im 18. Jahrhundert über eine Phase großen Interesses der Bevölkerung sowohl an der Durchführung als auch an den Ergebnissen der Volkszählungen im Zeitraum von 1851 bis 1871 bis zum Desinteresse seit den 1880er-Jahren, bedingt durch die Veränderung der Statistik. Seinem Fokus auf *state formation* folgend interessiert er sich nicht für eine systematische Analyse einzelner Zensuskategorien und der dort Kategorisierten. WOLFENSTEIN, Public Numbers and the Victorian State, S. 82–143. Levitan ist ebenfalls an der öffentlichen Rezeption der Volkszählungen interessiert, bezieht sich aber ausschließlich auf Zeitungsveröffentlichungen. Vgl. LEVITAN, Cultural History of the British Census.

[56] SARASIN, Was ist Wissensgeschichte?, S. 165. Das vollständige Zitat, aus dem im Folgenden Teile entnommen sind, lautet: „Wissen ist ein historisches Phänomen und wird von uns ausschließlich als solches behandelt, das heißt: nicht hinsichtlich der Frage, ob bestimmte Wissensbestände nun wahr oder falsch, besser oder schlechter, nützlich oder unnütz sind, sondern nur: wie, wann und gegebenenfalls warum ein bestimmtes Wissen auftaucht – und wieder verschwindet. Ferner: Welche Effekte es hat, in welchen Zusammenhängen es funktioniert, wer seine Träger sind, in welchen Formen es erscheint."

der Frage nach dem Beruf bzw. dem beruflichen Status eine Zensusfrage betrachtet, von der die Position in der gesellschaftlichen Ordnung abgeleitet wurde. Dieser zweite Teil zu den Gesellschaftsklassifikationen verbindet zugleich den ersten mit dem letzten Teil des Buches, in dem die politischen Prozesse, die zur Auswahl der Fragethemen für die Volkszählungen führen, analysiert werden (Kapitel IV und V). Die grundsätzliche Entscheidung zu den Zensusthemen, die in diesem dritten Teil im Mittelpunkt stehen, fiel für die längste Zeit des Untersuchungszeitraums per Gesetz, dem Debatten im House of Commons und im House of Lords vorgeschaltet waren. Aber auch nach der Verstetigung durch den *Census Act* von 1920 war die Entscheidung über Zensusthemen in einen politischen Prozess eingebunden, an dem verschiedene historische Akteure beteiligt waren. Die Wissensgeschichte ist hier deshalb zugleich neue Politikgeschichte. Der dritte Teil des Buches konzentriert sich auf zwei Fallstudien, die Aufschluss über die Aushandlung von Volkszählungsthemen und deren konkreter Umsetzung in den „Fertigungshallen" geben sollen. Zugleich geht es in den Fallbeispielen in besonderem Maße um die Zirkulation von Wissen in den verschiedenen sozialen Bereichen, denn es wurden nicht Fragen nach Namen, Wohnort oder Alter ausgewählt, sondern Themen, die umstritten und mit durchaus verschiedenen Vorstellungen bei den jeweiligen historischen Akteuren verbunden waren: Fragen nach Behinderungen und Ethnizität. Ein Charakteristikum des Buches ist die Verbindung von Wissens- und neuer Politikgeschichte. Zudem gibt es eine Perspektive auf die Geschichte der Volkszählungen und Umfragen, die an verschiedenen Stellen präsent wird: Dabei handelt es sich um *gender*, denn die soziale Konstruktion der Gesellschaft durch Volkszählungen und Umfragen lässt an verschiedenen Punkten erkennen, „how institutions are gendered and how institutions gender individuals" (vgl. z. B. Kapitel I, II.2, III.3).[57]

Grundlegende Quellen stellen die Zensusfragebögen aus den Jahren 1801 bis 2011 dar, aber auch interne Diskussionspapiere, unveröffentlichte Konferenzbeiträge, Fachzeitschriften, Nachlässe von Umfrageforschern, Schulungen für und Anweisungen an Interviewer/innen sowie Diskussionen von Befragten und Betroffenengruppen in lokalen Archiven und Bestände von Interessengruppen werden hinzugezogen.[58] Um den komplexen Phänomen der Wissensproduktion

[57] Bailey, Is the Rise of Gender History ‚Hiding' Women from History Again?. Aus der Vielzahl der Literatur siehe eine der neueren zusammenfassenden Darstellungen: Rose, What is Gender History?. In Bezug auf Volkszählungen siehe Cole, Power of Large Numbers.

[58] Wichtige Archivbestände befinden sich in The National Archives in Kew (insbesondere die Bestände des General Register Office). Fachzeitschriften, Handbücher und interne Papiere sind vor allem in der Bibliothek und im Archiv der London School of Economics and Political Science sowie in der British Library zu finden, dort liegen zudem die unveröffentlichten Beiträge der jährlichen Konferenzen der Market Research Society. Weiterhin haben Berufsorganisationen wie die Market Research Society (London) und der History of Advertising Trust (Raveningham) Sitzungsprotokolle, Pamphlete und interne Dokumente gesammelt. Akten zu Diskussionen von Interessengruppen finden sich z. B. für die Frage der ethnischen Herkunft in der Runnymede Collection at Middlesex University oder in der Bibliothek des Action for Hearing Loss (früherer Name: Royal National Institute of the Deaf). Das UK Data Archive, University of Essex, Colchester, enthält Originalfragebögen verschiedener Institutionen.

durch Volkszählungen möglichst umfassend auf die Spur zu kommen und der Vielfalt der Prozesse in den Produktionsorten der sozialen Fakten gerecht zu werden, werden für die einzelnen Kapitel zusätzliche Quellen analysiert und unterschiedliche methodische Zugriffe angewandt, die im Folgenden in der Reihenfolge der Kapitel näher vorgestellt werden.

### a) Akteure des Wissens: Kollektivbiografische Zugänge

Der Autor als Ursprung des Wissens bleibt auch in diesem Buch tot. Allerdings wird davon ausgegangen, dass es Akteure des Wissens und der Sinnproduktion gibt, ohne die die Dynamiken von Wissenssystemen nicht erklärt werden können.[59] Während im Buch an verschiedenen Stellen gezeigt werden kann, dass es ein komplexes Geflecht vieler verschiedener Akteure war, die im politischen Prozess über die Themen verhandelten, in den Produktionsstätten des Wissens über die Methoden diskutierten und in der Praxis eigensinnig ihre Vorstellung einbrachten, ist vor dem Hintergrund des Erkenntnisinteresses an den „Fertigungshallen sozialer Fakten" von Relevanz, wer die verschiedenen Vorannahmen und Vorgaben auf welche Weise in das methodische Werkzeug einbrachte. Welche Personen waren verantwortlich für die Gestalt des Fragebogens und somit für das zentrale methodische Werkzeug der Volkszählung? Wie liefen die Arbeitsprozesse im General Register Office bzw. später im Office for National Statistics ab? Wer war daran beteiligt, d. h. wer war dem Namen und der Funktion nach verantwortlich? Wer erledigte die eigentliche Arbeit? Wie weitreichend war die Macht der Akteure in Bezug auf die Wissensproduktion?

Zur Beantwortung dieser Fragen wird im ersten Kapitel ein wissensgeschichtlich informierter kollektivbiografischer Zugriff gewählt. In Anlehnung an die methodischen Vorschläge von Lawrence Stone und Wilhelm Heinz Schröder wird eine Untersuchung der gemeinsamen Charakteristika der für den Zensus offiziell zuständigen Personen sowie ihrer Karriere- und Lebenswege durchgeführt.[60] Dabei interessieren – und das ist die wissensgeschichtliche Erweiterung – nicht die Personen als Teil einer Berufsgruppe an sich, sondern die Funktionen und Aufgaben, die sie in der Produktion und Zirkulation des Wissens übernehmen. Es wird zudem danach gefragt, wie und unter welchen Bedingungen die historischen Akteure zu Subjekten eines bestimmten Wissens geworden sind und welches Selbstverständnis ihnen zugrunde liegt.[61] Gemäß den Überlegungen zur Zirkulation und Produktion von Wissen müssten an dieser Stelle auch die Interviewer bzw. die Volkszähler einbezogen werden. Hier folgt das Kapitel allerdings dem Selbstverständnis der Umfrageforscher, denn die stehen der Arbeit der Interviewer und

[59] SARASIN, Was ist Wissensgeschichte?, S. 170.

[60] STONE, Prosopography; SCHRÖDER, Kollektivbiographie. Siehe zudem die Ausführungen in Kapitel I.

[61] SARASIN, Was ist Wissensgeschichte?, S. 170. Sarasin spricht von Selbstverhältnis.

Volkszähler skeptisch gegenüber und sehen sie weniger als Umfrageforscher denn als methodisches Problem. Die Volkszähler und Interviewer werden deshalb in Kapitel II zu Fragebogen und Interview behandelt, während es im kollektivbiografischen Kapitel I um die für die Methodenwahl und -gestaltung verantwortlichen Personen im Zensusbüro geht.

Durch den langen Zeitraum veränderte sich die untersuchte Personengruppe erheblich. Es wird nicht nur im 20. Jahrhundert zunehmend schwieriger, überhaupt die Namen der ‚Macher' im Zensusbüro herauszufinden, da diese vermehrt hinter die Institution General Register Office oder Office for National Statistics zurücktraten, sondern auch ihre Amtszeiten reduzierten sich erheblich. Das Amt des Registrar-General oder des Statistical Superintendent war keine Lebensaufgabe mehr, sondern nur ein Abschnitt der Karriere. Aus diesem Grund werden die staatlichen Umfrageforscher mit den Akteuren aus den anderen Bereichen der Umfrageforschung in Beziehung gesetzt und danach gefragt, ob die staatlichen Umfrageforscher typisch für diesen Bereich sind.

Grundlegende Quellen bilden biografische Daten aus einschlägigen Lexika wie dem *Oxford Dictionary of National Biography* und aus den handbuchartig aufbereiteten Quellen des Internetportal *The Online Historical Population Reports Website (Histpop)*, Nachrufe in Zeitungen wie *The Times* und *The Guardian*, Angaben aus Fachzeitschriften wie dem *Journal of the Royal Statistical Society* und dem *Journal of the Market Research Society* sowie aus den Veröffentlichungen der Interessenorganisation Market Research Society.

### b) Fragebogen und Interview: Materialität und Praxis

Fragebögen bilden in mehrfacher Hinsicht das Brennglas der Untersuchung, da alle Vorannahmen in ihnen gebündelt und alle Ergebnisse aus ihnen gewonnen werden müssen. Sie wurden je nach gesellschaftlichem, politischem und wirtschaftlichem Kontext für jede Volkszählung geändert und bilden die zentrale Quelle und den Analysegegenstand des zweiten Kapitels. Zwar sind Fragebögen keine Erfindung der Moderne, ihre Geschichte interessierte aber lange Zeit nicht. So stellte der Sozialforscher Paul Lazarsfeld im Jahr 1961 fest: „The use of the questionnaire has a long past which still waits for its recorder."[62] Dieser Aufgabe stellte sich Justin Stagl in seiner *Geschichte der Neugier*, in der er sich einer Archäologie der Sozialforschung widmete und unter den grundlegenden Forschungsmethoden die Umfrage und den Fragebogen behandelte.[63] Stagl ließ seine Geschichte 1800 enden und während weitere Arbeiten zur Frühen Neuzeit erschienen,[64] geht die Forschung für das 19. und 20. Jahrhundert nur schleppend

[62] Lazarsfeld, Notes on the History of Quantification in Sociology, S. 333.

[63] Stagl, Geschichte der Neugier.

[64] Vgl. z. B. Brendecke, Fragebögen des spanischen Indienrates; ders., Tabellen und Formulare als Regulative der Wissenserfassung und Wissenspräsentation. Für eine Geschichte der Tabel-

voran und das, obwohl für diese Zeit ein Boom an Fragebögen zu beobachten ist. Formulare und Vordrucke, zu denen im weiteren Sinne auch Fragebogen gezählt werden können, spielen zum Beispiel im Rahmen einer modernen Verwaltungsgeschichte eine Rolle.[65]

Das vorliegende Buch erweitert bestehende Ansätze dadurch, dass sie die Materialität der Fragebögen in den Mittelpunkt rückt. Welchen Einfluss hatte das ‚Ding' Fragebogen auf die Antwortbereitschaft bzw. die Antworten? Es wird im Anschluss an Bruno Latour davon ausgegangen, dass die Dinge den Menschen nicht einfach untergeordnet sind, sondern dass ihnen ebenfalls eine Agentenfunktion zukommt.[66] Zwar sollten die Volkszählungsbögen in Großbritannien ab 1841 als Selbstausfüllerbögen für sich stehen und die Daten von der Bevölkerung selbst eingetragen werden, in der Praxis wurden die Fragebögen diesem Anspruch aber nicht immer gerecht: Häufig mussten die Volkszähler helfen. Der Fragebogen ist deshalb nicht von der Interviewsituation an der Haustür zu trennen. Es stellt sich daher auch die Frage, wer diese Volkszähler waren und welches Wissen sie in die Interviewsituation einbrachten. Wie wurde Wissen durch die Begegnung von Volkszähler und Gezähltem produziert?[67]

Nicht die Verbesserung der Fragebögen und des Interviews oder die Messung an heutigen Standards ist dabei von Interesse, vielmehr sollen empirisch die Diskussionen und Praktiken der historischen Akteure nachvollzogen werden. Dabei stehen neben den Fragebögen interne Diskussionen im Zensusbüro, Veröffentlichungen in Fachzeitschriften wie z. B. dem *Journal of the Royal Statistical Society* und Handbücher zur Umfrageforschung im Mittelpunkt.

le: Rusnock, Vital Accounts. Für eine Geschichte der Entwicklung vom Dialog zum Fragebogen für die Zeit bis zur Aufklärung siehe Stagl, Vom Dialog zum Fragebogen. Mit begriffsgeschichtlichem Zugriff: Trier, Umfrage und Meinung.

65 Siehe z. B. Becker, Überlegungen zu einer Kulturgeschichte der Verwaltung; ders. und Clark (Hrsg.), Little Tools of Knowledge; Collin und Horstmann (Hrsg.), Wissen des Staates; Hüntelmann und Schneider (Hrsg.), Jenseits von Humboldt; Vismann, Akten. Für einen Überblick zu Forschungen zur britischen Verwaltungsgeschichte siehe: Lowe, Of Mice and Men; MacLeod (Hrsg.), Government and Expertise. Siehe dort auch die Auseinandersetzung mit den einflussreichen Beiträgen von Oliver MacDonagh, z. B. MacDonagh, Nineteenth-Century Revolution in Government.

66 Latour, Eine neue Soziologie für eine neue Gesellschaft. In ähnlicher Weise argumentiert auch Philipp Sarasin, allerdings nicht in Bezug auf methodische Werkzeuge, wie den Fragebogen, sondern auf Repräsentationen des Wissens (Sarasin, Was ist Wissensgeschichte?, S. 168): „Diese medienanalytische Dimension der Wissensgeschichte geht von der wohl noch immer nicht banalen Einsicht aus, dass es ein Wissen ohne Speicher-, Transport- und Darstellungsmedien nicht geben kann; sie postuliert, dass Wissen durch die Logik dieser Medien mitgeformt wird, weil es immer formatiert werden muss, und dass es im Weg durch die Kanäle auch immer verändert wird."

67 In ähnlicher Weise gehen Mike Savage (Savage, Identities and Social Change) und Bruce Curtis davon aus, dass die Interviewsituation ein besonderer Ort der Wissensproduktion war. So heißt es z. B. bei Curtis „Encounters between census enumerators and informants engage both parties in practices of meaning making." Curtis, Politics of Population, S. 33.

## c) Ordnungsprinzipien für Gesellschaftsklassifikationen: *class* und *Raum*

Diskussionen um die Frage, wie von den Informationen über Einzelne auf eine Gesamtheit geschlossen werden kann, interessierten nicht nur Statistiker im Rahmen von Stichproben, sondern auch die Volkszählungsmacher. Die auf Individuen und Haushalte bezogenen Zahlen, die in der Volkszählung erhoben wurden, hatten für sich genommen wenig Aussagekraft. Sie mussten zusammengefasst und geordnet werden, sodass etwas entstehen konnte, das dann als Bevölkerung oder Gesellschaft präsentiert werden konnte. Daraus ergibt sich für das dritte Kapitel die Frage, welche Ordnungsprinzipien diesen Konstrukten zugrunde lagen. Wie wurden sie festgelegt und wie veränderten sie sich im Verlauf der Zensusgeschichte? Oder anders formuliert: Wie wurde der Schritt vom gezählten Individuum zur Gesellschaft vollzogen? Aus welchen Gruppen wurde die Gesellschaft zusammengesetzt? In Anlehnung an Überlegungen von James Scott geht es somit um Formen der Abstrahierung, Standardisierung und Vereinfachung (*simplification*).[68]

Diese in Kapitel III behandelten Fragen bringen zwei Ordnungsprinzipien hervor: *class* und Raum. *Class* spielt dabei in diesem Buch keine Rolle als analytische Kategorie, vielmehr handelt es sich um einen Quellenbegriff.[69] Denn die Umfrageforscher waren für die meiste Zeit des Untersuchungszeitraum so sehr davon überzeugt, dass *class* die grundlegende Kategorie für die Selbstbeschreibung der britischen Gesellschaft zu sein hatte, dass sie *class* auch zur Grundlage der Gesellschaftsklassifikationen in der Umfrageforschung erhoben. Damit gingen erhebliche methodische Probleme einher, denn *class* wurde weder definiert, noch lag ein einheitliches theoretisches Konzept vor. Ein aus der Sicht der Umfrageforscher möglicher Ausweg aus dem Dilemma war die Messung der *class* über Berufe, beruflichen Status etc.

Eine lange Tradition in Großbritannien hat auch das zweite Ordnungsprinzip: der Raum, der im 19. Jahrhundert von verschiedenen historischen Akteuren für die Analyse und Darstellung medizinischer und sozialer Probleme auf lokaler Ebene eingesetzt wurde, so z. B. in den Armutsstudien und ihren kartografischen Darstellungen von Charles Booth,[70] und vor allem ab den 1970er-Jahren für die Konstruktion von Gesellschaftsklassifikationen wiederbelebt wurde. Seit den 1980er-Jahren wurden vermehrt über die Kategorie Nachbarschaft Verbindungen zwischen Individuen bzw. zwischen Haushalten hergestellt. Raum wird in diesem Buch im Gegensatz zu *class* als analytische Kategorie eingesetzt. Aus Diskussionen, die unter dem Stichwort *spatial turn* geführt wurden, ist ein relationales

[68] Scott, Seeing Like a State. Siehe auch die Ausführungen in Kapitel III, die sich zudem auf Alain Desrosières beziehen. Desrosières, Politik der großen Zahlen.

[69] Stellvertretend für die umfassenden Forschungen und Debatten zu *class*, die im dritten Kapitel behandelt werden, siehe: Canadine, Class; Dworkin, Class Struggles; Joyce (Hrsg.), Class; Eley und Nield, Future of Class in History.

[70] Booth, Life and Labour of the People in London.

Raumkonzept[71] hervorgegangen, das Eingang in die Analyse der Gesellschaftsklassifikationen dieses Buches findet.

Während der Cambridger Historiker Simon Szreter sich bereits mit den Hintergründen der Gesellschaftsklassifikation, die auf *class* basierte und um die Wende vom 19. zum 20. Jahrhundert im General Register Office eingeführt wurde, beschäftigt hat[72] und zudem Arbeiten zu lokalen Armutsstudien von Charles Booth und Seebohm Rowntree[73] vorliegen, steht die Auseinandersetzung mit den Gesellschaftsklassifikationen der Umfrageforschung im 20. Jahrhundert noch aus und das, obwohl sie heute in den verschiedensten Bereichen verwendet wird. Durch die zahlreichen Austauschprozesse zwischen staatlicher und privatwirtschaftlicher Umfrageforschung, die nach 1945 ihre eigenen Gesellschaftsklassifikationen erstellten, wird die Verflechtung der verschiedenen Umfragebereiche im dritten Kapitel besonders deutlich. Die Grundlage bilden deshalb neben den Quellen aus dem General Register Office und den Diskussionen in Fachzeitschriften insbesondere die Auseinandersetzungen mit Gesellschaftsklassifikationen in der an Konsum und Lifestyle interessierten kommerziellen Umfrageforschung: So etwa ihre Diskussionen auf den jährlichen Konferenzen der Market Research Society und die Werbebroschüren der kommerziellen Umfrageforscher, mit denen sie ihre Gesellschaftsklassifikationen an Kunden aus Wirtschaft, Politik, Gesellschaft und Verwaltung verkaufen wollten.

### d) Kontroverse Fragen im langen 19. Jahrhundert: *disability*

Der Zensusbogen für das Jahr 1851 war übersichtlich (siehe Anhang Abbildung B.1): *Name and Surname, Relation to Head of Family, Condition* (Familienstand), *Sex, Age, Where born* und *Rank, Profession, or Occupation* lauteten die Überschriften für die sieben Spalten, die sich – zum Teil in modifizierter Form – bis heute auf dem Zensusbogen finden. Dazu gesellte sich eine achte, auffällige Spalte: *If Deaf-and-Dumb, or Blind.* Wieso wurde bei der Vielzahl der brennenden sozialen Probleme der Zeit gerade diese Frage in den Zensusbogen aufgenommen? Wieso wurde sie in dieser Art und Weise formuliert? Und von wem wurde sie im Zensus wirklich ausgefüllt? Die Fragen der Wissensproduktion und -zirkulation sollen in Kapitel IV an einem Beispiel untersucht werden. Die *disability*-Frage wurde ausgewählt, weil sie neben den vorrangig demografischen Fragen in der Volkszählung von 1851 und in den folgenden Dekaden herausstach und weil sie die erste war, die von den im Zensus einmal aufgenommenen

71 Für eine Darstellung der Analyse von Raum in verschiedenen Disziplinen siehe: Warf und Arias (Hrsg.), Spatial Turn. Wegweisend für die deutsche Forschung siehe Schlögel, Im Raume lesen wir die Zeit; ders., Kartenlesen, Raumdenken.

72 Szreter, Genesis of the Registrar-General's Social Classification of Occupations; ders., Official Representation of Social Classes in Britain, the United States, and France.

73 Siehe grundlegend: Bulmer, Bales und Sklar (Hrsg.), Social Survey in Historical Perspective.

Fragen wieder abgeschafft wurde, d. h. sie wurde von 1851 bis 1911 gestellt und 1921 zwar diskutiert, aber gestrichen.[74] Sie wurde zudem aufgenommen, weil sich an ihr die Entstehung von Fragen und die Entscheidung über sie in einem zirkulierenden politischen Prozess zwischen General Register Office, Einzelpersonen, transnationalen und internationalen Einflüssen, Interessengruppen und Betroffenen zeigen lässt.

In Kapitel IV wird auf zwei Methodenangebote zurückgegriffen: auf die neue Politikgeschichte und auf die *disability studies* bzw. *disability history.* In Anlehnung an eine neue Politikgeschichte Bielefelder Ausrichtung liegt dem Buch ein dynamisches Verständnis von Politik zugrunde, d. h. es wird davon ausgegangen, dass das, was als politisch bezeichnet wird, ständig neu ausgehandelt wird. Daher rücken sowohl diskursive als auch praktische Grenzziehungen zwischen dem, was zu einer Zeit als politisch verstanden wird, und dem, was als unpolitisch abgelehnt wird, in den Mittelpunkt des Interesses.[75] Übertragen auf die Frage nach den *disabilities* in der Volkszählung heißt das, dass zur Debatte steht, wann und warum eine Einteilung der Befragten in ‚behindert/nicht-behindert' von den verschiedenen politischen Akteuren für so wichtig erachtet wurde, dass sie in der Volkszählung abgefragt wurde. Damit geht die Frage einher, wer dieses Thema vorschlug und wer die Angaben aus der Volkszählung benötigte. Im vorliegenden Buch wird davon ausgegangen, dass es nicht ‚der' Staat oder ‚das' General Register Office war, die Fragen beschlossen, sondern dass verschiedenste politische Akteure in einem nicht vorhersagbaren Prozess über Fragen entschieden und Themen festlegten.[76] Vor diesem Hintergrund gehören insbesondere das vierte und fünfte Kapitel dieses Buches zu einer neuen Politikgeschichte, denn die Auswahl von

[74] 1921 wurde auch die *fertility*-Frage wieder abgeschafft, die allerdings nur 1911 gestellt wurde und von Anfang an sehr umstritten war. Siehe dazu SZRETER, Fertility, Class and Gender in Britain. Für die weitere Entwicklung der *disability*-Frage bzw. vergleichbarer Fragen im 20. Jahrhundert siehe die Ausführungen in Kapitel IV.

[75] Vgl. STEINMETZ, Neue Wege einer historischen Semantik des Politischen, S. 15. Siehe zudem FREVERT, Neue Politikgeschichte. Aus der Vielzahl der zum Teil kontroversen Veröffentlichungen zur neuen Politikgeschichte siehe z. B. LANDWEHR, Diskurs – Macht – Wissen; STOLLBERG-RILINGER (Hrsg.), Was heißt Kulturgeschichte des Politischen?. Mit etwas anderem Zuschnitt MERGEL, Überlegungen zu einer Kulturgeschichte der Politik. Ebenfalls zurückgreifend auf die Formulierung „Kulturgeschichte der Politik", aber kritisch gegenüber Mergel: RÖDDER, Klios neue Kleider. Zur Begriffsgeschichte von „Politik" STEINMETZ (Hrsg.), „Politik". Siehe zudem in Bezug auf Bevölkerungskonstruktionen und neue Politikgeschichte: LANDWEHR, Das gezählte Volk; ders., Erschaffung Venedigs; und zum Verhältnis von Wissenschaft und Politik: ASH, Wissenschaft und Politik.

[76] Der Staat als eigenständiges, abstraktes ‚Wesen' spielt in der vorliegenden Arbeit keine Rolle, vielmehr wird auch hier an neuere historische Arbeiten zur Materialität von Politik, Technologie und Wissen angeschlossen: JOYCE, Archivierung Indiens. Vgl. auch das Staatskonzept, wie es Bruce Curtis in Anlehnung an den britischen Soziologen Mark Abrams entwickelt hat. Denn Abrams sah den Staat ebenfalls nicht als „an internally unified thirdorder object possessed of will and intention and capable of providing coherence to political relations and struggles." (CURTIS, Politics of Population, S. 37.) Stattdessen schlägt Abrams einen stärker empirisch orientierten Zugriff auf den Staat vor. Siehe auch CURTIS, Moving Beyond the Great Abstraction; ders., Taking the State Back Out.

Themen für den alle zehn Jahre stattfindenden Zensus werden im politischen Prozess ausgehandelt – oder in den Worten von Bruce Curtis: „As a specifically *political* science, census making is commonly an object of political struggle and contest."[77]

Da aber insbesondere bei Fragen zu Personen, die als Problemgruppen innerhalb einer Gesellschaft erachtet wurden, nicht alle Beteiligten die gleiche Macht hatten oder sogar ganz aus dem politischen Prozess ausgeschlossen wurden, wird in diesem Kapitel zudem auf die methodischen Überlegungen der *disability studies* zurückgegriffen. Denn diese Personen können, auch wenn sie eventuell nicht am politischen Prozess teilhaben, trotzdem Teil der Wissensproduktion und -zirkulation werden, je nachdem, ob sie die Spalte im Zensusbogen beantworten oder nicht, ob sie sie richtig (d. h. wie von den Erstellern des Fragebogens erwünscht) oder bewusst eigensinnig ausfüllen.[78] Damit werden im Sinne der *disability studies* Menschen mit Behinderungen selbst zu handelnden Subjekten der Geschichte und damit der *ability*-Aspekt der *dis/ability studies* ins Zentrum gerückt.[79]

In Kapitel IV werden deshalb neben den Quellen aus dem General Register Office und privaten Papieren, z. B. von William Farr, auch die *census returns* einbezogen. Am Beispiel von zwei Institutionen, der Yorkshire Institution for the Instruction of Deaf and Dumb Children und dem Ticehurst Private Asylum, wird analysiert, wer von den zum Zeitpunkt der verschiedenen Volkszählungen als *deaf-and-dumb, insane, imbecile, feeble-minded, lunatic* etc. bezeichneten Menschen auch so im Zensus angegeben wurde. Zudem werden aufgrund von Veröffentlichungen von Interessenverbänden Blinder und Gehörloser deren Interessen an einer Zensusfrage erörtert und über Patientenakten und Selbstzeugnisse versucht, die Perspektive der Betroffenen aufzunehmen. Auf diese Weise wird es möglich, die verschiedenen Akteure, die an der Wissensproduktion beteiligt sind, in die Analyse einzubeziehen.

### e) Kontroverse Fragen im 20. Jahrhundert: *race/ethnicity*

Das zweite Fallbeispiel beschäftigt sich mit einem Thema, an dem die britischen Zensusmacher seit 1841, d. h. ab dem Zeitpunkt als sich der Zensus von einer Kopfzählung zu einer Zählung von Einzelpersonen mit Namen änderte, interessiert waren. Von 1841 bis 1901 sollte der Geburtsort eingetragen werden – *where born* lautete die entsprechende Spalte. Von 1911 bis 1961 wurde dann nach *birthplace* und *nationality* bzw. 1961 nach *citizenship* gefragt. Innerhalb dieses Zeitraums wurden immer detailliertere Informationen verlangt, so wurde zwischen

[77] Curtis, Politics of Population, S. 28.
[78] Lüdtke, Alltagsgeschichte.
[79] Ein guter Überblick über die *disability history* findet sich z. B. Bösl, Was ist Disability History?. Für weitere Ausführungen und Literatur siehe Kapitel IV.

dem Vereinigten Königreich, dem Empire und dem Ausland unterschieden und zudem wollte man gerne wissen, wie jemand die britische Staatsbürgerschaft erreicht hatte (etwa durch Geburt, Heirat oder Einbürgerung). Die Frage mit ihren verschiedenen Modifikationen war bis 1961 unproblematisch. Das änderte sich 1971. Ab diesem Jahr gab es mit jedem Zensus einen erneuten Versuch, den Themenkomplex Nationalität, *race*, *ethnic group* in eine oder mehrere Fragen zu fassen. Diese Fragen wichen zum Teil erheblich voneinander ab. Da es aber ein grundsätzliches Anliegen von Volkszählungen war, eine möglichst lange Vergleichbarkeit zu erzielen, war die wiederholte Änderung einer Frage nicht erwünscht. Wenn also trotzdem für jede der Volkszählungen ab 1971 eine andere Frage formuliert wurde, so lässt das auf ein grundsätzliches Problem zwischen den verschiedenen an der Volkszählung beteiligten Akteuren schließen. In Kapitel V wird es deshalb um die Frage gehen, wie in britischen Volkszählungen Wissen über ethnische Herkunft produziert wurde und wie dieses Wissen zirkulierte und sich veränderte. Welche Akteure äußerten sich wie und in welchem historischen Kontext zu dieser Frage? Wie und warum wurde die Frageform verändert? Gab es einen Konsens und, wenn ja, wie wurde er erzeugt? Wichtige Quellen sind hier neben den Diskussionen im Kontext des Home Affairs Committee on Ethnic and Racial Question in the Census (1982–83), Artikel aus Zeitungen und Zeitschriften sowie die Unterlagen des Runnymede Trusts, einem wichtigen Think Tank für die sogenannte *race equality*.

In diesem Kapitel wird das Empire in dreifacher Hinsicht relevant: erstens in der eigentlichen Zensusfrage zur (ethnischen) Herkunft, zweitens in den historischen Akteuren und drittens in methodischer Hinsicht in Form der Auseinandersetzung von Konzepten wie *race* und *ethnicity*. „Statistical facts and figures are not politically neutral. They are powerful tools in the hands of racists, as the long and sorry history of the ‚numbers game‘ illustrates,“[80] schrieben Jackie und Homi Bhabha am 16. Januar 1980 in einem Leserbrief an die Zeitung *The Guardian* und bezogen somit klar politisch Stellung gegen eine Frage zur ethnischen Herkunft im Zensus. Der Leserbrief ist im Kontext zahlreicher Meinungsäußerungen und politischer Aktionen von verschiedensten historischen Akteuren zum Sinn und Zweck dieser Zensusfrage zu sehen. Mit Homi Bhabha äußerte sich hier zugleich jemand, der in den folgenden Jahren zu einem der wichtigsten Theoretiker der *postcolonial studies* werden sollte.[81] Angeregt durch Edward Saids Buch *Orientalism* von 1978, von dem der ‚Orient‘ als westliches Konstrukt und Ergebnis westlicher imperialer Programme analysiert wurde, entwickelte sich das Forschungsfeld der *postcolonial studies*, das sich mit den Wirkungen und Hinterlassenschaften von Kolonialismus auf Nationen, Gesellschaften und Kulturen vor und nach der Unabhängigkeit der einstigen Kolonien beschäftigt, d. h. es wurden die entkoloni-

[80] Jackie und Homi Bhabha, Census Figures that Cannot Defeat Racism, THE GUARDIAN 16. 1. 1980.

[81] BHABHA, Location of Culture. Darin erschienen mehrere Beiträge, die z. T. schon in den 1980er-Jahren veröffentlicht worden waren (z. B. der zentrale Text „Of Mimicry and Man. The Ambivalence of Colonial Discourse“).

sierten Gesellschaften und die ehemaligen ‚Mutterländer', die Metropolen, gleichermaßen in die Analyse einbezogen.[82] Als wichtiger Schwerpunkt etablierte sich schon früh das Feld des *colonial knowledge* – „the form and content of the knowledge that was produced out of and enabled resource exploitation, commerce, conquest, and colonization."[83] Zentrale Fragen der Wissensproduktion und -zirkulation wurden hier schon vor den europäischen Überlegungen zu einer Wissensgeschichte unter Einbeziehung verschiedenster historischer Akteure und ihrer jeweiligen Handlungsspielräume (*agency*) diskutiert. Ebenso wurden übertrieben optimistische Sichtweisen, die von hierarchiefreien Räumen der Aushandlung von Identitäten ausgingen, kritisch reflektiert.[84] Die Zensusfrage zu *race* und *ethnicity* war somit in hochgradig intellektuelle und differenzierte Forschungsdiskussionen eingebunden, die auch von anderen gesellschaftlichen Akteuren adaptiert wurden und eine akzeptierte Formulierung der Frage zunehmend unmöglich machten.

# 3. Untersuchungszeit und -raum

## a) Vorgeschichte und Einführung der britischen Volkszählung

Schon früh erhob der englische Staat Daten über Landbesitz, Güter und Menschen. Das *Domesday Book* aus dem 11. Jahrhundert ist eines der ersten Beispiele, das zu diesem Thema genannt werden kann. Ebenso gaben mittelalterliche Kopfsteuern oder Statistiken über Todesursachen Aufschluss über die Bevölkerung.[85] Allerdings intendierten diese Erhebungen nicht, den Herrschenden ein umfassendes Bild der gesamten Bevölkerung zu vermitteln.[86] So interessierte sich das *Domesday Book* zum Beispiel für die Erhebung des Grundbesitzes, Menschen wurden dabei nur nebenbei quasi als Anhängsel erfasst. Frühere Quellen, aus denen bevölkerungsrelevante Informationen gewonnen werden können, sind deshalb nicht vergleichbar mit Volkszählungsdaten, denn erst mit den Volkszählungen stand tatsächlich die Erfassung der gesamten Bevölkerung im Mittelpunkt.

Großbritannien war im Vergleich zu Ländern wie Island (1703) oder Schweden (1749) ein Nachzügler hinsichtlich der Einführung der Volkszählung. Trotzdem

[82] Vgl. dazu z. B. die Überblicksdarstellung: LINDNER, Neuere Kolonialgeschichte und Postcolonial Studies.

[83] BALLANTYNE, Colonial Knowledge, S. 178.

[84] Besonders wichtig wurde hier Gayatri Chakravorty Spivaks zuerst 1985 veröffentlichter Beitrag: SPIVAK, Can the Subaltern Speak?. Siehe auch zur aktuellen Tendenz weg von Diskursen hin zu Archiv-basierten Studien: SENGUPTA und ALI, Introduction.

[85] Für eine umfassende Geschichte der englischen Bevölkerung und der relevanten Quellen siehe HINDE, England's Population.

[86] Vgl. HIGGS, Making Sense of the Census Revisited, S. 3.

hatten bereits im späten 17. Jahrhundert Pioniere der politischen Arithmetik versucht, Bevölkerungszahlen zu ermitteln; diese variierten allerdings erheblich.[87] So schätzte William Petty aufgrund der *Bills of Mortality* die englische Bevölkerung im Jahr 1686 auf über sieben Millionen, während sein Zeitgenosse Gregory King zusätzlich Angaben über Steuerabgaben hinzuzog und auf eine Bevölkerungszahl von gut fünf Millionen kam.[88] Im 18. Jahrhundert entfachte sich dann eine Debatte darüber, ob England seit der Glorreichen Revolution von 1688 einen Bevölkerungsanstieg oder -rückgang zu verzeichnen hatte.[89] Kennzeichnend für diese Debatte war der Mangel an verlässlicher Bevölkerungsstatistik; trotzdem scheiterte eine dementsprechende, im Jahr 1753 eingereichte Gesetzesvorlage im House of Lords.[90] Für den Widerstand im 17. und 18. Jahrhundert wurden häufig die Sorge vor neuen Steuern und religiös begründete Vorbehalte genannt.[91] Erst knapp fünfzig Jahre nach der Gesetzesvorlage von 1753 änderte sich dies, vermutlich nicht zuletzt bedingt durch den 1798 erschienenen *Essay on the Principle of Population* von Thomas Robert Malthus.[92] Zudem spiegelten die Erfahrungen und Bedingungen der Zeit die von Malthus beschriebene Situation wider: Das Land befand sich im Krieg mit Frankreich und hatte eine Reihe von schlechten Ernten und Nahrungsmittelengpässen zu verkraften. Es lag demnach nahe, festzustellen, wie viele Menschen überhaupt im Land lebten, wer in der Landwirtschaft arbeiten konnte, wer zum Militär eingezogen werden konnte usw.[93] Die Gesetze zu den ersten Volkszählungen von 1801 bis 1831 bezogen sich in ihren Titeln dann auch explizit auf die Bevölkerungsdebatte: *An Act for Taking an Account of the Population of Great Britain, and of the Increase or Diminution thereof.*[94] In der Forschung existieren unterschiedliche Meinungen darüber, ob der ausschlaggebende Impuls wirklich Malthus zugeschrieben werden kann oder ob dem Parlamentarier Charles Abbot gemeinsam mit John Rickmann, der auch die

[87] Grundlegend siehe CULLEN, Statistical Movement, S. 1–16.

[88] THIRSK und COOPER (Hrsg.), Seventeenth-Century Economic Documents, S. 761–774. Vgl. HIGGS, Pre 1801-Population Estimates. Siehe auch WRIGELY und SCHOLFIELD, Population History of England.

[89] GLASS, Numbering the People, S. 11–89.

[90] Die Gesetzesvorlage trug den aussagekräftigen Namen „A Bill, with Amendments, for Taking and Registering an Annual Account of the Total Number of People, and the Total Number of Marriages, Births and Deaths; and also the Total Number of Poor Receiving Alms in Every Parish, and Extraparochial Place in Great Britain." Sie ist abgedruckt in: GLASS (Hrsg.), Development of Population Statistics, S. 1. Siehe zudem NISSEL, People Count, S. 48; HIGGS, Making Sense of the Census Revisited, S. 6.

[91] Vgl. dazu RUSNOCK, Vital Accounts, S. 182f.

[92] [Malthus ], Essay on the Principle of Population. Malthus veröffentlichte die erste Ausgabe anonym.

[93] EYLER, Victorian Social Medicine, S. 39; CULLEN, Statistical Movement, S. 12f. Kritisch dazu: GLASS, Numbering the People, S. 96–98. Zur früheren Ablehnung der Volkszählung wegen der Sorge um neue Steuern siehe z. B. JONES, Social Surveys. Zum Militär vgl. CULLEN, Statistical Movement, S. 12.

[94] An Act for Taking an Account of the Population of Great Britain, 1800. Siehe auch Anhang Tabelle C.2.

ersten Volkszählungen organisierte, eine größere Rolle zukam.[95] Fraglich ist zudem, wie viel Bedeutung einzelnen Personen eingeräumt werden muss, denn im beginnenden 19. Jahrhundert begann sich auch die Rolle des Staates zu verändern und erweitern. Eine der neuen Entwicklungen führte langfristig hin zum Wohlfahrtsstaat, für den die Ermittlung von Problemgruppen und die Bereitstellung von Daten eine zunehmende Rolle spielte.[96] Ebenso übernahmen zivilgesellschaftliche Gruppen, die ebenfalls an Statistiken interessiert waren, die Versorgung dieser Gruppen (siehe dazu Kapitel IV).

Das Verwaltungssystem, das auf der Basis des im Jahr 1800 erlassenen Gesetzes aufgebaut wurde, war für die Volkszählungen der folgenden dreißig Jahre maßgeblich. Vermutlich wäre auch der Zensus von 1841 in ähnlicher Art abgelaufen, wenn nicht Rickmans plötzlicher Tod im August 1840 eine Neuorganisation erfordert hätte.[97] Damit und mit der Streichung des Bezugs auf die Bevölkerungsdebatte in den Zensusgesetzen endet ein erster Abschnitt der Volkszählungsgeschichte (siehe Anhang Tabelle C.2).

## b) Zäsuren und Periodisierungen

Während sich Arbeiten zum Zensus, die sich mit *nation building* und *state formation* befassen, plausibel auf das 19. Jahrhundert beschränken können,[98] gibt es für eine Geschichte der Methoden der Umfrageforschung keinen überzeugenden Grund, die Geschichte um 1890 oder mit dem Ersten Weltkrieg enden zu lassen. Der 1841 eingeführte Selbstausfüller-Fragebogen war auch 2011 in modifizierter Form noch im Einsatz, ebenso gab es weiterhin Volkszähler, das Zensusbüro, die gesetzlichen Grundlagen für die Durchführung der Volkszählung und die in den politischen Prozess eingebundenen Versuche, Fragethemen festzulegen – kurzum: die Methoden erwiesen sich als erstaunlich stabil. Arbeiten, die sich z. B. mit der Markt- und Meinungsforschung in verschiedenen Anwendungsbereichen oder mit der Stichprobenerhebung beschäftigen, können sinnvoll ab den 1920ern oder vor allem ab 1945 – begründet durch die zunehmende Verbreitung der *sample surveys* und den zunehmenden Einfluss auf Politik, Gesellschaft und Wirtschaft – einsetzen, aber die Geschichte der Methoden wurde für die Volkszählungen als grundlegender Datenquelle für andere Umfragebereiche nicht mit der Erfindung der Stich-

95 Cullen, Statistical Movement, S. 12f. Für die Bedeutung von Malthus spricht sich z. B. A.J. Taylor aus: Taylor, Taking of the Census, 1801–1951. Cullen bezieht sich auf einen Aufsatz von John Rickmann, der 1800 nachgedruckt wurde: Rickman, Thoughts on the Utility and Facility of Ascertaining the Population of England.

96 Siehe z. B. Fraser, Evolution of the British Welfare State; Thane, Foundations of the Welfare State; Harris, Origins of the British Welfare State; Lowe, Welfare State in Britian since 1945.

97 Siehe dazu auch Higgs, Making Sense of the Census Revisited, S. 9.

98 Obwohl auch hier für einen längeren Untersuchungszeitraum argumentiert werden kann, wenn man davon ausgeht, dass für die Durchsetzung des Ordnungsmodells ‚Nation' gerade das 20. Jahrhundert relevant war. Vgl. Raphael, Ordnungsmuster und Selbstbeschreibungen, S. 13.

probe revolutioniert. Arbeiten zur Geschichte des *social engineering* oder der Verwissenschaftlichung des Sozialen beginnen zumeist – wenn sie sich nicht auf einen engen Untersuchungszeitraum vom Ersten Weltkrieg bis in die 1960er einlassen – in den 1880ern oder 1890ern.[99] Begründet wird dies u. a. damit, dass seit dieser Zeit grundsätzliche Annahmen des Liberalismus durch wirtschaftliche Krisen und wachsende Unsicherheit angegriffen wurden. Während sich diese Anfangszeit um 1890 weitestgehend etabliert hat, scheinen die Endpunkte der verschiedenen Studien wesentlich unklarer. Häufig hören die Untersuchungen um 1980/1990 auf. Als Begründungen dienen die politische Zäsur durch das Ende des Kalten Krieges, die Einführung neuer Technologien oder eine Tendenz, die quasi als zweite Verwissenschaftlichung beschrieben werden kann, d. h. eine Phase, in der die verschiedenen Einsatzmöglichkeiten der Sozialwissenschaften und die Macht ihrer Experten zunehmend kritisch reflektiert wurden.[100] Der Endpunkt um 1980/1990 erscheint dabei vielfach als Behelf. Gerade aus der Perspektive der Geschichte der Wissensproduktion, für die methodische Diskussionen und Praktiken ebenso wie politische Aushandlungsprozesse über das ‚richtige' oder ‚relevante' Wissen zu einer bestimmten Zeit zentral sind, kann die Zeit ab den 1970ern bzw. 1980ern zwar als Einschnitt gesehen werden, aber dieser Einschnitt ist nicht signifikanter als der um 1890 mit der ersten großen Prüfung durch ein Treasury Committee, 1911 mit der Einführung der Hollerith-Maschine, 1920 mit der Verstetigung des Zensusbüros durch den *Census Act* oder 1971 mit der Einführung des ersten computerlesbaren Fragebogens. Denkt man mit Hans Günter Hockerts (Zeit)Geschichte als Problemgeschichte,[101] so scheinen erst die aktuellen Diskussionen um die Abschaffung der Volkszählung im Zeitalter von Big Data eine signifikante Zäsur zu bilden. Wurde auch schon zuvor über die Abschaffung des Zensus aus Kostengründen diskutiert, so gab es doch bisher keine wirkliche Alternative. Das hat sich heute geändert, da durch die computerbedingte Konnektivität von Daten neue Möglichkeiten der Datenerfassung vorhanden sind, die allerdings vor allem im staatlichen Bereich durch den Datenschutz eingeschränkt werden. Diese neuen Möglichkeiten haben erstmals in der 200jährigen Geschichte der Volkszählungen signifikanten Einfluss auf die Methoden, sodass hier trotz der für die historische Einordnung schwierigen zeitlichen Nähe eine deutliche Zäsur vermutet werden kann. Der für dieses Buch gewählte, lange Untersuchungsraum ermöglicht es daher, aus der Perspektive der Volkszählungen und weiterer Umfragen, nach Periodisierungen für den langen Zeitraum ab 1800 bzw. 1801 zu fragen. Die Frage nach dem Beitrag, den die Geschichte der Methoden zu den geschichtswissenschaftlichen Periodisierungsdiskussionen leistet, wird das vorliegende Buch durchgängig begleiten und wird im

[99] Grundlegend siehe: Popper, The Open Society. Aus der vielfältigen Literatur siehe z. B. Etzemüller (Hrsg.), Ordnung der Moderne; Walter-Busch, Faktor Mensch. Zum engen Zeitraum siehe: Etzemüller, Social Engineering.

[100] Raphael, Verwissenschaftlichung des Sozialen, S. 178f.; Wagner, Social Science and Social Planning. Zusammenfassend siehe auch Ziemann, Wetzell, Schumann und Brückweh, Introduction, S. 4.

[101] Hockerts, Zeitgeschichte in Deutschland.

Schluss wieder aufgenommen. Dort findet auch eine Verortung der Ergebnisse dieses Buches in die aktuelle Herausforderung von Big Data statt.

### c) Nationaler Rahmen, internationale Netzwerke und transnationale Prozesse

Mit Blick auf den Untersuchungsraum könnte der Einwand erhoben werden, dass es – nachdem die Bedeutung der Volkszählung für die Entstehung verschiedener Nationen im 19. Jahrhundert herausgearbeitet worden ist – an der Zeit sei, den nationalen Rahmen zu verlassen und den Blick auf transnationale Prozesse, internationale Netzwerke oder gar globale Verbreitungen zu werfen.[102] Dagegen spricht für ein Buch, das in die „Fertigungshallen sozialer Fakten" Einblicke geben will, ein Phänomen, das von Lutz Raphael als „methodischer Nationalismus" bezeichnet wurde.[103] Gemeint ist damit, dass die Soziologen in ihrer Gegenwartsdiagnose und Vergangenheitsdeutung eng ihrer eigenen Nation verbunden geblieben sind. Erste Tiefenbohrungen zur Geschichte des britischen Zensus haben dies bestätigt. Zwar haben sich die Volkszählungs‚macher' maßgeblich an internationalen Statistikerkongressen beteiligt und bei der Entwicklung ihrer Fragebögen an den Methoden und Praktiken in anderen Ländern orientiert – dies wird auch vielfach im Folgenden thematisiert und als Perspektive eingenommen werden – der Referenzrahmen blieb aber immer die eigene Nation.

### d) Großbritannien und die (geringe) Rolle des Empires

Da jede Volkszählung von einer Einteilung in geografische Räume ausgeht, stellt sich die Frage, was wann in diesem Buch mit ‚britisch' gemeint ist. Den Kernbestand der Untersuchung bilden der englische und der walisische Zensus im 19. und 20. Jahrhundert;[104] Schottland und Irland bzw. später auch Nordirland werden ebenso punktuell hinzugezogen wie Verweise auf Zählungen in den Koloni-

[102] Aus der Vielzahl der Beiträge zu diesem Thema siehe z. B. die ab 2005 veröffentlichte Artikelserie „Transnationale Geschichte" in H-Soz-u-Kult, http://hsozkult.geschichte.hu-berlin.de/?pn=texte&id=584 (aufgerufen am 7. 3. 2012). Weiterhin: Haupt und Kocka (Hrsg.), Comparative and Transnational History; Budde, Conrad und Janz (Hrsg.), Transnationale Geschichte, sowie dazu das Review-Symposium auf *H-Soz-u-Kult*: Ziegeldorf, Transnationale Geschichte.

[103] Raphael, Ordnungsmuster und Selbstbeschreibungen, S. 12. Raphael bezieht sich hier auf die Beiträge von Ziemann und Knöbl: Ziemann, Metaphorik des Sozialen; Knöbl, Problem ‚Europa'. Siehe auch die Einschätzung von Sarah Igo: „One intriguing feature of most major early survey operations, even if not state-run, was that the imagined their scope to be *national*, rather than sub-national or international." Igo, Hearing the Masses, S. 217. Hervorhebung im Original.

[104] Abgesehen von der Frage der Sprache stimmten die Volkszählungsbögen für Wales und England überein. Zur Sprachfrage im Zensus siehe: Williams und Parry, Welsh Language and the 1891 Census.

en.[105] Der irische Zensus lief von Anfang an separat von den Zählungen in England, Wales und Schottland ab[106] und wurde über gesonderte Gesetze geregelt. Zwar wurde der erste *Census of Great Britain* 1801 und somit im Jahr der Union von Irland und Großbritannien durchgeführt, aber der dafür notwendige *Census Act* von 1800 war kurz vor Gründung der Union erlassen worden und umfasste nur England, Wales und Schottland. Allerdings wollte die Regierung in Westminster auch für Irland eine Volkszählung veranlassen. Ein erster Versuch, ein entsprechendes Gesetz durchzusetzen, scheiterte im Jahr 1806. Nachdem Irland auch 1811 im britischen Zensus ausgelassen worden war und es nach einem Gesetz von 1812 in Irland zunächst zu praktischen Problemen bei der darauf folgenden Zählung kam, gab es 1821 einen ersten abgeschlossenen irischen Zensus, der nun alle zehn Jahre wiederholt wurde. Die Geschichte der irischen Zählungen verläuft – obwohl in denselben Jahren durchgeführt – auch inhaltlich getrennt zu der in den übrigen Landesteilen und wird hier nur punktuell zum Beispiel im Kapitel zur *disability*-Frage hinzugezogen.

Der schottische Zensus ist eng mit dem englischen und walisischen verbunden, obwohl es seit 1855 ein eigenes General Register Office in Edinburgh[107] und zwischen 1860 und 1890 auf Schottland bezogene *Census Acts* gab (vgl. Anhang Tabelle C.2). Die beiden folgenden *Census Acts* für 1901 und 1911 galten dann wiederum für England, Wales und Schottland und auch der *Census Act* von 1920 bezog Schottland mit ein.[108] In Nordirland wurden gesonderte Gesetze für Volkszählungen in den Jahren 1926 und 1937 erlassen. Erst mit dem *Census Act (Northern Ireland) 1969* wurde auch die nordirische Volkszählung verstetigt, wie für die übrigen britischen Inseln bereits durch den *Census Act* von 1920 geschehen.

Das Empire gehörte aus Volkszählungsperspektive nie wirklich dazu: In den *Census Reports* von 1861 bis 1931 wurde versucht, die Ergebnisse in unterschiedlichem Maße als Volkszählung für das Empire zu präsentieren. Insbesondere im Bericht zur Volkszählung von 1871 hieß es: „This is the first time that a Census has been taken of the British Empire.“[109] Diese Formulierung war irreführend, denn es wurde nicht etwa ein Zensus für das gesamte Empire durchgeführt, vielmehr wurden – falls vorhanden – die verschiedenen Zählungen aus einzelnen Ländern im Bericht zusammengefasst. Die folgenden Berichte für 1881 und 1891 erwähnten das Empire zwar, aber nur auf einer Seite in ihren *General Reports.*

[105] Zum irischen Zensus und zu Zählungen in den Kolonien siehe auch LEVITAN, Cultural History of the British Census, Kapitel 6: ‚Sprung from ourselves: Counting race at home and the colonies‘, S. 147–178.

[106] Vgl. CRAWFORD, Counting the People.

[107] De facto arbeiteten die beiden GRO allerdings zusammen und bemühten sich um einheitliche Zensusbögen. Dies ist z. B. bei der *disability*-Frage zu beobachten, bei der die Diskussionen zwischen den Landesteilen im Austausch standen (vgl. dazu Kapitel IV).

[108] An Act to Make Provision for the Taking from Time to Time of a Census for Great Britain, 1920, 9 Application to Scotland. Die notwendigen zusätzlichen *Census Orders* und *Census Regulations* mussten dann wiederum gesondert für Schottland erarbeitet werden.

[109] Census of England and Wales, 1871, General Report, PP 1873, S. vii. Siehe auch die folgenden Seiten im *Census Report*, die sich mit dem Empire beschäftigen.

1901 stieg das Interesse wiederum und es wurde sogar ein separater Band zum *Census of the British Empire* mit ausführlichen Tabellen veröffentlicht.[110] Im *General Report* für diese Erhebung wurde allerdings deutlich, dass es den einzelnen Kolonien oblag, die Zählungen durchzuführen, und diese nicht immer in der Lage dazu waren: So wurden Volksbefragungen in Indien, Australien und Kanada als Erfolge gemeldet, die westindischen Kolonien konnten sich dagegen aufgrund ihrer prekären finanziellen Lage nicht beteiligen und das britische Südafrika führte aufgrund des Burenkrieges erst 1904 eine Zählung durch.[111] 1911 wurden mehrere Tabellen zum Empire veröffentlicht, aber kaum kommentiert. Diese Tendenz der geringen Beachtung des Empire setzte sich für 1921 und 1931 fort, sodass der Historiker Edward Higgs zu der abschließenden Beurteilung kommt: „The Empire as a statistical idea was in retreat long before its actual demise after the Second World War."[112] Dieser Befund soll allerdings nicht ausschließen, dass Volkszählungen in den Kolonien als Werkzeug eines britischen Imperialismus eingesetzt wurden. So hat z. B. Bernhard Cohn gezeigt, wie in Südasien während des 19. Jahrhunderts britische Zensusklassifizierungen in Kombination mit anderen Praktiken der indischen Bevölkerung wirkmächtige Identifikationslabel aufprägten, gegen die sie sich zunächst zwar wehrte, diese dann aber übernahm.[113] Für die Volkszählungen auf den britischen Inseln spielte das Empire aber nur eine begrenzte Rolle, d. h. Census Officer aus Indien berichteten zum Beispiel über ihre Erfahrungen vor der Royal Statistical Society und leiteten daraus Verbesserungsvorschläge für den Zensus in der Metropole ab. Am deutlichsten spielte das Empire im 20. Jahrhundert eine Rolle im Kontext der Migration und konkret in der Abfragung des Geburtsorts, der Nationalität, nationaler Identität oder der *ethnicity* (vgl. dazu Kapitel V).

110 Census of the British Empire, 1901, Report, PP 1906.

111 Census of England and Wales, 1901, General Report, PP 1904 , S. 188. Vergleichend zu Volkszählungen in Europa und Indien siehe Hirschhausen, People that Count. Besonders einflussreich: Bayly, Empire and Information.

112 Higgs, Imperial Censuses.

113 Cohn, Census, Social Structure and Objectification in South Asia. Siehe zu dem Themenkomplex auch: Dirks, Castes of Mind; Dutta, Carving Blocks.

# Erster Teil:

# Akteure und Methoden der Umfrageforschung

# Erster Teil

## [illegible]
## [illegible]

# Kapitel I

# Akteure des Wissens. Eine Kollektivbiografie der Umfrageforscher

Like many of you I too became associated with The Social Survey by chance. It began for me by observing reactions of crowds at exhibitions, helping certain old people to weigh their food at mealtimes and questioning by-passers in Piccadilly Circus. All of which seemed an infinitely varied way of filling in time for a bit and getting cash before setting about the business of pursuing a career.[1]

Mit diesen Worten wandte sich im Jahr 1978 Jean Atkinson im Weihnachtsrundbrief an ihre Interviewer. Als Head of Field Branch beschrieb sie ihren eigenen Werdegang als zufällig und dennoch sehr erfolgreich, denn von der ‚einfachen' Interviewerin war sie zur Verantwortlichen für alle Interviewer der staatlichen Social Survey-Abteilung geworden. Damit war sie eine der elf Entscheidungsträger/innen im Office of Population Censuses and Surveys, zu dem u. a. die Social Survey Division und die Census Division gehörten.[2] Da es sich bei der Umfrageforschung um einen Bereich handelt, der sich im 19. und vor allem im 20. Jahrhundert zu professionalisieren begann, stellt sich anhand der Biografie von Jean Atkinson die Frage, ob dies ein typischer Karriereweg war. Bot der geringe Professionalisierungsgrad Quereinsteigern die Möglichkeit, eine erfolgreiche Karriere zu absolvieren und in verantwortliche Positionen aufzusteigen? Stellte die Umfrageforschung gerade für Frauen ein attraktives Arbeitsfeld dar? Oder repräsentiert Jean Atkinson nur einen der wenigen Bereiche – vielleicht aufgrund der Nähe zu den vielfach von Frauen durchgeführten Interviews sogar den einzigen Bereich – innerhalb der Umfrageforschung, in denen ein solcher Aufstieg möglich war? Dafür könnten die Begrüßungszeilen im selben Weihnachtsbrief, die von Atkinsons Vorgesetztem, dem Head of Social Survey Frank Whitehead, geschrieben wurden, ein Hinweis sein:

I have had a busy and interesting year planning the programme with the help of senior staff but we have also spent a fair amount of time on staff matters. I have met officers of the interviewer committee twice in the past year […]. I am very conscious of the fact that interviewers are the vital link between our plans and the public – without them survey would never be completed.[3]

Diese Zeilen lesen sich wesentlich nüchterner und deuten auf das häufig durch Distanz charakterisierte Verhältnis von Interviewern im Feld und Umfrageforschern am Schreibtisch hin (vgl. Kapitel II). War Frank Whitehead, der vom Department of Health and Social Security zur Government Social Survey Division kam und innerhalb der staatlichen Verwaltung Karriere machte, viel eher als Jean Atkinson ein typischer Vertreter der Umfrageforschung in der zweiten Hälfte des

1 Merry Christmas and a Happy New Year. Newsletter 1978. In Confidence to Field Branch Interviewers from Jean Atkinson, TNA, RG 40/335.

2 Office of Populations Censuses and Surveys, Organisation Chart 1976, TNA, RG 20/203.

3 Merry Christmas and a Happy New Year. Newsletter 1978. In Confidence to Field Branch Interviewer from the Head of Social Survey, TNA, RG 40/335.

20. Jahrhunderts?[4] In diesem Kapitel wird mithilfe einer Kollektivbiografie untersucht, wer die maßgeblich für die Ausarbeitung der Volkszählungen und Umfragen zuständigen Personen waren und welche Lebens- und Karrierewege sie durchliefen. Vor- bzw. zwischengeschaltet sind der Kollektivbiografie Abschnitte, die einerseits die grundlegende Organisation und Administration der Volkszählungen darstellen (vgl. Abschnitt I.1) und andererseits einen Überblick über verschiedene Zweige der Umfrageforschung liefern (vgl. Abschnitt I.4). Hier werden zudem Zäsuren und Periodisierungen für den langen Zeitraum der Untersuchung angeboten. Dieses Kapitel bietet also neben der Geschichte der Akteure des Wissens zugleich eine Einführung in die zweihundertjährige Geschichte von Volkszählungen und Umfragen. Die eigentliche Kollektivbiografie des Kapitels geht in drei Schritten vor: Denn während viele Akteure auf die Themen des Fragebogens einwirkten oder einwirken wollten, oblag es im Fall der Volkszählungen für den größten Teil des Untersuchungszeitraums den Registrars-General, also den obersten Standesbeamten, über die letztendliche Gestalt des Fragebogens und der Volkszählung zu entscheiden. In einem ersten Schritt, wird es deshalb um die Lebens- und Karrierewege dieser Registrars-General gehen. Insbesondere im 19. Jahrhundert arbeiteten die Registrars-General eng mit den Statistical Superintendents, die die Hauptarbeit übernahmen, zusammen. Aus diesem Grund wird in einem zweiten Schritt die Gruppe der Registrars-General um diese engen Mitarbeiter im Zensusbüro erweitert. Zusätzlich wird versucht, weitere Mitarbeiter im Zensusbüro zu identifizieren und nach ihren Lebens- und Karrierewegen zu fragen. Um einschätzen zu können, inwieweit diese Personengruppen typisch für die Umfrageforschung der jeweiligen Zeit waren, werden in einem dritten Untersuchungsschritt – quasi als Kontrollgruppe – die Lebens- und Karrierewege von Umfrageforschern außerhalb des staatlichen Bereichs hinzugezogen. Grundsätzlich kann nach den verschiedenen Arbeitsfeldern unterschieden werden: erstens die privat finanzierte bzw. später die privatwirtschaftliche, kommerzielle Umfrageforschung, zweitens die staatliche Umfrageforschung und drittens die universitäre Umfrageforschung. Wichtig sind in diesem Kontext die Überschneidungsfelder, denn im Rahmen von Berufsvereinigungen (wie der Market Research Society MRS, European Society for Opinion and Marketing Research ESOMAR oder World Association for Public Opinion Research WAPOR) trafen die in den verschiedenen Bereichen tätigen Personen zusammen, um über Probleme der in allen Anwendungsbereichen verwandten Methoden zu diskutieren. In gewisser Weise wird in diesem Kapitel somit die in der Einleitung festgelegte Gruppe der Umfrageforscher, die über die gemeinsame Methode definiert wird, wieder in ihre Einzelgruppen zerlegt, um Unterschiede zwischen den verschiedenen Bereichen erkennen zu können. Oder anders formuliert: Waren die für die Volkszählungen zuständigen Umfrageforscher typische Vertreter ihrer ‚Zunft'? Die Interviewer und Interviewerinnen gehören aus der Perspektive der Umfrageforscher nicht zu den Forschern, sondern zur Methode, sie werden deshalb nicht in diesem Kapitel

[4] Moss, Government Social Survey, S. 93.

berücksichtigt, sondern in Kapitel II zu den Methoden der Umfrageforschung. Erkenntnisleitend für dieses Kapitel sind neben den bisher skizzierten Fragen nach den sozialen und beruflichen Aufstiegschancen und nach der Mobilität innerhalb der verschiedenen Umfragebereiche, zudem weitere nach den Ausbildungswegen und den vertretenen Disziplinen. Gab es hier Personen außerhalb der klassischen Oxbridge-Ausbildungen und wie wichtig wurde die 1895 gegründete London School of Economics and Political Science für diesen Tätigkeitsbereich?[5] Diese Frageebene bezieht sich auch auf die vertretenen Disziplinen: Hatte S.L. Payne noch 1951 geschrieben, dass der Statistiker der einzige Spezialist unter den Umfrageforschern war,[6] so stellt sich die Frage, welche weiteren Disziplinen im 20. Jahrhundert wichtig wurden. Weiterhin lassen die internationalen Statistikerkongresse und die Erfahrungen mit den Volkszählungen in den Kolonien vor allem im 19. Jahrhundert sowie die internationalen Zusammenschlüsse und Konferenzen (z. B. im Rahmen der ESOMAR und der WAPOR) bzw. die transnationalen Diskussionszusammenhänge in den Fachzeitschriften vermuten, dass es sich um internationale Karrieren oder zumindest um international agierende oder ausgebildete Personen handelte. Aber war das tatsächlich so? Vor diesem Hintergrund soll nach der Durchlässigkeit der verschiedenen Anwendungsfelder gefragt werden, denn die mit denselben Methoden arbeitenden Umfrageforscher konnten potentiell auch in allen anderen Anwendungsfeldern der Umfrageforschung tätig werden. Fanden Wechsel zwischen der staatlichen, der akademischen und der privaten bzw. später der kommerziellen Umfrageforschung statt? Waren einzelne Bereiche zu bestimmten Zeiten beliebter als andere?

Die Kollektivbiografie orientiert sich grundlegend an den Überlegungen von Wilhelm Heinz Schröder und Lawrence Stone.[7] Stone definierte 1971 die Kollektivbiografie, für die er die Bezeichnung „prosopography" bevorzugte, als „investigation of the common background characteristics of a group of actors in history by means of a collective study of their lives."[8] Schröder lehnt seine Definition stärker an die deutsche Tradition der Historischen Sozialforschung an und versteht die Kollektivbiografie als „die theoretisch und methodisch reflektierte, empirisch, besonders auch quantitativ gestützte Erforschung eines historischen Per-

[5] Zur Geschichte der Gründung der LSE siehe: CAINE, History of the Foundation of the London School of Economics. Für eine umfassende Geschichte: DAHRENDORF, History of the London School of Economics.

[6] PAYNE, Art of Asking Questions, S. 6.

[7] Siehe die Darstellung und Diskussion verschiedener Ansätze in: SCHRÖDER, Kollektivbiographie. Zur englischsprachigen Forschung grundlegend: STONE, Prosopography. Siehe dort und bei Schröder auch die Ausführungen zur Begrifflichkeit Kollektivbiografie vs. Prosopografie. In der vorliegenden Arbeit wird der deutsche Begriff Kollektivbiografie in erster Linie deshalb bevorzugt, weil die Prosopografie zumeist mit Arbeiten zum Mittelalter bzw. der Antike verbunden wird. Vgl. zudem den deutsch-englisch vergleichenden Blick auf die Biografie in der Zeitgeschichte von Alexander Gallus: GALLUS, Biographik und Zeitgeschichte. Und für die englischsprachige Forschung das Internetportal: Prosopography Research. Modern History Research Unit. University of Oxford, Guide to the Principles and Practice of Prosopography, in: http://prosopography. modhist.ox.ac.uk/course_syllabuses.htm (aufgerufen am 14. 12. 2012).

[8] STONE, Prosopography, S. 46.

sonenkollektivs in seinem jeweiligen gesellschaftlichen Kontext anhand einer vergleichenden Analyse der individuellen Lebensläufe der Kollektivmitglieder."[9] Dabei interessieren nach der in der Einleitung angekündigten wissensgeschichtlichen Erweiterung nicht die Personen als Teil einer Berufsgruppe an sich, sondern ihre Funktionen und Aufgaben, die sie in der Produktion und Zirkulation des Wissens übernehmen. Somit geht es auch um Fragen des Selbstverständnisses der historischen Akteure und den konkreten Bedingungen und Wegen, wie diese Akteure zu Subjekten eines bestimmten Wissens geworden sind.[10] Dahinter steht die Annahme, dass es nicht allein die soziodemografischen Daten waren, die eine Person wichtig oder unwichtig werden ließen, sondern auch ihre Ideen, ihre Netzwerke und ihre Macht.[11]

In der vorliegenden Untersuchung bilden die über die gemeinsame Methode definierten Umfrageforscher das Kollektiv. Eine in Stufen vorgehende Kollektivbiografie ist in diesem Fall besonders deshalb sinnvoll, weil sich der Untersuchungszeitraum über gut zweihundert Jahre erstreckt und die zum Kollektiv gehörenden Personen sich somit änderten. Deshalb liegen dem Kapitel zwei Datenbanken zugrunde: erstens die der Registrars-General und der Mitarbeiter im Zensusbüro, die ca. 60 Personen enthält, und zweitens die der Mitglieder der Market Research Society, insbesondere ihre Gründungsmitglieder, Personen mit Verantwortung und Ehrenmitglieder (ca. 270 Personen). Die biografischen Daten wurden aus einschlägigen Lexika, insbesondere dem *Oxford Dictionary of National Biography* und dem *Who's Who*,[12] sowie aus der Literatur zu Volkszählungen im 19. Jahrhundert, insbesondere dem Internetportal *The Online Historical Population Reports Website (Histpop)*, entnommen.[13] Für die britischen Umfrageforscher der Zeit von 1946 bis 1986 war vor allem Ian Blythes Festschrift der Market Research Society *The Making of an Industry* mit den dort genannten Personen und stichwortartigen Kurzbiografien wichtig.[14] Ergänzt wurden diese Informationsquellen durch Nachrufe in den Zeitungen *Times* und *Guardian* sowie in Zeitschriften wie dem *Journal of the Royal Statistical Society*. Zusätzlich wurde die Datenbank durch Angaben im *Journal of the Market Research Society* bzw. in der Zeitschrift *Population Trends* des Office for National Statistics und durch allgemeine Suchen nach biografischen Daten zu Autoren in der Zeitschriftendatenbank JSTOR vervollständigt.

[9] SCHRÖDER, Kollektivbiographie, S. 131. Siehe auch den früheren für die deutsche Forschung wegweisenden, aus einer Sektion des 34. Historikertags in Münster 1982 hervorgegangenen Aufsatz: SCHRÖDER, Kollektive Biographien in der historischen Sozialforschung.

[10] SARASIN, Was ist Wissensgeschichte?, S. 170.

[11] Siehe dazu auch Kapitel IV und V, in denen die Entstehung von Fragen zu *disabilities* bzw. zu *ethnicity* analysiert werden.

[12] Who's Who 2013, online-Ausgabe, Oxford 2012, http://www.ukwhoswho.com/view/article/oupww/whoswho/U37388, (aufgerufen am 4. 1. 2013).

[13] Siehe zudem die Zusammenstellung der Registrars-General in: NISSEL, People Count, S. 147f. und die sich über das gesamte Buch erstreckenden Personenangaben in HIGGS, Life, Death and Statistics.

[14] BLYTHE, Making of an Industry.

# 1. Der Volkszählungsapparat: Organisation und Verwaltung

Um die Bedeutung der einzelnen Personen in der Geschichte der Volkszählungen und Umfragen einschätzen zu können, bedarf es eines Überblicks über den Zensus als administrative Praxis. So war es die umfangreiche, sich wandelnde und unterschiedlich strukturierte Organisation innerhalb der Verwaltung und ihrer Institutionen, die die dort arbeitenden Personen prägte und die wiederum von den Personen geprägt wurde. Im Folgenden wird an die Periodisierung aus der Einleitung angeknüpft und eine Einteilung der 200jährigen Geschichte vorgenommen (siehe zur Orientierung auch die Tabellen im Anhang).

*Erste Periode bis 1840: Volkszählungen unter John Rickman*

Ab 1840 waren die Volkszählungen dem Registrar-General zugeordnet und wurden im General Register Office durchgeführt. Während die ersten drei Volkszählungen in erster Linie von John Rickman und damit von einer einzelnen Person geplant wurden, stand 1840 durch die Eingliederung der Volkszählung in das General Register Office eine Institution hinter der Organisation des Zensus.[15] Zudem basierten die ersten britischen Volkszählungen von 1801 bis 1831 auf der Zählung von Häusern, nicht von mit Namen aufgenommenen Einzelpersonen in einem Haus. Dafür wurden Overseers of the Poor oder „other substantial householders" in England and Wales Zensusformulare zugeschickt; in Schottland wurde diese Aufgabe von lokalen Schoolmasters ausgeführt.[16] Diese beantworteten allerdings nur einen Teil der Zensusfragen, der Rest wurde an den Local Parish Clergy gegeben, der die Angaben aus den *Parish Registers* ergänzen sollte. Der einschneidende Umbruch von einem System, das primär auf selektiv gesammelten kirchlichen Daten beruhte, zu einem umfassenden staatlichen Meldewesen kann auf das Jahr 1836 datiert werden: In diesem Jahr wurden die *Registration and Marriage Acts* erlassen. Ein Ergebnis dieser Gesetze war die Einrichtung des General Register Office (GRO) im Somerset House in London unter der Leitung des Registrar-General im Jahr 1837. Es hatte primär die Aufgabe, Geburten, Heiraten und Todesfälle zu registrieren, hinzu kam in den folgenden Jahren die Durchführung der Volkszählungen.

*Zweite Periode: Volkszählungen im General Register Office*

Mit dem Zensus von 1841 begann aus der Perspektive der Verwaltung eine neue, zweite Periode. In der bisherigen Literatur wird allerdings die Ad-hoc-Natur der 1841er-Zählung und deren Übergangsstatus betont, sodass teilweise erst der Zensus von 1851 als Beginn einer neuen Periode angesehen wird.[17] Diese Bewertung

[15] Higgs, Making Sense of the Census Revisited, S. 11.
[16] Ders., Institutions. Zum Zensus unter John Rickman siehe auch: Eyler, Victorian Social Medicine, S. 40.
[17] Higgs, Institutions.

hing mit den besonderen Umständen im Vorfeld des 1841er-Zensus zusammen, vor allem mit dem plötzlichen Ausscheiden von John Rickman. Erst nach seinem Tod wurde die Volkszählung in das GRO eingegliedert[18] und dem Registrar-General Thomas Henry Lister übertragen. Innerhalb eines Jahres nahm Lister zahlreiche Veränderungen vor, orientierte sich allerdings auch an der Rickmanschen Tradition. Signifikant neu war 1841, dass nun erstmals einzelne Personen mit Namen und persönlichen Merkmalen im Zensusbogen aufgenommen werden sollten. Dafür änderte sich der Zensusfragebogen erheblich, was durch zwei Gesetzesnovellen im Jahr 1841, die die Einführung von Selbstausfüllerbögen und die Bezahlung der Volkszähler regeln sollten, abgerundet wurde. Im Vergleich zu späteren Zählungen waren die zusätzlichen Informationen zu den Einzelpersonen aber noch sehr reduziert (vgl. dazu Abschnitt II.1). Detaillierte Anweisungen an Volkszähler fehlten für 1841 ebenso wie die Erhebung von besonderen Gruppen, die sich z.B. aus Berufsgründen am Zensustag nicht zu Hause aufhielten (etwa Seeleute). Die Zählung von Personen, die sich in Institutionen befanden (Gefängnisse etc.), war auch noch nicht sehr ausgereift[19] und bei den Volkszählungsbezirken lassen sich für 1841 mehr Kontinuitäten mit den früheren Volkszählungen als mit denen ab 1851 erkennen (vgl. Kapitel III). Der dafür verantwortliche Registrar-General Thomas Henry Lister begleitete die Entwicklung des Zensus nicht lange. Nach seinem frühen Tod 1842 wurden George Graham als Registrar-General und William Farr als Statistical Superintendent für das General Register Office und damit für den Zensus verantwortlich. Beide waren für die Zählungen bis 1879 zuständig und sorgten somit für Kontinuität in den folgenden Dekaden.

Die Zählungen ab 1851 verliefen nach einem identischen administrativen Muster:[20] Zunächst wurde vom GRO die zuständige übergeordnete Dienststelle, also zunächst das Home Office und ab 1871 das Local Government Board, kontaktiert, die die notwendigen Schritte für den *Census Act* einleiten musste. Durch die Annahme des Gesetzesentwurfes (*Census Bill)* oder dessen Abänderung wurden im *Census Act* einerseits bereits die Fragethemen vorgegeben und andererseits die notwendigen organisatorischen und finanziellen Mittel bereitgestellt, um das Zensusbüro einzurichten. Für die damit einhergehende Organisation war das General Register Office zuständig. Aufgrund der begrenzten personellen und finanziellen Mittel wurden Beamte aus der lokalen Verwaltung hinzugezogen und das zentrale Zensusbüro wurde für die Herstellung der Fragebögen, für die Organisation der eigentlichen Volkszählung und die spätere Bearbeitung der *census returns* eingerichtet. Dafür wurden zeitlich befristet Sachbearbeiter eingestellt und geschult. Zudem mussten für ihre Unterbringung Räume gefunden und Arbeitsplätze bereitgestellt werden. Das mag sich banal anhören, aber da es bis zum *Census Act* von 1920 kein ständiges Zensusbüro gab, mussten diese umfassenden organisatorischen Aufgaben für jede Volkszählung erneut durchgeführt werden. Das

18 Ders., Early Development of the General Register Office.
19 Ders., Making Sense of the Census Revisited, S. 13, 43–57.
20 Für die folgende Darstellung siehe ebd., S. 14.

temporäre Büro für die Abwicklung der Volkszählung bestand im Schnitt drei bis vier Jahre, dann wurde es wieder aufgelöst und für den nächsten Zensus nach demselben Schema erneut eingerichtet.

*Übergangsphase von 1880 bis 1920*

Auf Verwaltungsebene war die Einrichtung eines ständigen Zensusbüros in der Folge des *Census Act* von 1920 ein wichtiger Einschnitt, der eine neue Periode einläutete. Allerdings begann sich diese Entwicklung bereits früher anzukündigen. Ein ständiges Zensusbüro ebenso wie ein ständiges Zensusgesetz waren zentrale Forderungen der Fachdiskussionen seit dem Ende des 19. Jahrhunderts, die sich im 1890 eingesetzten Committee Appointed by the Treasury to Inquire into Certain Questions Connected with the Taking of the Census manifestierten.[21] Im Dezember 1888 hatten der Finanzminister und der Präsident des Local Government Board eine Delegation empfangen, die die Überprüfung und Verbesserung der Volkszählungen forderte.[22] Das Anliegen erschien so überzeugend, dass daraufhin das Treasury Committee eingesetzt wurde, das sich mit einer Bestandsaufnahme und mit Verbesserungsvorschlägen für die Volkszählungen beschäftigte. Das zugrunde liegende Memorandum, das vor allem durch die Royal Statistical Society initiiert worden war,[23] enthielt 47 Unterschriften, darunter 16 Wissenschaftler (vor allem politische Ökonomen und Juristen), neun Parlamentsabgeordnete, neun Vertreter von Interessengruppen (darunter die Manchester und die Royal Statistical Society, die Charity Organisation Society COS und Toynbee Hall), drei Regierungsvertreter bzw. Beamte und zehn im Memorandum nicht weiter institutionell verortete Personen, unter denen sich auch der Sozialforscher und Philanthrop Charles Booth sowie der durch seine im *Journal of the Royal Statistical Society* veröffentlichten Vorschläge für die Volkszählungen von 1889 bekannte G.B. Longstaff befanden.

Das Treasury Committee selbst hatte den Auftrag

> to inquire into the System under which the Census has hitherto been conducted, and to report whether it is expedient that any change should be made in the mode in which the Census is taken, or in the subjects enumerated, and what estimated Changes in the Staff would be necessary, and what additional Charge incurred by taking the Census at more frequent intervals, or by any other Changes which the committee may recommend.[24]

Das Anliegen des Treasury Committee war somit umfassend, die Umsetzung der Empfehlungen ließ – wie im Fall des ständigen Zensusbüros – aber zum Teil auf sich warten. Neben den wichtigen Fragen der Klassifikationen (siehe Kapitel III) wurden auch die unterschiedlichen Vorgehensweisen in England und Wales sowie Schottland und Irland diskutiert. In Schottland waren 1855 und in Irland 1864 eigene General Register Offices eingerichtet worden, die die Volkszählungen durch-

[21] Report of the Committee Appointed by the Treasury, PP 1890, S. viii. Zur Bewertung siehe Higgs, Life, Death and Statistics, S. 124f.; Szreter, Fertility, Class and Gender in Britain, S. 114–120.

[22] Report of the Committee Appointed by the Treasury, PP 1890, S. iii.

[23] So die Darstellung bei Szreter, Fertility, Class and Gender in Britain, S. 114.

[24] Report of the Committee Appointed by the Treasury, PP 1890, S. v.

führten. Eine Zusammenlegung dieser Ämter, die zugleich eine Stärkung des GRO bedeutet hätte, wurde nicht diskutiert.

Mit dem Treasury Committee war erstmals ein Gremium berufen worden, das die Arbeit des GRO in Bezug auf die Volkszählungen kritisch prüfen sollte. Während in der Literatur die Zeit im General Register Office unter George Graham und William Farr als produktiv und innovativ eingeschätzt wird, bezeichnet Edward Higgs das späte viktorianische Zeitalter als „age of inertia".[25] In ähnlicher Weise charakterisiert Simon Szreter die Zeit von 1880 bis 1900 als „The GRO in adversity", was er u. a. auf die erstarkenden Theorien der Eugeniker und damit verbunden eine Konkurrenz der mehrheitlich im GRO vertretenen Environmentalisten zurückführt.[26] Als maßgebliche Akteure hinter der Einführung des Treasury Committee werden der Sozialreformer Charles Booth und der Cambridger Nationalökonomon Alfred Marshall gesehen. Beide wurden auch als Zeugen gehört und Booth agierte sogar in doppelter Funktion, denn er war gleichzeitig Mitglied des Komitees. Weiterhin gehörten der auf Einsparungen fixierte Permanent Secretary at the Treasury, Reginald Welby, der Registrar-General, Brydges Henniker, sowie die MPs Leonard H. Courntey, Charles A. Whitmore, Munro Ferguson und der ehemalige MP Sir Hugh Owen dem Komitee an. Generell wird die Einberufung des Komitees in der Literatur als Schwächung des GRO gewertet, denn ab diesem Zeitpunkt nahmen immer mehr Vertreter von anderen Regierungsabteilungen auf die Volkszählungen Einfluss.[27] So verstand auch das GRO die glimpflich abgelaufene Untersuchung als Warnschuss und konsultierte im Vorfeld der nächsten Volkszählungen andere Einrichtungen wie das Labour Department und das Factory Inspectorate of the Home Office.[28]

In diesen Kontext passt die zunehmende institutionelle Unterordnung des GRO unter andere Regierungsstellen in den letzten Jahrzehnten des 19. Jahrhunderts – auch dies kann als Indiz für einen Umbruch gesehen werden. Folgt man der Interpretation von Edward Higgs, so war der Registrar-General zunächst verfassungsmäßig relativ unabhängig, d. h. er war nominell dem Home Office unterstellt, aber das Ministerium ließ den beiden ersten Registrars-General, Thomas Lister (1836[29]–1842) und George Graham (1842–1879), viel Freiheit.[30] Eine Änderung erfolgte im Jahr 1871 mit der Unterordnung des GRO unter das Local Government Board, das selbst ein Amalgam aus Poor Law Commission und Medical Department of the Privy Council war.[31] Das Local Government Board

[25] Higgs, Life, Death and Statistics, S. 90.

[26] Szreter, Fertility, Class and Gender in Britain, S. 93 f.

[27] Vgl. z. B. Higgs, Life, Death and Statistics, S. 127; Szreter, Fertility, Class and Gender in Britain, S. 119 f.

[28] Szreter, Fertility, Class and Gender in Britain, S. 120.

[29] Das General Register Office wurde 1837 gegründet, Lister wurde aber offenbar schon 1836 als Registrar-General berufen und mit der Einrichtung des Office beauftragt. Vgl. Nissel, People Count, S. 147.

[30] Higgs, Life, Death and Statistics, S. 113.

[31] Zur Geschichte des Local Government Board siehe Bellamy, Administering Central-Local Relations.

überprüfte die Arbeiten des GRO genauer, was sich mit der Ernennung von Brydges Henniker zum Registrar-General (1880–1900) noch verstärkte, da Henniker zuvor Private Secretary des Präsidenten des Local Government Board gewesen war[32] und sich zudem als wenig durchsetzungsfähiger Leiter des GRO herausstellte.[33] So erlangten andere Regierungsabteilungen in dieser Zeit stärkeren Einfluss auf das GRO und damit auch auf den Zensus, wie sich am Beispiel des 1890 Treasury Committee zeigte. In den letzten Dekaden des 19. Jahrhunderts schien die Entwicklungsarbeit des GRO somit auch aufgrund der personellen Besetzung des Registrar-General zu stagnieren. Erst um 1900 deuteten sich wieder Veränderungen an. Insbesondere der Zensus von 1911, der auch als *Fertility Census* bekannt wurde, verfolgte erneut klare Interessen der obersten Zensusbeamten.

Weiteres Indiz für einen Umbruch war der erstmalige Einsatz der *Hollerith Punch Tabulators* für den Zensus von 1911. Durch ihn veränderte sich die Datenverarbeitung maßgeblich.[34] Der Einsatz der Hollerith-Maschinen war bereits durch das Treasury Committee empfohlen[35] und zudem durch Vorträge von Herman Hollerith in den 1890er-Jahren angepriesen worden.[36] Der Einsatz von Maschinen für die Auswertung der Daten brachte eine Veränderung in der Personalstruktur des GRO mit sich: Bis 1911 war der Großteil des ständigen Personals im GRO ohne statistische Ausbildung. Die Arbeit verlangte verschiedene manuelle und intellektuelle Fähigkeiten, um gemäß den existierenden Klassifikationssystemen die richtigen Kästen bei der Auswertung der Daten zu markieren (*ticking method*).[37] Die maschinelle Auswertung der Daten veränderte den Anforderungskatalog und führte einerseits zur Einstellung von sog. *operational staff* (häufig junge Frauen) mit geringer Bezahlung und andererseits übergeordnetem *controlling staff*.[38] Während das GRO in den letzten Dekaden des 19. Jahrhunderts mit erheblichen Personalengpässen zu kämpfen hatte – trotz ständig steigendem Arbeitsvolumen stagnierte die Zahl bei ca. 80 Mitarbeitern –, änderte sich dies mit der maschinellen Datenverarbeitung ab 1911 erheblich.[39] Die Trennung zwischen der Arbeit im GRO in London und der Datenverarbeitung wurde später auch räumlich institutionalisiert, indem 1950 die Computerarbeit nach Southport, Lancashire, ausgelagert wurde.[40] Die Einführung der Hollerith-Maschinen für die Volkszählung von 1911 kann somit als weiteres Indiz für einen Wandel der Organisation und Verwaltung des Zensus gesehen werden.

Während des Ersten Weltkriegs war das GRO für die Koordination des 1915 eingeführten nationalen Meldewesens zuständig. Der anscheinend aus dem GRO

[32] Nissel, People Count, S. 147; Higgs, Life, Death and Statistics, S. 116.
[33] Higgs, Life, Death and Statistics, S. 119f.
[34] Ders., Statistical Big Bang; ders., Life, Death and Statistics, S. 156–185.
[35] Report of the Committee Appointed by the Treasury, PP 1890, S. xi.
[36] Hollerith, Electrical Tabulating Machine. Siehe auch sein Schreiben an das Treasury Committee: Report of the Committee Appointed by the Treasury, PP 1890, Appendix 9.
[37] Vgl. Abschnitt II.1 und Higgs, Use of Statistical and Data Processing Equipment.
[38] Vgl. zur Personalentwicklung ders., Life, Death and Statistics, S. 176f.
[39] Vgl. ebd., S. 102–109. Siehe auch ders., General Register Office and the Tabulation of Data.
[40] Ders., Life, Death and Statistics, S. 177.

stammende Vorschlag, dies auch nach dem Krieg fortzuführen, stieß aufgrund von Sorgen vor zu hohen Kosten und der Einschränkung bürgerlicher Freiheiten nicht auf Zustimmung.[41] Nach der Darstellung von Edward Higgs verpasste das GRO somit die Chance, sich eine zentrale Rolle für die Registrierung und somit ein Alleinstellungsmerkmal zu sichern.[42] Als durch den *Ministry of Health Act* von 1919 die National Health Insurance Commission und das Local Government Board zum Ministry of Health zusammengeschlossen wurden, wurde auch das zum Local Government Board gehörende General Register Office dem Gesundheitsministerium unterstellt. Damit veränderte sich nach der Einschätzung von Edward Higgs seine Bedeutung grundlegend: „The GRO was now seen as merely providing statistical data for policy formation to be undertaken elsewhere within the Ministry, and very nearly disappeared as a separate entity."[43] Dass der Zensus trotzdem in dieser Zeit verstetigt wurde, schien auch mit den Kriegserfahrungen zusammenzuhängen. So trafen die schon länger in Fachkreisen diskutierten Vorschläge zur gesetzlichen Grundlage für einen regelmäßigen Zensus und ein ständiges Zensusbüro mit einem *Cabinet Memorandum* des War Office zusammen. Darin schrieb Winston Churchill, dass ein Zensus essentiell für die Rekrutierung von Soldaten sei: „in a future emergency, it will be impossible to administer it [a new military service system, KB] until reasonably accurate vital statistics are available."[44] Die Veränderungen, die sich in den letzten Dekaden des 19. Jahrhunderts und in den ersten zwanzig Jahren des 20. Jahrhunderts ankündigten, gipfelten im *Census Act* von 1920, der den Grundstein für einen regelmäßig stattfindenden Zensus und ein ständiges Zensusbüro legte.

*Dritte Periode nach Einführung des ständigen Zensusbüros im Jahr 1920*

Das Jahr 1920 markiert auf verschiedenen Ebenen der Administration einen Einschnitt: institutionell, personell und technologisch. 1921 war zudem das Jahr, in dem größere inhaltliche Revisionen der Fragebögen vorgenommen wurden, indem zum ersten Mal Fragen wieder aus dem Zensusbogen gestrichen wurden. Am deutlichsten zeigt sich die Zäsur im *Census Act* von 1920. Wurde im 19. Jahrhundert jeweils kurz vor dem anvisierten nächsten Zensus ein neues Gesetz erlassen, so war mit dem Gesetz von 1920 eine Verstetigung erfolgt (vgl. Anhang Tabelle C.2). Dies zeigte sich auch im Gesetzestitel: *An Act to make provision for the taking from time to time of a Census for Great Britain.*[45] Der nicht eindeutig geregelte Abstand zwischen den Volkszählungen konnte in der Folgezeit z. B. dafür genutzt werden, 1941 die Volkszählung aufgrund des Zweiten Weltkrieges und der 1939

[41] Ebd., S. 187f.; Szreter, Fertility, Class and Gender in Britain, S. 267 und allgemein Higgs, Information State.

[42] Higgs, Life, Death and Statistics, S. 188.

[43] Ders., Early Development of the General Register Office. Siehe auch die ausführlichere Darstellung in: Ders., Life, Death and Statistics, S. 192f.

[44] Memo of Vivian to Morant, 6. 1. 1920, TNA, RG 19/49. Zitiert nach Higgs, Life, Death and Statistics, S. 201.

[45] An Act to Make Provision for the Taking from Time to Time of a Census for Great Britain, 1920, 1 (1) (c) (i) [= Census Act 1920]. Hervorhebung KB.

eingeführten Meldepflicht auszusetzen[46] oder 1966 einen stichprobenbasierten Zwischenzensus durchzuführen. In den Fachdiskussionen war schon lange ein kürzeres Intervall für die Volkszählungen gefordert worden,[47] aber das schlagende Argument dagegen waren die zu hohen Kosten gewesen. Zudem wurde die Volkszählung auch in den meisten anderen Ländern nur alle zehn Jahr durchgeführt.[48]

In Bezug auf die Inhalte der Volkszählungen legte der *Census Act 1920* den äußeren Rahmen für alle folgenden Volkszählungen fest; es mussten lediglich die Details für den jeweiligen Zensus geregelt werden. Dies erfolgte über die sog. *Census Order* und die *Census Regulations*, die dem Parlament vorgelegt wurden. Konkret hieß das, dass die aus dem Zensusbüro kommenden Vorschläge als *Draft Census Order* beiden Houses of Parliament vorgelegt wurden.[49] Die darauf folgenden *Census Regulations*, die den parlamentarischen Prozess abschlossen, regelten die Durchführung des Zensus und enthielten die Vorgaben für die Volkszählungsbögen. Dieses neue Verfahren galt ab dem *Census Act* von 1920 bis heute für alle Volkszählungen. Änderungen mussten im 20. Jahrhundert durch *Amendment Acts* vorgenommen werden. Zu ihren wichtigsten gehören der *Census (Confidentiality) Act 1991*, der den Datenschutz für Volkszählungen konkretisierte und verschärfte und der *Census (Amendment) Act 2000*, der die im *Census Act* von 1920 festgelegten Themenbereiche um eine Frage zur Religion erweiterte. Allerdings war die Beantwortung der Frage freiwillig, denn die kontroversen Debatten um den *Religious Census* aus dem Jahr 1851[50] hatten zu einer großen Vorsicht in dieser Hinsicht geführt, aber das Interesse an der Religion kam gerade auch in den Diskussionen zur Frage nach der ethnischen Herkunft immer wieder auf.

Unabhängig von inhaltlichen Entwicklungen zeigt sich die Geschichte der Volkszählung von 1931 und der nächsten Dekade von äußeren Faktoren beeinflusst: Große Teile der Volkszählungsunterlagen von 1931 verbrannten 1942. Zudem wurde die Auswertung durch den Zweiten Weltkrieg unterbrochen. So erschien zwar 1931 ein vorläufiger Bericht, aber der *General Report* wurde erst 1950 veröffentlicht. 1941 wurde keine Volkszählung durchgeführt, was auf die kurz nach Kriegsbeginn im September 1939 veranlasste Erfassung der britischen Bevölkerung im Rahmen des *Act to Make Provision for the Establishment of a National Register* zurückzuführen ist. Die Zählung wurde u. a. für die Ausstellung von *Identity Cards* und für eine Reihe von kriegsbedingten Maßnahmen, wie Nahrungsmittel- und Kleidungskontingierung sowie nach dem Krieg für die Einrich-

46 Nissel, People Count, S. 75.

47 Report of the Committee Appointed by the Treasury, PP 1890, S. vi–viii: „The Periods and Time at which the Census should be taken" und S. xii unter den Empfehlungen: „that the number of the population, and its distribution as regards age and sex, be ascertained midway between the decennial periods at which a full census is taken."

48 Siehe stellvertretend zu den alle zehn Jahre stattfindenden Volkszählungen in den USA und Kanada: Anderson, American Census; Curtis, Politics of Population.

49 Vgl. Dewdney, Census Past and Present, S. 8 f.

50 Zum Religious Census, der federführend von Horace Mann durchgeführt wurde, siehe z. B. Thompson, Religious Census of 1851; Wolfenstein, Public Numbers and the Victorian State, S. 144–198 sowie einzelne Abschnitte in Brown, Death of Christian Britain, z. B. S. 145–149.

tung des National Health Service Central Register (NHS Central Register) genutzt.[51] Somit war zwar die Bevölkerung erfasst worden, aber die Art und Weise dieser Zählung ließ keinen Vergleich zu den bisherigen oder künftigen Volkszählungen zu. Mit dem Verlust der Daten von 1931 und der nicht erfolgten Zählung von 1941 klafft somit eine Lücke in der zweihundertjährigen Zensusgeschichte. Das nationale Meldesystem wurde 1952 abgeschafft, aber bereits 1951 hatte wieder eine reguläre Volkszählung stattgefunden. Auffällig für die Zählungen ab 1951 war die ständige Ausweitung des Umfangs der Fragen (siehe dazu Abschnitt II.1). Diese Tendenz des ‚Mehr-wissen-wollens' zeigte sich einerseits in den Fragethemen, andererseits in der Einrichtung anderer staatlicher Umfragestellen, wie der Wartime Social Survey, die nach dem Krieg in die Social Survey Division des neuen Central Office of Information überführt wurde (vgl. dazu Abschnitt I.4).

*Zentralisierung ab 1970 und computerbasierte Volkszählungen – eine vierte Periode*

Eine Geschichte der Volkszählungen ab 1951 ist bisher nicht geschrieben worden. Versucht man, diese Zählungen in eine lange Perspektive einzuordnen, so scheint nach 1920 das Jahr 1970 zumindest aus administrativer Perspektive einen wichtigen Einschnitt zu markieren. In diesem Jahr wurde die ursprünglich aus der amtlichen Forschungseinrichtung Wartime Social Survey hervorgegangene Government Social Survey Division mit dem General Register Office zusammengelegt.[52] Das so entstandene Office of Population Censuses and Surveys (OPCS) verantwortete nun beide Formen von Befragungen der Bevölkerung: Volkszählungen und Umfragen. Für die direkte Nachkriegsgeschichte können hinsichtlich verschiedener statistischer Einrichtungen zunächst Ausdifferenzierungen und Neugründungen beobachtet werden und dann ab 1970 Zusammenlegungen der einzelnen Abteilungen. Das so 1996 entstandene und bis heute existierende Office for National Statistics (ONS) stellte eine Vereinigung des Central Statistical Office, das bereits 1989 mit dem Business Statistics Office fusioniert worden war, des Office of Population Censuses and Surveys und der statistischen Abteilungen im Department of Employment dar.

Mit der Zusammenlegung von Abteilungen war auch ein zunehmender Transfer von Daten innerhalb dieser Abteilung möglich. Der 1970 erfolgte Zusammenschluss des General Register Office mit der Government Social Survey Division zum Office of Population Censuses and Surveys ermöglichte den Datenfluss zwischen Volkszählungsdaten und Daten anderer Umfragen, da beide nun unter einem Dach vereint waren und innerhalb eines Department die Daten, ohne gegen Datenschutzversprechen zu verstoßen, ausgetauscht werden konnten. Muriel Nissel, Statistikerin und Mitarbeiterin im Central Statistical Office, schrieb deshalb über den Zusammenschluss: „The transfer of the Government Social Survey into a

[51] Vgl. Nissel, People Count, S. 75.

[52] Laut Findbuch zu TNA RG 24 bestand das GRO 1970 offiziell als *statutory body* unter der Direktion des Registrar-General weiter, der zugleich Direktor des Office for Population Censuses and Surveys war.

Division within OPCS made it possible to use census and survey results to complement one another."[53] Da der Zensus sich nicht zuletzt durch die Verpflichtung zum Ausfüllen von anderen, freiwilligen Umfragen unterschied, konnten Themen, die für die verpflichtende Volkszählung zu heikel waren, nun durch andere Umfragen ergänzt werden (so z. B. Fragen zu *family living arrangements*, die über den *General Household Survey* erfragt wurden).[54] Der Zusammenschluss der Abteilungen brachte somit für die staatliche Umfrageforschung in der Praxis der alltäglichen Arbeit erhebliche Vorteile mit sich. Damit kündigte sich eine Entwicklung an, die heute intensiv unter dem Stichwort Big Data diskutiert wird, nämlich die Möglichkeit der Verarbeitung großer Datenmengen, die in verschiedensten Kontexten mit unterschiedlichen Zielen erhoben wurden. Durch die derzeit diskutierte Substituierung der Volkszählung durch andere Verwaltungsdaten steht die Volkszählung erstmalig ernsthaft vor ihrer möglichen Abschaffung. Ein zentraler Bestandteil der Diskussion ist allerdings der Datenschutz, der eine solche Kombination von Daten derzeit nicht ermöglicht und für öffentlichen Protest sorgt. Befürchtungen um mangelnden Datenschutz begleiten die Zensusgeschichte und kamen erneut in den 1990ern auf, als zur Kostenreduzierung das Outsourcing, das in anderen staatlichen Umfragen schon früher üblich war (vgl. Abschnitt I.4), nun auch für den Zensus diskutiert wurde und 2001 erstmals einzelne Bereiche tatsächlich ausgelagert wurden.[55] 2011 wurde diese Praxis fortgesetzt. Besonders kritisch vor dem Hintergrund des Datenschutzes wurde die Beteiligung von Lockheed Martin UK gewertet, das mit der Datenerhebung und -auswertung betraut wurde. Gefürchtet wurde, dass Lockheed Martin UK als Zweig des US-amerikanischen Rüstungs- und Technologiekonzerns unter dem *USA Patriot Act* dazu gezwungen werden könnte, britische Zensusdaten offenzulegen – ein Verdacht, dem von offizieller Seite umgehend widersprochen wurde.[56]

Gerade die Zeit ab 1920 lässt noch viele Forschungsfragen offen: Während sich die bisherige Forschung vor allem auf das 19. Jahrhunderts konzentriert hat, ist für die spätere Zeit insbesondere die Bedeutung der obersten Zensusbeamten weitgehend unerforscht. So könnte vermutet werden, dass mit der Einführung eines ständigen Zensusbüros der Verwaltungsapparat verstetigt wurde und somit auch die Bedeutung von einzelnen Leitungspersonen und ihren Forschungsinteressen abnahm. Unklar ist in diesem Zusammenhang die Rolle der Statistiker für Volkszählungen und Umfragen im 20. Jahrhundert. Bildeten sie die dominante Berufsgruppe oder waren zunehmend weitere Disziplinen (Sozialwissenschaftler, Linguisten, Psychologen etc.) im Zensusbüro vertreten? Diese Fragen werden im Folgenden aufgenommen.

[53] NISSEL, People Count, S. 90.

[54] Ebd., S. 92 f.

[55] ONS, Census of England and Wales, 2001, General Report, 2005, S. 5, 11–13 und 75.

[56] Siehe dazu verschiedene Zeitungsbeiträge und Protestaktionen: Matthew Taylor, Lockheed Martin Targeted by Census Protesters, THE GUARDIAN, 18. 3. 2011; Jennifer Ryan, Lockheed Faces Scrutiny on Concern for U.K. Census, BLOOMBERG, 29. 1. 2008; Census Data Security Fear Denied, BBC NEWS, 7. 2. 2008; Office for National Statistics, Press briefing. 2011 Census and Lockheed Martin UK, 10. 3. 2011.

## 2. Die Hauptverantwortlichen: Registrars-General

„The other day I was the first in and I picked up this ringing phone and there was a lady complaining about the help desk here, so I answered her questions and put her straight. Having the signature there means I have to be available when people find things that are complicated."[57] Die Fragebögen, die für die Volkszählungen ab 1851 an die Haushalte verteilt wurden, enthielten vom 19. bis ins 21. Jahrhundert durchgängig den Namen oder die Amtsbezeichnungen „Registrar-General" am Ende des Einleitungstextes.[58] Zwar mögen nicht alle Registrars-General ihre Aufgabe so wörtlich genommen haben, wie das Zitat von Len Cook aus dem Jahr 2001 darlegt, aber in erster Linie repräsentierte der Registrar-General die Volkszählung in der Öffentlichkeit. Seit der Volkszählung von 1841 und somit kurz nach der Einrichtung des General Register Office bis zum Beginn des 21. Jahrhunderts war der Registrar-General zuständig für die Volkszählungen. Aufgrund der Umstrukturierung der Behörde war ab den 1990er-Jahren der oder die Registrar-General zugleich Direktor des Office for National Statistics (ab 2000 verbunden mit dem Titel National Statistician). Dies galt bis zum *Statistics and Registration Service Act 2007*, ab dem nicht mehr der Registrar-General für den Zensus verantwortlich war, sondern der National Statistician. Das Amt des Registrar-General gab es weiterhin, allerdings war dieser ab 2007 nun Leiter des Identitiy and Passport Service, das dem Home Office zugeordnet war.[59] Tabelle 1 zeigt die für die Volkszählungen ab 1801 zuständigen Personen.

*Herkunft, Ausbildung und Interessen der Registrars-General*

Das Amt des Registrar-General war seit seiner Einrichtung im Jahr 1836 bis in die 1980er-Jahre mit Männern aus angesehenen Familien besetzt, die traditionelle Ausbildungs- und Karrierewege absolviert hatten. Alle Registrars-General von Thomas Lister (Amtszeit: 1836–1842) bis Arthur Thatcher (1978–1986) hatten entweder in Oxford oder Cambridge studiert und dann eine Karriere beim Militär oder im Civil Service eingeschlagen oder sie hatten ohne Studium eine Beamtenkarriere begonnen.[60] Auch John Rickmann, der für die ersten drei Volkszählungen, als es noch keinen Registrar-General gab, verantwortlich war, hatte in Oxford studiert und kam als Sohn eines Geistlichen aus einer angesehen Familie. Gillian Banks, die als erste Frau von 1986 bis 1990 das Amt bekleidete, hatte eben-

[57] Paul Kelso, In for the Count. Len Cook is the Number Cruncher Masterminding the Census, The Guardian, 25. 4. 2001.

[58] Teilweise zeichneten zudem die höher gestellten Personen aus Politik oder Verwaltung verantwortlich (so in den Volkszählungen der Jahre 1891, 1871, 1861, 1851).

[59] Nicht mehr für die Volkszählungen zuständige Registrars-General waren James Douglas Ellis Hall (2008–2010) und Sarah Oonagh Rapson (seit 2010).

[60] Eine Ausnahme bildet George North, der allerdings ebenfalls an einer angesehenen Universität studiert hatte: St Andrews College and Trinity College, Dublin.

*Tabelle 1: Für die Volkszählung verantwortliche Personen*

| | Name | Amtszeit | Amtsbezeichnung |
|---|---|---|---|
| 1 | John Rickmann | zuständig für die Volkszählungen: 1801, 1811, 1821, 1831 | Speaker's Secretary/ Clerk, House of Commons |
| 2 | Thomas Henry Lister | 1836–1842 (†) | Registrar-General |
| 3 | George Graham | 1842–1879 | Registrar-General |
| 4 | Brydges Powell Henniker | 1880–1900 | Registrar-General |
| 5 | Reginald MacLeod | 1900–1902 | Registrar-General |
| 6 | William Cospatrick Dunbar | 1902–1909 | Registrar-General |
| 7 | Bernard Mallet | 1909–1920 | Registrar-General |
| 8 | Sylvanus Percival Vivian | 1921–1945 | Registrar-General |
| 9 | George Cecil North | 1945–1958 | Registrar-General |
| 10 | Edward Michael Tyndall Firth | 1958–1963 | Registrar-General |
| 11 | Michael Reed | 1963–1972 | Registrar-General |
| 12 | George Paine | 1972–1978 | Registrar-General |
| 13 | Arthur Roger Thatcher | 1978–1986 | Registrar-General |
| 14 | Gillian Theresa Banks | 1986–1990 | Registrar-General |
| 15 | Peter John Wormald | 1990–1996 | Registrar-General |
| 16 | David (Tim) Holt | 1996–2000 | Director ONS, Registrar-General |
| 17 | Isobel Mary Macdonald-Davies | 2000 | Registrar-General (interim) |
| 18 | Leonard Warren Cook | 2000–2005 | Registrar-General, National Statistician |
| 19 | Karen Dunnell | 2005–2009 | Registrar-General (bis 2008) , National Statistician |
| 20 | Jil Matheson | 2009–2014 | National Statistician, aber nicht mehr Registrar-General |
| 21 | John Pullinger | 2014– | National Statistician |

falls in Oxford studiert, bevor sie 1955 ihre Karriere im Colonial Office begann. Der erste professionelle Statistiker im Amt des Registrar-General war George Paine (1972–1978).[61] Die Amtsträger vor ihm waren zumeist an Statistik interessiert, hatten aber kein Studium der Statistik absolviert, was aufgrund der recht jungen Disziplin auch erst seit Beginn des 20. Jahrhunderts möglich war.[62] Das Amt wurde z. B. von einem studierten Historiker (Bernard Mallet), einem Juristen (George North) und einem Schriftsteller (Thomas Lister) geleitet. Wichtiger als das Studienfach schien eine Karriere innerhalb des Civil Service oder des Militärs und damit die Kenntnis der Statistik in der Tradition der staatlichen Verwaltung zu sein.

[61] Peter Wormland und Toby Paine, Master Statistician who made Sense out of the Census, THE GUARDIAN, 15. 4. 1992; REDFERN, Obituary.

[62] Arthur Bowley wurde 1919 der erste Lehrstuhlinhaber für Statistik an der London School of Economics. Er unterrichtete aber schon vorher an verschiedenen anderen Institutionen, so am University College London und in Reading. Die Universität in Cambridge z. B. bot ab 1947 einen Abschluss in Statistik an.

Ein weiteres notwendiges Merkmal waren Beziehungen zu einflussreichen Personen. Der langjährige Registrar-General George Graham (1842–1879) zum Beispiel hatte als zweitgeborener Sohn eines Baronets zunächst in der East India Company gewirkt und war im ersten indischen Regiment zum Major aufgestiegen.[63] Er war von 1828 bis 1830 im damaligen Bombay als Military Secretary tätig und begleitete nach seiner Rückkehr als Private Secretary die politische Karriere seines älteren Bruders Sir James Graham. Als nach dem Tod von Thomas Lister das Amt des Registrar-General frei wurde, setzte Sir James Graham seinen Bruder ein. In der Einschätzung von Edward Higgs war dies „a piece of nepotism typical of the period, although Sir James made George ‚solemnly promise that I would never make a sinecure of my office.'"[64] Auch Thomas Lister war 1836 offenbar nur durch Patronage zum Amt des Registrar-General gekommen.[65] In beiden Fällen betonen die Biografen allerdings, dass die beiden Männer trotzdem ernsthaft ihr Amt ausübten oder es zumindest versuchten. In der Literatur ist die Einschätzung zu Lister zumeist ernüchternd. So wurde er in erster Linie als Schriftsteller und als „decorative headpiece" des GRO bezeichnet, während die eigentliche Arbeit im GRO vom Superintendent of Statistics, William Farr, erledigt worden sei.[66] Aus verwaltungsgeschichtlicher Perspektive kommt Edward Higgs zu einem etwas differenzierteren Bild: Demnach sei Lister zwar ein schlechter Verwaltungsbeamter ohne tiefer gehende statistische Kenntnisse gewesen, trotzdem war er es, der mit dem Treasury über die Einstellung von William Farr verhandelte und den Kern für eine künftige statistische Abteilung im GRO legte.[67] Nach dem plötzlichen Tod Listers war die Verwaltung des GRO in einem chaotischen Zustand. Sie wurde von George Graham grundlegend saniert, was auch mit Personalveränderungen und -kürzungen einherging und Graham ein gutes Ansehen beim Treasury einbrachte.[68] Aus diesen Darstellungen und aus der Tatsache, dass es sich bei den Registrars-General vor allem um Männer mit Verwaltungskarrieren handelte, wird zum einen deutlich, dass die Verwaltungstätigkeit die zentrale Aufgabe des Registrar-General war. Zum anderen zeigt sich, dass es andere Personen im GRO gab, wie z. B. William Farr oder T.H.C. Stevenson, die für die inhaltlichen Aufgaben zuständig waren. Für den Erfolg des Amtes war gerade das Zusammenspiel zwischen Registrar-General und Superintendent of Statistics wichtig (siehe dazu auch Kapitel IV).

Während es zu einigen Registrars-General nur grundlegende Informationen gibt, zeigt sich bei anderen, dass diese durchaus ihre eigenen inhaltlichen Ideen

[63] Die folgende Darstellung orientiert sich am Eintrag im *Oxford Dictionary of National Biography (ODNB)*: Higgs, Graham, George (1801–1888).

[64] Higgs, Graham, George (1801–1888). Higgs bezieht sich hier auf C. S. Parker, Life and Letters of Sir James Graham, 1792–1861, 2 Bde. (1907), Bd. 2, S. 440.

[65] Es wird vermutet, dass er die Ernennung seinem Schwager Lord John Russell zu verdanken hatte. Siehe Hawes, Thomas Henry (1800–1842).

[66] Finer, Life and Times of Sir Edwin Chadwick, S. 143; Eyler, Victorian Social Medicine, S. 46. Auch zitiert in Higgs, Thomas Henry Lister (1800–1842).

[67] Higgs, Life, Death and Statistics, S. 22–44.

[68] Ders., Graham, George (1801–1888).

und Vorschläge in das Amt einbrachten – es soll also nicht der Eindruck entstehen, dass sie allein auf ihre Verwaltungstätigkeit reduziert werden können. Unter George Graham wurden z. B. der umstrittene *Religious Census* und der *Educational Census* im Jahr 1851 durchgeführt,[69] Bernhard Mallet interessierte sich für Eugenik und in seiner Amtszeit wurde in den Zensus von 1911 eine umfassende Frage zur Fruchtbarkeit von verheirateten Frauen integriert.[70] Gleichzeitig setzte er erstmals die Hollerith-Maschine ein, die seine Vorgänger nicht weiter beachtet hatten, obwohl sie in anderen Ländern schon länger verwendet wurde.[71] Sein Nachfolger Sylvanus Vivian wiederum war maßgeblich an der Unterordnung des GRO in das Ministry of Health und am *Census Act* von 1920 und somit an der Einrichtung eines ständigen Zensusbüros beteiligt.[72]

*Das Amt des Registrar-General: Politik, Forschung oder Verwaltung?*

Das Amt des Registrar-General ist bis heute nicht zuletzt auch ein politisches oder zumindest ein politisch besetztes Amt. Die Ernennung erfolgt durch die Königin auf Empfehlung des Prime Minister. Sie sind ebenso wie die National Statisticians, die de facto den Rang von Permanent Secretaries einnehmen, zwar nicht von Wahlausgängen abhängig, trotzdem ist ihre Besetzung in den politischen Kontext einzuordnen. In der Geschichte des GRO gab es mindestens zwei Besetzungsvorgänge, die diese Abhängigkeit nahelegen. Zur Ernennung von Brydges Henniker zum Nachfolger von George Graham im Jahr 1880 brachte *The Times* eine kurze Notiz, in der Angaben zu Hennikers Herkunft und seiner Karriere gemacht wurden.[73] Gleich darunter wurde eine weitere Mitteilung gedruckt, die sich mit William Farr beschäftigte, der bei der Besetzung übergangen wurde. Die Mitteilung war dreimal so lang und erwähnte den Namen Henniker nicht. Vielmehr wurde dieser nur als „Mr. Sclater-Booth's Secretary" benannt und somit auf einen Patronage-Akt verwiesen, denn Sclater-Booth war Präsident des Local Government Boards, dem das GRO seit 1871 untergeordnet war. Die *Times* zitierte in weiten Teilen aus dem *British Medical Journal*, das die Bevorzugung Henni-

[69] Dabei handelte es sich nicht um Fragen innerhalb des regelmäßigen Zensus, sondern um gesonderte Erhebungen, die allerdings terminlich an den allgemeinen 1851er-Zensus angebunden waren. Siehe zum *Religious Census* z. B. BROWN, Death of Christian Britain; WOLFENSTEIN, Public Numbers, S. 144–198; THOMPSON, 1851 Religious Census; ders., Religious Census of 1851.

[70] Ob es wirklich Mallet war oder nicht vielmehr der Statistical Superintendent Stevenson, wird zumindest von Simon Szreter in Frage gestellt, SZRETER, Fertility, Class and Gender in Britain, S. 264–266.

[71] Vgl. z. B. Keith R. Allen und Christine von Oertzen, Gestanzte Daten der Bevölkerung: die Urgeschichte der Lochkarte, in: FRANKFURTER ALLGEMEINE ZEITUNG, 24. 11. 2010.

[72] Von Higgs wird Sylvanus Vivian allerdings als schwacher Mann im GRO dargestellt, der u. a. eng mit Robert Morant, dem Chairman der National Health Insurance Commission und Permanent Secretary des Ministry of Health, verbunden und als „Morant's little Sylvanus" bekannt gewesen sei. HIGGS, Life, Death and Statistics, S. 189 f. Higgs bezieht sich hier auf STEPHEN STACEY, The Ministry of Health 1919–1929. Ideas and Practice in a Government Department, unveröffentlichte DPhil Thesis, Oxford 1984, S. 43.

[73] The New Registrar-General Sir Brydges, THE TIMES, 8. 1. 1880.

kers gegenüber William Farr scharf kritisierte. „We feel authorized to say, however, that the general medical profession will regard with great pain and regret the loss which the country suffers in the retirement of Dr. Farr under such unpleasant circumstances."[74] Die *Times* berichtete zudem über ein Treffen des Council of the Poor Law Medical Officers' Association, bei dem einstimmig die folgende Resolution verfasst worden war:

> That this council has learned with deep regret that the claims of Dr. William Farr for the appointment of Registrar-General have been disregarded, seeing that his past services in this department have secured for him a worldwide reputation on all questions relating to vital statistics, and that a gentlemen possessing neither technical nor other special acquirements should have been selected.[75]

In der Literatur wird Hennikers zwanzigjähriges Regiment im GRO als wenig erfolgreich bewertet.[76] Dass William Farr den Posten des Registrar-General 1880 nicht erhielt, mag allerdings auch im Zusammenhang mit seinem fortgeschrittenen Alter gesehen werden, denn er war zu diesem Zeitpunkt bereits 73 Jahre alt.

Vergleicht man die Registrars-General des 19. mit denen des 20. Jahrhunderts, so fallen die kurzen Amtszeiten seit 1900 auf. Waren die Registrars-General im 19. Jahrhundert mit Ausnahme von Lister, der plötzlich verstarb, durchschnittlich 31 Jahre im Amt, so waren es bei den Registrars-General des 20. und frühen 21. Jahrhundert durchschnittlich lediglich viereinhalb Jahre. Auch hier gab es wiederum eine Ausnahme, denn Sylvanus Vivian amtierte von 1921 bis zu seiner Pensionierung 1945. Einige Registrars-General waren so kurz im Amt, dass unter ihrer Führung gar keine Volkszählung durchgeführt wurde. Generell scheint sich das Amt des Registrar-General mit der Einrichtung des ständigen Zensusbüros und der Unterordnung unter das Ministry of Health 1919 verändert zu haben. Bot es im 19. Jahrhundert seinen Mitarbeitern offenbar noch die Möglichkeit, eigene Forschungsinteressen im Amt oder nebenbei (so z. B. literarische Betätigungen bei Lister) zu verfolgen, scheint es mit seiner Verstetigung ab 1920 den Charakter einer reinen Verwaltungsbehörde angenommen zu haben, die einzelnen Forscherpersönlichkeiten keinen Raum zur Entfaltung mehr bot (siehe dazu auch Kapitel IV). Durch die Zusammenlegung der verschiedenen statistischen Abteilungen in den Jahren 1970 und 1996 scheint das Amt des Registrar-General weiterhin ein prestigeträchtiges Amt gewesen zu sein, stellte aber keine Lebensaufgabe mehr dar.

Mit den organisatorischen Veränderungen ab den 1970er-Jahren ging ein Wandel des Berufsprofils der Registrars-General einher. Nach der Ernennung des ersten professionellen Statistikers 1972 waren auch die folgenden Registrars-General entweder Statistiker oder Sozialwissenschaftler. Seit dem letzten Drittel des 20. Jahrhunderts waren nicht nur Absolventen aus Oxford und Cambridge vertreten, sondern auch aus Exeter, vom Bedford College und der University of London.

[74] Ebd.
[75] Ebd.
[76] Siehe z. B. Higgs, Sir Brydges Henniker (1835–1906).

An der als besonders wichtig für die Entstehung der Sozialwissenschaften und der Statistik eingestuften London School of Economics hatte allerdings keiner der Registrars-General seine Ausbildung absolviert.

Mit Blick auf die Bedeutung von Auslandserfahrungen für die Auswahl der Registrars-General lässt sich kein einheitliches Bild erkennen. Zwar hatten einzelne Amtsträger im 19. und 20. Jahrhundert einige Jahre im Ausland verbracht (z. B. Graham und Banks), aber dies war jeweils Teil ihrer Karriere im Civil Service gewesen. Mit Tim Holt, der 1996 Registrar-General wurde, trat zum ersten Mal eine Person mit einer internationalen Karriere an, denn Holt hatte für das nationale kanadische Statistikbüro gearbeitet, bevor er seine akademische Karriere an der University of Southampton begann. Im Kontext der Auswahl des Neuseeländers Leonard Cook im Jahr 2000 wurde zudem bekannt, dass er sich gegen ein internationales Bewerberfeld durchgesetzt hatte.[77] Trotzdem schien das nicht für jede Ernennung maßgeblich, denn neben die internationalen Karrieren wie von Holt und Cook gesellten sich solche innerhalb des Civil Service, insbesondere innerhalb der statistischen Abteilungen wie im Fall von Macdonald-Davies, Dunnell, Matheson und Pullinger. Dass nach der Ernennung von Gillian Banks im Jahr 1986 drei weitere Frauen in den Jahren 2000, 2005 und 2009 folgten, war nach den verschiedenen Errungenschaften zur Gleichstellung von Frauen seit den 1970er-Jahren mit einiger zeitlicher Verzögerung zu erwarten.

Auffällig ist, dass sich Karrieren im Bereich der staatlichen Statistik mit Tätigkeiten an Universitäten seit den 1980er-Jahren mehrten. So war Tim Holt Leverhulme Professor of Social Statistics von 1980 bis 1995, bevor er 1995 Director of the Central Statistical Office und Leiter des Government Statistical Service wurde. Danach übte er zahlreiche Tätigkeiten bei internationalen Organisationen (z. B. bei den UN und der Weltbank) aus und kehrte an seine alte Universität zurück. Leonard Cook war Visiting Fellow am prestigeträchtigen Nuffield College in Oxford und Karen Dunnell hatte ebenfalls eine enge Bindung zur Universität, sie war u. a. Visiting Professor at the London School of Hygiene und Research Associate at the London School of Economics.

## 3. Die Macher: Der engste Mitarbeiterstab der Registrars-General

Wenn die Registrars-General die Verantwortung für den Zensus hatten und vor allem mit dessen Organisation und Verwaltung betreut waren, wer waren dann ihre engsten Mitarbeiter, die die methodischen und inhaltlichen (Vor-)Arbeiten leisteten? Sir Bernard Mallet, der sein Amt als Registrar-General 1909 antrat, hatte darauf eine einfache Antwort: Dr. T.H.C. Stevenson, der im selben Jahr seine Tätigkeit als Superintendent of Statistics begonnen hatte und sehr bald von Mal-

[77] Paul Kelso, In for the Count. Len Cook is the Number Cruncher Masterminding the Census, THE GUARDIAN, 25. 4. 2001.

let als „positive genius" erkannt worden war.[78] Die Arbeitsteilung war klar geregelt: „I therefore gave him as free a hand and as much support as I could, and the result was a very marked improvement in our vital statistics, which soon became again, what they had been in the last century under Dr. Farr, a model of their kind and recognized as such all the world over."[79] Mallet lobte hier neben Stevenson mit Farr einen zweiten Superintendent of Statistics in höchsten Tönen und es war gerade diese Gruppe von Mitarbeitern im General Register Office, die inhaltlich die wichtigste Rolle spielte. Bis zum *Census Act* von 1920 traten diese Personen auch namentlich am Ende der *General* oder *Preliminary Reports* in Erscheinung (zu den verschiedenen Veröffentlichungen siehe Kapitel III).

*Zäsur 1920: Anonymer Verwaltungsapparat*

Die *Reports* ab 1921 erschienen hingegen ohne Namen oder waren nur vom Registrar-General bzw. mit General Register Office unterschrieben.[80] Die Verstetigung der Volkszählungen durch den *Census Act* von 1920 und der damit einhergehenden Einrichtung eines ständigen Zensusbüros hatte somit für eine Anonymisierung der Berichte gesorgt. Es waren nun nicht mehr Einzelpersonen, die für die Berichte verantwortlich zeichneten, sondern eine anonyme Behörde.

Diese Beobachtung stimmt mit der Feststellung von Alain Desrosières überein, wonach eine Unterschrift mit der Praxis der wissenschaftlichen Konkurrenz in Verbindung gebracht wurde, während Anonymität für die Verwaltungspraxis stand.[81] Diese Unterscheidung zwischen wissenschaftlicher und staatlicher Tätigkeit kann anhand einzelner Personen beobachtet werden. So hatte z. B. Percy Stocks eine erfolgreiche medizinische Karriere hinter sich, die ihn u. a. 1921 in das von Karl Pearson geleitete Department of Applied Statistics im Galton Laboratory des University College London geführt hatte. Während seiner universitären Tätigkeit veröffentlichte Stocks zahlreiche Aufsätze zu Themen wie Krebs und ansteckenden Krankheiten.[82] Nachdem er 1933 ins General Register Office gewechselt war, ließ seine Forschungstätigkeit offenbar nicht nach, denn die Vielfalt an Daten, die ihm nun zur Verfügung stand, eröffnete neue Möglichkeiten. Er veröffentlichte allerdings nicht mehr unter seinem eigenen Namen, wie sein Biograf Richard Doll feststellte:

> He wrote extensively, but often anonymously, in the reports of the Registrar-General, on the geographical variation of different types of cancer within England and Wales, on the relationship of respiratory disease to atmospheric pollution, on the influence of air temperature on mortality from influenza, and on the increase in arteriosclerotic heart disease and its relationship to occupation, the last of which led him to detect before anyone else the possibility of a prophylactic value of exercise.[83]

[78] Obituary. Dr. T.H.C. Stevenson. The Interpretation of Vital Statistics, The Times, 14. 9. 1932.
[79] Ebd.
[80] Eine Ausnahme bildet der Bericht von 1991, der die Namen der *editors* und *contributors* angab. OPCS/ GRO Scotland, Census of Great Britain, 1991, General Report, 1995.
[81] Desrosières, Politik der großen Zahlen, S. 198.
[82] Vgl. Doll, Stocks, Percy (1889–1974).
[83] Ebd.

In ähnlicher Weise wurde über Stocks' Kollegen V.P.A. Derrick im General Register Office berichtet, der für die nicht-medizinische Statistik zuständig war. In einem Nachruf auf Derrick in der *Times* hieß es zum Beispiel: „For the next 35 years, clothed in the anonymity of official reports, he made many notable and scholarly contributions to the study of population trends.“[84] Und vergleichbar liest sich der Nachruf im *Journal of the Institute of Actuaries*: „and though this was almost his only departure from official anonymity, he developed many ideas about population measurement.“[85] Demnach sei Derricks Beitrag zur britischen Demografie aufgrund der anonymen Veröffentlichungspraxis nicht angemessen anerkannt worden.

Für die Kollektivbiografie bedeutet diese Anonymität, dass die Namen der relevanten historischen Akteure nicht ohne Weiteres bekannt sind und dass es noch schwieriger ist, Näheres über ihre Ausbildungs- und Karrierewege zu erfahren. Zunächst soll deshalb der Blick auf die Statistical Superintendents fallen, deren Namen für die Volkszählungen von 1841 bis 1951 bekannt sind (siehe Tabelle 2). Weitere beteiligte Personen, die allerdings nach den Archivquellen zu urteilen inhaltlich wenig Einfluss auf den Zensus nahmen, wurden in den *General Reports* und *Preliminary Reports* zu den Volkszählungen von 1841 bis 1911 teilweise ohne Amtsbezeichnungen und teilweise als Secretary oder Assistant Secretary bzw. als Assistant to the Registrar-General genannt.[86] Bei ihnen handelte es sich in drei von zwölf Fällen um ausgebildete Juristen und bei den übrigen zumeist um Verwaltungsbeamte. Außerdem unterzeichnete Thomas Vardon, der sich als Bibliothekar im House of Commons einen Namen gemacht hatte, den Bericht von 1841.[87] Eben diese Position hatte nach einer Karriere in der staatlichen Statistik auch John Pullinger, der amtierende National Statistician, inne.[88]

84 V.P.A. Derrick, Counting the Nation's Heads, The Times, 27.7.1960.
85 Benjamin, Memoir, S. 121 f.
86 Genannt wurden in den Berichten neben den Statistical Superintendents zwölf Namen: 1841 Edmund Phipps und Thomas Vardon (ohne Amtsbezeichnung); 1851 Horace Mann und William Farr (Assistants to the Registrar General in the Matter of the Census); 1861 William Farr und James T. Hammack (eigentlich Hammick – als Assistants to the Registrar General in the Matter of the Census); 1871 Hammick (ohne Amtsbezeichnung) und William Clode als Secretary; 1881 William Clode (ohne Amtsbezeichnung), F.J. Williams als Secretary; 1891, Noel A. Humphreys als Secretary; 1901 Noel A. Humphreys (ohne Amtsbezeichnung), Alfred J. Mundy (Secretary) und Archer Bellingham (Assistant Secretary) und 1911 A.C. Waters (ohne Amtsbezeichnung), Archer Bellingham (Secretary), T.A. Saunders und J.W. Reading (Assistant Secretaries).
87 Siehe z. B. die folgende Einschätzung im *Oxford Dictionary of National Bibliography*: „Vardon made himself and his department indispensable to the house. ‚There is no subject‘, he told a select committee in 1835, ‘... on which I am not called upon to afford instant information‘ (‚Standing committee on the library‘, evidence, 11–12). These are words which might be expected of a modern computer-equipped reference librarian, but in the 1830s they were singular indeed. They signalled the beginning of the House of Commons library as an institution in which the main resources were the intellect, knowledge, and ability of the staff, rather than the shelves of books – perhaps the first example in the world of a library of talents rather than of bibliographical sources.“ Pond, Vardon, Thomas (1799–1867).
88 New President Takes Over, RSS News. News and Views from the Royal Statistical Society 41 (2013) 1, S. 1 und 3.

*Tabelle 2: Engste Mitarbeiter der Registrars-General*

| | Name | Amtszeit | Amtsbezeichnung |
|---|---|---|---|
| 1 | William Farr | 1839–1880 | Statistical Superintendent |
| 2 | William Ogle | 1880–1893 | Statistical Superintendent |
| 3 | John F.W. Tatham | 1893–1909 | Statistical Superintendent |
| 4 | Thomas H.C. Stevenson | 1909–1931 | Statistical Superintendent |
| 5 | V.P.A. Derrick | 1931–1954 (retirement) | Statistical Officer und Assistant Registrar-General, ab 1945 Chief Statistician |
| 6 | Percy Stocks | 1933–1950 (retirement) | Chief Medical Statistician, ab 1945 Chief Statistician |

*Die Gestalter im GRO: Statistical Superintendents und ihre Karrieren*

Vergleicht man die Statistical Superintendents mit den Registrars-General so fällt zunächst auf, dass außer V.P.A. Derrick alle eine medizinische Ausbildung, teilweise in Kombination mit einem Abschluss in Public Health, absolviert hatten. Das Amt des Statistical Superintendent war eindeutig das eines medizinischen Statistikers.

Diese Tendenz setzte sich nach 1945 fort. So waren laut Organigramm des GRO von 1947 zwei Chief Statisticans vorgesehen, wobei einer dezidiert ein „Chief Statistician (Medical)“ sein sollte.[89] Im Organigramm des Jahres 1976 gab es noch immer einen „Chief Medical Statistician“, allerdings war dieser durch die Zusammenlegung der verschiedenen statistischen Abteilungen jetzt einer von mehreren Vertretern des Registrar-General, der nicht für den Zensus verantwortlich war.[90] Die Organisationsstruktur des Office for National Statistics aus dem Jahr 2012 sieht keine medizinischen Statistiker mehr vor.[91]

Ausbildungsorte der Statistical Superintendants waren wie schon bei den Registrars-General zumeist angesehene Universitäten wie Oxford, Cambridge, Trinity College Dublin oder University College London. Die Statistical Superintendants waren zudem nicht nur medizinisch ausgebildet, sie hatten auch als Ärzte praktiziert oder an der Universität gelehrt. Eine Ausbildung im Ausland schien für die Statistical Superintendents ebenso wie bei den Registrars-General keine große Rolle gespielt zu haben, wichtig war jedoch die internationale Vernetzung durch Kongresse und Veröffentlichungen. Während die Registrars-General bis in die 1970er-Jahre durchgängig aus angesehenen Familien stammten, war dies für die Statistical Superintendents schon im 19. Jahrhundert nicht allein entscheidend. Zwar gab es auch hier Personen mit privilegierten Hintergrund, wie William Ogle, aber gerade die besonders profilierten Amtsinhaber wie William Farr und T.H.C. Stevenson hatten sich offenbar durch ihre Fähigkeiten für das Amt qualifiziert. Stevenson war Sohn eines Eisengießers und William Farr wurde als Kind

89 General Register Office, Organisation Chart 1947, TNA, RG 20/203.

90 Office of Populations Censuses and Surveys, Organisation Chart 1976, TNA, RG 20/203.

91 Office for National Statistics, Organisation Structure, 2012, in: www.ons.org.uk (aufgerufen am 28. 12. 2012).

eines Landarbeiters geboren. Während Stevenson Abschlüsse vom University College London und aus Cambridge vorweisen konnte, verfügte Farr lediglich über eine praktische Ausbildung als Arzt, die er später durch Studien in Paris und London (anscheinend ohne Abschluss) abrundete. Beide Männer waren in ihrer Karriere auf die Hilfe von Fürsprechern angewiesen, die sie finanziell und/oder akademisch förderten. Stevenson arbeitete vor allem mit seinem ehemaligen Prüfer Arthur Newsholme zusammen, der 1909 als Chief Medical Officer des Local Government Board die höchste Position des Landes im Bereich der öffentlichen Gesundheit erlangte.[92] Stevenson und Farr machten sich zudem durch Veröffentlichungen bzw. als Herausgeber einen Namen. Sowohl Stevenson als auch Farr konnten ihre volle Wirkungskraft vor allem deshalb erreichen, weil sie mit ihren Vorgesetzten, den Registrars-General Graham bzw. Mallet, eine Zusammenarbeit entwickeln konnten, die auf gegenseitige Hilfe und Respekt aufbaute.[93] Während Farrs Karriere im General Register Office zeitgleich mit Grahams Amtsniederlegung ein Ende nahm, konnte Stevenson den ‚Fall' seines Vorgesetzten – wie Edward Higgs es bezeichnete[94] – überdauern.

*Zentrale Figur im Amt des Statistical Superintendent: William Farr*

Farr (1807–1883), der sich nach seiner medizinischen Ausbildung in den englischen Midlands und Paris im Jahr 1830 in London niederließ, hatte es aufgrund seiner einfachen Herkunft und seines mangelnden sozialen Prestiges schwer, sich als praktizierender Arzt zu etablieren; auch deshalb publizierte er in erster Linie und beschäftige sich mit Fragen der Statistik. Laut seinem Biografen John Eyler legte er so in den 1830er-Jahre die Themen fest, die auch für sein folgendes Leben prägend bleiben sollten: Seine statistischen Arbeiten und seine Tätigkeit im General Register Office waren bestimmt durch seine Perspektive als Mediziner und seine liberalen Reformvorstellungen.[95] In den 1830er-Jahren wandte sich Farr vor allem gegen die starren Bedingungen der medizinischen Zunft in Großbritannien, in denen Anerkennung und Gehälter nach Privileg, sozialer Herkunft und Bildungseinrichtungen und nicht nach praktischem Können vergeben wurden.[96] Seine Aktivitäten zeigten eine generelle Unterstützung von Ideen und Umsetzungen sozialer Reformen. Farr war fest davon überzeugt, dass die Medizin eine empirische Wissenschaft sein müsse.[97] Weiterhin interessierte er sich für Hygiene und die Theorien umweltbedingter Ursachen von Krankheiten, sanitäre Maßnahmen und die öffentliche Gesundheitsfürsorge. Er ging davon aus, dass die richtige Anwendung wissenschaftlicher Methoden zum Hilfsmittel für soziale Reformen werden könne.[98] Mit Blick auf den vorherrschenden Nepotismus nahm Farr kein Blatt vor den

92 Szreter, Stevenson, Thomas Henry Craig (1870–1932).
93 So z. B. die Einschätzung von Szreter. Ebd.
94 Higgs, Life, Death and Statistics, S. 188.
95 Eyler, Victorian Social Medicine, S. 11.
96 Vgl. ebd., S. 5.
97 Ebd., S. 6.
98 Vgl. ebd.

Mund. So schrieb er 1837 in der von ihm selbst herausgegebenen Zeitschrift *British Annals of Medicine, Pharmacy, Vital Statistics, and General Science*:

Statistics require for their successful cultivation a particular turn of mind, a long preliminary education, and extensive practice; and is it not a fact, that Lord John Russell's brother-in-law, the Registrar-General, never produced any statistical paper, and at the time he received the appointment, knew very little of statistical registration? [...] It is perhaps to be regretted that sinecures have been abolished. If they still existed, Ministers could give their relatives and followers salaries without obstructing the progress of science.[99]

Seiner Karriere schienen diese Worte keine Abbruch getan zu haben, denn Farr wurde bezeichnenderweise unter Lister („Lord John Russell's brother-in-law") zunächst 1837 befristet und ab 1939 permanent im General Register Office beschäftigt. Zu diesem Zeitpunkt hatte er bereits einen Ruf als Experte, da er durch seine Veröffentlichung zur Bevölkerungsstatistik als Kenner der Statistik und aktives Mitglied der statistischen Bewegung hervorgetreten war.[100] Farr widmete von nun an die meiste Zeit seines Berufslebens den Arbeiten im General Register Office. Für die 1841er-Volkszählung unterbreitete er im Rahmen eines Komitees der Statistical Society of London Vorschläge und, seit seiner Beförderung zum Superintendent of Statistics, war er im General Register Office an den Volkszählungen von 1851 bis 1871 maßgeblich beteiligt. Nach Angaben seiner Zeitgenossen spielte Farr eine bedeutende Rolle in den Volkszählungen und schrieb Teile der *Census Reports*.[101] John Eyler stellte fest, dass eine der wesentlichen Spuren, die Farr im Zensus hinterlassen hat, die medizinische Ausrichtung gewesen sei und nennt als Beleg die Einführung der Frage nach *disabilities* 1851 (vgl. Kapitel IV).[102] Seine Bedeutung im General Register Office ist an seinem Gehalt und an seinen Titeln abzumessen.[103] Während er als untergeordneter Sachbearbeiter mit einem Lohn von 350 Pfund jährlich anfing, stieg sein Gehalt als Compiler of Abstracts innerhalb weniger Jahre auf 505 Pfund an; damit war er 1846 der am drittbesten bezahlte Mitarbeiter im General Register Office. Unter dem neuen Registrar-General, George Graham (1842–79), erhielt Farr nicht nur den Titel Statistical Superintendent, sondern auch ein Gehalt, das das Limit der Position ausschöpfte und 1855 durch einen zusätzlichen *Treasury grant* aufgestockt wurde. 1874 betrug sein Gehalt 800 Pfund und er erhielt zusätzlich 300 Pfund *Treasury grant*, damit lag sein gesamtes Einkommen nur geringfügig unter dem des Registrar-General, der 1200 Pfund erhielt. Eyler schätzt Farrs Einkommen als „very generous civil service salary" ein. Von Zeitgenossen wurde sogar behauptet, dass Farr der eigentliche Registrar-General war.[104]

[99] National Registration. Editorial, British Annals of Medicine, Pharmacy, Vital Statistics, and General Science 1 (1837), S. 180–182, hier S. 182. Zitiert nach EYLER, Victorian Social Medicine, S. 47.

[100] Vgl. EYLER, Victorian Social Medicine, S. 8. Eyler bezieht sich auf: FARR, Vital Statistics, S. 567–607.

[101] EYLER, Victorian Social Medicine, S. 41.

[102] Ebd.

[103] Für die folgenden Ausführungen siehe ebd., S. 49f.

[104] Ebd., S. 49. Eyler bezieht sich hier auf folgenden Nachruf: Dr. Farr, The Review, 25. 4. 1883, S. 221.

Der Eindruck entstand auch dadurch, dass es Farr war, der vor Parliamentary Committees erschien und der öffentlich für das General Register Office sprach. Allerdings ließ erst die gute Zusammenarbeit von George Graham als Registrar-General und William Farr als Statistical Superintendent die beiden so erfolgreich werden. Nach Eyler ergänzten sich die beiden Männer: Farr war offen für Veränderungen und weniger vorsichtig, Graham hingegen veränderungsscheu, zögerlich im Umgang mit der Regierung und an der Aufrechterhaltung von Arbeitsroutinen interessiert.

*Zäsur 1920: Ein unattraktives Amt für Wissenschaftler*

Die grundlegende Umstrukturierung des General Register Office im Rahmen des *Ministry of Health Act* von 1919, gegen die sich Bernard Mallet vergeblich gewehrt hatte, brachte auch personelle Schwierigkeiten mit sich. Angedacht war u. a. die bessere Aufstellung des GRO durch die Anstellung weiterer Statistiker. Allerdings stellte sich die Personalstrategie von Sylvanus Vivian, dem 1921 ernannten Nachfolger Mallets als Registrar-General, als mäßig erfolgreich heraus.

> Vivian's preferred strategy was to import ‚some picked young men direct from (say) Cambridge, who had shown a leaning towards the statistical side of mathematics, and whose introduction would help to train up capable statisticians for the public service and to satisfy a notorious deficiency in our present-day scientific equipment.'[105]

Vor diesem Hintergrund wurde 1920 die verantwortungsvollste Tätigkeit im GRO George Udny Yule angeboten. Der aus einer alten schottischen Familie stammende Yule (1871–1951) hatte zunächst Ingenieurswesen in London und dann Physik in Bonn studiert, bevor er sich ab 1893, inspiriert durch Karl Pearson, der Statistik zuwandte. Er veröffentlichte viel und hielt sich mit verschiedenen Universitätsstellen über Wasser. Sein wirklicher Durchbruch gelang erst 1912 als er Lecturer in Cambridge wurde, eine Tätigkeit, die er (später als Reader) bis zu seinem sechzigsten Lebensjahr ausübte. Sich den administrativen Zwängen des General Register Office unterzuordnen, kam für Yule nicht infrage. Er lehnte das Angebot aus dem GRO 1920 ab[106] und schien damit die richtige Entscheidung getroffen zu haben: Die nächsten zehn Jahre wurden in einem Nachruf im *Journal of the Royal Statistical Society* als „full expression of his genius" eingestuft.[107] Auch der danach gefragte Major Greenwood, ein Freund von Yule[108] und ebenfalls ein angesehener Statistiker, übernahm das Amt des „super-statistician"[109] im GRO lieber nicht. Da er aber gleichzeitig eine andere Position im 1919 gegründeten Ministry of Health übernahm, schien die Ablehnung hier stärker mit der Personal- und Organisationsstruktur zusammenzuhängen. An einen Freund schrieb Greenwood, dass, sobald er unter dem Registrar-General Sylvanus Vivian tätig

105 Higgs, Life, Death and Statistics, S. 195. Higgs zitiert: Registrar-General's Department. Memorandum on Reorganisation of Duties, TNA, MH 78/114.
106 Higgs, Life, Death and Statistics, S. 195.
107 Kendall, Obituary, bes. S. 157.
108 So die Einschätzung von Kendall, ebd.
109 Higgs, Life, Death and Statistics, S. 195.

sein würde, seine wissenschaftliche Fruchtbarkeit erlöschen werde („my scientific usefulness ceases“).[110] Schließlich wurde V.P.A. Derrick, der bereits im Government Actuary's Department arbeitete, neben Stevenson als Statistical Officer eingestellt. Das Amt des Statistical Superintendent hatte somit keine Attraktivität für führende Statistiker mit Universitätskarriere. Edward Higgs sieht in der Pensionierung von Stevenson im Jahr 1930 das Ende einer Ära, denn mit Stevenson sei der letzte unabhängige Kopf im General Register Office in einer Reihe von fähigen Männern seit William Farr aus dem Amt geschieden.[111]

Die Tendenz, die Macht und die Forschungstätigkeit innerhalb der Ämter im General Register Office zugunsten einer effizienten, anonymen Verwaltung des Staates zu beschneiden, setzte sich in den folgenden Jahren und vor allem nach dem Zweiten Weltkrieg fort. Stand während des Zweiten wie schon während des Ersten Weltkrieges zunächst mit den *National Registration Acts* (1915 und 1939) ein zentrales Meldesystem im Mittelpunkt, so war es 1948 vor allem die Einrichtung des National Health Service und weiterer Institutionen des Wohlfahrtsstaates, die eine neue Vielfalt an Daten über die Bevölkerung mit sich brachten. Zudem führte die bereits erwähnte zunehmende Zentralisierung der statistischen Dienste innerhalb der staatlichen Verwaltung zu neuen Organisationsformen und Zuständigkeiten.[112] Diese Entwicklungen legen die Vermutung nahe, dass innerhalb der Organisation kein Platz mehr für innovative und eigensinnige Köpfe war. Zumindest konnten sich auf mehrfaches Nachfragen beim Office for National Statistics Mitarbeiter im Zensusbüro nicht an die Namen der Personen erinnern, die maßgeblich an den Volkszählungen beteiligt waren oder die ab den 1980er-Jahren die Leiter der Social Survey Division waren; auch führten Recherchen vom ONS Library and Information Centre nicht annähernd zu vollständigen Angaben zu beteiligten Personen.[113]

## 4. Verschiedene Zweige der Umfrageforschung

Parallel zur Verstetigung der Verwaltung ab 1920 und zur Einordnung der Umfrageforscher in den anonymen Verwaltungsapparat verlief die umfangreiche Anwendung der Umfragemethode in anderen, neuen Bereichen. Federführend waren, neben Werbeagenturen, wie J Walter Thompson und der London Press Exchange, auf Konsum- und Marktforschung spezialisierte Experten, die BBC Hörerfor-

110 Correspondence and papers. Proposed consultative committee on statistics; Electoral Division of the Ministry of Health, 1920–1921, TNA, RG 50/4. Zitiert nach Higgs, Life and Death, S. 195.

111 Higgs, Life, Death and Statistics, S. 198.

112 Siehe zur traditionellen Aufteilung in Wirtschafts- und Sozialstatistik und zur beginnenden Zentralisierung in Großbritannien, Desrosières, Politik der großen Zahlen, S. 186–193.

113 Das ergaben mehrfache Anfragen beim Office for National Statistics: Private Korrespondenz, Census Customer Service, Email vom 7. 12. 2012, 18. 12. 2012, 7. 1. 2013, 14. 1. 2013, 16. 1. und 22. 1. 2013.

schung, die Meinungsforschung und Mass-Observation. Auf Regierungsseite wurde insbesondere im Zweiten Weltkrieg die Forschungseinrichtung Wartime Social Survey wichtig. Gemeinsame Bezugsgröße war vielfach der Zensus, wie Colin McDonald und Stephen King, zwei Protagonisten der Marktforschung, im Jahr 1996 feststellten:

The population figures provided every ten years [...] are the background information needed for structuring and weighting survey samples, the quality of the sample depends on the security of the census base. The Census is thus *the* ultimate benchmark data source: ‚the bedrock upon which most other social and market research is founded.'[114]

Als Lieferant grundlegender Daten war der britische Zensus für die in den 1920er-Jahren beginnende und ab 1945 boomende Umfrageforschung ebenso elementar wie die Erfindung der im Zitat erwähnten Stichprobenerhebungen, die die Arbeit der Umfrageforscher vielfach erst ermöglichte. Eine umfassende Geschichte der britischen Umfrageforschung im 20. Jahrhundert, die nicht von Protagonisten des Feldes, also von Insidern, geschrieben ist, gibt es bisher nicht.[115] Insbesondere die vielfältigen Verzahnungen zwischen der privatwirtschaftlichen Markt-, Meinungs- und Hörerforschung sowie der staatlichen Umfrageforschung sind komplex. So wurden und werden z. B. Teile der staatlichen Umfrageforschung durch private oder gemeinnützige Institute durchgeführt.[116] Unklar ist dabei, wie diese Zusammenarbeit funktionierte und wie sie sich seit dem Zweiten Weltkrieg gewandelt hat. Auch der personelle Austausch zwischen den verschiedenen Bereichen ist bisher nicht untersucht worden. Der folgende Abschnitt versucht, einige Schneisen in diese Geschichte der Umfrageforschung zu schlagen und orientiert sich dabei für die Zeit nach 1945 zunächst an den Selbstdarstellungen der Umfrageforscher (vgl. zur Orientierung auch die Tabellen im Anhang).

### *1880 bis 1940: social survey*[117]

In Großbritannien wird die Vorgeschichte der Umfrageforschung zumeist mit den Namen Henry Mayhew, Charles Booth, Seebohm Rowntree und Arthur Bowley verbunden. Alle vier gingen von sozialreformerischen Forschungsinteressen aus: So setzte Henry Mayhew die Methode der direkten Beobachtung bereits in der Mitte des 19. Jahrhunderts ein. Er beobachtete die Arbeiterklasse als unbetei-

[114] McDonald und King, Sampling the Universe, S. 92f. Hervorhebung im Original. Im letzten Teil des Zitats beziehen sich McDonald und King auf Leventhal (Hrsg.), Introductory Guide to the 1991 Census.

[115] Es gibt allerdings Untersuchungen zu Teilphänomenen wie der Entstehung der Focus Group, die in die Geschichte der Umfrageforschung eingebettet ist, oder zu spezifischen Anwendungsgebieten in eng umrissenen Zeiträumen. Z. B. Moran, Mass-Observation; Taylor, Record of the 1950s is Irrelevant.

[116] Schon im Zweiten Weltkrieg wurden Teile der Umfragen vom British Market Research Bureau durchgeführt. Siehe McDonald und King, Sampling the Universe, S. 74.

[117] Zur Definition des *social survey* in Abgrenzung zur früheren Formen von *social investigation* siehe Bulmer, Baines und Sklar (Hrsg.), Social Survey in Historical Perspective, S. 2–4. Siehe auch die Beiträge in: Lacey und Furner (Hrsg.), State and Social Investigation.

ligter Beobachter, d. h. als ein Beobachter (angeblich) ohne eine vorgefertigte Agenda, und veröffentlichte seine Beobachtungen in der Zeitung *The Morning Chronicle* in den Jahren 1849 bis 1851.[118] Aus Mayhews direkter Beobachtung entwickelte sich ab den 1880er Jahren die Methode des sog. *social survey*, von dessen Protagonisten Booth, Rowntree und Bowley wichtige Impulse für die Entwicklung der Umfrageforschung für das 20. Jahrhundert ausgingen.[119] In dieser Zeit entstand die Idee, die Lösung der akuten sozialen Probleme, darunter vor allem die Armut, durch eine breitere Informationsgrundlage zu ‚objektivieren'. Charles Booth (1840–1916), ein wohlhabender Reeder aus Liverpool, der an Sozialforschung interessiert war, veröffentlichte von 1889 bis 1903 siebzehn Bände seiner Studie *The Life and Labour of the People of London*. Booth sammelte Daten über die Bewohner einzelner Londoner Stadtteile, unterteilte sie in verschiedene Klassen und erstellte auf dieser Basis Karten für London (siehe dazu Kapitel III). Seinem Beispiel folgend unternahm mit Seebohm Rowntree (1871–1954), der durch die Schokoladenfabrik seines Vaters zu Reichtum gekommen war, ein weiterer Privatmann eine Armutsstudie für seine Heimatstadt York. Rowntree war von Booths Arbeit inspiriert und wollte herausfinden, ob die Armen in York unter ähnlichen wie von Booth für London beschriebenen Bedingungen lebten. Die große methodische Innovation von Rowntree und seiner als *Poverty. A Study of Town Life* 1901 veröffentlichten Studie war die Durchführung von direkten Interviews.[120] Ein weiterer wichtiger Impuls kam von Arthur Bowley (1869–1957). Er untersuchte Armut in verschiedenen Städten und war der erste Forscher in Großbritannien, der auf Stichprobenanalysen zurückgriff. Bowley arbeitete mit Zufallsstichproben (*random samples*) und untersuchte fünf Prozent der Arbeiterhaushalte in ausgewählten Städten.[121] Zudem steht Arthur Bowley als Beispiel für die Verankerung der Sozialforschung innerhalb der Universitäten: An der neu

118 Die Beiträge wurden 1861 als Buch unter dem Titel *London Labour and the Poor* veröffentlicht.

119 Die Entstehung des *social survey* wird auf fünf Stränge zurückgeführt: erstens auf die politische Arithmetik, vor allem verbunden mit den Namen John Graunt und William Petty seit dem 17. Jahrhundert, zweitens die statistische Bewegung seit der ersten Hälfte des 19. Jahrhundert, drittens *ameliorism* und Sozialreform (19. Jahrhundert), viertens die sog. *blue books*, die die Ergebnisse der Royal Commissions und der Parliamentary Committees beeinhalteten, und fünftens die Sammlung von Informationen durch direkte Beobachtung, wie sie von dem Journalisten Henry Mayhew in der Mitte des 19. Jahrhunderts für die Zeitung *Morning Chronicle* praktiziert wurde. Grundlegend zum *social survey* siehe: Bulmer, Baines und Sklar (Hrsg.), Social Survey in Historical Perspective; Englander und O'Day, Retrieved Riches; Abrams, Origins of British Sociology.

120 Booth hatte nicht mit den Bewohnern selbst gesprochen, sondern in erster Linie Informationen über sie gesammelt bzw. sie beobachtet: „Investigators accompanied London School Board visitors, and policemen on their beats. They interviewed factory owners, workers and trade union representatives at their places of work or in their homes. They visited ministers of religion and their congregations. The notebooks record the comments of interviewees and investigators and gathered data which was then used to generate statistical evidence of the living and working conditions of Londoners." Vgl. Charles Booth Online Archive: Inquiry Into the Life and Labour of the People of London (1886–1903), LSE Archive, http://booth.lse.ac.uk/static/a/3.html (aufgerufen am 19. 3. 2013).

121 Bowley und Burnett-Hurst, Livelihood and Poverty.

gegründeten London School of Economics begann er 1895 Statistik zu unterrichten, ab 1919 war er dort der erste Inhaber des Lehrstuhls für Statistik und damit auch der erste Lehrstuhlinhaber für dieses Fach in Großbritannien.

Insgesamt sind es drei Innovationen, die mit den Namen Booth, Rowntree und Bowley verbunden werden und die wichtige Merkmale der Umfrageforschung ausmachen: erstens Karten, die soziale Differenzierungen darstellen, zweitens direkte Interviews und drittens stichprobenbasierte Umfragen.[122]

*Institutionen methodischer Forschung bis in die 1920er-Jahre*

Wichtige Impulse für methodische Innovationen gingen im 19. Jahrhundert zudem von den verschiedenen *statistical societies* und insbesondere der Statistical Society of London, die 1834 gegründet und 1887 zur Royal Statistical Society wurde, aus.[123] Auf den Treffen, auf denen häufig auch von Entwicklungen in anderen Ländern berichtet wurde, und in den zahlreichen Veröffentlichungen wurden wichtige Themen und Methoden der Zeit diskutiert. Die Vorschläge des Komitees der Statistical Society wurden z. B. vom Historiker Michael J. Cullen als „work of the government's own statisticians plus some of the best men outside the government" eingeschätzt.[124] Fast alle Personen, die in Volkszählungen und andere staatliche Umfragetätigkeiten involviert waren, waren auch Mitglieder der Statistical Society.[125] Der Statistical Superintendent William Farr war z. B. von 1871 bis 1873 Präsident der Statistical Society und Registrar-General, Bernard Mallet, hatte diesen Posten von 1916 bis 1918 inne. Die Statistical Society hatte für die Volkszählungen auch deshalb eine besondere Bedeutung, weil sie vor jedem Zensus ein Komitee einberief, das Vorschläge sowohl in thematischer als auch in methodischer Sicht für den nächsten Zensus erstellte. Die Bedeutung der Royal Statistical Society hielt bis ins 20. Jahrhundert bzw. hält bis heute an.[126] So heißt es in der 2001 herausgegebenen Festschrift für die Government Social Survey: „What engagement there was with the external research community was

122 Diese innovativen Methoden waren nicht die einzigen, die mit diesen drei Männern verbunden wurden (so stand z. B. Charles Booth ebenfalls für seine Einführung der *poverty line* und Rowntree für seine Einteilung in *primary* und *secondary poverty*), aber sie waren diejenigen, die für die Umfrageforschung am wichtigsten waren. Aus der Vielzahl der Literatur zum sog. *social survey* siehe z. B. Englander und O'Day, Retrieved Riches; Abrams, Origins of British Sociology; Bradshaw und Sainsbury (Hrsg.), Getting the Measure of Poverty; Bulmer (Hrsg.), Essays on the History of British Sociological Research; Bulmer, Baines und Sklar (Hrsg.), Social Survey in Historical Perspective; Hatton und Bailey, Seebohm Rowntree and the Postwar Poverty Puzzle; Hennock, Measurement of Urban Poverty.

123 Zur Vorgeschichte und anderen Strängen (*political arithmetic*, *amelorism* and *social reform* und Datensammlungen durch direktes Beobachten) siehe Bulmer, Baines und Sklar (Hrsg.), Social Survey in Historical Perspective, S. 1–48. Zu den *statistical societies* insbesondere in Manchester und London siehe: Cullen, Statistical Movement, S. 77–133.

124 Cullen, Statistical Movement in Early Victorian Britain, S. 96.

125 Woollard, Influence of the Royal Statistical Society on the Census.

126 Vgl. z. B. Hoinville, Developing Survey Methods, S. 3f. Der derzeitige National Statistician John Pullinger war ebenfalls President of the Royal Statistical Society. New President Takes Over, RSS News, 41 (2013), S. 1 und 3.

mainly on the statistical front with detailed technical papers presented to the Royal Statistical Society on various aspects of sampling."[127] Allerdings betraten vermehrt weitere Institutionen die Bühne.

*1920er bis 1940er Jahre: Entstehung der kommerziellen Markt- und Meinungsforschung und der staatlichen Umfrageforschung*

Obschon Bowley seine erste Untersuchung bereits 1915 veröffentlichte, wurde die Idee der Stichprobe erst mit einiger Verzögerung in Großbritannien aufgenommen. Insbesondere die privatwirtschaftliche Markt- und Meinungsforschung und allen voran ihr amerikanischer Pionier George Gallup übernahm diese methodischen Innovationen in den 1920er- und 1930er-Jahren. Nachdem er 1928 sein erstes Gallup Institute in den USA eröffnet hatte, gründete Henry Durant 1937 das britische Gegenstück unter dem Namen British Institute of Public Opinion (BIPO).[128] Während in den 1920er- und 1930er-Jahren im Bereich der Konsumentenforschung, z. B. in Werbeagenturen wie J Walter Thompson, Lintas und der London Press Exchange, verschiedene Methoden erprobt wurden, stellte sich die 1936 gegründete BBC Audience Research als innovativ in der Hörerforschung und in der Entwicklung von *sample surveys* heraus.[129] *Sample surveys* wurden dort erstmals 1937/1938 durchgeführt und ab 1939 täglich wiederholt, um mehr über die Hörgewohnheiten der 1000 im *random sample* zusammengestellten Hörer herauszufinden.[130]

Die Idee der repräsentativen Stichprobe, die von zahlreichen Institutionen in der Folgezeit aufgenommen worden war, wurde in Großbritannien durch die Einrichtung von Mass-Observation im Jahr 1937 und dessen Wertschätzung qualitativer Methoden, vor allem der aus der Anthropologie entlehnten teilnehmenden Beobachtung, herausgefordert. Das von dem Anthropologen Tom Harrisson, dem Journalisten und Dichter Charles Madge und dem Dokumentarfilmer Humphrey Jennings gegründete Mass-Observation startete als erklärter Feind der Werbe- und Marktforschungsbranche.[131] Mass-Observation hatte sich zum Ziel gesetzt, eine „anthropology of our own people" zu erstellen.[132] Die Beobachtungen durch die *mass-observer* und andere von Mass-Observation genutzte Methoden wie die *worktown*-Fotografien und die Beantwortung offener Fragebögen (sog. *directives*)

[127] Diese Aussage bezieht sich in erster Linie auf die 1940er-Jahre, siehe Office for National Statistics, 60 Years of Social Survey, S. 16.

[128] Zur spezifisch britischen Ausprägung und Entwicklung der Markt- und Meinungsforschung siehe: Schwarzkopf, A Radical Past?.

[129] Siehe dazu die Selbstdarstellung von Robert Silvey, der von 1936 bis 1960 Head of BBC Audience Research war. Silvey, Story of BBC Audience Research, (insbesondere das dritte Kapitel „Sampling People"). Siehe auch ders., Methods of Listener Research Employed by the British Broadcasting Corporation.

[130] Zur ersten Stichprobenerhebung der BBC siehe: Audience Research, Projects, First Random Sample, 1937/38, BBC WAC, R 44/30.

[131] So die Einschätzung von Tom Jeffreys, siehe: Jeffery, Mass-Observation, hier S. 21.

[132] Charles Madge, They Speak for Themselves, in: Life and Letters 17 (1937), S. 37–42, zitiert nach Sheridan u. a., Writing Ourselves, S. 1.

bzw. das Führen von Tagebüchern unterschieden sich von den Praktiken der anderen Bereiche der Umfrageforschung. Vor allem ließ sich die Distanz zur Werbe- und Marktforschungsbranche aber in der Offenlegung der Ergebnisse erkennen: „Unlike all these organisations, Mass-Observation was determined that this information should be democratically available to all concerned: it was to be a science of ourselves, for ourselves."[133] Einen demokratischen Anspruch verfolgten allerdings auch andere Meinungsforscher in dieser Anfangszeit. Unterschiedliche Meinungen bestanden vor allem im Hinblick auf qualitative und quantitative Verfahren. Einen Meinungsaustausch lieferten sich 1942 Tom Harrisson von Mass-Observation und Henry Durant vom British Institute of Public Opinion bei einem Treffen der British Psychological Society in Brighton, über das in der Zeitschrift Nature unter der Überschrift *Quantative and Qualitative Method in Sociological Research* berichtet wurde.[134] Zwar erhielten beide eine Art Ritterschlag, als sie während des Zweiten Weltkrieges von der amtlichen Forschungseinrichtung Wartime Social Survey eingesetzt wurden, allerdings wurde Mass-Observation in seiner ursprünglichen Form nach 1949 aufgelöst, was gleichermaßen auf veränderte Interessen seiner Begründer und finanzielle Schwierigkeiten zurückzuführen war.[135] Langfristige Einflüsse von Mass-Observation sieht der Historiker Joe Moran in der späteren Methode der Focus Group.[136] Abseits der Entwicklungen einzelner Institute und Organisationen wurde die Markt-, Meinungs- und Hörerforschung ab den 1930er-Jahren zu einem bedeutenden Teil der Umfrageforschung, der vor allem nach dem Zweiten Weltkrieg an Einfluss gewann. Fest zum Kanon der Umfrageforschung ab dem Zweiten Weltkrieg gehörte die staatliche Sozialforschung, die mit der Gründung der oben erwähnten Wartime Social Survey (WTSS) im Jahr 1941 eine erste institutionelle Form fand. Dabei wurden von Beginn an nicht nur quantitative, sondern ebenso qualitative Methoden verwandt, wie sich am Einsatz des BIPO und von Mass-Observation zeigt.[137]

Am Ende des Zweiten Weltkrieges existierten somit die privatwirtschaftlich geprägte Markt-, Meinungs- und Hörerforschung, die staatliche Umfrageforschung

[133] Jeffery, Mass-Observation, S. 7. Der erste Teil des Zitats gibt über die Gemeinsamkeiten Auskunft: „Like previous social surveys, it concentrated on one town; like press surveys, it was keenly interested in newspaper readership and in public attitudes to the press; like market research, it was concerned with the minutiae of everyday life; like problem investigation, it analysed particular subjects, for example, smoking and gambling; and, like public opinion polling, it attempted to establish what ordinary people really thought."

[134] Quantative and Qualitative Method in Sociological Research, in: Nature 149 (9. 5. 1942) 3784, S. 516–518.

[135] Mass-Observation wurde zunächst als kommerzielle Marktforschungsfirma weitergeführt. Es wurde in den 1980er-Jahren in seiner ursprünglichen Form wiederbelebt und ist heute an der University of Sussex angesiedelt. Für weitere Literatur zu Mass-Observation als Organisation siehe z. B.: Sheridan u. a., Writing Ourselves; Hubble, Mass Observation and Everyday Life; Calder, Mass Observation.

[136] Moran, Mass-Observation, S. 827–851.

[137] Zur Entstehung der Government Social Survey siehe Whitehead, Government Social Survey, hier S. 84–86. Aus zeitgenössischer Perspektive: Box und Thomas, Wartime Social Survey. Zum Ministry of Information: McLaine, Ministry of Morale.

und die akademische Sozialforschung, die vor allem mit dem Namen der London School of Economics verbunden war und aus deren Kreis sich die Wartime Social Survey gebildet hatte.[138] Alle drei Stränge der empirischen Sozialforschung waren auf vielfache Weise miteinander verzahnt, wie das folgende Zitat von Louis Moss, dem Leiter der staatlichen Social Survey Division in den Jahren 1941 bis 1970, belegt:

> My experience included time as research officer on the Marketing survey of the United Kingdom, participation in the organisation of the new BBC continuing Survey of Listening, and work for the British Institute of Public Opinion. The other staff included Dennis Chapman, who came from work on the second Rowntree survey of York; W E Franklin, a market researcher, and very soon after, Kathleen Box and Geoffrey Thomas from Mass Observation. Helen Brooks, who had been a member of Home Intelligence, came across as business manager and played an indispensable role in organising WTSS finances and, above all, interviewer recruitment.[139]

*Konsolidierung der Umfrageforschung nach 1945*

Diese Verzahnung der verschiedenen Bereiche der Umfrageforschung setzte sich auch nach dem Zweiten Weltkrieg fort, wobei sich die staatliche Social Survey Division in Großbritannien nach 1945 zu einem wichtigen Ort methodischer Forschung entwickelte. Insbesondere in den 1950er-Jahren veröffentlichten die Social Survey Division und ihre Mitarbeiter zahlreiche methodische Beiträge wie z. B. *Sampling for the Social Survey* und das in mehreren Auflagen erscheinende *Interviewer Handbook.*[140] Kurz nach dem Zweiten Weltkrieg wurden mehrere Berufsorganisationen bzw. Interessenzusammenschlüsse der Umfrageforscher gebildet: 1946 die britische Market Research Society (MRS), 1947 die World Association of Public Opinion Research (WAPOR) und 1948 die European Society for Opinion and Market Research (ESOMAR) – alle drei entwickelten sich in den nächsten Jahrzehnten bis heute zu wichtigen Orten methodischer Diskussionen. In methodischer Hinsicht war zudem für die 1960er-Jahre das Survey Research Centre an der London School of Economics and Political Science interessant. Hier forschte William Belson, der früher für die BBC Audience Research tätig und nun Research Fellow in *Survey Psychology* an der LSE war, zu verschiedenen vor allem qualitativen Themen, wofür er mehrfach von der Market Research Society ausgezeichnet wurde.[141] Als Ort methodischer Forschung wurde zudem Anfang der 1980er-Jahre das vom Social Science Research Council finanzierte Survey Methods Centre wichtig, das beim unabhängigen Umfrageinstitut Social and Community Planning Research angesiedelt war und zugleich mit der City Uni-

[138] So die Darstellung von McDonald und King, Sampling the Universe, S. 72; Moss, Government Social Survey, S. 3.

[139] Moss, Government Social Survey, S. 5.

[140] Gray und Corlett, Sampling for the Social Survey; Harris, Handbook for Interviewers; McCrossan, Handbook for Interviewers; Atkinson, Handbook for Interviewers.

[141] So erhielt er die MRS Gold Medal z. B. 1963 für ein Paper mit dem Titel „The best method of classifying informants in media studies, having regard to the end-usage of such studies for marketing purposes". Siehe Blythe, Making of an Industry, S. 168. Im selben Jahr hielt Belson einen Konferenzbeitrag auf der MRS Annual Conference zum Thema „Research on Question Design". Ebd., S. 189.

versity zusammenarbeitete. Es hatte die Aufgabe, sich um methodische Forschungen und die Verbesserung von *sample surveys* zu bemühen,[142] und bedeutete in seiner Ansiedlung in der Wissenschaft einerseits und bei einem praktisch arbeitenden Umfrageinstitut andererseits eine Neuerung.

Folgt man den Selbstdarstellungen von Umfrageforschern[143] so formierte sich das Feld in der Zeit vom Ende des Krieges bis in die 1950er neu, differenzierte und erweiterte sich. Sowohl Louis Moss als auch McDonald/King sehen 1952 bzw. 1954 einen Einschnitt, allerdings aus unterschiedlichen Gründen. Für die kommerzielle Markt- und Meinungsforschung war zu diesem Zeitpunkt die Phase des (Wieder-)Aufbaus abgeschlossen und mit dem Ende der Nachkriegsknappheit begann nun eine Phase zunehmenden Konsums, die von steigender Umfragetätigkeit begleitet wurde. Auf Seiten der staatlichen Social Survey Division, die 1946 aus der Wartime Social Survey hervorgegangen war, bedeutete das Jahr 1952 zunächst einmal einen gravierenden negativen Einschnitt, denn nach der erneuten Wahl Churchills zum Premierminister im Jahr 1951 wurde das Budget und die Mitarbeiterzahl reduziert.[144] Moss beschrieb diese Erfahrung auch aus personeller Perspektive als einschneidend, denn damit wurde deutlich, dass sich die staatliche Umfrageforschung nicht als Garant für eine (wissenschaftliche) Karriere anbot; wichtige Mitarbeiter wechselten in dieser Zeit in andere Abteilungen und in die Privatwirtschaft[145] – ein Vorgang der sich nach dem Regierungsantritt von Thatcher wiederholen sollte (vgl. Kapitel III). Allerdings entspannte sich die Lage für die Social Survey Division zunächst einmal mit dem Regierungsantritt von Harold Macmillan im Jahr 1957.[146]

Aus der Perspektive der Markt- und Meinungsforschung markierten die langen sechziger Jahre eine Zeit des Aufschwungs. Mit der *affluent society* und ihrer Nachfrage nach Konsumgütern ging eine Ausweitung der Umfrageforschung einher, was sich an weiteren Firmengründungen (vgl. Anhang Tabelle C.3), einer Verfeinerung der Methoden und der Professionalisierung der Branche durch jährliche Kongresse, Bildungsangebote für Markt- und Meinungsforscher, Auszeichnungen und die Gründung von Fachzeitschriften zeigte.[147] Außerdem mussten die Markt- und Meinungsforscher in dieser Zeit auf die sich wandelnde Gesellschaft reagieren, die nicht mehr so eindeutig in Klassen eingeteilt werden konnte und deren Beobachtung deshalb neuer Methoden bedurfte (siehe dazu Kapitel III). Auch aus der Perspektive der staatlichen Sozialforschung waren die langen Sechziger eine Zeit des Aufschwungs. Die Zahl der Ad-hoc-Umfragen stieg ebenso wie die der langfristigen Umfragen. Bis zum Jahr 1973 waren fünf lang-

142 Hoinville, Developing Survey Methods, S. 7.

143 Insbesondere McDonald und King, Sampling the Universe, S. 19–65; Moss, Government Social Survey, S. 1–105; Nissel, People Count.

144 Moss, Government Social Survey, S. 24.

145 Ebd., S. 26.

146 Nach Einschätzung von Moss forcierte Macmillan die staatliche Sozialforschung, vgl. ebd., S. 27.

147 Vgl. die Darstellung in McDonald und King, Sampling the Universe, S. 37–45.

fristige Studien eingerichtet worden: *National Food Survey* (1953), *Family Expenditure Survey* (1957), *International Passenger Survey* (1961), *General Household Survey* (1971) und *Labour Force Survey* (1973). Die staatliche Social Survey Division entwickelte sich zudem zu einem Zentrum der methodischen Forschung – auf Stichproben basierende Umfragen, Fragebogendesign und Interviewtechniken wurden hier innovativ entwickelt.[148] Am 1. April 1967 wurde die Social Survey Division sogar zu einem eigenen Department, dem Government Social Survey Department, dem Louis Moss vorstand und das dem HM Treasury zugeordnet war. Diese Alleinstellung war allerdings nicht von langer Dauer; sie war nur ein Schritt hin zu der bereits erwähnten künftigen Zentralisierung der Regierungseinrichtungen für Statistik. Innovative Impulse gingen in den langen sechziger Jahren zudem von der universitär verankerten sozialwissenschaftlichen Forschung aus – so etwa von John Goldthorpes und David Lockwoods Cambridger Arbeiten, die unter dem Titel *The Affluent Worker* bekannt wurden.[149] Diese Forschungen sind nicht im engeren Sinne zur Umfrageforschung zu rechnen, werden allerdings im Kontext der Gesellschaftsklassifikationen wichtig (vgl. Kapitel III). Offen ist die Frage, ob sich die Durchlässigkeit des britischen Arbeitsmarktes auch auf die universitäre Sozialforschung bezog oder ob sie auf die staatliche und privatwirtschaftliche Umfrageforschung beschränkt war.

Für die siebziger und achtziger Jahre folgen die Selbstdarstellungen der Umfrageforschung einer für Historiker wenig befriedigenden Einteilung in Dekaden – ein Umstand, der sicherlich auch in der zeitnahen Veröffentlichung ihrer Bücher begründet liegt. Laut Louis Moss setzte sich in den siebziger Jahren der Aufschwung der Government Social Survey Division fort.[150] Dies wurde vor allem durch den sog. *Plowden Report* gestärkt, der die Regierungsabteilungen dazu aufrief, für die bessere Planung ihrer Projekte und Ausgaben die Ressourcen der Sozialforschung zu nutzen.[151] Bessere Finanzierung und eine steigende Zahl von Absolventen aus den Sozialwissenschaften halfen der Government Social Survey Division die Anforderungen dieser Zeit zu erfüllen.[152] Der Wechsel zur Ära Thatcher war für die Social Survey Division mit Problemen und massiven Einschränkungen verbunden: Die Maßnahmen beinhalteten die Reduzierung der Mitarbeiterzahlen ebenso wie z. B. die Verkleinerung der Stichprobengröße für den *General Household Survey*. Außerdem sollten Ad-hoc-Umfragen an private Umfrageinstitute vergeben werden, wenn diese günstiger arbeiten konnten.[153] Diese Tendenz setzte sich in den neunziger Jahren fort; nun musste die Social Survey Division sich häufig in einem kompetitiven Verfahren um Studien bewerben. Ab den 1980er-Jahren erwies sich die weite Verbreitung von Telefonen in den Haus-

148 Vgl. Nissel, People Count, S. 89.

149 Goldthorpe u. a., Affluent Worker. Industrial Attitudes and Behaviour; ders. u. a., Affluent Worker. Political Attitudes and Behaviour; ders. u. a., Affluent Worker in the Class Structure.

150 Moss, Government Social Survey, S. 75–105.

151 Office for National Statistics, 60 Years of Social Survey, S. 47.

152 Ebd.

153 Ebd., S. 56.

halten als wichtige Neuerung, die für die Erhebung der Daten eingesetzt werden konnte. In der staatlichen Sozialforschung wurde das Telefoninterview zuerst für den *Labour Force Survey* eingesetzt und dann auf andere Umfragen ausgeweitet.[154] Ebenfalls Ende der 1980er- und vor allem in den 1990er-Jahren wurden computergestützte Interviews eingeführt, die einen großen Einfluss auf die Produktion von Umfragen hatten.[155]

Die Geschichte der Umfrageforschung aus der Perspektive der privatwirtschaftlichen Markt- und Meinungsforscher lässt zunächst Mitte der siebziger Jahre einen entscheidenden Einbruch erkennen, als die Rezession zu massiven Einsparungen im Werbe-, Marketing- und Marktforschungsbereich führte.[156] In den folgenden Dekaden führten wirtschaftlich schwierige Zeiten nicht mehr zu derart massiven Einsparungen, was vermutlich nicht zuletzt mit der Professionalisierung der Branche und ihrer etablierten Stellung zu tun hatte. Wichtig war ab den 1970er-Jahren zudem die Intensivierung der internationalen Umfrageforschung. Zunehmend wurden von großen Firmen Marktforschungsdaten aus Westafrika, dem Nahen Osten, Indien etc. nachgefragt.[157] Führend war Großbritannien – so stellen es McDonald/King dar – im sog. *multi-national research*, bei dem der gesamte Ablauf in den Händen eines britischen Umfrageforschungsunternehmens war, aber einzelne Teile, wie die Untersuchungen vor Ort, an lokale Subunternehmen vergeben wurden.[158] Die Kontrolle ebenso wie die Analyse und die Präsentation der Ergebnisse verblieben aber bei der Firma in Großbritannien. „This style of multi-national research has been, and remains, the corner-stone of British international research business, and the main reason for the UK's pre-eminence in this sector", so fassen McDonald/King den britischen Erfolg zusammen. In erster Linie leiten sie diesen Erfolg von der weiten Verbreitung der englischen Sprache ab, da in vielen englischsprachigen Ländern Muttersprachlern bis heute größeres Vertrauen entgegengebracht werde. Zwar würde dies auch z. B. für die US-amerikanische Markt- und Meinungsforschung gelten, aber hier beobachten McDonald/King, dass die US Research Industry vor allem auf den Markt im eigenen Land beschränkt sei.

Neben der internationalen Verbreitung der Umfragen konnten Markt- und Meinungsforscher ihre Arbeitsmethoden in den achtziger und neunziger Jahren auf eine Vielzahl von Bereichen außerhalb der traditionellen Konsumgütermärkte ausbreiten. Neue Aufgabenbereiche umfassten z. B. den Finanzmarkt und den medizinischen Bereich.[159] Die Veränderungen im Bereich der staatlichen Umfra-

154 Ebd., S. 71.

155 Ebd., S. 72: „Undoubtedly the most significant change was the development of computerassisted interviewing for major household surveys in the UK."

156 McDonald und King, Sampling the Universe, S. 46: „In real terms, for instance, manufacturers' consumer advertising and market research (the only elements of marketing effort properly measured) dropped by about a quarter between 1973 and 1975, though consumer spending went down only 3%. There was a real danger of a vicious spiral."

157 Ebd., S. 55.

158 Ebd.

159 Ebd., S. 62.

geforschung, mit ihren stärker am Markt orientierten Ausschreibungsverfahren, eröffneten auch hier für die privatwirtschaftliche Umfrageforschung einen wichtigen Arbeitsbereich. Ebenso wie in der Selbstdarstellung der staatlichen Umfrageforscher endet auch die Einschätzung der privatwirtschaftlichen Vertreter mit der Hervorhebung der technologischen Veränderungen, die die Umfrageforschung seit den neunziger Jahre massiv geprägt hat.

*Durch neue Technologien geprägte Umfrageforschung seit den 1990ern*

In den neunziger Jahren durchlief die Social Survey Division aus der Perspektive ihrer Protagonisten den größten Wandel ihrer bisherigen Geschichte: Die Zahl der Umfragen stieg noch einmal erheblich an und mehrere große, langfristige Umfragen wurden gestartet. Die größten Veränderungen wurden allerdings im Einsatz neuer Informationstechnologien für die Durchführung der Interviews und in den am Markt orientierten Ausschreibungen für Umfragen festgestellt.[160] Die 1990er-Jahre markieren auch im internationalen Kontext eine Zäsur. Denn aus der ungebrochenen Nachfrage der Umfrageforschung in verschiedensten Anwendungsbereichen resultierte ein starker Anstieg der Umfragen, der mit einer Abnahme der Antwortbereitschaft von potentiellen Interviewpartnern einherging.[161] Das war ein erheblicher Bruch zu den 1950er-Jahren, als es noch eine Ehre war, interviewt zu werden und die Interviewer durch Abendessen und andere Annehmlichkeiten wertgeschätzt wurden.[162] Der sinkenden Antwortbereitschaft musste methodisch begegnet werden, was u. a. zu einem steigenden Einsatz von alternativen Datenquellen, d. h. solchen, die nicht über Interviews erhoben wurden, führte (siehe Kapitel III). Robert M. Groves, Soziologe und Director of the United States Census Bureau von 2009–2012, fasst die Zeit ab den 1990ern wie folgt zusammen:

> The third era (1990 and forward) witnessed the declines in survey participation rates, the growth of alternative modes of data collection, the weakening of sampling frames, and the growth of continuously produced process data from digital systems in all sectors, but especially those emanating from the Internet. Throughout each era, survey research methods adapted to changes in society and exploited new technologies when they proved valuable to the field.[163]

160 Office for National Statistics, 60 Years of Social Survey, S. 73.

161 Siehe z. B. Office for National Statistics, 60 Years of Social Survey, S. 85: „Falling response rates became a national and international phenomenon during the nineties and Social Survey was not immune to the problem."

162 Siehe die überzeugenden Beispiele im Buch von Mike Savage, der auch den teilweise therapeutischen Charakter von qualitativen Befragungen hervorhebt: Savage, Identities and Social Change.

163 Groves, Three Eras of Survey Research. Groves unterteilt drei Zeitabschnitte 1930–1960, 1960–90 und die Zeit ab 1990 (ebd., S. 861): „In the first era (1930–1960), the founders of the field invented the basic components of the design of data collection and the tools to produce the statistical information from surveys. As they were inventing the method, they were also building the institutions that conduct surveys in the private, academic, and government sectors. The second era (1960–1990) witnessed a vast growth in the use of the survey method. This growth was aided by the needs of the U.S. federal government to monitor the effects of investments in human and physical infrastructure, the growth of the quantitative social sciences, and the use of quantitative information to study consumer behaviors."

Der Einblick in die „Fertigungshallen sozialer Fakten“ stößt hier an seine Grenzen, denn diese Tendenzen sind so aktuell, dass der direkte Einblick in die Arbeit der Umfrageforscher zumeist noch nicht gewährt wird.

## 5. Überschneidungen zwischen staatlicher, universitärer und kommerzieller Umfrageforschung: Die Market Research Society

Um einschätzen zu können, ob die Entwicklungen und die Karrierewege der an den Volkszählungen beteiligten Personen typisch für die Umfrageforschung waren, werden in einem nächsten Schritt die Biografien von Akteuren aus anderen Bereichen der Umfrageforschung betrachtet. Nicht zuletzt das Interesse an der gemeinsamen Methode führte am 5. November 1946 zu einem ersten Treffen des sog. *luncheon club* in den Büroräumen der Werbeagentur London Press Exchange.[164] Bei diesem gemeinsamen Treffen von 19 Männern und vier Frauen wurde der Grundstein für die Gründung der Market Research Society gelegt (siehe Tabelle 3), deren Hauptanliegen „the furtherance of the profession of marketing and social research“ war.[165]

Vierzig Jahre später, also zu einem Zeitpunkt, zu dem bereits wichtige Professionalisierungsschritte geleistet waren, charakterisierte die Market Research Society ihre Zusammensetzung wie folgt: „The Market Research Society is the incorporated professional body for those using survey techniques for market, social and economic research.“[166] Die Betonung der gemeinsamen Techniken ließ Umfrageforscher aus verschiedensten Bereichen in der Market Research Society zusammenkommen. In einer Festschrift zum 40. Geburtstag, die mit Ian Blythe von einem Insider verfasst wurde, finden sich zur Vorgeschichte zwei typische, d. h. in Selbstdarstellungen der Branche zu findende, Erzählstränge: Zum einen wurde die amerikanische Vorreiterrolle in der Umfrageforschung betont, zum anderen wurden die britischen Pioniere der Sozialforschung Charles Booth, Seebohm Rowntree und Arthur Bowley herangezogen.[167] Diese Traditionen spielten für die Umfrageforscher eine besondere Rolle, an die die Market Research Society und ihre Mitglieder in mehrfacher Hinsicht anschlossen: Einerseits schätzten sie ihre amerikanischen Kollegen und die in den USA erlernten Methoden in besonderer Weise und andererseits verbanden sie ihre Tätigkeit in der Umfrageforschung mit politischen Überzeugungen und Aktionen, die an die frühen *social survey*-Protagonisten im 19. Jahrhundert anschlossen.[168]

164 McDonald und King, Sampling the Universe, S. 24.
165 Blythe, Making of an Industry, S. 21.
166 Ebd., S. 19.
167 Ebd., S. 11–15.
168 Zum Verhältnis zwischen der europäischen und der amerikanischen Umfrageforschung bzw. den Umfrageforschern siehe Fleck, Transatlantische Bereicherungen; Gerhardt, Denken der Demokratie. Zu den politischen Überzeugungen und Aktivitäten der britischen Umfra-

*Tabelle 3: Gründer der Market Research Society, Luncheon Club, 5. November 1946*[1]

| | Name | Tätigkeit/ Firma |
|---|---|---|
| *1** | *Mark A. Abrams* | *Managing Director, Research Service* |
| *2** | *Theodore (Tom) Cauter* | *Manager, British Market Research Bureau* |
| 3 | L. Chappell (Mrs.) | Market Research Manager, W.S. Crawford |
| 4 | W.N. Coglan | Managing Director, Sales Research Services |
| 5 | D. Darling (Mrs) | Senior Research Officer, London Press Exchange |
| *6** | *L.W. (Dick) Desbrow* | *Senior Research Officer, London Press Exchange* |
| *7** | *Henry W. Durant* | *Director, British Institute of Public Opinion (Gallup)* |
| 8 | O. Ellefsen | Research Director, Foote, Cone & Belding |
| *9** | *Ruth Glass* | *Director, Association for Planning and Reconstruction* |
| *10** | *Jack Haydock* | *Information manager, British Export Trade Research Organisation* |
| *11** | *Harry Henry* | *Research Manager, Colemen, Prentis & Varley* |
| 12 | A.G. Jones | Research Director, British Export Trade Research Organisation |
| 13 | W.F.F. Kemsley | Manager, Surveys Branch, Ministry of Food |
| 14 | F. Lambert | Market Research Director, Co-operative Wholesale Society |
| 15 | J.M. Ledgard (Miss) | Head of Presentation Department, British Market Research Bureau |
| 16 | A.G. Lewis | Senior Research Officer, The Government Social Survey |
| 17 | A.P. McAnally | Head of Research, F C Prichard, Wood & Partners |
| 18 | C. McIvor | Senior Research Officer, The Government Social Survey |
| 19 | T.D. Morrison[2] | Director, Mather & Crowther Advertising |
| *20** | *Louis Moss* | *Director, The Government Social Survey* |
| 21 | H. Munt | Market Research Manager, Lintas |
| 22 | C.P. Scarborough | Research Officer, Incorporated Practitioners in Advertising |
| 23 | R.J.E. Silvey | Director of Listener Research, British Broadcasting Association |

* Absolventen der London School of Economics and Political Science (LSE)
[1] Grundlegende Angaben übernommen aus Blythe, Making of an Industry, S. 25 (bearbeitet).
[2] Nach McDonald und King war Morrison nur stellvertretend für Graham Cranch anwesend. Vgl. McDonald und King, Sampling the Universe, S. 25.

*Absolventen der London School of Economics and Political Science (LSE)*
Blickt man zunächst auf die Gründer der Market Research Society im November 1946 (siehe Tabelle 3), so fällt anders als bei den Registrars-General und ihren engsten Mitarbeitern die prominente Rolle der London School of Economics als Ausbildungsstätte auf. Acht der 23 Gründungsmitglieder waren Studierende der LSE.[169] Andere Gründungsmitglieder hatten in Liverpool und Oxford oder im Ausland studiert. Wurde der LSE in dieser Zeit „a reputation for radicalism“[170] zugeschrieben, so können mindestens vier der Gründungsmitglieder politisch tat-

geforscher vgl. Schwarzkopf, A Radical Past?. Zusammenfassend zum besonderen Standpunkt der britischen Sozialforscher im Vergleich zu anderen europäischen, z. B. den deutschen, siehe Harris, Private Lives, Public Spirit, S. 221 f.

169 Abrams, Cauter, Desbrow, Durant, Glass, Haydock, Henry und Moss. Siehe dazu auch McDonald und King, Sampling the Universe, S. 25.

170 Ebd.

sächlich dem linken Lager zugeordnet werden: Henry Durant wurde in einem Nachruf in der *Times* als „lifelong socialist, and a deeply-committed humanist" bezeichnet.[171] Louis Moss wurde ebenfalls als „socialist" charakterisiert.[172] Zu Ruth Glass heißt es im *Oxford Dictionary of National Biography*: „A Marxist all her life, she was never a member of the Communist Party, and after the compromises made by the Labour Party over immigration in the 1960s she felt that radicals had no place in any political party in Britain."[173] Mark Abrams war zwar nicht „radikal", aber deutlich der Labour Party zuzuordnen, mit der er – ohne Mitglied zu sein – eng zusammenarbeitete.[174] Die Behauptung von McDonald und King in ihrer Insider-Geschichte der Market Research Society, dass es außer bei Abrams keine politischen Verbindungen („political affiliations") gab, muss somit revidiert werden.[175] Allerdings geben die Autoren zugleich eine Begründung, warum eine zu enge Assoziierung mit dem linken politischen Feld für die in den Anfängen befindliche Markt- und Meinungsforschung in der öffentlichen Darstellung vermieden wurde: Eine enge politische Bindung dieser Art hätte konservative Geschäftsleute als potentielle Kunden abgeschreckt.[176]

*Bedeutung von Auslandsaufenthalten, Immigration und Krieg*

Generell scheinen im Vergleich zu den Registrars-General und ihren Mitarbeitern Auslandsaufenthalte schon früher eine Rolle gespielt zu haben. So hatte beispielsweise Mark Abrams für zwei Jahre als Research Fellow am Washingtoner Brookings Institute gearbeitet und dort Kontakte zu US-amerikanischen Umfrageforschern geknüpft, die sein Leben lang anhielten und seine Arbeit beeinflussten.[177] Auch Henry Durant, Tom Cauter und Ruth Glass waren in den USA gewesen und andere Gründungsmitglieder hatten Aufenthalte auf dem europäischen Festland hinter sich.

Für die Lebens- und Karrierewege spielten zudem antisemitische Verfolgungen und der Zweite Weltkrieg in zweierlei Hinsicht eine Rolle: Unter den Gründungsmitgliedern der Market Research Society waren zum einen Immigranten, die im Vorfeld der nationalsozialistischen Diktatur geflüchtet oder Personen, die bereits in zweiter Generation in Großbritannien waren, da sie oder ihre Eltern bzw. Großeltern aufgrund von antisemitischen Verfolgungen ihre osteuropäische Heimat verlassen mussten.[178] Zum anderen konnten die Gründungsmitglieder

171 Henry Durant. Obituary, The Times, 11.6.1982.

172 Obituary. Louis Moss. Idealistic Pioneer in the Field of Social Research, The Guardian, 24.10.2000.

173 Pimlott Baker, Glass, Ruth Adele (1912–1990).

174 McDonald und King, Sampling the Universe, S.25.

175 Ebd.

176 Ebd.

177 So die Darstellung im Nachruf in der *Times*: Mark Abrams. Obituary, The Times, 29.9.1994.

178 Ruth Glass kam aus einer angesehenen jüdischen Familie mit langer rabbinischer Tradition, hatte in Berlin angefangen zu studieren und dies zunächst in Genf und Prag, dann an der LSE fortgesetzt. Louis Moss war Sohn osteuropäischer Immigranten. Pimlott Baker, Glass, Ruth Adele (1912–1990); Obituary. Louis Moss. Idealistic Pioneer in the Field of Social Research, The Guardian, 24.10.2000.

im Krieg ihre zuvor erworbenen Fähigkeiten aus der Umfrageforschung einsetzen. So war Harry Henry in der Statistischen Abteilung der Armee tätig und half u. a. bei den logistischen Planungen im Vorfeld des D-Day.[179] Mark Abrams war von 1939 bis 1941 im Overseas Department der BBC und danach für das Psychological Warfare Board sowie im Supreme Headquarters Allied Expeditionary Force (SHAEF) tätig: „In these latter positions he undertook further pioneering survey work, at the psychological warfare board investigating, among other things, the impact of bombing on civilian morale. His work on food consumption during the war was a turning point in government data collection."[180] Der so entstandene, groß angelegte *National Food Survey* wurde für die nächsten sechzig Jahre fortgesetzt und Abrams Arbeit als wesentlich für die Erforschung und das *monitoring* der Erfahrungen, Bedürfnisse und Ansichten der Bevölkerung angesehen.[181]

*Soziale Herkunft, Leistung und Quereinsteiger*

Wie bei den Statistical Superintendents war auch bei den Gründungsmitgliedern der Market Research Society die Herkunft weniger wichtig als die Begabung. Im Nachruf des *Guardian* heißt es etwa über Louis Moss von der Government Social Survey: „He was the first in the family to go to grammar school, the first to go abroad (Spain), to go to university (the London School of Economics) and to be a socialist."[182] Auch Henry Durant kam aus armen Verhältnissen und erhielt zwar zunächst ein Stipendium, verließ die Schule aber bereits mit 14 Jahren, um eine Ausbildung im Versicherungswesen zu absolvieren. In seiner Freizeit qualifizierte er sich fürs Studium an der LSE und erwarb dort später einen PhD. Im Nachruf der *Times* wird betont, dass er sich seines sozialen Hintergrunds und seiner hart erkämpften Ausbildung stets bewusst war.[183] Harry Henry schien ebenfalls unter schwierigen Umstände aufgewachsen zu sein: Als sein Vater starb, war er acht und seine Mutter unterstützte die Familie als Schneiderin.[184]

Auffällig sind die wenig linearen Karrierewege: So hatten einige Gründungsmitglieder der Market Research Society andere Berufe vor ihrer Tätigkeit in der Umfrageforschung ausgeübt – Jack Haydock war z. B. Lehrer – oder ihre Karriere ohne Studium bestritten. Robert Silvey etwa lernte nach seiner Schulausbildung im Büro der Booth Steamship Company Ltd in Liverpool Rechnungswesen, bevor er statistische Tätigkeiten bei der Werbeagentur London Press Exchange ausübte und später zur BBC ging.[185] Ebenso hatte Harry Munt nach der Schule seine Kar-

[179] Harry Henry. Director of the Thomson Organisation, The Times, 10. 12. 2008.
[180] Warren, Abrams, Mark Alexander (1906–1994).
[181] Ebd. Auch Henry Durant brachte seine Umfragekenntnisse in der Kriegszeit ein: Roodhouse, Durant, Henry William (1902–1982).
[182] Obituary. Louis Moss, The Guardian, 24. 10. 2000.
[183] Henry Durant. Obituary, The Times, 11. 6. 1982. Siehe auch Webb, Obituary Henry Durant, 1903–1982.
[184] Obituary. Harry Henry. A Market Research Pioneer and Author, He Launched Yellow Pages and Computerised Data, The Guardian, 5. 12. 2008.
[185] Emmett, Silvey, Robert John Everett (1905–1981).

riere bei der Agentur Lintas in der Buchhaltung begonnen und dann bald in die Marktforschung gewechselt.[186]

Im Hinblick auf die verschiedenen Arbeitsbereiche der Gründungsmitglieder fällt auf, dass immerhin vier Personen für die Regierung arbeiteten: Louis Moss war Direktor der staatlichen Social Survey Division, C. McIvor und A.G. Lewis ebendort Senior Research Officer und W.F.F. Kemsley arbeitete als Manager der Surveys Branch im Ministry of Food. Auch Ruth Glass sollte kurz darauf für das Ministry of Town and Country Planning tätig werden.[187] Außer C.P. Scarborough, der für die Incorporated Practitioners in Advertising arbeitete, und Robert Silvey, der das Amt als Director of Listener Research bei der BBC innehatte, waren die übrigen 16 Gründungsmitglieder in der kommerziellen Umfrageforschung tätig. Andere Gründungsmitglieder, wie z. B. William Coglan, arbeiteten später zeitweise für den öffentlichen Sektor.[188]

Alles in allem kann für diese frühe Zeit also durchaus ein Interesse für die verschiedenen Anwendungsfelder der Umfrageforschung und eine Überschneidung der Anwendungsbereiche beobachtet werden. Zudem schien es eine Durchlässigkeit der Tätigkeitsfelder zu geben, d. h. dass Karrierewechsel von der staatlichen zur privaten Umfrageforschung und umgekehrt möglich waren. Dies änderte sich im weiteren Verlauf. Die in der kommerziellen Marktforschung arbeitenden Umfrageforscher übernahmen nun zunehmend das Sagen in der Market Research Society.

*Zunehmende Dominanz der kommerziellen Umfrageforscher in der Market Research Society*

Wie Tabelle 4 zeigt, hatten Mitglieder aus dem öffentlichen Sektor von 1953 bis 1983 einen verschwindend geringen Anteil in der Market Research Society. Dieses Bild spiegelt sich auch in den Beiträgen für die jährlichen Konferenzen der Market Research Society der Jahre 1957 bis 1986 wider. Bei insgesamt 586 Vorträgen kamen nur fünf Vortragende aus der staatlichen Umfrageforschung, sechs von der BBC und 37 aus dem universitären Bereich.[189] Ebenso war unter den 34 Chairmen im Zeitraum von 1953 bis 1986 nur einer mit einer Karriere in der staatlichen Sozialforschung vertreten – dabei handelte es sich um Louis Moss als Director of Social Survey.[190] Seine Nachfolger im Amt des Director of Social Survey engagierten sich offenbar nicht signifikant in der Market Research Society. Dieser Trend setzte sich fort: Von den 14 Board Members der Market Research Society im Jahr 2013 arbeitet keiner für die staatliche Umfrageforschung oder hat zuvor für sie gearbeitet.[191] Aus

186 Blythe, Making of an Industry, S. 52.
187 Baker, Glass, Ruth Adele.
188 Coglan arbeitete von 1943–1946 für die Consumer Needs Division im Board of Trade, bevor er sich seiner eigenen Firma zuwandte. Blythe, Making of an Industry, S. 122.
189 Siehe die Auflistung der Konferenzbeiträge in ebd., Appendix A, S. 187–211.
190 John Samuels arbeitete zwar 1975 im Central Office of Information, verbrachte seine übrige Karriere aber in der kommerziellen Umfrageforschung. Vgl. ebd., S. 112.
191 MRS Main Board, in: http://www.mrs.org.uk/mrs/mrs_main_board (aufgerufen am 3. 1. 13).

*Tabelle 4: Mitglieder nach Tätigkeitsbereich, 1953–1983*

| | 1953 | 1963 | 1973 | 1983 |
|---|---|---|---|---|
| Base: All members | 114 | 1225 | 2341 | 3786 |
| | % | % | % | % |
| Advertising Agency | 38 | 24 | 11 | 8 |
| Market Research Agency | 23 | 29 | 33 | 38 |
| Manufacturing | 16 | 24 | 17 | 11 |
| Food Drink Tobacco | 9 | 8 | 10 | 5 |
| Public Sector | 6 | 2 | 5 | 3 |
| Media | 4 | 5 | 5 | 9 |
| Service Industries | 3 | 1 | 5 | 3 |
| Academic Institution | 1 | 1 | 5 | 8 |
| Overseas | – | 2 | 5 | 1 |
| Student | – | – | – | 1 |
| Unaffiliated | – | 4 | 4 | 7 |

Tabelle erstellt nach: BLYTHE, Making of an Industry, S. 124. Blythe bezieht sich auf die MRS Membership Lists.

der Sicht der staatlichen Sozialforschung schien die Market Research Society somit ihren anfänglichen Reiz verloren zu haben.

*Wertschätzung von Universitätsnähe, Auslandserfahrung und Einsatz für Methodenentwicklung in der Market Research Society*

Ein zunehmendes Desinteresse oder zumindest eine geringe Zusammenarbeit zwischen der staatlichen Umfrageforschung und der Markt- und Meinungsforschung lässt sich auch in der weiteren Geschichte der Market Research Society erkennen. Fragt man danach, wen die Mitglieder der Market Research Society besonders interessant fanden und deshalb als President[192] oder als Honorary Member auswählten, so findet sich unter den Honorary Members im Zeitraum von 1953 bis 1973[193] niemand aus der staatlichen Sozialforschung.[194] Interessant sind hier neben den Personen vor allem die Funktionen, die für sie angegeben werden. Demnach zeigen sich drei Tendenzen bei der Auswahl der Ehrenmitglieder: Erstens wurde die Nähe zur Universität gesucht, indem Professoren und andere Akademiker geehrt wurden. Dies muss im Kontext des angestrebten Wissenschaft-

[192] Seit 1953 war der Präsident „a non-executive appointment filled from outside the ranks of the membership, with an elected Chairman as the chief executive" – eine Ausnahme bildete John Treasure, der Präsident wurde, obwohl er Mitglied war. BLYTHE, Making of an Industry, S. 31.

[193] Interessant sind in erster Linie die Honorary Members von 1953 bis 1973, da diese eine neue Kategorie von Mitgliedern darstellten: „It was a class of membership created by the Council to offer as a mark of esteem to persons who, in various ways, were perceived to be rendering service of value to the Society or the profession of market and social research." Ab 1974 wurde diese Mitgliederkategorie zu teuer, anstelle dieser wurden Honorary Members auf Lebenszeit ernannt, die bereits zuvor Mitglieder der MRS gewesen waren und sich deshalb nicht für die Fragestellung eignen. Für die Unterscheidungen siehe: Ebd., S. 120.

[194] Zwar war Claus Moser Honorary Member, jedoch zu einer Zeit, als er noch nicht für die Regierung arbeitete, sondern an der Universität beschäftigt war.

lichkeitsstatus der Umfrageforschung gesehen werden.[195] Zweitens war das Interesse an Umfrageforschern aus anderen Länden signifikant. Diese Wertschätzung internationaler Vernetzung zeigte sich auch in der Auswahl von Personen, die wichtige Ämter bei internationalen Vereinigungen, wie z. B. ESOMAR oder WAPOR, innehatten. Drittens erhielten die Personen Anerkennung, die sich in Großbritannien in Institutionen engagierten, die der Weiterentwicklung der Methoden für die gesamte Branche dienten (z. B. das Institute of Practitioners in Advertising, vgl. dazu Kapitel III).

Auch bei der Auswahl der Präsidenten im Zeitraum von 1953 bis 1986 war die Nähe zur Universität, vor allem zur London School of Economics, ein wichtiger Faktor (siehe Tabelle 5).

*Tabelle 5: Presidents, Market Research Society, 1953–1986*

| | Name | President MRS |
|---|---|---|
| 1 | Arthur Bowley | 1953–1955 |
| 2 | William Piercy of Burford | 1955–1960 |
| 3 | Oliver Lyttleton | 1960–1964 |
| 4 | Ronald Edwards | 1965–1969 |
| 5 | Claus Moser | 1969–1974 |
| 6 | John Albert Penberthy Treasure | 1974–1978 |
| 7 | Harold Wilson | 1978–1981 |
| 8 | Ralf Dahrendorf | 1981–1983 |
| 9 | Christopher Frank Kearton | 1983–1986 |

Mit Arthur Bowley, Ronald Edwards, Claus Moser und Ralf Dahrendorf waren vier angesehene Lehrende der LSE vertreten, mit Dahrendorf sogar ihr Direktor. Zudem hatte William Piercy seine Karriere als *part-time* Lecturer an der LSE begonnen und war später Governor.[196] Weitere Charakteristika der Präsidenten scheinen neben der Nähe zur Umfrageforschung ihre Karrieren in der Politik, in der Wirtschaft oder ihr Engagement in der Royal Statistical Society und dem Institute of Practitioners in Advertising gewesen zu sein. So waren mit Harold Wilson ein ehemaliger Prime Minister und mit Frank Kearton ein bedeutender Industrieller vertreten. Claus Moser war der einzige Repräsentant unter den neun Präsidenten im Zeitraum von 1953 bis 1986, der neben seiner akademischen Karriere eine führende Tätigkeit in der staatlichen Umfrageforschung innehatte. Somit wurde dieses Betätigungsfeld bei der Wahl der Präsidenten zumindest in einem Fall gewürdigt.

*Die Market Research Society: Eine männlich dominierte Vereinigung*

Während die in der Market Research Society vertretenen Umfrageforscher eine große Vielfalt an Ausbildungs- und Karrierewegen aufwiesen und verschiedene

[195] KELLER, Archäologie der Meinungsforschung, S. 13–23.

[196] Obituary. Lord Piercy. Economist and Financier, THE TIMES, 9. 7. 1966; BLYTHE, Making of an Industry, S. 31; CHICK, Piercy, William Stuckey, First Baron Piercy (1886–1966).

soziale Hintergründe hatten, lässt sich für das zahlenmäßige Verhältnis von Frauen und Männern bis in die 1970er-Jahre kein allzu positives Bild zeichnen. Die Umfrageforschung bot Frauen keine außergewöhnlichen Möglichkeiten, in hohe Positionen aufzusteigen, nur in unteren Ebenen waren sie überproportional vertreten (siehe dazu Kapitel II). In der Selbstdarstellung zum vierzigsten Geburtstag stellt Ian Blythe unumwunden fest, dass trotz der immerhin vier Frauen unter den Gründungsmitgliedern die Market Research Society eine männlich dominierte Vereinigung war.[197] Diesen Eindruck spiegeln sowohl die nach Geschlecht differenzierten Mitgliederzahlen (siehe Tabelle 6) als auch die wenigen Frauen in verantwortungsvollen Positionen der MRS wider.

*Tabelle 6: Zahlenmäßiges Verhältnis von weiblichen und männlichen Mitgliedern der MRS, 1953–1983*

| | Male | Female |
|---|---|---|
| | % | % |
| 1953 | 92 | 8 |
| 1963 | 87 | 13 |
| 1973 | 79 | 21 |
| 1983 | 63 | 37 |

Tabelle erstellt nach: BLYTHE, Making of an Industry, S. 124. Blythe bezieht sich auf die MRS Membership Lists.

Bis 1986 gab es keine weiblichen Präsidenten und unter den insgesamt 64 Honorary Members im Zeitraum von 1953–1973 befanden sich lediglich zwei Frauen. Unter den Chairmen wurde mit Eileen M.L. Cole 1979 die erste und 1981 mit Valerie M. Farbridge die zweite Frau gewählt. Interessant ist dabei, dass Cole eine ähnliche Karriere wie ihre männlichen Kollegen vorzuweisen hatte (Studium mit Wirtschaftsabschluss und hohe Positionen in Umfrageinstituten, später bei Unilever). Farbridge hingegen hatte in London und Paris Malerei studiert, war als Interviewerin beim Research Bureau eingestiegen, hatte als Field Manager bei National Opinion Polls (NOP) gearbeitet und war dort ab 1974 Director. Farbridge ist somit ein Beispiel für die Möglichkeit einer Karriere aufgrund von praktischer Erfahrung bis in die oberste Etage der Umfrageforschung – allerdings in dem für Frauen typischen Interviewbereich (siehe auch das Eingangsbeispiel von Jean Atkinson).

## Zusammenfassung: Zensusbeamte als typische Vertreter der Umfrageforschung?

Nimmt man abschließend die eingangs formulierte Frage auf, wer die für die Volkszählungen zuständigen Umfrageforscher überhaupt waren, so kam den Registrars-General eine Ausnahmestellung zu. Sie waren zwar diejenigen, die offizi-

[197] BLYTHE, Making of an Industry, S. 24.

ell für die Volkszählungen verantwortlich zeichneten und auch in den Prozess maßgeblich eingebunden waren, die innovative methodische Arbeit wurde hingegen eher auf den darunter liegenden Hierarchiestufen erledigt. Die Registrars-General beaufsichtigten die Arbeit ihrer Mitarbeiter, waren aber als Entscheidungsträger vorwiegend mit der Organisation und Verwaltung des General Register Office beschäftigt. Der Zensus machte in ihrem Alltag nur eine von vielen Aufgaben aus. Insbesondere für das 19. Jahrhundert und die ersten beiden Dekaden des 20. Jahrhunderts lassen sich innovative Entwicklungen der Volkszählungen in erster Linie dann beobachten, wenn die Registrars-General mit ihren nächsten Mitarbeitern, den Statistical Superintendents eng zusammenarbeiteten (vgl. Graham und Farr, Mallet und Stevenson). Bis in die 1970er-Jahre war die Position des Registrar-General mit Männern aus angesehenen Familien und mit Ausbildungen in Oxford oder Cambridge bzw. mit Beamtenkarrieren besetzt. Erst ab den 1970er-Jahren scheinen die Fachkenntnisse der Amtsinhaber (Statistiker oder Sozialwissenschaftler) wichtiger gewesen zu sein als deren Herkunft und Ausbildungsort. Im 19. Jahrhundert war das Amt des Registrar-General eine Lebensaufgabe, im 20. Jahrhundert hingegen eher eine kurze Etappe in der Erwerbsbiografie. Dabei handelte es sich allerdings um einen Posten, der mit Prestige und nicht selten mit der Verleihung von Titeln verbunden war (z. B. im Fall von Karen Dunnell einem Ehrendoktor und der Ernennung zur Dame Commander of the Order of the Bath[198]).

Während das Amt des Registrar-General bis in die 1970er-Jahre keinen Zugang für Personen bot, die sich in erster Linie über ihre Leistung und Begabung qualifizierten und weniger über ihre soziale Herkunft, scheint dies für die Statistical Superintendents anders gewesen zu sein. Dieses Amt war insbesondere durch Personen mit Ausbildung oder Berufserfahrung in medizinischer Statistik geprägt,[199] die vor allem bis 1920 als Statistical Superintendents auch die Möglichkeit wahrnahmen, eigene Ideen und Forschungen voranzutreiben, und gut durch internationale Konferenzen und Organisationen vernetzt waren. Zwar boten die im General Register Office erhobenen Daten auch nach 1920 noch die Möglichkeit, umfassend und innovativ zu forschen, aber das Jahr 1920 markierte in mehrfacher Hinsicht eine Zäsur. Denn durch die Unterordnung des General Register Office in das Ministry of Health und die Verstetigung des Zensus durch den *Census Act* von 1920 entstand ein anonymer Verwaltungsapparat, der die verschiedenen Aufgaben im General Register Office, darunter die Volkszählungen, abwickelte. Insbesondere für die Zeit ab 1945 und vor allem nach 1970/80 wird es sogar schwierig, überhaupt die Namen der Akteure im General Register Office zu ermitteln, geschweige denn mehr über ihre Berufskarrieren und sozialen Hintergründe zu er-

[198] Queen's Birthday Honours List. Knights Bachelor, Order of the Bath, Royal Victorian Order, Royal Victorian Medal and Order of Companions of Honour, THE GUARDIAN, 13. 6. 2009.

[199] Auffällig in den Organigrammen des General Register Office bzw. später des Office of Population Censuses and Surveys ist die lange, d. h. mindestens bis in die 1980er-Jahre andauernde, Präsenz eines medizinischen Statistikers, der allerdings nicht mehr für den Zensus zuständig war.

fahren. Selbst in Veröffentlichungen in der zwischen 1975 und 2011 vom OPCS bzw. vom ONS herausgegebenen Zeitschrift *Population Trends* finden sich entweder keine weiteren Angaben zu den Autoren oder Autorennamen werden gar nicht erst genannt.[200]

Im Hinblick auf die Frage, ob die für die Volkszählung zuständigen Umfrageforscher typisch für den gesamten Bereich der Umfrageforschung waren, lässt sich zunächst feststellen, dass durch die zunehmende Ausweitung der Umfrageforschung ab den 1920ern und vor allem nach 1945 neue Arbeitsbereiche und Anwendungsfelder entstanden. Zu Beginn waren die in den verschiedenen Bereichen tätigen Personen noch überschaubar. Ihr gemeinsames Interesse galt der Entwicklung und Etablierung ihrer Methoden. Ein wichtiges Ergebnis dieser gemeinsamen Bemühungen war die Gründung der Market Research Society im Jahr 1946, in der Umfrageforscher aus der kommerziellen Markt- und Meinungsforschung, der staatlichen Sozialforschung, der Hörerforschung und von Universitäten zusammenkamen. Insbesondere die privatwirtschaftliche Umfrageforschung bot einem bunten Personenkreis mit unterschiedlichen Ausbildungen, Auslands- und Kriegserfahrungen die Möglichkeit, ihre (politisch geprägten) Ideen zu verwirklichen. Im Gegensatz zu den Umfrageforschern in der staatlichen Sozialforschung spielte die London School of Economics and Political Science eine zentrale Rolle für die kommerziellen Umfrageforscher. Dieser Bereich stellte vor allem in den ersten Jahrzehnten ihrer Entstehung und Professionalisierung einen Bereich für Quereinsteiger dar, die sich – wie auch für die Statistical Superintendents beobachtet – in erster Linie durch ihre Leistung und weniger durch ihre soziale Herkunft für die Tätigkeiten qualifizierten. Als besonders geeignetes Karrierefeld für Frauen erwies sich die Umfrageforschung allerdings nicht. Ab den 1960er-Jahren interessierten sich die staatlichen Umfrageforscher und die Mitglieder der Market Research Society, die zunehmend durch kommerzielle Umfrageforscher getragen wurde, kaum noch füreinander. Im Zuge der Professionalisierung und den zunehmend international ausgerichteten Anwendungsgebieten der Umfrageforschung wurden für die privatwirtschaftlichen Umfrageforscher die Nähe zur Universität und die internationale Zusammenarbeit wichtig.[201] Nach einer innovativen Phase der Zusammenarbeit von Umfrageforschern aus den verschiedenen Anwendungsbereichen entwickelten sich die Bereiche zunehmend getrennt von-

[200] Statt mit den Namen von Einzelpersonen werden die Beiträge von der „Immigrant Statistics Unit" oder die „Census Division OPCS" geschrieben. Die Zeitschrift Population Trends ersetzte 1975 die sog. Quarterly Returns, die für 126 Jahre erschienen waren. 2010/11 fiel die Entscheidung im ONS, alle regulären Veröffentlichungen ihrer Zeitschriften einzustellen und nur noch „topic materials" über die Website zu veröffentlichen. Office for National Statistics, Population Trends (2011) 145, S. 5: Population Trends. The last issue.

[201] Dass dies nicht unbedingt eine gleichzeitige Wertschätzung durch die an Universitäten tätigen Sozialwissenschaftler bedeutete, hat Mike Savage festgestellt: „In a rather similar manner to the way that in the mid-twentieth century, gentlemanly social sciences had scorned the grubby world of the opinion pollster, the science establishment viewed the proliferation of digital data as slightly vulgar and nothing to do with them." Savage, Identities and Social Change, S. 246.

einander. Während der Wissensaustausch über Personen somit ab den 1960ern zwar abnahm, konnten sich innovative, kostengünstig einsetzbare Methoden aber über die verschiedenen Bereiche der staatlichen, universitären und privatwirtschaftlichen Umfrageforschung hinaus verbreiten. Dies wird im dritten Kapitel am Beispiel der Gesellschaftsklassifikationen aufgezeigt.

# Kapitel II

## Methoden der Wissensproduktion. Die Materialität des Fragebogens und die Praxis des Interviews

„The interview – and its half-brother, the questionnaire – is popularly regarded as the method *par excellence* of social science."[1] Diese Einschätzung aus einem der ersten britischen Handbücher zur Sozialforschung aus dem Jahr 1953 führt in den Mittelpunkt des Kapitels. Der Fragebogen war das zentrale methodische Werkzeug, mit dem in der Volkszählung die sogenannten Rohdaten erhoben wurden. Er unterlag in der über zweihundertjährigen Geschichte des Zensus erheblichen Veränderungen und entwickelte sich in Abhängigkeit von Diskussionen zu Fragebögen in verschiedenen Bereichen der Umfrageforschung. Es stellt sich deshalb zunächst die Frage, wie die Volkszählungsbögen aussahen und wie sie sich seit 1801 veränderten. Bei einem Fragebogen, so die Hypothese, geht es neben den Inhalten und den genauen Formulierungen der Fragen auch um die Beschaffenheit des Bogens selbst. Umfang, vorhandener Platz zum Ausfüllen und das Material (Papier, Farbe etc.) hatten Einfluss auf die Durchführung der Umfrage und das Ergebnis. Im Kontext der Vorbereitungen für den Zensus von 1961 wurden z. B. folgende Hinweise für die Erstellung der Fragebögen gegeben, bevor über die Inhalte überhaupt eine abschließende Entscheidung gefallen war:

> „Most of the comments have some bearing on the size of the form which we consider of great importance for the following reasons:
> (i) A large form may appear more complex and forbidding to some members of the public.
> (ii) Transport costs of dissemination and collection are greater for a larger form.
> (iii) An awkward size (and heavy weight) can impede processing.
> (iv) More storage space is required for a bigger form.
> (v) Paper costs increase with the size of the form."[2]

Trotz derartiger und weiterer Vorüberlegungen zu Formen und Formaten wurde nach der Volkszählung von 1961 von den Volkszählern kritisiert, dass der Platz für die Unterschrift des Haushaltsvorstandes an einer wenig sichtbaren Stelle auf dem Fragebogen platziert worden war; da die Bögen ohne Unterschrift ungültig waren, mussten die Volkszähler die Haushalte erneut aufsuchen.[3]

Der Fragebogen ist von seinem Halbbruder, dem Interview, kaum zu trennen. Zwar sollte der Fragebogen idealerweise für sich selbst stehen und für alle Beteiligten einer Umfrage (Umfrageforscher, Interviewer, Befragte) ohne weite-

[1] Madge, Tools of Social, S. 150. Hervorhebung im Original.

[2] Census 1961, Organisation and Methods Division, H.M. Treasury, Preliminary comments on the design of the census form, 24. 4. 1959, TNA RG 19/227.

[3] Mr. Rooke-Matthews, Letter re Census 1961 Enumerator Reports by GRO Staff, 8. 6. 1961, TNA, RG 19/279.

re Erläuterungen eindeutig verständlich sein; in der Praxis wurde der Fragebogen diesem hohen Anspruch jedoch nicht immer gerecht. Die Erstellung eines Fragebogens beinhaltete neben sozialwissenschaftlichen zunehmend auch psychologische, linguistische und technische Kompetenzen und war innerhalb einer Umfrageinstitution für gewöhnlich Chefsache.[4] Das Interview hingegen wurde meist befristet angestellten, schlecht bezahlten und kaum geschulten Interviewern oder Volkszählern überlassen, deren Interviewpartner wiederum mit ihren intellektuellen Möglichkeiten und eigenwilligen Vorstellungen Einfluss auf das Interview und den Fragebogen nahmen. Der Fragebogen verband somit die Umfrageforscher am Schreibtisch, die Interviewer bzw. Volkszähler im Feld und die Befragten. Er zirkulierte zwischen den verschiedenen Akteuren und trat ihnen mit seiner Materialität direkt gegenüber. Für die Volkszählung wurde er z. B. im Zensusbüro erstellt, an den Registrar bzw. später den Census Officer verschickt, dann in die Haushalte gebracht und von dort vom Volkszähler wieder abgeholt bzw. gemeinsam mit ihm ausgefüllt. An jedem dieser Orte blickten Akteure mit verschiedensten Kompetenzen und Vorwissen auf dasselbe ‚Ding' Zensusbogen. Erst durch die Erfahrungen in der Praxis, etwa durch ‚Missverständnisse' beim Ausfüllen, erhielten die Fragebogendesigner Rückmeldung über ihre Arbeit, die wiederum in die Konzeption der nächsten Umfrage einging. Der alle zehn Jahre stattfindende Zensus ist deshalb als Langzeitstudie im Hinblick auf die Veränderung und Entwicklung von Fragebögen besonders aufschlussreich.

Vor diesem Hintergrund wird es im folgenden Kapitel zunächst um das ‚Ding' Fragebogen und seine zentralen Diskussionspunkte gehen, d. h. Fragen des Umfangs, des Designs und der Frageformulierungen (Abschnitt II.1). Danach steht die Praxis der Umfrage im Zentrum: Wie wirkte sich die Auswahl der Interviewer bzw. der Volkszähler auf die Produktion des Wissens aus und welche spezifischen Situationen, in denen das Wissen produziert wurde, entstanden während des Interviews bzw. beim Ausfüllen der Fragebögen (Abschnitt II.2)?

## 1. Der Fragebogen als wichtigstes methodisches Werkzeug

‚Den' Volkszählungsbogen gab es nicht. Für die Volkszählung von 1931 waren zum Beispiel 17 unterschiedliche Bögen in England und Wales im Umlauf, die sich an private Haushalte, an Institutionen, an Gefängnisse, ans Militär, an Seeleute etc. richteten. Es gab Bögen auf Englisch und Walisisch, die zudem unterschiedlich viel Platz für Eintragungen enthielten. Tabelle 7 zeigt eine Übersicht der verschiedenen Bögen für 1931.

[4] Siehe zur Arbeitsaufteilung innerhalb einer Umfrageorganisation Platt, Realities of Social Research, S. 70.

*Tabelle 7: Fragebögen für den Zensus von 1931*

| Kinds of Schedules. – The different kinds of Schedules are: – | | |
|---|---|---|
| Schedule E.<br>Schedule EE.<br>Schedule EEE. | single sheet; with 7 spaces<br>multiple; with 37 spaces<br>multiple; with 67 spaces | for use by private households, hotels, etc., in England, excluding Monmouthshire. |
| Schedule W.<br>Schedule WW.<br>Schedule WWW. | single sheet; with 7 spaces<br>multiple; with 37 spaces<br>multiple; with 67 spaces | for use by private households, hotels, etc., in Wales and Monmouthshire. |
| Schedule C.<br>Schedule CC. | single sheet; with 7 spaces<br>multiple; with 37 spaces | for use as Schedule W above, but printed in the Welsh language for those persons who cannot speak English. |
| Schedule I.<br>Schedule II.<br>Schedule III. | multiple; with 40 spaces<br>multiple; with 70 spaces<br>multiple; with varying number of spaces | for use in the case of Instiutions, etc., in England and Wales. |
| Schedule P.<br>Schedule PP.<br>Schedule PPP. | single sheet; with 10 spaces<br>multiple; with 40 spaces<br>multiple; with varying number of spaces | for use in the case of prisons and other places of detention in England and Wales. |
| Schedule S.<br>Schedule SS. | single sheet; with 10 spaces<br>multiple; with 70 spaces | for vessels and shipping, etc., in English and Welsh waters. |
| Schedule NMA:<br>Home. | multiple; for Naval ships or Naval, Military and Air Force Establishments. | |

Tabelle erstellt nach: Census of England and Wales 1931, Enumerator Book, TNA, RG 27/11.

Wenn im Folgenden vom Volkszählungs- oder Zensusbogen gesprochen wird, ist der gewöhnliche Haushaltsbogen gemeint, der in England und in Wales[5] an private Haushalte verteilt wurde – im Beispiel der Volkszählung von 1931 ist dies der Bogen E.[6]

Eine einheitliche Bezeichnung für die Fragebögen existierte ebenfalls nicht. Die Volkszählungsbögen von 1841 bis 1961 enthielten auf dem Bogen selbst die Bezeichnung *schedule* (siehe z. B. Anhang Abbildung B.1 und B.2), von 1971 bis 2001 hießen sie *form* (siehe Anhang Abbildung B.3) und 2011 *questionnaire* (siehe Anhang Abbildung B.4). In den Handbuch-Definitionen seit den 1960er-Jahren, wurde der Begriff *schedule* für Vordrucke verwendet, die von einem Umfrageforscher, Interviewer oder Volkszähler ausgefüllt wurden, und *questionnaire* für solche, die sich direkt an die Befragten wandten und ohne Hilfe Dritter ausgefüllt werden

5 Der Bogen für Wales war grundsätzlich identisch mit dem englischen Bogen, enthielt aber eine Frage zur Sprache. Siehe zur Sprachfrage im 1891er-Zensus: Parry und Williams, Welsh Language and the 1891 Census.

6 Die verschiedenen britischen Zensusbögen für den Zeitraum von 1911 bis heute sind online abrufbar auf der Seite des Office for National Statistics, Census: http://www.ons.gov.uk/ons/guide-method/census/2011/how-our-census-works/about-censuses/census-history/200-years-of-the-census/census-1911-2001/index.html (aufgerufen am 6. 3. 2014). Ältere Fragebögen sind im Bestand RG (Register General) in den National Archives in Kew zu finden, allerdings teilweise im schlechten Zustand. Siehe auch Beispiele von 1851, 1911, 1971 und 2011 im Anhang.

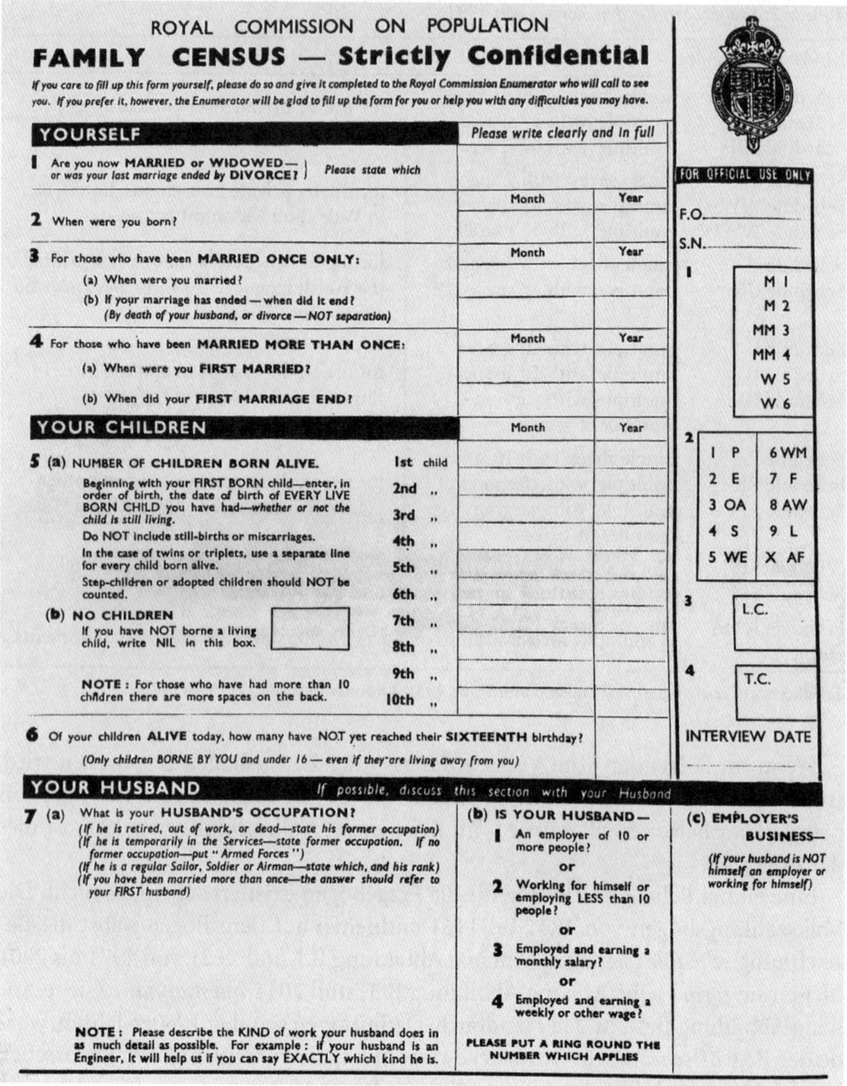

ROYAL COMMISSION ON POPULATION

**FAMILY CENSUS — Strictly Confidential**

*If you care to fill up this form yourself, please do so and give it completed to the Royal Commission Enumerator who will call to see you. If you prefer it, however, the Enumerator will be glad to fill up the form for you or help you with any difficulties you may have.*

**YOURSELF** — *Please write clearly and in full*

**1** Are you now **MARRIED** or **WIDOWED**— or was your last marriage ended by **DIVORCE?** — *Please state which*

**2** When were you born? (Month / Year)

**3** For those who have been **MARRIED ONCE ONLY:** (Month / Year)
(a) When were you married?
(b) If your marriage has ended — when did it end?
*(By death of your husband, or divorce — NOT separation)*

**4** For those who have been **MARRIED MORE THAN ONCE:** (Month / Year)
(a) When were you **FIRST MARRIED?**
(b) When did your **FIRST MARRIAGE END?**

**YOUR CHILDREN** (Month / Year)

**5 (a) NUMBER OF CHILDREN BORN ALIVE.**
Beginning with your FIRST BORN child—enter, in order of birth, the date of birth of EVERY LIVE BORN CHILD you have had—*whether or not the child is still living.*
Do NOT include still-births or miscarriages.
In the case of twins or triplets, use a separate line for every child born alive.
Step-children or adopted children should NOT be counted.
1st child, 2nd ,, 3rd ,, 4th ,, 5th ,, 6th ,, 7th ,, 8th ,, 9th ,, 10th ,,

**(b) NO CHILDREN**
If you have NOT borne a living child, write NIL in this box.

**NOTE:** For those who have had more than 10 children there are more spaces on the back.

**6** Of your children **ALIVE** today, how many have NOT yet reached their **SIXTEENTH** birthday?
*(Only children BORNE BY YOU and under 16 — even if they are living away from you)*

**YOUR HUSBAND** — *If possible, discuss this section with your Husband*

**7 (a)** What is your **HUSBAND'S OCCUPATION?**
*(If he is retired, out of work, or dead—state his former occupation)*
*(If he is temporarily in the Services—state former occupation. If no former occupation—put "Armed Forces")*
*(If he is a regular Sailor, Soldier or Airman—state which, and his rank)*
*(If you have been married more than once—the answer should refer to your FIRST husband)*

**NOTE:** Please describe the KIND of work your husband does in as much detail as possible. For example: If your husband is an Engineer, it will help us if you can say EXACTLY which kind he is.

**(b) IS YOUR HUSBAND—**
**1** An employer of 10 or more people?
or
**2** Working for himself or employing LESS than 10 people?
or
**3** Employed and earning a monthly salary?
or
**4** Employed and earning a weekly or other wage?
**PLEASE PUT A RING ROUND THE NUMBER WHICH APPLIES**

**(c) EMPLOYER'S BUSINESS—**
*(If your husband is NOT himself an employer or working for himself)*

FOR OFFICIAL USE ONLY
F.O.
S.N.
1: M 1, M 2, MM 3, MM 4, W 5, W 6
2: 1 P, 2 E, 3 OA, 4 S, 5 WE, 6 WM, 7 F, 8 AW, 9 L, X AF
3: L.C.
4: T.C.
INTERVIEW DATE

*Abb. 1: Royal Commission on Population,* Family Census *1946. Royal Commission on Population, The Trend and Pattern of Fertility in Great Britain. A Report on the Family Census of 1946, Part I: Report by D.V. Glass und E. Grebenik, London 1954, S. 24.*

sollten.[7] Für den Zensus wurde diese begriffliche Unterscheidung nicht berücksichtigt. Schon der Volkszählungsbogen von 1841 wurde von den Haushalten selbst ausgefüllt und war demnach, anders als sein Name angab, kein *schedule* und die Fragebögen von 1971 bis 2001 waren demnach keine *forms*, sondern *questionnaires.*

[7] YOUNG, Scientific Social Surveys and Research, S. 186.

| Private and confidential | THE GALLUP POLL - CQ 885 - January 1974 | Interviewer Number | Con.No. |
|---|---|---|---|

Ask the questions exactly as they are worded.
Do NOT read out the answers, unless indicated.

10. Thinking back over the last 7 days, have you discussed with members of your family any of these things?
(Show CARD X - ring codes of all mentioned)

1 2 3 4 5 6 7 8 9
10 20 30 40 50 60 70 80 90
100 200 300 V None of these

11a) If there were a General Election tomorrow, which party would you support?
1 Conservative
2 Labour
3 Liberal
4 Nationalist *
5 Other party
6 Don't know

b) If don't know: Which would you be most inclined to support?
7 Conservative
8 Labour
9 Liberal
0 Nationalist *
X Other party
V Don't know

* Welsh or Scottish

ASK ALL:

12a) Were you able to go and vote in the last General Election in June 1970 or were you prevented?
1 No, did not vote
Yes, voted for:
2 Conservative
3 Labour
4 Liberal

b) Ask all who voted: For which party did you vote?
5 Nationalist *
6 Other

ASK ALL:

13a) Do you consider that the general economic situation in this country in the last twelve months has (read out):
1 Improved a lot
2 Improved slightly
3 Remained the same
4 Deteriorated slightly
or 5 Deteriorated a lot
6 Don't know

b) Do you consider that the general economic situation in the next 12 months is likely to (read out):
7 Improve a lot
8 Improve slightly
9 Remain the same
0 Deteriorate slightly
or X Deteriorate a lot
V Don't know

14a) Do you consider that prices in the last 12 months have (read out):
1 Increased sharply
2 Increased moderately
3 Remained much the same
or 4 Fallen
5 Don't know

b) Do you consider that prices in the next 12 months are likely to (read out):
6 Increase sharply
7 Increase moderately
8 Remain much the same
or 9 Fall
0 Don't know

15a) In the last 12 months, has the financial situati[on] of your household (read out):
1 Improved a lot
2 Improved slightly
3 Remained the same
4 Become a little worse
or 5 Become much worse
6 Don't know

b) Do you consider the financial situation of your household in the next 12 months is likely to (read out):
7 Improve a lot
8 Improve slightly
9 Remain the same
0 Deteriorate slightly
or X Deteriorate a lot
V Don't know

16. Do you consider the number of unemployed in the next 12 months will (read out):
1 Increase a lot
2 Increase slightly
3 Remain the same
4 Fall slightly
or 5 Fall a lot
6 Don't know

17. If your income were to increase a lot, which one of these would you do as a first choice? (Show CARD A - mark one answer only)

18. And what would be your second choice (Show CARD A - mark one answer only)

| 1st (17) | 2nd (18) | |
|---|---|---|
| 1 | 1 | Buy a home or have one built |
| 2 | 2 | Spend large sums on household equipme[nt] |
| 3 | 3 | Improve living standard |
| 4 | 4 | Invest in property |
| 5 | 5 | Invest in shares, unit trusts etc |
| 6 | 6 | Keep money readily available |
| 7 | 7 | Invest in a business |
| 8 | 8 | Take a holiday |
| 9 | | Something else (write in) ---------------- |
| | 9 | ---------------- |
| 0 | 0 | Don't know |

19a) In view of the general economic situation, do you feel it is a reasonable time to save or not?
1 Yes, certainly
2 " perhaps
3 No, probably not
4 " definitely not
5 Don't know

b) Do you personally have a National Giro Account?
X Yes
V No (skip to Q.21)

20. If Yes: (Q.19b) When did you open your National Giro Account?
1 In last 3 months
2 Over 3-6 months ago
3 " 6-9 months ago
4 " 9-12 " "
5 Over 1 year-1 year 3 months ago
6 " 1 year 3 mths - 1 year 6 mths ago
7 " 1 year 6 mths - 1 year 9 mths ago
8 " 1 year 9 mths - 2 years ago
9 " 2 years - 2 years 3 mths ago
0 " 2 years 3 mths - 2 years 6 mths ago
X " 2 years 6 mths - 2 years 9 mths ago
V " 2 years 9 mths - 3 years
R Longer ago

*Abb. 2: The Gallup Poll, Januar 1974. Social Surveys (Gallup Poll) Limited, Gallup Polls, Januar 1974 [computer file]. Colchester, Essex: UK Data Archive [distributor], Januar 1979. SN: 696.*

Auch in der Korrespondenz über die Bögen finden sich synonyme Verwendungen der Begriffe *census paper, schedule, questionnaire* oder *form.* Aus der Perspektive der Umfrageforscher war eine Unterscheidung nach der Funktion in einen Fragebogen (*questionnaire*), der von den Befragten selbstständig ausgefüllt werden soll, und einen Vordruck (*schedule*), der von einem Interviewer ausgefüllt wird, durchaus wichtig. Denn im ersten Fall musste der Fragebogen selbsterklärend sein und im zweiten war ein Interviewer oder Volkszähler als Mediator zwischengeschaltet. Dementsprechend unterschiedlich sahen die Bögen dann auch aus. Abbildung 1 zeigt als Beispiel für einen Selbstausfüllerbogen den Fragebogen für den *Family Census* von 1946. Er ist schon auf den ersten Blick grafisch wesentlich ansprechender gestaltet als der Interviewerbogen für die *Gallup* Omnibusumfrage aus dem Jahr 1974, der in Abbildung 2 zu sehen ist.

Der *Gallup*-Fragebogen enthielt zudem Anweisungen an die Interviewer (wie z. B. „Show CARD/ – mark one answer only"). Typisch für eine Omnibusumfrage ist, dass sie thematisch völlig unterschiedliche Fragen in einem gemeinsamen Interview stellte. So wurde im Fragebogen von 1974 (siehe Abbildung 2) zum einen die typische Wahlfrage formuliert („If there were a General Election tomorrow, which party would you support?"), auf der nächsten Seite führte die Signalzeile für einen Wechsel „And now for something different" ein neues Thema ein: „What is the first manufacturer of foreign cars you can think of?" Diese abrupten Themenwechsel variierten von Fragebogen zu Fragebogen – je nachdem, wer bei *Gallup* die Fragen in Auftrag gegeben und bezahlt hatte.

Selbstausfüllerbögen unterschieden sich von Interviewerbögen in ihrem Design, im Layout und im Papier. Sie hatten eine spezifische Materialität, die – so die hier vertretene Hypothese – ‚dinghafte' Eigenschaften einnimmt und ein Eigenleben entwickelt. Die Materialität zeigt sich im Fragebogen in seiner Form, im Umfang und Material, dem Platz für Antwortmöglichkeiten, in Multiple-Choice, offenen oder geschlossenen Fragen, in Fragebögen zum Selbstausfüllen oder fragebogengestützten Interviews, Antwortskalen, integrierten Abbildungen usw. Bei der Frage, welchen Einfluss das ‚Ding' Zensusbogen auf die Antworten bzw. die Antwortbereitschaft hatte, steht – im Anschluss an wissenssoziologische und wissensgeschichtliche Diskussionen der letzten Jahrzehnte – das Verhältnis von Dingen und Menschen im Mittelpunkt. In lockerem Anschluss an Bruno Latours Akteur-Netzwerk-Theorie wird davon ausgegangen, dass die Dinge den Menschen nicht einfach untergeordnet sind, sondern dass ihnen ebenfalls eine Agentenfunktion zukommt.[8] Ob sie deshalb, wie Hans-Jörg Rheinberger es zusammenfasst, zugleich den menschlichen Akteuren in ihrem Handeln ontologisch gleichgestellt sind,[9] ist hier zweitrangig. Wichtig ist vielmehr, dass die Dinge sich den Akteuren gegenüberstellen und dabei durch ihre spezifische Materialität Reaktionen hervorrufen. Nicht nur das Endprodukt, auch der Entstehungsprozess selbst war in besonderer Weise durch die Materialität des Fragebogens bestimmt, wie

[8] Latour, Eine neue Soziologie für eine neue Gesellschaft.
[9] Rheinberger, Historische Epistemologie zur Einführung, S. 129.

die folgende Beschreibung des Arbeitsprozesses der staatlichen Social Survey Division für die 1970er-Jahre darlegt:

> Questionnaires were still drafted by hand on foolscap paper and were redrafted by cutting up the originals and sticking them together until the routing and continuity were right. This process may have been repeated several times, so that when the text was sent to the typing pool it was several layers thick with cellotape or Cow Gum. Corrections were marked on the typed copy and sent back. Once the master was ready it was copied for the interviewers.[10]

Die Materialität spielte bei der Erstellung der Fragebögen eine zentrale Rolle: Der Umfang der einzelnen Fragebögen, sowohl im Hinblick auf seine Seitenzahl als auch auf die Anzahl der Fragen, war ein zentraler Diskussionspunkt, mit dem sich der nächste Abschnitt dieses Kapitels beschäftigt (Abschnitt II.1.a). Eng verbunden mit dem Umfang waren das Layout und der Aufbau des Fragebogens, die im Mittelpunkt des zweiten Abschnitts stehen. Angeblich konnte eine übersichtliche, ansprechende Gestaltung zu einer höheren Antwortbereitschaft führen, aber auch einen größeren Seitenumfang bedingen, der teuerer in der Verbreitung (z. B. im Porto), bei der Verarbeitung und in der Aufbewahrung war und von dem vermutet wurde, dass er abschreckend auf die Befragten wirkte (Abschnitt II.1.b).[11] Ein weiterer wichtiger Aspekt in der Fertigung der Zensusbögen war die Entscheidung darüber, welche Fragentypen aus dem methodischen Werkzeugkastens für eine Volkszählung angemessen waren. Dementsprechend ändern sich die Platzvorgaben für Frage und Antworten sowie deren Anordnung auf dem Zensusbogen (Abschnitt II.1.c).

## a) Erster Eindruck: Umfang des Fragebogens

Nur wenn der erste Eindruck stimmt, wird ein Fragebogen von den Befragten auch im Sinne der Umfrageforscher ausgefüllt – so lautete die einfache Annahme, die den Diskussionen über den Umfang des Fragebogens zugrunde lag. Um dies zu belegen, brachten die Umfrageforscher verschiedene Argumente vor, die sich in erster Linie auf Erfahrungen beriefen, aber lange Zeit kaum systematisch empirisch geprüft oder belegt wurden bzw. keine eindeutigen Ergebnisse produzierten.

*Kurze Fragebögen*
„The shorter and simpler the schedule, therefore, the greater the chance of complete record."[12] Immer wieder wurde, wie hier in einem Zitat aus dem Jahr 1900, die Auswirkung des Fragebogenumfangs auf das Ergebnis der Umfrage diskutiert und dabei zumeist kurze Fragebögen empfohlen.[13] Lange Fragebögen würden die

[10] Office for National Statistics, 60 Years of Social Survey, S. 57.

[11] H.M. Treasury, Organisation and Methods Division, Census 1961, Preliminary Comments on the Design of the Census Form, 24. 4. 1959, TNA RG 19/227.

[12] Baines, On Census-Taking and Its Limitations, S. 52.

[13] Siehe z. B. Memorandum, 7. 8. 1959, TNA, RG 29/27: „The R.G. [Registrar-General, KB] feels that clarity and apparent simplicity should be the guiding principles. Cleverness and over emphatic guidance to the form filler might put him off instead."

Befragten abschrecken, somit die Ergebnisse beeinflussen und die späteren Bearbeitungsschritte erschweren – so die gängige Argumentation im gesamten Untersuchungszeitraum. Außerdem müsse man auch auf die Interviewer Rücksicht nehmen. So schrieb der Registrar-General Thomas Lister im Jahr 1840 an John Elliot Drinkwater Bethune, der für die *Census Bill* zuständig war, dass vermutlich viele Volkszähler nur über eine sehr mittelmäßige Bildung verfügen würden[14] – da sie beim Ausfüllen der Bögen helfen sollten, durften diese deshalb nicht zu kompliziert sein. Zur selben Zeit empfahl das zur Verbesserung des Zensus eingesetzte *committee* der Statistical Society of London Zensusbögen „of perfect simplicity" und dachte dabei an die Zuverlässigkeit der ermittelten Daten und deren spätere Auswertung.[15] Es schlug neben der Aufnahme der Straße und der Hausnummer sieben Fragen vor.[16] Der schließlich im Zensus von 1841 eingesetzte Fragebogen stimmte mit diesen Vorschlägen nur in Teilen überein: In Bezug auf die Fragebogenlänge unterschritt er die Empfehlung sogar und enthielt nur fünf Fragen.[17] Fünfzig Jahre später verwies der Superintendent of Statistics, William Ogle, im Rahmen des Census Committee von 1890 auf seine Erfahrungen und stellte fest: „I think all experience shows that the larger the number of questions that are asked the less accurately are the answers given."[18]

Neben den eigenen Erfahrungen wurde auch mit Blick auf die Kosten für einen kurzen Fragebogen plädiert. So wurde in einem Vortrag vor der Royal Statistical Society im Jahr 1889 beobachtet: „The Scotch and Irish officials have been more sanguine and more enterprising, perhaps for that reason more expensive."[19] In Bezug auf das Kostenargument herrschte allerdings keine Einigkeit. Denn, obwohl sich z. B. William Ogle vor dem Census Committee von 1890 für kurze Fragebögen aussprach, konnte er aus der Perspektive der Volkszähler keinen Zeit- und somit Kostenvorteil erkennen – demnach war es egal, ob der Volkszähler einen Fragebogen mit einer oder mit zwanzig Fragen in jedem Haushalt abholen musste.[20] In einem Beitrag aus dem Jahr 1900 wurde sogar argumentiert, dass der Zensus ohnehin schon kostspielig sei und man ihn deshalb auch für mehr Fragen nutzen solle.[21] Dies kann im englischen Kontext allerdings als Minderheitenmei-

[14] Letter from Lister to Drinkwater Bethune, 27. 6. 1840, TNA, RG 27/1.

[15] Report to the Council of the Statistical Society of London, 1841, S. 99.

[16] Ebd., S. 100. Eigentlich waren es acht Fragen, da die Frage zum Geschlecht zugleich Angaben zur „domestic condition", also dem Familienstand, forderte.

[17] Die Original-Fragebögen sind für 1841 nicht mehr erhalten, lediglich eine handschriftliche Kopie und die Bögen für die Volkszähler sind archiviert, die allerdings nicht mit den Haushaltsbögen identisch waren, sondern weitere Informationen forderten.

[18] Report of the Committee Appointed by the Treasury, PP 1890, S. 5.

[19] Longstaff, Suggestions for the Census, S. 448. Vgl. auch z. B. Report to the Council of the Statistical Society of London, 1841, S. 99 und 102.

[20] Report of the Committee Appointed by the Treasury, PP 1890, S. 14: „The collection of a schedule which has got 20 columns filled up is the same thing to him as if it had only one question filled up. There would be a little less copying of course, into his enumeration book. The fewer columns there are to copy the shorter time he would take, but I do not think you could pay him less than you do now."

[21] Discussion on Mr. Baines's Paper „On census-taking and its limitations", S. 67.

nung aufgefasst werden, denn in England und Wales waren anders als in anderen Ländern kurze Fragebögen lange Zeit gängige Praxis. In einem Vortrag vor der Royal Statistical Society im Jahr 1889 unterteilte G.B. Longstaff die Statistiker in zwei Gruppen:

> (a) those who clamour for much information on many subjects, even though such information be confessedly very imperfect; and (b) those who, being of a more sceptical turn of mind, prefer to ask for very little, and to concentrate their efforts on getting that little with the greatest attainable accuracy.[22]

Longstaff bettete seine Argumentation in einen internationalen Vergleich – vornehmlich anderer europäischer und nordamerikanischer Länder – ein und zählte sich selbst zu der unter b) genannten Gruppe von Statistikern: „The latter school has, perhaps fortunately, hitherto prevailed on English census commissions."[23] Das bestätigt auch ein Blick auf die zahlenmäßige Entwicklung der Zensusfragen in englischen und walisischen Volkszählungen von 1801 bis 2011 (vgl. Tabelle 8).

*Tabelle 8: Anzahl der Fragen in den englischen und walisischen Volkszählungen von 1801 bis 2011*

| 1801 | 1811 | 1821 | 1831 |
|---|---|---|---|
| 6*) | 7*) | 7*) | 16*) |

| 1841 | 1851 | 1861 | 1871 | 1881 | 1891 | 1901 | 1911 | 1921 |
|---|---|---|---|---|---|---|---|---|
| 5 | 8 | 8 | 8 | 8 | 8 bzw. 11**) | 8 bzw. 10**) | 8 bzw. 16**) | 8 bzw. 13**) |

| 1931 | 1941 | 1951 | 1961 | 1971 | 1981 | 1991 | 2001 | 2011 |
|---|---|---|---|---|---|---|---|---|
| 9 bzw. 11**) | – | 10 bzw. 16**) | 12***) | 29 | 21 | 26 | 41 | 56 |

*) Bei den Zählungen von 1801 bis 1831 handelte es sich nicht um Fragebögen, die von den Haushalten selbst, sondern von Volkszählern ausgefüllt und teilweise mit Angaben von weiteren offiziellen Stellen ergänzt wurden.

**) Die beiden Angaben verweisen zuerst auf die Hauptfragen und dann auf die Gesamtzahl von Haupt- und Unterfragen.

***) Die Angabe der Fragenzahl von 1961 bezieht sich auf den hauptsächlichen, d.h. für 90% der Haushalte genutzten Fragebogen. Die restlichen 10% erhielten einen Fragebogen mit 19 Fragen bzw. 25 Fragen, wenn man die Unterfragen mitzählt.

Die Zahl der Fragen stieg von 1841 bis 1961 nur langsam auf ein Dutzend, dafür erhöhte sie sich sprunghaft für den Zensus von 1971 auf 29 Fragen. Diese Entwicklung hing vor allem mit den zunehmenden Möglichkeiten der Datenverarbeitung durch Computer zusammen. Obwohl für die Volkszählungen ab den 1960er-Jahren die technischen Möglichkeiten für eine nahezu beliebige Zahl von Fragen bestanden, hielt sich der britische Zensus trotzdem an die aus Erfahrung formulierte Regel, dass die Bögen möglichst kurz sein und wenige Fragen enthalten sollten. Während zum Beispiel 1981 im britischen Zensus 21 Fragen gestellt

[22] LONGSTAFF, Suggestions for the Census, S. 448.
[23] Ebd.

wurden, fragten andere Länder in den Jahren 1980 und 1981 zwei- oder dreimal so viel: Zensusbögen in Australien enthielten 35, in Kanada 42 und in den USA sogar 60 Fragen.[24] Spätestens seit dem computergestützten britischen Zensus von 1961 und vor allem durch die technischen Fortschritte in den Volkszählungen der folgenden Dekaden war dies keine technische oder methodische, sondern eine politische Entscheidung.

*Neue Möglichkeiten durch den Einsatz von Datenverarbeitungsmaschinen*

Das General Register Office war schon im viktorianischen Zeitalter ein wichtiger Ort für die Datensammlung und -verarbeitung. So hatte William Farr bereits in den 1860er-Jahren die schwedische *Edvard Scheutz Difference Engine* für die Berechnung von Sterbestatistiken eingeführt.[25] Diese erwies sich als schwer zu handhaben, woraufhin verschiedene kleinere Datenverarbeitungsmaschinen angeschafft wurden.[26] In den viktorianischen Volkszählungen wurde ein sog. *ticking system* verwendet, bei dem ein Büroangestellter jeden einzelnen Fragebogen bearbeitete und für jede Auswertungsfrage die maßgebliche Kategorie bestimmte (*coding*), während gleichzeitig auf einem separaten Bogen unter den jeweiligen Rubriken (d. h. die Tabelle, die zu einem Thema erstellt werden sollte) Haken gemacht wurden (*ticking*): „When the pile of schedules had been worked through, the accumulated ticks gave the figure required."[27] Dabei handelte es sich um einen mühsamen und langsamen Prozess, sodass die Zensusbögen des 19. Jahrhunderts nur eine begrenzte Anzahl von Fragen enthalten konnten. Eine arbeitseffiziente Lösung wurde deshalb insbesondere von denjenigen Mitarbeitern im GRO angemahnt, die mit diesen Prozessen betraut waren.[28] Nach den anfänglichen Diskussionen vor dem 1890er-Komitee und den Vorträgen von Herman Hollerith zur selben Zeit, begann mit dem Zensus von 1911 der erste größere Einsatz von Maschinen auf der Ebene der Datenverarbeitung (nicht der Datenerhebung).[29] Das Lochkartensystem hatte zahlreiche Vorteile. So boten die Karten die Möglichkeit,

[24] Hakim, Social Monitors, S. 41. Wobei in den USA von 1970 bis 2000 zwei Fragebögen im Umlauf waren: ein kurzer, der an alle Haushalte geschickt wurde, und ein langer, der nur von einer kleine Zahl von US-Haushalten ausgefüllt werden musste. Für das Jahr 2010 wurde in den USA von dieser Praxis Abstand genommen und nur noch ein einziger Bogen mit zehn grundlegenden Fragen verteilt. U.S. Department of Commerce, Census Bureau, Questionnaires, in: http://www.census.gov/history/www/through_the_decades/questionnaires/ (aufgerufen am 17. 3. 2013). Dort sind auch die Fragebögen einsehbar.

[25] Agar, Government Machine, S. 149. Agar bezieht sich hier auf Michael Lindgren, Glory and Failure, Linköping University, 1987. Siehe auch Campbell-Kelly, Information Technology and Organizational Change.

[26] Agar, Government Machine, S. 149. Agar erwähnt „simple analogue slide rules, Burroughs Adding Machines und arithmometers." Er bezieht sich hierbei auf Johnston, Making the Arithmometer Count, S. 12.

[27] Agar, Government Machine, S. 151.

[28] Agar zitiert hier den Statistiker im GRO Archer Bellingham, der das „ticking system" 1908 als „inadequate" bezeichnete. Ebd.

[29] Higgs, Statistical Big Bang. Zur zeitlichen Verzögerung, u. a. bedingt durch personelle Wechsel im GRO, siehe auch Agar, Government Machine, S. 150.

*Abb. 3: Der Einsatz von Lochkartenmaschinen für den Zensus von 1931. Photograph „Census 1931 Battery Powers-Samas Printing Counting Sorters at the Census Office, Acton – Showing Mr. Edward James Hoppett, General Register Office, on the Right of the Picture", 1931 Census, TNA, RG 54/5.*

flexibel Aspekte zu verschiedenen Fragestellungen zu verknüpfen und in vergleichbar kurzer Zeit maschinell auszuwerten. Für das zuvor verwendete *ticking* hingegen musste einem einmal vorgegebenen Plan, d. h. vorgegebenen Fragen und Themen für die Auswertung, bis zum Ende in manueller Auswertung gefolgt werden, ohne dass irgendwelche Abweichungen möglich waren. Lochkartensysteme in verschiedensten Ausführungen und von verschiedenen Herstellern wurden in den Volkszählungen der folgenden Dekaden eingesetzt. Abbildung 3 zeigt den Einsatz von Lochkartenmaschinen für den Zensus von 1931 und demonstriert zugleich eine klare Geschlechtertrennung: Während die Arbeit an den Lochkartenmaschinen fast durchgängig von Frauen ausgeführt wurde, oblag die Überwachung der Durchführung einem Mann.

Für den Zensus von 1951 wurde auf Maschinen aus der Vorkriegszeit zurückgegriffen.[30] Und auch für den Zensus von 1961 waren die Zensusverantwortlichen zunächst skeptisch, trafen aber zunehmend auf einen kompetitiven Anbietermarkt, der in der Ausstattung des GRO mit Computern ein lukratives Geschäft sah. Allerdings hatte das GRO, obwohl es tatsächlich verschiedene Angebote einholte, Schwierigkeiten, die Anschaffung eines Computers für den Zensus zu recht-

[30] Agar, Government Machine, S. 322.

fertigen, da dieser nur alle zehn Jahre durchgeführt wurde und die Anschaffung relativ kostspielig war.[31] Als sich für den Zensus von 1961 die Möglichkeit bot, den *Royal Army Pay Corps IBM 705 Computer* zu nutzen, wurde dies deshalb bevorzugt.[32] Für den 10%-Zensus von 1966 stellte sich erneut die Frage, welches Computersystem genutzt werden sollte. Aufgrund des Zeitdrucks – die Daten mussten vor dem nächsten Zensus von 1971 veröffentlicht werden – entschied man sich für den Kauf eines *IBM 705*.[33]

Mit der Zusammenlegung von GRO und Social Survey Division 1970 ging auch das (später nicht eingelöste) Versprechen für letztere einher, den GRO-Computer benutzen zu dürfen. Trotzdem wurden Lochkartenmaschinen noch bis in die 1970er-Jahre in der Social Survey Division eingesetzt:

> The data were still coded and edited manually and then keyed onto cards by the punch-room operators. Staff used holorith punchers, card sorters and ancient calculating machines that had carriages like typewriters and sounded like sewing machines. For small surveys, knitting needles were sometimes used to count the number of cards containing a particular answer. The needle was used to spear the appropriate hole and so pick up all the cards with that code. Because Social Survey didn't have its own mainframe computer the cards were taken in boxes to the IBM datacentre on Berners Street in central London.[34]

Als das OPCS für den Zensus einen großen *ICL Computer* erwarb, durfte auch die Social Survey Division damit arbeiten. Die schon erwähnte Zusammenlegung der Abteilungen im Jahr 1970, die den Austausch von Daten zwischen den vorher getrennten Bereichen ermöglichte, bekam durch die gemeinsame Nutzung des Computers mit Blick auf den Datenschutz eine neue Dimension.

*Datenschutz und Öffentlichkeitsarbeit*

Die Soziologin Catherine Hakim vermutete in den 1980er-Jahren als Grund für den im Vergleich zu anderen Ländern begrenzten Umfang der Volkszählungsbögen in Großbritannien die besonders ausgeprägte Sorge vor dem Eindringen in die Privatsphäre in Kombination mit der Angst vor ungenügendem Datenschutz.[35] Für diese Annahme können bis ins 19. Jahrhundert Belege gefunden werden: Die Antwortbereitschaft und -qualität wurde bereits zu dieser Zeit im Kontext von Gerüchten und Ängsten um den Datengebrauch diskutiert[36] und somit zeitlich weit vor den intensiven Diskussionen um den Datenschutz im Rahmen der zu-

[31] Ebd., S. 323.

[32] Ebd.: „The War Office intimated willingness to cooperate, so long as the census would be halted ‚in event of a full-scale war'."

[33] Ebd., S. 324. Agar nannte vier mögliche Optionen: „use the Royal Army Pay Corps computer again, purchase a second-hand IBM 705 from the United States, or hire a powerful computer and either write new routines or simulate the 705 and run the old programs."

[34] Office for National Statistics, 60 Years of Social Survey, S. 59.

[35] Hakim, Social Monitors, S. 41.

[36] Vgl. z. B. die in Bezug auf Irland geführten Debatten im House of Commons von 1890: „We know that the police have used the information contained in the last census papers for purposes to which it was not intended originally to apply it, and I think the Government should now assure us that the census papers at the next census will not be used for police purposes." Hansard HC Deb 21. 7. 1890, vol 347 cc. 421–9.

nehmenden Computerisierung der 1970er-Jahre. Gleichwohl konnte zum Beispiel J.A. Baines im Jahr 1900 in seinem Beitrag für das *Journal of the Royal Statistical Society* von einer grundsätzlichen Zustimmung zum Zensus im Gegensatz zum Ende des 18. Jahrhunderts berichten, als die Einführung der Volkszählung vor allem mit Blick auf das englische Selbstverständnis mit Misstrauen beäugt worden war: „[It, KB] was stigmatised as totally subversive of English liberty, &c., &c.“[37] Baines bezog sich auf seine Erfahrungen als Zensusbeamter in Indien und sprach von lang anhaltenden Gerüchten über die mögliche Verwendung der Daten (z. B. die Einziehung zum Militärdienst oder die Erhebung von Eigentumssteuer). Dies konnte nach Baines' Ansicht allerdings genauso wie in Europa dadurch beseitigt werden, dass zunehmend Aufklärungsarbeit für den Zensus geleistet worden sei und offiziell beteuert wurde, „that no use is made of the return of individuals, but only of the community in the mass.“[38] Baines betonte zugleich, dass die generellen Bedenken der Bevölkerung gegen einen Zensus zwar längst ausgeräumt seien, es allerdings nach wie vor Vorbehalte gegenüber bestimmten Fragen (so z. B. der nach dem Religionsbekenntnis) gebe.

Zur besseren Akzeptanz der Volkszählungen hatten aus der Perspektive der historischen Akteure Öffentlichkeitsmaßnahmen geführt. Diese nahmen unterschiedliche Formen an. Eine Möglichkeit bot der Volkszählungsbogen selbst, dem 1911 zum ersten Mal ein Hinweis auf die vertrauliche Behandlung der Daten hinzugefügt wurde: „The contents of the Schedule will be treated as confidential. Strict care will be taken that no information is disclosed with regard to individual persons. The returns are not to be used for proof of age, as in connection with Old Age Pensions, or for any other purpose than the preparation of Statistical Tables.“[39] Der Hinweis „Strictly Confidential“ findet sich dann auch in den Volkszählungsbögen der folgenden Dekaden.

Zudem gab es Presseveröffentlichungen, die bereits in der ersten Hälfte des 19. Jahrhunderts begannen und über die Absicht und die Durchführung des Zensus im Allgemeinen sowie über den Fragebogen im Besonderen aufklärten, wie das folgende Beispiel aus *The Manchester Guardian* von 1851 zeigt:

> [F]or it is a matter of national importance, and lying at the basis of all statesmanlike legislation, that the numerical ‚progress of the nation' should be carefully ascertained at stated periods. If every householder will carefully read over the instructions printed at the back of his schedule, and examine the two examples there printed of the way in which the schedule should be filled up, he will have no difficulty in performing his share of a duty incumbent upon every citizen.[40]

Während im 19. Jahrhundert vor allem Zeitungen über die Volkszählungen berichteten, wurden später verschiedene Medien für die Öffentlichkeitsarbeit ein-

[37] Baines, On Census-Taking and Its Limitations, S. 52. Zur Informationsgewinnung in England siehe auch Higgs, Information State.

[38] Ebd., S. 52f.

[39] Siehe Anhang Abbildung B.2. Hervorhebung im Original.

[40] The Census, The Manchester Guardian, 29. 3. 1851, S. 6. Siehe auch: The Approaching Census, The Manchester Guardian, 2. 6. 1841, S. 3.

gesetzt. In Vorbereitung auf den Zensus von 1931 wurden z. B. die BBC und das Board of Education eingeschaltet, um die notwendige „propaganda“ bzw. „publicity“ – so die Quellenbegriffe – zu leisten.[41] 1931 wollte die Zeitung *Daily Herald* den Zensus unterstützen und veranstaltete deshalb eine mit Geldpreisen ausgelobte „census-estimating competition“.[42] In der Überschrift und an prominenter Stelle in der Ankündigung des Gewinnspiels wurde dabei wiederum die Sorge vor einem eventuellen Datenmissbrauch aufgegriffen und auf die vertrauliche Behandlung der Daten verwiesen: „People who feel that the questions on the census papers are too intimate will be relieved to know that every one of the 50,000 enumerators will be sworn to secrecy.“[43] Insbesondere in der zweiten Hälfte des 20. Jahrhunderts wurden dann verschiedenste Kanäle der Pressearbeit genutzt und im Fernsehen, im Radio, in Frauenzeitschriften, Plakaten und Öffentlichkeitsbroschüren über den Zensus aufgeklärt und für ihn geworben.[44]

Die verschiedenen Maßnahmen der Öffentlichkeitsarbeit sollten dazu beitragen, der Bevölkerung den Sinn der Volkszählung zu verdeutlichen, ihnen die Angst vor möglichem Datenmissbrauch zu nehmen, sie zur Mitarbeit zu überzeugen und so die Motivation für die Beantwortung der einzelnen Fragen im Zensusbogen zu stärken. Bemühungen im Bereich der Öffentlichkeitsarbeit blieben vor allem wegen der Sorge vor dem möglichen Datenmissbrauch ein durchgängiges Thema des Zensus. Allerdings nahmen die Diskussionen um den Datenschutz im 20. Jahrhundert durch den Einsatz der datenverarbeitenden Maschinen eine andere Dimension an. Dies zeigte sich z. B. am sog. *Fertility Census* von 1911, der Fragen zur Fruchtbarkeit verheirateter Frauen stellte und auf massiven Widerstand durch Frauenrechtlerinnen traf, oder im Kontext der Debatten um die Einführung der Frage nach dem ethnischen Hintergrund (siehe Kapitel V.)

*Neue Fragebogenformate durch Computerisierung im 20. Jahrhundert*

Die neuen Möglichkeiten der technischen Datenverarbeitung hatten nicht nur Einfluss auf die Anzahl der Fragen, sondern auch die Fragebögen selbst veränderten sich. Sie mussten nun ein Format haben, das die Weiterverarbeitung durch den Computer ermöglichte. Dies zeigt sich zum Beispiel im Vergleich der Fragebögen für die Volkszählung vor 1971 mit denen für folgende Zählungen (siehe z. B. Anhang Abbildung B.2 vs. Abbildung B.3). Schon in den Fragebögen selbst ging es nun bei den Antwortmöglichkeiten um deren eindeutige Kodierung, sodass die

[41] Siehe Propaganda, BBC, Board of Education and press, 1930–32, TNA, RG 19/111.

[42] 50,000 Sworn to Secrecy. All About You. Census Felp From ‚Daily Herald‘. Our Contest, Daily Herald, 16. 01. 1931. Siehe auch Daily Herald census competition 1931, TNA, RG 19/123.

[43] 50,000 Sworn to Secrecy, Daily Herald, 16. 1. 1931.

[44] Siehe dazu die zahlreichen Akten: Publicity, General, 1951, TNA, RG 19/368; Publicity, Press Officer's Report, 1961, RG 19/369; Publicity, BBC and ITV, 1960–63, RG 19/370; Publicity, booklets Why a census (HMSO 1961) and The census of Northern Ireland (Government of Northern Ireland 1961), 1959–66, RG 19/371; Publicity, Posters for factories, 1951, RG 19/372; Publicity, Women's magazines, 1959–61, RG 19/373; Publicity, films, Talking Pictures Ltd., 1961., RG 19/374.

weitere Bearbeitung möglichst fehlerfrei per Computer erfolgen konnte. Die veränderten Formate wurden vor allem im Kontext der Layouts (Abschnitt II.1.b) und der Fragetypen (Abschnitt II.1.c) diskutiert. Sie hatten aber auch Auswirkungen auf den Umfang, denn die Berücksichtigung der technischen Auswertungsschritte konnte zu mehr Seiten im Fragebogen führen. Vor diesem Hintergrund warnte man bereits 1951: „If the possible answers are coded in advance, there is a danger that the questionnaire, and the answers given, may be squeezed into a predetermined framework, merely for the convenience of investigators and the analysis staff."[45] Deshalb wurde in dem Handbuch zur Marktforschung, aus dem dieses Zitat stammt, empfohlen, immer genug Platz im Fragebogen für unvorhergesehene Antworten zu lassen, was gleichzeitig einen dickeren Fragebogen mit sich bringen konnte. Unklar und unbelegt blieb in den Diskussionen allerdings, ob sich der Umfang überhaupt auf die Motivation der Interviewten auswirkte.

*Eine Frage des Umfangs oder der Motivation?*

Mit dem Aufkommen der kommerziellen Markt- und Meinungsforschung ab den 1920er-Jahren und vor allem nach 1945 wurde die Bevölkerung mit Fragebögen aus verschiedensten Bereichen und zu unterschiedlichsten Zwecken konfrontiert. Der Volkszählungsfragebogen erhielt somit zunehmend Konkurrenz. Die kommerzielle Umfrageforschung war dabei im Gegensatz zum Zensus mit seinem verpflichtenden Charakter in besonderem Maße darauf angewiesen, ihre potentiellen Interviewpartner zu motivieren. Allerdings herrschte auch unter den kommerziellen Umfrageforschern keine einheitliche Meinung darüber vor, wie lang ein Fragebogen sein durfte, um den potentiellen Befragten noch zur Beantwortung zu bewegen. In einem der ersten Handbücher zur Marktforschung aus dem Jahr 1931 hielten Paul Redmayne und Hugh Weeks maximal sieben bis acht Fragen für sinnvoll: „If any of the questions require complicated answers, the number should be less."[46] In der revidierten Neufassung des Buches aus dem Jahr 1951 findet sich diese enge Vorgabe zur Anzahl der Fragen nicht mehr.[47] Insbesondere in den 1950er-Jahren variierten die Empfehlungen in der Fachliteratur und die Anwendung in der Praxis. So äußerte sich der Marktforscher Max Adler 1956 in seinem Handbuch skeptisch: „If the respondent sees himself approached by an interviewer with a large sheet, he will be justified in thinking that he is to be subjected to a very long inquisition."[48] Andere Bereiche der Umfrageforschung machten mit langen Fragebögen durchaus positive Erfahrungen – für die Motivation schien es dabei mehr auf das Thema anzukommen als auf die Länge des Fragebogens. Die französische Zeitschrift *Elle* hatte im Jahr 1953 zum Beispiel keine Probleme damit, ihre Leserinnen über mehrere Monate unter der Frage „Are You For or Against?" um ihre Meinung zu 300 Themen, die von Sexualaufklärung bis zur politischen Einheit

[45] Redmayne und Week, Market Research, London 1951, S. 130.
[46] Dies., Market Research, London 1931, S. 84.
[47] Dies., Market Research, London 1951.
[48] Adler, Modern Market Research, S. 113.

Europas reichten, zu bitten.[49] Im international vernetzten Feld der kommerziellen Umfrageforschung bildeten fragebogenbasierte Studien, wie der US-amerikanische *Kinsey-Report* und Diskussionen in Fachzeitschriften, wichtige Referenzpunkte und boten empirische Belege für und gegen die Auswirkung des Fragebogenumfangs auf die Antwortbereitschaft. Eindeutige Antworten auf die Frage zum Umfang gab es nicht.

Die Feststellung von Jean Morton-Williams, einer britischen Protagonistin der Umfrageforschung, in einem Standardwerk zur Markforschung von 1986 galt quasi für den gesamten Untersuchungszeitraum: „No absolute rules can be laid down about length."[50] Deutlich wurde in den Fachdiskussionen allerdings die Befürchtung, dass der Umfang des Fragebogens potentiell abschreckend auf die zu Befragenden wirken *könnte*. Überlegungen zur Gestaltung des Fragebogens fingen deshalb schon beim Umfang an. Dieser war zum einen im Hinblick auf seine materielle Erscheinung und damit zusammenhängend auf die zum Ausfüllen vermutete Zeit bedeutend und zum anderen inhaltlich in Bezug auf die Themen und die Detailliertheit der Fragen. Fachdiskussionen über die Antwortbereitschaft wurden in Abhängigkeit von der Frequenz und der Quantität weiterer Umfragen geführt, mit denen die Befragten vor allem seit den 1930er-Jahren zunehmend konfrontiert wurden. Gemeinhin wurde berichtet, dass in den Jahrzehnten nach 1940 die Antwortbereitschaft für Umfragen in der Bevölkerung relativ hoch war.[51] Dies wurde auf die empfundene Wertschätzung und Aufmerksamkeit, die dem Interviewten angeblich durch den Fragebogen entgegengebracht wurde, begründet. Gleichsam wurde ab den 1990er-Jahren eine zunehmende Sättigung des Marktes, die mit einer verminderten Antwortbereitschaft einhergeht, beobachtet.[52] Wichtig ist dabei, dass sich die Diskussionen weniger auf Aussagen oder Beschwerden aus der Praxis, d.h. von den Befragten oder den Interviewern, bezogen, sondern in erster Linie theoretisch und nur selten auf systematische empirische Befunde gestützt geführt wurden. Vielmehr wurde basierend auf nationalen Standpunkten (z.B. der angeblich typisch britischen Sorge vor mangelndem Datenschutz) und eigenen Erfahrungen argumentiert. Für die Bevölkerung schien ein beidseitig bedruckter Folio-Bogen in der Volkszählung von 1841, der zweimal gefaltet in die Haushalte kam,[53] ebenso akzeptabel gewesen zu sein wie ein 32-seitiger DIN A4 Fragebogen im Jahr 2011.

## b) Äußere Form: Layout und Aufbau

Das ‚Ding' Zensusbogen trat der Bevölkerung und dem Volkszähler nicht nur durch seinen Umfang, sondern auch durch seine äußere Gestalt in Form von Lay-

[49] Siehe dazu die Ausführungen in: Coffin, Between Opinion and Desire, S.64.
[50] Morton-Williams, Questionnaire Design, S.114.
[51] Vgl. dazu Savage, Identities and Social Change.
[52] Groves, Three Eras of Survey Research, S.861.
[53] Preperations of Householders' Schedule, April 1841, TNA, RG 27/1.

out und Anordnung der Fragebogenbausteine (Anrede, Anweisungen, Frageführung, Frageteil etc.) gegenüber. „Paper sizes are important as I learnt last time. You should have early discussions with H.M.S.O. to learn what standard sizes are suitable and design accordingly," so lautete eine interne Arbeitsanweisung aus dem General Register Office im Jahr 1959.[54] Die Umfrageforscher mussten demnach nicht nur inhaltliche Aspekte im Blick behalten, sondern auch auf die Materialität des Fragebogens Acht geben: Wie viele Fragen passten auf einen Bogen, welches Format sollte der Bogen haben, wie viel Raum für Antworten musste eingeplant werden etc.? Welche grundsätzlichen Regeln wurden dazu in der Fachliteratur und im Zensusbüro diskutiert? Wie sahen die Zensusbögen de facto aus, wann und wie änderten sie sich?

*„To the least able respondent"*

Für den gesamten Untersuchungszeitraum zog sich durch die Fachliteratur zum Fragebogendesign die Behauptung, dass zwar einige grundsätzliche Regeln für die Erstellung von Fragebögen festgelegt werden können, es sich aber eigentlich um eine Sache der Erfahrung, die nur in der Praxis erworben werden könne, handele. So schrieb die britische Umfrageforscherin Jean Morton-Williams im Jahr 1986: „Questionnaire design cannot be learnt from books; it is a skill that has to be acquired through experience. The best method of learning the skill is to write a questionnaire, to go out and interview people with it and then to analyse it oneself."[55] Daraus ergibt sich für das Fragedesign das Problem, dass die Erstellung des Fragebogens am Schreibtisch fernab der eigentlichen Interviewsituation stattfand, das Interview aber durch die Interviewer und Volkszähler, die nicht in die Entwicklung des Fragebogens involviert waren, durchgeführt wurde. Zwischen diesen Akteuren bestand sowohl in fachlicher, sozialer als auch in räumlicher Hinsicht eine große Distanz, die vielfach mit einer Haltung des Misstrauens vonseiten der Umfrageforscher einherging.

Signifikant ist in diesem Zusammenhang die durchgängig negative Beurteilung der Volkszähler durch den Superintendent of Statistics William Ogle, die auch dem Vorsitzenden der Kommission zur Verbesserung der Volkszählungen von 1890 auffiel und ihn nachhaken ließ: „You have a very low view of the powers of the enumerators as a rule?" Ogle antwortete darauf: „Well, there are good enumerators and bad enumerators and indifferent enumerators; but their mere handwriting and the general aspect of their work shows that many of them are very illiterate men; the kind of men who spelt butcher ‚boosher'; they are often that kind of man."[56] Diese Bewertung aus der Perspektive der für die Fragebogenerstellung Verantwortlichen war bezeichnend und bezog sich nicht nur auf die Volkszähler und Interviewer, sondern auch auf die Bevölkerung überhaupt. So

[54] GRO Memo, 7. 8. 1959, TNA, RG 19/227.
[55] Morton-Williams, Questionnaire Design, S. 111.
[56] Report of the Committee Appointed by the Treasury, PP 1890, Minutes of Evidence, Dr. Ogle Recalled and Examined, S. 99.

sagte der Registrar-General Brydges Henniker im Rahmen derselben Untersuchung aus: „Those who have not had personal experience of householders' schedules are scarcely likely to estimate aright the amount of stupidity, carelessness, untruthfulness, and wilfulness that they reveal."[57] Damit verbunden war die Vorstellung, dass die Probleme der Fragebogenerstellung in erster Linie auf die mangelhafte „capacity and the readiness of ordinary men to give precise and truthful information" zurückgeführt werden müssten.[58] Dahinter stand einerseits die Idee, dass es eindeutige ‚Informationen' gebe, die durch Fragebögen abgefragt werden können, und andererseits die Behauptung, dass die gewöhnliche Bevölkerung häufig nicht in der Lage sei, diese ‚Informationen' anzugeben. Daraus wurde eine grundsätzliche Regel abgeleitet, die in den Quellen zur Umfrageforschung über den gesamten Zeitraum zu finden ist, nämlich dass die Fragebögen sich an den am wenigsten Gebildeten orientieren müssten. Bereits in den Vorbereitungen für den Zensus von 1841 äußerte sich der Registrar-General Lister in dieser Richtung: „If the Census is to be taken in a short time, the Districts must be small, and the Enumerators many, and therefore, perhaps, in many instances, men of very moderate education. It is therefore essential that the questions to which they are to record the answer should be few and plain."[59] Gut 60 Jahre später hieß es in Beiträgen im *Journal of the Royal Statistical Society* zu diesem Thema: „They had not merely to draft a schedule which would suit the average mind, but such as would be understood by the least intelligent."[60] Und weitere sechzig Jahre später stellte Jean Morton-Williams die Grundsatzregel für die Fragebogenerstellung auf: „A Questionnaire must be designed to be comprehensible to the least able respondent."[61]

*Die Einführung des Selbstausfüllerbogens 1841*

Bei der Beurteilung der Kompetenz des „least able respondent" stand den Umfrageforschern nicht selten ihre eigene soziale Stellung bzw. die Unkenntnis der Umstände anderer sozialer Schichten im Wege. So hatte sich Lister zur Einführung eines Selbstausfüllerbogens für den Zensus von 1841 zunächst kritisch geäußert. In einem Brief vom 10. Juli 1840 an Drinkwater Bethune, der für den Gesetzesentwurf für den Zensus von 1841 zuständig war, schrieb Lister: „I am adverse to the plan of leaving schedules at private houses to be filled up by the inhabitants, for the majority probably would either not fill them up at all, or would fill them

[57] Report of the Committee Appointed by the Treasury, PP 1890, Appendix Nr. 6: Bryges P. Henniker, Remarks of the Registrar-General on ‚Memorandum as to Improvement of Census Returns', Signed by Mr. Acland and others, 19. 11. 1888.

[58] Ebd.

[59] Letter from Registrar General to John Elliot Drinkwater Bethume, 27. 6. 1840, TNA, RG 27/1. Hervorhebung im Original.

[60] Discussion on Mr. Baines's Paper, S. 68. Siehe auch Memorandum in reference to the next census of England and Wales to be taken in March 1911, TNA RG 19/45: „The Questions should be of such a nature and so worded, that the least educated classes in the community can understand them."

[61] Morton-Williams, Questionnaire Design, S. 112.

up wrong."[62] Dass Lister seine Meinung änderte, lag letztlich nicht an der positiveren Einschätzung der Kompetenzen und Bereitschaft der Bevölkerung, sondern vielmehr an einer Testzählung, durch die sich herausstellte, dass für eine Zählung allein durch Volkszähler an einem einzigen Stichtag eine extrem hohe Anzahl von Volkszählern benötigt würde.[63] Die nur zwei Monate vor dem Volkszählungsstichtag verabschiedete Ergänzung zum Volkszählungsgesetz legte deshalb fest, dass die Volkszählungsbögen durch die Bewohner selbst ausgefüllt werden sollten.[64] Wie im Zensus von 1841 dienten auch für die Vorbereitung anderer Umfragen sog. Pilottests als Versuche, die am Schreibtisch entworfenen Fragebögen in der Praxis zu testen und danach zu verbessern.[65] Zudem wurden methodische Neuerungen in der Fachliteratur diskutiert. So stammte die Idee für den Selbstausfüllerbogen nicht allein von Lister, sondern war zuvor bereits im belgischen Zensus eingesetzt und von der Statistical Society of London (zumindest für Städte) empfohlen worden.[66]

Der als Selbstausfüllerbogen gestaltete sog. *Householder's Schedule* wurde von den Volkszählern eingesammelt, in die *Enumerator's Schedules* bzw. die *Enumerator's Books* übertragen und danach vernichtet. Da die *Enumerator's Books* im 19. Jahrhundert als grundlegende Datenquelle galten, sind für einige Volkszählungen die Originalfragebögen nicht mehr vorhanden. Abbildung 4 zeigt deshalb nur eine Reproduktion aus dem 1843 veröffentlichten Bericht über den Zensus von 1841. Dieser *Householder's Schedule* beinhaltete eine einfache Tabelle, in die der Haushaltsvorstand die entsprechenden Angaben wie Name und Alter eintragen sollte.

Die *Enumerator's Books* bzw. *Schedules* unterschieden sich in zweifacher Hinsicht vom *Householder's Schedule* für den Zensus von 1841. Erstens waren dem *Enumerator's Schedule* zwei zusätzliche Spalten vorgeschaltet, die Angaben zu „place" und „uninhabited/inhabited houses" enthielten. Zweitens unterschieden

[62] Letter from Lister to Bethume, 10.7.1840, TNA, RG 27/1.

[63] Trial census 1841, TNA, RG 27/1. Die Testzählungen wurden in Westminster, Birmingham, Leeds, der Isle of Wright, Wycomb, Machynlleth und Truro durchgeführt und sollten verschiedene Bereiche von gering, mittel und dicht besiedelten Landschaften sowie Bergbau- und Industriegebiete beinhalten. Ziel der durch den *Population Act* von 1840 festgelegten Testzählung war die Einteilung des Landes in *enumeration districts*, die sich an dem von einem Volkszähler an einem Tag zu erhebenden Raum orientieren sollte. Vgl. An Act for Taking an Account of the Population of Great Britain, 1840, c.99, II – dort wird von „preliminary inquiries" gesprochen.

[64] An Act to Amend the Acts, Taking Account of the Population, 1841, V: „Every Occupier of any Dwelling House, or of any distinct Story or Apartment in any Dwelling House, with or for whom any such Schedule shall have been left as aforesaid, shall fill up the said Schedule to the best of his or her Knowledge or Belief, so far as relates to all Persons dwelling in the House, Story, or Apartment occupied by him or her, and shall sign his or her Name thereunto, and shall deliver the Schedule so filled up, or cause the same to be delivered, to the Persons charged with taking the said Account, when required so to do."

[65] Diese Pilottests wurden in der Fachliteratur als Bestandteil der Umfrage definiert. Siehe z. B. Morton-Williams, Questionnaire Design, S. 123–125. Morton-Williams empfiehlt ein *debriefing* der Interviewer, um ein besseres Gefühl für deren Arbeit zu erhalten (ebd., S. 111).

[66] Report to the Council of the Statistical Society of London, 1841, S. 99.

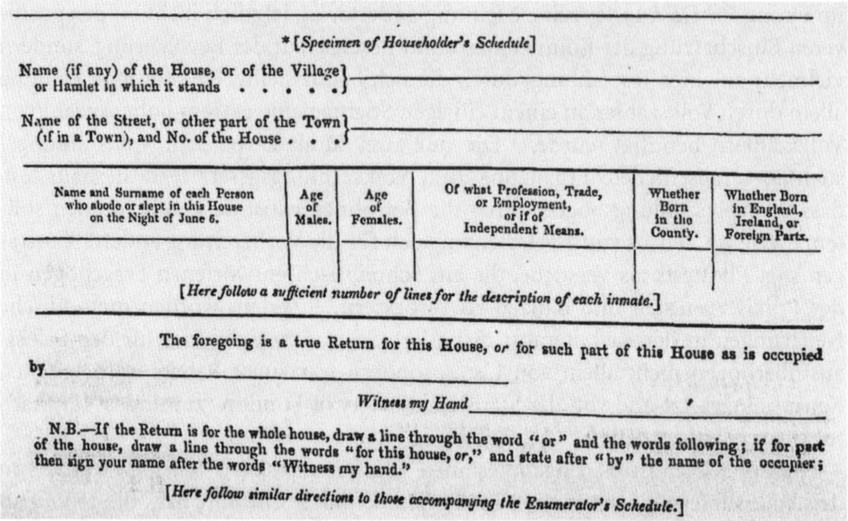

* [*Specimen of Householder's Schedule*]

Name (if any) of the House, or of the Village or Hamlet in which it stands . . . . . } ______

Name of the Street, or other part of the Town (if in a Town), and No. of the House . . . } ______

| Name and Surname of each Person who abode or slept in this House on the Night of June 6. | Age of Males. | Age of Females. | Of what Profession, Trade, or Employment, or if of Independent Means. | Whether Born in the County. | Whether Born in England, Ireland, or Foreign Parts. |
| --- | --- | --- | --- | --- | --- |
| | | | | | |

[*Here follow a sufficient number of lines for the description of each inmate.*]

The foregoing is a true Return for this House, *or* for such part of this House as is occupied by ______

*Witness my Hand* ______

N.B.—If the Return is for the whole house, draw a line through the word "or" and the words following; if for part of the house, draw a line through the words "for this house, *or*," and state after "by" the name of the occupier; then sign your name after the words "Witness my hand."

[*Here follow similar directions to those accompanying the Enumerator's Schedule.*]

*Abb. 4: Specimen of* Householder's Schedule *1841. Census of Great Britain, 1841, Abstract of the Answers and Returns Made Pursuant to Acts 3 & 4 Vic. c.99 and 4 Vic. c.7 Intituled Respectively ‚An Act for Taking an Account of the Population of Great Britain,' and ‚An Act to Amend the Acts of the Last Session for Taking an Account of the Population.' Enumeration Abstract. M.DCCC.XLI, I. England and Wales, and Islands in the British Seas. II. Scotland, PP 1843, S. 4.*

sich auch die Anordnungen innerhalb der Tabelle zu den Themen „Age und Sex" und „Where Born". Das konnte in der Praxis für Probleme sorgen; so zeigt der *Enumerator's Schedule* in der folgenden Abbildung die Verbesserung eines Eintrags: John Bayleys Alter war versehentlich unter „Female" eingetragen worden, wodurch sich auch die Zusammenfassung in der untersten Spalte veränderte. Beides wurde korrigiert (vgl. Abb. 5).

Im Anschluss an die Volkszählung von 1841 wurde die Einführung des Selbstausfüllerbogens positiv bewertet: „The Householder's Schedules contributed in no small degree to the accuracy of the Returns, […] while they greatly lightened the labours of the Enumerators on the day on which the Census was taken."[67] Das eingangs erwähnte Misstrauen der Umfrageforscher gegenüber der Bevölkerung bestand allerdings weiterhin. Dieser Sorge um die geringe Kompetenz und die mangelnde Kooperation der Bevölkerung wurde durch die Androhung von Strafe bei Nicht- oder Falschausfüllen Rechnung getragen.[68] Die Kombination aus Selbstausfüllerfragebogen und Strafandrohung wurde seit dem Zensus von 1841 beibehalten.

Durch den Selbstausfüllerbogen hatte in Abgrenzung zu den Zählungen von 1801 bis 1831, in denen die Volkszählungsbögen in England und Wales durch die Overseers of the Poor und in Schottland durch Schoolmasters ausgefüllt und

[67] Census of Great Britain, 1841, Abstract, PP 1843, 4.
[68] An act to amend the acts of the last Session for taking account of the population, 6. 4. 1841,V.

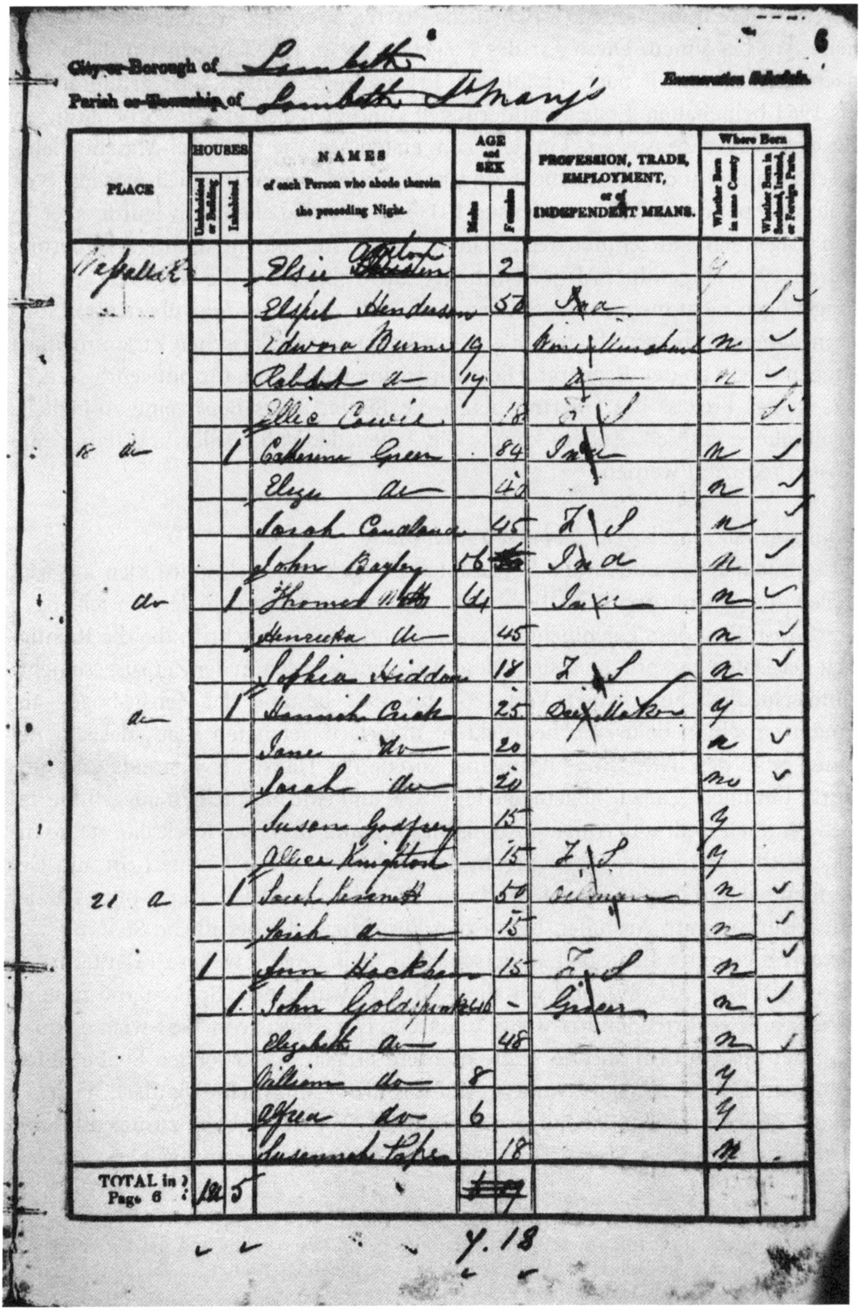


*Abb. 5:* Enumerator's Schedule *1841 (Auszug). Enumerator's Schedule, England and Wales, 1841, TNA, HO 107/1056/7.*

durch weitere Informanten (z. B. örtliche Pfarreien) ergänzt worden waren,[69] eine neue Ära begonnen. Diese Art des Fragebogens in Tabellenform wurde in den nächsten Dekaden je nach inhaltlichen Ergänzungen variiert, aber grundsätzlich bis 1961 beibehalten. Erste Veränderungen kündigten sich in den Vorbereitungen für den 1911er-Zensus an,[70] in dem zum ersten Mal die Hollerith-Maschine eingesetzt wurde und deshalb mehr und komplexere Fragen möglich wurden (vgl. Anhang Abbildung B.2 zum Zensus 1911); an der Tabellenform wurde aber in den folgenden Jahrzehnten festgehalten. Auch eine andere wichtige Neuerung wurde 1911 eingeführt: Ab jetzt mussten die Volkszähler die Angaben aus den Fragebögen nicht mehr in die *Enumerator's Books* oder *Schedules* übertragen, sondern schickten die geordneten Bögen mit knappen tabellarischen Zusammenfassungen direkt an den Registrar. Diese Änderung wurde u. a. für notwendig erachtet, da der Prozess des Übertragens in die *Enumerator's Books* eine zusätzliche Fehlerquelle enthielt. Zudem konnte die Arbeit der Volkszähler und damit ihre Kosten reduziert werden.[71]

*Bausteine des Fragebogens und deren Anordnung*

Grundsätzlich bestanden alle Volkszählungsbögen zum Selbstausfüllen aus vier Teilen: der Einführung mit Überschrift und Adressatenanrede, den Anweisungen zum Ausfüllen, dem eigentlichen Frageteil und der Unterschrift, die die Richtigkeit der Daten garantieren sollte. Diese Bausteine wurden in der Zensusgeschichte unterschiedlich angeordnet. Von 1851 bis 1961 bestand der Zensusbogen aus einem einzelnen beidseitig bedruckten, mehrfach gefalteten Blatt, das auf der einen Seite den Titel, eine allgemeine Anrede des Haushaltsvorstands und eine kurze Einführung sowie allgemeine Hinweise und eine beispielhaft ausgefüllte Tabelle enthielt (vgl. z. B. Anhang Abbildung B.1 und B.2). Die Rückseite stellte die eigentlichen Fragen in Tabellenform dar und forderte zur Unterschrift auf. Der Aufbau blieb in den hundert Jahren von 1851 bis 1951 gleich. Der größte Teil der Anweisungen zum Ausfüllen betraf den Beruf bzw. die berufliche Stellung. Zudem gab es unter den Spaltenüberschriften (z. B. „Age") weitere Erläuterungen zum Ausfüllen. Ab 1891 und vor allem ab 1911 wurden die Spalten, die zu einer Überschrift gehörten, immer weiter unterteilt. Der Zensus von 1961 wich erstmals von der Spaltenform ab und setzte mehrere Fragen in der letzten Spalte untereinander. Die neue Form wurde im Zensusbüro ausführlich diskutiert; die Wahl dieser Anordnung war dabei in erster Linie auf ein Platzproblem zurückzuführen. Aufgrund der vielen Themen passten nicht mehr alle Fragen auf eine Seite. So

[69] In einigen Fällen wurden die Fragebögen von 1801 bis 1831 auch von sog. „substantial Householders" ausgefüllt, diese waren allerdings besonders ernannt und das Verfahren war somit nicht mit den Selbstausfüllerbögen ab 1841 vergleichbar. An Act for Taking an Account of the Population of Great Britain, 1830, I.

[70] Vgl. z. B. das Memorandum zur Vorbereitung des 1911er-Zensus: Memorandum in reference to the next census of England and Wales to be taken in March 1911, TNA, RG 19/45. Allerdings ging es hier weniger um das Format und das Layout, sondern stärker um einzelne Begriffe und die Inhalte der Spalten.

[71] Census of England and Wales, 1911, General Report, PP 1917, 10.

hieß es in einem internen Schreiben vom 12. August 1959: „A one-sided schedule would need to be over two feet long to contain all the questions which it is intended should be asked and has been ruled out on that ground without further consideration."[72] In demselben Schreiben wurde zugleich ausgeführt, dass ein Bogen, bei dem alle Fragen auf eine Seite passten, aufgrund der weiteren Verarbeitung im Census Office erstrebenswert sei: „If we adopt the two-sided construction with conventional punching we shall have the punchers making some three million turnings back of pages, costing perhaps 4,000 hours of their time."[73] Für den Volkszählungsbogen von 1961 fiel die Entscheidung letztlich auf eine Mischform, d. h. Fragen wurden in der traditionellen Tabellenform und in einer Spalte untereinander angeordnet, damit doch noch alles auf eine Seite passte.

*Von der Tabelle zum ‚modernen' Fragebogen*

Ab 1971 wurden mehrseitige, zumeist DIN-A4-große Bögen gedruckt, die mit aufwendigem Layout die Bürger zur Beantwortung motivieren sollten (siehe Anhang Abbildung B.3). Mit der neuen Erscheinung der Fragebögen ab 1971 änderten sich auch die Platzierung und der Raum für die Anweisungen. 1971 waren diese neben dem Fragebogen angebracht und konnten dort abgetrennt werden. In den folgenden Volkszählungen wurden die Hinweise jeweils unter den entsprechenden Fragen abgedruckt. 1971 wurde somit aus der Tabelle mit Eingabeaufforderungen ein standardisierter Fragebogen mit direkten Fragen und Ankreuzmöglichkeiten. Zudem wurde nun der Haushaltsvorstand, an den sich der Bogen richtete, wie schon in den Zählungen von 1851 bis 1881 direkt angesprochen. 1851 lautete die Anrede „TO THE HOUSEHOLDER" (vgl. Anhang Abbildung B.1) und der einführende Text richtete sich direkt an den Householder: „You are requested to insert". Ab dem Volkszählungsbogen von 1891 wurde der Text entpersonalisiert und zugleich auf die gesetzlich festgelegte Ausfüllpflicht verwiesen: „This paper must, in compliance with the Act, be filled up by the Occupier […]". Der erneute Wechsel zur direkten Ansprache des Haushaltsvorstandes im Bogen von 1971 sollte ein gleichberechtigtes Verhältnis zwischen dem Staat als Fragenden und dem Bürger (in Gestalt des Haushaltsvorstandes) als Befragtem verdeutlichen. Es wurde versucht, den Bürger nicht nur zur Mitarbeit zu verpflichten, sondern ihn von der Mitarbeit zu überzeugen.

Die Volkszählungsbögen ab 1971 wurden so mit Fragebögen vergleichbar, wie sie auch in anderen Bereichen der Umfrageforschung im Einsatz waren (siehe z. B. den Selbstausfüllerfragebogen für den *Family Census* von 1946 in Abb. 1). Dazu gehörten als Charakteristika ein ansprechendes Layout, um die Befragten zur Antwort zu motivieren, eine direkte Ansprache, Anweisungen zum richtigen Ausfüllen und Antwortmöglichkeiten zum Ankreuzen, die per Computer weiterverarbeitet werden konnten. Diese Entwicklung setzte sich in den folgenden Jahrzehnten fort. Im Jahr 2001 enthielt der Fragebogen zudem den Slogan „Count me

[72] Memo 12. 8. 1959, TNA, RG 19/227.
[73] Ebd.

in“ als Überschrift und war zum ersten Mal farbig gestaltet. Für den Fragebogen von 2001 war auf Vorschlag der datenverarbeitenden Firma Terracotta gewählt worden, das sich besonders gut für das Einscannen der Bögen eignen sollte.[74] Zwar ähnelte die Farbe dem klassischen Rot, sollte aber keine Assoziation mit der Labour Party nahelegen. Die Entscheidung für Lila als Farbe, die 2011 im Fragebogen und für die Öffentlichkeitskampagne eingesetzt wurde, folgte ähnlichen Überlegungen: Blau, Gelb und Grün fielen aus, da sie mit Parteien oder mit Landesteilen, wie z. B. Schottland, assoziiert werden konnten.

Im Vergleich zu anderen Umfragebögen verlief die Entwicklung von der Tabelle zum Fragebogen relativ spät. Der Bogen für den sog. *Family Census* von 1946 zum Beispiel war bereits wesentlich ansprechender und übersichtlicher strukturiert als die Bögen zu Volkszählungen der Zeit. Das lag nicht zuletzt daran, dass – wie auch schon die Erfahrungen mit den Fragen zur Fruchtbarkeit verheirateter Frauen im Zensus von 1911 gezeigt hatten – das Thema brisant war.[75] Der freiwillige *Family Census* musste sich also in besonderem Maße darum bemühen, bei den potentiell Befragten Interesse zu wecken und Vertrauen zu schaffen – d. h. der Bogen musste ansprechend wirken und so die potentiellen Interviewpartner zur Antwort motivieren. Vergleicht man dies mit der für alle verpflichtend durchgeführten Volkszählung, so gab es zwar auch hier seit der Jahrhundertwende verstärkt Diskussionen zur Gestaltung von Fragebögen, diese konzentrierten sich allerdings weniger auf ansprechendes Layout als auf Verständnisprobleme in der Frageformulierung und auf die Inhalte der Fragen.[76] Die Zensusverantwortlichen setzten somit einen besonderen Schwerpunkt auf die im nächsten Abschnitt behandelte Formulierung von Fragen, das sog. *question wording*. Damit wurde das Ziel verbunden, die Antworten zu erhalten, die sie selbst mit den Fragen intendierten.

### c) Innere Form: Fragetypen und Formulierungen

Apparently the opinion was common among many statisticians, that one had simply to put questions in order to get answers as a matter of course. But the longer they had experience of statistical inquiries, the more convinced they were that nothing was more difficult in such in-

[74] So die Erklärung auf meine Anfrage beim Office for National Statistics: Private Korrespondenz, Email vom Parliamentary and Legal Support (Census), 15. 12. 2010.

[75] Siehe z. B. POTTER, British Family Census.

[76] Das *schedule design* wurde in den internen Diskussionen für den Zensus von 1911 als wichtige Aufgabe benannt (vgl. z. B. Memorandum in reference to the next census of England and Wales to be taken in March 1911, TNA, RG 19/45,), aber erst ab 1931 wurde umfangreich auf das Thema eingegangen und die enstprechenden Unterlagen in eigenen Akten angelegt: Siehe z. B. Departmental Committees Part II., u. a. schedule design, 1931–1955, TNA, RG 19/179; Census schedules: Design, 1951, TNA, RG 19/227; Census schedules: wording of questions, 1959–60, TNA, RG 19/230; Census schedules: simplification of design and layout, wording of questions, 1964–1965, TNA, RG 19/401; Consideration of wording of questions on schedule , 1964–66, TNA, RG 19/ 404; Census pretest 1964, schedule revision, supervisors' instructions, 1966, TNA, RG 19/ 475.

quiries than to prepare and select the proper questions to be put so as to obtain the information desired, and to consider the nature and capacities of the people from whom the answers were expected.[77]

Dieses Zitat aus dem Jahr 1900 zeigt ein deutliches Bewusstsein für die Problematik des Fragebogens und insbesondere für die Abfolge der Fragen und das sog. *question wording*. Zwar wurden für die Volkszählungen im politischen Prozess die Themen entwickelt und vorgegeben (siehe Kapitel IV und V), die eigentliche Frage musste dann aber im Zensusbüro formuliert werden. Darüber wurde in den internen Abteilungen unter Rückgriff auf die Erfahrungen der letzten Volkszählungen diskutiert. Zudem wurden in der zweiten Hälfte des 20. Jahrhundert zunehmend Aufsätze und Bücher zum Thema veröffentlicht. Das Ziel dieser Bemühungen war es, zu einem eindeutigen Verständnis der Fragebögen und somit im Sinne der Umfrageforscher zu einer eindeutigen Beantwortung der Fragen zu führen. In der Praxis wurden aber durchaus nicht immer die gewünschten Ergebnisse erzielt. Welche Bedeutung hatte die Frageformulierung auf das Ergebnis der Umfrage, wie wurde das Thema *question wording* diskutiert und welche Regeln wurden formuliert?

### *Der Einfluss der Frageformulierung auf das Umfrageergebnis*

Improvements in question wording and in other phases can contribute far more to accuracy than further improvements in sampling methods can. I don't mean that the sampling experts should stop seeking further improvements, trying to knock a few more tenths of a percent off the statistical error. But, while they are labouring with tenths of a per cent, the rest of us are letting tens of cents slip through our fingers. As Frederick Stephan of Princeton University has remarked, ‚It's like using a surgeon's scalpel in a butcher shop.'[78]

Die unverhältnismäßige Fokussierung auf die Stichprobenerhebung bei gleichzeitiger Vernachlässigung einer systematischen Auseinandersetzung mit anderen methodischen Bereichen der Umfrageforschung, die der amerikanische Umfrageforscher Stanley Payne in diesem Zitat hervorhob, blieb für die längste Zeit des 20. Jahrhunderts bestehen und das, obwohl immer wieder die Relevanz der Formulierung von Fragen betont wurde. So verwiesen die Amerikaner Seymour Sudman und Norman Bradburn beispielsweise in ihrem 1982 erschienenen Buch *Asking Questions. A Practical Guide to Questionnaire Design* auf eine Frage zum Korea-Krieg aus dem Jahr 1951. Demnach antworteten 49 Prozent der vom Gallup-Institut Befragten auf die Frage „Do you think the United States made a mistake in deciding to defend Korea, or not?" mit „mistake", 38 Prozent sagten „Not a mistake" und 13 „Don't know". Ein weiteres renommiertes Umfrageinstitut, National Opinion Research Center, hatte ebenfalls im Januar 1951 einen Ausschnitt aus der amerikanischen Gesellschaft befragt, die Frage aber anders formuliert:

[77] Discussion on Mr. Baines's Paper „On census-taking and its limitations" (Comment by Sir Robert Giffen), S. 59. In ähnlicher Weise hatte sich auch Baines selbst in seinem Vortrag geäußert: „Some people seem to think that you have only to ask a question on the schedule, and you will get the information." Baines, On Census-taking and Its Limitations, S. 54.

[78] Payne, Art of Asking Questions, S. 4 f.

„Do you think the United States was right or wrong in sending American troops to stop the Communist invasion of South Korea?“ Darauf antworteten 36 Prozent „wrong“, 55 Prozent „right“ und neun Prozent „don't know“.[79] Verschieden formulierte Fragen, die denselben Sachverhalt ermitteln sollten, kamen somit auf gegensätzliche Ergebnisse. Aus der britischen Umfrageforschung können ähnliche Beispiele angeführt werden. So nannte die britische Umfrageforscherin Jean Morton-Williams in ihrem Handbuchbeitrag aus dem Jahr 1986 folgende Frage zu Europa als Beispiel für eine vorurteilsgeladene Frage, die das Ergebnis beeinflusste: „Before taking their final decision about joining the Common Market, Norway, Denmark and Ireland will each have a referendum in which all the people will be able to say whether they want to join or not. Do you think that Britain should do the same?“[80] Morton-Williams fand es nicht verwunderlich, dass diese Frage mehrheitlich mit „Yes“ beantwortet wurde.[81] Dieses Beispiel aus den 1980er-Jahren zeigt, dass *question wording* noch immer ein schwieriges Thema war. Dabei war schon lange bekannt, dass es verschiedene Möglichkeiten gab, eine Frage möglichst vorurteilsfrei zu formulieren. Ein klassisches Beispiel gab Allen H. Barton (University of Chicago) im Jahr 1958.[82] Er verdeutlichte die verschiedenen Fragemöglichkeiten an dem unwahrscheinlichen Beispiel „Did you kill your wife?“ (Abbildung 6).

*Eine vernachlässigte Kunst*

Das erste Buch, das sich ausschließlich mit der Formulierung von Fragen beschäftigte, war Stanley Paynes *The Art of Asking Questions.*[83] Es erschien 1951 und stellte für die nächsten Jahrzehnte das Standardwerk dar. Als im Jahr 1980 ein Nachdruck erschien, schrieb George Gallup das Vorwort und räumte dem Buch weiterhin eine herausragende Stellung ein: „In careful rereading of this volume, I have found none of Stanley Payne's trenchant observations to be any less appropriate today than they were almost thirty years ago, when the book was written.“[84] Paynes Werk, das aus seinem Arbeitsumfeld im U.S. Bureau of Labor Statistics, dem Bureau of the Census und der Opinion Research Cooperation entstanden war, wurde auch in britischen Veröffentlichungen bis in die 1980er-Jahre eine zentrale Rolle zugeschrieben. So schrieb der Marktforscher John O'Brien: „The best available yardstick still seems to be Stanley Payne's excellent book *The Art of Asking Questions.* Though published over 30 years ago, it has no contemporary rival.“[85] Die Problematik war schon im 19. Jahrhundert bekannt, wie die Diskussionen

[79] Sudman und Bradburn, Asking Questions, S. 3.
[80] Morton-Williams, Questionnaire Design, S. 121.
[81] Ebd.
[82] Barton, Asking the Embarrassing Question.
[83] Payne, Art of Asking Questions.
[84] Gallup, Foreword (1980), S. vii.
[85] O'Brien, How Do Market Researchers Ask Questions?, S. 102. Der britische Marktforscher John O'Brien nahm die fehlenden Forschungen im Jahr 1986 zum Anlass, selbst Fragen in der Marktforschung zu untersuchen und mit Paynes Ergebnissen in Verbindung zu bringen.

## Asking the Embarrassing Question

by Allen H. Barton, University of Chicago

The pollster's greatest ingenuity has been devoted to finding ways to ask embarrassing questions in non-embarrassing ways. We give here examples of a number of these techniques, as applied to the question: *"did you kill your wife?"*

1. **The casual approach**
   "Do you happen to have murdered your wife?"
2. **The numbered card**
   "Would you please read off the number on this card which corresponds to what became of your wife?" (Hand card to respondent.)
   1 Natural death
   2 I killed her
   3 Other (what?)
   (Get card back from respondent before proceeding.)
3. **The 'everybody' approach**
   "As you know, many people have been killing their wives these days. Do you happen to have killed yours?"
4. **The 'other people' approach**
   a) "Do you know any people who have murdered their wives?"
   b) "How about yourself?"
5. **The sealed ballot technique**
   In this version you explain that the survey respects people's rights to anonymity in respect to their marital relations and that they, themselves, are to fill out the answer to the question, seal it in an envelope and drop it in a box conspicuously labelled 'sealed ballot box' carried by the interviewer.
6. **The projective technique**
   "What thoughts come to mind as you look at the following pictures?" (*Note:* The relevant responses will be evinced by picture D.)

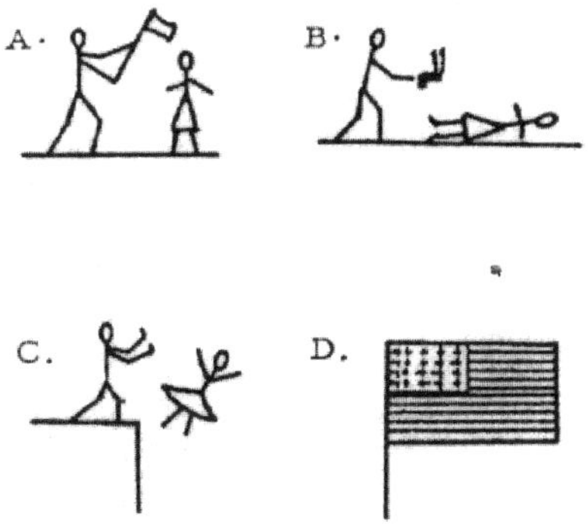


7. **The Kinsey technique**
   Stare firmly into the respondent's eyes and ask in simple, clear-cut language such as that to which the respondent is accustomed and with an air of assuming that everyone has done everything:
   "Did you ever kill your wife?"
8. **Putting the question at the end of the interview.**

*Abb. 6: Verschiedene Fragemöglichkeiten nach Allen H. Barton. ALLEN H. BARTON, Asking the Embarrassing Question, in: Public Opinion Quarterly 22 (1958), S. 67–68. Die im Layout geänderte Darstellung basiert auf: MCDONALD und KING, Sampling the Universe, S. 44.*

um die *disabilities*-Frage zeigen werden (vgl. Kapitel IV), trotzdem bestand auch in den 1980er-Jahren noch ein Mangel an systematischen Forschungen zum Thema *question wording*. Welche Gründe für die Zurückhaltung in der Fachliteratur sind zu erkennen?

In seinem Vorwort zur ersten Auflage von Stanley Paynes Buch im Jahr 1951 sah der amerikanische Psychologe und Umfrageforscher Hadley Cantril die späte Auseinandersetzung mit der Formulierung von Fragen durch zwei Umstände bedingt: Zum einen wollten Umfrageforscher sich selbst als Wissenschaftler darstellen, *question wording* sei aber in erster Linie eine Kunst, die nicht gut mit diesem Selbstentwurf übereinstimme; zum anderen beobachtete Cantril „the tendency for those persons who reach high degrees of skill as practitioners to hesitate or neglect to try to put down in print some verbalization describing the skills they have attained."[86] Wie schon bei der Erstellung des Fragebogens wurde auch hier auf die praktische Erfahrung verwiesen,[87] ganz besonders betont wurde aber die Kunst der Frageformulierung und damit ein Charakteristikum, das Stanley Payne selbst als Titel seines Buches gewählt hatte. Er verwies in diesem Zusammenhang auf die unterschiedliche Spezialisierung und Professionalisierung im Bereich der Umfrageforschung:

> Probably the reason that the question worder hasn't done more to advance his phase of research is that he just doesn't exist, at least not as a specialist. The statistician is the only one among us who has a speciality. All the rest of the work comes under the jurisdiction of a jack-of-all-trades. [...] Question phrasing is but one part of the complex machinery which he must put together and operate. Small wonder that this all-around type of research has not had much time to formulate detailed statements on question wording.[88]

Demnach war es nicht verwunderlich, dass sich eine Vielzahl von Diskussionen und Veröffentlichungen mit statistischen Themen beschäftigten. Hinzu kam, dass gerade die Diskussionen um die Stichproben durch die weit publizierten und auch für Laien offensichtlichen Mängel dieser Methode in den falschen Vorhersagen von Wahlen (z. B. in den USA 1936 und 1970 in Großbritannien) besonders präsent waren.

George Gallup stellte in seinem Vorwort von Paynes Buch im Jahr 1980 erneut fest, dass sich die meisten Fachdiskussionen noch immer mit Stichproben und nun auch mit den Möglichkeiten elektronischer Datenverarbeitung beschäftigten – „there has not been a comparable amount of progress in perfecting question or questionnaire design."[89] Gallup gab verschiedene Gründe für diese fehlende Entwicklung an: Zum einen ging es um die Kosten, denn die Veröffentlichung von Payne basierte auf verschiedensten Experimenten, die Gallup als kosten- und zeitintensiv beschrieb. In der kommerziellen Umfrageforschung herrsche ein „cli-

[86] Cantril, Foreword, S. xi.

[87] Langsam erhielt auch das Wort „skill" Einzug in die Diskussionen. Siehe z. B. Morton-Williams, Questionnaire Design, S. 111: „But in the last analysis, questionnaire design cannot be learnt from books; it is a skill that has to be acquired through experience."

[88] Payne, Art of Asking Questions, S. 6.

[89] Gallup, Foreword (1980), S. vii.

mate of immediacy", d. h. Ergebnisse waren sofort gefordert, für methodische Experimente bliebe keine Zeit. Einen anderen Grund sah er in der starken Expansion der Umfrageforschung nach dem Zweiten Weltkrieg. Denn dadurch seien Leute zur Umfrageforschung gekommen, die nicht das gleiche Maß an Motivation und Professionalität mitgebracht hätten, wie dies für Payne und andere frühe Umfrageforscher charakteristisch gewesen sei.[90] Der Zeitdruck, der in der Umfrageforschung herrschte, wurde auch von anderen Insidern bestätigt: „Researchers are usually too busy and under too much pressure to delegate to find the time to go out into the field; the result is that they tend to become remote from the realities of the interviewing situation," schrieb Morton-Williams 1986 in ihrem Handbuchartikel.[91] Für Gallups Argumente spricht außerdem, dass die wenigen Veröffentlichungen in diesem Bereich vor allem von Personen stammten, die wie Payne im öffentlichen oder akademischen und nicht im privaten Sektor arbeiteten, d. h. dass Veröffentlichungen Teil ihres Berufs waren oder dass sie aus öffentlichen Geldern bezahlt wurden und eine Verpflichtung hatten, ihre Ergebnisse zu präsentieren.[92] Die Umfrageforscher aus dem kommerziellen Bereich hüteten hingegen ihre methodischen Entwicklungen auch als Geschäftsgeheimnisse. Ein weiteres Argument für fehlende methodische Forschungen führte bereits im Jahr 1949 der britische Umfrageforscher Claus Moser an, der es für problematisch hielt, allgemeine methodische Forschung in Studien durchzuführen, die als Auftragsarbeiten entstanden und finanziert waren.[93] Dieses Argument nahm Gerald Hoinville in den 1980ern erneut als Ursache für fehlende methodische Forschungen auf und verband es mit der Forderung, die Umfrageforschung mit langfristigen methodischen Forschungsprojekten zu stärken.[94]

*Exkurs: Sample surveys im Zentrum der Aufmerksamkeit*

Der mehrfach in der Fachliteratur anzutreffende Vorwurf der unverhältnismäßigen Beschäftigung mit stichprobenbasierten Umfragen reproduziert sich in der historischen Forschung, die sich mit Blick auf methodische Fragen vorwiegend mit der Geschichte der *sample surveys* auseinandergesetzt hat.[95] Während die grundlegenden mathematischen Überlegungen bei Pierre-Simon Laplace (1749–1827) im 18. Jahrhundert gefunden werden können, war der Weg zur Anwendung

[90] Vgl. ebd., S. vii–viii.

[91] MORTON-WILLIAMS, Questionnaire Design, S. 111. Morton-Williams schlug als Lösung sog. „debriefing conferences" vor, bei denen die Interviewer den Umfrageforschern Rückmeldung geben sollten.

[92] In ähnlicher Weise argumentierte auch Gerald Hoinville in einem Artikel aus dem Jahr 1986, Vgl. HOINVILLE, Developing Survey Methods, S. 6.

[93] MOSER, Use of Sampling in Great Britain, S. 6.

[94] HOINVILLE, Developing Survey Methods, S. 6.

[95] Siehe z. B. KRUSKAL und MOSTELLER, Representative Sampling (der ursprüngliche Titel der Dissertation enthielt den Hinweis auf *sample surveys*: Polling Consumers and Citizens. Opinion Sample Surveys and the Rise of the Canadian Marketing Polity, 1928–1945.) HERBST, Polling in Politics and Industry, darin der Abschnitt: Birth of the Sample Survey, S. 580–585. Dort heißt es auf Seite 581: „Sampling revolutionized the practice of survey research."

in der Umfrageforschung steinig.[96] Die Entwicklung der repräsentativen Stichprobenerhebung kreiste von 1895 bis 1903 um die Frage, ob es überhaupt legitim sei, anstelle der Gesamtheit (wie im Zensus) nur einen Teil zu befragen und davon auf die Gesamtheit zu schließen.[97] 1896 stellte der norwegische Statistiker A.N. Kiaer (1838–1919) die Idee des *representative sampling* auf einer Konferenz des International Statistical Institutes vor und wandte sie auch selbst an. Zudem fand das *sampling* durch Arthur Bowley Verbreitung und auch Jerzy Neymann (1894–1981) gilt als bedeutender Wegbereiter. Es bedurfte allerdings mehrerer Dekaden, um Zensusbüros und Umfrageinstitute von den Vorteilen einer auf Wahrscheinlichkeiten basierenden Stichprobe zu überzeugen.[98] Zwischen 1925 und 1934 stand in den Diskussionen vor allem die Wahl zwischen der *random selection* und der *purpose selection* im Vordergrund.[99] Im Lauf der Zeit kamen hauptsächlich zwei verschiedene *sample surveys* zum Einsatz:[100] Zum einen das sog. *quota sample*, bei dem eine Stichprobe genommen wird, die die zugrunde liegende definierte Gesamtheit (z. B. die Bevölkerung) im Kleinen darstellen soll. Dafür wird die Gesamtheit (z. B. durch Gesellschaftsklassifikationen) vorab eingeteilt und dann werden aus jeder dieser Teilgruppen, je nach ihrem Verhältnis zur Gesamtheit, Interviewpartner ausgewählt. Zum anderen gibt es das *random sample*, bei dem die Stichprobe durch Zufall ausgewählt wird, d. h. jeder in der Gesellschaft hat die gleiche Chance ausgewählt zu werden. Als positiv im Vergleich zum *quota sample* wird dabei bewertet, dass nicht schon bei der Auswahl des Stichprobenrahmens von bestimmten Voraussetzungen ausgegangen wird, die das Ergebnis beeinflussen (siehe dazu Kapitel III). Allerdings ist ein *random sample* teurer, da mehr Personen für ein repräsentatives Ergebnis befragt werden müssen und die Durchführung dauert deshalb auch länger.

Als Durchbruch der auf Stichproben basierenden Meinungsforschung galt die Vorhersage für die amerikanischen Präsidentschaftswahlen von 1936.[101] Damals setzten sich George Gallup und zwei weitere Vertreter der Meinungsforschung mit ihren repräsentativen Stichprobenverfahren gegen die Befragung von 10 Millionen Menschen durch den *Literary Digest* durch.[102] Obwohl Gallup und seine Mitstreiter in ihrer Stichprobe wesentlich weniger Leute befragten, sagten diese Umfragen den Wahlsieg von Franklin D. Roosevelt voraus. Der *Literary Digest* hingegen hatte eine quantitativ größere, aber relativ homogene Gruppe befragt und das Wahlergebnis falsch vorhersagt. In der britischen Geschichte politischer Meinungsforschung, deren Umfragen seit dem Jahr 1959 etabliertes Beiwerk der

96 Porter, Statistics and Statistical Methods, S. 246.
97 Vgl. Desrosières, Part in Relation to the Whole, S. 218.
98 Porter, Statistics and Statistical Methods, S. 246 f.
99 Ebd. Desrosières, Part in Relation to the Whole, S. 218.
100 Die folgende Definitionen orientieren sich grundlegend an: Broughton, Public Opinion Polling, S. 209.
101 Vgl. z. B. Bryson, Literary Digest Poll; Moore, Superpollsters; Wheeler, Lies, Damn Lies, and Statistics.
102 Igo, Averaged American, S. 103 f. Neben Gallup waren Archibald Crossley und Elmo Roper sowie Gallups Mitarbeiter Saul Forbes Rae beteiligt.

Wahlen sind, gab es bisher zweimal falsche Wahlvorhersagen. 1970 sagten vier von fünf Meinungsforschungsinstituten einen Wahlsieg der Labour-Partei voraus und selbst das Institut, das einen Sieg für die Konservativen prognostizierte, lag weit hinter dem tatsächlichen Wahlergebnis zurück.[103] Die Vorhersagen des Jahres 1992 lieferten ein ähnlich schlechtes Ergebnis: Die vier größten britischen Umfrageinstitute sagten den Sieg von John Major nicht vorher.[104] Dem Unternehmen Umfrageforschung tat dies keinen Abbruch, denn – so die Erklärung von Felix Keller – als wissenschaftliche Technik wollte „die Erstellung statistischer Repräsentationen sich stets selbst verbessern, sich an neue Verhältnisse flexibel anpassen, um als selbst-reflexives Verfahren damit immer anderen Bedürfnissen antworten zu können."[105]

Die staatliche Umfrageforschung setzte bereits 1923 im Ministry of Labour einen *sample survey* ein, wofür der Director of Statistics, John Hilton, Rat beim Pionier Arthur Bowley einholte.[106] Für den Zensus wurde der Gebrauch von „sampling either at the enumeration or the processing stage" ein Hauptmerkmal in der zweiten Hälfte des 20. Jahrhunderts.[107] So wurden für den Zensus von 1951 bereits ein Jahr später erste Ergebnisse auf der Basis einer 1%-Stichprobe veröffentlicht.[108] Während 1951 nur auf der Auswertungsebene mit Stichproben gearbeitet wurde, wurde 1961 schon bei der Datenerhebung die Bevölkerung eingeteilt: 90% der Bevölkerung erhielten einen kurzen und 10% einen langen Fragebogen, der zusätzliche Angaben zur Arbeitssituation und zur Zusammensetzung des Haushalts enthielt. 1966 spielte die Stichprobenerhebung eine maßgebliche Rolle für den einzigen Zwischenzensus in der Geschichte der britischen Volkszählungen. Hier handelte es sich um einen *Sample Census*, bei dem bis auf einige *special study areas* in Schottland überall nur 10% der Bevölkerung befragt wurden.[109] 1971 wurde wiederum nur auf der Auswertungsebene, nicht bei der Datenerhebung mit Stichproben gearbeitet.[110] Generell ist zu beachten, dass Stichproben durchaus verschieden erhoben werden und sich auf verschiedene ‚Gesamtheiten' beziehen können. So fand in der Geschichte der Government Social Survey 1977 ein wichtiger Wechsel statt: War bisher das Wahlregister die wichtigste Referenz gewesen,[111] so änderte sich dies 1977/78, als die computerbasierten Postleitzahlen des sog. *Postcode Address File* (*PAF*) den neuen Rahmen für das

[103] Nur Opinion Research Council (ORC) sagte den Sieg der Konservativen voraus. Vgl. z. B. NOSSITER, Survey and Opinion Polls, S. 331; BROUGHTON, Public Opinion Polling, S. 7. Vorhersagende Institute waren: NOP, Marplan, Harris und Gallup. Siehe MOON, Opinion Polls, S. 22.

[104] MCDONALD und KING, Sampling the Universe, S. 103.

[105] KELLER, Archäologie der Meinungsforschung, S. 23f.

[106] HARRIS, Handbook for Interviewers, S. 15.

[107] NISSEL, People Count, S. 80.

[108] Ebd.

[109] GRO, Sample Census of Great Britain, 1966, Summary Tables, 1967, S. vi. Dort finden sich auch Erläuterungen zur Auswahl der Stichprobe.

[110] Ebd.

[111] OFFICE FOR NATIONAL STATISTICS, 60 Years of Social Survey, S. 58.

*sampling* bildeten. Dies wurde als „one of the biggest changes to survey methods" bezeichnet.[112]

*Verschiedene Fragetypen und die Reihenfolge der Fragen*

Trotz der geringen Zahl an Veröffentlichungen zum Thema *question wording* war die Formulierung von Fragen ein wichtiger Bestandteil der täglichen Arbeit. In der Vor- und Nachbereitung der Volkszählungsbögen erhielten im 19. Jahrhundert die Themenbereiche *disabilities* und *occupation, rank, profession* größte Aufmerksamkeit. Das ist nicht verwunderlich und passt genau in die zeitgenössischen Einteilungen der Zensusfragen in verschiedene Schwierigkeitsgrade. Im Jahr 1900 diskutierten verschiedenen Autoren im *Journal of the Royal Statistical Society* über die Grenzen der Volkszählungen, wobei in einem Beitrag die Zensusfragen in zwei grundlegende Kategorien geteilt wurden: „There was the purely census information, which they were entitled to consider as being entirely and absolutely accurate, and there was […] the indicative information, which might not be accurate in detail and which required to be supplemented."[113] Es gab demnach Informationen von verschiedener Genauigkeit. Grundsätzlich stimmten dem auch andere Autoren zu – so teilte J.A. Baines die im Zensus gefragten Themen in drei Bereiche mit unterschiedlichen Schwierigkeiten:

> [V]ital, industrial, and economic statistics, the first named invariably yields the best results in point of accuracy, since the questions involved take into account none but immediately personal considerations. […] [W]e may consider sex, age, and civil condition as the primary facts to be ascertained, and on these rest our whole superstructure of vital returns.[114]

Allerdings war selbst die Frage nach dem Alter in der Praxis nicht immer eindeutig bzw. einheitlich beantwortet worden. So wurde im Fragebogen von 1841 nur nach „Age" gefragt, ab 1851 fand sich der Zusatz „last Birthday" und „For Infants under One Year, state the Age in Months, writing ‚Under one Month', ‚1 Month', ‚2 Months' &c." (siehe Abbildung 4 zu 1841 und Anhang Abbildung B.1 zu 1851). Außerdem wurde immer wieder diskutiert, dass bewusst falsche Altersangaben gemacht wurden.[115] Trotzdem schienen diese Fragen weniger Missverständnissen Vorschub geleistet zu haben als etwa diejenigen zum Beruf, die Baines als „main battlefield of the schedule" bezeichnete.[116] Die größte Zahl der Zensusfragen war im 19. Jahrhundert und für weite Teile des 20. Jahrhunderts auf sog. Faktenfragen beschränkt: „There is no room for opinion in a properly drawn schedule, though unfortunately it has a tendency to intrude in a few particulars."[117] Diese Einschätzung von J.A. Baines aus dem Jahr 1900 verwies auf die verschiedenen Arten

112 Ebd.

113 Discussion on Mr. Baines's Paper (Comment by Mr Laurence Gomme), S. 66.

114 Baines, On Census-taking and Its Limitations, S. 55.

115 Vgl. dazu auch Drake, Census, 1801–1891, S. 4 und 46; Perkyns, Age Checkability and Accuracy. Dazu auch der *Amendement Act* von 1841: An Act to Amend the Acts, Taking Account of the Population, 1841.

116 Baines, On Census-taking and Its Limitations, S. 56.

117 Ebd., S. 55.

von Fragen, die in der Umfrageforschung des 20. Jahrhundert zunehmend unterschieden wurden. Im *Handbook for Interviewers*, das von der staatlichen Social Survey Division herausgegeben wurde, wurden z. B. in der ersten Ausgabe aus dem Jahr 1950 drei verschiedene Arten von Fragen unterschieden: „factual questions", „opinion questions", „knowledge questions".[118] Eine spätere Ausgabe des *Handbook for Interviewers* aus dem Jahr 1967 ging zudem auf die verschiedenen Frageformen ein: „open questions", die der Befragte wirklich offen beantworten sollte, „closed (forced choice) questions", bei denen dem Befragten verschiedene Antworten zur Auswahl vorgegeben wurden, und „scaling questions", die vor allem zur Erhebung von Meinungen verwendet wurden.[119] Diese verschiedenen Arten zu fragen wurden im Laufe der Zeit verfeinert, indem z. B. verschiedene Skalen oder auch Piktogramme entwickelt wurden. Im Jahr 1971 setzte das Research and Development Committee der Market Research Society eine *working party* ein, die sich mit der Frage auseinandersetzte, ob eine Standardisierung von bestimmten Fragen sinnvoll sei. Eine Veröffentlichung der Ergebnisse folgte zwei Jahre später.[120] Darin wurde zwischen „Classification questions", „Purchasing, usage, ownership and behaviour questions" und „Attitude questions" unterschieden. Abseits der verschiedenen Bezeichnungen bestand Einigkeit darüber,[121] dass bestimmte Fragen auf die potentiellen Interviewpartner bedrohlich (*threatening*) wirken würden. Aus diesem Grund galt für die Umfrageforschung abseits des Zensus die freiwillige, nicht verpflichtende Regel, dass diese „threatening questions" am Ende eines Fragebogens gestellt werden sollten.[122] In Bezug auf die demografischen Fragen (oder: *classification questions*) hieß es z. B. im Handbuch von Sudman und Bradburn: „Since some demographic questions are threatening, put these questions at the end of the interview […]. If at all possible, avoid asking demographic questions first."[123] Da im Zensus in erster Linie diese Art von „threatening questions" gestellt wurde, bestand die besondere Notwendigkeit, die Absicht der Volkszählungsfragen zu erläutern und die Bevölkerung durch die bereits erwähnte Öffentlichkeitsarbeit von der Mitarbeit zu überzeugen.

*Missverständliche Wörter*

Einen weiteren Stolperstein bildeten missverständliche Wörter. In den Vorbereitungen für den Zensus von 1911 wurde deshalb generell auf die hohe Bedeutung der Formulierungen und der Wortwahl im Fragebogen hingewiesen: „It is of great importance that the question to be asked, the form, the wording and the instruc-

[118] Harris, Handbook for Interviewers, S. 37.

[119] Atkinson, Handbook for Interviewers, S. 63–66.

[120] Alan R. Wolfe (Hrsg.), Standardised Questions. A Review for Market Research Executives. A Report by the Market Research Society, 1973–74, MRS, Library; und ders. (Hrsg.), Standardised Questions. A Review for Market Research Executives. A Report by the Market Research Society, 1984, MRS Library.

[121] Teilweise wurde von „classification questions", teilweise von „demographic questions" in der Fachliteratur gesprochen. Siehe z. B. Sudman und Bradburn, Asking Questions, S. 174–206.

[122] Ebd., S. 207 f.

[123] Ebd., S. 208.

tions on the schedule should be considered and weighed in every detail."[124] In dieser Hinsicht wurden im Anschluss sowohl die einzelnen Themen und deren konkrete Formulierung diskutiert als auch einzelne Wörter. Am Zensusbogen von 1901 wurde kritisiert, dass dieser Wörter enthielt, die im alltäglichen Sprachgebrauch nicht weit verbreitet (z. B. „abode"), überflüssig (so etwa die Doppelung „Witness my hand – signature") oder missverständlich waren, so z. B. der Satz „The contents of the Schedule will be treated as Confidential, they will be published in the General Abstract only." Es wurde vermutet, dass „persons of limited intelligence" daraus schließen könnten, dass ihre Daten in dem General Abstract veröffentlicht werden würden. Im Bogen von 1911 hieß es letztlich: „The contents of this Schedule will be treated as confidential. Strict care will be taken that no information is disclosed with regard to individual persons. The returns are not to be used for proof of age, as in connection with Old Age Pensions, or for any other purpose than the preparation of Statistical Tables" (siehe Anhang Abbildung B.2). Ab 1921 fand sich dann nur noch der kurze Hinweis „Strictly Confidential" auf den Fragebögen. Dass *confidential* ein allgemein verständliches Wort war (oder vielleicht erst zu einem wurde), ist in Anbetracht der empirischen Forschungen zu missverständlichen Wörtern zu bezweifeln. Während in den USA Stanley Payne mit einer Liste schwieriger oder mehrdeutiger Wörter hervortrat,[125] war es in Großbritannien insbesondere der Name William Belson, der seit den 1960er-Jahren mit diesem Themenkomplex verbunden war. Belson, der lange in der BBC Audience Research tätig war und dann an der LSE in der Survey Research Division gearbeitet hatte, untersuchte u. a. die Verwendung von unbekannten Wörtern in Umfragen und bewies, dass Wörter wie *paradox* und *chronological* nur von etwa einem Fünftel der britischen Bevölkerung verstanden wurden.[126] Die Erstellung eines Fragebogens beinhaltete also auf mehreren Ebenen Schwierigkeiten, denen auf verschiedenste Art und Weise begegnet wurde: Neben den kontinuierlichen Anpassungen in der Praxis der Fragebogenerstellung, wurde dies immer auch mit Maßnahmen der Öffentlichkeitsarbeit versucht.

[124] Hier und für folgende Zitate siehe: Memorandum in reference to the next census of England and Wales to be taken in March 1911, TNA, RG 19/45.

[125] Payne, Art of Asking Questions, S. 151–157.

[126] William A. Belson, The Impact of Television. Methods and Findings in Program Research, London 1967, zitiert in: Morton-Williams, Questionnaire Design, S. 115. Außerdem zeigte Belson, dass nicht nur bei einzelnen Wörtern Verständnisschwierigkeiten auftauchten, sondern auch bei schwierigen oder/und abstrakten Konzepten wie z. B. Region. In einer Pilotstudie für einen Fragebogen wurden Personen zuerst danach gefragt, zu welcher Region in ihrem Land sie sich zugehörig fühlen; dann wurde ihnen eine Landkarte gezeigt, die die Region, in der die Befragten lebten, markiert hatte, und die Befragten sollten angeben, ob das ihrer Vorstellung entspricht oder nicht. Es stellte sich heraus, dass diejenigen, die bisher kaum gereist waren, deren Verwandte und Freunde in der nächsten Umgebung wohnten und die keine umfangreiche Bildung in Geografie und Kartenlesen erfahren hatten, mit dem Konzept der Region nichts anfangen konnten – sie konnten nur in Form von Nachbarschaft und Stadt oder Dorf denken. Alle Fragen, die der Fragebogen vor der Pilotstudie zur Lebenssituation in der Region stellen wollte, hätten also je nach Befragten durchaus verschiedene geografische Gebiete umfasst und wenig Aussagekraft gehabt. Vgl. ebd. Siehe auch Belson, Increasing the Power of Research; ders., Design and Understanding of Survey Questions.

*Überwindungshilfen für ‚Verständnisprobleme'*

Neben den bereits erwähnten Zeitungsberichten, die in erster Linie über den Zensus an sich aufklären sollten, wählten die Zensusverantwortlichen weitere Formen der Öffentlichkeitsarbeit, denn sie vermuteten, dass die Anweisungen auf dem Zensusbogen nicht gelesen würden. So äußerte sich der Superintendent of Statistics William Ogle im Kontext des 1890er-Komitees in der schon erwähnten abschätzigen Art und Weise: „The great mass of men in the world are artizans or labourers, and I do not think they read these instructions."[127] Deshalb wurde z. B. für den 1911er-Zensus Kindern in Schulen beigebracht, wie sie ihren Eltern beim Ausfüllen der Zensusbögen helfen konnten.[128] Durch die Einbeziehung des Board of Education und lokaler Bildungseinrichtungen sollte auch in den folgenden Volkszählungen für Aufklärung und somit für das richtige Ausfüllen gesorgt werden.[129] Der Einsatz von Postern in Fabriken sollte die Arbeiter zur eindeutigen Angabe der Arbeitsstätte im Zensus von 1921 bewegen.[130] Außerdem wurde in diesem Jahr zum Beispiel die Informationsbroschüre „The coming Census. Why it is taken – how it is taken and how to fill up the Census schedule" veröffentlicht.[131] 1921 und 1931 wurden zudem Beispielbögen in öffentlichen Bibliotheken ausgehängt, um die Bevölkerung mit dem Anliegen und dem Ausfüllen vertraut zu machen.[132] Die Verantwortlichen im Zensusbüro versuchten also einerseits über Bildungseinrichtungen und Arbeitsstätten und andererseits durch Presseberichterstattung über den Zensus aufzuklären. Insbesondere die Einbeziehung der Presse nahm erheblich zu.[133] Vor allem seit 1951 wurden verschiedenste Medien in die Öffentlichkeitsarbeit einbezogen.

Zum besseren Verständnis wurden die Volkszählungsbögen auch in verschiedene Sprachen übersetzt und verteilt: Neben der bereits genannten walisischen Fassung[134] gab es Übersetzungen, die in erster Linie zur Überbrückung von geringen Englischkenntnissen dienten. So wurde der Volkszählungsbogen von 1911 z. B. ins Deutsche und Hebräische übersetzt. Diese Übersetzung wurde kombiniert mit Hilfestellungen, die von verschiedenen jüdischen Organisationen angeboten wurden.[135]

127 Report of the Committee Appointed by the Treasury, PP 1890, S. 7.

128 Siehe z. B. Philo, The Senses and the Census, The British Deaf Times 7 (1911), S. 98–100, hier S. 100. Siehe dazu auch Census of England and Wales 1911, General Report, PP 1917, S. 11 und S. 13.

129 Board of Education, circular to local education authorities, non-maintained schools etc., instructions upon the census in schools and other educational institutions, 2. 3. 1931, TNA, RG 27/11.

130 Posters for factories, advice on filling in the occupation-column, 1921, TNA, RG 19/11. Diese Maßnahme wurde 1931 wiederholt s. Notice, Census of England and Wales 1931, RG 27/11.

131 PR-Material: The coming census how and why it is taken, 1921, TNA, RG 27/9.

132 Circular letter to Librarians enclosing copy of census schedule 1921, TNA, RG 27/9 und Circular letter to Librarians enclosing giant and ordinary schedule for exhibit, 1921, TNA, RG 27/11.

133 Notes on census-taking, 1921, TNA, RG 27/11. Siehe auch die Akte RG 19/111, die mit „Propaganda: BBC, Board of Education and Press 1930–1932" betitelt ist.

134 Siehe dazu auch der Hinweis für die Übersetzung ins Walisische in Memo on Welsh Schedule, Mai 1841, TNA, RG 27/1.

135 Siehe Circular letter by Board of Deputies of British Jews re Centres of Assistance in London for Jews, 1931, TNA RG 27/11.

Eine weitere Maßnahme, die eine Beantwortung des Volkszählungsbogens im Sinne der Fragebogenersteller bewirken sollte, war die Anleitung des Befragten innerhalb des Bogens. Das ist vor allem in den letzten Volkszählungsbögen von 2001 und 2011 zu beobachteten, in denen zahlreiche Fragen gestellt wurden, die aber nicht immer auf alle Befragten zutrafen. Deutlich wird das z. B. an der Frage „What is your country of birth?", falls jemand hier nicht England, Wales, Schottland oder Nordirland ankreuzte, mussten weitere Fragen beantwortet werden (vgl. Anhang Abbildung B.4, Frage 9).

Im Vergleich zu anderen Umfragen enthielten die Zensusbögen nur eine begrenzte Vielfalt an Frageformen. Gab es in anderen Umfragen die Möglichkeit, mit Piktogrammen, Antwortskalen etc. zu operieren, so wurden im Zensusbogen in erster Linie geschlossene Fragen mit Ankreuzmöglichkeiten verwendet. An einigen Stellen, etwa im Jahr 2001 bei der Frage zur *ethnic group* und zur Religion wurde neben verschiedenen vorgegebenen Antwortmöglichkeiten auch zusätzlicher Platz für eigene Antworten gelassen – dieser Platz war allerdings durch Kästchen vorgegeben und gering gehalten (20 Zeichen).

*Zensusbögen im 21. Jahrhundert*
Zu Beginn des 21. Jahrhunderts wichen die Volkszählungsfragen von den sog. Faktenfragen ab und näherten sich verstärkt den Fragebögen aus der allgemeinen Umfrageforschung an. So gab es sowohl in der Volkszählung von 2001 als auch von 2011 Fragen zur Gesundheit, die mit Skalen arbeiteten (siehe Abbildung 7).

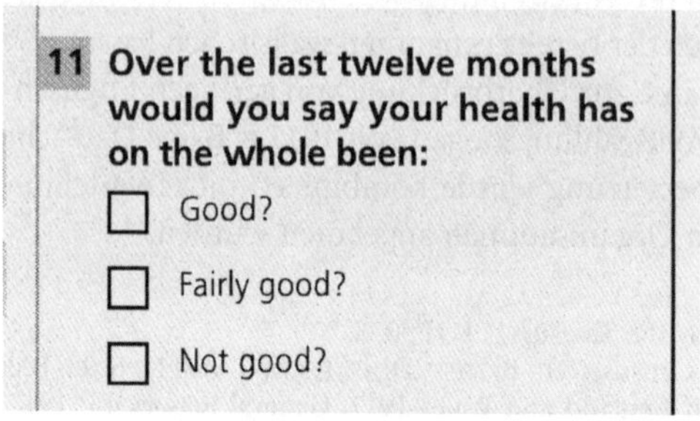
**11 Over the last twelve months would you say your health has on the whole been:**

☐ Good?

☐ Fairly good?

☐ Not good?

*Abb. 7:* Household Form *2001 (Ausschnitt). Office for National Statistics, England Household Form 2001, in: http://www.ons.gov.uk/ons/guide-method/census/census-2001/about-census-2001/census-2001-forms/index.html (aufgerufen am 18. 4. 2013).*

Dadurch verschwammen die Grenzen der Volkszählung, d. h. der Sinn wurde im Verhältnis zu anderen (insbesondere anderen staatlichen) Umfragen unklar. Diese Tendenz kann damit begründet werden, dass immer mehr gesellschaftliche Akteure in die Formulierung der Fragen eingebunden wurden (vgl. dazu Kapitel IV und V). Alles sollte politisch korrekt sein und der komplexen Gesellschaft mit ihren nach Individualität strebenden Mitgliedern gerecht werden. Denkbar wäre deshalb für künftige Volkszählungen eine zunehmende Orientierung an der kommerziellen Umfrageforschung und damit eine Ausweitung der Volkszählung um Fragen zu den Gefühlen und Meinungen der Bevölkerung. Denkbar wäre aber auch eine Rückkehr zu wenigen grundlegenden Fragen, wie sie im 19. Jahrhundert üblich waren. Dieser Weg wurde – wie bereits erwähnt – im letzten US-amerikanischen Zensus beschritten.

## 2. Interviewpraxis und -praktiken

Men whose every interest falls into neat statistical classifications are harassed by the incompatibility of the human element with accumulation of scientifically accurate data. Every element in research can be reduced to scientific, absolute mathematical accuracy – everything excepting the field work, upon whose findings the entire structure depends.[136]

Diese Darstellung der Marktforscherin Leonora de Lima Andrews aus dem Jahr 1947 führt zum Kern der sog. Interviewproblematik. An dieser Stelle des Umfrageprozesses verlieren die Umfrageforscher zu einem guten Teil die Kontrolle über die Umfrage – sie müssen die Arbeit an Personen delegieren, die sie zumeist nicht kennen und die häufig auch nur befristet für sie arbeiten. Aber nicht nur das, denn die Interviewer treffen in ihrer Feldarbeit zudem auf Interviewpartner, die in der Konzeption der Umfrageforscher ebenfalls eine nicht oder nur schwer zu kontrollierende Größe darstellen. Bei der Erstellung des Fragebogens wurde versucht, Schwierigkeiten in der Interviewsituation gering zu halten, indem man sich z. B. bei der Frageformulierung an den Teilnehmern mit der geringsten Bildung orientierte. Im vorherigen Abschnitt des Kapitels wurde schon die geringe Wertschätzung der Umfrageersteller gegenüber den Interviewern und Teilen der Bevölkerung deutlich. Um die Kontrolle über das Interview und die Interviewer zu behalten, wurden verschiedene methodische Möglichkeiten ausgeschöpft (z. B. ein spezifischer Aufbau des Fragebogens, Anweisungen zum Volkszählungsbogen und verschiedene Öffentlichkeitsmaßnahmen). Trotz allem wurde das „menschliche Element", wie Lima Andrews es bezeichnet, im Umfrageprozess als problematisch und ‚fehleranfällig' angesehen. Die Interviewer sind deshalb aus der Perspektive der historischen Akteure nicht zu den Umfrageforschern zu zählen, sondern stellten vielmehr ein methodisches Problem dar. Wer waren nun aber die Interviewer und Volkszähler? Wie und nach welchen Kriterien wurden sie ausgewählt? Welche Aufgaben sollten die Interviewer ausführen, wie wurden sie darauf vorbereitet und wie dafür entlohnt? Wie gestaltete sich die Wissensproduktion in der Praxis, d. h. auf der Straße, an der Haustür oder der Türschwelle?

### a) Volkszähler und Interviewer: Anspruch und Auswahl

„The task of recruiting over 130,000 temporary part-time staff for the 1991 Census was a tremendous undertaking."[137] Für die Volkszählung von 1991 wurde die größte Zahl von Volkszählern in der Geschichte des britischen Zensus eingestellt (vgl. Tabelle 9).

[136] Lima Andrews, Symposium on Interviewing Problems, S. 587.

[137] OPCS/ GRO Scotland, Census of Great Britain, 1991, General Report, 1995, S. 48. Die Zahl 130 000 setzte sich neben den Volkszählern aus Census Area Managern, Census Officern und Assistant Census Officern zusammen.

*Tabelle 9: Anzahl der Volkszähler**

| 1841 | 1851 | 1861 | 1871 | 1881 | 1891 | 1901 | 1911 | 1921 |
|---|---|---|---|---|---|---|---|---|
| ca. 35 000 | 30 610 | 30 329 | 32 543 | 34 711 | 35 507 | 38 200 | über 35 000 | 38 563 |
| 1931 | 1941 | 1951 | 1961 | 1971 | 1981 | 1991 | 2001 | 2011 |
| 40 016 | – | 48 318 | 69 900 | 96 741 | 103 166 | 117 696 | 62 500 | ca. 35 000 |

* Die Zahlen sind den jeweiligen *Census Reports* entnommen: Census of Great Britain, 1841, Abstract, PP 1843, S. 1; Census of Great Britain, 1851, Population Tables I, PP 1852–53, S. xi; Census of England and Wales, 1861, General Report, PP 1863, S. 2; Census of England and Wales, 1871, General Report, PP 1873, S. x; Census of England and Wales, 1881, General Report, PP 1883, S. 3; Census of England and Wales, 1891, General Report, PP 1893–4, S. 1; Census of England and Wales, 1901, Preliminary Report, PP 1901, S. v; Census of England and Wales, 1911, Preliminary Report, PP 1911, S. vi; Census of England and Wales, 1921, General Report, 1927, S. 3; Census of England and Wales, 1931, General Report, 1950, S. 6; GRO, Census of England and Wales, 1951, General Report, 1958, S. 8; GRO, Census of Great Britain, 1961, General Report, 1968, S. 18; OPCS, Census of England and Wales, 1971, General Report 2, 1983, S. 40; OPCS, Census of England and Wales, 1981, General Report, 1990, S. 23; OPCS/GRO Scotland, Census of Great Britain, 1991, General Report, 1995, S. 48; ONS, Census of England and Wales, 2001, General Report, 2005, S. 35; ONS, Census of England and Wales, 2011, Summary Report, 2012, S. 12.

Während im 19. Jahrhundert um die 35 000 Volkszähler beschäftigt wurden, stieg die Zahl im 20. Jahrhundert kontinuierlich an. Ab 2001 konnte sie wieder reduziert werden, da nun durch die postalische Versendung der Fragebögen die Arbeit der Volkszähler vermindert wurde. 2011 war sogar wieder das zahlenmäßige Niveau des 19. Jahrhunderts erreicht, da die Zensusbögen nun auch online ausgefüllt werden konnten.

*Anforderungsprofil für Volkszähler*

In einem Rundschreiben vom 4. Februar 1841 an die örtlichen Registrars of Birth and Death, die mit der Auswahl der Volkszähler betraut waren, legte der Registrar-General einige Charakteristika für Volkszähler fest:

> He ‚must be a person of intelligence and activity; he must read and write well, and have some knowledge of arithmetic; he must not be infirm or of such weak health as may render him unable to undergo the requisite exertion; he should not be younger than 18 years of age not older than 65; he must be temperate, orderly and respectable, and be such a person as is likely to conduct himself with strict propriety, and to deserve the good will of the Inhabitants of his district. It will also be desirable that he should be well acquainted with the district in which he will be required to act; and it will be an additional recommendation if his occupations have been in any degree of a similar kind.[138]

Die Anforderungen an einen Volkszähler waren somit hoch gesteckt. Schon bei den Vorbereitungen für den Zensus von 1841 wurde vermutet, dass es Schwierigkeiten geben könnte, genügend diesem Profil entsprechende Personen für die Volkszäh-

138 Appointment of Enumerators, Circular to Registrars of Births and Deaths, 4. 2. 1841, TNA, RG 27/1. Eine identische Beschreibung der Charakteristika für Volkszähler wurde für den Zensus von 1851 gegeben: Census of Great Britain, 1851, Population Tables I, PP 1852–53, S. cxxxv.

lung zu finden. Im *Amendment Act* von 1841 wurde deshalb festgelegt, dass – falls der lokale Census Commissioner Schwierigkeiten haben sollte, genügend geeignete Personen zu finden – die Overseers of the Poor sowie Peace Officers, Constables, Tithingmen und Headboroughs als Volkszähler fungieren sollten.[139] Zugleich wurde angenommen, dass diese Amtsträger sich der Aufgabe eventuell verweigern könnten, deshalb wurde im General Register Office vorab ein Formschreiben aufgesetzt, das zum einen die Kompensation für eventuelle Ausgaben angekündigte und zum anderen bei Nichterfüllung der Volkszählertätigkeit eine Strafe androhte.[140] Im Nachhinein wurde allerdings festgestellt, dass nur in wenigen Fällen diese Personen wirklich als Volkszähler eingesetzt werden mussten.[141] Zudem war man mit dem Verfahren und den Ergebnissen durchaus zufrieden. So hieß es in den ersten Veröffentlichungen zur Volkszählung von 1841: „Notwithstanding the large number of persons thus to be selected, their duties were carefully and intelligently discharged."[142]

Die für den Zensus von 1841 festgelegten Auswahlkriterien wurden auch in den nächsten Volkszählungen beibehalten. Aufgrund der praktischen Erfahrungen gab es geringfügige Veränderungen in der Formulierung. So wurde für den Zensus von 1881 Wert darauf gelegt, dass der Volkszähler nicht nur „intelligent and active", sondern auch „trustworthy" sein solle, zudem wurde besondere Betonung auf „*write well*" gelegt.[143] Die gute Schreibkompetenz war deshalb wichtig, weil – wie oben ausgeführt – die Volkszähler bis zur Einführung der Hollerith-Maschine im Jahr 1911, die *Householder's Schedules* in die *Enumerator's Books* bzw. *Schedules* übertragen mussten und nur diese ins General Register Office zur weiteren Auswertung geschickt wurden. Aber auch später war die lesbare Handschrift noch elementar wichtig, da die Volkszähler grundlegende Daten über ihren Volkszählungsbezirk weiterhin handschriftlich festhielten.[144] Die Anforderungsbeschreibung für die Volkszähler folgte auch im 20. Jahrhundert ähnlichen Kriterien. So hieß es im *Census Report* von 1931:

> The work of a Census enumerator is by no means simple or unimportant but calls for a sufficient standard of education, intelligence and ability to enable him to become familiar with his instructions and with the contents and subject matter of the schedules, sufficient tact and courtesy to enable him to elicit satisfactory returns from the public without friction or offence, and

139 An Act to Amend the Acts, Taking Account of the Population, 1841, IV. Siehe dazu auch, Appointment of Enumerators under Act of 4 Vict. C.7 § 4, TNA, RG 27/1.

140 Siehe auch Appointment of Enumerators under Act of 4 Vict. C.7 § 4, TNA, RG 27/1.

141 Ebd.

142 Census of Great Britain, 1841, Abstract, PP 1843, S. 2.

143 Census of England and Wales, 1881, Instructions to the Superintendent Registrar of Births and Deaths as to his Duties in Taking the Census, London 1881, TNA, RG 27/5. Hervorhebung im Original.

144 So findet sich der Hinweis auf die leserliche Handschrift z. B. im *General Report* vom Zensus von 1951: GRO, Census of England and Wales, 1951, General Report, 1958, S. 7. Ebenso gibt es Hinweise auf eine leserliche Handschrift im Kontext der Erstellung von Stichproben aus den Wahlregistern für die Social Survey Division der 1970er-Jahre: „Address lists were written out by hand, so neat handwriting was a much-valued skill." Office for National Statistics, 60 Years of Social Survey, S. 58.

sufficient knowledge and experience of clerical duties to enable him to carry out this instructions with precision and punctuality.[145]

Für den Zensus von 1951 wurde erneut auf den körperlichen Aspekt der Arbeit verwiesen, denn die Volkszähler mussten mit den schweren Formularen Treppen steigen und den vor allem in ländlichen Bezirken nicht unerheblich großen Volkszählungsbezirk bei jedem Wetter in einem strengen Zeitrahmen ablaufen.[146] Der Anforderungskatalog änderte sich auch in den folgenden Dekaden nicht grundsätzlich, wobei es anscheinend immer schwieriger wurde, genügend geeignete Volkszähler zu finden.[147]

*Als Volkszähler für geeignet befundene Personengruppen*

Im Verlauf des 19. Jahrhunderts wurden aufgrund der praktischen Erfahrungen vor allem Personen, die als Sachbearbeiter bzw. Büroangestellte tätig waren, als Volkszähler geschätzt.[148] Eine weitere für geeignet befundene Berufsgruppe bildeten Lehrer, wie aus Beschreibungen für den Zensus von 1921 hervorging. Abgeraten wurde 1921 von der Benennung von Arbeitslosen als Volkszähler. Begründet wurde dies damit, dass Arbeitslosen nicht damit geholfen sei, wenn sie sich zu einer Arbeit drei Monate im Voraus verpflichteten, die sie nur für kurze Zeit beschäftigen würde. Denn damit verbauten sie sich die Chance, eine langfristige Arbeit anzunehmen, oder – falls sie zwischenzeitlich wieder Arbeit finden sollten – könnten sie kurzfristig nicht für den Zensus zur Verfügung stehen und damit den Erfolg der Volkszählung gefährden.[149] Die Beschäftigung von Arbeitslosen wurde insbesondere für die Volkszählungen ab 1931, u. a. im House of Commons, diskutiert.[150] Während auch für 1931 ähnliche Argumente wie für die Volkszählung von 1921 vorgebracht wurden, schien man in diesem Jahr größere Probleme zu haben, die erforderliche Zahl von gut 40 000 Volkszählern rekrutieren zu können (erwünscht waren vor allem „local government officials“).[151] Deshalb wurde diesmal explizit darauf hingewiesen, dass sich die zuständigen Registrars beim Employment Exchange um Arbeitslose als Volkszähler bemühen sollten. Die Überlegungen gingen nun sogar soweit, dass vom Arbeitsamt vorgeschlagene Personen bei besserer Eignung die bereits vom Registrar benannten erwerbstätigen Volkszähler ersetzen sollten.[152] Im Nachhinein wurde diese Praxis kritisch betrach-

145 Census of England and Wales, 1931, General Report, 1950, S. 6.

146 GRO, Census of England and Wales, 1951, General Report, 1958, S. 7. Vgl. auch den Hinweis auf „physical fitness“ im 1981er-Zensus: OPCS, Census of England and Wales, 1981, General Report, 1990, S. 24.

147 Siehe z. B. ONS, Census of England and Wales, 2001, General Report, 2005, S. 35.

148 In diese Richtung wiesen z. B. im Jahr 1890 die Aussagen von Registrars, die mit verschiedenen Volkszählern Erfahrungen hatten: Report of the Committee Appointed by the Treasury, PP 1890, Appendix: Mr Frank Tupper Called and Examined, 28. 2. 1890, S. 42.

149 Census 1921, Memorandum to Registrars of Births and Deaths, London, Februar 1921, TNA, RG 27/9.

150 Für eine Zusammenfassung der Diskussion siehe Appendix: Question and Answers, House of Commons, 5. 2. 1931, TNA, RG 27/11.

151 Circular re Appointment of Enumerators, 19. 2. 1931, TNA, RG 27/11.

152 Ebd.

tet.[153] In einer Zeitungsveröffentlichung vom Mai 1931 hieß es, dass von den eingestellten arbeitslosen Volkszählern unbefriedigende Arbeit geleistet worden sei und dass allein 2000 ihre Volkszählerpflichten während der Zählung, teils ohne Angabe von Gründen, niedergelegt hätten.[154] Der Registrar-General sah dadurch – so wurde im gleichen Artikel berichtet – die Ergebnisse des Zensus allerdings nicht gefährdet.[155]

Im Kontext der nächsten Volkszählung von 1951 wurde insbesondere vonseiten der Arbeitslosen und der Gewerkschaften Druck ausgeübt, da die aus Staatsmitteln finanzierte Volkszählung als gute Gelegenheit angesehen wurde, Arbeitslosen zumindest kurzfristig eine Stelle zu verschaffen.[156] Im Zensusbericht von 1951 wurde dazu explizit Stellung bezogen:

> The Department is always subjected to much pressure on behalf of various deserving classes of the population, such as the disabled, the retired or those who are out of work. It would clearly be quite wrong to recruit such persons solely or even primarily because they are deserving of sympathy. The dominant consideration must be to recruit persons who are fully capable of performing the task and can be relied upon to be available to do it when the time comes.[157]

Aus Regierungsperspektive konnte das Interesse an der Beschäftigung von qualifizierten Arbeitslosen eine kurzfristige Einsparung von Geldern bedeuten: „Nearly 25,000 persons claiming unemployment benefit were appointed as enumerators (about a quarter of the total), resulting in a saving of nearly £1.5 million to public funds."[158] Neben dieser Einsparung, die für den Zensus von 1981 genannt wurde, konnte eine Einstellung von Arbeitslosen für den Zensus auch eine punktuelle Schönung der Arbeitslosenstatistik zur Folge haben: Da diese Personen zum Zeitpunkt der Volkszählung nicht arbeitslos waren, mussten sie auch nicht als solche im Volkszählungsbogen angegeben werden.

Während für mehrere Dekaden, beginnend mit dem Zensus von 1921, auf Arbeitslose zurückgegriffen wurde, um ihnen, wenn auch nur kurzfristig, eine Beschäftigung zu verschaffen, sie aber gleichzeitig als Volkszähler nicht sehr geschätzt wurden, so wurde es zum Ende des 20. Jahrhunderts eine Notwendigkeit, Arbeitslose und darüber hinaus verschiedenste Bevölkerungsgruppen (wie z. B. Studierende oder Interviewer aus anderen Umfragebereichen) anzusprechen, da nicht mehr genug Volkszähler gefunden werden konnten, die die Aufgabe freiwillig übernahmen.[159]

153 Census of England and Wales, 1931, General Report, 1950, S. 6.
154 Unemployed as Census Enumerator. Over 2000 Defaulters, The Times, 2. 5. 1931. Insgesamt waren von den ca. 40 000 Volkszählern 12 250 Arbeitslose, in einigen innerstädtischen Bezirken waren es bis zu 38% arbeitslose Volkszähler. Im Zensus von 1921 wurden 5000 Arbeitslose von insgesamt ca. 35 000 Volkszählern eingesetzt.
155 Ebd.
156 Siehe dazu die zahlreichen Korrespondenzen in TNA, RG 19/125.
157 GRO, Census of England and Wales, 1951, General Report, 1958, S. 7.
158 OPCS, Census of England and Wales, 1981, General Report, 1990, S. 23.
159 ONS, Census of England and Wales, 2001, General Report, 2005, S. 37.

*Vom erwünschten zum unerwünschten Volkszähler mit lokalem Wissen*
Ein Wandel in den Anforderungen an Volkszähler kann auch hinsichtlich ihres lokalen Wissens bzw. ihrer lokalen Bekanntheit beobachtet werden. Für den Zensus von 1841 wurde noch explizit empfohlen, dass die Volkszähler selbst in ihrem Zählbezirk oder zumindest in der Nähe wohnen sollten. Begründet wurde dies vor allem mit einem kurzen Anreiseweg.[160] In den Aussagen im Rahmen des 1890er-Komitees wurde herauszufinden versucht, inwieweit die lokale Kenntnis bei der Tätigkeit als Volkszähler helfen konnte. Die Antworten waren gemischt. So sah der Registrar des Londoner Stadtteils Clerkenwell keinen Vorteil darin, lokale Volkszähler einzustellen und bejahte deshalb die Frage: „An intelligent man who does not know the district may possibly make a perfectly reliable enumerator? – I think so."[161] Etwas anders stellten sich die Antworten des Standesbeamten eines ländlichen Bezirks dar, der zudem weitere lokale Ämter innehatte: Dieser gab an, dass er aufgrund seines lokalen Wissens, die Richtigkeit der Volkszählungsbögen überprüfen könne.[162] Im 20. Jahrhundert wurde vermehrt die Meinung vertreten, dass Befragte nur ungern ihnen bekannten Volkszählern die in den Volkszählungsbögen erfragten Informationen geben würden. In einem Artikel in der *Times* vom 11. April 1931 hieß es z. B.: „There were some people who disliked the thought of local enumerators seeing the contents of the Census forms. [...] With regards to the enumerators, all that was humanly possible was done to impose the seal of secrecy. There were heavy penalties, including imprisonment, for any breach of confidence."[163] Trotzdem waren auch 1961 Volkszähler in dem Bezirk tätig, in dem sie selbst wohnten und beurteilten dies nicht als negativ.[164] Datenschutz und Vertraulichkeit der Zensusdaten wurden im Rahmen des 1971er-Zensus besonders diskutiert (siehe dazu Kapitel V). Das resultierte u. a. in ein *White Paper* mit dem Titel *Security of the Census of Population*.[165] Nun wurde insbesondere davon abgeraten, Personen, die von Berufs wegen in einem bestimmten Bezirk tätig waren, dort als Volkszähler einzusetzen (z. B. Postboten oder Versicherungsmakler). Für den 1981er-Zensus mussten die Volkszähler dann eine Erklärung unterschreiben, dass sie nach bestem Wissen und Gewissen keine beruflichen oder persönlichen Kontakte in ihrem Volkszählungsbezirk hatten bzw., wenn sie solche im Verlauf der Zählung feststellten, sollten sie den Fragebogen in einem versiegelten Umschlag entgegennehmen.[166] Neu war zudem der Hinweis, dass in

160 History of the census, Appointment of enumerators, 1841, TNA, RG 27/1.
161 Report of the Committee Appointed by the Treasury, PP 1890, S. 43.
162 Ebd., S. 81.
163 The Census. Preparation Nearing Completion, The Times, 11. 4. 1931.
164 Census 1961, Enumerators' Reports by GRO Staff, TNA, RG 27/1.
165 Security of the Census of Population, 1971, Cmnd 5365. Siehe auch die folgenden White Papers und Regierungsveröffentlichungen zu diesem Thema: Security of the Census of Population, 1981, Cmnd 8201; 1991 Census of Population, Confidentiality and Computing, Cm 1447; ONS/ GRO/ NISRA, Census of Population, 2001, Report on the Reviews of Security and Confidentiality.
166 Census 1981, TNA, RG 27/33. Census Officers Instructions, Guide 3A: Allocation of enumerators to their enumeration districts.

Gebieten mit hohem Immigrantenanteil Volkszähler hilfreich sein könnten, die mehrere Sprachen sprechen und so beim Ausfüllen der Fragebögen behilflich sein könnten.[167]

*Die Auswahl der Volkszähler in der Praxis*

Über den konkreten Auswahlprozess der Volkszähler geben u. a. die Befragungen im Rahmen des 1890er-Komitees Auskunft. Frank Tupper, Registrar in Clerkenwell, musste zehn Volkszähler für seinen Bezirk finden. Dafür suchte er zuerst in seinem Freundeskreis und fand dort verschiedene Sachbearbeiter („clerks").[168] Neben acht Volkszählern mit diesem Hintergrund schlug er zudem einen „house decorator" und einen arbeitslosen „French polisher" vor, der von seinem als Sachbearbeiter angestellten Sohn unterstützt wurde. Alle zehn von Tupper ausgewählten Volkszähler wurden vom nächst höheren Registrar, dem Superintendent Registrar, dem er die Liste zur Genehmigung schicken musste, ohne weitere Nachfragen für geeignet befunden.[169] Auf die Bewerberlage angesprochen gab Tupper an, dass er ca. sechs weitere Bewerbungen hatte, die er zum Teil an andere Registrars vermittelte. Tupper äußerte sich positiv über seine Zähler, wobei er die im Alltag mit Büroarbeit vertrauten Zähler als besser für die Tätigkeit einschätzte. Generell hielt er es für hilfreich, wenn die Volkszähler bereits vorher bekannt oder von verlässlichen Stellen empfohlen worden waren.[170]

Alfred Gibbs, Registrar im ländlichen Bezirk Godalming, wählte nach seinen Aussagen vor dem 1890er-Komitee ebenfalls ihm bekannte Personen aus. Zudem sprach er mit dem letzten Registrar seines Bezirks und entschied sich für Personen, die bereits einmal als Volkszähler tätig gewesen waren und bei denen es sich in erster Linie um „assistant overseers, that is, collectors of the rates" – also eine Personengruppe, die hundert Jahre später im Zensus von 1981 als Volkszähler ausgeschlossen wurde – handelte.[171] Auf die Frage nach der Bewerberlage antwortete Gibbs, dass ihm vor allem deshalb keine weiteren Bewerbungen vorgelegen hätten, weil nicht öffentlich bekannt war, dass er Volkszähler suchte. Generell äußerte er sich positiv über die Rahmenbedingungen der Volkszählung in seinem Bezirk: „I have not the slightest hesitation in saying that I should not have any difficulty in getting enumerators who would be able to do the work thoroughly and properly, although the district is a rural one."[172]

Dieses aus Empfehlungen und Bewerbungen bestehende Vorgehen bei der Auswahl der Volkszähler scheint sich auch in der zweiten Hälfte des 20. Jahrhunderts nicht wesentlich geändert zu haben. In den Anweisungen an den Census Offi-

[167] Census Officers Instructions, Guide 3B: Points for Consideration When Selecting Enumerators and Assistant Census Officers, Census 1981, TNA, RG 27/33.

[168] Report of the Committee Appointed by the Treasury, PP 1890, S. 40.

[169] Ebd.

[170] Ebd.

[171] Ebd., S. 79.

[172] Ebd., S. 80.

cer[173] des Jahres 1981 hieß es: „You will already have in mind some persons known to you but will no doubt need to spread the word in local offices and organisations, eg central and local government offices, banks, schools, Women's Institutes, churches, etc. Issue application forms by post if necessary."[174] An einigen Stellen geben die Akten auch Auskunft über die Bewerberlage für das 20. Jahrhundert. So wurde z. B. für den Zensus von 1951 berichtet, dass es in einem Bezirk 1000 Bewerbungen für 80 Volkszähler gab: „The registrar interviewed 150. He has a very good team, mainly civil servants and local government officers."[175]

Für den Zensus von 1961 wurden starke geografische Schwankungen bei den Bewerbungen festgestellt. Als eine öffentliche Bekanntmachung, die in lokalen und nationalen Zeitungen am 9. Januar 1961 erscheinen sollte, bereits früher inoffiziell bekannt wurde, wandte sich eine Flut von Bewerbern vor allem aus städtischen Gebieten an das Zensusbüro: „In Birmingham, for example, 4,000 applicants were received for 1,500 enumerators' posts."[176] Für London und in einigen ländlichen Gebieten dagegen lagen nicht genügend Bewerbungen vor.[177] Gerade für London wurde auch im Kontext der 2001er-Volkszählung von Problemen bei der Rekrutierung der Volkszähler berichtet, obwohl diesmal im Vergleich zu den Volkszählungen der letzten Jahrzehnte nur eine geringe Zahl von Personen benötigt wurde: „A tighter labour market than that in 1991 and a more restrictive budget made recruitment and retention of enumerators difficult, particularly in the central urban areas that are traditionally the most difficult to enumerate and where, therefore, Enumerators were most needed."[178] Noch eine Woche vor dem Arbeitsbeginn waren nicht für alle Bezirke Volkszähler gefunden worden und Notfallmaßnahmen mussten getroffen werden: „These included, the involvement of recruitment agencies, contacting ONS Social Survey Interviewers to encourage them to participate, additional advertisements to target students and giving some Enumerators a second workload."[179] Daran schließt sich die Frage an, wer sich überhaupt für den Job als Volkszähler interessierte.

*Soziale Zusammensetzung der Volkszähler*

Versucht man im Detail herauszufinden, wer als Volkszähler tätig war und ob dieser den formulierten Anforderungen entsprach, so gibt eine Untersuchung für die 1851er-Volkszählung in Cornwall Aufschluss. Tom Arkell analysierte 91 Volkszählungsbezirke und fand heraus, dass zwei Drittel der Volkszähler in dem Bezirk wohnten, in dem sie für die Volkszählung verantwortlich waren; dies galt insbe-

[173] Die Bezeichnung Census Officer wurde im 20. Jahrhundert eingeführt, sie bezeichnete die Funktion, die aber nach wie vor vor allem von den Registrars ausgeübt wurde. Siehe dazu z. B. Census of England and Wales, 1921, General Report, 1927, S. 3.

[174] Census 1981, Census officers instructions, Section 3: Recruiting assistant census officers and enumerators, TNA, RG 27/33.

[175] Memo from 10. 3. 1951, TNA, RG 19/124.

[176] GRO, Census of Great Britain, 1961, General Report, 1968, S. 17.

[177] Ebd., S. 18.

[178] ONS, Census of England and Wales, 2001, General Report, 2005, S. 35.

[179] Ebd., S. 37.

sondere für die ländlichen Bezirke.[180] Das entsprach der im 19. Jahrhundert präferierten Auswahl von Volkszählern mit lokalem Wissen. 42 Prozent und damit die größte Gruppe der Volkszähler waren Landwirte und ihre Söhne. Die übrigen Volkszähler setzten sich zu ungefähr gleichen Teilen aus Handwerkern, Kaufleuten und anderen Berufsgruppen (z. B. Schoolmaster, Clerks) zusammen. Drei Viertel der Volkszähler waren zugleich als Haushaltsvorstände im Zensus eingetragen, die restlichen waren Söhne von Haushaltsvorständen. Je ein Drittel war verheiratet, ledig oder verwitwet. Die größte Gruppe der Volkszähler war zwischen 30 und 50, der jüngste war 18 und zehn Prozent waren zwischen 60 und 70 Jahre alt. Alle Volkszähler waren männlich, Frauen waren erst ab 1891 als Volkszählerinnen zugelassen.[181]

Für die Volkszählungen nach 1911 sind systematische Analysen schwieriger, da die *census returns* einer 100-jährigen Sperrfrist unterliegen. Aus den Akten des General Register Office lassen sich aber einige Rückschlüsse ziehen. Für den Zensus von 1951 gibt die Korrespondenz des General Register Office hinsichtlich der Einstellung von Volkszählern bzw. deren Ablehnung Aufschluss. Ein Kritikpunkt lag in der Altersvorgabe von 20 bis 60 Jahren: So hatte die Standesbeamtin des Londoner Stadtteils Wembley z. B. ein 70-jähriges Ehepaar abgelehnt. Die Angelegenheit wurde überprüft und für richtig befunden: „The Registrar, though she has appointed a few people over the age of 60 was quite understandably not willing to take the risk of a default which is necessarily much greater at such an age."[182] Zahlreiche weitere Personen beschwerten sich im Kontext der 1951er-Zählung, dass Personen über 60 nicht als Volkszähler berücksichtig wurden. Die Standardantwort lautete, dass es keine festen Altersvorschriften gebe, allerdings empfohlen werde, Personen zwischen 20 und 60 Jahren einzustellen, da ältere Personen ggf. den körperlichen Erfordernissen nicht gewachsen seien.[183] In ähnlicher Weise wurde in Bezug auf die Ablehnung von Personen mit Behinderungen argumentiert.[184] Auch in den Vorgaben zur Auswahl der Volkszähler für das Jahr 1981 gab es noch die Regel, dass niemand unter 20 oder über 60 Jahren beschäftigt werden sollte, wobei Ausnahmen möglich waren. Generell galt: „A young person may be too immature in appearance and personality to gain the confidence of the public while an older person, unless very fit, may find the physical effort required in carrying a heavy bag of supplies, climbing stairs and, perhaps, going out in bad weather, beyond his powers."[185]

Versucht man, Näheres über die Tätigkeiten und das Geschlecht der Volkszähler herauszufinden, so findet man beispielsweise die Angabe aus dem Jahr 1951,

180 Arkell, Identifying the Census Enumerators.
181 Zu weiblichen Volkszählerinnen siehe Lumas, Women Enumerators.
182 Letter to Mr. Littlewood, 20. 3. 1951, TNA, RG 19/124.
183 Letter, 1. 3. 1951, TNA RG 19/124. Eine Reihe von ähnlichen Beschwerden finden sich in derselben Akte.
184 Letter from C. Leslie Hale, MP (Oldham West) to Home Office, 8. 2. 1951, TNA, RG 19/124.
185 Census Officers Instructions, Guide 3B: Points for Consideration When Selecting Enumerators and Assistant Census Officers, Census 1981, TNA, RG 27/33.

wonach von 82 Volkszählern in einem Bezirk zwölf Frauen und davon wiederum fünf Hausfrauen beschäftigt wurden.[186] In einem anderen Bezirk wurde auf die heterogene Zusammensetzung der Volkszähler verwiesen:

> Out of 54 , he accepted ten recommended by the Employment Exchange, 4 of these being unemployed (of whom one was the only unsatisfactory enumerator in his sub-district); of the remainder, in round figures, 15–20 were persons over 60, a dozen were women (some married ex-school teachers) two or three were teachers and students, and most of the remainder were civil servants.[187]

Wenn das General Register Office bei Beschwerden unter Rechtfertigungsdruck geriet, wurde zumeist auf die angemessene Berücksichtigung der verschiedenen Gesellschaftsgruppen in Abwägung mit der bestmöglichen Durchführung des Zensus verwiesen. Während sich die bisherigen Angaben auf einige ausgewählte Bezirke bezogen, gibt der Zensusbericht von 1951 Auskunft über die Verteilung aller Volkszähler auf die verschiedenen gesellschaftlichen Gruppen. Demnach waren 20 Prozent Frauen, davon ein Drittel Hausfrauen, 32 Prozent Beschäftigte aus Kommunalverwaltungen, sieben Prozent Lehrer, sieben Prozent Rentner und zwei Prozent der Volkszähler waren Arbeitslose; aus der Gesamtzahl von 48 318 war weniger als ein Prozent unter 20 Jahre alt (darunter vor allem Studierende) und zehn Prozent waren über 60 Jahre alt.[188] Für 1961 stellten die in kommunalen Verwaltungen Beschäftigten mit 35 Prozent die größte Gruppe, gefolgt von 27 Prozent Beamten und elf Prozent Hausfrauen; ungefähr 150 Volkszähler waren älter als 70 Jahre.[189]

*Frauen als Interviewerinnen*

Die Tendenz, Frauen als Volkszählerinnen zu beschäftigen, fügte sich in die Interviewerpraxis der Zeit ein – schon in den 1950er-Jahren spielten Frauen eine zunehmende Rolle als Interviewerinnen in der privatwirtschaftlichen Markt- und Meinungsforschung und in der staatlichen Umfrageforschung.[190] Das erste *Handbook for Interviewers,* das von der zum Central Office of Information gehörenden Social Survey Division herausgegeben wurde, sprach z. B. von Interviewern immer in der weiblichen Form.[191] Dass Frauen besonders erwünscht waren, wird auch in Stellenausschreibungen deutlich.[192] Eine Aufstellung der *field section* der Social Survey Division vom 22. September 1965 zeigt, dass die Vollzeitbeschäftigten die-

[186] Memo, 27. 3. 1951, TNA, RG 19/124.
[187] Memo, 25. 4. 1951, TNA, RG 19/125.
[188] GRO, Census of England and Wales, 1951, General Report, 1958, S. 8.
[189] GRO, Census of Great Britain, 1961, General Report, 1968, S. 18.
[190] In der selbstgeschriebenen Geschichte der staatlichen Social Survey Division wird für die 1960er-Jahre festgestellt: „Most interviewers were married women." Office for National Statistics, 60 Years of Social Survey, S. 45. Siehe auch die detaillierte Analyse bei: Savage, Identities and Social Change.
[191] Harris, Handbook for Interviewers, z. B. S. 37: „Even after every effort has been made, however, the interviewer will usually find that there is a small proportion of people on *her* list with whom *she* cannot obtain an interview." Hervorhebungen KB.
[192] Government Social Survey, Vacancies, 3. 2. 1969, TNA, RG 40/202 II: „There are a number of vacancies in Field Branch for women."

ser Abteilung ausschließlich Frauen waren, inklusive der „Head of Section".[193] Im Weihnachts-Rundbrief für die Interviewer des Jahres 1972 wurde ein „change in the balance of the sexes" im *headquarters* festgestellt.[194] Der Rundbrief richtete sich aber inhaltlich mit seinen Beiträgen (Kochrezepten etc.) weiterhin vordergründig an die weiblichen Mitarbeiterinnen und enthielt auch Beiträge und Erfahrungen der Interviewerinnen in Prosa, Gedichtform oder als Zeichnung (siehe Abbildung 8).

Die in Teilzeit beschäftigten Interviewerinnen der Government Social Survey Division waren auch für privatwirtschaftliche Umfrageinstitute tätig. Das brachte die Government Social Survey in Bedrängnis, da ihre Interviewerinnen einerseits besser ausgebildet und betreut wurden, sie andererseits jedoch – zumindest in der Eingangsstufe – weniger Lohn bzw. keine oder weniger steuerfreie Zulagen erhielten. Im Jahr 1968 wurde deshalb eine Evaluation bestehender Praktiken in der Government Social Survey (GSS) im Vergleich zur kommerziellen Umfrageforschung durchgeführt und eine andere Bezahlung vorgeschlagen. Unter dem Titel *The Rates of Pay and Conditions of Interviewers and Field Officers* wurde u. a. über die unterschiedlichen Kompetenzen von Interviewern berichtet, die für die Government Social Survey Division oder für private Umfrageinstitute gearbeitet hatten:

> There is no doubt that an ex-GSS Interviewer applying for appointment to a market research company is generally welcomed with open arms, and the standard of the GSS qualified and experienced Interviewers compares very favourably in the judgement of many outside organisations with the field supervisors employed in commerce.[195]

Mit der Bezahlung und der Schulung von Interviewerinnen sind zwei zentrale Aspekte für eine erfolgreiche Tätigkeit von Interviewerinnen und damit für eine erfolgreiche Umfrage angesprochen, die näherer Betrachtung bedürfen. Denn die mehrfach deutlich gewordene Geringschätzung der Volkszähler und Interviewer durch die Umfrageforscher zeigte sich auch in der geringen Entlohnung dieser Personengruppe. Zwar hatten die Umfrageforscher klare Vorstellungen, wie ein idealer Volkszähler aussehen sollte und die Rückmeldungen aus der Praxis waren durchaus nicht nur negativ, aber häufig blieben die Umfrageforscher bei ihrer vorgefertigten negativen Einstellung. Da sie zudem aufgrund der Arbeitsorganisa-

193 To All Social Survey Interviewers from Jean Atkinson, 22. 9. 1965, TNA, RG 40/202 I. Neben Atkinson als Head of Section, gab es die Deputy Head of Section, acht Field Training Officers, 6 Frauen im *field service* und 7 Vollzeit-Interviewerinnen. Außerdem zeigte die Benennung einer Frau zum Deputy Head of Section, dass Frauen innerhalb dieser Hierarchie aufsteigen konnten.

194 Christmas Circular, 1972, TNA, RG 40/202 II: „We have been very fortunate to acquire the services of a number of young men, as well as young women." Bereits 1967 wurde in einem Schreiben an Universitäten darauf verwiesen, dass Stellen für Absolventen frei seien: „The openings are available equally for men and women, although as we have had a high proportion of women entrants in the past two years we should be glad to see rather more applications from men for next year's entry." Government Social Survey, Opening for Graduates, November 1967, TNA, RG 40/352.

195 The Rates of Pay and Conditions of Interviewers and Field Officers, Februar 1968, TNA, RG 40/352.

*Abb. 8: Selbstdarstellung einer Interviewerin im Weihnachtsbrief der Social Survey Division von 1976. Christmas Circular, 1976, TNA, RG 40/355.*

tion nur selten mit dem Interview und den Interviewern in Kontakt kamen, versuchten sie, die Volkszähler über Schulungen auf die Arbeit mit dem Fragebogen vorzubereiten.

## b) Aufgabe, Schulung und Bezahlung der Volkszähler und Interviewer

Das wichtigste Werkzeug der Volkszähler war der Fragebogen, denn über ihn wurden die Aufgaben der Volkszähler organisiert. Um die im Sinne des Zensusbüros korrekte Durchführung der Volkszählung zu gewährleisten, wurde Informationsmaterial verteilt und weitere Anweisungen durch die übergeordneten Registrars (später: Census Officers) gegeben. In der zweiten Hälfte des 20. Jahrhunderts wurden zudem standardisierte Schulungen durchgeführt. Die Entlohnung für diese anspruchsvolle sowie zeitintensive Aufgabe erschien vielen Volkszählern allerdings unangemessen. Worin bestanden also ganz konkret die Aufgaben und Schulungsmaßnahmen und wie gestaltete sich die Bezahlung der Volkszähler?

*Aufgaben der Volkszähler*

Seit 1841 erhielten die Volkszähler schriftliche Anweisungen, die sie auf ihre Arbeit vorbereiten sollten. Ihre Aufgaben, von denen es in den einzelnen Volkszählungen kleinere Abweichungen gab, können grundsätzlich in drei Zeitabschnitte eingeteilt werden: Vor dem Volkszählungsstichtag mussten sie sich mit dem Fragebogen sowie weiteren Unterlagen und vor allem mit ihrem Bezirk vertraut machen und die Volkszählungsbögen an die Haushalte verteilen; am auf den Volkszählungstag folgenden Tag wurden die Bögen wieder bei den Haushalten abgeholt und ggf. nach den Angaben der Haushaltsvorstände selbst ausgefüllt; danach wurden die Angaben aus den Haushaltsbögen in das *Enumerator's Book* übertragen und zusammen mit den geordneten Fragebögen an den zuständigen Registrar geschickt. Im Zensus von 1851 zum Beispiel war für diese letzte Tätigkeit eine Woche angesetzt. Zumeist war den Unterlagen ein sog. *census calendar* beigefügt, der eine kurze Übersicht der Aufgaben enthielt. Die folgende Tabelle enthält ein Beispiel aus dem Jahr 1931.

*Tabelle 10: Census Calendar 1931*

| 1931 | | |
|---|---|---|
| April 11 | Saturday | Enumeratur to receive Books, Forms, and Supply of Schedules before this date. |
| April 18 to April 25 | Saturday to Saturday | Enumerator to deliver all Schedules during this period: no Schedule to be delivered earlier than April 18th; delivery to be completed on or before Saturday, April 25th. |
| April 27 | Monday | Enumerator to collect all Schedules and to post report to Registrar on Form E3. |
| May 4 | Monday | Enumerator to complete the entries in the Enumeration Book and to return it, together with all Schedules and Claim for Payment, to the Registrar by this date. |

Tabelle erstellt nach: Census 1931, *Enumeration Book*, Census Calendar, TNA RG 27/11.

Der jeweilige Registrar bzw. Census Officer prüfte die *Enumerator's Books* und leitete sie an das General Register Office weiter. Wenn die Arbeit zur Zufriedenheit des Registrars erledigt worden war, erhielten die Volkszähler ihre Bezahlung.[196] Die Aufgaben der Volkszähler veränderten sich mit der Einführung neuer Tech-

196 Siehe für diese grundsätzliche Darstellung der Aufgaben z. B. Instructions to enumerators, prepared under the direction of one of her Majesty's Principal Secretaries of State, Census of 1851, TNA, HO 45/3579. Für die folgenden Volkszählungen siehe die Instructions to Enumerators in: TNA, RG 27/1 (1841), RG 27/3 (1861) , RG 27/4 (1871), RG 27/5 (1881), RG 27/8 (1911), RG 27/9 (1921), RG 27/11 (1931), RG 27/13 (1951).

nologien, so mussten ab 1911 die Angaben aus den Fragebögen nicht mehr in die *Enumerator's Books* übertragen werden. In den Jahren 2001 und 2011 reduzierte sich die Tätigkeit der Volkszähler mit der Einführung der per Post verschickten bzw. online auszufüllenden Fragebogen erneut.[197]

*Vorbereitung und Schulung der Volkszähler*

Die an die Volkszähler verteilten Materialien sollten die Arbeit grundsätzlich erläutern. Sie enthielten umfangreiche Hilfen zum Ablauf, zur Vorbereitung und zum Ausfüllen der einzelnen Spalten. Zusätzlich waren die Registrars bzw. später die Census Officers für die Schulung der Volkszähler zuständig. Dies wurde im Verlauf der Zensusgeschichte unterschiedlich gehandhabt. Alfred Gibbs, Registrar of Births and Deaths, gab auf Fragen im Kontext des 1890er-Komitees nur sehr kurz Auskunft. Demnach hatte er nicht alle Volkszähler gemeinsam eingewiesen, sondern mit jedem einzeln gesprochen. Die Frage, ob er die Arbeit erklärt hatte, beantwortete Gibbs mit einem einfachen „Yes" – auf das keine weiteren Nachfragen folgten.[198] Ebenso beantwortete 1890 der Registrar von Clerkenwell, Frank Tupper, die Frage nach der Schulung der Volkszähler mit einem knappen „Yes".[199] Als er später noch einmal speziell darauf angesprochen wurde, ob er die Volkszähler hinsichtlich der Überprüfung der Fragebögen schulen würde, antwortete er: „I have always impressed upon them to examine the schedules to see that the particulars are pretty fully entered, and, when necessary, to get them rectified before bringing them away. Many may be inaccurately filled up, and neither the registrar nor the enumerator would be able to detect the errors."[200] Die Aufgabe der Volkszähler war damit eindeutig benannt – sie war gleichwohl schwierig durchzuführen.

Im Verlauf der Zensusgeschichte wurde vonseiten des General Register Office und der Fachöffentlichkeit immer stärker Wert auf Schulungen der Volkszähler gelegt. In einer Diskussion im *Journal of the Royal Statistical Society* aus dem Jahr 1900 wurde auf die US-amerikanische Praxis als Vorbild verwiesen: „In America the enumerators were drilled previous to the census, but here they had no training or preparation. It was impossible for the Registrar to instruct his enumerators in the time at his disposal."[201] Diese Aussage war etwas überzogen, denn es gab schriftliche Anweisungen und Materialien; standardisierte Schulungen existierten allerdings nicht. Diese Tendenz setzte sich bis 1961 fort. Im Zensusbericht zu diesem Jahr wurde ausdrücklich darauf hingewiesen, dass die Schulungen nicht ausreichten[202] und im Anschluss an den Zwischenzensus von 1966 wurden ausführ-

[197] Siehe dazu ONS, Census of England and Wales, 2011, Summary Report, 2012, S. 8.

[198] Report of the Committee Appointed by the Treasury, PP 1890, S. 80.

[199] Ebd., S. 40. Die Frage lautete: „Did you coach them up before they started in their work; did you bring them together and read over the instructions?"

[200] Ebd., S. 43.

[201] Discussion on Mr. Baines's Paper „On census-taking and its limitations" (Comment by Mr W. Grime), in: JRSS 63 (1900), S. 68.

[202] GRO, Census of Great Britain, 1961, General Report, 1968, S. 20: „There was evidence even at the time of the census that the overall job of instructing the enumerators had not been carried out satisfactorily everywhere. The success of the enumeration depends basically

liche Tests und Untersuchungen durchgeführt, die u. a. zu dem Ergebnis kamen, dass die Volkszähler stärkere Unterstützung für ihre Arbeit bräuchten.[203]

War die Schulung der Volkszähler bisher dem Census Officer überlassen worden und in hohem Maße von dessen (didaktischer) Kompetenz abhängig, so entschied man sich, für den Zensus von 1971 dem kanadischen Vorbild zu folgen und ein sog. „training package" zur Verfügung zu stellen, das u. a. Kurse für die Volkszähler enthielt.[204] Diese Schulungskurse, die an zwei Abenden stattfinden sollten, waren so detailliert geplant, dass dem Trainer sogar die Pausen z. B. für das Aufschreiben von Notizen vorgegeben waren.[205] Zusätzlich wandte sich der Registrar General an die BBC und diese produzierte zwei halbstündige Schulungsfilme, die außerhalb der Hauptsendezeiten ausgestrahlt wurden und die die Volkszähler ergänzend zu den anderen Materialien ansehen sollten.[206] Die zahlreichen Tests im Vorfeld der Zählung von 1981 führten zu einer Überarbeitung der Unterlagen und der Schulungen für die Volkszähler. Dabei wurden weniger inhaltliche Veränderungen vorgenommen: „greater emphasis was placed on the way the material was presented (order of sections, paragraph headings, print size, spacing, and so on)".[207] Im Zentrum stand somit das Layout. Das Wissen der Volkszähler wurde aufgrund der verschiedenen Materialien getestet und sowohl die Anweisungen, die nun als *field manual* vereint waren, als auch die Schulungen, wurden für gut befunden.[208]

Während immer mehr Schulungsmaßnahmen für die Durchführung des Zensus stattfanden, schien dies nicht unbedingt dem Wunsch der Volkszähler selbst zu entsprechen. Charles James White, Volkszähler im Zensus von 1881, erinnerte sich nicht an ausführliche Anweisungen durch den Registrar, betonte aber, dass diese auch nicht notwendig, da die schriftlichen Instruktionen ausreichend gewesen seien.[209] Auch für den Zensus von 1981 wurde von den Volkszählern kritisiert, dass die Schulungen nicht mehr Wissen als die schriftlichen Materialien vermittelten.[210]

*Ein permanentes Ärgernis: die Bezahlung*

Ein anderes Thema versetzte die Volkszähler zu fast allen Zeiten in Rage: die Bezahlung ihrer Tätigkeit. Im Rahmen der Vorbereitungen für den Zensus von 1841 waren sechzig Superintendent Registrars in verschiedensten Gebieten um ihre Einschätzung für eine adäquate Entlohnung der Tätigkeit als Volkszähler gebeten

upon the work of the enumerator and he must understand the job he is to do. […]. More will need to be done in the future to ensure that the enumerators receive fuller training and supervision."

203 OPCS, Census of England and Wales, 1971, General Report 2, 1983, S. 39.

204 Ebd.

205 Census Enumerator Training Course – Notes for Instructors, 1971, TNA, RG 29/21.

206 OPCS, Census of England and Wales, 1971, General Report 2, 1983, S. 44.

207 OPCS, Census of England and Wales, 1981, General Report, 1990, S. 8.

208 Ebd.

209 Report of the Committee Appointed by the Treasury, PP 1890, S. 81.

210 OPCS, Census of England and Wales, 1981, General Report, 1990, S. 8.

worden.[211] Auf der Grundlage von 55 Antworten war eine Tabelle angelegt worden, die eine gestaffelte Bezahlung, unterschieden in bewohnte Häuser (in Zehnerschritten) oder gezählte Personen (in Sechzigerschritten), vorschlug; auf welcher Grundlage die Tätigkeit bezahlt wurde, konnte der Volkszähler entscheiden; zudem erfolgte eine gesonderte Bezahlung in Meilen zurückgelegter Wegstrecke.[212] Diese Bezahlungsart war für die folgende Volkszählung noch einmal angepasst worden, sodass es eine festgelegte Grundsumme für allgemeine Arbeiten und die Zählung der ersten 300 Personen gab; die Bezahlung erhöhte sich je nach gezählten Einwohnern in Sechzigerschritten. Eine Bezahlung nach Anzahl von Häusern schien es somit nicht mehr zu geben, dafür wurde aber die Abrechnung nach Meilen beibehalten (siehe dazu Tabelle 11).

*Tabelle 11: Bezahlung der Volkszähler 1851*

| ALLOWANCES TO ENUMERATORS | £. | s. | d. |
|---|---|---|---|
| For various duties performed with respect to the Census of the Population; including the delivery and collection of all necessary forms, the enumeration of the houses in his District, and of the persons resident therein on the night of March 30, 1851, and the subsequent completion of his Enumeration Schedule | 0 | 18 | 0 |
| NOTE.– The above pay is subject to a deduction of 5s. if the Enumerator's Schedule is not delivered into the hands of the Registrar before the 8th day of April, 1851. | | | |
| If the Enumerator's District contain more than 300 inhabitants, an additional fee of 1s., for every 60 persons duly enumerated above 300 ........................................................ | | | |
| If every District containing more than 25 inhabited houses, an additional allowance of 1s, for every mile above 5 miles necessarily traversed by the Enumerator, in visiting every house within his District; but not including any distance traversed by him between his own place of abode and the first and last houses visited … | | | |
| | £ | | |

Tabelle erstellt nach: Instructions to Enumerators, Census 1851, TNA, HO 45/3579.

In der Folge des Zensus von 1851 beschwerten sich Volkszähler über die mangelhafte Entlohnung ihrer Tätigkeit. In einer Zusammenkunft im Londoner Stadtteil Hackney diskutierten sie die Bezahlung im Verhältnis zur Arbeit und schickten ein Memorial an den Home Secretary.[213] Ein Volkszähler beschrieb in diesem Zusammenhang seine Arbeit, da er sich nicht nur von der Regierung, sondern auch von der Presse und der Öffentlichkeit gleichermaßen missverstanden fühlte. Seine Beschwerde wurde in der Zeitung *The Observer* wie folgt wiedergegeben:

He had returned upwards of 1,180 names – a work excessively heavy. First, there was the counting of houses, inhabited and uninhabited, and the return thereof; then the delivery of 230 schedules at 180 houses, accompanied by incessant explanations; next the collection, in which was involved the duty of partially or wholly perfecting the schedules, besides combating no or-

211 Allowance to Enumerator, Census 1841, TNA, RG 27/1.
212 Ebd.
213 The Census Enumerators, THE OBSERVER, 26. 5. 1851.

dinary amount of ignorance, insolence, and studied annoyance; further the correction and filling in, first, of 920 lines of indorsement, and afterwards the copying in a book of upwards of 10,000 lines of column matter [...]. For this labour, trying the temper and patience, requiring much physical effort, and a vigilant watchfulness, he was about to receive the very munificent sum of £1 11s.[214]

Für diese Tätigkeit brauchte er insgesamt acht Tage. Die Bezahlung des Volkszählers, der sich selbst als Schriftsetzer („compositor") ausgab, war am ehesten vergleichbar mit der eines Dampfmaschinisten, der 1839 in Manchester und Umgebung 24 Schilling (£ 1 4s) und 1859 30 Schilling (£ 1 10s) verdiente, oder der eines Aufsehers in einer Dublierabteilung, der 1839 ebenfalls 24 Schilling und 1859 28 Schilling (£ 1 8s) verdiente.[215] Die Niederlegung der beruflichen Arbeit für eine Woche, um die Aufgaben eines Volkszählers zu übernehmen, war in finanzieller Hinsicht somit kein wirklicher Anreiz.

Die Darstellung des Schriftsetzers in der Zeitung *Observer* zeigte zudem, dass sich die in den „instructions" angegebenen Aufgaben umfangreicher als erwartet herausstellten (z. B. die ausführliche Erläuterung für die Befragten und die schwierige Arbeit aufgrund der mangelhaft ausgefüllten Fragebögen). Er fügte hinzu, dass er dem Memorial keine größeren Erfolgsaussichten einräumte, da alles durch das zugrunde liegende Zensusgesetz abgesichert sei: „But this would be a caution to enumerators on the occurence of a future census."[216] Ein anderer Volkszähler erklärte, dass er sich in der Falle gefüllt hätte, da sich einerseits die Zählung als sehr arbeitsaufwendig herausgestellt hatte, andererseits seien die Volkszähler unter Androhung einer Strafe bei Nichteinhaltung der Vorgaben bestellt worden: „No enumerator, if aware beforehand of the immensity of labour, would have undertaken the task. As if to top the official meanness of dealing out the paltry pittance, fractional numbers above every 60 names would not be paid for."[217] Die Art der Entlohnung, bei der nicht für jeden Namen, sondern in Stufen bezahlt wurde, hatte einen Volkszähler so sehr verärgert, dass er infolge der 1851er-Volkszählung Anklage gegen den Home Secretary George Grey erhob.[218] Zwar verlor er den Prozess, denn das Vorgehen stimmte mit dem zugrunde liegenden *Act of Parliament* überein, aber die Verärgerung der Volkszähler über ihre Behandlung führte vermutlich dazu, dass sie sich ihre Mitarbeit in künftigen Volkszählungen gut überlegten. Außerdem entstand durch diesen Ärger eine potentielle Fehlerquelle für die Volkszählungsergebnisse.

214 Ebd.

215 Vgl. die Angaben in dem DDR-Geschichtsbuch von Kuczynski, Geschichte der Lage der Arbeiter unter dem Kapitalismus, S. 121 f. Für einen Arbeiter (nicht weiter differenziert) in der Textilindustrie im Jahr 1886 geben außerdem C.P. Jones und A.G. Pool einen wöchentlichen Verdienst von 19,4 Schilling und für das Jahr 1906 22,9 Schilling an, sie beziehen sich dabei auf den „official wage census". Jones und Pool, Hundred Years of Economic Development, S. 267.

216 The Census Enumerators, The Observer, 26. 5. 1851.

217 Ebd.

218 A John Cohen Versus Sir George Grey Bar, Whitechapel Court, Thursday, 3. 7. 1851, TNA, HO 45/3579. Siehe auch die Presseberichterstattung dazu: The Late Census. Payment to the Enumerators, The Observer, 6. 7. 1851.

Fraglich ist, ob es sich bei diesen Beschwerden um Einzelfälle handelte. In der Folge des Urteils von 1851 korrespondierte der Registrar-General mit dem Treasury, um eine Lösung des Problems herbeizuführen, und erwähnte dort: „The dissatisfaction caused by this decision has been great + universal."[219] Zumindest war die Unzufriedenheit so groß oder so weit hörbar gemacht worden, dass die Bezahlungsart für die nächste Volkszählung von 1861 geändert wurde. Nun wurde eine feste Summe von einem Pfund angesetzt. Diese galt für alle Aufgaben und die ersten 400 gezählten Personen; für jede weiteren 100 Personen wurden zwei Schilling bezahlt und die Bezahlung nach Meilen wurde auf sechs Pence je Meile festgesetzt.[220] Diese Bezahlung wurde auch für 1871 beibehalten und war erneut von Protesten begleitet. In der Presse wurde von Zusammenkünften in verschiedenen Teilen Londons berichtet, in denen sich Volkszähler über die Mehrarbeit im Vergleich zum 1861er-Zensus bei gleicher Bezahlung beschwerten. Ein Volkszähler hatte die Bezahlung auf die aufgewandte Zeit umgerechnet, demnach sei ihm ein Stundenlohn von vier Pence gezahlt worden.[221]

Trotzdem gab es auch Volkszähler, die diese Tätigkeit mehrmals ausübten, so z. B. William Woollings aus Orsett, Essex, der 1851, 1861 und 1871 als Volkszähler tätig war.[222] Und der *Census Report* von 1951 erwähnte einen 81-jährigen Volkszähler, der seit 1891 bei allen Volkszählungen tätig gewesen war.[223] Ob diese Fälle die Ausnahme oder die Regel bildeten, kann hier nicht systematisch untersucht werden. Die Zufriedenheit schien sich in den folgenden Jahren aber nicht erhöht zu haben. So wies auch das Census Committee of British Registrars in einem Brief mit Vorschlägen für den Zensus des Jahres 1901 explizit auf das Missverhältnis von Anforderungen und Bezahlung hin:

> We as Registrars are officially told that the men we choose ‚must be intelligent, trustworthy, active, write well, have some knowledge of arithmetic, not to be infirm or of weak health, not under eighteen nor over sixty-five, must be temperate, orderly and respectable, and be such persons as are likely to conduct themselves with strict propriety and civility in the discharge of their duties' – and yet the pay of the Enumerator is also officially acknowledged to be ‚not much more than that of a labourer'!![224]

Vor allem kritische, aber auch einige zufriedene Meinungen lassen sich über den gesamten Zeitraum finden. So äußerte sich ein Volkszähler, der sonst als „gateporter" beim Mile End Old Town Workhouse and Schools arbeitete, auf Nachfrage vor dem 1890er-Komitee positiv über die Bezahlung.[225] Dass die Bezahlung von den Zensusverantwortlichen als Problem angesehen wurde, ist an den Antworten im Komitee zu diesem Thema zu erkennen. Während ein Registrar eines ländlichen Bezirks die Bezahlung für angemessen hielt und nicht über Beschwerden berichten konnte, war einem Registrar aus London zu Ohren gekommen,

[219] Registrar General George Graham to Treasury, 5. 6. 1851, TNA, HO 45/3579.
[220] Instructions to Enumerator, 21. 1. 1861, TNA, RG 27/3.
[221] The Census Enumerators, The Times, 20. 5. 1871.
[222] Woollings, Orsett Census Enumerator, S. 54.
[223] GRO, Census of England and Wales, 1951, General Report, 1958, S. 8.
[224] Census Committee of British Registrars, Census 1901, TNA, RG 19/2.
[225] Report of the Committee Appointed by the Treasury, PP 1890, S. 81.

dass insbesondere die Eintragungen in die *Enumerator's Books* als „ill-paying" bezeichnet worden waren, weshalb ein oder zwei der insgesamt zehn Volkszähler die Aufgabe nicht noch einmal übernehmen wollten.[226] Hinzu kamen im Kontext der Volkszählung von 1931 Beschwerden über eine verspätete Bezahlung.[227] In Internetforen zum 2011er-Zensus ist noch immer dieselbe Argumentationslinie zu finden, d. h. mehr Arbeit als anfänglich beschrieben:

> I did it back in 1981 (and I think in those days I got around £110 for it). It turned out to be more time-consuming than I had imagined, difficult to get through it all with a full-time job as well, and I would have found it even more difficult without OH's [other half, KB] help once or twice. I remember some folks who wanted to chat for hours (and one who wanted me to sit and have a G&T  [Gin & Tonic, KB]) and some who were particularly nasty and difficult. It wasn't something I'd have done a second time.[228]

Dieser Tenor zieht sich durch die gesamte Volkszählungsgeschichte, denn selbst wenn einige Volkszähler mehrfach tätig wurden, scheint das Geld nicht der vordergründige Motivationsfaktor gewesen zu sein. Der Wille, bei der staatlichen Durchführung der Volkszählung helfen zu wollen, oder schlichtweg Neugier könnten andere Motivationsfaktoren gewesen sein.

*Interviewerbezahlung in anderen Bereichen der Umfrageforschung*

In anderen Bereichen der Umfrageforschung wurde die Bezahlung ebenfalls als Problem dargestellt. Im Jahr 1949 schrieb Edith Witt, Interviewerin in der San Francisco Bay Area und Verfechterin für bessere Bezahlung von Interviewern:

> To the interviewer, the question of staff morale can not be discussed apart from the question of the rate of pay. The interviewer's heart is warmed very little by a Christmas card thanking her for her past cooperation and wishing her ‚health and prosperity in the coming year,' from an agency for which she can no longer afford to work. Her morale is not heightened by being told over and over again of the strategic importance of her work upon which all subsequent results in the fact-finding process depend, when she is painfully aware she is the lowest-paid member of this process.[229]

Dieses Statement verdeutlicht den Kontrast zwischen der überall in der Fachliteratur zu findenden Betonung der Wichtigkeit der Interviewer im Umfrageprozess und der gleichzeitigen finanziellen Geringschätzung. Witt ging in ihrer Argumentation noch einen Schritt weiter und verband die niedrige Bezahlung mit dem Einsatz von Hausfrauen als Interviewerinnen:

> If you have a survey to be done, you pick up a few housewives here and there who have nothing better to do with their time; you ‚train' them for a couple of hours and send them out while you keep your fingers crossed as to results. [...] You don't have to pay them enough to live on because they can't live on what you pay them. Anyway, they have husbands to support them, or at

226 Ebd., S. 40.

227 Siehe z. B. Payment of Census Enumerators, The Times, 5. 6. 1931. Zudem wurde über die Nichterfüllung bzw. den Rücktritt von den Aufgaben als Volkszähler berichtet: z. B. The Census. Case of Defaulting Enumerators, The Times, 8. 5. 1931.

228 Census Enumerator – A Job Worth Doing?, Digital spy, 12. 1. 2011, http://forums.digitalspy.co.uk/showthread.php?t=1423258 (aufgerufen am 10. 12. 2012). Die Smileys sind Teil des Zitats.

229 Witt, Symposium on Interviewing Problems, S. 437.

least they ought to. And if they or their husbands subsidize research that way, well, they do it because they want to [...]. If an individual interviewer is brave enough to ask for a raise, you can always get more housewives.[230]

In ähnlicher Weise empört und dabei zugleich auf ihre soziale Stellung Bezug nehmend zog eine Frau ihre Bewerbung bei der britischen Social Survey Division im Jahr 1965 zurück: „I am not interested in any post which currently pays less than I pay my daily cleaner. Thank you."[231] Eine andere Absage wurde damit begründet, dass die Bezahlung bei der Social Survey schlechter als bei Marktforschungsfirmen sei.[232] Die Qualität der Interviews in Abhängigkeit von Schulung und Bezahlung der Interviewer war ein ständiges Thema innerhalb der staatlichen und kommerziellen Umfrageforschung im 20. Jahrhundert. Dabei schien das grundlegende Problem die Bezahlung zu sein, die auch die Motivation der Volkszähler und Interviewer beeinflusste. Die Interviewsituation konnte somit tatsächlich auf spezifische Weise auf die Wissensproduktion einwirken. Zudem entstanden in der Begegnung mit der Bevölkerung die im Folgenden dargestellten, zeitintensiven Interviewsituationen, die die Umfrageforscher in ihrer Ausarbeitung der Fragebögen am Schreibtisch nicht vorgesehen hatten.

### c) Wissensproduktion an der Haustür: Das Interview

Aus dem konkreten Interview heraus ergaben sich mindestens drei verschiedene Situationen, die auf die Produktion des Wissens einwirkten. Zum einen konnten Schwierigkeiten aus der Begegnung mit den Befragten selbst entstehen, wenn z. B. die Antwort verweigert wurde oder die Interviewer die Befragten gar nicht antrafen. Zweitens konnten die Ergebnisse des Interviews durch die Kompetenzen sowie die Persönlichkeit der Interviewer beeinflusst werden. Dies war z. B. der Fall wenn diese die Fragen nicht im Sinne der Umfrageforscher verstanden, zu starke Hilfestellungen gaben und damit die Antworten beeinflussten oder wenn ihre Lese- und Schreibfähigkeit nicht genügend ausgebildet war, um die ausgefüllten Fragebögen in die *Enumerator's Books* zu übertragen. Auch konnten sie unfreundlich sein oder sonst in einer Weise auftreten, durch die sie das Vertrauen der Befragten nicht gewinnen konnten. Eng damit verbunden war drittens das – vor allem in den Fachdiskussionen unter der Überschrift *interviewer cheating* diskutierte – Phänomen der absichtlichen Verfälschung der Ergebnisse durch die Interviewer. Der folgende Abschnitt interessiert sich für die Erfahrungen der Interviewer in der Praxis. Wie gestaltete sich die Interviewsituation an der Haustür? Wie wurde sie von den Beteiligten, d. h. von den Volkszählern und der Bevölkerung wahrgenommen? Kurzum: Wie wurde Wissen produziert?

[230] Ebd., S. 438f.
[231] Returned Application form, Mrs. Thomas, 3. 9. 1965, TNA, RG 40/199.
[232] Returned Application form, Mrs. Walker, 4. 9. 1965, TNA, RG 40/190.

*Das (inquisitorische) Auftreten der Volkszähler*

On returning from a walk this afternoon I found my housekeeper in a frightened and upset condition. A man totally unknown to her, had called at the house with a Census form and had demanded of her information as to the number of rooms in the house. She had replied that she had no permission to give any information, upon which he had proceeded to cross-examine her in a very peremptory fashion, and had finally left, telling her that she was to have the information ready for him when he called next Monday.[233]

Diesen Vorfall beschrieb eine Frau aus Cambridge 1931 und kritisierte dabei nicht allein das Auftreten und das Verhalten des fremden Volkszählers gegenüber ihrer Hausangestellten, sondern auch die anscheinend inquisitorische Absicht des Zensus.[234] Ähnliche Sorgen um fragwürdige Interessen des Staates kumulierten im Kontext des 1971er-Zensus, in dem der Datenschutz ein wichtiges Thema wurde (siehe dazu Kapitel V). Die erhöhte Aufmerksamkeit, die der Datenschutz nun erhielt, führte im Rahmen der Volkszählung von 1971 u. a. zur Verurteilung eines Volkszählers zu einer Geldstrafe von 20 Pfund.[235] Begründet wurde dies mit einer Aufgabenvermischung des Mannes, der einerseits als Volkszähler tätig war und andererseits als Angestellter in der städtischen Finanzabteilung arbeitete. Im Kontext seiner Tätigkeit als Volkszähler war er auf Wohnungen gestoßen, die als Büros genutzt wurden und somit anders klassifiziert werden mussten. Dies meldete er seinem für diesen Bezirk zuständigen Kollegen, der die Wohnungen nun als (teurere) Büros einstufte.[236] Dieser Fall zeigt nicht nur die schwierige Vermischung von Kompetenzen, denn hätte er in der Rolle als Rating Officer den Vorfall nicht gemeldet, so wäre dies als fahrlässig eingestuft worden, sondern gibt auch Aufschluss über die mühselige Arbeit, die er als Volkszähler leisten musste:

Mr Mann told the court he had rang the premises five times and got no reply. On April 19 he went to a public house near by on census duty and saw a woman at the window of the office premises. He rang the door bell and a man who answered looked at his census bag and said: ‚There is no one here appertaining to that', and added that he was using one of the flats as an office.[237]

Dahinter verbarg sich ein doppeltes Problem für die Volkszähler: Denn einerseits bestand der schon benannte Rollenkonflikt zwischen ihren alltäglichen beruflichen Aufgaben und der Tätigkeit als Volkszähler, andererseits mussten sie nicht nur die Zensusbögen verteilen und einsammeln, sondern auch zusätzliche Informationen über die Wohnsituationen aufnehmen. Hier kam der bereits erwähnte Konflikt zwischen lokalem Wissen, das vor allem im 19., aber nicht im 20. Jahr-

233 Inquisitors of the Census. To the Editor of the Times from a ‚Provincial Lady', THE TIMES, 23. 4. 1931.

234 Vgl. dazu auch einen zweiten Leserbrief dieser Frau: Taking the census. The number of rooms. To the Editor of the Times from a ‚Provincial Lady', THE TIMES 27. 4. 1931.

235 Census Man Fined for Disclosing Details, THE TIMES, 5. 6. 1971. Berücksichtigt man die Inflationsrate, so entspricht die Strafe von 20 Pfund heute einem Betrag von ungefähr 240 Pfund. So das Ergebnis des Inflationsrechners der Bank of England: Bank of England, Inflation Calculator, in: http://www.bankofengland.co.uk/education/Pages/inflation/calculator/index1.aspx (aufgerufen am 18. 3. 2013).

236 Ebd.

237 Ebd.

hundert an Volkszählern geschätzt wurde, und der Sorge davor, dass die Bevölkerung bekannten Volkszählern nicht die Wahrheit sagen würde, zum Tragen. So wurde der Volkszähler von 1971 verurteilt, wohingegen ein anderer Volkszähler aus dem 1881er-Zensus mit vollem Stolz erzählte, dass er aufgrund seiner genauen Kenntnis des Bezirks als Servant of the Board of Guardians für die Akkuratheit des Zensus sorgen konnte:

I knocked at the door. Down came a man partially paralyzed from the waist. He said, ‚What do you want?' I said, ‚I want a schedule. Do you know that, in accordance with law, you are bound to fill up this paper?' ‚What is it for?' said he. ‚What is it for?' said I. ‚Why, the Government require it to know something about the statistics of the country.' And he said, ‚Well, I do not want to bother with it.' Now I said, ‚You did not treat me so glibly when you used to come over to the house, when you were poor; look, and you may remember.' Then he softened down.[238]

Die Kombination aus Verweis auf die Gesetzeslage und moralischem Druck führte hier also zur Kooperation des Mannes, aber der Volkszähler nutzte seine Kenntnis der Situation noch weiter, als der Beruf des Mannes eingetragen werden sollte:

‚What are you?' ‚A cooper,' he said. ‚Well,' I said, ‚Are you? How long have you been a cooper?' So he said, ‚Why, I am a cooper.' I said, ‚I do not think so. Do you remember when you came into the board of guardians one day and said if they gave you tools you would get work? They gave you tools, and you came next board day and said you could not get work. Of course we knew perfectly well you could not do the work. You only labour about in a cooper's shop. Now, what are you really? You know perfectly well you could not make a tub; you could not work at it,' He said, ‚I am a labourer.' ‚What sort of a one?' I asked, ‚Cannot you qualify it? What about the shoeblack box?' ‚Well,' he said, ‚I am a shoeblack.'[239]

Damit war aus der Selbstdarstellung als Böttcher unter dem Druck des Volkszählers ein Schuhputzer geworden. Während in der Fachliteratur des 20. Jahrhunderts derartige Fälle unter dem Stichwort *bias* diskutiert werden sollten,[240] wurde die Selbstdarstellung des Volkszählers im Rahmen des 1890er-Komitees nicht weiter kommentiert. Auch an anderer Stelle griff dieser Volkszähler in die Zählung ‚korrigierend' ein, so z. B. bei mehreren Bordellen, die sich in seinem Bezirk befanden. Hier bestand er darauf, dass die zuvor nicht in den Bogen aufgenommenen Prostituierten zusammenkamen, und trug ihre Namen ein, „but instead of having these girls down as servants or needlewomen, they were simply unfortunates."[241] Genauso verfuhr er mit anderen Personen in seinem Bezirk, die wegen verschiedener Delikte verurteilt worden waren.

Der Zensus konnte durch seinen – durch Strafandrohung verpflichtenden – Charakter auch als Mittel der sozialen Kontrolle eingesetzt werden. So sagte ein Registrar im Rahmen des 1890er-Komitees aus: „I received an anonymous communication relating to a house in a little back street called Chapel Row, stating

238 Report of the Committee Appointed by the Treasury, PP 1890, S. 82.

239 Ebd.

240 A.H.R. Delens definiert „Interviewer Bias" in seinem Buch Principles of Market Research von 1950 wie folgt: „A systematic distortion brought about by the personality or manner of the interviewer in the presence of the respondent, the way in which he asks the questions or reports the results." DELENS, Principles of Market Research, S. 238.

241 Report of the Committee Appointed by the Treasury, PP 1890, S. 82.

that, with a view to conceal the fact that the house was overcrowded, the landlady had not asked for papers with regard to six or seven other people who were in the house."[242] Der Registrar ging selbst zwei- bis dreimal zu diesem Haus, erhielt aber keine Antwort und ließ die Sache auf sich beruhen.[243] Dieses Beispiel verweist auf einen deutlichen Unterschied zwischen der Volkszählung und anderen Umfragen. In der Fachliteratur wurde insbesondere die schwierige Situation an der Haustür thematisiert, die ausschlaggebend für die Kooperation des potentiellen Befragten war. Nur wenn die Interviewer hier mit Fingerspitzengefühl vorgingen, konnte das Interview ein Erfolg werden.[244] Im Zensus hingegen konnten sich die Volkszähler oder Registrars auch auf das Gesetz und die Pflicht zur Beantwortung berufen.

*Druck durch Strafandrohungen und Verurteilungen von Befragten*
Bei Volkszählungen scheint neben den zahlreichen motivierenden Maßnahmen, die unter Öffentlichkeitsarbeit gefasst werden können, vor allem Druck eingesetzt worden zu sein, z. B. durch die Androhung von Strafe bei Nichtausfüllen des Zensusbogens, wovon in mehreren Fällen auch Gebrauch gemacht wurde. So wurde in der Presse zum Beispiel über einen Prozess gegen einen Mann berichtet, der aus religiösen Gründen am Zensus von 1901 nicht teilnehmen wollte.[245] Über weitere Prozesse wurde im Kontext des 1931er-Zensus berichtet. Diesmal wurde eine Frau aus Devon aus nicht weiter spezifizierten Gründen verurteilt[246] und ein älterer Arbeiter aus Norfolk. Dieser gab an, dass er sein Alter und das seiner Kinder nicht kenne: „Under the condition I and my family live I would rather be locked up than tell the officials anything."[247] Im ersten Fall hatte das eine Strafe von einem Pfund zufolge, allerdings kamen acht Pfund und acht Schilling Verfahrenskosten hinzu, im letzteren Fall betrug die Strafe zwei Pfund sowie fünf Pfund und fünf Schilling für Verfahrenskosten, die innerhalb eines Monats gezahlt werden mussten.[248] Im Rahmen der 1961er-Zählung wurde eine Frau aus Buckinghamshire zur Höchststrafe von zehn Pfund verurteilt, da sie sich nicht nur gewei-

242 Ebd., S. 41.
243 Ebd.
244 Fachdiskussionen zu diesem Thema fanden sich vor allem für das 20. Jahrhundert, z. B. in den Handbüchern für Interviewerinnen der Government Social Survey, siehe z. B. ATKINSON, Handbook for Interviewers, S. 32–46: Chapter 6, Approach to employ with the public. Dort heißt es auf Seite 34 unter der Überschrift „Doorstep Contact": „Keep your doorstep introduction brief. [...] It is conducive to a good interview to have your informant at ease inside his own home." Siehe auch verschiedene Konferenzbeiträge aus den 1980er-Jahren, z. B. Jean Morton-Williams und Penny Young, Interviewer Strategies on the Doorstep, in: The Market Research Society. Market Research for Decision Making. 29th Annual Conference, 11–14 March 1986, Conference Papers, Metropole Hotel, Brighton 1986, BL MRS.
245 A Census Prosecution, THE TIMES, 20. 4. 1901.
246 Fine for Refusing Census Information, THE TIMES, 2. 6. 1931.
247 Refusal of Census Information, THE TIMES, 8. 7. 1931.
248 Berücksichtigt man die Inflationsrate, so entspricht ein Betrag von neun Pfund im Jahr 1931 heute ca. 520 Pfund und dementsprechend der Betrag von sieben Pfund ca. 400 Pfund. Vgl. Bank of England, Inflation Calculator.

gert hatte, die Informationen zu liefern, sondern zudem gerufen haben soll: „Tell him to go to hell."[249] Waren diese Fälle eher öffentlichkeitswirksame Anekdoten für die Presse oder gab es eine relevante Zahl von Verweigerungen?

Für das Jahr 1921 sind neun Verurteilungen bekannt und für das Jahr 1931 acht.[250] Ein Anstieg der Verurteilungen ist für das Jahr 1951 zu verzeichnen, was u. a. auf die zwanzigjährige Pause, die die Erinnerung an die letzte Volkszählung angeblich schwächer werden ließ, und die größere Anzahl an Fragen zurückgeführt wurde. Die Zahl der Verurteilungen nahm für den Zensus von 1961 weiter zu. Nun wurden 450 Fälle gemeldet, aus denen 96 Vorladungen erfolgten. Davon wurden acht vor der Verhandlung zurückgezogen und ein Fall aufgrund von Verfahrensfehlern verloren. Die übrigen 87 Personen wurden verurteilt.[251]

Interessant ist die Strategie, die z. B. für den 1951er-Zensus hinter der Auswahl der zur Strafverfolgung gebrachten Fälle steckte:[252] Gemeldet wurden 200 Fälle von willentlichem Nichtausfüllen, d. h. von Personen, die auch trotz mehrfacher Nachfragen durch die Volkszähler oder Registrars nicht zum Ausfüllen bereit waren. Alle diese Personen wurden in einem zweistufigen Verfahren noch einmal angeschrieben, wodurch die Zahl der nicht ausgefüllten Fragebögen auf 88 reduziert werden konnte. Von den verbleibenden Fällen wurde in 31 Fällen aus strategischen Gründen von einem Prozess abgesehen:

> I may say that caution was exercised in the selection of cases for prosecution because it was not desired to lose any, if this could be avoided, because of the possible bad publicity. Furthermore, in some cases where the circumstances would suggest that a small fine or an unconditional discharge was to be expected, it was thought that the publicity value of a prosecution might not be good and these were dropped.[253]

Die Auswahl erfolgte also rein nach öffentlichkeitswirksamen Gründen. Unter den Fällen, die nicht weiter verfolgt wurden, waren solche, in denen die Beweislage nicht eindeutig war oder bei denen auf verminderte Schuldfähigkeit der Angeklagten plädiert werden konnte. Wichtig war bei den verurteilten Fällen, dass die Angeklagten aus Prinzip gehandelt hatten – mit dem Nichtausfüllen des Bogens sollte ein Statement abgegeben werden.[254] Gemessen an einer Gesamtbevölkerung von knapp 44 Millionen Personen in England und Wales im Jahr 1951,[255] war eine Zahl von 57 Verurteilungen verschwindend gering. Für die zahlenmäßige Erfassung der Problemfälle, die durch die Volkszähler bzw. die Registrars vor Ort gelöst werden konnten, gibt es keine quantifizierenden Angaben. Für den Zensus von 1951 wurde in dieser Hinsicht lediglich festgestellt: „No statistics are

[249] Census Fine on Lady Beaumont, THE TIMES, 15. 8. 1961. Zehn Pfund im Jahr 1961 entsprechen ca. 190 Pfund im Jahr 2012. Vgl. Bank of England, Inflation Calculator.

[250] Census 1951, Letter to Mr. Talbot, 1. 10. 1951, TNA, RG 27/127.

[251] GRO, Census of Great Britain, 1961, General Report, 1968, S. 10. Unterlagen zu einzelnen Fällen sind in Census 1961, Refusal of Information. Specimen File, TNA, RG 19/258 zu finden.

[252] Die folgende Darstellung bezieht sich auf: Census 1951, Letter to Mr. Talbot, 1. 10. 1951, TNA, RG 27/127.

[253] Ebd.

[254] Census Prosecutions, 21. 1. 1952, TNA, RG 19/127.

[255] GRO, Census of England and Wales, 1951, General Report, 1958, S. 74.

available of the number of persons persuaded by enumerators or R.B.Ds [Registrars of Births and Deaths, KB] to complete the form, but from various indications in the reports, there must have been a very large number of ‚doubtfuls' who listened to the voice of reason."[256]

*Weitere Situationen an der Türschwelle*

Für den Zensus von 1961 wurden die Volkszähler in vorgefertigen Formularen um ihre Erfahrungen und Verbesserungsvorschläge gebeten. Aus den Antworten der Volkszähler, die ausschließlich aus den Reihen des General Register Office kamen – die anderen Volkszähler wurden nicht in die Befragung einbezogen –, lassen sich grundsätzlich positive Erfahrungen ableiten.[257] Kritisiert wurde in erster Linie, dass im Vorfeld der Volkszählung nicht genug Öffentlichkeitsarbeit geleistet worden sei, sodass viele Befragte über das Auftauchen der Volkszähler überrascht gewesen seien. Aus Sicht der Volkszähler wurde zuviel Zeit mit Erklärungen zum Sinn und Zweck des Zensus und der Unterstützung beim Ausfüllen verbracht. Als problematisch wurde auch die Situation an der Haustür geschildert, d. h. dass häufig Personen weder bei der Verteilung noch beim Einsammeln der Zensusbögen angetroffen wurden und deshalb mehrere Versuche notwendig waren.[258] Im zusammenfassenden Bericht zu den *Enumerator's Reports* hieß es allerdings, dass 90% der Fragebögen bereits am auf die Zensusnacht folgenden Tag eingesammelt werden konnten. Dass trotzdem von den Volkszählern die Probleme bei der Abholung geschildert wurden, lag vermutlich daran, dass diese Fälle besonders arbeitsintensiv waren. Deshalb wurde von den Volkszählern vorgeschlagen, diese Fälle bei der Bezahlung besser zu berücksichtigen.[259]

Die Betonung der schwierigen Fälle hing vermutlich auch damit zusammen, dass sie für den jeweiligen Volkszähler mit unfreundlichen Begegnungen verbunden sein konnten, die länger im Gedächtnis blieben. So berichtete ein Volkszähler, dass sich einige Befragte „rude and uncooperative" gezeigt hätten, ein anderer erwähnte, dass ihm die Tür vor der Nase zugeschlagen wurde.[260] Ähnlich systematische Befragungen zu den Erfahrungen von Volkszählern, die nicht zugleich Mitarbeiter des GRO waren, gibt es leider nicht. Überliefert sind für den Zensus von 1961 lediglich zwei freiwillig geschriebene Erfahrungsberichte, die die Aussagen der im GRO beschäftigten Volkszähler bestätigen.[261] Im Großen und Ganzen überwogen die problemlos ausgefüllten Fragebögen die Problemfälle bei weitem.

256 Census Prosecutions, 21. 1. 1952, TNA, RG 19/127.
257 Siehe Census 1961, Enumerators' Reports by GRO staff, TNA, RG 19/279.
258 Census 1961, Letter to Mr. Rooke-Matthews, 8. 6. 1961, TNA, RG 19/279.
259 Census 1961, Notes Taken at a Meeting Held on 8$^{th}$ June 1961 Registrar-General's Conference Room With the General Register Office (London) Enumerators, TNA, RG 19/279.
260 Census 1961, Enumerators' Reports by GRO staff, TNA, RG 19/279.
261 Census 1961, Letter to the Registrar-General from Mr. W.G. A., Ruislip, Enclosing Report Based on His Experiences as an Enumerator, TNA, RG 19/278 und ebd., Report Submitted by an Enumerator in Runcorn, 1951.

*Das Verhalten der Volkszähler aus der Sicht der Befragten*

Versucht man an dieser Stelle einen Perspektivwechsel vor- und die Sicht der Befragten einzunehmen, so stößt man auf zahlreiche Beispiele, die Aufschluss über das Verhalten der Volkszähler geben. So schrieb Florence Nightingale am 9. April 1861 an den Superintendent of Statistics, William Farr, über ihre eigenen Erfahrungen mit dem Zensus von 1861:

As you justly said that the perfect working of the Census must depend upon the detail, I think I am doing you a service in mentioning how the detail was worked here. (I should say that this vast Hotel, Burlington Hotel [...] is composed mainly of family suites of rooms.) On Sunday morning (the 7$^{th}$) a verbal message was sent up to me, not by the occupier of the Hotel but by his fac-totum, (a kind of house-steward,) desiring me to write my age (& my maid's) on a bit of paper – nothing more. This was the message, verbatim et literatim. I swallowed the answer which rose to my lips – not thinking it worth while to have a war of words with this person – and, after ascertaining from his assertion that no Schedules had been left for the Families in this Hotel, I took one of the Specimen Forms you were so kind as to give me, & wrote the information fully & accurately therein concerning myself & maid (the man servant does not sleep in the Hotel) & sent it down to him. I leave it to you to think, if the message sent up to the other families occupying apartments in these 4 houses, were similar to that sent to me, of how dependable & valuable a nature is the information filled in by this person on his Sheet. He appeared to consider the Census Act as an invention designed to afford him the amusement of asking people their ages – and of drawing upon his imagination for the rest of the information required.[262]

Die Nichtzustellung von Fragebögen und das Erfinden von Eintragungen wurden auch bei anderen Volkszählungen bemängelt. Insbesondere die Beschwerden über Volkszähler im Kontext des Zensus von 1951 sind hier aufschlussreich. So wurde kritisiert, dass die Zensusbögen vom Volkszähler nicht wieder eingesammelt worden waren. In den meisten Fällen schickten diese Bürger die ausgefüllten Bögen gleich mit an das Zensusbüro.[263] Jeder dieser Fälle wurde nachverfolgt und zumeist stellte sich heraus, dass die Volkszähler mehrfach vergeblich die entsprechenden Haushalte aufgesucht hatten. Beschwerden über nicht erhaltene Zensusbögen wurden oft mit demselben Argument des Nichtantreffens durch die Volkszähler entschuldigt.[264] Für Missfallen bei den Befragten sorgte zudem, wenn andere Personen den Volkszählern geholfen hatten, weil dies den Datenschutz gefährden könnte.[265] So war in einem Fall der Volkszähler erkrankt und seine Frau und sein Sohn eingesprungen.[266] Nur in wenigen Fällen konnte Volkszählern für den Zensus von 1951 absichtliches Fehlverhalten nachgewiesen werden: So hatte ein Volkszähler die Rundgänge offenbar zugleich für eine politische Unterschriftensammlung genutzt, ein anderer drohte einem Beamten dienstliche

[262] Correspondence with William Farr, 9.4.1861, BL Nightingale Papers, Bde. VI–VIII (ff. 219, 239, 284), Add MS 43399, Briefe Nr. 10–12.

[263] Dazu gibt es mehrere Briefe in Correspondence on Census Matters, 1951, TNA, RG 19/182 II.

[264] Dazu gibt es ebenfalls mehrere Briefe: Ebd.

[265] Auch dazu gibt es mehrere Briefe in: Correspondence on Census Matters, 1951, TNA, RG 19/182 II.

[266] Ebd. Auch der bereits erwähnte Forumsteilnehmer zum Zensus von 2011 hatte angegeben, dass seine Partnerin ihm bei der Aufgabe geholfen hatte.

Folgen an, wenn dieser beim nächsten Versuch nicht zu Hause anzutreffen sei, und ein anderes Mal wurde behauptet, dass der Volkszähler sich geweigert hätte, ein uneheliches Kind im Fragebogen aufzunehmen.[267] Dass ein Volkszähler die Bewohner als geisteskrank bezeichnete und mithilfe der Polizei das Ausfüllen des Zensusbogens herbeiführte, schien keinen weiteren Anstoß im GRO gefunden zu haben.[268] Die Unterlagen des GRO geben keinen Aufschluss über eine systematische Untersuchung des Interviewer- bzw. Volkszählerverhaltens, es handelt sich vielmehr um Reaktionen auf Beschwerden, die aus der Bevölkerung an das General Register Office herangetragen wurden.

*Beschwerden über Registrars*

Beschwerden gab es nicht nur über die Volkszähler, sondern auch über die Registrars, die den Einsatz der Volkszähler organisierten und die lokalen Ansprechpartner waren. Dazu erstellte das General Register Office 1931 Liste von 41 „Registars who may have failed to perform Census duties efficiently."[269] Die Liste enthielt kurze Charakteristika: Demnach wurde elf Registrars „limited ability" bescheinigt, drei wurden als „muddler" bezeichnet, drei hatten „no method", zwei waren „very old", zwei weitere „new officer" – andere Registrars wurden als „not too well informed", „overworked", „lazy" oder „always grumbling about fees" charakterisiert. Wiederum anderen wurde zugestanden, dass sie einen schwierigen Bezirk zu verwalten hatten oder dass sie zwar exzellente Arbeit geleistet hätten, aber nicht vertrauenswürdig seien („I don't trust him"). Ein Registrar wurde als „shellshocked in war" bezeichnet, über einen anderen wurde geschrieben: „Does not love work. Sooner be out in a boat fishing".[270] Die Sanktionierung dieser Registrars erfolgte in erster Linie über die Nichtgewährung zuvor in Aussicht gestellter Bonusse. In der Zusammenstellung der als mangelhaft eingestuften Registrars wurden dann auch die sachlichen Begründungen dafür gegeben, dass in acht Fällen kein Bonus und in zwölf Fällen nur ein verminderter Betrag gezahlt wurde. Die verspätete Ablieferung der ausgefüllten *Enumerator's Books* oder die schlechte Vorbereitung der Arbeit der Volkszähler bzw. deren verspätete Bezahlung wurden als Gründe angeführt.[271] Eine weitere Sanktion wurde intern diskutiert, aber nicht durchgeführt: die Entlassung eines Registrar, der bereits im Zensus von 1921 durch schlechte Arbeit aufgefallen war und auch 1931 wieder nicht zur Zufriedenheit des GRO gearbeitet hatte.[272] Wenn man bedenkt, dass den Registrars eine Multiplikatorenfunktion zukam, konnte ihr Verhalten auf dieser Ebene durchaus Einfluss auf die Produktion der Zensusergebnisse haben.

[267] Correspondence on Census Matters, 1951, TNA, RG 19/182 II.
[268] Ebd.
[269] 1931 Census, Comment on Unsatisfactory Execution of Census Duties, Registars Who May Have Failed to Perform Census Duties Efficiently, 13. 11. 1931, TNA, RG 19/121.
[270] Ebd.
[271] Comment on Unsatisfactory Execution of Census Duties, No bonus, Reduced bonus, 1931, TNA, RG 19/121.
[272] Comment on Unsatisfactory Execution of Census Duties, Correspondence on Registrar in Kensington, 1931, TNA, RG 19/121.

*Fachdiskussionen zum Interviewerproblem und seinen Ursachen*
Der angeblich absichtliche Betrug durch Interviewer wurde in Fachkreisen der Umfrageforschung seit Mitte der 1940er-Jahre ausgiebig diskutiert. Angeregt wurde die Diskussion u. a. durch einen Beitrag von Leo P. Crespi, Assistant Professor of Psychology an der Princeton University, in der Zeitschrift *Public Opinion Quarterly* im Winter 1945/6 und einer Antwort vom britischen Umfrageforscher Henry Durant im Sommer 1946.[273] Im Jahr 1947 nahm sich auch die Zeitschrift *International Journal of Opinion and Attitude Research* des Themas an.[274] Der Beitrag eines amerikanischen Umfrageforschers wies dabei zur Beseitigung des Problems auf die Situation des Interviews hin, die seiner Meinung nach so positiv sein sollte, dass an Täuschungen oder Betrug gar nicht erst gedacht werde. Um dies zu gewährleisten, führte er die schon bekannten Aspekte an: einen guten Fragebogen, eine ordentliche Bezahlung und genügend Zeit, damit nicht betrogen werden müsse, um die Arbeit in der vorgesehen Zeit zu schaffen.[275] Die Lösungen für die potentiellen Interviewerprobleme waren also schon spätestens seit Mitte des 20. Jahrhunderts klar formuliert, trotzdem schienen es eben diese Aspekte zu sein, die auf die Wissensproduktion in der Praxis – unabhängig vom Thema – Einfluss nahmen: ein missverständlicher Fragebogen, zu geringe Bezahlung, falsch eingeschätzte und deshalb länger dauernde Arbeit.

## Zusammenfassung

Versteht man Wissen als historisches Phänomen, so geht es aus analytischer Perspektive nicht um eine Beurteilung des Fragebogens und des Interviews als gut oder schlecht, verständlich oder missverständlich, sondern um die Frage, wie bestimmtes Wissen produziert wird, wie es zwischen den verschiedenen historischen Akteuren zirkuliert und sich dadurch verändert. Aus der Perspektive der historischen Akteure stand allerdings genau der andere Fragenkomplex im Mittelpunkt: An welchen Stellen sind die Fragen ungenau, wo entstehen Fehler, wo gibt es Probleme während der eigentlichen Zählung an der Haustür? Wie können diese in folgenden Umfragen behoben werden bzw. wie können die Ergebnisse verbessert werden?

Mit dem Fragebogen und dem Interview standen in diesem Kapitel zwei wesentliche Methoden aus dem Werkzeugkasten der Umfrageforscher im Zentrum. Der am Schreibtisch konzipierte Fragebogen entpuppte sich dabei als Objekt mit Eigenleben. Er wurde nicht einfach von den Umfrageforschern im Büro erarbeitet und kehrte mit den von den Umfrageforschern erwünschten Antworten wieder an ihren Schreibtisch zurück. Vielmehr erwies er sich in seiner Materialität, die

[273] Crespi, Cheater Problem; Durant, From POQ Readers. Durant hielt Crespis Problemeinschätzung für übertrieben.

[274] Siehe die verschiedenen Beiträge unter dem Titel: Survey on Problems of Interviewer Cheating, in: International Journal of Opinion and Attitude Research 2 (1948), S. 93–106.

[275] Ebd., S. 95–105 (Beitrag von A.B. Blankenship, Managing Director of National Analysts, Inc., Philadelphia, Pennsylvania).

durch Umfang und Größe, Platz für Antworten und verschiedene Fragetypen, Material und Layout – z. B. der vorgesehene Platz für Antworten – geprägt war, als eigener Akteur im Umfrageprozess. Das ‚Ding' Fragebogen zirkulierte zwischen den historischen Akteuren und produzierte Wissen auf verschiedenen Ebenen. Das generelle Misstrauen der Umfrageforscher gegenüber den Interviewern scheint in erster Linie durch die räumliche Trennung der Arbeitsbereiche begründet gewesen zu sein. Somit reduzierten die Umfrageforscher die Interviewer auf ein schwer kontrollierbares, methodisches Problem. Da bereits 1841 die Entscheidung fiel, die Volkszählung über Selbstausfüllerbögen zu bestreiten, füllten fortan nicht nur die Volkszähler die Fragebögen aus und brachten ihre Ideen und ihr Verständnis ein, sondern auch die Befragten selbst versuchten, die von ihnen geforderte ‚Information' in den Bogen einzutragen oder sich der Befragung zu entziehen. Die Fragebögen gaben dabei den Rahmen vor, in dem die Volkszähler und die Bevölkerung handelten. Wenn z. B. von den Befragten Angaben außerhalb der methodisch vorgegebenen Spalten und Fragen gemacht wurden, so oblag es zunächst den Volkszählern zu entscheiden, ob sie dies als relevante Angaben erachteten und in das *Enumerator's Book* übertrugen. Im Verständnis der Umfrageforscher führte all dies zu Ungenauigkeiten der Erhebung. Durch Veränderungen der Frageabfolge, der Frageformulierung und Antwortmöglichkeiten, durch Erklärungen im Fragebogen, durch Öffentlichkeitsarbeit und weitere Maßnahmen versuchten die Umfrageforscher deshalb, das Eigenleben des Fragebogens zu reduzieren.

Trotzdem scheint die Entwicklung des Fragebogens im langen Untersuchungszeitraum fast statisch zu sein: Veränderungen im Format der Fragebögen wurden vor allem durch äußere Einflüsse, wie z. B. die Einführung von Computern für die Auswertung oder von computerlesbaren Formularen bedingt. Forschungen zu Fragebögen spielten eine untergeordnete Rolle, ihre Erstellung wurde als Kunst („art") oder Erfahrung („experience") beschrieben. Vereinzelt wurden Stimmen laut, die die systematische Erforschung forderten oder in Fachzeitschriften diskutierten; einen wirklichen Forschungsbereich, der etwa den Diskussionen um die Stichproben gleichkam, gab es nicht. Hier spielten vermutlich auch die konkreten Bedingungen in der Umfrageforschung eine Rolle: Die Universität wurde als zu weit entfernt vom Alltag der kommerziellen und staatlichen Umfrageforschung mit ihrer Auftragsarbeit und ihrem Zeitdruck angesehen. Zugleich hatte die kommerzielle Umfrageforschung nur bedingt daran Interesse, ihre Methoden mit den Konkurrenten im Feld zu teilen – sie hütete ihre Geschäftsgeheimnisse. Neben den Arbeitsgruppen der Berufsorganisationen in der Werbe- und Umfragebranche wurde die staatliche Umfrageforschung in Großbritannien zwar zum wichtigen Ort der Forschung, aber sie versäumte es über lange Zeit, ihre Ergebnisse systematisch in zentralen Diskussionsforen zu veröffentlichen und somit Diskussionen zu initiieren – das ist ein signifikanter Unterschied zur US-amerikanischen Umfrageforschung.[276] Zwar wurden einzelne Ergebnisse publiziert und außerhalb

[276] In Großbritannien wurde 1977 das Survey Methodology Bulletin gegründet, das aber in erster Linie die Statistiker des OPCS und weitere staatliche Umfrageforscher informieren sollte

der staatlichen Abteilungen rezipiert, so z. B. das *Handbook for Interviewers*,[277] es gab aber kein eigenes Publikationsorgan, das sich methodischen Probleme widmete.[278]

Mehr Bewegung und Wandel war im Bereich der Interviewpraxis zu beobachten. Zwar änderten sich die Anforderungsprofile an Volkszähler kaum, dafür aber die Zusammensetzung der Volkszählergruppen. So wurden im 19. Jahrhundert Volkszähler mit lokalen Kenntnissen bevorzugt, wohingegen im 20. Jahrhundert im Kontext der Sorge vor Datenmissbrauch Volkszähler nicht mehr in den Bezirken tätig werden sollten, in denen sie selbst wohnten oder arbeiteten. Ein Wandel ist ebenfalls in der Beschäftigung von Arbeitslosen als Volkszähler im 20. Jahrhundert zu beobachten. Zwar wurde ihre Kompetenz häufig angezweifelt, ihr Einsatz aber aus gesellschaftlichen und wirtschaftlichen Gründen für wichtig erachtet. Außer der Anpassung der Öffentlichkeitsarbeit an die Medien der Zeit und die Modifizierung der Schulungen zeigten sich auch im Bereich der Interviewpraxis Kontinuitäten: Die Umfrageforscher misstrauten den Interviewern, sahen ihre Arbeit als methodisches Problem an und bezahlten sie schlecht. Neben dem Arbeitspensum, das sich zumeist umfangreicher als zunächst angenommen herausstellte, war aus der Perspektive der Interviewer und Volkszähler gerade die schlechte Bezahlung ein ständiges Ärgernis – dass sich dies negativ auf ihre Arbeit auswirkte, konnte zumindest punktuell nachvollzogen werden.

Während in diesem Kapitel einerseits am Beispiel der Fragebogenerstellung gezeigt werden konnte, dass nicht nur inhaltliche, sondern auch methodische Vorentscheidungen, die auf vielfache Weise von der Materialität der Fragebögen abhingen, auf die Wissensproduktion einwirkten, stellte sich andererseits die Distanz zwischen den Interviewern auf der Straße und den Umfrageforschern am Schreibtisch als schwieriges methodisches Problemfeld heraus. Denn an dieser Stelle der eigentlichen ‚Daten'erhebung entzog sich die Wissensproduktion der Kontrolle der Umfrageforscher: Sie waren weder an der direkten Erhebung der Daten beteiligt noch standen sie in direktem Kontakt mit den Volkszählern. Aus analytischer Perspektive bedeutet dies, dass die Umfrageforscher nicht die einzigen Akteure des Wissens waren, vielmehr handelte es sich um einen zirkulären Prozess. Der am Schreibtisch von den Umfrageforschern entwickelte Fragebogen zirkulierte zwischen verschiedenen Akteuren, die somit Einfluss auf die Wissensproduktion nahmen: die Befragten, die Volkszähler bzw. Interviewer und die Umfrageforscher.

und kein *refereed* Journal war, sondern ein Bulletin. So die Angaben auf der Internetseite des Office for National Statistics: http://www.ons.gov.uk/ons/guide-method/method-quality/survey-methodology-bulletin/index.html (aufgerufen am 15. 3. 2013).

277 Siehe z. B. Harris, Handbook for Interviewers.

278 Vgl. dazu Hoinville, Methodological Research on Sample Surveys, S. 112. Hoinville gibt dort auch einige Titel der methodischen Arbeitspapiere an.

# Zweiter Teil:

# Die Ordnung der Gesellschaft

# Kapitel III

## Das Wissen ordnen. *Class* und Raum als Grundlagen der Gesellschaftsklassifikation

As the object of the Census is figures, it is not concerned with the private lives or actions of the individuals counted, and only asks them questions as to their personal characteristics in order that they may be properly counted and assigned to the particular groups of the population in which they ought to be reckoned.[1]

Als oberstes Ziel des Zensus wurde in dieser Öffentlichkeitsbroschüre aus dem Jahr 1921 die zahlenmäßige Erfassung der Bevölkerung genannt. Da auf Individuen bezogene Zahlen alleine aber keine Aussagekraft hatten, mussten diese in Bevölkerungsgruppen eingeteilt werden. Daraus ergibt sich die Frage, welche Ordnungsprinzipien dieser Gruppeneinteilung zugrunde lagen. Wie wurden sie festgelegt und wie veränderten sie sich im Verlauf der Zensusgeschichte? Oder anders formuliert: Wie wurde der Schritt vom im Fragebogen erfassten Individuum zur Gesellschaft vollzogen? Aus welchen Gruppen wurde die Gesellschaft zusammengesetzt?

Damit kreist die Frage dieses Kapitels um eines der Ziele statistischer Arbeit, das Alain Desrosières dadurch charakterisiert hat, „einen Zusammenhalt zwischen *a priori* singulären Dingen herzustellen und dadurch den Objekten eine komplexere und umfassendere Realität und Konsistenz zu verleihen."[2] Um dieses Ziel zu erreichen, müssen die singulären Dinge „von der grenzenlosen Überfülle der wahrnehmbaren Manifestationen der Einzelfälle bereinigt"[3] werden. Dieser Akt der Bereinigung geht nach James Scott mit Prozessen der Abstrahierung, Schematisierung und Standardisierung einher, die notwendigerweise die komplexe Gesellschaft vereinfacht darstellen. Scott führt dafür den Begriff der „simplification" ein.[4] Als wichtigen ersten Schritt hin zu einer Standardisierung sieht er die „creation of common units of measurement or coding".[5] Theoretisch gibt es beliebig viele Ordnungs- und Klassifizierungsmöglichkeiten, de facto sind diese allerdings historisch spezifisch und an intellektuelle und theoretische Traditionen gebunden. In Großbritannien haben sich zwei Ordnungsprinzipien durchgesetzt: *class* und Raum. Ersteres wird am Berufsfeld und letzteres – dargestellt in der Einheit Nachbarschaft – in Wohnsituation, Lebensstandard und später Konsumverhalten, Lifestyle etc. gemessen. Diese Ordnungsprinzipien wechselten sich ab oder wurden parallel eingesetzt – das zeigt das folgende Kapitel.

1 The Coming Census (Census Day, 24th April, 1921), Why it is Taken, How it is Taken, and How to Fill up the Census Schedule. Prepared with the Authority of the Registrar-General, London 1921, TNA, RG 27/9.

2 Desrosières, Politik der großen Zahlen, S. 263. Hervorhebung im Original.

3 Ebd.

4 Scott, Seeing Like a State, S. 81.

5 Ebd., S. 80.

Eine wichtige Technik für die Klassifizierungsvorgänge war der Einsatz und die Erstellung von Karten. Dabei sind verschiedene Funktionen zu unterscheiden: Karten wurden zum Beispiel in der Mitte des 19. Jahrhunderts für die Volkszählungsbezirke eingeführt. Sie stellten den physikalischen und geografischen Raum dar, den der Volkszähler abzulaufen und zu bearbeiten hatte (den sog. *Enumeration District ED*). Gleichzeitig entwickelte sich in dieser Zeit die Nutzung der Karten als Geoinformationssystem, für das zumeist John Snows Karte zur Verbreitung der Cholera aus dem Jahr 1855 als Vorläufer angesehen wird.[6] Insbesondere die ästhetisch gestalteten Karten des Sozialforschers Charles Booth haben einen festen Platz in der britischen Sozialforschung zum Ende des 19. Jahrhunderts gefunden.[7] Sowohl bei Snow als auch bei Booth ging es nicht allein um eine eindrucksvolle Präsentation ihrer Ergebnisse, sondern zugleich um den Einsatz der Karte als Technik zur Auswertung der Forschungen. Karten haben im Rahmen der Umfrageforschung Relevanz für die Erhebung, Auswertung und Präsentation der Ergebnisse. Die folgenden Ausführungen sind deshalb weit entfernt von einer traditionellen Container-Vorstellung vom Raum. Sie sind vielmehr in der Folge des sog. *spatial turn* inspiriert von einem relationalen Raumkonzept,[8] das die Analysekategorie Raum „als Gestaltungsfaktor sozialer Beziehungen, Unterschiede und Vernetzungen, als vielschichtiges oft widersprüchliches Ergebnis von Verortungen, Raumansprüchen, Ab- und Ausgrenzungen“ versteht.[9]

Die Geschichte der staatlichen Klassifikationen ist für Großbritannien bis ins frühe 20. Jahrhundert bereits von Simon Szreter und anderen Autoren geschrieben worden und soll hier im ersten Teil des Kapitels vorgestellt werden (Abschnitt III.1).[10] Der Schwerpunkt dieses Kapitels liegt in der Zeit ab den 1920er- und vor allem den 1950er-Jahren, als sich die auf *class* basierenden staatlichen Klassifikationen als nicht mehr differenziert genug erwiesen, um den neuen Anforderungen der Massenkonsumgesellschaft gerecht zu werden. Neben den verschiedenen Adaptionsbemühungen in der staatlichen Sozialforschung wurden Klassifikationen in der universitären und in der privatwirtschaftlichen Umfrageforschung entwickelt; mit ihnen beschäftigt sich der zweite Teil dieses Kapitels (Abschnitt III.2). Da Klassifikationen einerseits eine lange Vergleichbarkeit gewährleisten und andererseits die sich wandelnde Gesellschaft treffend darstellen sollten, wurden die zugrunde liegenden Konzepte, wie z. B. das des Haushaltsvorstandes (*Head of Household*),

[6] Snow, On the Mode of Communication of Cholera.

[7] Booth, Life and Labour of the People in London. Diese Karten sind online einsehbar: LSE Library and Archive, Charles Booth Online Archive: booth.lse.ac.uk

[8] Für eine Darstellung der Analyse von Raum in verschiedenen Disziplinen siehe: Warf und Arias (Hrsg.), Spatial Turn. Für eine Zusammenfassung der deutschen Forschungsdiskussionen siehe: Bavaj, Was bringt der ‚spatial turn' der Regionalgeschichte?; Geppert, Jensen und Weinhold, Verräumlichung.

[9] Bachmann-Medick, Cultural Turns. Siehe zur Bedeutung von Raum in der Sozialforschung unter Big Data auch Savage, Identities and Social Change.

[10] Szreter, Fertility, Class and Gender in Britain; ders., Genesis of the Registrar-General's Social Classification of Occupations; ders., Official Representation of Social Classes in Britain, the United States, and France. Siehe auch Leete und Fox, Registrar General's Social Classes; Armstrong, Social Structure from the Early Census Returns.

evaluiert (siehe Abschnitt III.3) und die Klassifikationen mit den Selbstwahrnehmungen der Gesellschaft von Zeit zu Zeit abgeglichen (Abschnitt III.4).

# 1. Staatliche Klassifikationen im 19. und frühen 20. Jahrhundert

Im Rahmen der Volkszählung von 1911 wurde erstmals eine Klassifikation eingeführt, die die Gesellschaft in *social classes* einteilte. Diese Einteilung hatte bis zur Volkszählung von 2001 Gültigkeit. Wie kam es dazu, dass dieses sich in den Diskussionen der letzten Dekaden des 19. Jahrhunderts entwickelte Modell der sog. *Registrar-General's Social Classes* (RGSC) für das gesamte 20. Jahrhundert Bedeutung hatte, obwohl sich die Gesellschaft in dieser Zeit erheblich veränderte? Und was wurde in der Umfrageforschung überhaupt unter *social class* definiert, welche Theorie oder welches Konzept verbargen sich hinter der Bezeichnung?

*Class – kein Definitionsbedarf?*

Als im Verlauf des 20. Jahrhundert zunehmend Kritik am *Registrar-General's Social Classes*-Modell und an weiteren auf *social class* basierten Gesellschaftsmodellen in der Umfrageforschung in Großbritannien aufkam, begannen Umfrageforscher nach den zugrunde liegenden Definitionen von *class* zu suchen und mussten wie der britische Soziologe Ivan Reid feststellen: „Crisp definitions of social class rarely appear."[11] Ein anderes Beispiel: Als Reaktion auf die 1956 gesendete Radiosendung *Social Class in Britain Today* des Umfrageforschers Mark Abrams schrieb ein Hörer: „I feel it would have made it much easier for the listener if you had made clear at the start what you mean by Social Class."[12] Auch innerhalb der Radiosendung wurde deutlich, dass dem Programm keine einheitliche Definition zugrunde lag. So erwiderte der Soziologe David Glass seinem Gesprächspartner Mark Abrams an einer Stelle: „Well, I'd rather not use the term class here – I don't really agree with you on the way in which you use the term."[13] Auf das unterschiedliche Verständnis von *class* wurde im weiteren Verlauf der Sendung nicht eingegangen. Die fehlenden Definitionen weisen darauf hin, dass anscheinend jeder zu wissen glaubte, was *class* bedeutete, und dass dennoch jeder etwas anderes darunter verstand – oder in den Worten eines britischen Marktforschers von 1970 ausgedrückt:

> Social class is a concept readily understood by the average man, but is relatively difficult to define. [...] In recognising that social class is not a simple factor, but an amalgam of factors that operate in different ways in different circumstances, such a person has arrived at the same view as the professional sociologist.[14]

[11] Reid, Social Class Differences in Britain, S. 15.

[12] Letter to Mark Abrams, 22. 1. 1957, CAC, ABMS, GBR/0014/ABMS, Box 84.

[13] Recorded Script, Social Class in Britain Today, Programme 4, Will our Needs Achieve Our Ends?, Speakers: Mark Abrams, David Glass, Recorded 13. 12. 1956, Transmission, 25. 1. 1956, CAC, ABMS, Box 84.

[14] Monk, Social Grading on the National Readership Survey, S. 4.

Kurzum *class* wurde in Wissenschaft und Alltag verwendet und war Begriff, Konzept, Kategorie, Phänomen, Referenzpunkt, Abgrenzungsmöglichkeit, Kampfvokabel und vieles mehr. Auch wenn diese Allgegenwart des Begriffs nicht mit einer einheitlichen Definition einherging, so war *class* trotzdem in verschiedensten Bereichen wirkmächtig und wurde auch in der Umfrageforschung als grundlegende Kategorie verwendet.

*Der Ausweg: Class über das Berufsfeld messen*

Aus dem Dilemma der fehlenden einheitlichen Definition wählte die Umfrageforschung einen Ausweg, den der Historiker Arthur Marwick 1980 wie folgt beschrieben hat: „We can recognize that people do perceive the existence of something they call class, but we cannot be sure that this class has an objective existence […]. We cannot be sure, that is, unless we equate class with occupation."[15] Schon im 19. Jahrhundert wurde der Beruf maßgeblich für die Einteilung der gezählten Bevölkerung. 1841 trug die zugrunde liegende Spalte im Volkszählungsbogen die Überschrift „Profession, Trade, Employment or of Independent Means", von 1851 bis 1881 wurde nach „Rank, Profession, or Occupation" gefragt und für die folgenden beiden Volkszählungen von 1891 und 1901 wurde „Rank" fallen gelassen. Die Bedeutung ebenso wie die Missverständlichkeit dieser Angaben zum Beruf wurde dadurch deutlich, dass in den einführenden Anweisungen der Zensusbögen dieser Jahre zahlreiche Erklärungen zum Ausfüllen gegeben wurden. Für den Zensus von 1911 lautete die Spalte immer noch so wie schon zehn Jahre zuvor, allerdings gab es nun eine Reihe von Unterscheidungen, die in das Zensusformular notiert werden sollten (siehe Anhang Abbildung B.2).

Die erweiterten Fragen zum Thema „Profession or Occupation", die auch Auskunft über den beschäftigenden Industrie- bzw. Dienstleistungsbereich, die berufliche Stellung und Heimarbeit einforderten, bildeten die Grundlage für die Klassifikation, die für die Auswertung der Volkszählung von 1911 erstmals verwendet wurde. In dem 1913 veröffentlichten *Annual Report of the Registrar-General* präsentierte der Superintendent of Statistics, T.H.C. Stevenson, sein neues Modell, in dem er acht *social classes* unterschied.[16] Als grundsätzliche Idee hinter dieser Gesellschaftseinteilung nannte Stevenson die Unterscheidung in verschiedene soziale Rangstufen („groups, designed to represent as far as possible different social grades").[17] Er bezeichnete die erste Gruppe als „the upper and middle class" und die dritte bis achte Gruppe als „working-class": Die zweite und die vierte Gruppe stellte er jeweils als Übergangsgruppen dar. Das Charakteristikum für die Gruppen drei bis acht war die manuelle Arbeit, wobei in „class 3" gelernte Arbeiter und in „class 5" ungelernte Arbeiter unterschieden wurden. Zusätzlich wurden drei weitere Gruppen unabhängig von ihrer Ausbildung und ohne weitere Begründung

[15] Marwick, Class. Image and Reality in Britain, France and the USA since 1930, S. 14. Siehe auch Reid, Social Class Differences, S. 15: „[S]ocial class is a grouping of people into categories on the basis of occupation."
[16] 74th Annual Report of the Registrar General, 1911, PP 1912–13, (Cd. 6578), S. xl–xli.
[17] Ebd.

als besonders wichtig eingeschätzt und deshalb in gesonderten Gruppen aufgenommen: „Class 6 consists of textile workers, Class 7 of miners, and Class 8 of agricultural labourers.“[18] Wichtig war hier, dass es nicht um die Feststellung des Berufes in ökonomischer Hinsicht etwa auf der Grundlage des Einkommens ging, das entscheidende Klassifikationskriterium war vielmehr das Ansehen innerhalb der Gesellschaft. So legte Stevenson zum Beispiel Wert darauf, dass Handwerker nicht zur „upper and middle class“ gehörten, auch wenn diese teilweise mehr als die zu dieser Klasse gehörenden Angestellten verdienten.[19]

Die Betonung auf der sozialen Stellung innerhalb der Gesellschaft unterschied Stevensons Modell von dem zuvor verwendeten Klassifikationsschema, das George Graham, William Farr und Horace Mann 1851 eingeführt hatten und das im Jahr 1900 abgeschafft worden war.[20] Dieses Modell enthielt keine auf sozialer Über- und Unterlegenheit aufbauende Einteilung, sondern klassifizierte auf der Basis der Berufe durch das Merkmal des Materials, mit dem die Menschen arbeiteten und von dem Einfluss auf die Persönlichkeit angenommen wurde:

If the people are looked at [...] in their several occupations, striking differences will be immediately perceived: (1) in the *skill, talent,* or *intelligence* that is exercised; (2) in the *tools, instruments, machinery,* and *structure* that are used; (3) in the *materials* that are worked; (4) in the *processes* of making or manufacturing; and (5) in the *products* that are created. All these elements and their conflicting claims have been considered in the classification; but, in conformity with the first notions of mankind of which we have record, the greatest weight has been given to the *materials* in which people work, as they generally imply important modifications not only in the tools, in the machines, in the processes, and in the products, but in the characters of the men. By his trade, and by the matter which surrounds him, how different is the blacksmith from the tailor; the shoemaker from the hairdresser; the butcher from the baker; the horsedealer from the grocer; the sweep from the navvy; the fisherman, the waggoner, the pedlar, and the cotton-spinner from each other![21]

Gemäß dieser Ausgangsidee unterschieden Graham, Farr und Mann siebzehn Klassen, die mit der Königin und verschiedenen Regierungsvertretern anfingen und mit zwei Klassen aufhörten, die keinen Berufen zugeordnet waren: „persons of rank and property who are not referred to any office or occupation“ (also unabhängig Reiche) und „persons supported by the community“.[22]

Stevensons Klassifikationsmodell von 1913 war also nicht das einzige, das auf einer Berufsstruktur aufbaute, es war aber das erste, das diese Berufe in eine hierarchisch geordnete Gesellschaftsklassifikation gliederte.[23]

[18] Ebd., S. xli.

[19] Ebd.

[20] Vgl. dazu SZRETER, Genesis of the Registrar-General's Social Classification of Occupation, S. 525.

[21] Census of Great Britain, 1851, Population Tables II, PP 1852–53, S. lxxxiii. Zur Geschichte der Zensusklassifikationen im 19. Jahrhundert siehe: BANKS, Social Structure of Nineteenth Century England. Und zur Entstehung des 1911er-Modells, den von Simon Szreter kritisch beurteilten Text von Leete und Fox: LEETE und FOX, Registrar General's Social Classes.

[22] Census of Great Britain, 1851, Population Tables II, PP 1852–53, S. c.

[23] Allerdings war Stevenson wiederum nicht der erste, der die Idee hatte, Berufe mit dem sozialen Ansehen in der Gesellschaft zu verbinden. Vielmehr hatte 1887 der Assistant Registrar-General, N.A. Humphreys, genau dies in Anlehnung an die 1881 für den irischen Zensus eingeführte Klassifikation vorgeschlagen, aber zu diesem Zeitpunkt war – so zumindest das

*General Register Office, public health movement und die Entstehung der Registrar-General's Social Classes*

Beide auf den Berufen basierende Klassifikationsmodelle passten sich in die lange Tradition der engen Verbindung des General Register Office mit den Environmentalisten im *public health movement* ein. So führte Stevenson seine Klassifikation am Beispiel der Kindersterblichkeit ein[24] und betonte, dass diese erheblich reduziert werden könne, wenn in allen *social classes* die gesundheitlichen Bedingungen gleich wären:

> Much may be learnt from this table as to the extent to which infant mortality can be regarded as preventable. For instance, the middle-class mortality was only 61 per cent of the total legitimate infant mortality of the country. This at once suggests that at least 40 per cent of the present infant mortality of this country could be avoided if the health conditions of infant life in general could be approximated to those met with in Class 1.[25]

Stevenson machte in seinen weiteren Ausführungen sehr deutlich, dass die höhere Kindersterblichkeit allein auf die sanitären Bedingungen der einzelnen *social classes* zurückzuführen sei und nicht etwa aufgrund einer Prädisposition der unteren *social classes* zu Erbkrankheiten.[26] Ebenfalls in Bezug auf sanitäre Bedingungen hatte William Farr sein Konzept der „Healthy Districts" entwickelt, das sich an 63 zumeist ländlichen Gebieten mit niedriger Sterblichkeit orientierte und diese als Standard für das gesamte Land vorschlug – erreicht werden sollte dies durch die Verbesserung der sanitären Bedingungen und der Wohnstandards.[27] Im Rückgriff auf die eingangs erwähnten maßgeblichen Ordnungsstrategien in den britischen Gesellschaftsklassifikationen ging es den Environmentalisten also weniger um soziale Klassen als um Räume mit ihren unterschiedlich guten sanitären Bedingungen. Für die Vertreter des Enviromentalismus war nach Alain Desrosières

> die Vorstellung vom ‚sozialen Milieu' an die geographische Umgebung, an das Stadtviertel oder an die Landgemeinde, an die Ballung von Fabriken und ungesunden Wohnungen, nicht aber an den allgemeineren Begriff der ‚sozialen Schicht' gebunden, der durch äquivalente Bedingungen – vor allem in Bezug auf die berufliche Situation – auf dem gesamten Territorium definiert war.[28]

Als Opponenten der Environmentalisten zur Lösung der sozialen Fragen traten die Eugeniker zum Ende des 19. Jahrhunderts an. Sie fokussierten bekannterma-

Argument von Szreter – die Zeit noch nicht reif, das heißt, erst der spezifische Diskussionszusammenhang nach der Jahrhundertwende und die abnehmende Macht des Adels, die ein neues Kräfteverhältnis in der Gesellschaft schuf, führte zur Akzeptanz eines solchen Modells im General Register Office. SZRETER, Genesis of the the Registrar-General's Social Classification of Occupation, S. 524f.; vgl. allgemein: BRÜGGEMEIER, Geschichte Großbritanniens, S. 41; HARRIS, Private Lives, Public Spirits, S. 103.

[24] 74th Annual Report of the Registrar General, 1911, PP 1912–13, Table 28A, S. 73–87. In einem weiteren Schritt verband er die *Social Classes* mit dem Alter und der Todesursache der Kinder. Siehe ebd., Table 28B, S. 88f. Stevenson verknüpfte zudem weitere Analyseeinheiten mit der *Social Class* und stellte diese in Tabellen dar (ebd., Table 28B und 28C, S. 88–92).

[25] Ebd., S. xli.

[26] Ebd.

[27] HIGGS, Healthy Districts.

[28] DESROSIÈRES, Politik der großen Zahlen, S. 290.

ßen auf biologische und erbliche Merkmale für die Erklärung sozialer Ungleichheit. Die Einführung der auf *social classes* basierenden Klassifikation für den Zensus von 1911 war aus dem wissenschaftlichen Streit dieser beiden Richtungen entstanden – so das Argument des Historikers Simon Szreter.[29] Die Eugeniker favorisierten Klassifikationen, die auf *social class* aufbauten und in den letzten Dekaden des 19. Jahrhunderts vor allem außerhalb des General Register Office entstanden waren.[30] Sie waren nicht wie die Environmentalisten an lokalen Zugängen interessiert, sondern wandten ihre Ergebnisse auf nationaler Ebene an. Im Streit mit den Environmentalisten konnten sie dabei in den Jahren vor dem Zensus von 1911 Stimmen für sich verbuchen, da ihnen nicht das altmodische Image von der lokal ausgeübten Barmherzigkeit und Fürsorge anhing; vielmehr stellten sie ihre Annahmen als auf Wissenschaft und Fortschritt basierend dar.[31] Die Vertreter des *public health movement* erhielten zudem im Kontext der Analyse des zweiten Burenkrieges und zwar insbesondere im Rahmen der *Interdepartmental Inquiry on Physical Deterioration* von 1904 scharfen Gegenwind durch die Vertreter der Vererbungslehre.[32] Die öffentlichen Diskussionen – so Alain Desrosières – standen 1910 (anders als noch 1890) den auf nationalen statt lokalen Statistiken und Begrifflichkeiten bauenden Eugenikern näher.[33]

Die für den Zensus von 1911 eingeführten Klassifikationen des General Register Office sind deshalb nach Simon Szreter als Reaktion der Environmentalisten auf die Eugeniker zu verstehen.[34] Zwar stimmten beide Richtungen in der Analyse einer „deterioration in the nations's average physique"[35] überein, in den Erklärungen konnten die Unterschiede aber kaum stärker sein. Denn während die Eugeniker sich im Rahmen der Untersuchungen im Jahr 1904 in erster Linie auf den Statistiker Karl Pearson und seine Äußerungen zum unterschiedlichen Reproduktionsverhalten der verschiedenen gesellschaftlichen Schichten bezogen, vertraten die Environmentalisten die Ansicht, dass es die schlechten Bedingungen des städtisch-industriellen Lebens und Wohnens waren, die die Massen in ihrer Entwicklung behinderten. In beiden Fällen konnten die vorhandenen Statistiken die Argumente nicht eindeutig untermauern, weshalb ein *Fertility Census* gefordert und 1911 tatsächlich in die Volkszählung aufgenommen wurde (siehe die Spalte „Particulars as to Marriage" im Bogen von 1911 – Anhang Abbildung B.2). Die Auswertung der Volkszählung von 1911 wurde von Stevenson dann in besonderem Maße zum Argument gegen die Eugeniker eingesetzt. Denn auch wenn das Vokabular von Stevenson von eugenischen Begriffen durchzogen war, so betont Simon

[29] Szreter, Genesis of the Registrar-General's Social Classification of Occupations, z. B. S. 526f.

[30] Szreter verweist in diesem Zusammenhang insbesondere auf Klassifikationen von Francis Galton und der Forschergruppe um Karl Pearson sowie der Adaption von Charles Booths Armutsstudien. Ebd., S. 526.

[31] Vgl. Desrosières, Politik der großen Zahlen, S. 291.

[32] Szreter, Genesis of the Registrar-General's Social Classification of Occupations, S. 527f. Szreter verweist hier auf die Analyse von Seale, Quest for National Efficiency.

[33] Desrosiéres, Politik der großen Zahlen, S. 292.

[34] Szreter, Genesis of the Registrar-General's Social Classification of Occupations, S. 526f.

[35] Ebd., S. 528. Für die folgende Darstellung siehe ebd.

Szreter, sei dies nicht auf die Position Stevensons zurückzuführen. Vielmehr müssten Stevensons Texte im gängigen Wissenschaftsdiskurs und dem Vokabular der Zeit verortet werden.[36] Er benutzte die Gesellschaftsklassifikationen, die eigentlich den Eugenikern näher standen, um in deren Vokabular zu demonstrieren, dass sie Unrecht hatten.

Dies zeigte sich auch in der Vorbereitung auf den Zensus von 1911, als im General Register Office die Einteilung der Gesellschaft in soziale Schichten („social strata") diskutiert wurde.[37] In einem Treffen mit dem Registrar-General schlug Stevenson zur Messung des sozialen Status zwei Vorgehensweisen vor: „(a) Occupation (b) number of rooms occupied – the second would supplement the first, for instance some who, classified by Occupation, would come into Class II would be transferred to Class I by reason of their occupying a house containing more than a certain number of rooms."[38] Die Bedeutung der Zahl der Räume wurde unter den Beteiligten kritisch diskutiert und auch der Vorschlag des Registrar-General zu Fruchtbarkeitksstatistiken großer Berufsgruppen stieß auf Skepsis:

> Dr Stevenson was rather anxious if possible to get fertility coefficients for three grades of society. The Upper and Middle Classes, he said, were constantly being accused of not reproducing themselves and he thought it desirable that statistics should verify or deny this accusation.[39]

Die ursprüngliche Absicht Stevensons war somit die Überprüfung von Theorien der zeitgenössischen Vererbungslehre. Die Anwendung der *Registrar-General's Social Classes* in den Tabellen zur Kindersterblichkeit im 1913 veröffentlichten *Annual Report of the Registrar-General* kann nach Szreter in diesem Zusammenhang gesehen werden.[40]

*Die Modifikation des Klassifikationsmodells für den Zensus von 1921*

Die Einteilung der Gesellschaft auf der Basis von Berufen verlief keinesfalls problemlos. So diskutierte der Census Report von 1921, dass 1911 keine klare Trennung zwischen „occupation – the employment of the individual" und „industry – the employment of the firm, or body of individuals organised under a common directing head" durchgeführt worden sei.[41] Trotzdem wurde festgestellt, dass auch mögliche Alternativen, wie z. B. die Größe der Wohnung oder die Anzahl der Bediensteten nicht die gewünschten eindeutigen Ergebnisse bringen würden.[42] Stevensons Modell wurde deshalb noch einmal modifiziert und enthielt letztlich drei große Gruppen, die Stevenson selbst in einem Paper vor der Royal Statistical Society im Jahr 1928 wie folgt zusammenfasste:

[36] Desrosières, Politik der großen Zahlen, S. 292.
[37] Committee on the Census of 1911. Meeting, 24. 2. 1910, TNA, RG 19/48B.
[38] Ebd.
[39] Ebd., S. 62. Auch zitiert bei Szreter, Genesis of the Registrar-General's Social Classification of Occupations, S. 531.
[40] Szreter, Genesis of the Registrar-General's Social Classification of Occupations, S. 531.
[41] Census of England and Wales, 1921, General Report, 1927, S. 86.
[42] Szreter, Genesis of the Registrar-General's Social Classification of Occupations, S. 532. Szreter bezieht sich hier auf die folgende Veröffentlichung: Stevenson, Fertility of Various Social Classes, S. 408–410.

> 1, upper and middle classes; 2, intermediate between 1 and 3; 3, skilled workmen; 4, intermediate between 3 and 5; and 5, unskilled labourers. [...] The scheme is admittedly a rough-and-ready one, as indeed all broad lines of classification devoid of quantitative basis must be, but it has the great merit of simplicity, and the results of its application, which are published in the recently issued report on occupational vital statistics, seem to me to point to its fundamental soundness.[43]

In das allgemeine Schema integriert waren somit die drei zuvor gesondert aufgenommenen Klassen (*textile workers, miners, agricultural labourers*). Für die Volkszählungen von 1921 bis 1991 war dieses grundlegende Modell, das den offiziellen Namen *Registrar-General's Social Classes* (RGSC) trug, maßgeblich.[44] Nun kann man wie Simon Szreter argumentieren, dass diese Vereinfachung übertrieben war, denn andere Klassifikationen der Zeit, so z. B. Charles Booths Einteilung der Londoner Bevölkerung in acht bzw. später in 16 Klassen und Seebohm Rowntrees Unterscheidung in sechs verschiedene Gruppen innerhalb der *working class* für die Stadt York ermöglichten eine differenziertere Darstellung der Gesellschaft.[45] Die Abstrahierung, die James Scott als „simplification" bezeichnet hat, kann also verschiedene Abstufungen erfahren. Vermutlich liegt aber gerade in der fehlenden Differenziertheit des Stevenson'schen Klassifikationsmodells seine lange zeitliche Wirkmächtigkeit.

Auf jeden Fall war das auf *social classes* basierende britische Gesellschaftsmodell keine Einzelerscheinung. So hatte z. B. der irische Registrar-General, T.W. Grimshaw, schon für den Zensus von 1881 ein auf Berufen basierendes, hierarchisches Klassifikationsmodell entworfen.[46] Und als „professional model" gelabelt setzte sich das britische Modell z. B. in den 1930er-Jahren in den USA durch und wurde auch von anderen englischsprachigen Ländern übernommen. Im Gegensatz zu diesem präskriptiven Model, das hat ein Vergleich von Simon Szreter gezeigt, entwickelte sich in Frankreich eine deskriptive Klassifikation.[47] Die Entwicklung von Klassifikationsmodellen ist dabei nicht zuletzt auf nationale Traditionen zurückzuführen.

Die *Registrar-General's Social Classes* wurden nicht nur für den Zensus eingesetzt, sondern waren auch in anderen Studien der staatlichen Sozialforschung und in der akademischen und privatwirtschaftlichen Umfrageforschung weit verbreitet. Wir haben es hier also nicht mit einem Außenseitermodell zu tun, sondern vielmehr mit einer zentralen Klassifikation in der britischen Umfrageforschung. So stellte David Rose, Director of the Essex Institute for the Social Sciences, in seiner Bewertung des Modells aus dem Jahr 1995 fest: „For both government departments and academic users, the long time-series provided by RGSC in particular is of great value both in the interpretation of social trends and in policy

[43] Stevenson, Vital Statistics of Wealth and Poverty, bes. S. 211 f.
[44] 1990 fand eine Umbenennung in „Social Class based on Occupation" statt. Vgl. Rose, Official Social Classification in the UK.
[45] Siehe Szreter, Genesis of the Registrar-General's Social Classification of Occupations, S. 353.
[46] Ders., Official Representation of Social Classes in Britain, the United States, and France, S. 290.
[47] Ebd., S. 285–317.

evaluation."[48] Und die Marktforscher Colin McDonald und Stephen King bezeichneten den Zensus als zentrale Datenquelle: „It has been of major importance for the development of all research in this country, not merely for government."[49] Im *Introductory Guide to the 1991 Census* wurde der Zensus sogar als „'bedrock' upon which most other social and market research is founded" charakterisiert.[50] Mit der Nutzung der Zensusdaten ging auch die Übernahme der Gesellschaftsklassifikationen einher. Zwar konnten auch sog. Rohdaten erworben werden, aber David Rose berichtete, dass die Nutzer von Zensusdaten die Darstellung der Zahlen vielfach in den *Registrar-General's Social Classes* nachfragten.[51]

## 2. Entwicklungen in der staatlichen und der kommerziellen Umfrageforschung im 20. Jahrhundert

Die weit verbreiteten *Registrar-General's Social Classes* hatten den großen Nachteil, dass sie aufgrund ihrer einfachen und zugleich starren Form kaum an die sich verändernde Gesellschaft angepasst werden konnten. Deshalb wurden seit den 1920er-Jahren und vor allem nach 1945 sowohl in der staatlichen und universitären (siehe Abschnitt III.2.a) als auch in der kommerziellen Umfrageforschung weitere Modelle für Gesellschaftsklassifikationen entwickelt (siehe Abschnitt III.2.b).

### a) Kontinuitäten und Wandel in der staatlichen Umfrageforschung

Die *Registrar-General's Social Classes* behielten für das gesamte 20. Jahrhundert Gültigkeit, da aber ihre Nachteile bekannt waren, wurde ihnen ab den 1950er-Jahren ein zweites Modell hinzugestellt: die *Socio-Economic Groups.* Beide Gesellschaftsklassifikationen wurden parallel angewendet und erst für den Zensus von 2001 durch ein neues Modell, die *National Statistics Socio-Economic Classification NS-SEC*, ersetzt.

Blickt man zunächst noch einmal auf die *Registrar General's Social Classes*, so fällt auf, dass diese von 1921 bis 1991 kaum verändert wurden. Für jede Volkszählung wurden sog. *Classifications of Occupations* veröffentlich, die zum einen in die Klassifikation einführten und zum anderen eine Liste von Berufen enthielten, die jeweils einer *Registrar General's Social Class* zugeordnet waren. In dem Heft zum Zensus von 1960 fand sich folgender Einführungstext:

[48] ROSE, Official Social Classification in the UK.
[49] MCDONALD und KING, Sampling the Universe, S. 92f.
[50] Ebd. McDonald and King beziehen sich hier auf LEVENTHAL (Hrsg.), Introductory Guide to the 1991 Census.
[51] ROSE, Official Social Classification in the UK.

Since the 1911 Census it has been customary, as an aid to certain kinds of statistical analyses, to arrange the large number of unit groups of Occupational Classification into a small number of broad categories (called Social Classes) as follows:
I. Professional, etc. occupations
II. Intermediate occupations
III. Skilled occupations
IV. Partly skilled occupations
V. Unskilled Occupations.[52]

Für den Zensus von 1971 wurde die große dritte Klasse der „skilled occupations" weiter unterteilt in „(N) non-manual" und „(M) manual"[53] und für die Volkszählung von 1991 wurde die zweite Klasse zu „Managerial and Technical occupations" umbenannt.[54] Außerdem wurde in diesem Jahr der Name der Klassifikation in *Social Class based on Occupation* geändert. Als Hintergrund wurde die lange bestehende Kritik genannt, dass der alte Name eine Einbeziehung verschiedener sozialer Charakteristika implizieren würde, obwohl nur die Berufseinteilung die Basis dieser Gesellschaftsklassifikation bildete.[55]

Die Berufslisten, die ebenfalls in den *Classifications of Occupations* abgedruckt wurden, waren vor allem als Grundlage für die Sachbearbeiter im General Register Office gedacht. Auf dieser Basis nahmen sie die Kodierungen der einzelnen Zensusbögen vor und teilten die verschiedenen von den Befragten notierten Berufsangaben den *Social Classes* zu. Innerhalb dieser Listen wurden für jede Volkszählung Anpassungen der Berufe vorgenommen, so wurden männliche Sachbearbeiter 1931 von „class I" in „class II" degradiert, 1961 wurden Flugzeugpiloten von „class III" zu „class II" befördert und für denselben Zensus stiegen Postboten von „class II" in „class IV" ab.[56] Trotz dieser kleineren Anpassungen war das Modell der *Registrar-General's Social Classes* nicht in der Lage, die sich im 20. Jahrhundert verändernde Gesellschaft umfassend darzustellen. Die geringen Veränderungen über mehrere Jahrzehnte verdeutlichen die Starrheit des Modells in einer sich rapide wandelnden Gesellschaft. Deshalb waren auch für die staatliche Sozialforschung parallel andere Klassifikationsmodelle entwickelt worden.

Einflussreich wurden vor allem die sogenannten *Socio-Economic Groups* (SEG), die 1950 von dem Soziologen und Demografen David Glass vorgeschlagen worden waren.[57] Glass hatte sich u. a. durch seine Studien zur sozialen Mobilität in Großbritannien einen Namen gemacht;[58] es könnte also vermutet werden, dass diese Gesellschaftsklassifikation weniger statisch sein würde. Die 1951 eingeführten *Socio-Economic Groups* gingen von der Annahme aus, dass Menschen in einer sozioökonomischen Gruppe gleiche soziale und kulturelle Standards hatten und zudem

52 GRO, Classification of Occupations, 1960, S. x.
53 OPCS, Classification of Occupations, 1970, S. x. Der Zensus von 1980 folgte der identischen Einteilung, vgl. OPCS, Classification of Occupation 1980, S. x–xi.
54 OPCS, Census User Guide 1991. Social Class Based on Occupation, 1990, S. i.
55 Ebd.
56 Rose, Official Social Classification in the UK.
57 Ebd.
58 Glass (Hrsg.), Social Mobility in Britain.

ein ähnliches Freizeitverhalten zeigten. Methodisch problematisch war an dieser Einteilung, dass in einer Volkszählung keine direkten Fragen zu diesen Themenbereichen gestellt wurden, da die Antwortbereitschaft der Bevölkerung zu solchen Fragen im Zensus angezweifelt wurde. Deshalb musste eine Hilfslösung gefunden werden, die darin bestand, den Status der Anstellung (*employment status*) und den Beruf (*occupation*) samt seiner Branche (*industry*) als Indikator für die sozialen und kulturellen Standards einer Gruppe anzusehen. Wie schon die *Registrar-General's Social Classes* basierten also auch die *Socio-Economic Groups* auf der Einteilung der Gesellschaft nach ihrer Tätigkeit in der Arbeitswelt. 1951 waren zunächst 13 *Socio-Economic Groups* eingeführt worden, die für den Zensus von 1961 bereits um weitere ergänzt worden waren und sich wie folgt einteilten:

(1) Employers and managers in central and local government, industry, commerce, etc. – large establishments [...]
(2) Employers and managers in industry, commerce, etc. – small establishments [...]
(3) Professional workers – self employed [...]
(4) Professional workers – employees [...]
(5) Intermediate non-manual workers [...]
(6) Junior non-manual workers [...]
(7) Personal service workers [...]
(8) Foremen and supervisors – manual [...]
(9) Skilled manual workers [...]
(10) Semi-skilled manual workers [...]
(11) Unskilled manual workers [...]
(12) Own account workers (other than professional) [...]
(13) Farmers – employers and managers [...]
(14) Farmers – own account [...]
(15) Agricultural workers [...]
(16) Members of armed forces.[59]

Zehn Jahre später kam, wie schon im Zwischenzensus von 1966, als siebzehnte Gruppe „Occupation inadequately described" hinzu.[60] Diese siebzehnteilige Klassifikation blieb dann bis zum Zensus von 1991 einschließlich unverändert. Zwar wurden die *Socio-Economic Groups* als nominales und die *Registrar-General's Social Classes* als ordinales Modell charakterisiert, trotzdem basierten beide auf dem Indikator der Berufstätigkeit und warfen die Frage auf, ob es in Großbritannien zwei Modelle von Gesellschaftsklassifikationen geben musste, die auf derselben Grundlage basierten. Die *Socio-Economic Groups* waren zwar differenzierter als die *Registrar-General's Social Classes*, wurden aber ebenfalls jahrzehntelang ohne signifikante Veränderungen angewandt. Beide Modelle schienen somit nicht in der Lage zu sein, die sich wandelnde Bevölkerung detailliert darzustellen. Außerdem wurde von Umfrageexperten in den 1990er-Jahren zunehmend sowohl für die *Registrar-General's Social Classes* als auch für die *Socio-Economic Groups* kritisiert, dass die Klassifikationen die Tatsache ignorierten, dass sich 40 Prozent der Bevölkerung nicht in bezahlten Beschäftigungsverhältnissen befanden.[61] Sie wur-

[59] GRO, Classification of Occupations, 1960, S. xi–xii.
[60] OPCS, Classification of Occupations, 1970, S. xi.
[61] Rose, Official Social Classification in the UK.

den über den Haushaltsvorstand in einer der Berufsgruppen klassifiziert, was ebenfalls Probleme produzierte, wie in Abschnitt III.3 erkennbar wird. Vor dem Hintergrund der Kritik an den beiden staatlichen Klassifikationsmodellen wurde Mitte der 1990er-Jahre eine dreiphasige Evaluierung durch das Economic and Social Research Council (ESRC) durchgeführt.

*Fit fürs 21. Jahrhundert? Die National Statistics Socio-Economic Classification*

In der ersten Phase der Evaluierung, die 1994 begann und in der festgestellt werden sollte, ob es weiterhin Bedarf an einer offiziellen Gesellschaftsklassifikation gab und ob die bestehenden Modelle ggf. revidiert werden sollten, wurde schnell Übereinstimmung erzielt: Ein staatliches Klassifikationsmodell war weiterhin erwünscht. David Rose fasste in seiner Darstellung der Evaluierung die Notwendigkeit für die einzelnen Umfragebereiche folgendermaßen zusammen:

> Central government departments need them because they provide convenient summaries of complex data relevant to the analysis of social variation and thus to policy formulation, targeting and evaluation, as well as needs assessment. [...] In the private sector OPCS classifications are a vital element in the creation of area classifications by companies in the market analysis field. Academic researchers need the classifications for scientific analyses, especially in health, medical, geographic and demographic research.[62]

Interessant ist im Kontext der Überarbeitung das unumwundene Geständnis, dass eine staatliche Klassifikation schon deshalb wünschenswert sei, da so der Staat die Kontrolle über die Definitionen, die erhobenen Informationen und die Klassifikationsstandards behalte.[63] Aktuelle Diskussionen zum Zensus von 2021 über eine mögliche Abschaffung der Volkszählung scheinen weniger an das Argument der staatlichen Kontrolle zu denken, sondern beziehen sich vor allem auf eine Reduzierung von Kosten.[64]

Blickt man nun auf die inhaltliche Kritik an den beiden bestehenden Modellen, so wurde immer wieder die fehlende konzeptionelle und theoretische Basis moniert und die Modelle als altmodisch bzw. überholt charakterisiert.[65] Neben der Erarbeitung einer konzeptionellen und theoretischen Basis sollte in der zweiten Phase der Evaluierung deshalb die Entwicklung eines neuen Klassifikationsmodells im Mittelpunkt stehen.[66] Die grundlegende Orientierung am Berufsfeld sollte ebenso wie einige als positiv eingeschätzte Aspekte der beiden vorhandenen Gesellschaftsklassifikationen beibehalten werden. Durch diese Anlehnung an die bestehenden Modelle sollte eine langfristige Vergleichbarkeit von Daten gewährleistet werden.

[62] Ebd.

[63] Ebd.

[64] Siehe z. B. Christopher Hope, National Census to be Axed after 200 Years, The Daily Telegraph, 09.07.2010, http://www.telegraph.co.uk/news/politics/7882774/National-census-to-be-axed-after-200-years.html (aufgerufen am 17.2.2013).

[65] Rose, David, Peter Elias und Abigail McKnight, The National Statistics Socio-Economic Classification. An Overview, Paper Presented at the The Market Research Society. Annual Conference, 17.–19.3.2000, Brighton Metropole 1999, S. 331–355, BL, MRS, S. 332.

[66] In einer weiteren dritten Phase sollte die neue Klassifikation der NS-SEC erprobt werden.

Das neu entwickelte und 2001 zum ersten Mal eingesetzte Modell trug den Namen *National Statistics Socio-Economic Classification* (NS-SEC). Es orientierte sich grundsätzlich an dem sozialwissenschaftlichen Modell, das federführend von John Goldthorpe im Kontext der sozialen Mobilitätsforschung entwickelt worden war, weite Anwendung fand und zudem international akzeptiert war.[67] Die konzeptionelle Basis der neuen *National Statistics Socio-Economic Classification* (NS-SEC) ging von Arbeitsbeziehungen („employment relations") aus, die durch die „labour market situations" (d. h. Einkommen, wirtschaftliche Sicherheit und Aussicht auf wirtschaftliche Verbesserung) und „work situations" (d. h. Entscheidungsbefugnis, Aufsicht über Mitarbeiter etc.) näher definiert waren.[68] Daraus entstand die NS-SEC, die in drei verschieden umfangreichen Modellen dargestellt wurden (siehe Tabelle 12):

*Tabelle 12: National Statistics Socio-Economic Classification (NS-SEC): Eight-, five- and three-class versions*

| eight classes | five classes | three classes |
|---|---|---|
| 1. Higher managerial, administrative and professional occupations | 1. Higher managerial, administrative and professional occupations | 1. Higher managerial, administrative and professional occupations |
| 1.1 Large employers and higher managerial and administrative occupations | | |
| 1.2 Higher professional occupations | | |
| 2. Lower managerial, administrative and professional occupations | | |
| 3. Intermediate occupations | 2. Intermediate occupations | 2. Intermediate occupations |
| 4. Small employers and own account workers | 3. Small employers and own account workers | |
| 5. Lower supervisory and technical occupations | 4. Lower supervisory and technical occupations | 3. Routine and manual occupations |
| 6. Semi-routine occupations | 5. Semi-routine and routine occupations | |
| 7. Routine occupations | | |
| 8. Never worked and long-term unemployed | *Never worked and long-term unemployed | *Never worked and long-term unemployed |

Tabelle erstellt nach: ONS, The National Statistics Socio-economic Classification (NS-SEC rebased on the SOC2010).

[67] So die offizielle Darstellung auf der Webpage des Office of National Statistics: http://www.statistics.gov.uk/methods_quality/ns_sec/history_Origns.html (aufgerufen am 6. 11. 2007). Für das zugrunde liegende Modell von Goldthorpe et al siehe z. B. ERIKSON und GOLDTHORPE, Constant Flux; GOLDTHORPE und HOPE, Occupational Grading and Occupational Prestige.

[68] Ebd.

Was war der Gewinn der NS-SEC im Vergleich zu den beiden alten Klassifikationssystemen? Es verfügte über eine klare konzeptionelle Basis, war an die aktuelle Gesellschaft angepasst und zudem anschlussfähig an das gängige Modell aus der akademischen Sozialforschung. Es ging aber wie schon die Vorläuferklassifikationen *Registrar-General's Social Classes* und die *Socio-Economic Groups* von der grundsätzlichen Annahme aus, dass die britische Gesellschaft am besten über ihre Berufsstruktur und Arbeitswelt abgebildet werden konnte. Zwar wurden diese nun nicht mehr wie in den *Registrar-General's Social Classes* hierarchisch geordnet, aber es wurde doch angenommen, dass mit den verschiedenen Gruppen unterschiedliche Möglichkeiten der Teilhabe an der Gesellschaft verbunden waren. Wie aber wurde in diesem Modell mit einem anderen Kritikpunkt umgegangen, nämlich der Berücksichtigung von Gesellschaftsgruppen, die nicht auf dem Arbeitsmarkt aktiv waren? Arbeitslose, Rentner, Menschen mit Behinderungen, Bürger, die eine Ausbildung absolvierten etc. sollten nach ihrem letzten bezahlten Beruf klassifiziert werden, wobei insbesondere bei Arbeitslosen nicht ganz klar war, wie lange diese Tätigkeit zurückliegen durfte. Diskutiert wurden verschiedene Zeiträume, z. B. sechs Monate oder ein Jahr.[69] Somit wurden Personen in der Gesellschaftsklassifikation erfasst, deren Leben in der Momentaufnahme der Volkszählung eigentlich nicht in diese Klassifikation passte. Ob dies ein sinnvolles Vorgehen aus der Perspektive der Betroffenen und für das Gesellschaftsbild war, das so erzeugt wurde, ist fraglich.

Die staatlichen Gesellschaftsklassifikationen in Großbritannien blieben dabei: Am Berufsfeld gemessene *social classes* oder Gesellschaftgruppen bildeten die maßgebliche Grundlage. Es verwundert deshalb nicht, dass einerseits die akademischen Umfrageforscher mit diesem Modell zufrieden waren, da es zumeist ohnehin zu ihrem Arbeitsalltag gehörte.[70] Andererseits konnten die schon mit den *Registrar-General's Social Classes* und *Socio-Economic Groups* unzufriedenen privatwirtschaftlichen Meinungsforscher der neuen *National Statistics Socio-Economic Classification* nicht viel abgewinnen. So stellten die Marktforscher Erhard Meier und Corrine Moy in einem Paper für die jährliche Konferenz der Market Research Society im Jahr 1999 fest: „From a practical, that is field operational, point of view, SEC [...] would have none of the advantages we would look for in a new system."[71] Aufgrund der für ihre Bedürfnisse nicht zufrieden stellenden Klassifikationen hatten sich Markt- und Meinungsforscher schon früher an der Erarbeitung eigener Gesellschaftsklassifikationen versucht.

69 Rose, Elias und McKnight, The National Statistics Socio-Economic Classification. An Overview, BL, MRS, S. 337.

70 Zur Auswahl hätte auch ein anderes Modell, die sog. *Cambridge Scale*, gestanden.

71 Erhard Meier und Corrine Moy, Social Classifications. A New Beginning or Less of the Same?, Paper Presented at the The Market Research Society. Annual Conference, 17.–19. 3. 2000, Brighton Metropole 1999, S. 357–367, BL, MRS, S. 363.

## b) Gesellschaftsklassifikationen in der Markt- und Meinungsforschung

Die Umfrageforscher im Bereich der Markt- und Meinungsforschung waren seit den 1920er-Jahren und vor allem nach 1945 sehr aktiv bei der Suche nach geeigneten Gesellschaftsklassifikationen. Die folgenden Ausführungen werden zeigen, dass sie dabei von den staatlichen Klassifikationen beeinflusst wurden und zugleich selbst auf die staatliche Umfrageforschung Einfluss nahmen. Ebenso wie ihre Kollegen in der staatlichen und universitären Umfrageforschung setzten die privatwirtschaftlichen Akteure anfangs auf soziale Klasse als zentrales Konzept und verorteten die verschiedenen Klassen zunehmend im Raum. Der Herausbildung einer spezifischen Gesellschaftsklassifikation für die privatwirtschaftliche Markt- und Meinungsforschung ging eine Phase der Evaluierung bestehender Modelle voraus. Die Bewertung der vorhandenen Klassifikationen und die Entwicklung eines Modells für die Markt- und Meinungsforschung hing dabei insbesondere von der Fähigkeit dieser Einteilungen ab, im Hinblick auf Einkommen (*income*) und Kaufverhalten (*spending pattern*) zu differenzieren.[72] Denn für die Markt- und Meinungsforscher hatten sich die Märkte, mit denen sie sich beschäftigten, gravierend verändert. Als 1931 Paul Redmayne und Hugh Week das erste britische Buch, das sich allein mit Marktforschung beschäftigte, veröffentlichten, waren sie sich im Hinblick auf den Ort und die Methode des Einkaufs sehr sicher: „for quite a large range of products no doubt arises at all as to the type of shop where it is bought.“ [73] Nur einige wenige Produkte konnten an verschiedenen Stellen erworben werden. Als der britische Umfrageforscher Mark Abrams zwanzig Jahre später eine Einleitung zur Neuauflage des Buches verfasste, verwies er auf einen grundlegenden Wandel der Konsumenten und der Märkte:

> Since 1939 the character of many markets has been fundamentally changed. Before the war British consumers, broadly speaking, were of two kinds; the few with a great deal of money who constituted the ‚class‘ market, and the many with comparatively little money who formed a mass market for cheap and often nasty goods. The changes in income over the past ten years have gone a long way towards liquidating both types of consumer and towards creating new and somewhat puzzling markets for manufacturers who previously specialised in one or the other of the pre-war markets. In the post-war world past experience ceased to be a reliable guide to future trends and new methods of research had to be applied.[74]

Durch die Veränderung in der Einkommensstruktur hatte sich auch das Konsumverhalten der verschiedenen Bevölkerungsgruppen verändert. Zudem wandelten

[72] Ebd.

[73] Redmayne und Week, Market Research, London 1931, S. 91. Der Marktforscher John Downahm stellte im Jahr 2008 fest, dass es bis zur Gründung der Market Research Society im Jahr 1946 zwar einige Handbücher in Großbritannien gab, die sich mit Statistik und Stichproben beschäftigten, „but none dealing in any depth with survey research other than Redmayne and Week's *Market Research,* published in 1931. No research textbooks of significance were to be published post-war in this country until John Madge's *The Tools of Social Science* in 1953, followed by Claus Moser's *Survey Methods in Social Investigation* in 1958.“ Downham, How Did the MRS Journal Start?, bes. S. 7.

[74] Abrams, Introduction, bes. S. ix.

sich die Einkaufsmöglichkeiten von der 1931 von Redmayne und Week beschriebenen Eindeutigkeit hin zur Vielfalt; so konnten Konsumgüter zunehmend auch in Warenhäusern und Supermärkten erworben werden.[75] Dadurch und durch veränderte Produktionsprozesse war der direkte Kontakt des Herstellers zum Kunden verloren gegangen, lediglich durch eine Zahl von Vermittlern, z. B. Einzel- und Großhändlern, erfuhr der Hersteller etwas über die Endverbraucher und ihre Wünsche.[76] Die Marktforschung bot sich als Möglichkeit an, diese verlorene Verbindung zum Endverbraucher – wenn auch in anderer Form – wiederherzustellen.

Die Meinungsforschungsinstitute stellten im Vergleich zur Marktforschung nur einen geringen Teil der Umfrageinstitute dar. Teilweise wurden Meinungsfragen und Marktforschungsfragen in den sog. *omnibus surveys* (siehe Kapitel II, Abbildung 2) in ein und derselben Umfrage gestellt und erst danach getrennt. Dieser gemeinsamen Erhebung lag ein ähnliches Problem zugrunde, denn auch in modernen Demokratien mit allgemeinem Wahlrecht und einer breiten Wählerschaft entfernten sich die politischen Repräsentanten zunehmend von ihrer Wählerschaft. Die Methoden der Meinungsforschung sollten deshalb Wissen über die Wähler produzieren und ihre Meinungen eruieren. Insbesondere die frühen Gallup Polls aus den 1930er-Jahren halfen dabei, die Meinungsforschung als eine Alternative zu „party meetings and pub conversations" zu etablieren.[77] In Großbritannien hinkte die politische Meinungsforschung der Marktforschung allerdings hinterher und konnte sich erst nach dem Zweiten Weltkrieg einen Platz im politischen System erwerben.[78]

Gesellschaftsklassifikationen waren dabei für die Markt- und Meinungsforschung in mindestens drei Bereichen von Bedeutung: für die Auswahl der Stichprobe (*quota sample*), für die Analyse der Ergebnisse und für die Kommunikation und Präsentation dieser Ergebnisse für die Kunden.

### *Verschiedene Möglichkeiten: Klassifikationsmodelle in der Vorkriegs- und Nachkriegszeit*

Zentral waren auch für die Markt- und Meinungsforscher die auf sozialen Klassen aufbauenden Gesellschaftsklassifikationen, von denen es bereits seit den 1930er-Jahren verschiedene Versionen gab. Aus diesem Grund wurden die verschiedenen Modelle von einem *sub-committee* der Market Research Society Ende der 1940er-Jahre auf ihre Funktionstüchtigkeit und Vergleichbarkeit untersucht.[79] Grundsätzlich teilte das *sub-committee* die Modelle in zwei Gruppen ein:

[75] Vgl. z. B. JESSEN und LANGER, Transformations of Retailing after 1945.

[76] ABRAMS, Introduction, S. ix.

[77] BROUGHTON, Public Opinion Polling, S. 4.

[78] Siehe dazu: BEERS, Whose Opinion?. Zum anfänglichen Einsatz in der konservativen Partei siehe: TAYLOR, Record of the 1950s is Irrelevant.

[79] Market Research Society Sub-Committee (Henry Durant (Chairman), Mark Abrams, W.F.F. Kemsley, Harry Munt, Frederick Edwards), 1949 Report On Socio-Economic Group Usage, abgedruckt in: BLYTHE, Making of an Industry, S. 213–215: Appendix B.

1) The *objective*, in which respondents are grouped according to some orientation from information obtained at the interview. Examples of this are definitions dependent on the occupation, or the basic wage rate of the head of household.
2) The *subjective*, in which respondents are grouped according to the investigator's impression of their socio-economic standing, using such indications as type of house, possession of car or telephone.[80]

Ein Beispiel für die subjektive Methode war die Klassifikation der International Broadcasting Corporation von 1937 (siehe Tabelle 13).

*Tabelle 13: 1937 Social Classification Used By the International Broadcasting Corporation*

| | |
|---|---|
| Class A | Have at least one maid: telephone; medium-priced car; detached or semi-detached house of more expansive kind in suburbs, with 8–10 rooms, bought on mortgage arrangement; or comfortable central flat in ‚good district'. Children at a private school or a good secondary or a grammar school. Typical occupations: owner of small factory or large retail shop; minor executive in business; managers and assistant managers; owners of small commercial concerns: medium-grade professional men, e.g. members of small architectural firms, medical general practitioners with smaller practices, upper-grade civil servants. |
| Class B | Regular maid rare and usually no telephone: occasional domestic help; second-hand or cheap car; detached or semi-detached house, 5–8 rooms with garden on repayments; flat in inner suburbs, or cottage dwelling in less congested parts of town. Children usually at a secondary school. Typical occupations: owner of small to medium-sized shop; owner of small workshop; younger members of professions; technical and managerial staff of business concerns; executive and higher clerical civil servants; bulk of middle-aged and older bank and insurance officials, key workers in certain trades. |
| Class C | No maid or telephone: occasional domestic help; house reasonably well kept; house and street definitely superior in character to D; 4–5 room house; 3-room flat; house semi-detached in suburbs of more commonly, in row; small garden in less congested areas; occasional motor cycle and very rarly second-hand car; good push bicycle; children usually at elementary school. Typical occupations: foreman in most trades; skilled workmen, e.g. printers, typesetters and semi-skilled workmen in sheltered industries (LPTB employees, building trade and distributive trade workmen): bank clerks, draughtsmen; secretaries and not junior typists; lower-grade black-coated workers generally, except for juniors; higher-grade shop assistants; managers and assistant managers of small concerns; owners of very small retail shops; lower grade civil servants; office and works superintendents. |
| Class D | No telephone or maid. No paid domestic help. Cheaper council houses or older houses in row of tenements, 2–4 rooms. No garden as a rule. Poorer working class areas, excluding only the worst slum quarters. Typical occupations: lowest grade office and warehouse clerical staff; semi-skilled and unskilled in most employments, e.g. cotton, coal mining, building, semi-skilled in seasonal trades. |

Tabelle erstellt nach: 1937 Social Classification Used By the IBC, in: Blythe, Making of an industry, S. 217, Appendix C.

Die vier *Classes* wurden gemessen an der Art des Wohnraums, der Zahl der Räume, der Gegend, der Schule, der Beschäftigung von Servicepersonal und an typischen Berufen. Sie waren in hohem Maße abhängig von der Einschätzung der Interviewer und diese bedurften somit einer intensiven Schulung.

[80] Ebd., Hervorhebung im Original.

Ein Nachkriegsbeispiel für die subjektive Methode ist das Modell für den *Attwood Readership Survey* von 1947 (siehe Tabelle 14).

*Tabelle 14: The Attwood Readership Survey 1947*

| | |
|---|---|
| Class AB. | Upper and Upper Middle Classes, typified by families of executives, managers, professional men, etc. |
| Class C. | Lower Middle Class, typified by families of junior or deputy managers, supervisory grades, senior skilled workers and technicians, small shop owners or managers, etc. |
| Class D. | The large body of Working Class families. |

Tabelle erstellt nach: The Attwood National Publications. Readership Survey, Part I, March 1947, HAT Library, S. 80.

Hier wurden vier Klassen unterschieden, wobei die ersten beiden zusammengefasst wurden. Ebenso wie in der Klassifikation der International Broadcasting Corporation unterschied der *Attwood Readership Survey* in erster Linie aufgrund der äußeren Erscheinung, auch hier kam dem Interviewer bzw. der Interviewerin somit ein wichtiger Teil der Klassifizierungsarbeit zu. Dafür wurden den Interviewern einige Anhaltspunkte an die Hand gegeben:

The way in which a person interviewed is allocated to one of these classes in practice is a matter of observation and experience and depends solely on visible and audible characteristics such as dress, cleanliness, speech, manner, bearing or personality, attitude to Investigator and, for housewife interviews, the type of district and house; no specific question on income is normally asked.[81]

Ein Nachkriegsbeispiel für die objektive Methode ist die Klassifikation des Institute of Practitioners in Advertising, das diese für den sog. *Readership Survey* entwickelt hatte (siehe Tabelle 15). Im Fragebogen für diese Umfrage wurden direkte Fragen zum Einkommen gestellt und auf dieser Basis später im Büro (nicht durch die Interviewer), die Gesellschaft in soziale Klassen eingeteilt.

*Tabelle 15: Institute of Practitioners in Advertising (IPA): Survey of Press Readership 1947*

| | |
|---|---|
| A. | The professional and richer classes, where the head of the family has an income above £1000 a year.<br>This includes about 5% of the population. |
| B. | The upper section of the middle classes, where the head of the family has an income between £650 and £1000 a year.<br>This includes about 10% of the population. |
| C. | The lower middle classes, where the head of the family has an income between £7 a week and £13 a week. This stratum includes the most highly paid of the skilled manual workers. It includes about 20% of the population. |

Tabelle erstellt nach: Institute of Incorporated Practitioners in Advertising, Survey of Press Readership 1947, Readership Tables, HAT, S. 17f.

Sowohl für den *Readership Survey* des Institute of Practitioners in Advertising als auch für den *Attwood Readership Survey* wurde betont, dass soziale Klasse keine eindeutige Kategorie sei, vielmehr wurde sie als Amalgam angesehen. Im ers-

[81] The Attwood National Publications. Readership Survey, Teil I, März 1947, HAT, S. 80.

ten Fall wurde betont, dass die auf Einkommen basierende Einteilung nicht eindeutig sei: „They merge into one another and overlap.“[82] Die Vertreter von *Attwood* stellten in ähnlicher Weise fest, dass z. B. das Kaufverhalten einer Person nicht allein vom Einkommen abhänge; zudem verwiesen sie darauf, dass verlässliche Einkommensangaben in einem Interview nur selten gemacht werden – ganz unabhängig davon, dass nicht klar sei, ob es um persönliches Einkommen, das der Familie oder das des Haushaltsvorstandes etc. gehen würde.[83] Da diese verschiedenen Modelle – und sie waren nicht die einzigen – keinen Vergleich ihrer Ergebnisse zuließen, obwohl sie sich alle auf soziale Klassen bezogen, forderte das *sub-committee* der Market Research Society in seinem Report von 1949 die Standardisierung der verschiedenen Gesellschaftsklassifikationen, die in der Markt- und Meinungsforschung im Umlauf waren.[84]

Vierzehn Jahre später, also 1963, kam eine neue Working Party der Market Research Society (MRS) noch immer zu nahezu derselben Bewertung der Klassifikationspraxis in der Markt- und Meinungsforschung:

- A number of different definitions are in current use, resulting in confusion and lack of comparability of results
- Even where two organisations are ostensibly using the same definition, the results tend to differ in practice
- None of these definitions has been shown to be the ‚right‘ one in terms of efficiency in helping marketing activity[85]

Der neue Report stellte klar, dass eine Bestimmung von sozialer Klasse über das Berufsfeld nicht die einzige Ordnungsmöglichkeit war. Insgesamt wurden in dem Bericht sechs verschiedene Methoden vorgestellt:[86] Erstens ging es um die sog. „self-rating definitions“, bei denen die Befragten sich selbst einer *social class* zuordneten. Zweitens wurden die schon bekannten Modelle der objektiven bzw. subjektiven Methode erwähnt, wobei im Bericht von 1963 das Wort „objective“ durch „occupation“ ersetzt worden war. In dieser Hinsicht wurde festgestellt, dass die meisten großen Marktforschungsunternehmen mit auf dem Berufsfeld basierenden Klassifikationen arbeiteten, die sich allerdings erheblich – je nach der in dem einzelnen Umfrageinstitut üblichen Verfahren – unterschieden. Die Beurteilung dieser auf der sog. subjektiven oder objektiven Methode basierenden Praxis durch die MRS Working Party fiel ernüchternd aus:

All these systems suffer to a greater or lesser degree from non-reproducibility in the sense that training of interviewers plays a vital part, so that while it is possible to expect some consistency between two interviewers in one organisation, this is not to be expected for interviewers trained by different organisations.[87]

[82] Incorporated Institute of Practitioners in Advertising (IIPA), Survey 1947, HAT, S. 17.
[83] Attwood Readership Survey, HAT, S. 80.
[84] Market Research Society Sub-Committee, 1949 Report On Socio-Economic Group Usage, MRS Library.
[85] Market Research Society, MRS Working Party on Social Class Definition, Social Class Definition in Market Research Objectives and Practice. First Report, October 1963, London 1963, MRS Library, S. ii.
[86] Ebd., S. 40 f.
[87] Ebd., S. 40.

Als dritte Klassifikationsmöglichkeit wurde die im *National Food Survey* verwandte Einteilung auf der Basis des Einkommens genannt, die allerdings als zu einseitig bewertet wurde, und als vierte die staatlichen Klassifikationen *Registrar- General's Social Classes* und *Socio-Economic Groups.* Die im Zensus verwandten Klassifikationen wurden positiv beurteilt; allerdings wurde bezweifelt, dass in kommerziellen Umfragen aussagekräftige Aussagen zu den für die Klassifikationen notwendigen Berufsangaben gemacht würden. Die *Registrar- General's Social Classes* wurden als relevanter für die Marktforschung eingestuft, da sie einfacher und hierarchischer seien als die *Socio-Economic Groups*: „If information collection can be simplified, there is much to be said for adopting this system, if only because of the existence of census results as basic data."[88] Als fünfte Methode wurde eine als „multidimensional" bezeichnete Klassifikation im Bericht der MRS Working Party genannt. Sie verwandte Informationen aus verschiedensten Bereichen (z. B. Statusobjekte und Bildungsgrad), wurde aber in Großbritannien wenig verwendet. Die sechste und letzte Klassifikationsmethode wurde als „readership-based" charakterisiert, da in ihr das Leseverhalten als Indikator für *social class* gemessen wurde (nicht zu verwechseln mit dem *National Readership Survey*, der genau umgekehrt funktionierte, dazu unten mehr). Die MRS Working Party zog das abschließende Fazit, dass alle genannten Modelle von einer großen Zahl von Mängeln gekennzeichnet waren. Trotzdem empfahlen sie die als zweite genannte Methode, die auf der Messung des Berufsfelds aufbaute; sie sollte weiter entwickelt und standardisiert werden.

*Standardisierung: Social Grades*

Parallel zur Arbeit der MRS Working Party hatte das Institute of Practitioners in Advertising (IPA) eigene Versuche zur Entwicklung eines auf sozialen Klassen basierenden Klassifikationsmodells für den *National Readership Survey* begonnen. Das Institut war 1927 als Institute of Incorportated Practitioners in Advertising gegründet worden – 1954 wurde der Name um das *Incorportated* gekürzt. Es bildete die Berufsorganisation der britischen Werbeindustrie, fungierte als Sprachorgan und wollte zugleich durch Schulungen, Preise und die Erarbeitung von Standards für die Branche die Qualität der Arbeit sichern. Seine Vorläuferorganisation war während des Ersten Weltkriegs 1917 gegründet und zur Koordination der staatlichen Kriegspropaganda eingesetzt worden.[89] Der MRS Working Party waren die Bemühungen des Institute of Practitioners in Advertising um ein neues Klassifikationsmodell bekannt. Deshalb rieten sie in ihrem Bericht von 1963 dazu, zunächst kein eigenes Modell zu entwickeln, sondern auf die Veröffentlichung des IPA zu warten.[90]

[88] Ebd., S. 41.

[89] A Brief History of the IPA, in: http://www.ipa.co.uk/page/A-Brief-History-of-the-IPA (aufgerufen am 9. 2. 2013).

[90] Market Research Society, Working Party on Social Class Definition, London 1963, MRS Library, S. 40–43.

Das Institute of Practitioners in Advertising hatte seine Arbeit für ein Klassifikationsmodell im Jahr 1954 aufgenommen, also genau zu dem Zeitpunkt, als sich durch das Ende der Rationierung neue Märkte zu öffnen begannen. Im Januar 1960 zirkulierte innerhalb des Institute of Practitioners in Advertising ein erster Bericht zu einem möglichen Klassifikationsschema. In diesem Jahr konnte das Institut bereits auf eine sechsjährige Arbeit an dem neuen Klassifizierungsmodell zurückblicken und hatte es erstmals im *National Readership Survey* von 1956 getestet.[91] Aber schon zuvor hatte sich die verschiedene Medien umfassende Publikumsforschung als wichtiger Teil der Umfrageforschung etabliert; so war das Listener Research Department der BBC 1936 gegründet worden.[92] Versuche zur Standardisierung boten sich in diesem Bereich aufgrund seiner Übersichtlichkeit an.[93] *Readership Surveys* waren nicht dasselbe wie Auflagehöhen oder Absatzzahlen: „A ‚reader' is a person who has been afforded a chance of seeing an advertisement in a publication by virtue of having read or looked through that publication."[94] Ein Leser in diesem Sinne ist mehr als ein Käufer einer Zeitschrift oder einer Zeitung, deshalb sollten es die Ergebnisse der *Readership Surveys* ermöglichen, genauere Auskunft für die Werbebranche zu geben, wo sich eine Werbemaßnahme zum Beispiel für ein bestimmtes Auto am meisten lohnen, d.h. wo sie die meisten potentiellen Kunden erreichen würde. Das Institute of Practitioners in Advertising fungierte in den 1960er-Jahren als „style setter and leader of media studies",[95] da es alle anderen Institute in diesem Bereich überlebt hatte. Das Arbeitspapier von 1960 fasst die Situation der Gesellschaftsklassifikationen in der Markt- und Meinungsforschung wie folgt zusammen:

> The almost universal practice in Marketing Research in the U.K. is for ‚social class' to be a standard form of breakdown for data. Again the practice is almost universal that the criteria for assessing informants into any one of the defined social groups are a mixture (and a compromise) of financial, occupational and environmental factors, largely determined by the occupation of the head of the household in which the informant lives. It is closely related, moreover, to the familiar, if old-fashioned, social definitions of ‚class'. These may well be a decadent Edwardian relic but at least they die hard and have the merit of being reasonably well understood by researchers and their clients alike.[96]

[91] Für einen Insider-Überblick siehe Henry, Origins and Birth of the NRS.

[92] Zur Geschichte der Hörerforschung der BBC siehe Silvey, Who's Listening?. Für einen geschichtlichen Überblick bis 1954 siehe auch Market Research Society, Readership Surveys. A Comparative Study (A Publication of the Market Research Society 1), London 1954, MRS Library, S. 8–11.

[93] 1954 existierten drei große Studien zur Publikumsforschung: *The Hulton Readership Survey, The Brand Barometer Readership Sections, The Attwood Consumer Panel Readership Analysis.* Hinzu kam die vom Incorporated Institute of Practitioners in Advertising geplante *National Readership Survey* (Market Research Society, Readership Surveys. A comparative study, London 1954, MRS Library, S. 4). Zu den Unterschieden der Studien z. B. im Hinblick auf die Bezahlung für die Ergebnisse siehe ebd., S. 9–11.

[94] Ebd., S. 5.

[95] Incorporated Institute of Practitioners in Advertising, Graeme Cranch, Socio-Economic Grading. A Paper Prepared for the Consideration of the Research Committee, 4. 1. 1960, HAT IPA 17/2. Das Protokoll des IIPA Research Committee, das am 20. 2. 1959 veröffentlicht wurde, gab als Mitglieder des Komitees neben Graeme Cranch Mark Abrams und Harry Henry an.

[96] Ebd.

Betont wurde somit einerseits die weit verbreitete Praxis in Großbritannien, Gesellschaftsklassifikationen auf sozialen Klassen aufzubauen, wobei zugleich festgestellt wurde, dass dies kein eindeutiges Kriterium sei, sondern vielmehr von mehreren Faktoren abhänge und zumeist auf der Bewertung des Berufsfelds des Haushaltsvorstandes basiere. Anderseits findet sich hier wiederum das Argument, dass sich *social class* als Möglichkeit der Kommunikation zwischen den Umfrageforschern und ihren Kunden anbiete, da alle zu wissen meinten, was mit *social class* gemeint sei.

Nach verschiedenen Zwischenberichten[97] stellte das Institute of Practitioners in Advertising gemeinsam mit dem British Market Research Bureau (BMRB), das die praktische Erprobung (*fieldwork*) durchgeführt hatte, im Jahr 1964 seine neue Klassifikation vor.[98] Um die höchste Vergleichbarkeit zwischen den Ergebnissen verschiedener Umfrageinstitute und innerhalb eines Instituts zu gewährleisten, wurde ein Zwei-Phasen-Modell propagiert. Anders als bei der subjektiven Methode wurde die Rolle des Interviewers auf die Erhebung der Daten beschränkt. Nicht zuletzt bedingt durch die schon bekannten Diskussionen über das geringe Vertrauen der Umfrageforscher in die Interviewer sollten die Arbeit und der Einfluss der Interviewer gering gehalten werden. Zu diesem Zweck wurde ein Fragebogen entworfen, der möglichst wenig Interpretationsmöglichkeiten und somit ‚Fehlerquellen' bot. Zwar sollten auch die Interviewer ihre Einschätzung zu den sog. *Social Grades* geben, die eigentliche Klassifizierung erfolgte aber in einem abgetrennten, zweiten Schritt. Hier oblag es dem Personal im Büro auf der Grundlage der Fragebögen die eigentliche Einteilung in *Social Grades* zu übernehmen. Die Zweiteilung des Klassifizierungsverfahrens zeigte sich auch in dem in Abbildung 9 zu sehenden Fragebogen: Während die Interviewer die von den Umfrageforschern für notwendig erachteten Fragen stellten, sollte das Büropersonal dann in der Box unten rechts die eigentliche Klassifizierung durchführen.

Die Einteilung in verschiedene sog. *Social Grades* orientierte sich eng an den in der Volkszählung und anderen Umfragen aus der staatlichen Sozialforschung verwandten *Registrar-General's Social Classes.* Dadurch sollte eine Vergleichbarkeit mit dem gängigen staatlichen Modell erreicht werden. Auf der Basis der über den Haushaltsvorstand (*Head of Household*) erworbenen Informationen ordnete das Büropersonal die verschiedenen Haushalte den Klassen A, B, C1, C2,

[97] Siehe z. B. die Broschüre aus dem Jahr 1962 „Standardisation of the Social Grade Classification": IPA National Readership Surveys, Standardisation of the Social Grade Classification, part i, November 1962, LSE Archive, William Piercy Collection, 15/95. Für interne Diskussionen innerhalb des IPA zu dieser Broschüre siehe: Institute of Practitioners in Advertising, Socio-Economic Grading. A Memorandum Prepared for the Research Committee at its Meeting on Monday, 14th May, 1962, issued on 8th May 1962 and Document no. 2685: Standardisation of the Social-Grade Classification, HAT, IPA 17/3.

[98] IPA National Readership Survey, Classification by Family Occupational Status. Proposals for the Standardisation of the System of Social Grade Classification, Prepared for The Institute of Practitioners in Advertising by The British Market Research Bureau Limited, London, 5th May, 1964, Document 7124, HAT, IPA 17/3.

# Appendix C

*National Readership Survey Questionnaire (as at December, 1978)*

CLASSIFICATION DATA

J.7800

| | |
|---|---|
| **EMPLOYMENT CODE OF HOH** (i.e. person number 1 to 8 entered at CD7 or CD8): **HEAD OF HOUSEHOLD IS –**<br>FULL-TIME EMPLOYED .. .. .. .. .. .. 7<br>PART-TIME EMPLOYED/UNEMPLOYED/SICK/RETIRED/ WIDOWED/PENSIONER<br>With income from all sources (salary, private means, private pension, disablement pension, compensation, etc.) coming to *£18 a week or over.* .. .. .. .. .. .. 8<br>PART-TIME EMPLOYED/UNEMPLOYED/SICK/RETIRED/ WIDOWED/PENSIONER<br>With income from all above sources coming to *less than £18 a week.* ... ... ... ... .. .. .. .. 9 | *IF H/H EMPLOYMENT CODE 9 IS RINGED CHECK BACK WITH HOUSEHOLD COMPOSITION GRID FOR THE CHIEF WAGE EARNER.* — RECORD PERSON NO. OF C.W.E. [ ] (See manual for definition of C.W.E.)<br>*IF EMPLOYMENT CODE 7 OR 8 IS RINGED OR IF THERE IS NO CHIEF WAGE EARNER THE OCCUPATION DETAILS RELATE TO THE HEAD OF HOUSEHOLD (Record at A below)*<br>*IF EMPLOYMENT CODE 9 IS RINGED THE OCCUPATION DETAILS RELATE TO CHIEF WAGE EARNER: (Record at A below)*<br>RECORD INFORMANT'S OCCUPATION DETAILS AT B BELOW<br>*(IF INFORMANT IS H/H OR CWE, AND THEREFORE RECORDED AT A, STATE)* |

| **OCCUPATION DETAILS** (See manual) | **A.** Head of Household or Chief Wage Earner | | | | **B.** Informant | | | |
|---|---|---|---|---|---|---|---|---|
| What type of firm or organisation does/did (this person) work for? STATE:<br>(a) Type of firm etc. (including what the firm makes/does etc.) | | | | | | | | |
| (b) Name of firm/organisation<br>Give full name and location | | | | | | | | |
| W' iob does/did (this person) actually do? | | | | | | | | |
| IF IN CIVIL SERVICE, FORCES, POLICE, ETC.<br>What is his/her rank or grade? | | | | | | | | |
| IF OTHER Does/did (this person) hold any particular position in the organisation? STATE.<br>(e.g. foreman, typing supervisor, office manager, company secretary, etc.)<br>IF SELF-EMPLOYED – STATE THIS. | | | | | | | | |
| IF PROPRIETOR OF BUSINESS OR A MANAGER OR SUPERVISOR (i.e. RESPONSIBLE FOR THE WORK OF OTHER PEOPLE)<br>(a) Roughly how many people work at the place where (this person) works – INCLUDE THIS PERSON. ENTER ACTUAL NUMBER IF POSSIBLE, OR NEAREST APPROXIMATION.<br>(b) For how many is he/she responsible? | (a) Total at this place INCLUDE THIS PERSON & STATE No. IN ALL CASES | | (b) No. for whom responsible STATE No. | | (a) Total at this place INCLUDE THIS PERSON & STATE No. IN ALL CASES | | (b) No. for whom responsible STATE No. | |
| | 200+ | | 200+ | | 200+ | | 200+ | |
| | 25-199 | | 25-199 | | 25-199 | | 25-199 | |
| | 10-24 | | 10-24 | | 10-24 | | 10-24 | |
| | less than 10 | | less than 10 | | less than 10 | | less than 10 | |
| ASK FOR ALL: Has (this person) any qualifications? (such as apprenticeships, professional qualifications, university degrees, diplomas etc.) | | | | | | | | |

D oder E zu (siehe Tabelle 16). Während die staatlichen Einteilungen sich an römische Zahlen zur Bezeichnung der *Registrar-General's Social Classes* hielten, entschieden sich die privatwirtschaftlichen Umfrageforscher für eine Bezeichnung der *Social Grades* in Buchstaben.

Das Modell, das unter dem Namen *Social Grade* oder *Social Grade Classification* bekannt wurde, entwickelte sich zum grundlegenden Klassifikationsmodell in der privatwirtschaftlichen Umfrageforschung.[99] Ebenso wie die *Registrar-*

[99] In der Einführungsbroschüre aus dem Jahr 1978 wurde es z. B. als „standard system for commercial survey work in Britain" bezeichnet. Monk, Social Grading on the National Readership Survey, akt. Aufl., London [4]1978, S. 3.

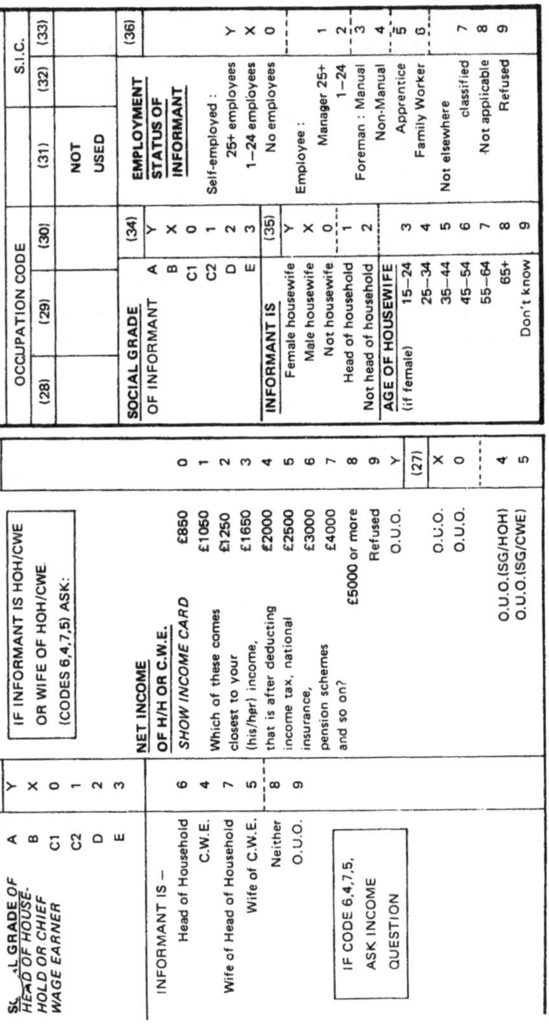
SOCIAL GRADE OF HEAD OF HOUSEHOLD OR CHIEF WAGE EARNER
A Y
B X
C1 0
C2 1
D 2
E 3
INFORMANT IS –
Head of Household 6
C.W.E. 4
Wife of Head of Household 7
Wife of C.W.E. 5
Neither 8
O.U.O. 9
IF CODE 6,4,7,5, ASK INCOME QUESTION
IF INFORMANT IS HOH/CWE OR WIFE OF HOH/CWE (CODES 6,4,7,5) ASK:
NET INCOME OF H/H OR C.W.E.
SHOW INCOME CARD
Which of these comes closest to your (his/her) income, that is after deducting income tax, national insurance, pension schemes and so on?
£850 0
£1050 1
£1250 2
£1650 3
£2000 4
£2500 5
£3000 6
£4000 7
£5000 or more 8
Refused 9
O.U.O. Y
(27)
O.U.O. X
O.U.O. 0
O.U.O.(SG/HOH) 4
O.U.O.(SG/CWE) 5
OCCUPATION CODE (28) (29) (30)
S.I.C. (31) (32) (33) NOT USED
SOCIAL GRADE OF INFORMANT (34)
A Y
B X
C1 0
C2 1
D 2
E 3
INFORMANT IS (35)
Female housewife Y
Male housewife X
Not housewife 0
Head of household 1
Not head of household 2
AGE OF HOUSEWIFE (if female)
15–24 3
25–34 4
35–44 5
45–54 6
55–64 7
65+ 8
Don't know 9
EMPLOYMENT STATUS OF INFORMANT (36)
Self-employed:
25+ employees Y
1–24 employees X
No employees 0
Employee:
Manager 25+ 1
1–24 2
Foreman: Manual 3
Non-Manual 4
Apprentice 5
Family Worker 6
Not elsewhere classified 7
Not applicable 8
Refused 9

*Abb. 9:* National Readership Survey *Questionnaire (Version: Dezember 1978). Donald Monk, Social Grading on the National Readership Survey, London* [4]*1978, Appendix C.*

*General's Social Classes* ging es von einer Klassifizierung der Bevölkerung auf der Grundlage des Berufsfeldes aus. Zusätzlich wurden diese Angaben mit denen zum Einkommen ergänzt, allerdings wurde *occupation* als wichtiger angesehen: „As the relationship between occupation and income has lessened occupation has remained the backbone of social grading because no better methods have been found, and because it has still remained a powerful and useful stratification factor, even though the interpretation has become more complex."[100] Die Unterteilung in „Grade C1: Lower Middle Class" und „Grade C2: Skilled Working Class"

[100] Ebd., S. 4.

war genau in diesen Kontext einzuordnen, denn beiden Gruppen standen zwar gleich hohe Einkommen zur Verfügung, ihr Konsumverhalten unterschied sich aber aufgrund der unterschiedlichen Arbeitssituationen signifikant.[101]

Ab 1970 wurden regelmäßig Einführungshefte veröffentlicht, die den verschiedenen Nutzern die Funktionsweise des *Social Grading* erklärten, die einzelnen *Social Grades* definierten und – ähnlich wie die *Classification of Occupations* für die staatlichen Modelle – auch für die *Social Grades* Berufslisten zur Verfügung stellten.[102] Die grundlegenden Beschreibungen der einzelnen *Social Grades* änderten sich in den Ausgaben von 1970, 1973, 1976, 1978 und 1985 kaum – in erster Linie variierten die Prozentzahlen der einzelnen Gruppen an der Gesamtbevölkerung. Grundsätzlich wurden den Interviewern die *Social Grades* wie folgt beschrieben:

*Tabelle 16: National Readership Survey – Extract from Interviewers' Guide on* Social Grading *(1978)*

| | |
|---|---|
| Grade A:<br>Upper Middle Class | Informants from Grade ‚A' households constitute about 3% of the total. The head of the household is a successful business or professional man, senior civil servant, or has considerable private means. A young man in some of these occupations who has not fully established himself may still be found in Grade ‚B', though he eventually should reach Grade ‚A'.<br>In country or suburban areas, ‚A' grade households usually live in large detached houses or in expensive flats. In towns, they may live in expensive flats or town houses in the better parts of town. |
| Grade B:<br>Middle Class | Grade ‚B' informants account for about 12% of the total. In general, the heads of ‚B' Grade households will be quite senior people but not at the very top of their profession or business. They are quite well-off, but their style of life is generally respectable rather than rich or luxurious. Non-earners will be living on private pensions or on fairly modest private means. |
| Grade C1:<br>Lower Middle Class | Grade C1 constitutes about 23% of total informants. In general it is made up of the families of small tradespeople and non-manual workers who carry out less important administrative, supervisory and clerical jobs, i.e. what are sometimes called „white-collar" workers." |
| Grade C2:<br>Skilled Working Class | Grade C2 consists in the main of skilled manual workers and their families. It constitutes about 32% of informants. When in doubt as to whether the head of the household is skilled or unskilled, check whether he has served an apprenticeship; this may be a guide, though not all skilled workers have served an apprenticeship. |

101 Siehe z. B. die Darstellung des Umfrageinstituts Research Services Ltd zum Jahr 1946: „Between A, B & C the distinction is entirely in terms of income. Grade C however is sub-divided on social lines; the incomes of C1 and C2 are identical but the methods of earnings and the patterns of spending this income are sharply different. The former are black coated workers frequently living in the suburbs. The latter are manual workers frequently living in congested districts of 19th century development." Research Services Ltd, 40 years On. A Look Back at Research in 1946, London 1986, zitiert nach: Erhard Meier, The New NRS Classification Measurement. The Difference Between Chief Income Earner, Head of Household, Housewife and Shopper, S. 139–145, Bl, MRS, bes. S. 139.

102 Es existieren Ausgaben aus den Jahren 1970, 1973, 1976 und 1978.

| | |
|---|---|
| Grade D: Semi-Skilled and Unskilled Working Class | Grade D consists entirely of manual workers, generally semi-skilled or unskilled. This grade accounts for 21% of families |
| Grade E: Those at the Lowest Levels of Subsistence | Grade E consists of Old Age Pensioners, Widows and their families, casual workers and those who, through sickness or unemployment, are dependent on social security schemes, or have very small private means. They constitute about 9% of all informants. Individual income of the head of the household (disregarding additions such as supplementary benefits) will be little, if any, about the basic flat-rate social security benefit. |

Tabelle erstellt nach: DONALD MONK, Social grading on the National Readership Survey, London [4]1978, Appendix A.

Den in Tabelle 16 wiedergegebenen Beschreibungen folgten Beispiele für Berufe und Positionen der in den einzelnen *Social Grades* vertretenen Haushaltsvorstände. Interessant für die kommerzielle Umfrageforschung und ihre verschiedenen Anwendungsbereiche waren die *Social Grades* nicht zuletzt deswegen, weil ihnen einzelne Produkte und Konsumverhalten zugeordnet wurden. Abbildung 10 zeigt ein Beispiel aus dem Jahr 1978; demnach hatten nahezu alle in Grade A Klassifizierten ein Telefon, während bei Personen in Grade E nur ungefähr jeder vierte ein Telefon besaß.

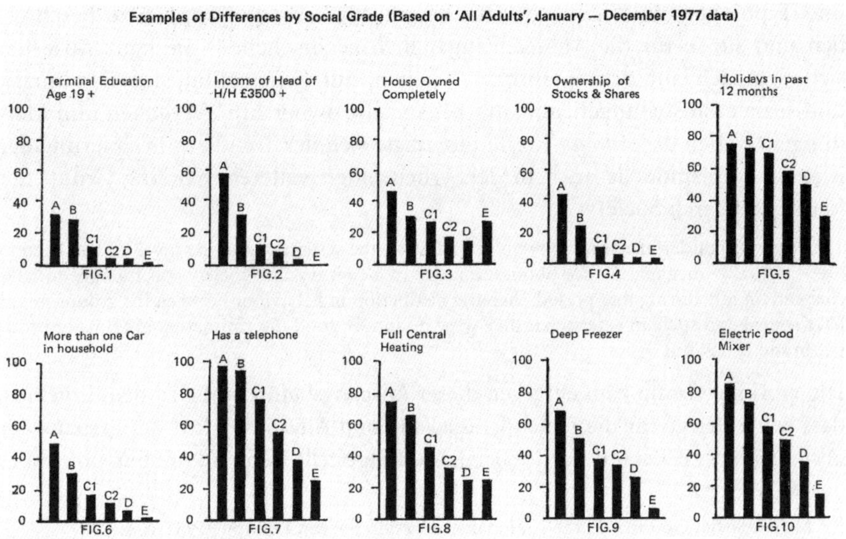


*Abb. 10: Examples of Differences by* Social Grade *(Ausschnitt).* DONALD MONK, *Social Grading on the National Readership Survey, London [4]1978, Appendix B.*

Vertraut man den Einführungsbroschüren für das *Social Grading*, so war die kommerzielle Umfrageforschung Mitte der 1980er-Jahre noch mit ihrem Klassifikationssystem zufrieden – zumindest findet sich auch 1985 noch das bereits oben erwähnte Zitat „no better methods have been found".[103] Und tatsächlich gab es keine signifikanten Neuerungen, die sich in der gesamten Branche in vergleichbarer Weise wie die *Social Grades* durchgesetzt hatten. Trotzdem war auch in der kommerziellen Umfrageforschung ein Unbehagen darüber zu beobachten, dass das Modell seit Mitte der 1950er-Jahre im Umlauf und für die nächsten gut zwanzig Jahre nicht an eine sich verändernde Gesellschaft angepasst worden war. Diese fehlende Flexibilität war für die kommerzielle Umfrageforschung umso gravierender, da sie anders als die Volkszählung und andere langfristig angelegte Umfragen in der staatlichen Sozialforschung weniger an langen Vergleichsdaten, sondern vielmehr an aktuellen Informationen über die Gesellschaft und insbesondere über die Konsumbürger[104] interessiert war.

*Bestandsaufnahme in den 1980er-Jahren*

Die Anfangsjahre der 1980er waren eine Zeit der Neubewertung sozialer Klassifikationsmodelle. Die gängige Praxis in der kommerziellen Umfrageforschung wurde 1981 auf einer Londoner Konferenz mit dem Thema *Re-Classifying People* diskutiert. Zu ihr hatte *Admap*, eine der führenden Zeitschriften der Werbe- und Marktforschungsbranche eingeladen. In der Zusammenfassung der vorgestellten Modelle und Diskussionen sagte Tony Twyman, der Leiter eines großen britischen Umfrageunternehmens, dass Marktforscher nicht mehr länger daran interessiert seien, die Gesamtheit („the universe") zu klassifizieren und Typologien zu bilden, sondern bereits existierende Gruppen zu beschreiben und sie so für die Anbieter zugänglich zu machen.[105] Sie konzentrierten sich demnach auf demografische Angaben, auf Personalität, auf Geschmack und soziale Einstellungen, auf „market specific ownership", Verhalten und Meinungen. Neben der *Admap*-Konferenz zeigte sich der Trend zur Evaluierung der Klassifikationsmodelle auch in der Arbeit einer weiteren Working Group der Market Research Society:

> The study was undertaken on the premise that, since the system of grading involved had been in use – virtually unchanged – for about a quarter of a century, and society was thought to have changed rapidly during that period, then the distinction in behaviour between the groups might have lessened to such an extent that they were no longer good discriminators in terms of product/brand behaviour.[106]

Die Working Group kam entgegen dieser Ausgangsbefürchtung zu dem Ergebnis, dass keine Belege für die fehlende Relevanz und Anwendbarkeit des Systems der *Social Grades* zu Beginn der 1980er-Jahre festgestellt werden könnten, obwohl es

[103] Monk, Social Grading on the National Readership Survey, London [5]1985, S. 4.

[104] Vgl. zum Konzept des citizen consumers z. B.: Cohen, Consumers' Republic; Kroen, Aufstieg des Kundenbürgers?, S. 533–564. Allgemein zum Zusammenhang von *citizenship* und Konsum: Trentmann, Citizenship and Consumption. Für die deutsche Forschung z. B.: Wildt, Konsumbürger; Prinz, Bürgerrecht Konsum. Für eine Verbindung zur Marktforschung: Brückweh (Hrsg.), Voice of the Citizen Consumer.

[105] Twyman, Re-Classifying People, bes. S. 568.

[106] Bermingham, ‚DE'-Classified, S. 584. Bermingham zitiert aus: Market Research Society, An Evaluation of Social Grade Validity, 1981.

noch immer die seit Beginn diskutierten Probleme beinhaltete.[107] Diese Probleme, wie z. B. die mangelhafte Vergleichbarkeit, wurden auch in empirischen Studien untersucht. Sie kamen durchweg zu dem Ergebnis, dass *social class* bzw. die daran angelehnten *Social Grades* keine eindeutigen Differenzierungskategorien waren, dass es aber keine angemesseneren gab und sie deshalb weiter verbessert und verwendet werden sollten. Abbildung 11 zeigt ein Beispiel: Als die Feldarbeit für den *National Readership Survey* 1960 erstmals von einem anderen Marktforschungsunternehmen durchgeführt wurde,[108] änderten sich die Einteilungen zu den verschiedenen *Social Grades* erheblich. Das für den *National Readership Survey* zuständige Institute of Practitioners in Advertising erklärte diese Fluktuationen mit den verschiedenen Arbeitsabläufen und Anwendungsweisen der Methoden innerhalb der beiden Umfrageinstitute – das zugrunde liegende System der *Social Grades* wurde hingegen nicht infrage gestellt.[109] Diese Art der Argumentation findet sich auch noch zwanzig Jahre später, als John Bermingham vom British Market Research Bureau (BMRB) in seinem Beitrag für die 1981er *Admap*-Konferenz auf „practical difficulties encountered in applying it in ordinary field interview situations" als Hauptproblem verwies.[110] Ebenso stellten Sara O'Brien und Rosemary Ford in einem Vortrag auf der jährlichen Konferenz der Market Research Society 1988 zwar fest, dass in einer Stichprobe von 400 Interviewten, die nach zehn Monaten noch einmal befragt wurden, 41% einer anderen *Social Grade* zugeordnet worden waren, trotzdem hielten sie am bestehenden System fest.[111]

Für die Langlebigkeit der *Social Grades* lassen sich mehrere Gründe anführen. Zum einen hatten die Markt- und Meinungsforscher, insbesondere das Institute of Practitioners in Advertising, viel Zeit mit der Entwicklung der *Social Grades* verbracht, sodass sie nun zögerten, das Klassifikationsmodell wieder aufzugeben. Der Marktforscher John Samuels formulierte dies 1988 wie folgt: „The present system has been around so long (since 1956 on the NRS) that it has achieved ‚currency' status."[112] Ein weiterer Grund lag in der Verbindung zum Zensus und seinem ebenfalls langlebigen Modell der *Registrar-General's Social Classes*. Die Verfügbarkeit von relativ günstigen Zensusdaten war von elementarer Wichtigkeit für privatwirtschaftliche Klassifikationsmodelle, die am Markt bestehen mussten. Als weitere Ursache kann die zunehmende Abgeschottetheit der in den verschiedenen Bereichen tätigen Umfrageforscher gesehen werden

107 Ebd., S. 585.

108 Im Zeitraum von 1956 bis 1959 wurde der *National Readership Survey* durch die Marktforschungsfirma Research Services Ltd. durchgeführt. Ab 1960 übernahm diese Aufgabe ein anderes Umfrageinstitut: The British Market Research Bureau Ltd.

109 IPA National Readership Survey, Classification by Family Occupational Status. Proposals, 5th May, 1964, HAT, IPA 17/3, S. 1–3.

110 Bermingham, ‚DE'-Classified, S. 584.

111 Sarah O'Brien und Rosemary Ford, Can We at Last Say Goodbye to Social Class? An Examination of the Usefulness and Stability of Some Alternative Methods of Measurement, Paper Presented at the MRS 1988 Conference Papers. The Market Research Society. 31st Annual Conference, Metropole Hotel, Brighton 1988, BL, MRS.

112 Samuels, Social Class in the Future.

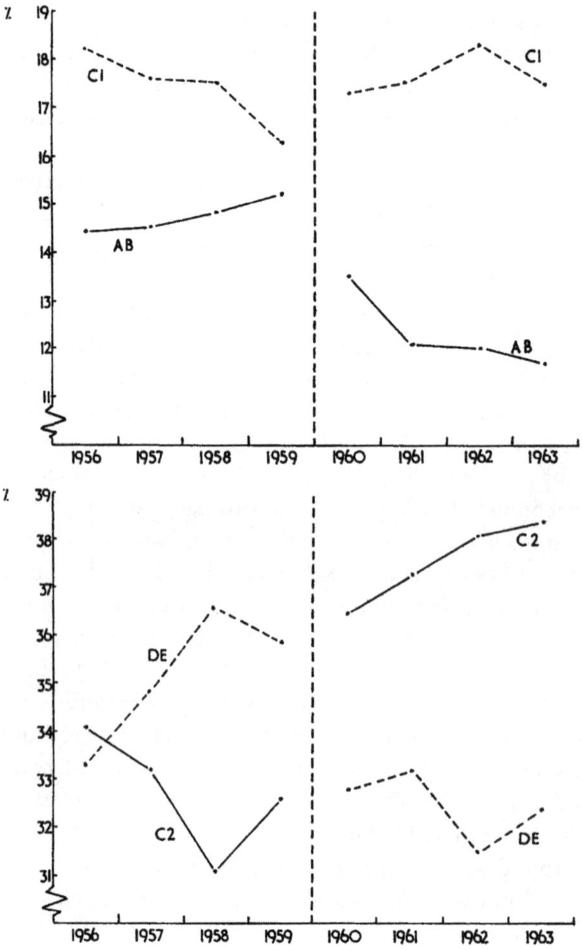


*Abb. 11: Anteil der Befragten in den vier* Social Grades *(1956–1963). IPA National Readership Survey, Classification by Family Occupational Status. Proposals, 5. 5. 1964, HAT, IPA 17/3.*

(vgl. Kapitel I und II). Gab es in der direkten Nachkriegszeit noch einen Austausch zwischen den Umfrageforschern im staatlichen, akademischen und kommerziellen Bereich, so trennten sich aufgrund der unterschiedlichen Professionalisierungen deren Wege im Verlauf der zweiten Hälfte des 20. Jahrhunderts. Zwar hatten die kommerziellen Marktforscher ein Interesse daran, möglichst auf vorhandenen Daten aufzubauen, dies galt aber nicht für die theoretische Unterfütterung ihrer Methoden und Praktiken bzw. nicht so lange, bis es ernsthafte praktische Probleme gab. So wurden die in der universitären Forschung in den 1970er-Jahren eingeführten Gesellschaftsklassifikationen (z. B. das am Nuffield College in Oxford entwickelte *Goldthorpe Scheme* oder die *Cambridge Stratification Scale*) nicht rezipiert. Dafür erhielten die kommerziellen Umfrageforscher (Selbst-)Kritik aus den eigenen Reihen: „Market and media researchers are notoriously bad at ‚reading the literature'. We tend not to learn from each others' experience, and each generation reinvents the wheel."[113] John Samuels stellte deshalb in Bezug auf die verschiedenen Gesellschaftsklassifikationen, die im Umlauf waren, fest:

Whilst our social grading system has no real theoretical base, there are now in existence systems which *are* based in theory, and where the allocation of individual occupations to groupings is both explicit and replicable. But virtually all market and media researchers are as ignorant of them as I was a few weeks ago. For reference, you might care to investigate the Goldthorpe/Casim scale and the Cambridge Stratification Scale. I say you might care, but you won't.[114]

Die kommerziellen Markt- und Meinungsforscher waren weniger an der theoretischen Fundierung ihrer Modelle interessiert, sondern lediglich an ihrer Anwendbarkeit in der Praxis. Problemlösungen bezogen sich deshalb vor allem auf praktische Probleme. Gesucht waren Modelle, die kostengünstig eingesetzt werden konnten und in dieser Hinsicht konnte die Umfragebranche ab den 1980ern in eine rosige Zukunft blicken.

*Neue Räume: Geodemographics*

Im Jahr 1979 wurde auf der Konferenz der Market Research Society eine Neuerung vorgestellt, die die Klassifizierungsmodelle in den nächsten Dekaden nahezu revolutionieren sollte.[115] Dieses neue methodische Verfahren trat den *Registrar-General's Social Classes* bzw. den *Social Grades* durch räumliche Gesellschaftsklassifizierungen gegenüber und machte die Nachbarschaft zu ihrer grundlegenden Analyseeinheit. Es eröffnete die Möglichkeit, Individuen ohne direkte Befragung in gesellschaftliche Gruppen einzuordnen, d. h. es handelte sich weitgehend um ein Klassifizieren ohne Fragebogen, das auf verschiedensten Datenquellen basierte. Die neue Methode orientierte sich an der Kartografierung sozialer Unterschiede und ist dem Bereich der Geografischen Informationssysteme (GIS) zuzuordnen. Ihr Grundprinzip besteht darin, soziale, ökologische oder sonstige Phänomene durch Clusteranalyse auf Landkarten räumlich sichtbar zu machen. Die in vielen Bereichen anwendbaren Systeme haben ab den 1980er-Jahren unter dem Namen *geodemographics* den Bereich der britischen Umfrageforschung entschieden verändert, ihre Entstehung kann aber in Großbritannien bis in die Mitte des 19. Jahrhunderts zurückverfolgt werden.

Die Verwendung von Landkarten zur Analyse von Phänomenen zeigte sich erstmals in der eingangs erwähnten Karte des Arztes John Snow aus dem Jahr

113 Ebd.

114 Ebd. Hervorhebung im Original. In ähnlicher Weise argumentierte Ian Blythe für die 1920er-Jahre, siehe BLYTHE, Making of an Industry, S. 12. Das Goldthorpe Scheme ist auch unter dem Namen Erikson-Goldthorpe, EGP (=Erikson-Goldthorpe-Portocarero) oder CASIM (=Comparative Study of Social Mobility in Industrial Nations) bekannt.

115 John Bermingham, Colin McDonald und Ken Baker, The Utility to Market Research of the Classification of Residential Neighbourhoods, Paper Presented at the The Market Research Society. Twentysecond Annual Conference, 21–23 March 1979. Conference Papers, Metropole Hotel, Brighton 1979, BL, MRS. Das Wort ‚revolutionieren' wurde von den Vertretern der Methode selbst in Umlauf gebracht. Vgl. z. B. in Bezug auf die US-amerikanische Praxis: BAKER und BAKER, Market Mapping.

1855.[116] John Snow, der zum Pionier der epidemiologischen Cholera-Erforschung wurde, verband in dieser Karte die durch Cholera bedingten Todesfälle mit der Londoner Wasserversorgung und konnte so beweisen, dass Cholera durch verunreinigtes Wasser übertragen wurde (so sind in der Karte zahlreiche Todesfälle um die Wasserversorgung in der Broad Street zu erkennen). Zwar waren die Grundelemente von Topologie und Thema bereits zuvor bekannt, aber Snow war der erste, der kartografische Methoden nicht nur zur Visualisierung nutzte, sondern zur Clusteranalyse von räumlichen Phänomenen. Die Etablierung der Methode dauerte etwas, obwohl schon 1844 im Zensusbüro ein Vorschlag diskutiert worden war, die Bevölkerungsdichte und Sterblichkeit in Karten farblich zu markieren – allerdings waren diese Karten als „pretty toys“ abgetan worden.[117] Karten wurden sehr wohl im Zensusbüro benutzt: Zwar nicht als analytisches Werkzeug im Sinne der Geografischen Informationssysteme, jedoch als praktisches Hilfsmittel zur Darstellung der Volkszählungsbezirke (*Enumeration Districts*). Eingezeichnet wurden hier die Bezirke, die der Volkszähler zu Fuß ablaufen sollte. Einer der frühesten Hinweise zur systematischen Verzeichnung von Volkszählungsbezirken in Landkarten findet sich 1844 in den Briefen des Registrar-General George Graham.[118] Für die Volkszählungen bis 1841 griff man in erster Linie auf Beschreibungen der Volkszählungsbezirke zurück. Für die Volkszählung von 1841 hatte man dann sporadisch begonnen, einfache Karten zu zeichnen. Wichtige Grundlage waren die Verwaltungseinheiten des neuen *Poor Law* von 1834. Diese Bezirke wurden so unterteilt, dass sie nicht mehr als 200 bewohnte Häuser umfassten, die der Volkszähler ohne Probleme erreichen konnte.[119]

[116] Snow, On the Mode of Communication of Cholera.

[117] General Register Office, Copies of Outward Treasury Letters I, 1836–1863, Letter, 14. 3. 1848, TNA, RG 29/1.

[118] Letter, 9. 3. 1844, TNA, RG 29/1. Graham schlägt darin zunächst eine Verzeichnung der Volkszählungsbezirke in den nördlichen Gebieten Englands vor, in denen ohnehin gerade Vermessungen stattfanden.

[119] Die Volkszählungsbezirke vor 1841 waren nicht in Karten festgehalten, sondern wurden beschrieben. Higgs, Making Sense of the Census Revisited, S. 15. Räumliche Einteilungen spielten für die Planung und Durchführung, die Klassifikation und die Ergebnispräsentation der Volkszählungen eine Rolle. Der Zensus ermöglichte Aussagen auf nationaler Ebene, konnte aber im Unterschied zu vielen Umfragen auch auf kleinste geografische Einheiten heruntergerechnet werden. Die häufigen Änderungen und teilweise parallelen Verwendungen dieser räumlichen Einheiten in der 200jährigen Zensusgeschichte erschweren die Vergleichbarkeit der in Verwaltungsbezirken dargestellten Zensusdaten. John Rickman orientierte sich für die ersten drei Volkszählungen an den bereits bestehenden *ancient counties*, die wiederum in *hundreds* oder in *wapentakes* unterteilt und noch einmal in *parishes* aufgegliedert waren. Ab den 1830er-Jahren änderten mehrere Gesetzgebungen die lokalen Einteilungen und Zuständigkeiten – so etwa der *1832 Reform Act*, der *Municipal Corporations Act of 1835* und der *1834 Poor Law Amendment Act*. Insbesondere die Veränderungen in der Gesetzgebung zur Armenfürsorge führten zu neuen Verwaltungseinheiten, den Poor Law Unions, die auch die Grundlage für die *1836 Birth, Deaths Registration and Marriages Acts* bildeten und nicht mehr mit den *ancient counties* identisch waren. Zwar übernahm das GRO die Einheiten ab 1841, aber die *ancient counties* wurden erst 1911 aufgegeben. Somit liefen mehrere räumliche Modelle nebeneinander. Dies wurde durch die *Public Health Acts* von 1874 und 1875 und die dadurch geschaffenen *Urban and Rural Sanitary Districts* zusätzlich

Während thematische Karten im 19. Jahrhundert zunehmend Anwendung und Verbreitung fanden,[120] waren es insbesondere die Karten des Sozialforschers Charles Booth, die die Methode der Kartografierung sozialer Unterschiede zum Ende des 19. Jahrhunderts besonders prägten. Sie wurden für die Umfrageforschung wichtig, da sie ebenso wie die in den 1970er- und 1980er-Jahren entwickelten *geodemographics* den Nachbarschaften eine besondere Bedeutung einräumten.[121] Dabei setzte die farbige Markierung von Straßen nach dem sozialen Status der Bewohner durch Charles Booth auch ästhetisch Maßstäbe. Wichtig für die Entwicklung der *geodemographics* in den 1970er-Jahren waren in Großbritannien die Arbeiten am Centre for Environmental Studies in London, das 1967 von der Wilson-Regierung als unabhängiges gemeinnütziges Institut gegründet worden war und den Auftrag „of advancing education and research in the planning and design of the physical environment" hatte.[122] Das Centre for Environmental Studies wurde zunächst von der Ford Foundation und der britischen Regierung gefördert. Ein vom Office of Population Censuses and Surveys unterstütztes Projekt der dort ansässigen Planning Research Application Group (PRAG) beschäftigte sich mit der Identifizierung innerstädtischer Problembezirke in London, Birmingham und Liverpool, um daraus gezielt staatliche Programme für diese Bezirke zu entwickeln. Dafür wurden auf Basis der Volkszählungsbezirke und -daten soziale Typologien erstellt, die wiederum in Karten verzeichnet wurden.[123] Abbildung 12 zeigt die *National Classification of Residential Neighbourhoods* für den Londoner Stadteil Haringey. Sie schließt nicht nur in der Methode, sondern zudem ästhetisch und in der Farbgebung an die Karten von Charles Booth an.[124]

verkompliziert. Die ständige Veränderung der Verwaltungseinheiten setzte sich 1894 mit dem *Local Government Act* fort, durch den die *Urban and Rural Sanitary Districts* aufgehoben und durch *rural and urban districts* ersetzt wurden. Fortan bildeten diese Einheiten den Rahmen für die Verwaltungsbezirke, die allerdings auch noch verändert wurden. Vgl. Higgs, Making Sense of the Census Revisited, S. 37–42 und 189–198; ders., Life, Death and Statistics, S. 109–113; ders., Introduction to Administrative Units; Lawton (Hrsg.), Census and Social Structure. Siehe zudem die Zusammenstellung des OPCS, die eine Auflistung der verschiedenen Einheiten verbunden mit den Zensusbeamten, die sie verwendet haben, enthält. Office for Population Censuses and Surveys and General Register Office, Edinburgh, Guide to Census Reports, S. 261–273.

120 Siehe dazu z. B. den Abschnitt „Social mapping" in Bulmer, Baines und Sklar (Hrsg.), Social Survey in Historical Perspective, S. 31–35. Darin auch die Ausführungen zum Chicagoer Hull House und seinen Kartografierungen: Sklar, Kathryn Kish, Hull-House Maps and Papers. Allgemein siehe z. B. Robinson, Early Thematic Mapping; Cuff und Matson, Thematic Maps.

121 Siehe dazu u. a. Garfield, On the Map, S. 277. Siehe auch den Hinweis auf die Ähnlichkeiten zwischen den Karten von Booth und den *geodemographics* im Schlusswort von Savage, Identities and Social Change, S. 246.

122 Hansard HC Deb 21. 2. 1967, vol 741 cc244–6W.

123 Für eine Darstellung der Methode und Ausführungen zur Klassifikation der *National Classification of Residential Neighbourhoods* siehe Planning Research Application Group PRAG, Centre for Environmental Studies, R.J. Webber, The National Classification of Residential Neighbourhoods. An Introduction, PRAG Technical Paper TP 23, November 1977, LSE Archive, Folio FHN/F54.

124 Booth, Life and Labour of the People in London. Diese Karten sind online einsehbar: LSE Library and Archive, Charles Booth Online Archive: booth.lse.ac.uk

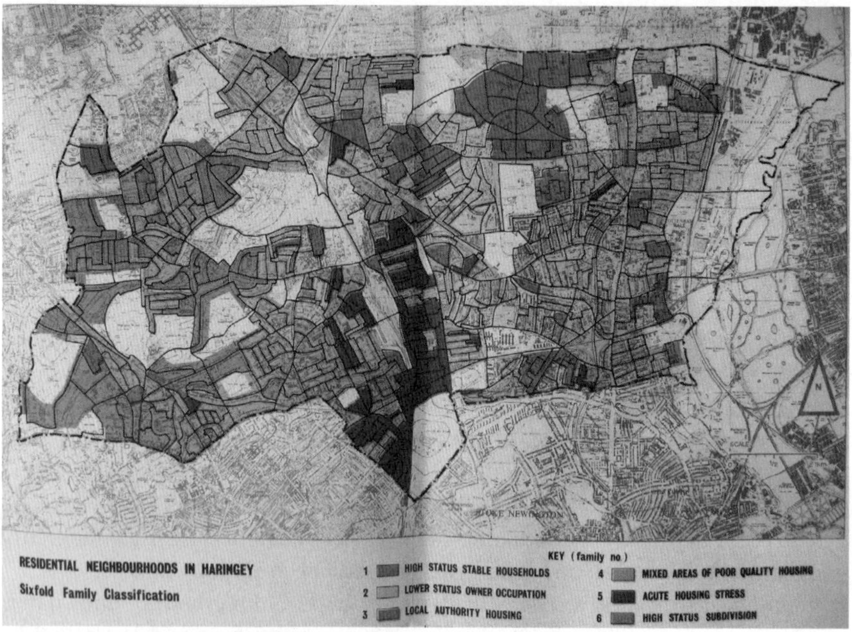


*Abb. 12: Residential Neighbourhoods in Haringey 1977. Planning Research Application Group PRAG, Centre for Environmental Studies, Richard Webber, The Social Structure of Haringey, PRAG Technical Paper TP 18, October 1977, LSE Archive, Folio FHD7/ F312.*

In Großbritannien hat es insbesondere Richard Webber geschafft, seinen Namen mit der Entwicklung dieser Modelle in Verbindung zu bringen.[125] Den wichtigen Vortrag über die Bedeutung dieser Methode für die Marktforschung im Jahr 1979 auf einer Konferenz der Market Research Society hielt allerdings ein Team vom British Market Research Bureau, das sich grundlegend auf Webbers Forschungen bzw. die seiner Arbeitsgruppe am Centre for Environmental Studies bezog.[126] Angeblich machte der Konferenzbeitrag Webber selbst erst auf die weite Anwendbarkeit der Forschungen aufmerksam.[127] In einer Selbstdarstellung aus dem Jahr 1985 beschrieb Webber seinen Wechsel von der Armutsforschung zur kommerziellen Marktforschung im Jahr 1979 als Folge der Politik der Thatcher-Regierung.[128] Demnach sei er durch die Thatcherische Sparpolitik, die auch das

[125] In den USA wird Jonathan Robbin, Gründer der amerikanischen Firma Claritas Inc., eng mit der Erfindung der *geodemographics* in Zusammenhang gebracht. Siehe dazu Goss, We Know Who You Are, bes. S. 173.

[126] Bermingham, McDonald und Baker, The Utility to Market Research of the Classification of Residential Neighbourhoods, BL, MRS.

[127] So die Darstellung in einem späteren Vortrag vor der MRS Conference. Peter Sleight, Geodemographics – What Might the 90's Hold in Store?, MRS 1993 Conference Paper, S. 247–254, BL, MRS, bes. S. 247.

[128] Die Finanzierung wurde im Oktober 1979 gestrichen. Hansard HC Deb, 25. 10. 1979, vol 972 cc287–8W. Das Institut bestand danach noch für einige Jahre als unabhängige Institution und wurde in den 1980er-Jahren schließlich ganz aufgelöst.

Centre for Environmental Studies traf, quasi zu einem Wechsel in die Privatwirtschaft gezwungen worden.[129] Wie sehr dies Webbersche Selbstinszenierung war, sei dahingestellt, sicher ist allerdings, dass Richard Webber ab 1979 wichtige Impulse für die Entwicklung der Nachbarschaftsklassifizierungen der Firma CACI gab und dort zur Entwicklung von *ACORN – A Classification of Residential Neighbourhoods* beitrug. Kurze Zeit darauf wechselte Webber den Arbeitgeber und war an der Entwicklung eines Konkurrenzmodells beteiligt, das den Namen *MOSAIC* trug und von der *credit reference agency* Experian verbreitet wurde.[130] Mit dem Wechsel in die Privatwirtschaft fand somit ein Transfer des an den Experten Webber gebundenen Wissens vom öffentlichen in den privaten Sektor statt. Zwar wurden geografische Informationssysteme auch weiterhin an Universitäten erforscht und entwickelt, die spezifische Verbindung zur Privatwirtschaft, vor allem im Konsumbereich, wurde allerdings durch einzelne Firmen vorangetrieben.[131]

Allen geodemografischen Klassifikationssystemen lag dasselbe Prinzip zugrunde: Individuelle Charakteristika wurden räumlich zugeordnet und in kleinen Einheiten, den Nachbarschaften, organisiert und präsentiert. Dabei wurde davon ausgegangen, dass Menschen in einer Nachbarschaft ähnliche soziodemografische Charakteristika, einen ähnlichen Lebensstil sowie ähnliche Wertvorstellungen und Konsumgewohnheiten hatten.[132] Daher stammt die andauernde Bedeutung von Landkarten, denn auch die Konsumentenklassifikationen wurden – wie die Vorläufer aus der Forschung zur Armut bzw. der sozialen Benachteiligung – in Karten dargestellt. Klassifikationen wie *ACORN* wären ohne den Zensus nicht möglich gewesen, denn sie wurden aus den verschiedenen Variablen, die in der Volkszählung abgefragt wurden, durch Clusteranalyse gewonnen. Je weiter ein Zensus zurücklag, desto unzuverlässiger wurden die Daten, sodass andere Quellen, wie Kreditkartendaten, Steuern, Eigentum oder Konsumdaten, verstärkt Beachtung fanden. Zusätzlich wurden als Quellen neben dem Zensus z. B. der *British Crime Survey* und das Wahlregister genutzt.

[129] Webber, Use of Census-Derived Classifications, bes. S. 113f. Inwieweit die Schließung von Forschungsinstitutionen, insbesondere im Bereich Geografie und Stadtplanung, verantwortlich für die Abwanderung von Experten in die Privatwirtschaft war, bedarf noch der Überprüfung, aber einzelne Beispiele sprechen der These Relevanz zu. Webber nannte als weiteres Beispiel Roger Dewhurst, der Planning Officer im Greater Manchester County Council's Planning Department war. Er sei im Kontext der Überlegungen zur Abschaffung der Metropolitan Councils in die Privatwirtschaft gewechselt. Siehe Webber, Use of Census-Derived Classifications, S. 114 und 123.

[130] Weitere Modelle (Anbieter) sind PiN und FiNPiN (Pinpoint Analysis), Superprofiles (CDMS), DEFINE (Infolink). Vgl. Sleight, Targeting Customers, S. 27–31.

[131] *Super Profiles Geodemographic Typology* wurde z. B. von Wissenschaftlern des Urban Research and Policy Evaluation Regional Research Laboratory, Department of Civic Design, University of Liverpool entwickelt, allerdings im Auftrag von CDMS Ltd, das zu Littlewood Organisations und damit zu einer der größten Firmen in Großbritannien gehört. Brown et al. Adding Value to Census Data. Public, bes. S. 21.

[132] Ein MRS Konferenzbeitrag von 1993 fasste die *geodemographics* wie folgt zusammen: „Geodemographics works on the principle that ‚birds of a feather flock together'; in other words, that any neighbourhood is likely to contain broadly similar types of people who will tend to behave in a similar way." 1993 Conference Paper, Barry Leventhal, Birds of a Feather? Or, Geodemographics – an Endangered Species?, S. 223–239, BL, MRS, bes. S. 223.

Für private Anbieter von *geodemographics* gab es zunächst eine erhebliche Hürde, denn die Volkszählungsdaten waren anonymisiert und unterlagen dem Datenschutz. Allerdings kam den Firmen das britische Postleitzahlensystem zur Hilfe, denn es umfasst – anders als in Deutschland – nur sehr kleine Einheiten, d.h. ein größeres Haus oder eine kleine Straße. Das System wurde seit den 1960er-Jahren erprobt und 1974 landesweit eingeführt. Somit war eine wichtige Voraussetzung für die Verknüpfung von Adressen und anonymisierten Volkszählungsdaten gegeben und die Methoden aus der Armutsforschung konnten zu diesem Zeitpunkt auf die kommerzielle Marktforschung übertragen werden. So waren die notwendigen Voraussetzungen für die *geodemographics* geschaffen. Durch sie wurden ab dem Ende der 1970er-Jahre und vor allem in den 1980er-Jahren die bestehenden Systeme wie die *Social Grades* erheblich herausgefordert. Möglich war dies nur aufgrund der flächendeckenden Computererfassung von Daten und deren elektronischer Verarbeitung.[133]

Anders als für die in den Volkszählungen verwandten Einteilungen (*Registrar-General's Social Classes* und *Socio-Economic Groups*) und die aus der Publikumsforschung stammenden *Social Grades* funktionieren die *geodemographics* nach Marktmechanismen. Während die *Social Grades* von den Berufsorganisationen der Werbe- und Verlagsindustrie im geschützten Raum entwickelt und finanziert wurden,[134] handelte es sich bei den Anbietern von *geodemographics* um rein kommerzielle Firmen. Ihre Klassifikationen mussten im Wettbewerb mit anderen Anbietern bestehen, was sich zum einen in der Präsentationsform der Klassifikationen niederschlug und zum anderen aufgrund von Patenten und Urheberrechten eine fehlende Überprüfbarkeit der Methoden und Arbeitsweisen zur Folge hatte. Die wettbewerbskonformen Präsentationsformen brachten andere Bezeichnungen und andere Darstellungsformen, wie sie z.B. in Verkaufsbroschüren sichtbar wurden, mit sich. Vergleicht man die noch immer weit verbreiteten *Social Grades*, so fällt deren schmucklose Sprache und Darstellungsform auf. Die *geodemographics* dagegen operieren mit einprägsamen Bezeichnungen und fiktiven Personendarstellungen. Zwei Beispiele: Im Jahr 2003 teilte der Anbieter für Konsumentenklassifikationen Experian die britische Gesellschaft in seinem *MOSAIC* genannten Schema in elf Gruppen ein und präsentierte diese als fiktive Charaktere. Darren und Joanne zum Beispiel konzentrieren sich auf ihre Karriere, ihr Zuhause und ihre Familie. Als junge Eltern wohnen sie in einem modernen freistehenden Haus und legen großen Wert auf materielle Besitztümer, die sie zum Teil über Kredite bezahlen. Joseph und Agnes haben es schwerer, die angeblich allen offenstehenden Möglichkeiten der Konsumgesellschaft für sich zu nutzen. Sie sind aus der Karibik nach London gezogen und wohnen jetzt in einer kleinen Sozialwohnung. Aufgrund ihrer eingeschränkten finanziellen Möglichkeiten werden ihnen weder Kreditkarte noch Bankkonto gewährt. 10,76% der Haushalte in Großbritannien gehörten im Jahr 2003 wie Darren

[133] Zur Geschichte des Computereinsatzes in den Regierungsabteilungen siehe z.B. AGAR, Government Machine; CAMPBELL-KELLY und WILLIAM, Computer.

[134] Die *National Readership Survey* wurde zeitweise von drei Berufsorganisationen, dem Institute of Practitioners in Advertising (IPA), der Newspaper Publishers' Association (NPA) und der Periodical Publishers' Association (PPA), mitverantwortet.

und Joanne zur Gruppe der „Happy Families", 6,43% wie Joseph und Agnes zur „Welfare Borderline".[135] Die Konkurrenzklassifikation *ACORN* unterschied für das Jahr 2006 fünf Kategorien: „Wealthy Achievers", „Urban Prosperity", „Comfortably Off", „Moderate Means" und „Hard-Pressed". Für jede Kategorie wurde ihr Anteil an der Bevölkerung angegeben und jede Kategorie wurde dann noch einmal in Gruppen eingeteilt, die wiederum in Typen unterteilt wurden (siehe Abb. 13).

In der Werbebroschüre für die Dienstleistungen von ACORN wurde jeweils eine Beschreibung der Hauptcharakteristika der fünf Kategorien geliefert sowie ein jeweils typisches Bild der Wohnsituation. Jede der diesen fünf Kategorien zugeordneten 18 Gruppen (A bis U) wurde dann gesondert durch Kurzbeschreibungen und stereotype Bilder dargestellt. In einem weiteren Schritt wurde zu jedem der 57 Typen wiederum ein Beispielbild gezeigt sowie eine grafische Darstellung mit Lifestyle-Charakteristika, demografischen Statistiken und einer Karte zur Verteilung dieses Typs innerhalb Großbritanniens.

Die Anwendungsfelder dieser Klassifikationen waren vielfältig: Wollten Geschäftsleute z. B. die besten Orte für weitere Ladenlokale wissen, so konnten sie auf ihre Branche zugeschnittene Klassifikationen erwerben, die Einkommen, Interessen, Freizeit- und Konsumverhalten der Anwohner darstellten. Politische Parteien wandten sich ebenfalls an diese Klassifikationsfirmen, um herauszufinden, wo Stamm- oder Wechselwähler lebten und danach einen Plan für Wahlstrategien und den Tür-zu-Tür-Wahlkampf festzulegen. Ebenso werden diese Klassifikationen heute von staatlichen Stellen verwendet. Beispielsweise basierte der *British Crime Survey*, der vom Home Office in Auftrag gegeben und von einem privatwirtschaftlichen Umfrageinstitut (BMRB British Market Research Bureau) ausgeführt wurde, auf ACORN-Klassifikationen (siehe Abb. 14).

Angesichts der Tatsache, dass die *geodemographics* von Anwendern in den verschiedensten Bereichen gekauft wurden, wurden auch die zugrunde liegenden Konzepte von Gesellschaft und Individuum übernommen. Nicht mehr die soziale Klasse war das maßgebliche Zuordnungskriterium, sondern die Nachbarschaft, in der ein Individuum lebte. Die Basis der Vorstellung vom Individuum bei den *geodemographics* war die des konsumierenden Individuums, kurz gefasst: „you are what you buy."[136] Alle anderen Aspekte, wie z. B. Beiträge zur Gesellschaft (Ehrenämter, zivilgesellschaftliches Engagement etc.) interessierten nur, wenn sie Folgen auf dem Markt nach sich zogen. Denn die *geodemographics* waren vor allem auf wirtschaftlichen Gewinn ausgerichtet. Die *geodemographics*-Branche und ihre Kunden interessierten sich nicht mehr für das große Ganze (oder in den oben zitierten Worten von Tony Twyman „the universe"), d. h. für die Gesellschaft, sie interessierten sich nur noch für Teile, die die Abnehmer der *geodemographics* mit Werbemaßnahmen erreichen wollte. Ein führender Geodemograf aus den USA, in denen dieses System ebenfalls weit verbreitet ist, fasste das Anliegen seiner Fir-

[135] Mosaic United Kingdom. The Consumer Classification for the UK, 2006, http://www.business-strategies.co.uk/upload/downloads/mosaic/uk/brochure.pdf (aufgerufen am 15. 7. 2008).
[136] Goss, We Know Who You Are, S. 189. Goss zitiert Piirto, Beyond Mind Games, S. 233.

| Category | % UK Pop | | Group | % UK Pop |
|---|---|---|---|---|
| **Wealthy Achievers** 1 | 25.4% | A | Wealthy Executives | 8.6 |
| | | B | Affluent Greys | 7.9 |
| | | C | Flourishing Families | 9.0 |
| **Urban Prosperity** 2 | 11.5% | D | Prosperous Professionals | 2.1 |
| | | E | Educated Urbanites | 5.5 |
| | | F | Aspiring Singles | 3.8 |
| **Comfortably Off** 3 | 27.4% | G | Starting Out | 3.1 |
| | | H | Secure Families | 15.5 |
| | | I | Settled Suburbia | 6.1 |
| | | J | Prudent Pensioners | 2.7 |
| **Moderate Means** 4 | 13.8% | K | Asian Communities | 1.5 |
| | | L | Post-Industrial Families | 4.7 |
| | | M | Blue-collar Roots | 7.5 |
| **Hard-Pressed** 5 | 21.2% | N | Struggling Families | 13.3 |
| | | O | Burdened Singles | 4.2 |
| | | P | High-Rise Hardship | 1.6 |
| | | Q | Inner City Adversity | 2.1 |
| | | U | Unclassified | |

*Abb. 13: The* ACORN *Consumer Classification 2006. The ACORN User Guide, 2006, S. 8–9, http://www.caci.co.uk/brochures.aspx (aufgerufen am 15. 7. 2008).*

| Group | Type | | % UK Pop |
|---|---|---|---|
| A | 1 | Wealthy mature professionals, large houses | 2.1 |
| | 2 | Wealthy working families with mortgages | 2.2 |
| | 3 | Villages with wealthy commuters | 2.1 |
| | 4 | Well-off managers, larger houses | 2.2 |
| B | 5 | Older affluent professionals | 1.9 |
| | 6 | Farming communities | 1.9 |
| | 7 | Old people, detached homes | 1.9 |
| | 8 | Mature couples, smaller detached homes | 2.1 |
| C | 9 | Older families, prosperous suburbs | 2.3 |
| | 10 | Well-off working families with mortgages | 2.6 |
| | 11 | Well-off managers, detached houses | 3.3 |
| | 12 | Large families and houses in rural areas | 0.7 |
| D | 13 | Well-off professionals, larger houses and converted flats | 0.8 |
| | 14 | Older professionals in suburban houses and apartments | 1.3 |
| E | 15 | Affluent urban professionals, flats | 1.1 |
| | 16 | Prosperous young professionals, flats | 1.0 |
| | 17 | Young educated workers, flats | 0.7 |
| | 18 | Multi-ethnic young, converted flats | 1.1 |
| | 19 | Suburban privately renting professionals | 1.6 |
| F | 20 | Student flats and cosmopolitan sharers | 0.6 |
| | 21 | Singles and sharers, multi-ethnic areas | 1.6 |
| | 22 | Low income singles, small rented flats | 1.3 |
| | 23 | Student terraces | 0.4 |
| G | 24 | Young couples, flats and terraces | 1.0 |
| | 25 | White-collar singles/sharers, terraces | 2.1 |
| H | 26 | Younger white-collar couples with mortgages | 2.2 |
| | 27 | Middle income, home owning areas | 2.4 |
| | 28 | Working families with mortgages | 2.6 |
| | 29 | Mature families in suburban semis | 3.5 |
| | 30 | Established home owning workers | 3.8 |
| | 31 | Home owning Asian family areas | 1.1 |
| I | 32 | Retired home owners | 1.1 |
| | 33 | Middle income, older couples | 2.9 |
| | 34 | Lower incomes, older people, semis | 2.1 |
| J | 35 | Elderly singles, purpose built flats | 0.8 |
| | 36 | Older people, flats | 1.9 |
| K | 37 | Crowded Asian terraces | 0.6 |
| | 38 | Low income Asian families | 1.0 |
| L | 39 | Skilled older families, terraces | 2.7 |
| | 40 | Young working families | 2.0 |
| M | 41 | Skilled workers, semis and terraces | 2.7 |
| | 42 | Home owning families, terraces | 3.0 |
| | 43 | Older people, rented terraces | 1.8 |
| N | 44 | Low income larger families, semis | 3.3 |
| | 45 | Low income, older people, smaller semis | 2.9 |
| | 46 | Low income, routine jobs, terraces and flats | 1.2 |
| | 47 | Low income families, terraced estates | 2.5 |
| | 48 | Families and single parents, semis and terraces | 1.9 |
| | 49 | Large families and single parents, many children | 1.5 |
| O | 50 | Single elderly people, council flats | 1.6 |
| | 51 | Single parents and pensioners, council terraces | 1.7 |
| | 52 | Families and single parents, council flats | 1.0 |
| P | 53 | Old people, many high-rise flats | 0.7 |
| | 54 | Singles and single parents, high-rise estates | 0.9 |
| Q | 55 | Multi-ethnic purpose built estates | 1.1 |
| | 56 | Multi-ethnic, crowded flats | 1.0 |
| | 57 | Mainly communal population | |

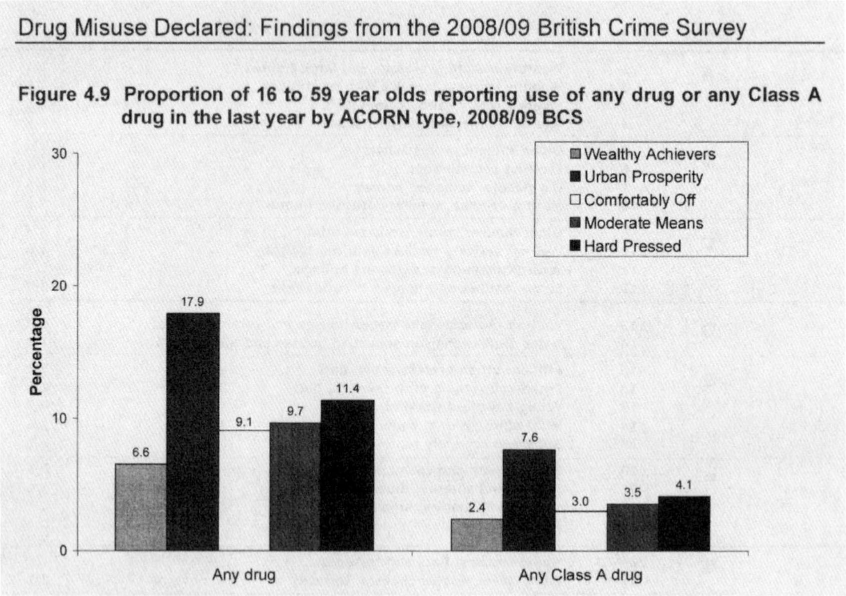


*Abb. 14: ACORN-Bezeichnungen im* British Crime Survey *2008/9. Drug misuse declared. Findings from the 2008/9 British Crimes Survey, in:* Home Office Statistical Bulletin *12 (2009), S. 44.*

ma prägnant zusammen: „If you ‚tell me someone's zip code I can predict what they eat, drink, drive – even think.'"[137] Der wirtschaftliche Erfolg, an dem die *geodemographics*-Unternehmen gemessen wurden, bestärkte sie in ihrer Arbeit.

Ein anderer Grund für die Abwendung von der Gesellschaft als Ganzem lag vermutlich in der Komplexität der Aufgabe, denn der Prozess der „simplification" (Scott) gestaltete sich bei zunehmender Berücksichtigung der Individualitätsansprüche und Selbstbilder der Bürger, die ja durch die Werbemaßnahmen befriedigt werden sollten, als schwierig. Schon im Bericht der MRS Working Group von 1963 hieß es: „This report has been a long time in preparation largely because of the complexity shown by the subject once the surface is scratched."[138] Fraglich ist dabei auch, ob die Nachbarschaft wirklich ein tragfähiges Konzept ist, denn Joanna Bourke hat z. B. für die Arbeiterklasse im Zeitraum von 1890 bis 1960 herausgefunden, dass die Nachbarschaft ein nachträgliches Konstrukt war und keine geteilte Identität, die aus der Nachbarschaft selbst entstanden wäre.[139]

Wie Geodemografen zu ihrem Wissen und zu ihren Klassifikationen kommen, bleibt bis heute ihr Geheimnis. Ein prominenter britischer Marktforscher schrieb

[137] M.J. Weiss, The Clustering of America, Cambridge, Mass. 1988, S. 1, zitiert in: Goss, We Know Who You Are, S. 172. Zitat von Jonathan Robbin.

[138] Market Research Society. Working Party on Social Class Definition, Social Class Definition in Market Research Objectives and Practice. First Report October 1963, London 1963, MRS Library.

[139] Bourke, Working Class Cultures, S. 169.

1989: „It is probable that most users of the technology do not fully understand it, and (what is worse) probably no-one anywhere in the world knows how and why geodemographics work in any great detail."[140] Das ist nicht nur das Ergebnis komplexer Methoden und Techniken, vielmehr verstellen Patentrechte und Copyrights den Weg für die Offenlegung der Arbeit.[141] *Peer-review*-Verfahren sind ebenso unbekannt wie die Diskussionen der zugrunde liegenden Techniken auf wissenschaftlichen Konferenzen – dort werden nur die Ergebnisse und die Anwendbarkeit diskutiert. Im Prinzip handelt es sich um eine *Black Box*.[142]

Kurzum: Der Ursprung der *geodemographics* lag im öffentlichen Sektor und schloss an frühere Armutsforschungen an, die zugrunde liegende Technik wurde ab 1979 im privaten Sektor entwickelt und hat von dort seit Mitte der 1980er-Jahren (mit dem Gepäck aus der Konsumforschung) wieder den Weg in den öffentlichen Sektor gefunden. Zuletzt haben sich in den 1990er-Jahren die politischen Parteien diese Klassifikationsmodelle u. a. für ihren Wahlkampf erschlossen. Das Jahr 1979 bildet dabei einen signifikanten Einschnitt: In diesem Jahr traf die Entwicklung der *geodemographics*, die auf dem flächendeckenden Einsatz von computergestützten Datenbanken basierte, mit dem politischen Wechsel zu Margaret Thatcher zusammen, der von Sparmaßnahmen und Schließungen von Forschungseinrichtungen, die sich mit geografischen Informationssystemen beschäftigten, geprägt war. Das Gesellschaftsbild, das in den *geodemographics* zum Ausdruck kommt, scheint dann mit Thatchers berühmt-berüchtigtem Zitat zusammenzupassen: „There is no such thing as society."[143] Bevor Thatcher zu dieser Aussage kam, entwickelte sie im Interview mit der Zeitschrift *Woman's Own* unter anderem ein Bild des Nachbarn:

> I think we have gone through a period when too many children and people have been given to understand ‚I have a problem, it is the Government's job to cope with it!' or ‚I have a problem, I will go and get a grant to cope with it!' ‚I am homeless, the Government must house me!' and so they are casting their problems on society and who is society? There is no such thing! There are individual men and women and there are families and no government can do anything except through people and people look to themselves first. It is our duty to look after ourselves and then also to help look after our neighbour and life is a reciprocal business and people have got the entitlements too much in mind without the obligations, because there is no such thing as an entitlement unless someone has first met an obligation [...] but when people come and say: ‚But what is the point of working? I can get as much on the dole!' You say: ‚Look' It is not from the dole. It is your neighbour who is supplying it and if you can earn your own living then really you have a duty to do it and you will feel very much better![144]

Thatchers Darstellung der ‚nicht-existenten' Gesellschaft enthielt die wichtigsten Variablen der Geodemografen: Familien (in der Form von Haushalten) und Nachbarn (von den Geodemografen wörtlich genommen als Nachbarschaften). Die Gesellschaft als größeres Ganzes wird dabei nicht mehr gebraucht, es geht um

140 Openshaw, Making Geodemographics, bes. S. 111.

141 Vgl. auch Moran, Mass-Observation, S. 848.

142 So auch die Einschätzung von Openshaw, Making Geodemographics, S. 114.

143 Margaret Thatcher, Interview for Woman's Own, 23. 9. 1987:http://www.margaretthatcher.org/speeches/displaydocument.asp?docid=106689 (aufgerufen am 31. 8. 2009).

144 Ebd.

segmentierte Märkte, die auf der Grundlage unterschiedlich klassifizierter Haushalte in räumlich zuzuordnenden Nachbarschaften funktionieren.

## 3. Ein schwieriges, aber langlebiges Konzept: *Head of Household*

In die *Registrar-General's Social Classes* ebenso wie in die *Social Grades* wurden in der Regel keine Einzelpersonen eingeordnet, sondern Haushalte, die über den Haushaltsvorstand (*Head of Household HOH*) definiert wurden: „In a household containing only husband, wife and children under 16 (and boarders) the husband is *always the HOH*. Similarly, when a couple have been recorded as living together/cohabiting the male partner should be treated as the HOH."[145] So lautete die Definition im *Handbook for Interviewers* des Office of Population Censuses and Surveys im Jahr 1991. Die Idee für ein Haus bzw. eine Wohneinheit einen männlichen Haushaltsvorstand zu benennen und alle weiteren Mitglieder des Haushalts in Abhängigkeit von ihm zu definieren, drückt klare Vorstellungen von Familien- und Geschlechterordnungen aus. Dass die Definition des Zensusbüros dabei nicht unbedingt auf Zustimmung bei den untergeordneten Personen eines Haushalts traf, zeigte bereits folgende Karikatur aus dem englischen Magazin *Punch* aus dem Jahr 1851, als zum ersten Mal nach dem Verhältnis zum Haushaltsvorstand, der von 1851 bis 1911 noch *Head of Family* hieß, gefragt wurde (Abbildung 15).

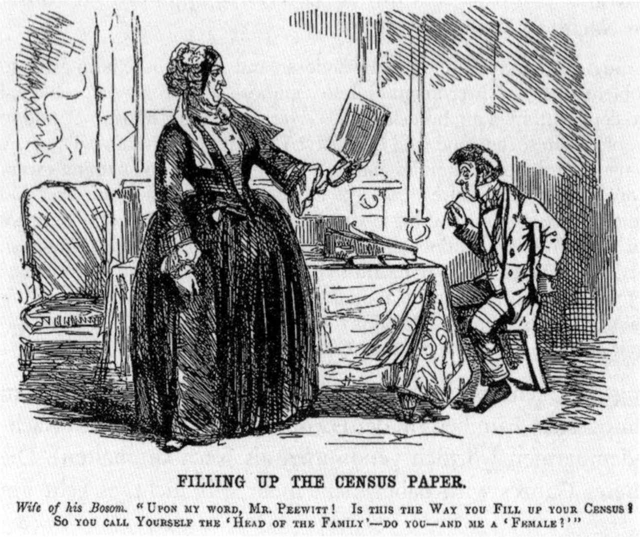


*Abb. 15: Head of Family, 1851. Punch, April 1851, S. 152.*

Interessant in Bezug auf den *Head of Household* bzw. *Head of Family* ist, dass sich von 1851 bis in die 1990er-Jahre bis auf die Umbenennung in *Head of House-*

[145] McCrossan, Handbook for Interviewers, S. 53. Hervorhebung im Original.

*hold* im Zensus von 1921 an dieser Kategorie grundsätzlich nichts änderte. Selbst nachdem Frauen mehr Rechte zugesprochen wurden, blieb die Definition des *Head of Household* auf Männer beschränkt – und das bis zum Zensus im Jahr 2001. In Anbetracht der Tatsache, dass die Bemühungen der Frauenbewegung z. B. 1970 zum *Equal Pay Act* und 1975 zum *Sex Discrimination Act* führten, scheint die oben genannte Definition aus dem Jahr 1991 anachronistisch. Es ist nicht etwa so, dass die vorurteilsbeladenen Definitionen nicht kritisiert wurden,[146] aber bis zum Ende des 20. Jahrhunderts hat sich daran nichts geändert.

Ein erster Grund für die Langlebigkeit könnte sein, dass die Definition des *Head of Household* schwer zu finden war. Böswillig könnte man sogar von einer Vortäuschung falscher Tatsachen sprechen. Ein Beispiel dafür ist die in den Volkszählungen von 1981 und 1991 zu findende Anrede „To the Head or Joint Heads or members of the Household", die eine Gleichheit vermuten ließ. Zudem gab es 1981 und 1991 die Möglichkeit, eine nicht weiter definierte „1st person" im Haushalt zu benennen, von der alle in Abhängigkeit eingetragen wurden. Zwar war die Benennung der „1st person" auch schon 1971 möglich, aber die Beispiele in der dazugehörigen Spalte zeigten klar, dass der Mann als Haushaltsvorstand angenommen wurde: „Write ‚HEAD' for the head of the household and relationship to the head for each of the other persons: for example ‚Wife', ‚Son', ‚Daughter-in-law', ‚Visitor', ‚Boarder', ‚Paying Guest'."[147] In den Fragebögen von 1981 und 1991 schienen die Antwortmöglichkeiten im Vergleich zu 1971 dagegen als gleichberechtigt möglich und in der Entscheidung des Haushalts liegend. Abbildung 16 zeigt den entsprechenden Auszug aus dem Fragebogen von 1981:

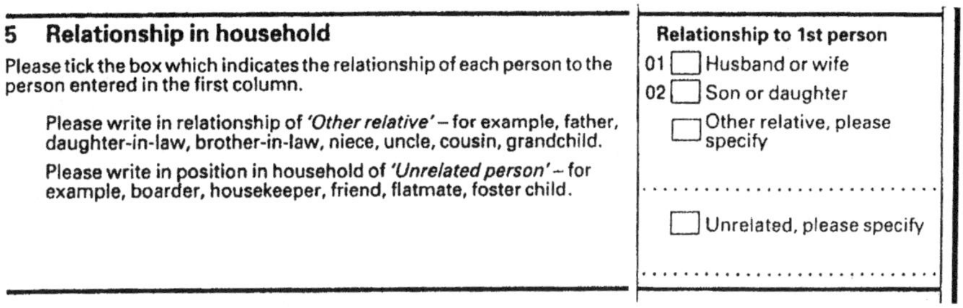
**5 Relationship in household**

**Please tick the box which indicates the relationship of each person to the person entered in the first column.**

**Please write in relationship of *'Other relative'* – for example, father, daughter-in-law, brother-in-law, niece, uncle, cousin, grandchild.**

**Please write in position in household of *'Unrelated person'* – for example, boarder, housekeeper, friend, flatmate, foster child.**

**Relationship to 1st person**

01 ☐ Husband or wife

02 ☐ Son or daughter

☐ Other relative, please specify

☐ Unrelated, please specify

*Abb. 16: Head of Household, 1981. Office of Population Censuses and Surveys, 1981 Census England, H Form for Private Household, in: http://census.ukdataservice.ac.uk/media/30988/1981_england_household.pdf (aufgerufen am 20. 4. 2013).*

Trotz dieser Darstellung im Fragebogen konnte auch weiterhin bei verschiedenen Geschlechtern in einem Haushalt nur der Mann der Haushaltsvorstand sein: Das *Handbook for Interviewers* des Office of Population Censuses and Surveys stellte noch im Jahr 1991 klar, dass – falls mehrere Personen Anspruch auf die

[146] Crompton, Class and Stratification, S. 93–97. Hier wendet sich Crompton vor allem gegen die Kategorisierungen von Goldthorpe.

[147] Household Form England 1971, Spalte B5, in: UK Data Service, http://census.ukdataservice.ac.uk/media/30951/1971_england_household.pdf (aufgerufen am 20. 4. 2013).

Position des *Head of Household* erheben würden – bei gleichem Geschlecht der ältere und bei Frauen und Männern immer der Mann als Haushaltsvorstand genommen würde.[148] Dies galt auch für die mögliche Angabe von „joint heads of household" und wurde rein praktisch begründet: „These rules on deciding who is HOH are necessary because the use of joint heads of household is not practical for analysis purposes. Because of this it is necessary to have consistency in the way in which decisions are made."[149] Als zweites Argument für das Fortbestehen der antiquierten Definition kann somit die angestrebte Vergleichbarkeit von Umfragedaten über einen langen Zeitraum hinweg angeführt werden. Da traditionell dem Mann Vorrang eingeräumt worden war, sollte dies per definitionem auch so bleiben: „A husband always takes precedence."[150] In einer Hinsicht wurde die Definition allerdings an neue Entwicklungen angepasst: Nicht mehr nur verheiratete, sondern auch zusammenlebende Paare fielen nun unter diese Definition.

Drittens könnte in Anlehnung an die Beobachtungen von Edward Higgs hinsichtlich problematischer Angaben zu Frauen, Berufen und Arbeit in den Volkszählungen des 19. Jahrhunderts angenommen werden, dass die Umfrageforschung in erster Linie durch männliche Akteure und ihre Sicht auf die Welt geprägt war – das legen auch die Ergebnisse zur Kollektivbiografie aus dieser Arbeit nahe. Bei Edward Higgs liest sich das wie folgt:

> The figures in the occupational tables are not ‚hard facts' or ‚raw data'. They were constructed by men (in the specific sense of members of the male gender) who had certain assumptions about the position of women in society. In broad terms, women tended to be defined as dependants, whatever their productive functions, whilst men were classified according to the nature of their labour. As a consequence there are serious problems in reconstructing the role of women in the reproduction of society in the nineteenth century. This has important implications for models of the economy as a whole.[151]

Da das *Handbook for Interviewers* des Office of Population Censuses and Surveys, das die für das 20. Jahrhundert relevante Definition des *Head of Household* beinhaltet, von einer Frau herausgegeben wurde und mit Gillian Theresa Banks von 1986 bis 1990 zudem zum ersten Mal eine Frau als Registrar-General tätig gewesen war (wenn auch aufgrund der Amtszeit nicht für eine Volkszählung), liegt die Frage nahe, inwiefern es aus der Perspektive der weiblichen Umfrageforscherinnen ein vorrangiges Interesse an einer langen Vergleichbarkeit statistischer Daten gab oder ob die überfällige Anpassung sozialwissenschaftlicher Konzepte und Definitionen als wichtiger eingeschätzt wurde.

### *US-amerikanischer Zensus schafft männlichen Haushaltsvorstand ab*

Zur Beantwortung der Frage eines möglichen Rollenkonfliktes – als Umfrageforscherin und als Feministin – kann ein Blick auf die US-amerikanische Geschichte

[148] McCrossan, Handbook for Interviewers, S. 54: „1. where they are of the same sex the oldest is HOH; 2. where they are of different sexes the male is HOH."
[149] Ebd.
[150] Ebd.
[151] Higgs, Women, Occupations and Work in the Nineteenth-Century Censuses, bes. S. 60.

Aufschluss geben. Auch hier war es bis in die 1970er-Jahre für eine verheiratete Frau nicht möglich, als Haushaltsvorstand im Zensus angegeben zu werden, d.h. sie konnte zwar als Haushaltsvorstand im Zensusbogen benannt werden, aber im U.S. Census Bureau wurde während der Auswertung wiederum der Ehemann als *Head of Household* klassifiziert.[152] Dieses Vorgehen stieß auf Kritik: „The primary objection of feminists at that time was that the use of headship implied an authority structure for households and families that was imputed by the Bureau rather than measured – and that it was not the business of a federal census to do either."[153] Diese Praxis wurde insbesondere von einer Gruppe von Wissenschaftlerinnen diskutiert, die aus feministischer Sicht nicht weiter am männlichen *Head of Household* festhalten, zugleich aber in ihrer Rolle als Wissenschaftlerinnen zunächst herausfinden wollten, welche Nachteile mit dem Fallenlassen der Kategorie verbunden sein konnten.[154] Bei der näheren Betrachtung der Praktiken anderer Länder stellte sich heraus, dass nicht alle Länder in ihren Volkszählungen vergleichbar hierarchische Konzepte benutzten. Zudem hatten 1980 die Vereinten Nationen ein Diskussionspapier veröffentlicht, „to provide information on the problems encountered in a number of countries in meeting needs for statistics better oriented to examining the roles and status of women and related issues and some of the solutions that have been developed or are being tested in different countries."[155] Die wissenschaftlichen Aktivistinnen konnten in ihrer folgenden Lobby-Arbeit somit auf Autoritäten verweisen und waren letztendlich erfolgreich: Für den Zensus von 1980 wurde das alte Konzept des *Head of Household* nicht mehr verwendet. Harriet Presser von der University of Maryland beendet ihre Darstellung der Kampagne mit dem Resümee: „I, for one, learned from this experience that with knowledge, commitment, and people like Barbara Bergmann working with you, political action by a small group of professionals to reconceptualize and improve data collection systems can be successful."[156]

In Großbritannien gab es keinen vergleichbaren Zusammenschluss von Wissenschaftlerinnen oder auch Wissenschaftlern, die die Definitionen des *Head of Household* kritisch beurteilten. Hier wurde das Konzept erst für den Zensus 2001 durch das der „Household bzw. Family Reference Person"[157] abgelöst und ging nun – unabhängig vom Geschlecht – zunächst nach wirtschaftlicher Leistungs-

[152] Presser, Decapitating the U.S. Census Bureau's ‚Head of Household', bes. S. 146. Harriet Presser vom Center on Population, Gender, and Social Inequality an der University of Maryland in den USA beschreibt in diesem Aufsatz aus ihrer Perspektive das Engagement einer kleinen Gruppe von feministischen Wissenschaftlerinnen an Universitäten oder in der Regierung zur Abschaffung des *Head of Household* in den USA.

[153] Ebd.

[154] Ebd., S. 147.

[155] United Nations, Sex-Based Stereotypes, Sex Biases and National Data Systems, St/ESA/STAT/99. June99, zitiert nach: Presser, Decapitating the U.S. Census Bureau's ‚Head of Household', S. 153. Barbara Bergmann war Professor of Economics und Mitglied des Census Advisory Committee of the American Economic Association.

[156] Presser, Decapitating the U.S. Census Bureau's ‚Head of Household', S. 152.

[157] ONS/ GRO/ NISRA, Census 2001 Definitions, 2004, S. 34.

kraft und dann nach Alter vor. Auch für viele andere staatliche Umfragen war die neue Definition maßgeblich.[158]

*Der Head of Household in der kommerziellen Umfrageforschung*

Die Problematik des *Head of Household* war spätestens seit den 1970er-Jahren unter Umfrageforschern durchaus bekannt. Dies lässt sich an der vergleichbaren Entwicklung des Konzeptes in der privatwirtschaftlichen Umfrageforschung erkennen. Die *Social Grades* basierten ebenso wie die *Registrar-General's Social Classes* auf den Angaben, die über den *Head of Household* gemacht wurden. Dieser war bis Anfang der 1990er-Jahre wie folgt definiert:

> The head of household is that member of the household who either owns the accommodation or is responsible for the rent, or, if the accommodation is rent free, the person who is responsible for the household having it rent free. If this person is a married woman whose husband is a member of the household, then the husband is counted as the ‚head of household'.[159]

Wie in der staatlichen Umfrageforschung wurde also auch in der Privatwirtschaft der Mann der Frau im Haushalt vorangestellt. Dies wurde in vollem Bewusstsein der Implikationen dieser Entscheidung getan. In einer Informationsschrift der Market Research Society, also dem Berufsorgan, dem Autorität in der Klärung von Fragen eingeräumt wurde, hieß es 1974:

> Here the usual convention is to identify the ‚chief wage earner', or the person responsible for the accommodation (legal owner, or person paying the rent), and where there are two equal candidates, to ignore women's lib [lib = liberation, KB] and take the male as head of household, and the older of two people if both are of the same sex.[160]

In der Neuauflage dieses Reports zehn Jahre später, also 1984, wurde das Thema wieder aufgegriffen und vermutet, dass nun – da eine Mehrzahl von Frauen im erwerbstätigen Alter tatsächlich einen Job hätten – die Identifikation des *Head of Household* somit schwerer fallen könnte.[161] Trotzdem wurde die Frage, wie schon zehn Jahre zuvor, zugunsten des Mannes entschieden. Im entsprechenden Ab-

158 Office for National Statistics, Harmonised Concepts and Questions for Social Data Sources: „It has been agreed by the GSS(S) that the household reference person should in future be defined, without regard to gender, as the sole householder or, if there is more than one, as the householder with the highest personal income from all sources. If two or more householders have the same income, the eldest should be the household reference person."

159 Vgl. die verschiedenen Auflagen von Monk, Social Grading, hier die Auflage von 1985.

160 Standardised Questions. A Review for Market Research Executives. A report by the Research and Development Committee Edited by Alan R. Wolfe, London, 1973–74, MRS Library, S. 9. Für die *Social Grades* wurde zunächst nach einem *Head of Household* gesucht, falls dessen Einkommen weniger als „state benefit level" war, wurde ein „Chief Wage Earner" benannt. Siehe dazu Erhard Meier, The New NRS Classification Measurements. The Differences Between Chief Income Earner, Head of Household, Housewife and Shopper, Conference Papers, The Market Research Society, 37th Annual Conference, 16–18 March 1994, International Convention Centre, Birmingham 1994, MRS Library, S. 140.

161 Standardised questions. A Review for Market Research Executives. A report by the Research and Development Committee Edited by Alan R. Wolfe, London, 1984, MRS Library, S. 4. Hervorhebung im Original: „It should be pointed out that as the majority of women of working age now hold a job, the *identity* of the Head of Household may be less easy to establish."

schnitt aus dem Jahr 1984 hieß es: „and where there are two equal candidates, to ignore ‚feminism' and take the male as head of household".[162] Ähnliche Äußerungen finden sich auch in Handbüchern zur angewandten Sozialforschung.[163]

Die Definition des *Head of Household* und die Praxis in der kommerziellen Umfrageforschung änderten sich 1993. Zur Begründung sagte ein Direktor eines der führenden Marktforschungsunternehmen: „‚We found that wives were getting upset.'"[164] Demnach gefährdete die antiquierte Definition die Antwortbereitschaft der potentiellen Interviewpartner/innen, aber auch so hatten die Markt- und Meinungsforscher bereits festgestellt, dass ihre Definitionen „old-fashioned and out of touch with modern life and marketing needs" waren.[165] Erhard Meier vom Umfrageunternehmen Research Services Ltd., das für die Feldarbeit des *National Readership Survey* zuständig war, untersuchte den Effekt der neuen Definitionen auf die Einteilung der Haushalte in *Social Grades* und fand heraus, dass 90 Prozent der Haushalte denselben *Head of Household* benannten und deshalb gleich eingestuft wurden.[166] Die unterschiedliche Klassifizierung der verbleibenden zehn Prozent konnte durchaus signifikant sein und einen Sprung über mehrere *Social Grades* beinhalten. Die Zeitung *The Independent* begann ihren Bericht über die neuen Definitionen z. B. mit dem einprägsamen Beispiel, dass bis vor kurzem eine Frau Vorstandsvorsitzende bei einem großen Chemiekonzern sein konnte, aber in der Marktforschung in die soziale Klasse D (ungelernte Arbeiter – „semi-skilled and unskilled working class") eingeordnet wurde, nur weil ihr Freund, mit dem sie in einem Haushalt lebt, als ungelernter Automechaniker arbeitete.[167]

*Bis heute: Der männliche Haushaltsvorstand in der staatlichen Umfrageforschung*

Während die Gleichberechtigung Anfang der 1990er-Jahre zumindest per definitionem Einzug in die kommerzielle Umfrageforschung gehalten hatte, konnte dies auch für die Volkszählung von 2001 – nicht aber für alle anderen staatlichen Umfragen – festgestellt werden. Auf eine Anfrage beim Office of National Statistics im April 2012, ob der *Head of Household* jetzt unabhängig vom Geschlecht bestimmt würde, wurde mit Rückgriff auf den *Labour Force Survey* geantwortet, dass die unabhängig vom Geschlecht bestimmte *Household Reference Person* seit 2001 die maßgebliche Bezugsgröße sei, trotzdem aber auch der *Head of Household*

162 Ebd., S. 11.

163 Hoinville und Jowell, Survey Research Practice, S. 171: „Some of these rules are increasingly under attack on the grounds of their male chauvinistic bias and the fact that they are anachronistic. […] Nevertheless, current practice is still to define the head of household as the husband."

164 Ebd.

165 Meier, The New NRS Classification Measurements, MRS Library, S. 139. Meier diskutierte zudem die Ablösung des Konzepts „housewife" durch „shopper", die zum selben Zeitpunkt durchgeführt wurde.

166 Ebd., S. 142.

167 Roger Tredre, Woman ‚can be head of house': Sex Bias Removed from Questionnaires, The Independent, 30. 03. 1993, http://www.independent.co.uk/news/uk/woman-can-be-head-of-house-sex-bias-removed-from-questionnaires-1500789.html (aufgerufen am 24. 4. 2009).

teilweise verwendet werde. Dieser *Head of Household* war in den Erläuterungen zum *Labour Force Survey* aus dem Jahr 2008, die auch 2012 noch galten, wie folgt definiert: „If there are two adults of the opposite sex living together as a married or cohabiting couple, the husband/male partner is the HOH. Otherwise, the oldest male householder, or the husband/male partner of the oldest female householder, is the HOH. Otherwise, the oldest female householder is the HOH."[168] In den weiteren Erläuterungen wurde diese Definition damit begründet, dass in der Praxis sowieso meistens Männer als Haushaltsvorstände angeführt würden.[169] Wie die Verantwortlichen des *Labour Force Survey* auf diese Behauptung gekommen waren, blieb offen. Im Prinzip liegt hier das Phänomen vor, das die Gruppe der US-amerikanischen Wissenschaftlerinnen schon in den 1970er-Jahren kritisiert hatte, dass nämlich von höherer Stelle eine Struktur normativ vorgegeben wurde.[170]

Für aktuelle Diskussionen in der Zeitgeschichte zur Bedeutung von sozialwissenschaftlichen Arbeiten als Quelle oder als Darstellung[171] legt dieses Beispiel nahe, dass der Verwendung jeglicher sozialwissenschaftlicher Statistiken nicht nur die Nennung der zugrunde liegenden Variablen, sondern zudem eine kulturwissenschaftliche Dekonstruktion der grundlegenden Konzepte vorausgehen sollte. Dass deren Hintergründe und Definitionen durchaus versteckt und ‚altmodisch' sein können, hat dieser Abschnitt zum *Head of Household* gezeigt.

## 4. Bestätigung mit eigenen Methoden: Umfragen zur Selbstbeschreibung der Bevölkerung

Ein wichtiges Argument für die lange Beibehaltung der *Social Classes* bzw. der *Social Grades* war die angeblich anhaltende Selbstbeschreibung der britischen Bevölkerung in *upper, middle* und *working classes.* Insbesondere in der kommerziellen Umfrageforschung wurde die Einteilung in soziale Klassen von Anfang an auch damit begründet, dass sie eine für alle verständliche Kommunikationsfigur darstelle. 1988 fasste zum Beispiel John Samuels, Managing Director des British Market Research Bureau und früherer Chairman der Market Research Society, diese Grundüberzeugung zusammen: „We all genuinely believe that social classes exist and that they do have different attitudes and behave differently in relation to media and products."[172] Umfrageforscher waren überzeugt von *social class* als

168 Office for National Statistics, Labour Force Survey User Guide.
169 Ebd.
170 Presser, Decapitating the U.S. Census Bureau's ‚Head of Household', S. 146.
171 Zur Debatte in der Geschichtswissenschaft siehe: Doering-Manteuffel und Raphael, Nach dem Boom, z. B. S. 58; Graf und Priemel, Zeitgeschichte in der Welt der Sozialwissenschaften; Ziemann, Sozialgeschichte und Empirische Sozialforschung; Dietz und Neumaier, Vom Nutzen der Sozialwissenschaften für die Zeitgeschichte; Pleinen und Raphael, Zeithistoriker in den Archiven der Sozialwissenschaften; allgemein: Gerhardt, Wirklichkeit(en).
172 Samuels, Social Class in the Future.

wichtigem Teil britischer Selbstbeschreibung und diskutierten deshalb ihre Konzepte für die längste Zeit des 20. Jahrhunderts nicht in theoretischer Hinsicht, sondern nahmen sie als gegeben hin und bemühten sich in erster Linie um die Verbesserung der praktischen Abläufe.

Von Zeit zu Zeit vergewisserten sich die Umfrageforscher mit ihren eigenen Methoden, dass die britische Gesellschaft *social class* noch immer als das grundlegende Modell zur Selbstbeschreibung ansah: Sie führten Umfragen zum Thema *social class* durch.[173] Im Jahr 1972 stellte das Umfrageinstitut National Opinion Polls Limited (NOP) einem *quota sample* von 1000 Personen, die je zur Hälfte den *Social Grades* ABC1 und C2DE zugeordnet waren, beispielsweise folgende Frage: „Some people talk about social class, others say that there is no such thing. Do you think there are different social classes in Britain today or not?“[174] Kein Wunder, dass bei dieser Frage, die gar keine andere Gesellschaftseinteilung als *social class* anbot, als erstes Ergebnis der Umfrage herauskam, dass 90% der Bevölkerung verschiedene soziale Klassen wahrnahmen.[175] Es schien weder der Zeitung *Daily Mail*, die die Umfrage in Auftrag gegeben hatte, noch dem Umfrageinstitut NOP in den Sinn gekommen zu sein, zunächst andere Möglichkeiten der Gesellschaftseinteilung zu eruieren. Zwar wurde auf fünf „group discussions“ verwiesen, die im Vorfeld durchgeführt worden waren, allerdings war man schon in dieser qualitativen Vorbereitungsphase nur an der öffentlichen Wahrnehmung von „social class and allied topics“ interessiert gewesen.[176] Die Hauptergebnisse der Umfrage lasen sich dann auch als komplette Bestätigung der bisherigen Annahmen über *social classes* in Großbritannien. So hieß es in der allgemeinen Zusammenfassung:

> The use of the concept of ‚social class‘ by political scientists, sociologists and market researchers might have appeared to be little more than an arbitrary piece of categorisation. This survey indicates that the class concept is one which pervades the population as a whole. This is indicated initially by the figure of 90% of adults thinking there are different social classes. Only 7% think there are not different social classes. [...] Belief in the existence of different social classes and of barriers between these classes is shared by the different groups within the population. When the results are analysed by sex, age, voting intention etc. we find that beliefs on these questions do not vary appreciably from one group to another. We might therefore say that belief in the existence of something which might be called a ‚class-system‘ is widespread among British adults.[177]

[173] Die im Folgenden vorgestellte NOP-Umfrage von 1972 bezog sich explizit auf die *Social Grades* im Einleitungsteil: „A dominant theme in the study of political and sociological behaviour is the consideration of social class. The NOP Bulletin frequently analyses results by the occupational groupings which may correspond to the different social classes. There was however a gap in the study of social class. Little work had been conducted in the comparison of people's self-assessment of their social class with the assessment by occupation as used by Market and Social Researchers i.e. the Institute of Practitioners in Advertising definition.“ National Opinion Polls, NOP POLITICAL BULLETIN, Juni 1972, 109, S. 11–31, bes. S. 11.

[174] Ebd., S. 14.

[175] Ebd., S. 12.

[176] Ebd., S. 11.

[177] National Opinion Polls, NOP POLITICAL BULLETIN, Juli 1972, 110, S. 1–40, bes. S. 34. Für eine Zusammenstellung der Hauptergebnisse siehe zudem NOP POLITICAL BULLETIN, Juni 1972, S. 12f.

Die Befragten der NOP-Umfrage waren nach einer auf *Social Grades* basierenden Stichprobe ausgewählt worden; wenn die so eingeteilten Befragten nun in der Umfrage eine davon abweichende Selbstdarstellung in ihren Antworten vornahmen, wurde dies mit den Attributen „incorrect/correct" bewertet. So wurde in der Auswertung auf die Frage „Which social class do you believe you belong to?" für die „social grades DE", also die „unskilled working class", festgestellt: „This chart shows that 23 per cent put themselves in the correct category. But a surprising 25 per cent considered themselves middle class AB." Nur der „middle class AB" wurde bescheinigt, dass sie ihren Platz in der Gesellschaft kenne und sich mit 64 Prozent in der ‚korrekten' Klasse eingeordnet hatte. Deutlich wird zudem, dass der Auswertung ein klares hierarchisches Gesellschaftsmodell zugrunde lag. So wurde von der „lower middle class C1" behauptet, dass sich lediglich ein Viertel ‚richtig' verortet hatte, „but almost half moved themselves up a place in the social ladder".[178] Die Ergebnisse der Studie wurden in mehreren Ausgaben der Zeitung *Daily Mail* pointiert aufbereitet und somit an die Bevölkerung zurückgegeben. Damit war der Zirkelschluss perfekt.

Die enge Verbindung der kommerziellen Umfrageforschung zum Medienmarkt, die ja bereits in der Entwicklung der *Social Grades* im Rahmen des *National Readership Survey* maßgeblich war, setzte sich im Verlauf des 20. Jahrhunderts fort. Zeitungen waren wichtige Auftraggeber für Umfragen und zugleich wichtige Multiplikatoren der Ergebnisse. *Social class* war in diesem Zusammenhang ein wiederkehrendes Thema, so z. B. in einer weiteren Umfrage des Instituts MORI von 2002, über die in der Zeitung *The Independent* berichtet wurde.[179]

In qualitativer Hinsicht fanden die Umfrageforscher ebenfalls Indizien für die britische Selbstwahrnehmung in sozialen Klassen. So erhielt Mark Abrams 1957 im Anschluss an seine BBC-Sendungen zu *Social Class in Britain Today* zahlreiche Leserbriefe, in denen sich die Hälfte der Hörer von sich aus verschiedenen *social classes* zuordnete.[180] Diese Erfahrungen machte auch die Umfrageinstitution Mass-Observation im Jahr 1939, als sie einen offenen Fragebogen (*directive*) zum Thema *social class* an ihr „national panel of observers" schickte.[181] Dies galt nicht nur für die 1950er-Jahre und für die Zwischenkriegszeit, zu der der Historiker Ross McKibbin feststellte: „England in this period was a country of social classes into which the English freely categorized themselves."[182] Auch auf die bereits erwähnte NOP-Umfrage, die 1972 in der *Daily Mail* veröffentlicht wurde, erhielt

178 Vgl. NOP Political Bulletin, Juli 1972, 110, S. 1–40, bes. S. 37 (Figure 2). Die grafischen Darstellungen wurden offenbar von NOP zur Verfügung gestellt und dann in der *Daily Mail* abgedruckt: In 1972, Who Cares What Class You Are? You Do… Like All the Rest of Us. NOP Survey. The State of Class Distinction in Britain Today, Daily Mail, 25. 4. 1972.

179 Forget the Classless Society – Two Thirds of Us Now Say we're Working Class and Proud, The Independent, 21. 8. 2002.

180 Mark Abrams, Working Papers on Social Research: Class and Values, 1952–1960, CAC, ABMS, Box 84.

181 Die Ergebnisse der Studie wurden allerdings 1939 nicht analysiert, sondern erst Anfang des 21. Jahrhunderts durch den Historiker James Hinton ausgewertet. Hinton, ‚Class' Complex.

182 McKibbin, Classes and Cultures, S. v.

die Zeitung zahlreiche Zuschriften, in denen Leser und Leserinnen mit Einteilungen und Charakteristika von *social classes* spielten.[183] In den verschiedenen Briefen erfährt man viel über das Verhalten, das im Alltag zur Unterscheidung der verschiedenen *social classes* herangezogen wurde, z. B. wie Messer und Gabel gehalten werden oder ob die Milch oder der Tee zuerst in die Tasse gegossen wird.

Durch diese Indizien vergewisserten sich die Umfrageforscher der anhaltenden Relevanz des zugrunde liegenden Konzepts ihrer alltäglichen Klassifikationsarbeit im 20. Jahrhundert. Während die auf *class* basierten Modelle in der Kommunikation mit den Klienten und der Bevölkerung offenbar gut funktionierten, konnte dies für die analytische Arbeit der Umfrageforschung im letzten Drittel des 20. Jahrhunderts nur bedingt gelten. Wieso wurde aber ein System beibehalten, von dem empirische Tests zeigten, dass z. B. von vierhundert innerhalb von zehn Monaten zweimal interviewten Personen 41 Prozent verschiedenen *Social Grades* zugeordnet wurden? Marktforscher waren nicht genuin an einer Einteilung der Bevölkerung in Klassen interessiert, vielmehr ging es ihnen um eine allgemein verständliche, einfache Form der Darstellung der britischen Gesellschaft für ihre Auftraggeber. Die *social classes* in ihrer Funktion als Kommunikationsfigur gegenüber den Klienten der privatwirtschaftlichen Umfrageforschung wurden deshalb erst dann abgelöst bzw. bekamen erst dann ernsthafte Konkurrenz, als ein neues System mit ausreichend bildlichem Potential und Anschlussfähigkeit für die Kommunikation mit den Kunden entwickelt worden war. Genau darauf zielte Richard Webber ab, als er 1985 die Vorteile der *geodemographics* darstellte:

> It provided the advertising and marketing professions with a more vivid and contemporary method of defining audiences than the traditional A, B, C1, C2, D, E social class categorization. The pictorial quality of ACORN was particularly helpful in enabling copywriters to pick out attributes of their target groups. The epithets ‚cane furniture belt' and ‚muesli man' crystallized the aspirations of Muswell Hill and Putney better than ‚high concentrations of ABC1 25/44 living alone'.[184]

Die so präsentierten Namen für verschiedene gesellschaftliche Gruppen wurden schnell in verschiedenen Bereichen aufgenommen bzw. an diese angepasst, so wurde z. B. in Zeitungen über „Balcony Downsizers" und „Bungalow Quietude" berichtet.[185]

Die Verwendung der Bezeichnungen aus der kommerziellen Umfrageforschung durch andere Akteure und die Aufnahme in den öffentlichen Diskurs zeigt das große Potential der *geodemographics*. Ob sie künftig als Möglichkeit der Selbstbeschreibung der Gesellschaft ebenso wie *social class* angenommen werden, ist zu bezweifeln. Vielmehr handelt es sich um eine gute PR-Strategie. Gegen eine Ablösung der *class* durch die *geodemographics* als Kommunikationsmöglichkeit innerhalb der britischen Gesellschaft spricht, dass die Methode aus der Marktforschung

183 Letters: The Day ‚our' Herbert United us, DAILY MAIL, 2. 5. 1972.

184 WEBBER, Use of Census-Derived Classifications, S. 117.

185 Andrew Levy, Fancy Retiring by the Seaside? Sorry, it's full, DAILY MAIL, 26. 7. 2009, http://www.dailymail.co.uk/news/article-1202351/Fancy-retiring-seaside-Sorry-full.html (abgerufen 14. 2. 2013). Die beiden zuletzt genannten Gruppen sind *MOSAIC* 2009 entnommen, die Version *MOSAIC* 2003 enthält andere Gruppeneinteilungen und -bezeichnungen.

nicht auf lange Vergleichbarkeit angelegt ist, sondern extrem flexibel sein soll, was sich zum Beispiel in der immer neuen Benennung von Gruppen äußert. Die Bezeichnungen von *MOSAIC* 2003 und *MOSAIC* 2009 unterscheiden sich zum Beispiel komplett. Die Auswirkung der Verwendung der *geodemographics* in den verschiedenen Gesellschaftsbereichen ist noch nicht abzusehen. Legendär wurde in dieser Hinsicht der „Mondeo Man", den Tony Blair in seinem Wahlkampf 1997 für Labour zurückgewinnen wollte, ihm folgten die „Worcester Woman" und die „Bacardi Breezer Generation".[186] Auch hier wäre ein genauer Einblick in die Fertigungshallen der *geodemographics* wichtig – einen Ansatzpunkt bietet Richard Webber, wenn er darauf hinweist: „These types of tags are thought up by people paid to consult on style, not substance."[187] Ein Einblick in die tägliche Arbeit von Experians *MOSAIC* und CACIs *ACORN* blieb der Historikerin für diese Studie verwehrt – nicht einmal die alten Broschüren wurden zur Verfügung gestellt.

## Zusammenfassung und Ausblick

Der Einblick in die „Fertigungshallen sozialer Fakten" am Beispiel der Geschichte der Gesellschaftsklassifikationen zeigt für Großbritannien zwei grundlegende Ordnungsprinzipien: *class* und Raum. Das langlebige Modell der *Registrar-General's Social Classes* entwickelte sich an der Wende vom 19. zum 20. Jahrhundert aus wissenschaftlichen und medizinischen Diskussionen rund um die öffentliche Gesundheit. In der Auseinandersetzung zwischen Eugenikern und Environmentalisten stand die Beweisführung für die jeweiligen Theorien im Vordergrund; dabei wurde der Blick auf gesellschaftliche Problemgruppen gelenkt, die Gesamtgesellschaft aber immer einbezogen. Auch die späteren staatlichen Modelle, die *Socio-Economic Groups* (1951 eingeführt) und die *National Statistics Socio-Economic Classification* (2001 eingeführt) orientierten sich an wissenschaftlichen Diskussionen und versuchten, die Gesellschaft als Ganzes im Blick zu behalten. Die in den 1950er-Jahren in der privatwirtschaftlichen Umfrageforschung entwickelten *Social Grades* bemühten sich in ähnlicher Weise darum, Individuen sozialen Klassen zuzuordnen und diese innerhalb der Gesellschaft zu verorten. Die in den 1980er-Jahren in der kommerziellen Umfrageforschung aufkommenden *geodemographics* hingegen orientierten sich an Teilmärkten und entwarfen deshalb segmentierte Gesellschaftsklassifizierungen, die nicht an einer Beziehung sozialer Gruppen untereinander interessiert waren, sondern nur an der zielorientierten Festlegung von lokal eingegrenzten Gruppen, die von den jeweiligen Auftraggebern aus Wirtschaft, Parteien, Politik oder öffentlicher Verwaltung nachgefragt

[186] Diese Bezeichnungen fanden Eingang in den Wahlkampf bzw. wurden extra für ihn entwickelt und werden vielfach in der Presse erwähnt. Siehe z. B. Gaby Hinsliff, There's a Message in the Bottle, Prime Minister, The Observer, 17. 8. 2003.

[187] Denise Winterman, If the Label Fits, BBC News, 8. 11. 2005, http://news.bbc.co.uk/2/hi/uk_news/magazine/4413808.stm (aufgerufen am 18. 2. 2013).

wurden. Dafür boten sich räumliche Zuordnungen an, die nicht in den 1980er-Jahren erfunden wurden, sondern ebenfalls auf eine lange Tradition in Großbritannien zurückgreifen konnten. Bereits die Armutsforschungen im 19. Jahrhundert – und hier vor allem die Arbeiten von Charles Booth – gingen von klar umgrenzten räumlichen Einheiten und konkreten Fragestellungen aus. Die kartografische Darstellung und die Anwendung von Geografischen Informationssystemen gehörten zu ihrem Methodenschatz. *Class* und Raum waren in Großbritannien somit beides Ordnungsprinzipien mit einer langen Tradition, die in verschiedenen Bereichen Anwendung fanden.

*Class* hatte den Vorteil, dass sie als besonders bedeutend für alle gesellschaftlichen Bereiche angesehen und auch in der Selbstdarstellung der Briten benutzt wurde. Damit ging die Annahme einher, dass jeder wisse, was mit *class* gemeint sei, und deshalb keine expliziten Definitionen benötigt würden. Bei näherer Betrachtung stellte sich allerdings heraus, dass das Verständnis von *class* erheblich variierte. *Class* war ein undefiniertes, untertheoretisiertes Konzept in der britischen Umfrageforschung.[188] Allein die Gleichsetzung von *class* und Beruf – bzw. weiteren Angaben zum Berufsfeld – ermöglichte die lang anhaltende Verwendung des Begriffs in der Umfrageforschung. Hinzu kam die relativ unkritische Anwendung des Konzepts in der alltäglichen Arbeit. Dort ging es weniger um die theoretische Fundierung der zugrunde liegenden Modelle als um ihre Praktikabilität. In diesem Zusammenhang wird z. B. das zweigeteilte Verfahren für die *Social Grade Classification* verständlich: Da die Umfrageforscher der Kompetenz der Interviewer und Interviewerinnen misstrauten (siehe dazu Kapitel II.2), wurde ihnen die Klassifizierungsarbeit entzogen und in einem zweiten Schritt dem Personal im Umfrageinstitut übertragen.

In einer zunehmend komplexen, global vernetzten Welt wurde es schwieriger, eine Gesellschaft als Ganzes zu konzipieren, deshalb gewann der Raum als Ordnungsprinzip an Bedeutung. Durch die Beschränkung auf die Nachbarschaft und somit auf kleine Räume wurden die Individuen mit ihren sich zunehmend wandelnden Ansprüchen und Selbstdarstellungen im letzten Drittel des 20. Jahrhunderts klassifizier- und darstellbar. Unter dem Rückgriff auf vielfältige Datenbanken aus dem Konsumbereich, aber auch auf sog. Lifestyle-Daten, Psychogramme etc., wurden Gesellschaftsgruppen in Nachbarschaften entworfen, die mit prägnanten Namen versehen in den öffentlichen Diskurs Einzug fanden. Der Einblick in die Fertigungshallen dieser *geodemographics* bleibt dabei zunehmend verschlossen. Aufgrund von Urheberrechten und Marktmechanismen handelt es sich um eine Art Geheimwissen, das von den Käufern nicht verstanden, aber angewendet wird. Sie sind deshalb bisher vor allem im Kontext von Überwachungs-

188 Dies galt allerdings nicht für die gesamte Sozialforschung. Vgl. dazu auch Szreter, Registrar-General's Social Classification of Occupations, S. 540: „It is especially inconsistent and confusing to continue to refer to the official system as one of social classes or even of strata. Both of these terms would be better employed if reserved for reference to the specific constructs of Marxian and Weberian social theory."

szenarien diskutiert und kritisiert worden.[189] *Geodemographics* sind in besonderer Weise durch die Werbewelt und ihr Vokabular geprägt, was sie zu schlagkräftigen PR-Instrumenten in vielen Bereichen macht. In dieser Funktion sind sie so zeitnah, dass sie der Zeithistorikerin keine Einsicht in ihre Quellen und damit in ihre Produktionsprozesse erlauben.

Wenn aktuell die Abschaffung der Volkszählung in Großbritannien im Kontext staatlicher Sparmaßnahmen diskutiert und zugleich ihre Substituierung u.a. durch Daten aus der Umfrageforschung gefordert wird,[190] so hätte dies zur Konsequenz, dass auch die staatlichen Gesellschaftsklassifikationen durch die der kommerziellen Umfrageforschung zumindest in Teilen ersetzt würden.

Im Kontext der heutigen Debatten um Big Data finden sich auch Positionen, die ein Neudenken staatlichen Handels vor dem Hintergrund fordern, dass der Staat der größte „Daten-Multi" sei – so vertritt der ehemalige belgische Premierminister Guy Verhofstadt die Auffassung, dass gerade der Staat den Weg weisen solle, indem er seinen Modus Operandi drastisch verändere und die Toolbox seiner Datenbestände öffne.[191] Die Bedeutung staatlicher Preis- und Publikationsstrategien zeigte sich mehrfach in der Geschichte der britischen Volkszählungen. Grundsätzlich ist dabei zwischen den offiziellen Veröffentlichungen in Form der Zensusberichte mit ihren Tabellen und Auswertungen (*Census Reports, General Reports, Preliminary Reports* etc.), die als Interpretationen und Kommentare aus dem Zensusbüro zu verstehen sind, und den Zensusdaten, die von anderen Nutzern angefragt werden, zu unterscheiden. In beiden Fällen handelt es sich nicht um ein einfaches Bereitstellen von neutralen Daten. Die Veröffentlichung der offiziellen Berichte zum Zensus wurde im 19. Jahrhundert durch die Volkszählungsgesetze, die den Zeitpunkt der Veröffentlichung festlegten, geregelt.[192]

Der Bericht über den ersten Zensus aus dem Jahr 1801 enthielt lediglich die im Zensus gestellten Fragen und die aus den Antworten erstellten Tabellen.[193] Ab 1811 wurden die Tabellen durch vorgeschaltete Betrachtungen, z.B. zur Methode, ergänzt[194] und ab 1861 gab es erste vorläufige Veröffentlichungen mit Tabellen-

[189] So etwa bei Goss, We Know Who You Are, S. 171f.: „The practice of geodemographics is based on a detailed knowledge of consumer behaviour obtained through systematic surveillance of social life, the elaboration of reductionist models of consumer identity, and the inference of unobserved behaviour from residential location."

[190] Christopher Hope, National Census to be Axed After 200 Years, Daily Telegraph, 9.7.2010, http://www.telegraph.co.uk/news/politics/7882774/National-census-to-be-axed-after-200-years.html (aufgerufen am 18.2.2013).

[191] Guy Verhofstadt, Wir müssen Big Data beherrschen! Plädoyer für eine Open-Source-Gesellschaft, Frankfurter Allgemeine Zeitung, 2.5.2014.

[192] 1800 hieß es im *Census Act* „that an Abstract thereof shall be laid before both Houses of Parliament, within Six Weeks, after the said Fifteenth Day of *May* [für England, KB] and Tenth Day of *November* [für Schottland, KB] respectively, or if Parliament shall not be then sitting, within the First Fourteen Days of the Session next ensuing such Days respectively." An Act for Taking an Account of the Population of Great Britain, 1800, IX.

[193] Census of Great Britain 1801, Abstract, PP 1801–02.

[194] Siehe die Zusammenfassung in: Office of Population Censuses and Surveys and General Register Office, Edinburgh, Guide to Census Reports, S. 1.

bänden und später einen abschließenden *General Report*, der die Ergebnisse diskutierte.[195] Mit dem *Census Act* von 1880 wurde dieses zweigeteilte Vorgehen auch gesetzlich festgelegt[196] und für die folgenden Volkszählungen beibehalten, wobei ein *Preliminary Report* im *Census Act* von 1920 zwar nicht mehr explizit gefordert, aber in der Praxis auch in der Folgezeit geliefert wurde.[197] Mit der zunehmenden Komplexität der Volkszählungen erhöhte sich der Arbeitsaufwand und deshalb vergrößerten sich die Abstände zwischen den ersten, vorläufigen Berichten und dem abschließenden *General Report.* Lagen im 19. Jahrhundert zumeist zwei Jahre zwischen dem *Preliminary* und dem *General Report*, so erschien der *General Report* zum Zensus von 1911 erst 1917 und der letzte Tabellenband sogar erst 1923. Diese Verzögerung könnte auf die veränderten Arbeitsbedingungen während des Ersten Weltkriegs zurückgeführt werden, allerdings erschien auch der *General Report* für den Zensus von 1921 erst 1927.

Die zugrunde liegende Publikationsstrategie muss in die allgemeine Veröffentlichungspraxis des GRO eingeordnet werden. Wichtig wurden im 19. Jahrhundert die *Annual Reports of the Registrar General* (*ARRG*).[198] Der erste Report enthielt einen kurzen Kommentar des Registrar-General zu den Zahlen des Berichtszeitraums und zudem 16 Anhänge, die in erster Linie Reproduktionen von Rundbriefen und Verordnungen waren. Zusätzlich wurde im Anhang ein Brief an den Registrar-General von William Farr, der zu diesem Zeitpunkt Compiler of Statistics im GRO war, abgedruckt, der medizinische Aspekte und Fragen der öffentlichen Gesundheit diskutierte.[199] Ab dem zweiten *ARRG* war Farrs Brief der einzige Anhang, zwar wurde er nicht als offizielles Dokument angesehen, bot aber nach Higgs Einschätzung eine geschickte Möglichkeit, den engen Berichtsvorschriften zu entkommen und eigene thematische Schwerpunkte zu setzen. Der Brief von Farr wurde zum prägenden Merkmal der *Annual Reports of the Registrar General* der nächsten vierzig Jahre.[200]

In seiner Analyse der Veröffentlichungen des GRO für die Zeit von 1837 bis 1914 spricht Simon Szreter von einer „major propaganda machine" bzw. von einem „information war" im Interesse der Environmentalisten des *public health movement.*[201] Damit kommt die Preispolitik für die offiziellen Veröffentlichungen

195 Ebd. Siehe auch Higgs, Census of England and Wales, 1861. Offenbar begann die Praxis, dass vor den endgültigen Berichten bereits Zahlen vorab veröffentlicht wurden, bereits im Jahr 1811 – ab diesem Jahr gab es die *Comparative Accounts of the Population of Great Britain*, die die Ergebnisse mit den vergangenen Volkszählungen in Tabellenform verglichen, vgl. dazu Office for Population Censuses and Surveys and General Register Office, Edinburgh, Guide to Census Reports, S. 1.

196 Siehe An Act for Taking the Census of England, 1880.

197 Vgl. An Act to Make Provision for the Taking from Time to Time of a Census for Great Britain, 1920, 4 (1).

198 Higgs, Registrar General's Reports for England and Wales, 1838–58.

199 1st Annual Report of the Registrar General, 1836, PP 1839.

200 Higgs, Registrar General's Reports for England and Wales, 1838–58. Higgs betonte allerdings, dass nicht jeder jährliche Bericht einen Brief von Farr enthielt.

201 Szreter, GRO and the Public Health Movement, S. 436.

und die Zensusdaten ins Spiel, denn die Voraussetzung für den von Szreter festgestellten „information war", war die gezielte und weiträumige Verteilung der verschiedenen Berichte des GRO. Dies war möglich, weil die *Census Reports* zumindest für Parlamentsabgeordnete kostenlos waren.[202] Edward Higgs vermutet, dass sich dieses Vorgehen durch die angespannte finanzielle Lage infolge des Ersten Weltkrieges änderte: Ab 1920 wurden die Zensusberichte zwar immer noch vom HMSO (Her Majesty's Stationary Office) gedruckt, aber sie mussten nun käuflich erworben werden.[203] Es ist deshalb zu vermuten, dass der gezielte Einsatz der Veröffentlichungen für bestimmte Interessen, wie sie etwa von Szreter für das *public health movement* beschrieben wurden, durch eine limitierte Verbreitungsmöglichkeit verringert wurden – eine systematische Analyse der Veröffentlichungen nach 1920 liegt bisher nicht vor.

Wichtiger als der Erwerb der Veröffentlichungen wurde in der zweiten Hälfte des 20. Jahrhunderts die Bereitstellung von konkreten Volkszählungsdaten für verschiedene Nutzergruppen,[204] darunter die kommerzielle Markt- und Meinungsforschung. Mit dem Einsatz von Computern ab den 1960er-Jahren schienen die Nachfragen zuzunehmen, da nun aufgrund der vielfältigen Kombinierbarkeit der elektronisch archivierten und verknüpfbaren Daten die anwenderorientierte Vermarktung von Zensusdaten möglich wurde. Jon Agar fand heraus, dass das GRO im Anschluss an den 1966er-Zensus über die Herausgabe von Daten nachdachte: „albeit for ‚approved purposes, subject to fairly strict controls.' A market for government information began to stir."[205] Die Kosten für die Anwender schienen signifikant zu sein, denn der Markforscher Peter Sleight betont in seiner Darstellung aus dem Jahr 2004 die Bedeutung der Entscheidung, die Zensusdaten ab 2001 kostenlos zur Verfügung zu stellen:

> This has had the effect of swinging the balance of power back towards the census – and stimulated much activity in the supplier community, and much renewed interest in the user community. There is no doubt, with hindsight, that the royalty policies that made detailed census data relatively ‚expensive' have contributed to the relative appeal of alternative data sources.[206]

An diesem Zitat zeigt sich auch die große Bedeutung, die die staatlichen Daten für die kommerziellen Institute haben. Das Zusammenspiel von staatlicher Datenerhebung und privatwirtschaftlichen Interessen, das in diesem Kapitel am Beispiel der Gesellschaftsklassifikationen im Zentrum stand, könnte in einem weiteren

[202] Bis 1920 waren alle Zensusberichte *Parliamentary Papers*, das hieß, dass sie dem Parlament vorgelegt (*laid before Parliament*) und für so wichtig erachtet wurden, dass sie umsonst an die Parlamentsmitglieder verteilt wurden. HIGGS, Printing and distribution of the GRO's reports.

[203] Ebd.

[204] Wichtig waren die Zensusdaten bereits im 19. Jahrhundert z. B. für die *friendly societies* bzw. später für Versicherungen, die eigens für sie aufbereitete Tabellen erhielten. Vgl. HIGGS, Life, Death and statistics, S. 22–34.

[205] AGAR, Government Machine, S. 324.

[206] SLEIGHT, Targeting Customers. $^{3}$2004, S. 165: „Now, not only have more suppliers entered the census-based neighbourhood classification market (because the barrier to entry has been markedly reduced), but other organisations that would not previously have considered census data for inclusion in their targeting products have also embraced it."

Schritt mit Blick auf die Preispolitik und deren Auswirkungen auf die Geschichte der Methoden im 20. und 21. Jahrhundert erforscht werden. Denn die Tatsache, dass die Volkszählung ebenso wie andere staatliche Umfragen durch öffentliche Gelder finanziert wurde, bedeutete nicht, dass die Ergebnisse den verschiedenen Akteuren in Politik, Wirtschaft und Gesellschaft durchgängig kostenlos zur Verfügung gestellt wurden. Hier besteht ebenso Forschungsbedarf wie in Hinsicht auf die Entscheidungsträger, denn wer legte die Preispolitik fest? Dass die Geschichte nicht abgeschlossen ist, zeigt sich auch an Schlagzeilen aus dem Jahr 2013, als CACI mit *ACORN 2013* seine neue, auf open data verschiedener Provenienz basierende, angeblich zensusunabhängige Methode präsentierte.[207]

[207] Miller, Taking Leave of the Census, RESEARCH, 4.4.2013, http://www.research-live.com/features/taking-leave-of-the-census/4009547.article (aufgerufen am 17.11.2014).

# Dritter Teil:

# Entscheidungen über Zensusfragen im politischen Prozess und ihre Umsetzung in der Praxis

# Kapitel IV

# Kontroverses Wissen im langen 19. Jahrhundert: *disabilities*

„A person of unsound mind"[1] – mit dieser Diagnose wurde Rachel Green am 6. Januar 1881 ins Ticehurst Private Asylum, eine psychiatrische Anstalt, eingewiesen. Obwohl sie über den Stichtag der Volkszählung, dem 3. April 1881, in Ticehurst blieb,[2] findet sich unter ihrem Namen kein Eintrag in der Spalte „If (1) Deaf and Dumb, (2) Blind, (3) Imbecile or Idiot, (4) Lunatic."[3] Wollte ihr Vermieter, unter dessen Adresse sie im Zensusbogen erschien, sie nicht in dieser Spalte verzeichnet wissen oder hat er sie nicht so wahrgenommen? Was genau war von den Verantwortlichen des Zensus überhaupt mit *lunatic* gemeint; war das gleichbedeutend mit *unsound mind*? Und: War der Bevölkerung bzw. den Betroffenen und ihren Angehörigen klar, was unter den Kategorien *imbecile*, *idiot*, *lunatic* verstanden werden sollte? Für Rachel Green lassen sich diese Fragen nicht mehr beantworten, aber ihr Beispiel gibt einen Einblick in die komplexe Praxis der Volkszählungsfrage zu *disabilities*.

In diesem Kapitel wird die Wissensproduktion durch Volkszählungen am Beispiel der von 1851 bis 1911 gestellten Frage nach *disabilities* untersucht. Damit rücken eine Minderheitengruppe und mit ihr Fragen von Exklusion und Inklusion in den Fokus. Im ersten Teil wird nach der Konstruktion der Gruppe der ‚Behinderten' im Zensus gefragt. Wieso wurden überhaupt *disabilities* (und nicht andere soziale Fragen) 1851 für so wichtig erachtet, dass sie im Zensus aufgenommen wurden? Immerhin war der Platz begrenzt und die anderen Spalten beschäftigten sich mit grundlegenden demografischen Angaben wie Namen, Wohnort, Familienstand oder dem Alter bzw. dem für die Gesellschaftsklassifikation wichtigen Beruf (siehe Kapitel III). Ebenso stellt sich die Frage, warum diese Spalte 1911 zum letzten Mal eingefügt wurde. Wer war an der Einführung der Kategorie beteiligt und wie verlief ihre Konstruktion? Welche Bedeutung hatte die administrativ geschaffene Gruppe der ‚Behinderten' für die britische Gesellschaft, vor welche Aufgabe stellte sie sie? Warum wurde in dieser Form und nach Sinnesbehinderungen und psychischen Behinderungen und nicht z. B. nach Körperbehinderungen gefragt?

1 Ticehurst Patient Certificates and Notices, Notice of Admission, Rachel Green, 5. 1. 1881, Wellcome Library, MS.6328/103. Alle Patientennamen wurden anonymisiert.

2 Ihr Entlassungsgesuch ist auf den 2. Mai desselben Jahres datiert. Ticehurst Patient Certificates and Notices, Discharge Rachel Green, 2. 5. 1881, Wellcome Library, MS.6328/103. Die Namen für die Anstalt variieren, während es die Aufgabe eines *asylum* hatte, schienen die Betreiber das Wort *house* zu bevorzugen. So wurde durchgängig in den Dokumenten, wie z. B. in den Patientenakten, die Anstalt jeweils als Ticehurst House bezeichnet. Ticehurst Patient Certificates and Notices, Admission Richard Pinward, 19. 3. 1901 Wellcome Library, MS.6332/713. So auch die heutige Darstellung der Einrichtung: The Priory Ticehurst House, in: http://www.wadhurst.info/ticehurst/history/priory.htm (aufgerufen am 29. 3. 2013).

3 Enumeration Book 1881, TNA, RG 11/1039.

Behinderung wird hier historisiert und als soziohistorische Konstruktion gedacht, d.h. das Kapitel ordnet sich in den Forschungskontext der *disability history* ein.[4] Demnach wird unter dem Begriff Behinderung eine Vielzahl heterogener, auch unsichtbarer, Erscheinungsformen von Differenz subsumiert.[5] Es geht somit um unterschiedlichste Menschen mit körperlichen, psychischen und mentalen Andersheiten, die lediglich gemeinsam haben, dass sie mit negativen Zuschreibungen wie Einschränkungen, Schwäche oder Unfähigkeit verknüpft werden.[6] „Menschen werden aufgrund solcher zumeist als Defizit gedeuteten Andersheiten in komplexen Benennungsprozessen der soziokulturellen Kategorie ‚behindert' zugeordnet."[7] Mit dem Körper als Ausgangspunkt ist die *disability history* auch dem Forschungskontext der Körpergeschichte zuzuordnen, denn der menschliche Körper ist der Träger für die Wahrnehmungs- und Konstitutionsvorgänge, die zur Etikettierung ‚behindert' führen.[8] Der Körper hat einen unterschiedlichen Stellenwert unter den verschiedenen Vertretern der *disability history*. So lehnte Henri-Jacques Stiker die Rhetorik der Gleichheit ab und begrüßte körperliche Verschiedenheit.[9] Übereinstimmung herrscht in der Annahme, dass Behinderung eine Differenzierungskategorie der gesellschaftlichen Ordnung ist, „die aus diskursiven und sozialen Kräfteverhältnissen herrührt und diese wiederum beeinflusst."[10] Im Sinne der *disability history* ist Behinderung somit eine analytische Kategorie von gleichem Rang wie *race*, *class* oder *gender*, mit deren Hilfe grundlegende gesellschaftliche Ordnungsprinzipen untersucht werden können.[11] Daraus ergibt sich im ersten Abschnitt des Kapitels die Frage, wie durch die *disabilities*-Spalte im Zensus Wissen produziert und Behinderung innerhalb der gesellschaftlichen Ordnung konstruiert wurde (vgl. Abschnitt IV.1).

[4] Für einen Überblick siehe Bösl, Grundlagen und Forschungsstand; Lingelbach und Schlund, Disability History. Die junge deutsche *disability history* stützt sich auf britische und vor allem amerikanische Diskussionen aus den *disability studies* und der *disability history*. Siehe z.B. Burch, Disability History.

[5] Bösl, Disability History. Einleitung, S. 7.

[6] Waldschmidt, Warum und wozu brauchen die Disability Studies die Disability History?, S. 14.

[7] Bösl, Grundlagen und Forschungsstand, S. 1.

[8] Ebd., S. 1f.

[9] Stiker, History of Disability.

[10] So die Zusammenfassung in: Bösl, Grundlagen und Forschungsstand, S. 1. In den *disability studies* und in der *disability history* haben sich seit ihrem Entstehen verschiedene Modelle zur Erklärung von Behinderung abgelöst. In Großbritannien wurde zunächst in den 1970er-Jahren das medizinische Modell, das Behinderung als individuelles körperliches Defizit (vor allem gedeutet als Unfähigkeit zur produktiven Erwerbsarbeit) durch das soziale Modell, nach dem Behinderung als sozial konstruiert verstanden wird, ersetzt. Prägend als Erklärungsansatz war in Großbritannien vor allem die *Social Oppression Theory*, ein materialistisches Modell, nachdem die Entstehung von Behinderung auf das kapitalistische Wirtschafts- und Sozialsystem zurückgeführt wurde und der Beginn von Behinderung als gesellschaftlich relevanter Kategorie in die Zeit der Industrialisierung gelegt wurde. Für Großbritannien vgl. Anderson und Carden-Coyne, Enabling the Past; Borsay, Disability and Social Policy; Oliver, Politics of Disablement; Priestley, Worum geht es bei den Disability Studies; Abberley, Work, Utopia and Impairment; Thomas, Theorien der Behinderung; Barnes u.a. (Hrsg.), Exploring Disabilitiy.

[11] Besonders präsent wurde diese Sichtweise in dem 2001 von Paul K. Longmore und Lauri Umansky herausgebenen Sammelband: Longmore und Umansky (Hrsg.), New Disability History. Zudem Kudlick, Why we Need Another „Other"; und zusammenfassend: Waldschmidt, Warum und wozu brauchen die Disability Studies die Disability History?, S. 24.

Allerdings ist die Rekonstruktion der Zensusfrage zu *disabilities* nicht das einzige Anliegen dieses Kapitels. Vielmehr wird gemäß der Annahme von der zirkulären Wissensproduktion auch nach den betroffenen Personen gefragt und somit zugleich eine zweite Forderung der *disability history* aufgenommen. Danach werden Menschen mit Behinderungen zunehmend als Handelnde und als Subjekte in der Geschichte und nicht mehr nur als Behandelte betrachtet.[12] Es geht dabei eben nicht um die *disability*, sondern um die *ability* dieser Personen, die gesteigert werden konnte, wenn ihr Umfeld (z. B. ihre Ausbildungsmöglichkeit) verbessert wurde. Häufig wird deshalb das Wort geteilt: *dis/ability*. Diese Perspektive ist leitend für den zweiten Abschnitt des Kapitels, in dem nach dem Umgang mit der *disabilities*-Spalte durch die als ‚behindert' gelabelten Personen in der Praxis gefragt wird (vgl. Abschnitt IV.2). Dabei fließen auch die Interessen der Institutionen (*charities*, *friendly societies*, Bildungseinrichtungen etc.) und Professionen, die in ihrem Namen sprachen oder mit ihnen bzw. für sie arbeiteten und deshalb häufig die Zensuseintragungen vornahmen, ein. Diese Interessengruppen verfolgten ihre eigenen Ziele, waren teilweise bereits in die Konstruktionsprozesse der Zensusfrage einbezogen und fungierten z. B. in ihrer Funktion als Ärzte auch als *gatekeeper* im Hinblick auf die Einweisung von Personen in Institutionen. Zur Beantwortung der Frage, wie mit der *disabilities*-Spalte seit ihrer Einführung im Jahr 1851 bis zur Abschaffung 1921 in der Praxis umgegangen wurde, wurden zwei Fallstudien ausgewählt: Zum einen geht es um die Zenusfrage nach *deaf-and-dumb* am Beispiel der Yorkshire Institution for the Instruction of Deaf and Dumb Children; zum anderen werden die diffusen Bezeichnungen *idiot, imbecile, feeble-minded, lunatic* am Beispiel des Ticehurst Private Asylum näher betrachtet. Das erste Beispiel wurde ausgewählt, weil sich an dieser Gruppe der *ability*-Aspekt besonders gut zeigen lässt, d. h. die so Kategorisierten waren vielleicht *deaf*, aber keinesfalls *dumb*, wenn sie richtig gefördert und in die Gesellschaft integriert wurden. Das zweite Beispiel gibt einen Einblick in die schwierigen Labellingprozesse für geistige und psychische Einschränkungen im Alltag und innerhalb der Familie, aber auch durch Ärzte und Institutionen. Im Zentrum dieser Fallstudien steht ein Abgleich der Patienten bzw. ‚Insassen' der Institutionen mit den *census returns*. Haben sie sich selbst als *deaf-and-dumb, blind* oder als *idiot, imbecile, feeble-minded, lunatic* im Zensus eingetragen bzw. sind so eingetragen worden oder wurde wie bei Rachel Green kein Eintrag im Volkszählungsbogen vorgenommen?

## 1. Die Konstruktion der Zensusfrage zu *disabilities*

Die Zensusfrage nach *deaf-and-dumb* bzw. *blind* wurde aufgrund der medizinischen Interessen der Verantwortlichen im General Register Office eingeführt – so

[12] Bösl, Grundlagen und Forschungsstand, S. 8.

lautet zumindest in der bisherigen Literatur die gängige Begründung für die Aufnahme der *disabilities*-Spalte im Zensus von 1851.[13] Das lässt allerdings eine zentrale Frage unbeantwortet: Denn warum sollte bei so begrenztem Platz gerade nach *deaf-and-dumb* und *blind* gefragt werden und nicht z. B. nach Krankheiten, die mehr Personen betrafen, ebenfalls als Zensusfragen vorgeschlagen wurden und von größerer Relevanz für die damalige Gesellschaft waren? Zudem herrscht in der bisherigen Literatur Uneinigkeit darüber, was überhaupt gefragt wurde, womit zugleich ein Problem reproduziert wird, das auch die Zeitgenossen mit der Frage hatten. Denn das Zensusformular von 1851 verlangte Angaben zu *deaf-and-dumb* und nicht zu *deaf* oder *dumb*, was aber in der Praxis häufig in den Zensusbogen eingetragen wurde.[14] Hier lag also ein methodisches Problem vor, das zur Produktion eines eigentlich nicht geforderten Wissens führte, das dann aber – wie sich noch zeigen wird – trotzdem kreativ für die *Census Reports* verwendet wurde.

Tabelle 17 zeigt die variierenden Fragen, die zu *disabilities* im *Household Schedule* der Volkszählungen von 1851 bis 1911 gestellt wurden.[15] „If Deaf-and-Dumb or Blind“ lautete die Frage in den Zählungen von 1851 und 1861, allerdings sollte 1861 zusätzlich „from birth“ ergänzt werden. 1871 wurde die Spalte um geistige Behinderungen erweitert und nach „Imbecile or Idiot“ und zudem nach „Lunatic“ gefragt. Diese Frage wurde 1881 beibehalten, aber 1891 erneut geändert, denn nun wurden die drei zuletzt genannten in einer Rubrik angeordnet: „Lunatic, Imbecile or Idiot“. Zehn Jahre später wurden sie wieder getrennt und zudem „Idiot“ durch „feeble-minded“ ersetzt. 1911 fand eine erneute Änderung statt, indem „Totally“ für die Kategorien „Blind“ und „Deaf“ ergänzt wurde und zudem die bisherige Frage nach Gehörlosen unterteilt wurde in „Deaf and Dumb“ (wie schon 1901 ohne Bindestriche) und nur „Deaf“.[16] Die Frage wurde somit in den sieben Volkszählungsbögen von 1851 bis 1911 fünfmal verändert, was auf zugrunde liegende Uneinigkeiten zwischen den verschiedenen Akteuren der Wissensproduktion verweist: Denn die Veränderung einer Frage war aufgrund der angestrebten langfristigen Vergleichbarkeit der Volkszählungen nicht erwünscht. Im folgenden Kapitel wird untersucht, warum die Frage 1851 eingeführt (Abschnitt IV.1.a), im Zeitraum

[13] Vgl. z. B. HIGGS, Questions about Infirmities: „These medical concerns also explain why from 1851 onwards data were collected on medical disabilities.“

[14] So schreibt z. B. Levitan, dass 1851 nach „blind, deaf, and dumb“ gefragt wurde. Vgl. LEVITAN, Cultural History of the British Census, S. 34. Bei Eyler heißt es ebenfalls missverständlich: „The census of 1851, the first over which he [Farr, KB] exercised much influence, was also the first to include questions on physical disabilities, especially on the deaf, dumb, blind, and insane.“ EYLER, Victorian Social Medicine, S. 41. Eyler bezieht sich hier auf einen Aufsatz im British Medical Journal, in dem die Angaben allerdings richtig wiedergegeben sind. LOGAN, Medical Significance of the Census, S. 721.

[15] Zusätzlich wurden Institutionenbefragungen zu „Inmates of Lunatic Asylums“ durchgeführt, die hier aber aufgrund ihrer anderen Struktur nur am Rande vergleichend berücksichtigt werden. Census of Great Britain, 1851, Population Tables II, PP 1852–53, S. cxvii–cvxiii.

[16] Außerdem wurden die Bindestriche bei „deaf-and-dumb“ in den Zählungen von 1901 und 1911 weggelassen, 1911 aber Anführungsstriche eingefügt. Dies kann als weiteres Indiz für die Problematik der Termini gewertet werden.

*Tabelle 17: Fragen zu* disabilities *in den Volkszählungen von 1851 bis 1911*

| Jahr | Bezeichnung der Spalte im Zensusformular | Erläuterungen im Zensusformular |
|---|---|---|
| 1851 | If Deaf-and-Dumb or Blind | Write „Deaf-and-Dumb" or „Blind" opposite the name of the person |
| 1861 | If Deaf-and-Dumb or Blind | Write „Deaf-and-Dumb" or „Blind" opposite the name of the person: and if so from birth, add „from birth" |
| 1871 | If<br>(1) Deaf-and-Dumb<br>(2) Blind<br>(3) Imbecile or Idiot<br>(4) Lunatic | Write the respective infirmities against the name of the afflicted person: and if so from birth, add „from birth." |
| 1881 | wie 1871 | wie 1871 |
| 1891 | If<br>(1) Deaf-and-Dumb<br>(2) Blind<br>(3) Lunatic, Imbecile or Idiot | Write the precise infirmity, if any, opposite the name of the person: and if the infirmity dates from childhood, add „from childhood." do not use such a general term as „afflicted" or „infirm." |
| 1901 | If<br>(1) Deaf and Dumb<br>(2) Blind<br>(3) Lunatic<br>(4) Imbecile, feeble-minded | Write the precise infirmity, if any, opposite the name of the person: and if the infirmity dates from childhood, add „from childhood." do not use such a general term as „afflicted" or „infirm." |
| 1911 | If any person included in this Schedule is:<br>(1) „Totally Deaf," or „Deaf and Dumb,"<br>(2) „Totally Blind,"<br>(3) „Lunatic"<br>(4) „Imbecile," or „Feeble-minded," state the infirmity opposite that person's name and the age at which he or she became afflicted. | State the infirmity opposite that person's name and the age at which he or she became afflicted. |

von 1871 bis 1911 verändert (vgl. Abschnitt IV.1.b) und 1921 abgeschafft wurde (Abschnitt IV.1.c). Wieso war Wissen zu diesem Thema wichtig, welche methodischen Überlegungen lagen der Frage zugrunde und wie wurde in der Praxis Wissen produziert?

## a) Gründe für die Einführung der Kategorie (1851)

In the American Census & some of the best continental Censuses the numbers of the Deaf & Dumb, Blind, Insane & Idiots are returned. Persons who take an interest in these classes – & are connected with institutions for their relief – requested that the numbers in England might be returned. To this there can be no valid objection – and the returns might show in what places, & circumstances these infirmities are most common – leading perhaps to the removal of their most common causes. The infirm – and the ill (that is severely) will be added; & the return would then be complete. The whole would form but one inquiry- and fall in one column […]. This would show the great sources of disability – infirmity and pauperism. It would be most useful to Friendly Societies and would facilitate the laudable attempts now becoming general to enable a provision for the infirmities of early life – and of advanced age – in different trades and professions. In a sanitary point of view it would likewise be useful.[17]

Aus diesem kurzen Abschnitt aus William Farrs Planungen für den Zensus von 1851 lassen sich bereits mehrere Gründe für die Einführung der Frage in die britische Volkszählung ableiten, die im folgenden Abschnitt dieses Kapitels ausgeführt werden: Erstens verweist er auf die Praktiken in anderen Ländern, von denen die britischen Volkszähler durch den internationalen Austausch von Statistikern, sei es durch gemeinsame Konferenzen, Veröffentlichungen oder Korrespondenzen, erfuhren. Zweitens gab es Forschungsinteressen, die zur Aufklärung der Ursachen und somit letztlich zur Vermeidung von Krankheiten, wie z. B. den zur Erblindung führenden Pocken, beitragen sollten. Drittens setzten sich Personen und Institutionen, die im Kontext der Ausbildung und Versorgung von Menschen mit Behinderungen tätig waren, für eine Zensusfrage ein.

*Nationale Praktiken, Transnationale Einflüsse und Transferprozesse*

Für die Formulierung von Zensusfragen sowohl in inhaltlicher als auch in methodischer Hinsicht wurde der Blick auf andere Länder und deren Praktiken geworfen, obgleich die eigene Nation den maßgeblichen Rahmen für die Volkszählungen darstellte. Die Einführung der Zensuskategorie zu *disabilities* ist somit auch als transnationale Geschichte zu verstehen. Verweise auf andere Nationen spielten nicht nur eine Rolle zur Untermauerung der eigenen Position, wie das kurze Eingangszitat von Farr nahe legen könnte, vielmehr wurden Frageformen in anderen Ländern genau beobachtet. So begann das von der Statistical Society of London eingesetzte Komitee seine allgemeinen Empfehlungen für den Zensus von 1841 mit der umfangreichen Berichterstattung über die Praktiken in Preußen, Frankreich, Belgien, Schweden, Norwegen, Sardinien, der Toskana und den USA.[18] Konkret bezogen auf eine mögliche Frage zu *disabilities* im Zensus von 1841 wurde wiederum auf Umfragen anderer Staaten verwiesen.[19] Vertreter von Interessengruppen beobachteten die Entwicklungen im Ausland ebenfalls sehr genau:

Since the instruction of the Deaf and Dumb has begun to attract general attention and to receive, in some countries, the aid of governments, enumerations of this afflicted class of persons have been made in many of the countries of Europe, and also in connection with the three last national enumerations of the people in the United States of America.[20]

[17] William Farr, Notes, (o.J.), LSE Archives, William Farr Collection, II, 15–17, 190f.

[18] „Their [the committee's, KB] first efforts were directed to obtaining from those countries in which good enumerations of the population have been made, information respecting the forms used, the agency employed, and the expenses incurred; and through the kindness of several of the foreign members of the Society, and the Ministers of foreign States in England, an extensive collection of such information, with regard to the most recent enumerations, has been made." Report to the Council of the Statistical Society of London, 1841, S. 72.

[19] Ebd., S. 99. Siehe auch die Betonung der Daten anderer Länder im *Census Report* von 1851: Census of Great Britain, 1851, Population Tables II, PP 1852–53, S. cviii.

[20] Buxton, Census of the Deaf and Dumb in 1851.

Auch in der folgenden Argumentation bezog der Direktor der Liverpool School for the Deaf and Dumb die Praktiken anderer Regionen in seine Argumentation ein und verwies z. B. auf das Großherzogtum Baden, Irland und die USA.[21]

In den USA hatte der Congress erstmals für den Zensus von 1830 eine Frage nach *deaf-and-dumb* und *blind* eingebracht.[22] Die Antworten wurden für *white persons* und *slaves and colored* getrennt gefordert, außerdem wurde die Frage nach *deaf-and-dumb* altersdifferenziert. Zehn Jahre später wurde die Frage auf Veranlassung des Congress um eine Frage nach *insane and idiots* erweitert. Um die Ergebnisse dieser Befragung entwickelten sich große politische Diskussionen: Denn die Zensusdaten schienen eine überraschend hohe Rate von *insanity* unter der befreiten schwarzen Bevölkerung im Norden anzuzeigen, was die Südstaaten zu dem Schluss verleitete, dass befreite Sklaven *insane* würden.[23] Abolitionisten und Sklaverei-Befürworter, Statistiker und Regierungsstellen diskutierten in den Folgejahren, ob diese Ergebnisse richtig sein konnten und wie sie zustande gekommen waren.[24] Aus historischer Sicht sind sie auf unzureichende Datenerfassungen und methodische Fehler zurückgeführt worden. So konnte insbesondere Patricia Cohen darlegen, dass die Anordnung der Fragespalten zu Falscheinträgen geführt hatte, die zudem im Zensusbüro nicht hinreichend durch sogenannte „cross-checks" überprüft worden waren.[25] Nach Einschätzung der Historikerin Margo Anderson hatte der Zensus von 1840 den Amerikaner gezeigt, dass die Zensusdaten durchaus nicht nur objektiv, sondern sowohl fehlerhaft als auch politisch explosiv sein konnten.[26]

Die Befragungen in den USA wurden zeitnah auch in Europa diskutiert. So berichtet William Wilde, der irische Assistant Census Commissioner, in seinem Bericht über den Zensus von 1851 ausführlich über einen Brief, der die unveröffentlichten Ergebnisse des amerikanischen Zensus von 1850 zu Gehörlosen enthielt.[27] Das Interesse an anderen Nationen und ihren Praktiken war ein mehrsei-

21 Ebd., S. 175 und 182.

22 Anderson, American Census, S. 25. Folgende Darstellung ebd., S. 25–31.

23 Ebd., S. 29. Siehe auch Deutsch, First U.S. Census of the Insane.

24 Vgl. die Darstellung bei Anderson, American Census, S. 25–31.

25 Cohen, Calculating People.

26 Anderson, American Census, S. 31. Die Frage nach den Behinderungen wurde für den Fragebogen von 1850 geändert und für die Volkszählungen von 1860 und 1870 so beibehalten: Nun gab es eine Spalte „Whether deaf and dumb, blind, insane, idiotic, pauper or convict" für die allgemeine Bevölkerung. Der gesonderte Fragebogen für Sklaven von 1850 fragte hingegen nur nach „Deaf and dumb, blind, insane or idiotic" – dieser Fragebogen sorgte im Vorfeld des 1850er-Zensus wiederum für kontroverse Diskussionen, allerdings diesmal in seiner Gesamtheit und weniger auf die Korrelation von Behinderungen und (ehemaligen) Sklaven bezogen. Ebd., S. 39–41.

27 Census of Ireland, 1851, Report on the Status of Disease, PP 1854, S. 32. Andere Autoren bezogen sich ebenfalls auf den Autor dieses Briefes, den New Yorker Superintendent of the Insitution for the Deaf and Dumb Harvey Peet: Buxton, Census of the Deaf and Dumb in 1851, S. 174 und 182. Vgl. Peet, Statistics of the Deaf and Dumb. In seiner vorab erschienenen Zusammenfassung des Zensusberichts gab Wilde ausführlich über die amerikanische Situation Auskunft. Wilde, Statistics of the Deaf and Dumb in Ireland, S. 76f.

tiger Transferprozess. In den 1850er-Jahren waren vor allem die amerikanischen Zensusbediensteten an einem Austausch mit europäischen Volkszählern interessiert. 1851 wurde Joseph Camp Griffith Kennedy, Superintendent im amerikanischen Census Office, nach Europa geschickt, um die Möglichkeit eines internationalen Statistikerkongresses auszuloten und sich über die Volkszählungspraktiken anderer Nationen zu informieren.[28] In diesem Zuge besuchte Kennedy England, Frankreich, Belgien, Österreich und Preußen und traf sich mit Adolphe Quetelet und William Farr.[29] Der erste International Statistical Congress fand 1853 statt. Das Interesse an anderen Ländern und ihren Zensuspraktiken ging also durchaus nicht nur von Großbritannien aus.

Für Großbritannien war mit Blick auf die *disabilities*-Frage vor allem Irland von Bedeutung. Der *Census (Ireland) Act*[30] wurde 1840 kurz nach dem britischen Gegenstück erlassen und enthielt zahlreiche Neuerungen. Er war, so die Historikerin Margaret Crawford, in Hinsicht auf den Umfang an Fragen und die Art der Präsentation der Ergebnisse ein „milestone in census-taking".[31] Seine Umsetzung lässt einen Fokus auf Behinderungen und Krankheiten erkennen. Zwar wurde eine direkte Frage zu diesen Themen erst 1851 in den Zensus aufgenommen, aber bereits die 1841er-Volkszählung enthielt einen umfangreichen Bericht (*Report Upon the Tables of Deaths)* zu Krankheiten und Behinderungen.[32] Da es anders als im übrigen Vereinigten Königreich in Irland kein amtliches Meldewesen für Hochzeiten, Geburten- und Todesfälle gab, wurde im allgemeinen Zensus u. a. nach den Todesfällen der letzten Dekade gefragt. Name, Alter, Geschlecht, Verhältnis zum Haushaltsvorstand, Beruf, die Ursache und der Zeitpunkt des Todes sollten angegeben werden. Mit der Auswertung dieser Daten wurde William Wilde (1815–1876) beauftragt. Im Jahr 1844 wurde er von den Herausgebern des *Dublin Journal of Medical Science* für seine Arbeit gelobt: „We have no hesitation in saying that it does him infinite credit, both as to the mode adopted for obtaining accurate results, and the labour and extreme care bestowed."[33] An den Volkszählungen der Jahre 1851 bis 1871 war Wilde dann auch nicht mehr nur als „contracted assistant", sondern als „assistant commissioner" beteiligt.[34] Unter Wildes Federführung

[28] Andersen, American Census, S. 45.

[29] Ebd., S. 46.

[30] Crawford, Counting the People, S. 16.

[31] An Act for Taking an Account of the Population of Ireland, 1840, c.100.

[32] Dieser Bericht wurde als Teil des *General Report* veröffentlicht: Report of the Commissioners Appointed to Take the Census of Ireland, 1841, PP 1843. Wilde führte dafür eine Nosologie mit zehn Gruppen ein, denen über neunzig Krankheiten und Todesursachen zugeordnet wurden, und vereinheitlichte alltagssprachliche Bezeichnungen für Krankheiten mit gälischen und englischen Namen. Vgl. Crawford, Counting the People, S. 73; Froggatt, Demographic Work of Sir William Wilde, S. 213. Außerdem erschien Wildes Nosologie auch noch einmal 1851: Census of Ireland, 1851, Report on the Status of Disease, PP 1854, S. 111–113. Siehe auch die Darstellung und Bewertung in Froggatt, Sir William Wilde, S. 264–266.

[33] Report of the Commissioners Appointed to Take the Census of Ireland for the Year 1841, in: Dublin Journal of Medical Science 15 (1844), S. 142–156. Zitiert nach Froggatt, Sir William Wilde, S. 305.

[34] Froggatt, Sir William Wilde, S. 264.

entwickelte sich der irische Zensus für andere Länder zum Vorbild für die Befragung zu Krankheiten und Behinderungen. Die Spalte im allgemeinen Volkszählungsbogen von 1851, der an die irischen Haushalte verteilt wurde (Form A), war eher schlicht: „Whether Deaf-&-Dumb, or Blind?“[35] An die Frage wurde die Hoffnung geknüpft, die öffentliche Aufmerksamkeit auf die Situation dieser bedürftigen Gruppe zu lenken.[36] Der allgemeine Haushaltsbogen war aber nicht der einzige, der für den 1851er-Zensus in Irland im Umlauf gewesen war. Vielmehr gab es zwanzig verschiedene Bögen, die sich z. B. an verschiedene Institutionen richteten und zum Teil weitere Fragen zu Behinderungen enthielten.[37] So wurde im Fragebogen, der sich an „Paupers resident in the Workhouse/Auxiliary Workhouse“ richtete, neben „deaf and dumb, or blind“ auch nach „lame, or decrepit“ gefragt.[38] Gleiches galt für Personen, die sich im Krankenhaus,[39] oder in privaten bzw. öffentlichen „Irrenanstalten“[40] befanden, sowie für Insassen von Gefängnissen o.ä.[41] Zu den Fragen nach Beeinträchtigungen der Sinneswahrnehmungen kamen hier also solche nach Körperbehinderungen. Als Begründung, warum die Frage nach „lame, or decrepit“ nicht im allgemeinen Haushaltsbogen, sondern nur in den Bögen für die verschiedenen Institutionen enthalten war, vermerkt der *Report on the Status of Disease*, der als dritter Teil des *Census Report* von 1851 veröffentlicht wurde: „From the desire not to burthen the family schedule with too many queries, especially of a personal nature, we did not insert a column for such diseases or defects, although a similar inquiry has been instituted in America during the last Census of that country.“[42] Hier zeigt sich zum einen mit dem Verweis auf die USA erneut, dass die Volkszählungen anderer Länder genau beobachtet wurden, zum anderen wird eine schon aus Kapitel II bekannte, grundlegende Überlegung für die Aufnahme von Fragen in die Zensusformulare deutlich: Sie sollten nicht zu persönlich, nicht zu detailliert und nicht zu lang sein, da man sonst eine Abnahme der Antwortbereitschaft für den gesamten Zensus befürchtete. Zwar wurde dieses Argument als Grund für die Einführung der reduzierten Fragen im irischen Zensus genannt, in der Praxis bestätigte es sich aber laut Zensusbericht nicht:

> We have, however, reason to believe that such an inquiry in Ireland would not have met with much opposition, as, although unasked for, a return of Lameness and Decrepitude was made in the column for the Deaf and Dumb and the Blind, upon ‚Form A‘, in a great number of instances, but varying so much in different localities that no reliance can be placed upon its accuracy as a whole – thus in Antrim there was a return of only 7, in Cork county 68, in Roscommon 13, in Dublin city 30, and in Dublin county 14.[43]

[35] Census of Ireland, 1851, General Report, PP 1856, S. cvii.
[36] Ebd., S. cx.
[37] Alle Fragebögen sind im *General Report* von 1851 abgedruckt: Census of Ireland, 1851, General Report, PP 1856, S. cvii–cxxvi.
[38] Ebd., S. cxv (Form E, 2nd Table).
[39] Ebd., S. cxvii (Form F, 1st Table).
[40] Ebd., S. cxxi (Form I, 1st Table).
[41] Ebd., S. cxxiii (Form K).
[42] Census of Ireland, 1851, Report on the Status of Disease, PP 1854, S. 66.
[43] Ebd.

Trotz dieser freiwilligen Angaben über „lame and decrepit“ wurde auch für die Volkszählungen von 1861 und 1871 im allgemeinen Haushaltbogen wiederum nur nach „deaf and dumb, or blind“ gefragt.[44] Das Argument, dass Fragen zu Körperbehinderungen als zu persönlich empfunden werden und deshalb den gesamten Zensus gefährden könnten, wurde in ähnlicher Weise für Fragen zu geistigen Behinderungen angeführt. Sie wurden nicht im allgemeinen Haushaltsbogen berücksichtigt, sondern nur in den Institutionsbefragungen.[45]

Die Präsentation der Ergebnisse zu *infirmities* war in Irland eng gekoppelt mit der Darstellung zu Krankheiten. Dabei wurde nach chronischen und akuten, unheilbaren und heilbaren Krankheiten unterschieden.[46] Aus gesellschaftspolitischer Perspektive wurde für wichtig erachtet, wie lange und in welcher Form kranke oder behinderte Menschen vom Staat unterstützt werden mussten. Im *Report on the Status of Disease* handelte William Wilde verschiedene Krankheiten und Behinderungen ab (*deaf and dumb, blind, lunatics and idiots, lame and decrepit, the sick in workhouses, in hospitals, in prisons, in asylums* und *the sick at their own homes*), erstellte für jede dieser Kategorien detaillierte Statistiken, listete die angegebenen Krankheiten auf, gruppierte sie und präsentierte diese für verschiedene geografische Einheiten. Eine Sonderstellung nahmen in der Darstellung die „deaf and dumb“ ein: Denn während die meisten Berichte zwischen drei und achtzehn Seiten umfassten, widmete Wilde dem *Report upon the Number and Condition of the Deaf and Dumb in Ireland* 38 Seiten, die zudem am Anfang der gesamten Darstellung standen.

Ein Grund für die Sonderstellung dieser Gruppe lag in der Person William Wildes und in seinem Einfluss auf den irischen Zensus. Denn die Fragen, die Wilde in den Zensus von 1851 einbrachte, waren eng mit seinen eigenen Interessen als Augen- und Ohrenarzt verbunden. Wilde hatte seine Kompetenzen in diesem Feld durch Reisen in andere europäische Länder erweitert und veröffentlichte verschiedene Aufsätze und ein Lehrbuch, das in Großbritannien, Irland und Amerika publiziert und ins Deutsche übersetzt worden war.[47] Die Frage nach „deaf and dumb“ spiegelte nicht nur das Forschungsinteresse von William Wilde wider, sondern war zudem in methodischer Hinsicht interessant und innovativ.[48] Wilde war mit Zählungen zu verschiedenen Behinderungen, insbesondere zu Gehörlosen, in

[44] Census of Ireland, 1861, Vital Statistics, PP 1863, S. 95; Census of Ireland, 1871, Vital Statistics, PP 1873, S. 197.

[45] So z. B. im Bogen, der nach „Persons afflicted with INSANITY or IDIOCY“ fragte (Form D). Die entsprechende Spalte war dann nicht etwa mit „infirmities“ überschrieben, sondern mit „DISEASE“ und enthielt die Unterfragen „Whether LUNATIC or IDIOTIC?“ and „How long afflicted?“ (Census of Ireland, 1851, General Report, PP 1856, S. cxiii.). Ebenso enthielt auch der Fragebogen, der an private und öffentliche Einrichtungen verteilt wurde, eine Spalte „DISEASE“. Unter dieser Überschrift wurden Informationen zu „How long afflicted? Years – Months“, „State presumed cause of Insanity“ und „State the particular kind of Insanity under which each Patient labours, whether Furious, Melancholic, Suicidal, &c.; or whether Epileptic?“ erhoben, vgl. Census of Ireland, 1851, General Report, PP 1856, S. cxxi (Form I, 1st table).

[46] Census of Ireland, 1851, Report on the Status of Disease, PP 1854, S. 1.

[47] Vgl. dazu Froggatt, Sir William Wilde, S. 267 f.

[48] Zur Einschätzung der Arbeit Wildes aus medizinischer Sicht, siehe: ebd., S. 270.

anderen Ländern vertraut.[49] Vor diesem Hintergrund entschied sich Wilde für eine besondere zweigeteilte Erhebungsmethode. Die 5680 Personen, die in den verschiedenen Fragbögen von 1851 als „deaf and dumb" angegeben worden waren, wurden nun erneut befragt.[50] Einige wurden zudem einer medizinischen Untersuchung unterzogen.[51] Die in Abbildung 17 zu lesende, kurze Einführung in den gesonderten Fragebogen[52] zeigt ein Bewusstsein für die Brisanz dieses Vorgehens – denn eigentlich sollten die Volkszählungsdaten ja vertraulich behandelt und nicht weitergegeben werden; vor diesem Hintergrund sollte die Befragung mit größter Vorsicht und Respekt in Bezug auf die Gefühle der betroffenen Personen durchgeführt werden.

Im Fragebogen wird das Interesse an den Ursachen und dem Zeitpunkt der Erkrankung, der Kombination mit anderen Behinderungen sowie der Ausbildung der Betroffenen deutlich. Im Großen und Ganzen folgte auch die Auswertung im *Report on the Status of Disease* dieser Gliederung, diskutierte mögliche Fehler bei der Erhebung der Daten und stellte die geografische Verteilung der gehörlosen Personen innerhalb Irlands in Tabellen dar. Trotz der vorab geäußerten Sorge, dass die Fragen als Eindringen in persönliche Belange gewertet werden könnten, war die Erfahrung der Zensusmacher anscheinend durchweg positiv („inquiries were kindly received by the community").[53] Wie schon bei den freiwilligen Einträgen zu „lame and decrepit" wurde auch hier die Sorge vor zu inquisitorischen Zensusfragen als unbegründet zurückgewiesen.

Der *Report of the Status of Disease* begann mit einer Begründung für die Sonderstellung der Gehörlosen:

> The Deaf Mute claims the special attention of the philanthropist, and the protection of the State, owing to the forlorn condition to which he is reduced by his affliction, the difficulty he experiences in expressing his wants, and his inability either to educate himself, or receive instruction through the ordinary channels; and also his constant exposure to crime, from the want of moral training, and the difficulty of impressing upon him a just idea of right and wrong. Degraded by his uncontrolled passions, he is, moreover, frequently the victim of cruelty and injustice; and being incapable, without education, of properly understanding or duly appreciating the truths of religion, he is reduced to a condition but little elevated above that of the brute creation.[54]

[49] Vgl. die Hinweise auf verschiedene europäische Länder und die USA in: Census of Ireland, 1851, Report on the Status of Disease, PP 1854, S. 2.

[50] Ebd., S. 3.

[51] Ebd., S. 4: „Where any difficulty arose with respect to the true physiological or pathological condition of a case, an examination by a medical man was had recourse to; and, it is highly creditable to the country practitioners of Ireland, to state that, although the opinion was requested gratuitously, it was almost invariably given in the cause of science and humanity."

[52] Der besseren Lesbarkeit halber soll der Einleitungstext hier wiederholt werden: „These Inquiries, which are instituted in the hope of directing public attention to the subject, should be made with the utmost delicacy, and a due respect to the feelings of all the parties concerned. As the answers can only be satisfactory obtained through the Constabulary, by personal inquiry, this paper should be completed on the spot." Census of Ireland, 1851, General Report, PP 1856, S. cxxxvi.

[53] Census of Ireland, 1851, Report on the Status of Disease, PP 1854, S. 3.

[54] Ebd., S. 2.

cxxxvi CENSUS OF IRELAND FOR THE YEAR 1851.

CENSUS OF IRELAND, 1851.

*County of*__________________ *Parish of*__________________
*Barony of*__________________ *Townland of*__________________

*Constabulary District of*__________________

QUESTIONS WITH REFERENCE TO THE DEAF AND DUMB.

__________________ having been returned on Form A, for the locality specified above, as "Deaf and Dumb," you will please to have Inquiry made and Answers returned to the following Questions, with respect to such person.

These Inquiries, which are instituted in the hope of directing public attention to the subject, should be made with the utmost delicacy, and a due respect to the feelings of all the parties concerned. As the answers can only be satisfactorily obtained through the Constabulary, by personal inquiry, this paper should be completed on the spot.

By order,

*Census Office, Dublin,* 185 EDWARD SINGLETON, *Secretary.*

| Questions. | Answers. |
|---|---|
| 1. Whether the person was born Deaf and Dumb, or became so afterwards? | |
| 2. If (he or she) was born Deaf and Dumb; to what cause is such defect attributed by the friends or relatives;—whether to fright, hereditary predisposition, or the Near Relationship of Parents—such as the intermarriage of Cousins? If attributed to any of these causes, state the Degree of Relationship existing between the Parents, and specify the nature of the fright or accident experienced. | |
| 3. If (he or she) became Deaf and Dumb since birth; state at what Age; and to what cause or disease has such been attributed? | |
| 4. Is (he or she) Paralytic, Idiotic, or in any other way mentally or physically affected? | |
| 5. Whether any other members of the Family, Parent or Parents, or Grand Parents, Uncles, Aunts, or Cousins have been Deaf and Dumb, and whether they were by the Father's or the Mother's side? If such relatives were living on the 30th of March, 1851, please state their names, and the barony, parish and townland in which they were then residing. | |
| 6. Whether other members of the Family, either dead or absent, such as Brothers or Sisters, were afflicted with Deaf-and-Dumbness; and if so, state the number and the position of each in the Family, such as first, second, or third child, &c. If they were alive upon the 30th of March, 1851, state where they lived; and if dead, give the date and cause of death, and the age at which they died. | |
| 7. If the person is Educated, state where and by what means such Education was acquired. | |
| 8. State____________'s position in the Family, whether first, second, or third child in a family of______living, and______dead. N.B.—State the number of living and dead as required by this query. | |
| 9. If (he or she) has been Married, state the result of such Marriage in Males and Females, and whether any of them have been either Mute from birth, or became so by accident or disease. | |
| *The Sub-Inspector of Constabulary at* | |

*Abb. 17: Fragebogen für zusätzliche Befragung der Gehörlosen im irischen Zensus von 1851. The Census of Ireland for the Year 1851. VI. General Report, PP 1856 XXXI. (2134), S. cxxxvi.*

Die weiteren Ausführungen zeigten in der Wortwahl die in Äußerungen zu Gehörlosen häufig zu findenden Mitleidsbekundungen; so sprach Wilde von „alone in the world", „shut out by his unhappy circumstances" oder „unhappy position in society".[55] Die statistische Untersuchung sollte helfen, den Umfang, die Verteilung und die Ursachen für Gehörlosigkeit zu ermitteln. Eine Volkszählung, die an diesen Themen interessiert war, verstand sich selbst als „Census in the light of a social survey, in which the condition as well as the enumeration of all classes of the people should be considered."[56] Damit wurden mehrere Ziele im *Report* verbunden: Die Ergebnisse des Zensus sollten dabei helfen, dass die Betroffenen entweder von ihren ‚Leiden' befreit würden, dass sie angemessene Unterbringungen erhielten oder dass ihnen ermöglicht würde, selbst für ihren Lebensunterhalt zu sorgen – deshalb wurde die Frage nach der Ausbildung der Gehörlosen als besonders wichtig erachtet.[57] Dies zeigt sich im Report überdies im vergleichenden Blick auf die Geschichte der (Aus-)Bildung von Gehörlosen in verschiedenen europäischen Ländern und den USA. Als übergeordnetes Ziel wurde am Ende des Reports in Bezug auf alle diskutierten Behinderungen und Krankheiten Folgendes genannt:

Believing that a knowledge of the nature, causes, and extent, as also the distribution and results of the epidemic diseases of this country may tend to assist the Legislature in future sanitary investigations and improvements, not only in the necessary provision for the destitute, but also in supplying suitable relief to the suffering, we beg to present this report.[58]

Die Produktion des Wissens hatte hier somit ein sehr praxisorientiertes Anliegen. William Wilde war dies ein besonderes Anliegen; er hielt dazu Vorträge, z. B. im Rahmen der *Statistical Section* der British Association im September 1852 in Belfast und veröffentlichte eine Kurzform des *Report on the Status of Disease* 1853 in der einflussreichen Zeitschrift *Journal of the Statistical Society of London*.[59] Der britische *Census Report* von 1851 erwähnte die irische Befragung an mehreren Stellen. So wurde unter anderem begründet, warum der britische Zensus nicht in ähnlicher Weise wie der irische vorgegangen war:

It was not thought desirable to divert the attention of the persons making and collecting the Census returns from the great and essential points of the general enumeration by any attempt to obtain, with respect to these special classes, information as to the circumstances of their affliction – such as whether it was congenital or acquired; nor was it found practicable at a later period to enter upon a further investigation of the cases in reference to these and other questions of undoubted interest. In Ireland, the Census Commissioners had fortunately no difficulty in pursuing the subject to its full extent.[60]

55 Ebd.
56 Ebd., S. 119.
57 Ebd., S. 26.
58 Ebd., S. 119.
59 Vgl. auch Wilde, On the Physical, Moral, and Social Conditions; ders., Statistics of the Deaf and Dumb in Ireland, S. 69–77.
60 Census of Great Britain, 1851, Population Tables II, PP 1852–53, S. cix. Auch am irischen Vorgehen wurde Kritik geübt. So beschwerte sich z. B. William MacDonald, MP für Queen's County Ossory, im House of Commons am 6. 8. 1890: „It does seem to me inquiries such as these are highly inquisitorial, and if you adopted the English system, an honest and a straightforward system, setting down distinctly certain questions to be answered, and not going be-

Die britischen Zensusverantwortlichen rezipierten ebenso wie die Vertreter anderer Regionen die irische Zensuspraxis sehr genau und entschieden sich nach Abwägung für ein anderes Vorgehen. Die Methode von William Wilde wurde z. B. 1867 in Köln umgesetzt und für den nationalen deutschen Zensus von 1880 diskutiert, aber verworfen.[61] In seiner ins Englische übersetzten Abhandlung *Deafmutism and the Education of Deaf-Mutes by Lip-Reading and Articulation* aus dem Jahr 1881 beklagte der Berliner Arzt Arthur Hartmann, dass in Deutschland die Zensusfrage nach Gehörlosen aufgrund der „unwillingness of the statisticians“[62] abgelehnt worden sei. Als Grund wurde Hartmann zum einen mitgeteilt, dass eine solche Frage zu persönlich für einen Zensus sei und deshalb nur ungenaue Ergebnisse bringen würde; zum anderen wurden ähnlich grundsätzliche Bedenken wie von den englischen Zensusverantwortlichen geäußert:

> Against the suggestion of making use of the census-material, by drawing up from it lists of names of those affected, to be given to others for further investigations – for instance, to specialists – the objection was raised, that making use of the census-material in this manner was not in accordance with the principle, that it should be employed only for the purpose of official statistics, and that, therefore, it could not be permitted.[63]

Während sich andere Länder nicht zuletzt mit dem Hinweis auf die Vertraulichkeit der Volkszählungsdaten gegen das irische Vorgehen entschieden, wurde diese Form der Zählung in Irland auch für die Volkszählungen von 1861 und 1871 ohne großen Widerstand durchgeführt. Allerdings schien ihre Durchführung erheblich von William Wilde abzuhängen. Späteren Untersuchungen fehlte, so die Bewertung von Peter Froggatt aus dem Jahr 1977, „the rapacious appetite for fact collection and exuberance“.[64]

*Forschungsinteressen und die Bedeutung einzelner Akteure*

William Wilde ist zudem ein gutes Beispiel dafür, dass das Interesse einer einzelnen Person – verbunden mit ihrer administrativen Funktion – maßgeblichen Einfluss auf die Form und den Inhalt des Volkszählungsbogens nehmen konnte. Wilde, der 1815 im westlichen Irland geboren wurde, erhielt als Sohn eines Arztes eine medizinische Ausbildung.[65] Diese führte ihn zunächst nach Dublin und ab 1837 – vermutlich aus gesundheitlichen Gründen und weil er ein uneheliches Kind gezeugt hatte – auf eine ausgedehnte Reise u. a. nach Ägypten. Dort weckten zahlreiche Fälle von Augenkrankheiten sein Interesse an der Ophthalmologie. Wilde war vielseitig interessiert und veröffentlichte 1840 seine zweibändigen Rei-

yond these, then you would have a method that would not discourage those feelings of self-respect which we are anxious to generate among the people.“ Hansard HC Deb 6. 8. 1890, vol. 348, cc 21–22.

61 Froggatt, Sir William Wilde, S. 309. Froggatt bezieht sich auf: Lent, Statistik der Taubstummen des Regierungsbezirks Köln; Hartmann, Deafmutism, S. viii.

62 Hartmann, Deafmutism, S. viii.

63 Ebd., S. viii–ix.

64 Froggatt, Sir William Wilde, S. 272.

65 Die anschließende Schilderung folgt: McGeachie, Wilde, Sir William Robert Wills (1815–1876).

senotizen zu Klima, Naturkunde, Topografie und dem Stand der Medizin. Die Bände waren so erfolgreich, dass sie ihm eine verlängerte Reise und ein Studium in verschiedenen europäischen Ländern ermöglichten. So kam er u. a. nach London, Wien, München, Prag, Dresden, Berlin und Heidelberg und vertiefte seine Kenntnisse durch das Studium bei bedeutenden Ärzten, bevor er 1841 nach Dublin zurückkehrte und sich als Augen- und Ohrenspezialist niederließ. William Wildes Dubliner Praxis wuchs stetig; dort behandelte er Privatpatienten und die arme Bevölkerung gleichermaßen. Schon ab 1843 hatte er sich an einer Artikelserie im *Dublin Journal of Medical Science* beteiligt, in der medizinische Meinungen zu Augen- und Ohrenkrankheiten mit Fragestellungen des öffentlichen Gesundheitswesens verbunden wurden; ab 1845 war er Herausgeber der Zeitschrift. 1844 gründete Wilde ein Krankenhaus für Augen- und Ohrenkrankheiten mit dem Namen St. Mark's Hospital and Dispensary for Diseases of the Eye and Ear,[66] das dem Beispiel des Royal London Ophthalmic Hospital (Moorfields) folgte, aber zugleich auch Ohrenkrankheiten behandelte. Damit war es das erste Krankenhaus auf den britischen Inseln, an dem auch Ohrenchirurgie gelehrt wurde. Die Mitarbeit am irischen Zensus ermöglichte es William Wilde, seine Interessen und seine Patientenerfahrungen mit statistischen Erhebungen zu verbinden. 1864 wurde er für seine Arbeit als Assistant Census Commissioner zum Ritter geschlagen. In den 1860er- und 1870er-Jahren zog sich Wilde, der 1851 die Dichterin und Kritikerin Jane Francesca Agnes Elgee geheiratet und mit ihr drei Kinder, darunter der Schriftsteller Oscar Wilde, hatte, zunehmend aufs Land zurück. 1875 starb er in Dublin. Schon in Quellen aus dem 19. Jahrhundert wurde Wilde als europäische Persönlichkeit bezeichnet.[67] Das schließt den Bogen zu den transnationalen Einflüssen als Begründung für die Einführung der Zensusfrage. Seine Reisen und Tätigkeiten brachten ihn zudem mit verschiedensten Personen in Kontakt, so nahm er z. B. gemeinsam mit William Farr am internationalen Statistikerkongress teil.[68]

Auch dem in dieser Studie wiederholt genannten Farr wird hinsichtlich der Frage nach *blind, deaf-and-dumb* in der Forschungsliteratur eine signifikante Bedeutung zugeschrieben. So behauptet z. B. Gordon Phillips in seiner Geschichte der Blinden in der britischen Gesellschaft: „This enumeration was initiated by William Farr, the chief statistician in the office of the Registrar General."[69] Phillips gibt Rhoda Abels Studie als Beleg für diese Behauptung an, die allerdings etwas vorsichtiger in ihrer Formulierung ist.[70] Farr als alleinigen Initiator zu sehen, scheint aufgrund des Kontexts übertrieben, da die Fragethemen im politischen Prozess festgelegt wurden. Zudem geht aus dem Eingangszitat hervor, dass Farr auch gerne Zahlen zu „insane, idiots" und „severely ill" erhoben hätte, nach denen 1851 jedoch nicht gefragt wurde. Es scheint gleichwohl angemessen, ihm eine

[66] 1897 wurde das Krankenhaus mit dem National Eye and Ear Infirmary zusammengeschlossen und erhielt den Namen Royal Victoria Eye and Ear Hospital.

[67] Siehe Froggatt, Sir William Wilde, S. 274.

[68] Siehe z. B. Farr, Reports of the Official Delegates, S. 413.

[69] Vgl. z. B. Phillips, Blind in British Society, S. 115.

[70] Abel, Identification of the Blind, S. 20.

nicht minder wichtige Rolle bei der Ausgestaltung und Interpretation der Frage zuzuschreiben als Wilde. Wildes und Farrs Verknüpfung von Forschungsinteressen, politischen Vorstellungen und ihrer Umsetzung im Zensus war charakteristisch für die Zeit. Später – insbesondere mit der Einrichtung eines ständigen Zensusbüros durch den *Census Act* von 1920 – treten Einzelpersonen hinter den Verwaltungsapparat zurück (vgl. dazu Kapitel I).

Trotz aller Bedeutung Farrs im 19. Jahrhundert stellt sich die Frage, wie tiefgreifend sein Einfluss bei der Einführung von neuen Zensusfragen war: Nur die Frage nach *deaf-and-dumb* und nach *blind* wurde letztlich in den Zensusbogen von 1851 aufgenommen. Es wurde weder nach „idiots" noch nach Krankheiten gefragt. Farr ist für den englischen Zensus ebenso wie Wilde für den irischen als wichtiger Ideengeber einzuschätzen. Sein Einfluss war aber letztlich von mehreren Faktoren, etwa dem Registrar-General, weiteren Interessengruppen und schließlich der Entscheidung im Parlament, abhängig.

*Anfragen von Interessenvertretungen: Bildung und Fürsorge*

Einen weiteren aus Farrs Eingangszitat ableitbaren Grund für die Einführung der *disabilities*-Frage in den Zensus von 1851 stellten – neben den transnationalen Einflüssen und den Interessen von Einzelpersonen – die Anfragen der verschiedenen Interessenvertretungen dar. Die Volkszählungsstatistiken sollten dazu dienen, Philanthropen für diese Gesellschaftsgruppen zu gewinnen und die Arbeit bereits bestehender Institutionen und Wohltätigkeitsorganisationen zu evaluieren bzw. gezielter (z. B. auf verschiedene Altersgruppen) auszurichten. Im Zensusbericht von 1851 wurde deshalb auf die Bedeutung der Daten zu *disabilities* verwiesen:

> Great disadvantages have resulted from this entire absence of authentic information, not only to society at large, but more especially to these afflicted persons, on whose behalf the appeals and efforts of philanthropy, unsupported by a reference to facts illustrative of their numbers and conditions, have lost much of their intended effect. [...] The details afforded in the accompanying Tables will, it is hoped, assist in moving the further sympathy of the benevolent toward these unfortunate persons.[71]

Die Hilfe durch weitere Philanthropen war insbesondere für die Ausbildung notwendig. Denn bisher beruhte die Unterstützung der Blinden und Gehörlosen auf einer sog. *mixed economy of welfare*, wonach neben Familie, Freunden und Nachbarn vor allem karitative Organisationen und der Staat für sie sorgten; künftig sollten sie durch Ausbildung stärker in die Position versetzt werden, durch Arbeit für sich selbst sorgen können. Seit dem späten 18. Jahrhundert hatten sich neben der Einführung finanzieller Hilfen für ältere Blinde und Gehörlose zunehmend Organisationen gebildet, die sich der schulischen und beruflichen Ausbildung widmeten. Einen Höhepunkt dieser *voluntary organisations* für Blinde datiert Rhoda Abel in den 1860er-Jahren, wobei insbesondere religiöse Organisationen auf diesem Feld tätig waren und die Verbreitung der Heiligen Schrift ein wichtiges Ziel war.[72]

[71] Census of Great Britain, 1851, Population Tables II, PP 1852–53, S. cviii–cix.
[72] Abel, Identification of the Blind, S. 25–30.

Auch im Bereich der Gehörlosenbildung war eine ähnliche Entwicklung zu beobachten und die zunehmende Verbreitung der Zeichensprache im 19. Jahrhundert wurde als wichtiger Schritt hinsichtlich der (Aus-)Bildung dieser Personen verstanden.[73] Kritik an den bestehenden Einrichtungen wurde nicht nur im nationalen Rahmen laut, sondern auch von ausländischen Beobachtern geäußert.[74] Die Kritiker stimmten u. a. darin überein, dass die Bildung der Blinden bisher zu sehr auf manuelle Arbeit und zu wenig auf intellektuelle (das hieß nicht zuletzt religiöse) Bildung konzentriert gewesen sei. Zudem war man unsicher, ob überhaupt die richtige Zielgruppe mit den bisherigen Einrichtungen erreicht worden war. So versprach sich Charles Baker, Head-Master of the Yorkshire Institution for the Instruction of Deaf and Dumb Children, vom 1851er-Zensus Auskunft darüber, wie viele Personen mit sechs, zwölf oder achtzehn Jahren als gehörlos bekannt waren: „This would show the number requiring education, and would enable Institutions to ascertain if the existing means of instruction are sufficient."[75]

Die Hilfe durch *friendly societies*, einer frühen Form der Versicherung, stand Menschen mit Behinderungen zumeist nicht offen, denn häufig musste für die Aufnahme in eine *friendly society* nachgewiesen werden, dass keine dauerhafte Einschränkung der Erwerbstätigkeit vorlag. Lediglich Mitglieder, die erst nach Eintritt von einer Behinderung betroffen wurden oder aufgrund des Alters bedürftig wurden, konnten eine Unterstützung erwarten.[76] Mit Blick auf die *friendly societies* hatte auch ein Komitee der Statistical Society of London bereits für den Zensus von 1841 eine Frage zu Krankheiten vorgeschlagen. Die Statistical Society hatte es sich ab 1840 zur Aufgabe gemacht, Vorschläge zu Frageinhalten und zu Verfahrensweisen für die anstehenden Volkszählungen zu unterbreiten.[77] Für den Zensus von 1841 hatte das Komitee, dem u. a. William Farr angehörte, z. B. neben Fragen zu Religion und zum Schulbesuch auch eine zur Gesundheit vorgeschlagen.[78] Unter der Überschrift „Health" sollten zwei Spalten erscheinen: „one which shall present an enumeration of the ‚healthy,' and the other of the ‚sick or permanently infirm;' stating through what sickness or infirmity, and, with regard to

73 Siehe z. B. Lee (Hrsg.), Beginner's Introduction to Deaf History, S. 27.

74 So bereiste der amerikanische Arzt Samuel Gridley Howe 1832 Europa, kurz nachdem er eine leitende Stellung in einem Bostoner Blindenheim übernommen hatte. Einflussreich war zudem der Direktor des Blinden- und Gehörlosenheims in Brügge, Abbé Hyppolite Carton. Siehe dazu die Darstellung in: Phillips, Blind in British Society, S. 64.

75 Statistics of the Deaf and Dumb, A Voice of the Dumb 11, 5. 4. 1850, S. 147–149, hier S. 149.

76 Borsay, Disability and Social Policy, S. 141. Einen etwas anderen Status schienen Gehörlose zu haben, die aufgrund einer Antidiskriminierungskampagne durch die Interessenorganisation British Deaf and Dumb Association z. B. die Church Benefit Society überzeugen konnten, Gehörlose gleichberechtigt aufzunehmen. Dabei wurde angenommen, dass diese Personengruppe wenig Versicherungsleistungen in Anspruch nahm. Ebd., S. 142. Siehe auch Grant, Deaf Advance, S. 57. In Bezug auf Blinde vgl. die Einschätzung bei, Abel, Identification of the Blind, S. 16.

77 Cullen, Statistical Movement in Early Victorian Britain, S. 96f.

78 Report to the Council of the Statistical Society of London, 1841, S. 98f. Für die Jahre 1851 und 1861 wurde diese Empfehlung nicht wiederholt. Proceedings of the Census Committee of the Statistical Society of London, 1851, S. 267–269; Recommendations of the Council of the Statistical Society, 1861, S. 222f.

such infirmity whether it have been endured from infancy."[79] Als Begründung für eine solche Erhebung wurde die Situation der *friendly societies* in England angeführt: „Many of these societies have become insolvent, and serious losses have been sustained by their members, chiefly through the want of observations of sufficient extent to elucidate the laws of sickness."[80] Zur Aufnahme in die Spalten zum Thema „Health" wurden neben Blinden und Gehörlosen auch *idiots* und *insane* vorgeschlagen. Die Empfehlungen der Statistical Society lagen dem Parlament vor der Verabschiedung des Gesetzes für den Zensus vor; welche Relevanz sie hatten, ist in der Forschungsliteratur umstritten.[81] 1841 konnten sie zumindest nur teilweise ihre Vorstellungen durchsetzen.

Bildung und Fürsorge waren aus Sicht der Interessenvertretungen nur zwei Möglichkeiten, mit diesen Personengruppen umzugehen. Eine weitere war – auch dies ist dem Eingangszitat von William Farr zu entnehmen – die Beseitigung der Ursachen dieser Behinderungen und somit die Suche nach medizinischen Lösungen. So schrieb der Direktor der Yorkshire Institution im Jahr 1850 in Bezug auf die Vorzüge einer Frage zu Behinderungen:

> Attention would be directed to the causes of deafness, whether congenital or acquired, and this would lead to certain known methods of prevention. The Sanitary measures now in progress will doubtless tend to diminish the causes which produce deafness – a result which will certainly be evident in the Census of 1861, but much more striking in that of 1871.[82]

Dieses Zitat fügt sich ebenso wie die Erwähnung des „sanatory point of view"[83] im Eingangszitat von William Farr in das *public health movement* ein und damit in eines der wichtigsten Anliegen des General Register Office im 19. Jahrhundert.[84]

Die Sorge um die betroffenen Personen selbst verband sich mit der Angst, dass von ihnen eine Gefahr für die Gesellschaft ausgehen könne. Dazu hieß es im *Census Report* von 1851: „Without careful instruction, the Deaf-mute is sometimes highly dangerous to society."[85] Um dies zu verhindern, sollten sowohl Gehörlose als auch Blinde in besonderen Einrichtungen geschult und ausgebildet werden. Denn: „With either of these principal inlets of knowledge closed, the mind without a special course of training, must remain undeveloped, and continue darkened by the absence of proper moral perceptions and useful information."[86] Die Vorstellung vom gefährlichen Individuum fand sich auch im *Census Report* von 1871, diesmal als Begründung für die späte Berücksichtigung von Menschen mit Lernbehinderungen:

[79] Report to the Council of the Statistical Society of London, 1841, S. 98f.
[80] Ebd., S. 99.
[81] So stellte Cullen am Beispiel der Volkszählung von 1841 fest, dass Lister auch ohne die Vorschläge der Statistical Society zu einem ähnlichen Vorgehen und zu ähnlichen Themen gekommen sei. CULLEN, Statistical Movement in Early Victorian Britain, S. 97.
[82] Statistics of the Deaf and Dumb, A VOICE OF THE DUMB 11, 5. 4. 1850, S. 147–149, hier S. 149.
[83] William Farr, Notes, (o.J.), LSE Archives, William Farr Collection, II, 15–17ff., 191
[84] SZRETER, GRO and the Public Health Movement.
[85] Census of Great Britain, 1851, Population Tables II, PP 1852–53, S. cxv. Siehe dazu auch die Einschätzung von LEVITAN, A Cultural History of the British Census, S. 64.
[86] Census of Great Britain, 1851, Population Tables II, PP 1852–53, S. cvii–cix.

Idiots and imbeciles seem to be the last class which has obtained the attention of philanthropists and men of science. Less has been done for them than for lunatics, partly because they are a less dangerous and troublesome class, but partly also from doubt which existed as to the possibility of effecting a cure, or even any material alleviation of their condition.[87]

Die Feststellung der Anzahl der Gehörlosen und Blinden und später auch von Menschen mit Geistes- und Lernbehinderungen wurde somit auch mit der Aufrechterhaltung der sozialen Ordnung begründet.

*Entscheidungsfindung im politischen Prozess und Handlungsspielraum im General Register Office*

In den Debatten im House of Commons und im House of Lords wurde im Vorfeld des Gesetzes zur Durchführung der Volkszählung von 1851 nicht über eine Frage zum Thema *disabilities* diskutiert.[88] Das war zumindest im House of Commons auch durch die äußeren Umstände vor der abschließenden Anhörung zur *Population Bill* am 15. Juli 1850 bedingt. So beschwerte sich ein Abgeordneter, dass es nicht angemessen sei, eine Viertelstunde vor Mitternacht über Gesetzesentwürfe zu entscheiden: „There were upwards of thirty Bills forced upon the House at this time of night. Such a course on the part of the Government was like the Exposition of 1851, a piece of low dirty cunning, full of trickery and humbug."[89] Zur Beruhigung der Gemüter wurde angeführt, dass es bei der Gesetzesvorlage nur um eine Entscheidung über das „raw material for the census" gehen würde; da der eigentliche Zensus erst im März 1851 durchgeführt werden solle, sei noch genug Zeit, sich das Vorhaben zu einem späteren Zeitpunkt näher anzusehen.[90] Da auch im House of Lords keine weiteren Einwände formuliert wurden,[91] wurde der *Act for taking account of the Population of Great Britain* somit verabschiedet. Das Gesetz, das am 5. August 1850 erlassen wurde, nannte die Themen, die im Zensusbogen aufgenommen werden sollten, allerdings blieb durch die Formulierung „further Particulars" ein Spielraum:

And be it enacted, That upon *Monday* the Thirty-first Day of *March* in the Year One thousand eight hundred and fifty-one every such Enumerator, under the Direction of the Registrar of the District, shall visit every House within his District, except as hereinafter provided, and shall take an Account in Writing of the **Name, Sex, Age**, and **Occupation** of every living Person who abode therein on the Night of *Sunday* the Thirtieth Day of the said Month of *March*, and shall also **ascertain which of such Persons are Foreigners**, and shall also take an **Account of the occupied Houses, and of the Houses then building and therefore uninhabited, and also of all other uninhabited Houses** within his District; and shall also take an Account of all such **further Particulars** as by the Forms and Instructions which may be issued under this Act they may he directed to inquire into; [...] ; which Form of Declaration shall be prepared by or under the Direction of such Secretary of State, and issued by the Registrar General with the Forms and Instructions aforesaid.[92]

[87] Census of England and Wales, 1871, General Report, PP 1873, S. lxiii.
[88] Hansard HC Deb 6. 6. 1850, vol. 111, cc 870–1; Hansard HC Deb 23. 7. 1850, vol. 113, cc. 138–9; Hansard HL Deb. 23. 7. 1850, vol. 113, cc 138–9.
[89] Hansard HC Deb. 15. 7. 1850, vol. 112, cc. 1419–1420 (Beitrag von Colonel Sibthorp).
[90] Ebd. (Beitrag von Mr. Cornwall-Lewis).
[91] Hansard HL Deb. 16. 7. 1850, vol. 113, col. 1420.
[92] An Act for Taking Account of the Population of Great Britain, 1850, V. Hervorhebungen KB.

Am 2. Oktober 1850 schrieb der Registrar-General George Graham an das Home Office und fasste die verschiedenen bei ihm eingegangenen Vorschläge für Zensusfragen zusammen. Demnach hätten „various persons" eine Frage nach Behinderungen gefordert.[93] Der Registrar-General verwies auf die begrenzten Ressourcen seines Amtes und die steigenden Ausgaben für einen umfangreicheren Zensusbogen und lehnte einige Fragen ab. Für sinnvoll erachtete er aber – ohne dies weiter zu begründen – eine Frage nach Blinden und Gehörlosen: „I think that an account should also be taken for the ‚Blind' and the ‚Deaf-and-Dumb'."[94] Home Secretary George Grey konsultierte George Cornewall Lewis, der seit Juli 1850 Financial Secretary im Treasury war.[95] Lewis befürwortete die Vorschläge und zeigte zudem inhaltliches Interesse, indem er auf das Problem der Unterscheidung und Definition von verschiedenen Stufen der Sehschwäche hinwies.[96] Im März 1851 wurden noch einmal die Zensusthemen im House of Commons diskutiert, allerdings ging es dabei nicht um die Frage zu den *disabilities*, sondern vielmehr um Fragen zu Themen wie Bildung und Religion.[97] Weder aus dem Brief von George Graham noch aus den Parlamentsdebatten geht hervor, warum nur nach Blinden und Gehörlosen gefragt werden sollte. Rhoda Abel verortet diese Entscheidung im Kontext des neuen *Poor Law* von 1834. Denn im Rahmen dieses Gesetzes wurden Blinde zum ersten Mal in einer Gruppe mit Gehörlosen zusammengefasst; zuvor bildeten die Blinden eine Gruppe mit Alten, Kranken und anderen körperlich beeinträchtigten Personen.[98]

Letztlich führte eine Vielzahl von Faktoren zur Einführung der Frage in den Zensus von 1851. Durch die offene Formulierung im Gesetzestext – „further particulars" – hatte das General Register Office dabei gewisse Freiheiten. Das änderte sich mit der Volkszählung von 1861:

> Schedules shall be prepared by or under the Direction of such Secretary of State for the Purpose of being filled up by or on behalf of the several Occupiers of Dwelling Houses as herein-after provided, with Particulars of the Name, Sex, Age, Rank, Profession, or Occupation, Condition, Relation to Head of Family, and Birth-place of every living Person who abode in every House on the Night of *Sunday* the Seventh Day of *April* One thousand eight hundred and sixty-one, and also whether any were blind, or deaf and dumb[99]

[93] Farrs Vorschläge wurden in Grahams Brief wie folgt gelistet: „Deaf-and-Dumb, Blind, Insane, Idiots and all persons disabled by severe illness or infirmity". Auf die weiteren Vorschläge von „various persons" geht Graham nicht weiter ein. Letter from Registrar-General George Graham an E.P. Bouverie, 2. 10. 1850, TNA, HO 45/3251.

[94] Ebd. Hervorhebung im Original.

[95] Smith, Sir George Cornewall Lewis (1806–1863).

[96] Vgl. Abel, Identification of the Blind, S. 21. Die Beratung von Lewis und Grey ist in TNA, HO 45/OS3521 festgehalten. Abel bewertet diesen Vorschlag von Lewis als weitsichtig, da die Unterscheidung und Definition von verschiedenen Stufen von Sehschwächen sonst erst in der zweiten Dekade des 20. Jahrhunderts in ihrer Problematik erkannt wurde.

[97] Hansard HC Deb 14. 3. 1851, vol 114, cc1316–7; Hansard HL Deb 14. 3. 1851, vol 114, cc1305–10.

[98] Vgl. Abel, Identification of the Blind, S. 9. Für die konkreten Umsetzung wird in anderen Quellen auf den Superintendent of the Yorkshire Institution (Mr. Baker) als wichtigen Impulsgeber verwiesen: Statistics of the Deaf and Dumb, A Voice of the Dumb 11, 5. 4. 1850, S. 147–149, hier S. 148.

[99] An Act for Taking the Census of England, 1860, IV.

Mit dieser Gesetzesvorgabe waren die Themen für den Fragebogen klar definiert. Ab 1861 gab es für die Ausarbeitung im General Register Office kaum noch Spielraum in Bezug auf die Inhalte, sondern ‚nur' noch auf die Art der Fragestellung. Somit waren die Inhalte im politischen Prozess entschieden worden, die anschließende methodische Umsetzung oblag den Verantwortlichen im General Register Office. Diese Zweiteilung sollte sich auch für die folgenden Volkszählungen nicht mehr ändern, wobei auch bei der Findung der endgültigen Frageform Akteure mit unterschiedlichen Interessen gehört wurden.

## b) Erweiterung und Veränderung der Kategorie (1871–1911)

Wenig konkreten Aufschluss geben die Quellen über mögliche Gründe für die Erweiterung der Frage um *imbecile or idiot* und *lunatic* im *Householder's Schedule* von 1871. Zwar wurde in den *Census Reports* von 1851 und vor allem von 1861 ausführlich über die Ergebnisse der Frage zu *blind, deaf-and-dumb* berichtet, aber eine Erweiterung wurde dort nicht thematisiert. Ähnliches gilt für die internen Papiere des General Register Office.[100] In den Debatten im House of Commons zur *Census Bill* äußerte sich lediglich ein Abgeordneter zur Ausweitung der *disabilities*-Frage.[101] Debattiert wurde ein anderes Thema, das im Zusammenhang mit der Erhebung der *disabilities* gesehen werden kann, aber später nicht als Zensusfrage aufgenommen wurde: die durch die neuen Forschungen zur Vererbungslehre geprägte Frage nach der Heirat von Cousins und Cousinen. In diesem Kontext wurde vermutet, dass die Heirat zwischen nahen Verwandten gehörlose Kinder hervorbringen könnte.[102] Da zudem ausgiebig über eine mögliche Frage zur Religion diskutiert wurde, liegt die Vermutung nahe, dass es für den 1871er-Zensus für wichtiger erachtete Themen als die *disabilities*-Frage gab. Wieso fand trotzdem 1871 eine erweiterte Frage Eingang in die Volkszählung? Und warum gab es Modifikationen in den Zählungen bis 1911?

Anküpfungspunkte für Antworten auf diese Frage finden sich bei William Ogle, Farrs Nachfolger als Superintendent of Statistics im General Register Office. Er wurde 1890 auf seine Meinung zur *disabilities*-Frage angesprochen:

> I think the results are of some value and interest, but I cannot say that I care much whether the column be retained or not in the schedule. I would say, however, that it is there at the request of several statistical congresses, and that there would be complaints if you took it out. Moreover, there has recently been a Royal Commission on the blind, deaf, and dumb; and this Commission, so far from wishing to omit this column, wish to have a much more elaborate

[100] Die systematische Durchsicht der Bestände des RG im TNA hat keine Unterlagen zur Erweiterung der Frage im Jahr 1871 hervorgebracht – auch keine Diskussionen zu 1861. Allerdings ist der relevante Bestand RG29 unvollständig überliefert.

[101] Hansard HC Deb 22.7.1870, vol. 203, c.813.

[102] Die Frage wurde von Sir John Lubbock in die Debatte im House of Commons eingebracht (Hansard HC Deb 22.7.1870, vol. 203, c.817.) und dann in der *Committee*-Sitzung erneut diskutiert (Hansard HC Deb 26.7.1870, vol. 203, c.1008).

inquiry made as to these infirmities. Their recommendations appear to me to be quite impracticable.[103]

Demnach war die Frage erstens auf die internationalen Statistikerzusammenkünfte und den Transfer der Diskussion im nationalen Rahmen durch die Royal Statistical Society zurückzuführen. Zweitens zeigt das Zitat, dass mit William Ogle eine Person mit anderen Interessen in das General Register Office eingezogen war. Zu hinterfragen wäre demnach, welcher Einfluss Einzelpersonen in diesem Zeitraum zugesprochen werden kann. Drittens verweist das Zitat von Ogle auf andere Interessenvertretungen und auf Expertenkommissionen. Ogle nannte im Zitat die Royal Commission on the Blind, the Deaf and Dumb, &c. und seine Aussage war ebenfalls im Rahmen einer Kommission, nämlich dem schon bekannten Treasury Committee von 1890, entstanden. Diese Möglichkeiten sollen im Folgenden näher betrachtet werden.

*Praktiken anderer Länder, die Bedeutung der Internationalen Statistikerkongresse und der Transfer in den nationalen Kontext*

Die Erweiterung der Zensusfrage von 1871 um *imbecile or idiot* und *lunatic* steht im Zusammenhang mit Praktiken in anderen Ländern, denn im internationalen Kontext hatte sich eine Frage nach sensorischen und geistigen Behinderungen durchgesetzt. Über sie wurde auf den internationalen Statistikerkongressen berichtet und dort geführte Diskussionen wurden gemeinsam mit Beiträgen aus anderen Ländern im *Journal of the Statistical Society of London* veröffentlicht. Nimmt man diese Veröffentlichungen als Indikator für damals aktuelle Trends, so lassen sich Standardisierungsbemühungen der Zensusfragen als ein Kerninteresse der internationalen Statistikerkongresse beobachten. Diese von 1853 bis 1876 regelmäßig stattfindenden Kongresse waren vor allem auf die Initiative des belgischen Statistikers Adolphe Quételet zurückzuführen, der zugleich auch Mitglied der Statistical Society of London war. Quételets Bedeutung führte Alain Desrosières darauf zurück, „daß er es fertiggebracht hatte, ein riesiges internationales soziopolitisches Netzwerk zu schaffen, indem er auf neue Weise Universen zueinander in Beziehung setzte, die zuvor getrennt voneinander existierten."[104] 1885 wurden die internationalen Kongresse durch die Gründung des bis heute bestehenden International Statistical Institute verstetigt. 81 Mitglieder traten dem Institut in der Londoner Gründungssitzung bei oder wurden zum Beitritt eingeladen – damit war die damalige Elite der Statistiker aus Staat und Wissenschaft in einer Institution versammelt.[105] Da es ein zentrales Anliegen der Kongresse und später des International Statistical Institute war, internationale Vergleichbarkeit von statistischen Erhebungen zu erzielen, drehten sich die Diskussionen um mögliche Verein-

[103] Report of the Committee Appointed by the Treasury, PP 1890, S. 8.
[104] Desrosières, Politik der großen Zahlen, S. 91.
[105] So zumindest die Selbstdarstellung des International Statistical Institute: http://www.isiweb.org/about-isi/history (aufgerufen am 16.08.2012). Siehe auch Nixon, History of the International Statistical Institute.

heitlichungen nationaler Praktiken.[106] International hieß in erster Linie, dass europäische Länder und die USA vertreten waren.[107]

In Bezug auf Volkszählungen wurde auf dem ersten Kongress in Brüssel im Jahr 1853 z. B. vorgeschlagen, dass zu folgenden Themen Daten erhoben werden sollten:

> name and surname, age, place of birth, spoken language, religion, condition, whether single, married, or widowed, profession, or occupation, residence, whether temporary or permanent, children receiving education, houses by stories, and number of rooms occupied by each family, gardens in connection with the house, existing sickness, number of blind, deaf and dumb, absentees, and number of persons residing in public or private establishments.[108]

Als Begründung für die Frage zu Behinderungen wurde die Ermittlung der Arbeitsfähigkeit angeführt.[109] Der Zensus sollte eine Frage nach Blinden und Gehörlosen im allgemeinen Volkszählungsbogen und nach *insane* in Institutionen enthalten. Die britische Volkszählung von 1851 lag somit genau im Trend der Zeit. Auf dem zweiten Kongress in Paris 1855 und auf dem dritten in Wien 1857 wurde nicht über Behinderungen oder Krankheiten in Bezug auf den Zensus gesprochen, wohl aber im Kontext anderer statistischer Erhebungen. Dabei ging es neben einer Vereinheitlichung der Nomenklatur für Krankheiten auch um Statistiken für Einrichtungen, die sich um Kranke und Behinderte kümmerten. Ziel war es herauszufinden, inwieweit „public benevolence" und „private relief" für diese Personengruppen von Bedeutung waren.[110] Mit demselben Argument der Arbeitsfähigkeit wurde nicht nur Interesse an Blinden und Gehörlosen bekundet, sondern auch an „cretins, insane, epileptic, or maimed persons". Zudem wurden ein Zusammenhang zwischen Krankheiten und Behinderungen, deren Ursachen und mögliche Lösungen genannt: „Thus the number of the blind may vary with the prevalence of small-pox, the maimed with scrofula, and cretinism with certain endemiological causes." In Bezug auf statistische Daten über *insanity* wurden insbesondere Frankreich und Belgien als Vorreiter auf diesem Gebiet genannt. Von der Einführung einer Standardfrage in die Volkszählungsbögen wurde allerdings nicht berichtet; vielmehr interessierten auf dem Wiener Kongress andere Möglichkeiten der Datenerhebung über Behinderte und Kranke (z. B. über Patientenakten und Totenscheine). Auch auf dem folgenden Londoner Kongress im Jahr 1860, der maßgeblich von William Farr inspiriert und organisiert war, und auf den Kongressen in Berlin 1863, Florenz 1867 und Haag 1869 spielte die Frage nach *infirmities* keine bedeutende Rolle.[111] Dies änderte sich 1872 in St. Petersburg. Nun wurden Themen für Volkszählungsbögen festgelegt, die möglichst verbindlich in allen

106 Levi, Resume of the Statistical Congress, S. 1.

107 Ebd., S. 3.

108 Ebd., S. 5.

109 Brown, Report of the Proceedings at the Statistical Congress, Held at Brussels, S. 40.

110 Hier und im Folgenden Ders., Report on the International Statistical Congress, Held at Vienna, S. 3.

111 So berichtete der bayerische Delegierte 1860 über einen Zensus „of the deaf-and-dumb, the blind, and the insane" und ein belgischer Vertreter sprach über „deaf-and-dumb and blind"-Statistiken in seinem Land. Hammack, Report to the Statistical Society, S. 8 f.

Ländern gefragt werden sollten. Unter den geforderten Pflichtfragen befand sich auch die zu den *disabilities*: „Whether blind, deaf and dumb, cretin, idiot, or of unsound mind."[112] Die Erweiterung der Frage für den englischen Zensus von 1871 passte also in die Standardisierungsdiskussionen dieser Zeit. Dass das Thema damit allerdings nicht abgeschlossen war, zeigte ein weiteres Treffen der Permanent Commission of the International Statistical Congress im Jahr 1878, auf dem u. a. eine Resolution verabschiedet wurde, nachdem der bayerische Vertreter für den nächsten Kongress ein Programm „for the international statistics of infirmities (blindness, deaf-mutism, mental aberration, &.c)" vorbereiten sollte.[113] Zu diesem Zeitpunkt hatten sich Fragen zu Sinnesbehinderungen und zu geistigen Behinderungen etabliert, fraglich war allerdings die Methode zur Erreichung dieses Ziels – und das sollte sich auch für den englischen Zensus als großes Problem herausstellen.[114]

Da die Statistical Society den wichtigsten Ort für den Erfahrungsaustausch der britischen Statistiker im 19. Jahrhundert darstellte und dort über die internationalen Gepflogenheiten berichtet wurde, lag es nahe, dass auch die für die englischen Volkszählungen ausgegebenen Empfehlungen der Statistical Society auf die *disabilities*-Frage eingehen würden. Nachdem für den Zensus von 1841 eine Frage zur Gesundheit vorgeschlagen worden war, zeigen die Empfehlungen für die Jahre 1851 bis 1901, dass andere Themen – insbesondere Fragen nach Religion und Bildung – höhere Priorität bei den Mitgliedern der Statistical Society besaßen.[115] Allerdings gibt es für den Zensus von 1891 einen ausführlichen Bericht von Dr. G. B. Longstaff. Dieser Bericht erschien knapp ein Jahr nach den Empfehlungen des

112 BROWN, Report on the Eight International Statistical Congress, Held at St. Petersburg 1872, S. 444.

113 MOUAT, Reports, S. 4.

114 Die internationalen Statistikerkongresse stellten nicht die einzige, wenn auch eine besonders wichtige Möglichkeit dar, sich über die Praktiken in anderen Ländern zu informieren. In der Zeitschrift der Statistical Society of London bzw. der Royal Statistical Society wurde regelmäßig über andere Länder berichtet und dies auch in Bezug auf eine Frage zu *infirmities*. Siehe z. B. HENDRICKS, On the Vital Statistics of Sweden, S. 122; BROWN, On the Statistics of the Kingdom of the Netherlands, S. 206f.; MOUAT, Note on the Tenth Census, S. 583f.; Statistical Results of the last Census of France, Prussia, Austria, Italy, Switzerland, and Belgium, 1885, S. 292.

115 Im Parlament wurden die Empfehlung einer Religionsfrage bzw. eines Religious Census durch die Statistical Society erwähnt, siehe z. B. Hansard HC Deb 22. 7. 1870, vol. 203, c. 807 und ebd., c. 810. Ein Abgeordneter brachte am Ende der zweiten Anhörung seine Hoffnung zum Ausdruck, dass alle fünf Empfehlungen der Statistical Society Berücksichtigung finden sollten (ebd., c. 818). Unter diesen fünf Empfehlungen fanden wie schon in den Vorschlägen für die Volkszählungen der Jahre 1851 und 1861 die verschiedenen Formen von Behinderungen keine besondere Erwähnung. Recommendations of the Council of the Statistical Society, 1871, S. 113. Siehe Report of a Committee with Reference to the Census of 1881, S. 134–139; Report of a Committee with Reference to the Census of 1891, S. 816–818; The Census of 1901, in: JRSS, S. 385–389; The Census of 1901 and the Proposed Quinquennial Census, in: JRSS, S. 107–111. Die Adressaten der Empfehlungen der Statistical Society änderten sich mit der jeweiligen Organisation des Zensus: Während von 1850 bis 1870 die Empfehlungen ans Home Office geschickt wurden, war 1880 das Local Government Board der Empfänger, 1899 und 1908 wurden die Vorschläge zudem an den Secretary of State for Scotland und den Chief Secretary for Ireland geschickt.

Committee with reference to the Census of 1891, dessen Mitglied Longstaff war. In ihm äußerte er seine Bedenken im Hinblick auf eine *disabilities*-Frage:[116]

People do not like to admit defects in themselves or their children, and I should think that this demand that any afflicted members of the family should be specified cannot fail to irritate. Experience accordingly proves that the figures as regards idiots are very imperfect, so imperfect as to be valueless. For this reason I am of opinion that inquiries as to those mentally afflicted might well be confined to the inmates of public institutions. The inquiries as to the blind and deaf-mute are perhaps less offensive, and especially in the case of the blind may be useful.[117]

Longstaff diskutierte zudem eine mögliche Frage zu Krankheiten. Er sah zwar deren Bedeutung für *friendly societies* und medizinische Professionen, äußerte sich aber kritisch und befürchtete, dass zum Zeitpunkt der Volkszählung im April 1891 aufgrund des Wetters besonders viele Personen krank seien und deshalb ein verfälschtes Bild entstehen könne (vgl. Anhang Tabelle C.4). Lediglich die Frage zu chronisch Kranken hielt Longstaff für verlässlich. Mit Blick auf die vorgeschlagenen Zensusangaben zur Heirat von Cousins und Cousinen sah er zwar den Vorteil einer solchen Frage für Forschungen zum Zusammenhang von „idiocy, deaf-mutism, &c." und den Kindern von verwandten Paaren, aber auch hier befürchtete er ungenaue Angaben.[118] Longstaff erwähnte ferner, dass auf internationaler Ebene eine Frage zu *infirmities* empfohlen werde und zahlreiche Versuche zur Vereinheitlichung der Frage gestartet worden seien, trotzdem äußerte er sich abschließend gegen eine Frage zu „persons of unsound mind other than inmates of institutions".[119] In der anschließenden Diskussion seines Berichts, den er am 25. Juni 1889 in der Royal Statistical Society vorgetragen hatte, fanden seine Vorschläge und Stellungnahmen zur *disabilities*-Frage keine weitere Erwähnung.

Erst für den Zensus von 1911 wurde in den Empfehlungen der Royal Statistical Society explizit auf die *disabilities*-Frage eingegangen: Trotz der Kritik insbesondere in Bezug auf Daten zu geistigen Behinderungen wurde doch für eine Beibehaltung der Spalte argumentiert.[120] Für den 1911er-Zensus unterschied das Komitee der Statistical Society zwischen Fragen von primärer und sekundärer Wichtigkeit:

In addition to the subjects of primary statistical importance which can be studied only in the results of a census, there are others which find place in many, if not most, inquiries of this sort, but which, in the opinion of the Committee, occupy but a secondary position in an Imperial scheme, either because information regarding them can be obtained by other means, or, in consideration of the inaccuracy or incompleteness of a return, procured through the rough-and-ready method of a general census; or, again, because of the difficulty in framing the inquiry upon exactly similar lines under greatly varying conditions.[121]

Unter den zweitrangigen Fragen wurden neben Bildung und Religion auch *disabilities* genannt, die zudem mit dem Zusatz abgewertet wurden, dass nicht einmal

116 LONGSTAFF, Suggestions for the Census.
117 Ebd., S. 448.
118 Ebd., S. 451.
119 Ebd., S. 457.
120 Report of the Census Committee, 1908, S. 497.
121 Report of the Census Committee, 1908–09, S. 574–593.

Experten zu einheitlichen Definitionen zu diesem Thema kämen.[122] Trotzdem wurde die Frage nach *blind, deaf-and-dumb, lunatic, imbecile* oder *idiot* in den von der Royal Statistical Society vorgeschlagenen Zensusbogen aufgenommen.[123] Die im Zensusbogen von 1911 formulierte Frage lautete dann allerdings anders als von der Royal Statistical Society empfohlen.

Für den Zensus von 1921 forderte die Royal Statistical Society die Abschaffung der *disabilities*-Frage.[124] Als Gründe wurden die Schwierigkeiten bei der Definition der verschiedenen Behinderungen, die fehlende Bereitschaft der Bevölkerung beim Ausfüllen dieser Zensusspalte und die Tatsache, dass die Informationen über andere Quellen erhoben werden könnten, angegeben. In den Empfehlungen für 1930 wurde *disabilities* dann gar nicht mehr erwähnt.[125] Insgesamt war die Macht der Statistical Society auf die inhaltliche und methodische Ausrichtung der britischen Volkszählung begrenzt. Im Report von 1920 hieß es z. B. „It is gratifying to report that the recommendations of the former Committee appointed in 1908 were in many cases carried out in the Census of 1911."[126] Aber:

> On the other hand, The Census Act was not made perpetual nor was provision made for a quinquennial Census. Uniformity between the Censuses of England and Wales, Scotland, and Ireland was not obtained. No questions were inserted as to religion in Great Britain or as to divorce. The specific recommendations of the Committee as to recording the fact of unemployment and showing separately those who assisted the head of the family were not followed. The numbers of servants were not tabulated in relation to the numbers in the households where they were employed.[127]

Die Statistical Society kann somit als ein Impulsgeber für die Gestaltung der Volkszählung angesehen werden, allerdings mit begrenzter Macht. Wenn Alain Desrosières feststellt, dass die Gründer und treibenden Kräfte dieser Statistical Society der Regierung nahe standen und quasi als „Unterkommission des liberalen Kabinetts" bezeichnet werden können, die, in den öffentlichen Dienst eingebunden, der Regierung dienten, diese berieten und versuchten, sie zu beeinflussen und zu rationalisieren und damit die Regeln der Arbeitsteilung zwischen Politikern und Technikern erfanden und vertieften,[128] so gilt das für Volkszählungen nur mit Abstrichen. Die Statistical Society war lediglich ein Faktor unter mehreren. Ebenso ist das häufig in der Literatur zu findende Argument, dass *social statisticians* sich vor allem auf Fragen der öffentlichen Gesundheit und der Bildung konzentrierten,[129] nur bedingt auf den Zensus übertragbar. Wer waren dann die maßgebli-

122 Ebd., S. 582.

123 Report of the Census Committee, 1908, Appendix. Auch abgedruckt in: Report of the Census Committee, 1908–1909, Appendix I.

124 Report on the Census, 1920, S. 137.

125 Report on the Census, 1930, S. 573–575.

126 Report on the Census, 1920, S. 134.

127 Ebd., S. 135. Vgl. zu Einschätzung des Einflusses der Royal Statistical Society auch z. B. LONGSTAFF, Suggestions for the Census, S. 440; Proceedings of the Census Committee of the Statistical Society of London, 1850, S. 267.

128 DESROSIÈRES, Politik der großen Zahlen, S. 194.

129 Vgl. z. B. CULLEN, Statistical Movement in Early Victorian Britain. In ähnlicher Weise das medizinische Interesse der Beamten im GRO hervorhebend: HIGGS, Disease, Febrile Poisons, and Statistics.

chen Akteure, die auf eine Erweiterung der Frage im Jahr 1871 und für die Beibehaltung und Veränderung in den folgenden Dekaden Einfluss nahmen? Wie entwickelte sich die Frage und aus welchen Gründen?

*Interessen und begrenzte Macht Einzelner*

Vieles scheint bisher darauf hinzudeuten, dass die Frage zu *disabilities* im Kontext internationaler Debatten in den englischen Zensus Eingang fand. Trotzdem musste es einen Akteur (sei es eine Einzelperson, eine Institution oder eine Interessenvertretung) gegeben haben, der diese internationale Forderung auf nationaler Ebene durchsetzte. Da die Statistical Society offenbar nur begrenzt Einfluss ausüben konnte, könnte William Farr eine Brückenfunktion zugekommen sein, denn er war maßgeblicher englischer Protagonist auf den internationalen Statistikerkongressen.[130] Von einem anderen Delegierten, Joseph Körösi, wurde Farr 1885 sogar als „one of the glories of the Congresses" bezeichnet.[131] Farr hatte sich bereits 1851 für die erweiterte Frage zu „blind, deaf-and-dumb, insane, idiot and (severely) ill" im Zensus ausgesprochen und war damit nur teilweise erfolgreich gewesen. Auch nach 1861 war er weiterhin an Fragen zu Behinderungen und zu Krankheiten interessiert.

Im Hinblick auf die Strategie, eine Forderung für eine spezifische Zensusfrage politisch durchzusetzen, ist ein Briefwechsel zwischen William Farr und Florence Nightingale im Vorfeld des Zensus von 1861 aufschlussreich. Für diese Volkszählung wollte Nightingale Fragen zur Zahl der Kranken und Behinderten („sick and infirm") und weitere Informationen zur Wohnsituation.[132] Beide Forderungen standen im Zeichen der hygienischen Verbesserung von Wohnvierteln („sanitary improvments"), die auch William Farr, der Nightingale 1856 kennen gelernt hatte, [133] vorantreiben wollte. Am 21. April 1860 schrieb Nightingale:

> I feel so very strongly about this Census Bill that I cannot help writing to you of how much importance it would be as bearing on all questions of the Public health, to have a column in the Enumeration paper in which should be entered the number of sick people in each house with the Diseases –
> In this way we should have a Return of the whole Sick & Diseases in the United Kingdom for one spring day, which would give a good average idea of the Sanitary state of all classes of the population. […]

[130] Zu Farrs Organisation des Londoner Kongresses 1860 siehe: Local Government Board and Predecessors: Correspondence with Government Offices. Miscellaneous, TNA MH 19/225.

[131] Körösi, On the Unification, S. 163. Allerdings äußerte sich Körösi auch über die aus seiner Perspektive überzogenen, d. h. nicht dem Zensuscharakter entsprechenden Vorschläge von Farr: „He wished that in the census works there should also be tables published relating to the raw material of the industrial occupations, to the technical proceedings, to the sale of merchandise, to the revenue of masters and labourers, to the diseases and accidents of labourers, and other things which have nothing at all to do with the state of the population, that is with its momentary outline. This circumstance makes it comprehensible that the Congress proposed to let all Dr. Farr's proposals relating to the second tables of occupation drop."

[132] Siehe auch die Darstellung in: Cook, Life of Florence Nightingale, S. 435 f.

[133] Vgl. auch Eyler, Victorian Social Medicine, S. 159.

The public benefit would infinitely outweigh any petty inconvenience in filling up these Returns. And, when taken with the Sick Returns of Hospitals, Asylums, Workhouses & c, they would afford insight into problems of great Importance.[134]

Nightingale stieß mit ihrem Anliegen bei Farr auf offene Ohren. Dieser hatte schon einen Tag zuvor an den Arzt John Sutherland geschrieben, der wichtige Positionen in der Regierung (Home Office, General Board of Health etc.) und in verschiedenen Kommissionen innehatte. Farr schlug in seinem Brief an Sutherland eine kombinierte Frage zu Krankheiten und Behinderungen im Zensusbogen vor.[135] Aus der weiteren Korrespondenz mit Nightingale geht zum einen hervor, wie die beiden sich in ihrem Anliegen gegenseitig unterstützten, und zum anderen wird deutlich, wer strategisch als wichtiger Ansprechpartner angesehen wurde. So antwortete Farr am 24. April 1860 auf Nightingales oben zitierten Brief, dass sie sich mit ihrem Vorschlag an Sir George Lewis, der als Home Secretary für die Vorbereitung der *Census Bill* verantwortlich war, wenden solle.[136] Nightingale befolgte diesen Rat[137] und in einem weiteren Brief vom 8. Mai 1860 schrieb Farr: „You have ‚won the victory‘ over the descendent of Sir George […] By nice arrangements + a little management we can get the diseases on the voluntary principle.“[138] Allerdings hatte sich Farr zu früh gefreut, denn George Lewis antwortete Florence Nightingale, dass ihre Anliegen bei der Vorbereitung der *Census Bill* zwar ordentlich geprüft, aber als zu wenig Erfolg versprechend eingeschätzt worden seien.[139] Nightingale wusste, dass in der am 11. Juli 1860 stattfindenden *Committee*-Diskussion im House of Commons Vorschläge in ihrem Sinne vorgebracht würden, allerdings verband sie damit kaum Hoffnung und wechselte daraufhin ihre Strategie: Nun versuchten Farr und Nightingale, Einfluss auf den Entscheidungsprozess im House of Lords zu nehmen.[140] Nightingale schrieb an Lord Shaftesbury und an Lord Grey und offenbar versprachen beide, ihr Anliegen im

[134] Correspondence with William Farr, 21. 4. 1860, BL Nightingale Papers, Bde. VI–VIII (ff. 219, 239, 284), Add MS 43398.

[135] Correspondence with William Farr, 20. 4. 1860, BL Nightingale Papers, Second Series, Bde. XII–CXI, Add MS 45751. Farr antizipierte, dass es Gegenstimmen geben könnte, und schlug deshalb vor, notfalls die Frage freiwillig beantworten zu lassen.

[136] Zugleich bereitete Farr Nightingale auf Lewis Meinung vor – „let us take the Census by all means – but do as little as possible“ – und schickte ihr ein Memorandum von Mr. Hammick, das sie zur Ausarbeitung ihres Anliegens verwenden sollte. Correspondence with William Farr, 24. 4. 1860, BL Nightingale Papers, Bde. VI–VIII (ff. 219, 239, 284). Add MS 43398.

[137] Ebd., 180, Correspondence with William Farr, 28. 4. 1860.

[138] Ebd., 181, Correspondence with William Farr, 8. 5. 1860. Hervorhebung im Original.

[139] Ebd., 183, Correspondence with William Farr, 10. 5. 1860.

[140] Farr beantwortete den Brief von Nightingale am selben Tag (10. 5. 1860): „There is evidently an undercurrent somewhere. The right place to fight will be in the Lords. […] If you could write your views – without too much trouble – to Lord Shaftesbury – he would – I think do it: tell him how it could be done – so as to give the sick of the community no offence or annoyance.“ Correspondence with William Farr, 10. 5. 1860, BL Nightingale Papers, Bde. VI–VIII (ff. 219, 239, 284), Add MS 43398. Siehe auch ebd., 186 Nightingale to Farr (12. 5. 1860). Tatsächlich wurde ein Vorschlag zur Erweiterung der Housing-Frage im House of Commons (erfolglos) vorgebracht: Hansard HC Deb 11. 7. 1860, vol. 159, cc 1694–741.

House of Lords zur Sprache zu bringen.[141] Im Hansard finden sich allerdings keine Beiträge der beiden Lords zu diesem Thema. Der Kampf für ihre Sache war für den Zensus von 1861 verloren. Farr äußerte sich enttäuscht über seine Machtlosigkeit:

> The spawn of all of us who have attended these subjects [...] have never had the slightest weight with the Government: [...] by placing it entirely under the control of a Minister who knows less of the matter – than perhaps of any other. I asked for wages, sickness, home-accommodation: Sir George Lewis gives us ‚Religious denomination' – an idle matter – [folgendes Wort unleserlich, KB] and highly offensive to some people.[142]

Wenn in der Literatur behauptet wird, dass die Einführung der Frage zu *infirmities* im Kontext der medizinischen Interessen des General Register Office gesehen wurde, so steht dem entgegen, dass das GRO und seine Mitarbeiter offenbar nur wenig Einfluss auf die Gestaltung des *Census Act* ausüben konnten. Dessen Vorbereitung oblag dem Home Office und seine Verabschiedung dem Parlament – und dort waren Stimmen vertreten, die sich wenig um die medizinischen Diskussionen der Zeit kümmerten, sondern anderen Themen, wie der Religion, größere Bedeutung zumaßen. Farr und Nightingale verfügten in diesem Kontext nur über begrenzte Macht: Während Nightingale zumindest aus der ‚richtigen' Gesellschaftsschicht stammte und nationale Anerkennung für ihre Verdienste im Krimkrieg erhalten hatte, war sie doch ‚nur' eine Frau und hatte somit begrenzten Einfluss in der zweiten Hälfte des 19. Jahrhunderts. William Farrs Möglichkeiten waren ebenfalls eingeschränkt, da er zwar genau wie Nightingale über seine Tätigkeit Bekanntheit und Ansehen erreicht hatte, aber aus armen Verhältnissen stammend nicht über die ‚richtigen' Kontakte verfügte. Dies zeigte sich auch in seiner Anstrengung für den Zensus von 1871, als sich Farr an Sir John Lubbock (Bankier und Liberal Party MP für Maidstone) wandte, um weitere Daten über die „physical condition of the population" zu erhalten.[143] Lubbock brachte nicht Farrs Anliegen im Parlament vor, sondern den Vorschlag zur Heirat von Cousins und Cousinen, um den sein Freund und Nachbar aus dem reichen Londoner Umland, Charles Darwin, ihn gebeten hatte.[144] Lubbock, der sich auch durch wissenschaftliche Veröffentlichungen einen Namen gemacht hatte, stand Darwin persönlich und thematisch näher als Farr – vielleicht hatte Farr hier schlicht den falschen Ansprechpartner gewählt – im House of Commons stieß Lubbocks Vorschlag allerdings auf Unverständnis.[145] So berichtete Charles Darwin in einem Beitrag im *Journal of the Statistical Society of London* im Jahr 1875, dass er nur verächtliches Gelächter erhalten habe.[146] Die Hürden für einzelne Personen, bestimmte Fragen

141 So die Darstellung bei Cook, Life of Florence Nightingale, S. 437f. Cook zitiert einen Brief von Nightingale an Robert Lowe, Vice-President of the Council, vom 10. 5. 1860.

142 Correspondence with William Farr, 13. 5. 1860, BL Nightingale Papers, Bde. VI–VIII (ff. 219, 239, 284), Add MS 43398.

143 William Farr, Letters to Sir J. Lubbock 1870, BL, The Avebury Papers 49638–49681 C, Add MS 49643.

144 Alborn, Lubbock, John, first Baron Avebury (1834–1913).

145 Hansard HC Deb 22. 7. 1870, vol. 203, cc 805–818.

146 Darwin, Marriages Between First Cousins, S. 153.

in den Zensus einzubringen, waren durch die politische Entscheidungsmacht im House of Commons und im House of Lords also relativ hoch.

Die beschränkte Macht Einzelner zeigt sich nicht nur bei der Durchsetzung von neuen Fragen, sondern auch wenn es darum ging, Themen wieder aus dem Fragekatalog zu nehmen. Bestes Beispiel sind hier Brydges Henniker und William Ogle, die Nachfolger von George Graham und William Farr im General Register Office, die sich im Rahmen des Treasury Committee von 1890 negativ über eine Frage zu *disabilities* geäußert hatten.[147] Da für die Zensusjahre ab 1861 (anders als noch 1851) die Gesetzeslage die Themen eindeutig vorgab,[148] war der Spielraum für die Beamten im General Register Office begrenzt. Zugleich wurde ihre Arbeit zum Ende des 19. Jahrhunderts zunehmend von anderen Experten kritisch beäugt, was sich am deutlichsten im Treasury Committee von 1890 äußerte.

*Experten, Interessengruppen und Betroffene: Kommissionen in den 1880er- und 1890er-Jahren*

Um das Jahr 1890 entstanden neue Institutionen, die auf die Ausgestaltung der britischen Volkszählung Einfluss nahmen. Relevant wurde zum einen das aus Experten zusammengesetzte Committee Appointed by the Treasury to Inquire into Certain Questions Connected with the Taking of the Census 1890, und zum anderen die Royal Commission on the Blind, the Deaf & Dumb, & c.

Mit dem Treasury Committee mischte sich erstmals und explizit eine Expertenkommission in die Durchführung des Zensus ein. Seine Vorschläge drehten sich vor allem um eine häufigere Durchführung des Zensus, um die Einführung eines ständigen Zensusbüros und um die Lösung von Problemen bei der Erhebung und der Klassifikation von Berufen und beruflichem Status. Zu den „minor suggestions" gehörte aber auch die Abschaffung der *disabilities*-Frage. Begründet wurde dies mit der Erfahrung, dass die Frage sich als unzuverlässig herausgestellt habe.[149] Registrar-General Brydges Henniker nahm am 19. November 1888 schriftlich zu diesem Vorschlag Stellung:

> The Registrar-General attaches very little importance to the infirmity returns, and is quite willing that if thought fit, they should be omitted. He would point out, however, that they have been hitherto retained in obedience to the express desire of the various statistical congresses,

[147] Report of the Committee Appointed by the Treasury, PP 1890, Appendix Nr. 6, Remarks of the Registrar-General on ‚Memorandum as to Improvement of Census Returns,' Signed by Mr. Acland and Others, S. 120f.

[148] An Act for Taking the Census of England, 1880, 4: „whether any were blind, or deaf and dumb, or imbecile or lunatic"; An Act for Taking the Census of England, 1890, 5 (1): „whether any such person was blind or deaf and dumb, or imbecile or lunatic"; An Act for Taking the Census for Great Britain, 1900, 4 (1) b: „whether any person who so abode was blind or deaf and dumb, or imbecile or lunatic"; An Act for Taking the Census for Great Britain , 1910, 4 (1) b: „whether any person who so abode was blind, deaf, dumb, imbecile or lunatic".

[149] Report of the Committee Appointed by the Treasury, PP 1890, Appendix Nr. 4, Memorandum on the Improvement of Census Returns, Especially as Regards Occupations and Industry (ohne Datumsangabe), S. 118–120.

where resolutions have been carried that statistics of these infirmities should be given in every country.[150]

In der Frage der Bedeutung der internationalen Statistikerkongresse stimmte Henniker mit dem bereits oben zitierten Ogle überein, dessen Aussage vor dem Treasury Committee hier nochmals aufgegriffen werden soll. So beschrieb Ogle einen signifikanten Meinungswechsel, den er selbst durchlaufen hatte:

[W]hen the last census report was written, which it was my duty to write, I expressed a very strong opinion that the information as to these infirmities was so untrustworthy that it was not worth the trouble and expense of tabulating. But I have rather changed my views since then. [...] It is true that your return of idiots, we will say, is very imperfect indeed, but that imperfection applies equally to all parts of the country, and consequently for comparative purposes between one part of the country and another, you have figures quite as good as if they were perfect [...]. It did not show the actual figures, because the actual figures were wrong in each case, but inasmuch as the liability to error or omission was the same everywhere, we were able to give a table of comparative figures of fair accuracy.[151]

Während Ogle bei seiner grundlegenden methodischen Kritik an der *disabilities*-Frage festhielt, blieb unklar, worauf Ogle seine Einschätzung gründete, dass überall dieselben methodischen Fehler anzusetzen seien und allgemeine Tendenzen deshalb Aussagekraft beinhalten würden. Im Hinblick auf eine Verbesserung der Methoden wurde im Treasury Committee die Überlegung angestellt, die absoluten Zahlen durch eine Einbeziehung der Volkszähler und ihrer Eintragungen von bekannten Fällen von *idiot*, *deaf-and-dumb* etc. zu verbessern; das schätzte Ogle als nicht praktikabel ein, da – anders als in Irland, wo die Zensusbögen von der lokalen Gendarmerie ausgefüllt wurden – in England dies dem Haushaltsvorstand oblag.[152] Letztendlich sprach sich das Treasury Committee für die Beibehaltung der *infirmities*-Frage aus. Es schien die Argumentation von Ogle in Bezug auf die relative Vergleichbarkeit für überzeugend zu halten.[153] Die geringe Bedeutung der *disabilities*-Frage zeigte sich aber darin, dass sie zwar im Bericht, nicht aber in den abschließenden Empfehlungen erwähnt wurde.[154]

In Bezug auf die Beibehaltung der *disabilities*-Frage sah sich das Treasury Committee durch die Arbeit der Royal Commission on the Blind, the Deaf and Dumb, &c., deren Report 1889 veröffentlicht worden war, bestärkt.[155] Die Royal Commission kann als die erste staatliche Anerkennung des besonderen Status von Menschen mit Behinderungen gesehen werden.[156] Bis in die 1870er-Jahre wurden einzelne Aspekte wie die Versorgung oder die Ausbildung von Blinden und Ge-

150 Report of the Committee Appointed by the Treasury, PP 1890, Appendix Nr. 6, Remarks of the Registrar-General on ‚Memorandum,' Signed by Mr. Acland and Others, S. 121.

151 Report of the Committee Appointed by the Treasury, PP 1890, ‚Minutes of Evidence Taken Before the Committee, First Day, 21. 2. 1890, S. 7f.

152 Ebd.

153 Report of the Committee Appointed by the Treasury, PP 1890, S. ix–x.

154 Auch bei Szreter kommt das Thema nicht vor. Er charakterisiert die Bedeutung des Treasury Committee vielmehr als Kampf um den Zensus als wichtigste nationale Informationsressource. SZRETER, Fertility, Class and Gender in Britain, S. 118.

155 Report of the Committee Appointed by the Treasury, PP 1890, S. ix–x.

156 So die Einschätzung in: PAGEL, On Our Own Behalf.

hörlosen diskutiert, aber erst ab Mitte der 1870er-Jahre begannen Blinde selbst, sich verstärkt für ihre Interessen einzusetzen.[157] Mit Henry Fawcett und Tindal Robertson traten zwei prominente und einflussreiche Personen des 19. Jahrhunderts für die Interessen dieser Gruppe ein. Beide waren gebildet (Henry Fawcett war Professor of Political Economy, Robertson war Arzt), beide waren Parlamentsabgeordnete (Fawcett als Liberaler und Robertson als Konservativer) und beide waren erst später im Leben durch Unfall bzw. Krankheit erblindet.[158] Die verschiedenen Bemühungen der Zeit führten 1885 zur Einberufen der Royal Commission. Sie war anders als das kurzlebige Treasury Committee über vier Jahre (116 Zusammenkünfte) mit der Aufgabe beschäftigt,

> to investigate and report upon the condition of the Blind in the United Kingdom, the various systems of education of the blind, elementary, technical and professional, at home and abroad, and the existing institutions for that purpose, the employments open to, and suitable for the blind and the means by which education may be extended so as to increase the number of blind persons qualified for such employments.[159]

Diese ursprüngliche Ausrichtung vom Juli 1885 wurde 1886 um andere *disabilities* erweitert („deaf and dumb & c."). Mit der Aufgabenerweiterung wurde auch die Kommission neu besetzt. Sie bestand nun aus 13 Mitgliedern und wurde bis zum Juni 1887 noch um sechs weitere Personen ergänzt. Darunter waren neben Parlamentsabgeordneten, Geistlichen und Ärzten auch Kommissionsmitglieder, die eng mit den Interessen von Blinden und Gehörlosen verbunden oder selbst betroffen waren.[160] Im Gegensatz zu Blinden hatten Gehörlose zum Zeitpunkt der Royal Commission wenig und Menschen mit geistigen Behinderungen oder Lernschwächen gar keine Unterstützung durch institutionalisierte Interessenvertretung.[161] Organisationen, die von Betroffenen selbst gegründet wurden, waren eine Neuheit des späten 19. Jahrhunderts und auch hier waren die Blinden wiederum Vorreiter. Für sie hatte bereits 1868 Thomas Armitage die British and Foreign Society for Improving Embossed Literature for the Blind (seit 1953 Royal National Institute for the Blind) gegründet. 1890 wurde die British Deaf and Dumb Association (heute British Deaf Association) ins Leben gerufen.[162] Die Ge-

[157] So erinnerte sich der Chairman of the National League of the Blind im Jahr 1899: „Up to 1875 no effort was made by the blind themselves in England, but in that year, in the old Radical Club at Hull, a blind man moved a resolution in reference to their condition and, through the efforts of Professor Fawcett and Sir Tindal Robertson a similar resolution was passed at the Grosvenor House and then Mr. Gladstone's government appointed a Royal Commission." Statement by the Chairman of the National League of the Blind, According to the Blind Advocate, Official Organ of the National League of the Blind, Mai 1899. Zitiert nach ABEL, Identification of the Blind, S. 44.

[158] Vgl. dazu GOLDMAN, Fawcett, Henry (1833–1884); POWER, Robertson, Sir William Tindal (1825–1889).

[159] Report of the Royal Commission on the Blind, the Deaf and Dumb, &c., 1889 (C.5781), S. xi.

[160] Für eine Zusammenstellung der Personen, ebd. S. ii und ABEL, Identification of the Blind, Appendix II.1, S. 402. Siehe auch ILLINGWORTH, History of the Education of the Blind, S. 100–103.

[161] Siehe dazu DEREK GILLARD, Education in England. A Brief History, Kap. 3.

[162] Erster Präsident war Rev. William Blomefield Sleight, der auch als Mitglied der Royal Commission fungierte. Er war offenbar in letzter Minute als Präsident vorgeschlagen worden –

schichte der Royal Commission und vor allem ihr anfänglicher Fokus auf Blinde verdeutlicht die unterschiedliche Geschichte, Bedeutung und Macht der verschiedenen Gruppen von Menschen mit Behinderungen. Zuerst ging es um Blinde, dann um „deaf and dumb“ und hinter dem „&c.“ verbargen sich geistige Behinderungen.

Der Bericht der Royal Commission, der auf vielzähligen Informationsquellen beruhte,[163]ging ausführlich auf die drei Gruppen (*blind, deaf-and-dumb, idiots and imbeciles*) für England und Wales, Schottland, Irland, die Isle of Man und die Channel Islands ein und betonte einleitend, dass Menschen mit Behinderungen eine Gruppe bildeten, die „if left uneducated, become not only a burden to themselves, but a weighty burden to the State.“[164] Es sei deshalb im Interesse des Staates, diese Menschen auszubilden, damit sie für ihren Lebensunterhalt selbst aufkommen könnten und nicht später vom Staat versorgt werden müssten. Der Bericht betonte zudem, dass diese Personen nicht selbstverschuldet („by any fault of their own“) in ihrem Leben eingeschränkt seien: „They are as distinct from the ‚pauper,‘ in the ordinary sense, as the ‚pauper‘ is from the ‚criminal,‘ and, if possible, they should not be subject to any legal disqualification in consequence of their infirmity.“[165] Da die Ausbildung dieser Personengruppe teurer sei als die für Menschen ohne Behinderungen, solle auch der Staat für die Kosten der Bildung aufkommen. Die Sorge, dass damit die Initiative von privaten Wohltätern vermindert werde, wurde mit dem Hinweis zurückgewiesen, dass noch so viel getan werden müsse, dass dies allein aus privater Hand nicht geleistet werden könne; zudem sei die Arbeit der Royal Commission bei Philanthropen eher als aufmunternd für die eigene Arbeit denn als entmutigend aufgenommen worden.[166]

Der Zensus nahm in dieser Untersuchung eine wichtige Position ein, da er die grundlegenden Daten für die Anzahl der einzelnen Behinderungen lieferte und auch in der Zukunft liefern sollte. Jede Darstellung der einzelnen Behinderungen begann mit Bezug auf den Zensus und seiner kritischen Prüfung. Für alle Gruppen wurde die Problematik der Datenerhebung – mit den bereits bekannten Argumenten wie der Abneigung, Personen im Zensus mit einer der Behinderungen zu labeln, Schwierigkeiten der Definitionen bzw. das davon abweichende volks-

eigentlich hatte sich Francis Maggin, der selbst gehörlos war, für diese Position interessiert. Maggin hatte 1888 unter dem Vorsitz von William Sleight sechs gehörlose und sechs hörende Männer zusammengebracht, war aber mit seinem Anliegen, eine National Association of the Deaf zu gründen, gescheitert. Vgl. Walker, Rev. William Blomefield Sleight (1850–1927).

163 Es gab Zeugenbefragungen, Dokumente aus verschiedenen Ländern, postalische Befragungen und Berichte über Kommissionsbesuche bei Institutionen in mehreren europäischen Ländern und im Vereinigten Königreich: Minutes of Evidence, Royal Commission on the Blind, the Deaf and Dumb, &c. 1889 (C.5781–II). Für eine Zusammenstellung von Zeugen, die sich für die verschiedenen Gruppen einsetzten, siehe Lysons, Development of Social Legislation, Tabelle 7: Main Interests of Witnesses who Appeared Before the Royal Commission on the Blind, Deaf and Dumb, etc. 1885–1888. Appendix to the Report of the Royal Commission on the Blind, the Deaf and Dumb, &c. 1889 (C.5781–I).

164 Report of the Royal Commission on the Blind, the Deaf and Dumb, &c., 1889 (C.5781), S. xii.

165 Ebd., S. xiii.

166 Ebd.

tümliche Verständnis und methodische Ungenauigkeiten – hervorgehoben.[167] Vor diesem Hintergrund wurde für den nächsten Zensus von 1891 eine modifizierte Frage, die auch die Ursachen und das Ausmaß der Blindheit erfragte, vorgeschlagen.[168] Für die *deaf-and-dumb*-Gruppe wurde auf die irische und amerikanische Praxis und Diskussion verwiesen.[169] Die Vorschläge für den britischen Zensus folgten einer Vorlage von Dr. D. Buxton, dem früheren Headmaster of the Liverpool School for the Deaf, die sich wiederum eng an die irische Praxis anlehnte. Wenn im allgemeinen Haushaltsbogen die Spalte „if deaf and dumb" ausgefüllt wurde, sollte eine umfassende zweite Befragung erfolgen, in der detaillierte Daten über „Deaf Children", deren Eltern und über „Adult Deaf" erhoben werden sollten (siehe Abbildung 18).

Hinter diesen wie auch hinter den Vorschlägen des Amerikaners Graham Bell stand die Suche nach den Ursachen und die schloss auch immer die Frage der Vererbung ein. Ähnlich wichtig wurde die Ausbildung eingeschätzt. Da es bereits Schulen für Blinde und Gehörlose gab, standen nun besonders *idiots and imbeciles* im Zentrum.[170] Der Bericht begann, wie schon bei den anderen beiden Gruppen, mit der Fehleranalyse der Zensusdaten. Während bei *blind* und *deaf-and-dumb* neben Problemen der Definition vor allem die Erfassung der verschiedenen Grade von Blindheit oder Schwerhörigkeit bzw. vollständiger Gehörlosigkeit diskutiert wurden, zeigten sich für die Gruppe der *idiots and imbeciles* besondere Schwierigkeiten in den Definitionen. Der *Census Report* von 1881, auf den der Report der Royal Commission verwies, hatte *idiots and imbeciles* unter der Kategorie *insane* diskutiert und zugleich festgestellt, dass keine klare Unterscheidung zwischen den verschiedenen Formen von geistigen Behinderungen getroffen werden könne.[171] Weder Experten noch Laien hatten eine klare Vorstellung davon, was unter den Bezeichnungen verstanden wurde; die Erhebung von exakten Daten im Zensus oder in anderen Statistiken war somit gar nicht möglich.[172] Generell zeigt sich in den Quellen dieser Zeit, dass zunehmend methodische und definitorische Probleme der *disabilities*-Spalte thematisiert wurden. Während Ideen von Vererbbarkeit und Eugenik in der Royal Commission on the Blind, the Deaf and Dumb, &c. in Bezug auf alle Menschen mit Behinderungen eine Rolle gespielt hatten, so richtete sich um die Jahrhundertwende der Blick besonders auf „idiots, imbeciles and

[167] Siehe z. B. ebd., S. xiii, xliii, xcii.

[168] Ebd., S. xlii.

[169] Ebd., S. xliv–xlv und S. lxxxiii–lxxxiv. Viel Platz wurde den Vorschlägen für den amerikanischen Zensus von Graham Bell eingeräumt. Dort sollte wie in Irland eine zweigeteilte Erhebung vorgenommen werden. Schon im an alle Haushalte verschickten Zensusbogen sollte umfassend nach Behinderungen gefragt werden, d. h. in Bezug auf „The Senses", „The Mind" und „The Body". Ebd., S. lxxxiv.

[170] Ebd., S. xcii.

[171] Census of England and Wales, 1881, General Report, PP 1883, S. 66.

[172] Als weitere Bezugspunkte wurden die *Lunacy Acts* genannt, nach denen „a lunatic, an idiot, or a person of unsound mind" als „lunatic" definiert wurde und der *Idiots Act 1886*, der wie folgt definierte: „‚idiots' or ‚imbeciles' do not include ‚lunatics', and ‚lunatic' does not mean or include idiot or imbecile". Report of the Royal Commission on the Blind, the Deaf and Dumb, &c., 1889 (C.5781), S. xcii–xciii.

**SYNOPSIS OF SUGGESTIONS FOR IMPROVED FORM OF THE CENSUS OF THE DEAF, BY DR. D. BUXTON.** (*Referred to in paras. 272, and 572–577 of Report.*)

To obtain fuller and more accurate Returns, two forms should be issued, viz.:—

No. I.—GENERAL.

and afterwards—

No. II.—SPECIAL.

*Note.*—The above is the method adopted in Ireland. Thus the *Status of Disease* was compiled by Sir William Wilde: a "Special" inquiry being made through the agency of the Royal Irish Constabulary into all cases brought to light in the first "General" Census Return (1861).

No. I.

THE GENERAL PAPER.

(*i.e.*, the paper issued to, and filled up by, every head of a family.)

This return will report of every individual the following particulars:—

Number (1, *et seq.*).
Name.
Sex (in proper column).
Date of birth.
Place of birth.
If blind. (in proper column).
If deaf and dumb ( do. ). (*x*)
If at school ( do. ).

*Note.*—The return No. I., having thus given the reference number, name, sex, age, birthplace and abnormal condition of each individual, special inquiry, on a special form, No. II., should then be made into every case reported under (*x*)

No. II.

The fact of deafness having been reported, special nowledge should be sought, as to each case, under the ollowing heads:—

THE SPECIAL PAPER.

e *Deafness*:—

If congenital.
If hearing lost after birth:*
If "yes" { (*a*) from what cause? (*b*) at what age?

* In cases of "*hearing lost after birth*" the nearest approach to perfect accuracy could no doubt be obtained on a medical certificate. For such purpose the most readily available authority would probably be the local vaccination officer. But in most cases it would merely be the mother's testimony recorded by him. Not all deaf children of poor people have been medically attended. The parents frequently remove from where their children were born or had the disease which destroyed hearing, and the "special" reply would be practically the *ipse dixit* of the parent.

But even this, if recorded by a medical man, would be rendered more accurately, and lend itself better to scientific classification, than if reported by an illiterate person.

Whether the deafness is partial or not?
Whether (deafness apart) the general health is good?
Is he (or she) deaf simply?
Or " " deaf and blind?
" " deaf and imbecile?
" " deaf and insane?

*Deaf Children.*

[Name, age, and sex may be repeated.]

How many children in family?
" " boys " (and their ages).
" " girls " " "
" " deaf children in family? (Sex and ages.)
Are the parents (or a parent, and which) deaf?
Are the grandparents (or one or more, and which) deaf?
Are any other (and which) relations deaf?
Whether deaf child under instruction or not?
If "Yes."—Where?
If "No."—Why not?
If returned as "scholar," but not at school, inquire cause of absence.

Re *Parents of Deaf Children*:

State—
Occupation in life.
If either or both deaf.
If related before marriage. [If "yes," in what degree].
If any and what other relations deaf.

*Adult Deaf.*

[Name, age, and sex may be repeated.]

If educated or not.
If "Yes."—Where?
If married—
To hearing person?
To deaf person?
Number of children—
Hearing? Age and sex.
Deaf? Age and sex.
Was the deafness of the adult congenital?
Were the parents or grandparents or any of them deaf?
Were any other relations deaf?
Occupation in life.

*Abb. 18: Synopsis of Suggestions for Improved Form of the Census of the Deaf, 1889*. Appendix to the Report of the Royal Commission on the Blind, the Deaf and Dumb, &c., of the United Kingdom, II, London 1889 (C.5781-I), Appendix 21, S. 254.*

* In der linken unteren Ecke der Abbildung steht folgender Text: „In cases of ‚hearing lost after birth' the nearest approach to perfect accuaracy could no doubt be obtained on a medical certificate. For such purpose the most readily available authority would probably be the local vaccination officer. But in most cases it would merely be the mother's testimony recorded by him. Not all deaf children of poor people have been medically attended. The parents frequently remove from where their children were born or had the disease which destroyed hearing, and the ‚special' reply would practically the *ipse dixit* of the parent.
But even this, if recorded by a medical man, would be rendered more accurately, and lend itself better to scientific classification, than if reported by an illiterate person."

feeble-minded persons". Deren zunehmende Beachtung wird in der Forschungsliteratur mit ihrem Status aus signifikantem Anderen erklärt: „As Malthusian logic had led the late Georgians and early Victorians to view the chronically poor as the time bomb that would bring about the demise of civilised society, so in the Edwardian period, this role fell to the feeble-minded."[173]

Man könnte vermuten, dass in diesem Kontext auch die Eugenik bei der Frage der Erfassung von Behinderungen durch den Zensus eine Rolle spielte. Allerdings stellte Bernard Mallet in *The Eugenics Review* im Jahr 1922 fest, dass sich das GRO bisher nicht explizit in den Dienst der Eugenik gestellt hatte. Der frühere Registrar-General (1909–1920) und künftige Präsident der Eugenics Society (1929–1932) begründete dies damit, dass bisher nicht deutlich genug sei, was genau unter Eugenik verstanden werde und welche Ziele sie verfolge.[174] Trotzdem wurde unter Mallet 1911 die Frage zum Reproduktionsverhalten von Frauen eingeführt, die sehr wohl als Frage im Interesse der Eugeniker gedeutet werden konnte. Die *disabilities*-Frage hingegen wurde unter Mallet abgeschafft.

## c) Abschaffung der Zensusspalte (1911–1921)

1911 wurde die *disabilities*-Frage zum letzten Mal im Zensusbogen aufgenommen. Für 1921 wurde sie zwar noch diskutiert, aber die Probleme, die vor allem in methodischer Hinsicht mit ihr verbunden waren und sich nach ihrer Einführung im Jahr 1851 abgezeichnet hatten, waren jetzt nicht mehr von der Hand zu weisen. Sie wurden mit unterschiedlichen Akzenten sowohl öffentlich als auch intern im GRO diskutiert.

*Öffentlich diskutierte definitorische und methodische Probleme*

Schon im *Census Report* von 1861 wurden zum ersten Mal definitorische und methodische Probleme im Hinblick auf die *disabilities*-Frage geäußert. Verwiesen wurde dabei auf das volkstümliche Verständnis von Blindheit und die verschiedenen Ursachen und Zeitpunkte der Erblindung.[175] Ähnliche Missverständnisse gab es bei den Einträgen zu *deaf-and-dumb* im Zensus von 1861. Dazu hieß es im *Census Report*:

> Although in the schedules the word ‚dumb' was entered against the names of some who should have been described as deaf-and-dumb, it cannot be doubted in a few cases the persons returned as dumb were not destitute of hearing; and in some instances idiots were erroneously returned as deaf-mutes. […] In preparing at the Census Office the abstract of the results, every care has been taken to exclude persons against whose names the word ‚deaf' was entered from misconception of the instructions on the part of heads of families or enumerators who mistook *deaf-and-dumb* for *deaf* or *dumb*.[176]

[173] So die Zusammenfassung in der Rezension von Bartlett, Review of the Borderland; Jackson, Borderland of Imbecility. Siehe auch Thompson, Problem of Mental Deficiency; Wright, Mental Disability.

[174] Mallet, Registration in Relation, S. 23.

[175] Census of England and Wales, 1861, General Report, PP 1863, S. 47.

[176] Ebd., S. 55. Hervorhebung im Original.

Demnach wurde das Wissen, das mit der Frage intendiert war, in der Praxis nicht produziert. Vielmehr wurden Angaben zu *deaf, dumb* oder *deaf-and-dumb* im Zensusbogen gemacht und die Ergebnisse damit eigentlich unbrauchbar. Zudem wurde im Report von einer natürlichen Zurückhaltung („natural reluctance") von Eltern gesprochen, die ihre Kinder nicht als *deaf-and-dumb* eintragen wollten.[177] Aus diesem Grund wurden die *census returns* vor allem im Hinblick auf die Angaben zu Kindern als fehlerhaft angesehen.

Der *Census Report* von 1871 gab ähnliche methodische Schwierigkeiten an, malte aber prinzipiell ein positives Bild von den Erhebungen.[178] Allerdings wurde bei der Auswertung durchaus kreativ mit den Zahlen umgegangen. So wurde eindeutig nach *deaf-and-dumb* gefragt, in den Bögen fanden sich aber wie schon 1861 zahlreiche Einträge, die nur *dumb* oder nur *deaf* angaben. In Bezug auf den erst genannten Fall wurden alle als *deaf-mutes* (also *deaf-and-dumb*) gezählt, in Bezug auf den zweiten Fall wurden die Einträge nicht weiter berücksichtigt.[179] Die Ergebnisse des Zensus waren also alles andere als valide. Mit der 1871 zum ersten Mal gefragten Kategorie *idiots and imbeciles* beschäftigte sich der *Census Report* nur auf knapp zwei Seiten. Wichtig war dabei, dass *idiocy* als beeinflussbares Phänomen („within the human control") eingestuft und deshalb ein Handlungsbedarf gesehen wurde.[180] Ausführlicher wurde die ebenfalls erstmals abgefragte Gruppe der *lunatics* behandelt. Das hing vermutlich nicht zuletzt mit der auch in Fachzeitschriften diskutierten Frage der steigenden Zahl der *lunatics* zusammen, eine Tendenz, die der *Census* nicht bestätigen konnte.[181] Alles in allem wurde im *Census Report* 1871 ein relativ positives Bild der Zensusfrage zu *disabilities* gezeichnet.

Diese positive Beurteilung änderte sich zehn Jahre später, als der nun federführend von William Ogle als Superintendent of Statistics geschriebene Bericht die Erhebung prinzipiell anzweifelte und klar gegen eine *disabilities*-Frage Stellung nahm.[182] Neben den bereits bekannten Problemen bei den Eintragungen zu *blind* und *deaf-and-dumb* gab es vor allem Schwierigkeiten mit denen zu *insane*. Diese begannen bereits mit der unklaren Abgrenzung der verschiedenen im Zensus abgefragten Formen von *insanity* – dazu hieß es im Report:

177 Ebd. Siehe in ähnlicher Weise auch die Argumentation im Census Report von 1881 in Bezug auf *idiots*, Census of England and Wales, 1881, General Report, PP 1883, S. 68.

178 Siehe z. B. Census of England and Wales, 1871, General Report, PP 1873. S. lix, lxii. und liv.

179 Ebd., S. lix. So wurde auch 1881 verfahren: Census of England and Wales, 1881, General Report, PP 1883, S. 62.

180 „The principal causes auf idiocy […] are connected with physical or mental weakness, or with abnormal conditions, either the fault or the misfortune of parents. Residence in deep valleys, damp and unwholesome climate, crowded dwellings or other unhealthy conditions, intermarriages among a limited number of families, and more especially where weakness of brain already exists, – these are allowed to be predisposing causes, and as they are obviously within human control, the hope may be entertined that the extent of this affliction may be limited in the future." Census of England and Wales, 1871, General Report, PP 1873. S. lxiv.

181 Ebd., S. lxv.

182 Census of England and Wales, 1881, General Report, PP 1883, S. 71.

Persons of unsound mind are variously returned in the schedules as lunatic, idiot and imbecile. No accurate line of demarcation can be drawn between the several conditions indicated by these terms. Speaking generally, however, the term idiot is applied in popular usage simply to those who suffer from congenital mental deficiency, and the term imbecile to persons who have fallen in later life into a state of chronic dementia. But it is certain that neither this nor any other definite distinction between the terms was rigorously observed in the schedules, and consequently no attempt has been made by us to separate imbeciles from idiots. The term lunatic also is used with some vagueness, and probably some persons suffering from congenital idiocy, and many more suffering from dementia, were returned under this name. Still, as a rule, the term lunatic is not used to include persons suffering from such affections, but is limited to those afflicted by more acute forms of mental disease. We have, therefore, separated the lunatics from the idiots and imbeciles [...]. Some term, however, was required by us which should stand for all kinds of mental unsoundness, and for convenience we have taken the term insanity to include them all.[183]

In dieser Darstellung wird deutlich, dass weder in den *census returns* noch im Zensusbüro einheitliche Definitionen angewandt wurden – die Eintragungen und die Auswertungen waren deshalb in vielfacher Hinsicht beliebig. Zwar wurde festgestellt, dass ähnliche Probleme auch schon 1871 vorgelegen hätten und deshalb die Ergebnisse vergleichbar wären; Unklarheit herrschte aber über die absolute Zahl der Fälle.[184] Zur Überprüfung der *census returns* wurde deshalb punktuell ein Versuch gestartet, bei dem von den Betreibern einer großen Einrichtung für Menschen mit Lernschwächen, die Namen und Adressen der Familien erfragt wurden, deren Kinder im Zensusjahr in der betreffenden Institution aufgenommen wurden. Die *census returns* der Familien wurden mit den Aufnahmelisten der Institution verglichen: Die Hälfte der zwischen fünf und fünfzehn Jahre alten Personen waren nicht im Zensus vermerkt worden.[185] Das war ein Rückschlag für das GRO, denn bisher hatte man lediglich angenommen, dass die Zensuszahlen in Bezug auf die unter Fünfjährigen unzuverlässig seien: „It cannot be expected, for instance, that a mother will return her child, as yet only two or three years old, as an idiot, however much in her own heart she may believe or fear this to be the case; for to acknowledge it as such would be to abandon all hope."[186] Für die über 15-jährigen wurden solche Bedenken nicht geäußert und deshalb wurde weiterhin ungeprüft angenommen, dass die Zahlen für diese Altersgruppe in Bezug auf die Eintragungen zu *idiots and imbeciles* korrekt seien.[187]

183 Ebd., S. 66.

184 Ebd., S. 68.

185 Ebd.

186 Ebd. Die Problematik der Eintragungen von gehörlosen Kindern vor Schuleintritt zeigte sich auch im Bericht der Royal Commission, nach dem in einem Bezirk alle Kinder als „deaf and dumb" eingetragen worden waren, die noch nicht sprechen konnten. Das fiel allerdings aufgrund der zu starken Abweichungen zu anderen Landesteilen im Zensusbüro auf. Siehe Report of the Royal Commission on the Blind, the Deaf and Dumb, &c., 1889 (C.5781), S. lxxxiii und Appendix to the Report of the Royal Commission on the Blind, the Deaf and Dumb, &c. 1889 (C.5781-I), Appendix 21.

187 Census of England and Wales, 1881, General Report, PP 1883, S. 68f. Siehe auch Minutes of Evidence, Royal Commission on the Blind, the Deaf and Dumb, &c. 1889 (C.5781-II), Mr. James Diggens, General Secretary of the Royal Albert Asylum, examined, S. 714. Leider konnten die zugehörigen Unterlagen nicht mehr im Bestand des GRO im TNA gefunden werden. Ein ähnliches Vorgehen wurde aber in Kapitel IV.2 gewählt.

Unter anderem aus diesem Grund wurde im *Census Report* die Abschaffung der Frage gefordert.[188]

Trotzdem wurde die Frage auch im Zensus von 1891 gestellt und der *Census Report* von 1891 begann in ähnlicher Weise mit der Auflistung der Fehlerquellen vor allem in definitorischer und methodischer Hinsicht für die *disabilities*-Frage. Als positives Ergebnis wurde hervorgehoben, dass die Zahl der Blinden rückläufig sei, was in erster Linie auf sanitäre Maßnahmen, die Eindämmung von Krankheiten und die Weiterentwicklung von chirurgischen Eingriffen zurückgeführt wurde.[189] Auffällig ist im *Census Report* der kreative Umgang mit Daten in Bezug auf Gehörlose. Hier wurde zum Anlass genommen, dass Interessengruppen nach Zahlen zu „deaf" gefragt hatten, die aber gar nicht im Zensus erhoben worden waren. Trotzdem entschieden sich die Zensusbeamten, eine dreigeteilte Statistik zu erstellen: erstens zu *deaf-and-dumb*, zweitens zu *deaf* bis zum zehnten Lebensjahr, drittens zu *deaf* ab dem zehnten Lebensjahr.[190] Es wurde somit Wissen über *disabilities* produziert, das im Zensusbogen nicht abgefragt, aber von der Bevölkerung zum Teil freiwillig so angegeben worden war. Dieses Vorgehen war methodisch problematisch, denn andere Betroffene konnten sich strikt an die Vorgaben der *disabilities*-Spalte gehalten haben und deshalb nicht in den Statistiken auftauchen.[191]

Im Bericht zum 1891er-Zensus wurden die Ergebnisse als „probably excessively inaccurate" eingeschätzt,[192] sonst aber pragmatisch und emotionslos mit den Daten umgegangen.[193] Das war vermutlich auch auf den von Ogle vor dem 1890er-Treasury Committee beschriebenen Meinungswechsel zurückzuführen. Dagegen wurde im *Census Report* von 1901 erneut gegen die *disabilities*-Frage votiert. Der u. a. von Registrar-General William Cospatrick Dunbar und Statistical Superintendent John Tatham und somit unter einer neuen Führung im General Register Office entstandene Bericht stellte deutlich fest: „Concerning the [...] infirmities it should be clearly understood that the machinery of an ordinary English Census is but imperfectly adapted to furnish the required particulars with that degree of accuracy which is essential for statistical purposes."[194] Lediglich in einer Hinsicht wurde eine Verbesserung erwähnt, die erneut die Bedeutung der Wortwahl für die Beantwortung von Fragen (vgl. Kapitel II) verdeutlicht: Denn durch den Aus-tausch des Begriffs *idiot* durch die weniger negative Bezeichnung *feeble-minded* seien mehr Personen im Zensus eingetragen wor-

188 Ebd., S. 71.
189 Census of England and Wales, 1891, General Report, PP 1893–4, S. 71.
190 Ebd., S. 72.
191 Siehe dazu auch die Diskussion im nächsten *Census Report*, der das Vorgehen zwar kritisch diskutierte, aber aufgrund der zahlreichen Anfragen nach diesen Zahlen, auch die nur mit „deaf" eingetragenen Personen als Statistik dargestellt wurden (allerdings nicht weiter nach Alter unterschieden). Census of England and Wales, 1901, General Report, PP 1904, S. 153.
192 Ebd., S. 71.
193 Nur an einer Stelle wurde Bedauern darüber geäußert, dass keine Aussagen zu Krankheiten möglich sein. Census of England and Wales, 1891, General Report, PP 1893–4, S. 77.
194 Census of England and Wales, 1901, General Report, PP 1904, S. 146.

den.[195] Neu war im Bericht von 1901 die explizite Forderung, dass für die Vorbereitung der nächsten Volkszählung Expertenmeinungen, insbesondere zur Definition von Blindheit und Gehörlosigkeit, eingeholt werden sollten.[196] Zwar wurde dies für den Zensus von 1911 auch berücksichtigt,[197] an der grundsätzlich negativen Haltung zur Frage änderte dies aber nichts.[198] Registrar-General Bernard Mallet und Statistical Superintendent T.H.C. Stevenson bezogen sich im Bericht auch auf die negativen Erfahrungen anderer Länder und kamen zum Schluss, dass es keinen Anlass zur Hoffnung gebe, dass die Zahlen für 1911 genauer seien sollten als im letzten Zensus. Aus diesem Grund hätten sie ihre Ausführungen auf ein Minimum reduziert.[199] Im *Census Report* von 1921 wurde dann nur kurz die Abschaffung der *disabilities*-Frage mit den Worten „in view of the generally recognised fact that reliable information upon these subjects cannot be expected in returns made by or on behalf of the individuals afflicted“ begründet.[200]

*Intern diskutierte definitorische und methodische Probleme*

Während die *Census Reports* publiziert und für eine größere Öffentlichkeit und mit spezifischen Anliegen geschrieben wurden, fanden die Diskussionen über definitorische und methodische Probleme der *disabilities*-Frage im General Register Office hinter verschlossenen Türen statt und können somit über offener geführte Diskussionen Aufschluss geben. Mit dem Auftreten von Expertenkommissionen und Interessenvertretungen seit den 1880er-Jahren wurden allerdings an das General Register Office zunehmend Vorschläge von außen herangetragen. So musste Brydges Henniker als amtierender Registrar-General zum Beispiel auf die Vorschläge der Royal Commission on the Blind, Deaf-and-Dumb &c. von 1889 reagieren: „I cannot recommend the Government to accept any such proposals as those made by the Commission, who must, I think, when they made them, have not been conversant with the conditions under which enumerations of the people have invariably been taken.“[201] Was Henniker hier andeutete, wurde auch in anderen Vorschlägen von Experten und Interessengruppierungen deutlich: Empfehlungen gaben häufig die engen Interessen der Vorschlagenden wieder, d. h. die Akteure folgten der Logik ihres eigenen Feldes und übersahen, dass sie mit solch detaillierten Forderungen für den Zensus keinen Erfolg haben

[195] Siehe dazu auch die Aussagen von Statistical Superintendent Tatham vor der Royal Commission on the Care and Control of the Feeble-Minded: Royal Commission on the Care and Control of the Feeble-Minded, Minutes of Evidence, I, 1908 (Cd. 4215), S. 269; Royal Commission on the Care and Control of the Feeble-Minded, Minutes of Evidence, III, 1908 (Cd. 4217), S. 194.

[196] Census of England and Wales, 1901, General Report, PP 1904, S. 145f.

[197] Siehe z. B. in Bezug auf Blindheit: Census of England and Wales, 1911, General Report, PP. 1917, S. 233.

[198] Ebd., S. 232.

[199] Ebd., S. 233.

[200] Census of England and Wales, 1921, General Report, 1927, S. 2.

[201] Letter from Registrar-General Brydges Henniker to Local Government Board, 31. 12. 1889, TNA, MH 19/195.

konnten. In seiner Antwort auf die Vorschläge, die Buxton im Rahmen der Royal Commission gemacht und die er zudem im Local Government Board eingereicht hatte (siehe Abbildung 24), stellte Superintendent of Statistics William Ogle dann auch klar:

> The Registrar General has no doubt that all such particulars if they could be obtained with accuracy, would be of much scientific value, but he has no power or authority whatsoever given him by the Census Act to ask for such information nor any machinery at his disposal for the verification of such answers as are or might be given; nor does he think that the collection and verification of such information, even if the act authorised it, could conveniently or properly be tacked on the ordinary Census of the population.[202]

Ogle verwies auf die Umstände, an die die Arbeit des GRO in Bezug auf den Zensus gebunden war: das Gesetz in Form des *Census Act* und die begrenzten Ressourcen des Verwaltungsapparates. Generell hielt Ogle die Volkszählung für den falschen Ort für eine Frage zu *disabilities*. „This is very disappointing," lautete die in der Zeitschrift *Quarterly Review of Deaf-Mute Education* abgedruckte Reaktion auf Ogles Brief.[203] Unverständnis wurde darüber geäußert, dass jede Anfrage von Interessenvertretern von den Verantwortlichen im GRO abgetan worden sei: „Give us what is given to Ireland, and we shall be thankful."[204] Während die Interessengruppen eine Verbesserung der Frage methodisch nur über eine detailliertere oder über eine zweigeteilte Befragung wie in Irland für möglich hielten, war genau dies nach Meinung und Erfahrung der Verantwortlichen im General Register Office in der Praxis nicht möglich.[205]

Angesichts der sich seit 1851 abzeichnenden Schwierigkeiten wurde in den nächsten knapp siebzig Jahren um Verbesserungen gerungen, wobei sich einerseits zeigte, dass auch die Experten nicht über einheitliche Definitionen verfügten und dass ihnen andererseits die Rahmenbedingungen der Volkszählungen nicht vertraut waren. Auf Anregung der Medico-Psychological Association of Great Britain and Ireland entwickelte sich ab 1890 ein reger Austausch von Ideen und Anfragen, der in erster Linie vom schottischen General Register Office koordiniert wurde. In einem Brief an den Secretary of Scotland wurde im Namen der Medico-Psycholo-

202 Letter from Statistical Superintendent William Ogle to Local Government Board, 5. 8. 1890, TNA, MH 19/195.

203 The Census of 1891, Quarterly Review of Deaf-Mute Education 2 (1889–91), S. 243–245, hier S. 244.

204 Ebd., S. 244f. Vgl. auch die ablehnende Einschätzung von Henniker zu den Vorschlägen der Royal Commission on the Blind, Deaf-and-Dumb &c.: Letter from Registrar-General Brydges Henniker to Local Government Board, 31. 12. 1889, TNA, MH 19/195.

205 Vgl. auch die weiteren Vorschläge von Interessenvertretern, die im GRO eingingen, so von Sir John Hibbert, dem Chairman of the 7 Northern Counties Asylum at Lancaster, oder dem Committee of the National Association of the Teachers of the Deaf, das eine kleingliedrige, nach Ursache und Alter differenzierende Frage nach Gehörlosen einbrachte. Von anderer Seite wurde zudem eine Frage zu Epileptikern in der Kategorie „infirmities" vorgeschlagen. Letter from Reginald MacLeod (Registrar General) to Sir John Hibbert, 16. 11. 1900, TNA, RG 19/7; Letter from G.W. Kekewich (Education Department) to Local Government Board, 10. 11. 1899, TNA, RG 19/8; Letter from Henry Cunynghame, Whitehall, to the Secretary of the Local Government Board, 15. 7. 1899, TNA, RG 19/6. Cunynghame schrieb im Namen des Secretary of State, der eine Anfrage des Chairman of the Conference of Poor Law Guardians erhalten hatte.

gical Association vorgeschlagen, im Zensus von 1891 zwei Spalten zur Verdeutlichung von *imbecile* und *lunatic* einzuführen.[206] Die erste Spalte sollte unter der Überschrift *imbecile* die Erläuterung „i.e. weakminded since birth or from illness in infancy" enthalten, die zweite Spalte unter der Überschrift *lunatic* die Definition „i.e. of unsound mind from illness after infancy". Dies stieß auf positive Resonanz im Office of the Secretary of Scotland, das den Brief an den Registrar-General for Scotland weiterleitete und zugleich vorschlug, die Lunacy Commission in die Diskussion einzubeziehen.[207] Aus Schottland wurde das Anliegen an die Verantwortlichen für den englischen Zensus im Local Government Board und an das General Lunacy Board weitergereicht.[208] Das Lunacy Board schlug eine neue Überschrift „Persons of Weak or Unsound Mind" für die *disabilities*-Spalte vor, was vom Zensusbüro mit dem schlichten Hinweis auf den *Census Act* abgewehrt wurde, denn danach sollte die Spalte in *imbecile* or *lunatic* unterscheiden und ließ keinen weiteren Handlungsspielraum zu.[209] Dieser Vorschlag des Lunacy Board kann als weiterer Beleg für die Beobachtung gelten, dass die Interessenvertreter häufig nicht über die enge Logik ihres Feldes hinausblickten und mit den Rahmenbedingungen der Volkszählungen nicht vertraut waren. Dieses Beispiel bündelt die ganze Problematik der Definitionshoheit und der Komplexität der Wissenproduktion durch die Vielzahl der involvierten Akteure. Dies betraf nicht zuletzt die Frage des Expertenstatus. Als Experten wurden zunehmend nicht etwa die Interessenvertreter eingestuft, sondern Ärzte: So hieß es in der Vorbereitung auf die 1911er-Volkszählung: „The whole question, it was agreed, was one for the Medical men." Deshalb sollte der Statistical Superintendent auch Dr. Newsholme, den Medical Officer im Local Government Board kontaktieren.[210]

Für die „vexed question of definition" – wie es bei einem Treffen im GRO 1909 hieß[211] – waren internationale Definitionen und Praktiken wichtig. Bei einem Expertentreffen im General Register Office im Dezember 1909 verwies Statistical Superintendent Stevenson auf die Definition der Commission pour la Statistique

206 Letter from D. Yellowlees (Royal Asylum Gartnavel, Glasgow, and President of the Medico Psychological Association) and William Ireland (MD) to the Marquess of Lothian (Secretary for Scotland), 1. 9. 1890, TNA, MH 19/195.

207 Letter from J.M. Doods (Office of the Secreatry of Scotland, Whitehall) to Stair Agnew (Registrar General for Scotland), 8. 9. 1890, TNA, MH 19/195.

208 Letter from Stair Agnew (Registrar General for Scotland) to the Local Government Board, 9. 8. 1890, TNA, MH 19/195; Letter from J.M. Dodds (Office of the Secretary for Scotland) to the General Board of Lunacy, Edinburgh, 12. 9. 1890, TNA, MH 19/195.

209 Letter from J.M. Dodds (Office of the Secretary of Scotland) to The General Board of Lunacy, Edinburgh, 25. 9. 1890, TNA, MH 19/195. Darauf unterbreitete das General Board of Lunacy pragmatisch einen Vorschlag, in dem nur in der Überschrift ergänzt werden sollte: „IMBECILE or LUNATIC – that is Persons of weak or unsound mind". Letter from General Board of Lunacy to Secretary for Scotland, 1. 10. 1890, TNA, MH 19/195.

210 Committee of the Census 1911, Proceedings of meetings 1909–1911, Minutes 10. 12. 1909, TNA, RG 19/48B. Vgl. auch ebd., 23: „The question of INFIRMITIES was left to the Medical gentlemen of the various Offices to consider."

211 Committee of the census 1911, Proceedings of meetings 1909–1911, Minutes 10. 12. 1909., TNA, RG 19/48B. Siehe dazu die Korrepondenz und die kommentierten Fragebögen in TNA, RG 19/47.

Internationale des Aveugles, die von den Zensusbehörden in Frankreich, Schweden, Dänemark, Österreich, Ungarn und der Schweiz angenommen worden sei.[212] Trotzdem blieben beide teilnehmenden Interessenvertreter dabei, dass sie lieber eine Unterscheidung in „stone-blind" und „partially blind" bei Kindern und Erwachsenen vornehmen würden. Hier prallten die Interessen von General Register Office und Interessenvertretern aufeinander.[213] Um größere Konflikte zu vermeiden, wählte das Committee of the Census 1911 folgende Strategie:

As regards the INFIRMITY COLUMN it was decided to retain the wording of 1901 as it was felt that no satisfactory statistics of Infirmities could be obtained by means of the Census, and any improvement in the form of question would be taken as an indication that some value was attached to the figures. It was, however, decided to ask at what age a person became blind.[214]

Damit war das letzte Wort allerdings noch nicht gesprochen, denn 1911 wurde zudem nach Totally Deaf' or ‚Deaf and Dumb'" gefragt – während die Abschnitte zu *lunatic* und *imbecile or feeble-minded* tatsächlich unverändert blieben.

*Gründe für die Abschaffung der disabilities-Frage im Jahr 1921*

Trotz der offensichtlichen Probleme wurde eine Frage zu *disabilities* auch für die Volkszählung von 1921 diskutiert und weitere Meinungen von Experten und Interessenvertretungen wurden eingeholt.[215] Jetzt waren nicht nur die bereits bekannten Argumente, die in erster Linie die methodischen Probleme betrafen, im Umlauf, sondern zudem neue Vorschläge für eine Erweiterung der *disabilities*-Frage um Körperbehinderungen, d.h. insbesondere eine Frage zu sog. *cripples*.[216] Die Faculty of Actuaries deutete in ihren Empfehlungen an, was darunter zu verstehen sei: „e.g. loss of hand, or foot, stiff joint, serious lameness, or severe chronic rheumatism causing incapacity for any regular work."[217] Dieses Anliegen traf beim Census Joint Committee nicht auf Zustimmung, da Schwierigkeiten bei der Findung einer eindeutigen Definition vermutet wurden.[218] Es ging den Aktuaren nicht allein, wie man für die Zeit nach dem Weltkrieg vermuten könnte, um die Feststellung von Kriegsversehrten, sondern wie schon bei Blinden, Gehörlosen und Menschen mit Lernbehinderungen um die Ausbildung von Kindern.[219] Regis-

212 Committee of the census 1911, Proceedings of meetings 1909–1911, Minutes 10.12.1909, TNA, RG 19/48B.

213 Ebd.

214 Ebd.

215 Census Committee. Infirmities, 1920, TNA, RG 19/52. Dort werden u.a. die Beschlüsse der Royal Statistical Society, der British Empire Statistical Conference, des Advisory Committee to Ministry of Health rezipiert. Letter from Council of British Ophthalmologists, 3.3.1920, TNA, RG 19/52; Letter from the Faculty of Actuaries in Scotland transmitted through Government Actuary, 21.4.1920, TNA, RG 19/52.

216 Vgl. z.B. Letter from the Council of British ophthalmologists, 3.3.1920, TNA, RG 19/52.

217 Letter from the Faculty of Actuaries in Scotland transmitted through Government Actuary, 21.4.1920, TNA, RG 19/52.

218 Census Joint Committee, Special Committee on Vital and Medical Statistics, Proceedings of Meeting 17.4.1920, TNA, RG 19/52.

219 Joint Parlamentary Advisory Council, Report of Meeting of Council. Precis of business, 12.12.1919, TNA, RG 19/54.

trar-General Bernard Mallet zeigte sich skeptisch, verwies auf die bisher geführten Diskussionen zur *disabilities*-Frage und vermutete, dass die Ergebnisse für Menschen mit körperlichen Behinderungen noch unzuverlässiger sein würden.[220] So stellte Mallet in Bezug auf eine Frage zu Körperbehinderungen fest, dass auch der amerikanische Zensus im Jahr 1920 keine Frage mehr zu dieser Personengruppe enthalten werde. Und der Statistical Superintendent Stevenson verwies auf die unzuverlässigen Ergebnisse zu Gehörlosen im 1910er-US-Zensus.[221] Für eine Abschaffung einer Frage zu Lernbehinderungen hatte sich schon die Royal Commission on the Care and Control of the Feeble-Minded in ihrem Bericht aus dem Jahr 1908 eingesetzt, auf den in den Diskussionen zum Zensus mehrfach Bezug genommen wurde.[222] Dort hieß es explizit: „The census, it appears to us, is not an agency suitable for the ascertainment and classification of facts the nature of which in very many instances can only be learned by the personal observation of men and women whose judgment has been trained and well practised in a special branch of medical work."[223]. Während auch für Gehörlose die Frage für nicht zuverlässig eingeschätzt wurde, wurde im Falle der Blinden nicht nur am ernsthaftesten über eine Beibehaltung der Frage diskutiert; es wurde sogar an ihre Erweiterung gedacht. Als mögliche Aspekte wurden „Blindness amongst children", „Blindness due to the war" und „State Maintenance" angeführt.[224] Das GRO nahm allerdings zu jeder *disabilities*-Frage eine ablehnende Haltung ein.

Dass die Frage für 1921 tatsächlich gestrichen wurde, war aber vermutlich auch auf alternativ zur Verfügung stehende Statistiken zurückzuführen, die die gewünschten Zahlen einfacher und zuverlässiger bereitstellten. Hier deutet sich erneut das bereits erwähnte Motivationsproblem an: Warum sollten die Befragten persönliche Angaben über sich selbst oder über Familienmitglieder in einer verpflichtenden staatlichen Zählung ohne näher spezifizierten Grund für deren Verwendung leisten? Andere statistische Erhebungen, die im Rahmen des Ministry of

[220] Ebd.

[221] Census Joint Committee. Special Committee on Vital and Medical Statistics, Proceedings of second meeting, 17. 4. 1920, TNA RG 19/52.

[222] Diese 1904 eingesetzte Royal Commission war die Folge des jahrelangen Einsatzes für die Anerkennung von Lernbehinderungen in Abgrenzung von „lunacy". Die Hauptempfehlungen, die 1908 im sog. *Radnor-Report* veröffentlicht wurden, wurden im *Mental Deficiency Act* von 1913 umgesetzt. Bis zu diesem Zeitpunkt waren Lernbehinderte und „insane/lunatics" in denselben Institutionen untergebracht. Zudem waren der Report und das Gesetz Ausdruck des *Eugenic Movement* (Searle, G.R., Eugenics and politics in Britain, 1900–1914, Leyden 1976). Zum selben Zeitpunkt wie der *Radnor-Report* war 1908 auch die erste Ausgabe des Lehrbuchs *Mental Deficiency* von Alfred Tredgold erschienen. Tredgolds Buch stellte für mehrere Jahrzehnte den grundlegenden Text für die Ausbildung von Ärzten und Schwestern dar. Es verbreitete die Sicht, dass Menschen mit Lernschwierigkeiten an der Fortpflanzung gehindert werden sollten. HALL, Looking Back.

[223] Royal Commission on the Care and Control of the Feeble-Minded, Report, 1908 (Cd. 4202), S. 198. In ähnlicher Hinsicht äußerte sich der schottische Commissioner of the Board of Control in den Diskussionen um den Zensus von 1921: die Zensuszahlen von 1911 seien „very untrustworthy." Census Sub-Committees: Notes of Proceedings; Correspondence, 1919–1920, Memo, TNA, RG 19/52.

[224] Ebd., 197.

Pensions oder des 1921 eingeführten *Register of the Blind* gemacht wurden, zeigten wesentlich deutlicher den Nutzen, der mit der Angabe der *infirmities* verbunden war. Zudem wurden die Zahlen der „Certified Lunatics“, die die Lunacy Commission sammelte, oder die Statistiken der Schulen für Blinde als verlässlicher als Volkszählungsdaten eingeschätzt.[225]

Dass die Frage so lange im Zensus blieb, obwohl sie schon frühzeitig und mit immer gleichen Argumenten kritisiert worden war, ist vermutlich auch darauf zurückzuführen, dass noch nie eine einmal in den Zensus aufgenommene Frage wieder gestrichen wurde. Das betonte der *Census Report* von 1921: „This is the first time in the modern history of census-taking in this country that any enquiry once introduced into the schedule has been omitted therefrom on a subsequent occasion.“[226] Die Tatsache, dass für diesen Zensus nicht nur die *disabilities*-, sondern auch die *fertility*-Frage abgeschafft wurde, mag die Entscheidung ebenso erleichtert haben wie die Tatsache, dass auch andere Länder die Frage wieder aus dem Volkszählungsbogen entfernt hatten.[227] In den folgenden Zählungen schien die Hemmschwelle für die Streichung einer Frage geringer – zumindest änderten sich die Fragen nun häufiger.

Zudem nahm der Erste Weltkrieg in mehrfacher Hinsicht Einfluss: Dies zeigte sich einerseits in den Fragevorschlägen zu kriegsbedingten Behinderungen, andererseits kam es im GRO zu Personalengpässen bzw. -umstrukturierungen (siehe Kapitel I), als es 1915 infolge des *National Registration Act* die federführende Einrichtung für die Registrierung wurde.[228] Allerdings scheint der Zensus nie eine wirklich wichtige Informationsquelle für die Feststellung der wehrfähigen Bevölkerung gewesen zu sein, da diese Daten besser über andere Quellen erhältlich waren.[229] Vom Krieg waren auch die Interessenorganisationen betroffen, so hieß es z. B. in der Zeitschrift *The Teacher of the Deaf* von 1916, dass die Arbeit des Komitees durch den Krieg erheblich leiden würde.[230] Die Interessengruppen konnten sich deshalb nicht mit gleicher Intensität für die Zensusfrage einsetzen.

225 Statistics of blind schools, TNA, RG 19/48B; Committee of the Census 1911, Proceedings of Meetings 1909–1911, TNA, RG 19/48B.

226 Census of England and Wales, 1921, General Report, 1927, S. 2.

227 Committee of the Census 1911, Proceedings of Meetings 1909–1911, TNA, RG 19/48B.

228 Higgs, Life, Death and Statistics, S. 186–188.

229 So wurde in einer internen Diskussion das Anliegen des War Office im Hinblick auf Zahlen zu „(a) fit for foreign service; (b) fit only for home services; (c) unfit for military service“ damit abgewehrt, dass diese Angaben im Zensus aufgrund ihrer medizinischen Grundlage nur schwer zu fragen und ohnehin im Ministry of Pensions und im War Office besser erhältlich wären. Special Committee on Defence Statistics, Minutes 22. 3. 1920, TNA, RG 19/52.

230 The Teacher of the Deaf 14 (1916) 80, S. 58f. Die zahlreichen Berichte über die Bemühungen des Statistikkomitees der Organisation im Hinblick auf eine Zensusfrage für 1921 zeigt die begrenzte Macht der Interessenvertretungen, die nicht wirklich im Zensusbüro gehört wurden und die die Abschaffung der Frage letztlich überraschend traf. The Teacher of the Deaf 10 (1912) 56, S. 58; ebd. 12 (1914) 69, S. 82; ebd. 12 (1914) 67, S. 15; ebd. 12 (1915) 74, S. 67; ebd. 14 (1916) 80, S. 58f.; ebd. 16 (1918) 91, S. 24; ebd. 16 (1918) 92, S. 50; ebd. 17 (1919) 98, S. 59; ebd. 18 (1920) 104, S. 51.

## 2. Der Umgang mit der Zensusspalte zu *disabilities* in der Praxis

Von Blindheit und Gehörlosigkeit als *disabilities* oder gar *infirmities* zu sprechen, wie es bisher in diesem Kapitel der Fall war, widerspricht dem Selbstverständnis der betroffenen Personengruppen. So wendet sich die *deaf community* gegen Mitleidsdiskurse und sieht sich selbst lediglich als Sprachminorität.[231] In den Dokumenten des Zensusbüros, in (medizinischen) Expertendiskursen und in den Quellen der Interessenvertretungen zeigte sich dagegen vielfach ein Mitleidsdiskurs. Beispielsweise sprach Charles Baker, Head-Master of the Yorkshire Institution of the Deaf and Dumb im Jahr 1850 von einer „great social calamity".[232] Im Sinne der *disabilities studies* ist es deshalb notwendig, die Perspektive der Betroffenen einzubeziehen. Denn der Zensus schuf eine gesellschaftliche Problemgruppe, die sich selbst nicht unbedingt als Gruppe und noch weniger als Problem verstand. Die Erforschung der Perspektive der Betroffenen ist aufgrund der Quellenlage nicht einfach – eine Annäherung soll im Folgenden über die Analyse der Eintragungen im Volkszählungsbogen und über mögliche Selbstaussagen und Lebensläufe der Betroffenen erfolgen. Methodische und definitorische Schwierigkeiten wurden in den kritischen Reflexionen vorangegangener Volkszählungen von den Zeitgenossen als wichtige Gründe für die häufig leer bleibende Spalte zu *disabilities* angeführt. Es stellt sich allerdings die Frage, ob die Betroffenen bzw. ihre Familien und Haushaltsvorstände aus diesen oder aus anderen Gründen *disabilities* in der Praxis tatsächlich nicht angaben.

In diesem Kapitel soll es deshalb in Anlehnung an das im vorherigen Abschnitt genannte Beispiel um eine Analyse der Volkszählungpraxis gehen: Anhand von zwei Fallstudien wird danach gefragt, wie die im Zensusjahr in Institutionen aufgenommenen Personen in der Praxis mit dem Zensusbogen umgingen. Trugen sie sich selbst in die *disabilities*-Spalte ein bzw. wurden sie von ihrer Familie oder dem Haushaltsvorstand dort eingetragen? Was wurde in den Bogen geschrieben? Die beiden Fallstudien wurden u. a. aufgrund der in den internen Diskussionen genannten ungleichen Antwortbereitschaft verschiedener Gruppen von Behinderungen ausgewählt: Zum einen steht die Yorkshire Institution for the Instruction of Deaf and Dumb Children in Doncaster und zum anderen das Ticehurst Private Asylum im Mittelpunkt. In beiden Fällen handelt es sich um traditionsreiche Einrichtungen. Die Yorkshire Institution wurde bereits 1829 gegründet und besteht – mit Namensänderungen – bis heute. Die psychiatrische Anstalt Ticehurst wurde 1792 eingerichtet und ist bis heute in privater Hand. Ticehurst war in erster Linie eine Einrichtung für die Oberschicht und die obere Mittelschicht – *Psychiatry for the Rich* nannte deshalb Charlotte MacKenzie ihre Geschichte der Ins-

[231] Vgl. etwa die Darstellung von LADD, Understanding Deaf Culture.

[232] Statistics of the Deaf and Dumb, A VOICE OF THE DUMB 11, 5. 4. 1850, S. 147–149, hier S. 149. Die Mitleidsrhetorik konnte auch als Strategie zur Durchsetzung der eigenen Ziele, im Fall Bakers die Zuwendung von Mitteln, eingesetzt werden.

titution.[233] Somit wird ein Blick in die Zensuspraxis der verschiedenen gesellschaftlichen Schichten möglich. In beiden Fällen wurden die Aufnahmelisten um die Zensusjahre geortet[234] und die aufgenommenen Personen in den Volkszählungsbögen ermittelt.

Ungefilterte Aussagen von Betroffenen sind für den Untersuchungszeitraum nur bedingt zu finden. Zeitschriften, Autobiografien, Aussagen im Rahmen der Royal Commission on the Blind, the Deaf & Dumb, & c. und Patientenakten sowie in den 1990ern geführte Oral-History-Interviews dienen als Ersatzquellen, die allerdings ihrer eigenen Logik folgen und deshalb nur bedingt Rückschlüsse auf die Perspektive der Betroffenen zulassen. Wichtig ist vor allem die Unterscheidung zwischen Interessengruppen und Betroffenen. Denn als Vertreter einer Einrichtung für Blinde, Gehörlose etc. zu sprechen, hieß nicht gleichzeitig, dass diese auch als gleichberechtigte oder vollwertige Partner respektiert wurden. Ebenso wurden Eintragungen in Patientenakten oder Aussagen vor der Royal Commission in einem vorgegebenen Rahmen mit einem spezifischen Ziel gemacht.

### a) Fallstudie: Zensuseintragungen in der Spalte *deaf-and-dumb*

Die Überprüfung der *census returns* anhand der Schüler und Schülerinnen der Yorkshire Institution zeigt in Anbetracht der vielfach geäußerten Kritik an der Frage nach *disabilities* auf den ersten Blick ein erstaunlich positives Bild. Denn alle in den Jahren 1851 und 1871 in die Bildungseinrichtung aufgenommenen Gehörlosen wurden auch im Haushaltsbogen als solche in die *disabilities*-Spalte im Zensus eingetragen (siehe Grafik 1). Von 21 im Zensusjahr 1851 aufgenommenen Schülern und Schülerinnen konnten elf eindeutig in den Volkszählungsbögen gefunden werden.[235] Davon waren zehn im Zensus von 1851 in der *disabilities*-Spalte eingetragen worden, ein weiterer Schüler wurde in späteren Volkszählungen als „deaf and dumb" angegeben. Dieselbe Tendenz zeigt eine zweite Stichprobe für das Zensusjahr 1871: Von 43 im Zensusjahr 1871 aufgenommenen Schülern konnten 25 eindeutig in den Zensusbögen lokalisiert werden, davon waren zwanzig in der *disabilities*-Spalte für 1871 vermerkt; fünf weitere Schüler wurden nicht in diesem Jahr, aber dafür in folgenden Volkszählungen in der *disabilities*-Spalte eingetragen. Wie schon 1851 fanden sich auch 1871 alle im Zensusbogen aufgenommenen Schüler in der *disabilities*-Spalte wieder. Daraus kann für die Yorkshire

233 MacKenzie, History of Ticehurst Private Asylum.

234 Ticehurst House Hospital 1787–1975 Collection, Admission Records and Registers of Patients, 1828–1975: 6286 Registry of Admissions Book, Wellcome Library, MSS.6284–6316. Yorkshire Residential School for Deaf Children, Annual Reports 1840–1922, RNID Library Box 1–2.

235 Dass nicht alle Namen der Liste auch in den Volkszählungsbögen lokalisierbar waren, lag u. a. daran, dass Namen mehrfach vorkamen und nicht eindeutig zugeordnet werden konnten. Alle Namen wurden im Text anonymisiert.

*Grafik 1: Überprüfung der Zensuseintragungen Yorkshire Institution for the Instruction of Deaf and Dumb Children, 1851 und 1871*

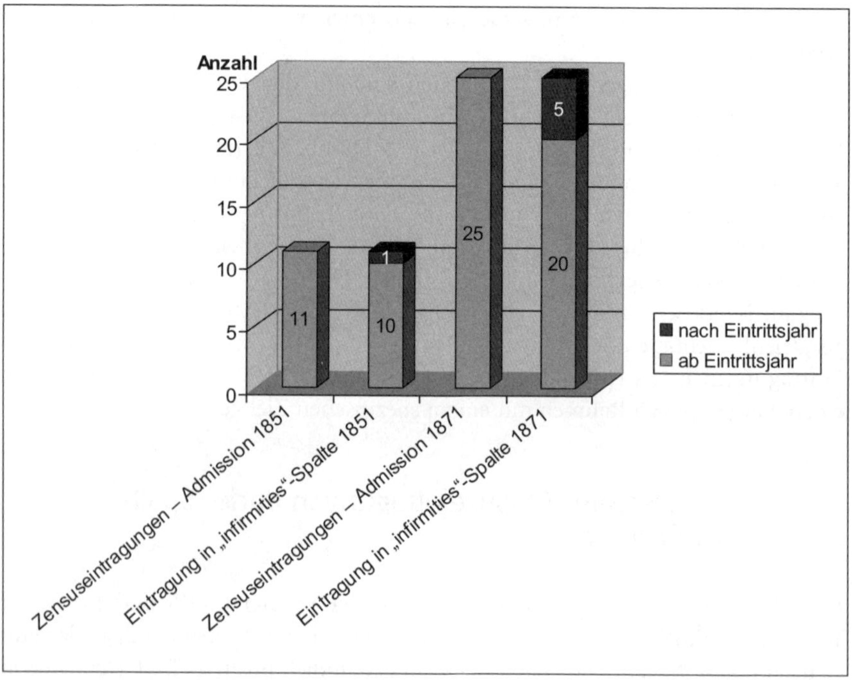


Institution abgeleitet werden, dass die Betroffenen bzw. ihre Familien oder Haushaltsvorstände keine Vorbehalte hatten, gehörlose Familienmitglieder im Zensus einzutragen.

*Methodische Probleme bei der Beantwortung der Frage*

Was genau wurde in die Spalte eingetragen? Waren die Anweisungen für das Ausfüllen des Zensusbogens verstanden bzw. befolgt worden? Die Analyse der *census returns* für die elf Personen, die 1851 in die Bildungseinrichtung aufgenommenen worden waren, lässt in der Praxis von 1851 bis 1911 vier verschiedene Varianten erkennen: erstens „deaf and dumb", zweitens „deaf", drittens „deaf and dumb from birth" und viertens keine Einträge in der *disabilities*-Spalte (vgl. Tabelle 18).

*Tabelle 18: Eintragungen Zensusbögen der Schüler/innen der Yorkshire Institution for the Instruction of Deaf and Dumb Children (Aufnahmejahr 1851)*

| Jahr | Bezeichnung der Spalte im Zensusformular | Erläuterungen im Zensusformular | Eintragungen Zensusformulare Schüler/innen Yorkshire Institution | Anzahl |
|---|---|---|---|---|
| 1851 | If Deaf-and-Dumb or Blind | Write „Deaf-and-Dumb" or „Blind" opposite the name of the person | Deaf and Dumb | 9 |
| | | | keine Census Returns gefunden | 2 |

| Jahr | Bezeichnung der Spalte im Zensusformular | Erläuterungen im Zensusformular | Eintragungen Zensusformulare Schüler/innen Yorkshire Institution | Anzahl |
|---|---|---|---|---|
| 1861 | If Deaf-and-Dumb or Blind | Write „Deaf-and-Dumb" or „Blind" opposite the name of the person : and if so from birth, add „from birth" | Deaf and Dumb | 1 |
| | | | Deaf | 1 |
| | | | Deaf and Dumb from birth | 7 |
| | | | kein Census Return gefunden | 2 |
| 1871 | If (1) Deaf-and-Dumb (2) Blind (3) Imbecile or Idiot (4) Lunatic | Write the respective infirmities against the name of the afflicted person : and if so from birth, add „from birth." | Deaf and Dumb | 3 |
| | | | Deaf and Dumb from birth | 2 |
| | | | kein Census Return gefunden | 6 |
| 1881 | If (1) Deaf-and-Dumb (2) Blind (3) Imbecile or Idiot (4) Lunatic | Write the respective infirmities against the name of the afflicted person : and if so from birth, add „from birth." | Deaf and Dumb | 5 |
| | | | Deaf and Dumb from birth | 1 |
| | | | kein Eintrag in „infirmities"-Spalte | 1 |
| | | | keine Census Returns gefunden | 4 |
| 1891 | If (1) Deaf-and-Dumb (2) Blind (3) Lunatic, Imbecile or Idiot | Write the precise infirmity, if any, oppoiste the name of the person : and if the infirmity dates from childhood, add „from childhood." do not use such a general term as „afflicted" or „infirm." | Deaf and Dumb | 2 |
| | | | Deaf | 1 |
| | | | Deaf and Dumb from birth | 0 |
| | | | kein Eintrag in „infirmities"-Spalte | 1 |
| | | | keine Census Returns gefunden | 7 |
| 1901 | If (1) Deaf and Dumb (2) Blind (3) Lunatic (4) Imbecile, feeble-minded | Write the precise infirmity, if any, oppoiste the name of the person : and if the in firmity dates from childhood, add „from childhood." do not use such a general term as „afflicted" or „infirm." | Deaf and Dumb | 5 |
| | | | keine Census Returns gefunden | 6 |
| 1911 | If any person included in this Schedule is: (1) „Totally Deaf," or „Deaf and Dumb," (2) „Totally Blind," (3) „Lunatic" (4) „Imbecile," or „Feeble-minded". | State the infirmity opposite that person's name and the age at which he or she became afflicted. | *keine Census Returns oder keine Angaben aufgrund der Sperrfrist* | |

Am zuverlässigsten, d. h. in größter Übereinstimmung mit den Zensusvorgaben, waren die Angaben im Zensusjahr 1851, auch zehn Jahre später schienen sich die Eintragungen noch weitestgehend an die neuen Vorgaben zu halten, d. h. zumeist wurde „from birth" ergänzt. In dem einen Fall, in dem 1861 nur „deaf and dumb" eingetragen wurde, stimmte dies mit dem Eintrag aus dem Zensus von 1851 überein; das kann so interpretiert werden, dass die Gehörlosigkeit nicht bei der Geburt vorlag und somit auch in diesem Fall der Eintrag in Übereinstimmung mit der vorgegebenen Zensusfrage erfolgte. In ähnlicher Weise lässt sich für den Fall argumentieren, in dem nur „deaf" eingetragen wurde, denn während für das Jahr 1871 kein *census return* vorliegt und 1881 kein Eintrag in der *disabilities*-Spalte erfolgte, wurde im Jahr 1891 wiederum nur „deaf" eingetragen – das war zwar im Zensusformular nicht gefragt, zeigte aber eine Kontinuität. Generell wurde in der Praxis am häufigsten „deaf and dumb" und damit die Überschrift der Spalte eingetragen. Das legt nahe, dass die Anweisungen zur Frage nicht gelesen wurden. Zudem wurden die Antworten umso ungenauer, je detailliertere Angaben im Zensusbogen gefordert wurden. So verbargen sich hinter den „deaf and dumb"-Antworten keineswegs immer dieselben Personen. Nimmt man George Norfolk als Beispiel, so wurde er 1851 als „deaf and dumb" eingetragen, 1861 und 1871 als „deaf and dumb from birth". 1871 lebte er gemeinsam mit seiner Frau, die ebenfalls als „deaf and dumb" vermerkt war, und zwei Kindern, die den Zensusangaben zufolge nicht gehörlos waren. 1881 war dann allerdings nur noch William, nicht mehr seine Frau als „deaf and dumb" eingetragen und 1881 waren beide zwar im Zensus, aber nicht in der *disabilities*-Spalte präsent. 1901 änderte sich dies wieder dahingehend, dass beide als „deaf and dumb" angegeben wurden. Die Tatsache, *dass* in einem Zensus etwas in die *disabilities*-Spalte eingetragen wurde, scheint somit ein verlässlicherer Indikator für eine vorliegende Behinderung als das, *was* eingetragen wurde.

Einfluss auf die Angaben in den *census returns* nahmen auch die zunehmende Organisation von Betroffenengruppen, denn die verschiedenen Zeitschriften für Gehörlose bzw. ihre Interessenverbände hatten das Augenmerk ihrer Leser schon seit längerem – durch Artikel über Volkszählungen und Statistiken in Großbritannien und im Ausland – auf das Problem statistischer Erhebungen zu Gehörlosen gelenkt. *The British Deaf Times* widmete der Volkszählung von 1911 einen dreiseitigen Artikel und die Titelseite. Nach Auffassung des Autors würde der Zensus bekannt werden „for the absolutely laughable nature of the provision made for the enumeration of the deaf, the dumb and the blind."[236] Der Autor verdeutlichte die Schwierigkeiten an seinem eigenen Beispiel:

> To take the writer's case. His deafness is not total, but his hearing is of no practical use to him – no use at all for conversation, and very little for crossing the street. He can hear a motor horn, but not a bicycle bell or whistle; and, in fact, he never ventures to trust his safety to his hearing.

[236] Philo, The Senses and the Census, The British Deaf Times 7 (1911) 89, S. 98–100, hier S. 98. Die *infirmities*-Spalte bezeichnete er er als „the great stumbling-block of the 1911 Census schedule".

Yet, since on the schedule there was no provision for such half-and-half cases, he had to put himself down as a normal hearing person.[237]

Der Autor der *British Deaf Times* war nicht der einzige, der Probleme mit der Eintragung hatte. Die Zeitschrift hatte sich im Hinblick auf die Praxis des Ausfüllens an die verschiedenen *residential institutions* im Königreich gewandt und sie nach ihren Vorgehen gefragt.[238] Von den elf Einrichtungen, von denen Antwortausschnitte in der Zeitschrift gedruckt wurden, hatten alle verschiedene Versionen der Beantwortung gewählt. Rev. Dawson vom Boston Spa war so unzufrieden mit den Vorschlägen des Zensus, dass er alle Schüler als „deaf" eintrug. In Derby wurden dagegen alle als „deaf and dumb" verbucht. Mr. Illingworth aus Edinburgh unterschied in „partially deaf" und „deaf and dumb" und Mr. Dodds aus Exeter gab alle Schüler als „deaf and dumb" an und fügte in einer Fußnote die Schülerzahlen und Definitionen für „totally deaf", „vowel hearing" und „dumb" hinzu. Auch die übrigen Lehrer brachten ihre Unzufriedenheit mit den Zensuskategorien zum Ausdruck, indem sie entweder die Bögen durch eigene Kategorisierungen ergänzten oder die Schüler alle in eine Kategorie gruppierten und somit die differenzierten Eintragungen wertlos machten. Der Bericht in der *British Deaf Times* zog deshalb das abschließende Fazit:

It will be agreed that quite a bewildering variety of methods have been adopted in dealing with the Infirmity Column; and there will no doubt have been heart-breaking times for the wretched officials whose duty it has been to try and evolve order out of the chaos. Well – serve them right![239]

Die Fronten zwischen dem Zensusbüro und den Interessenvertretungen, die seit Jahrzehnten eine Folgeuntersuchung nach irischem Vorbild gefordert hatten, hatten sich erheblich verhärtet. Das Ausfüllen der Spalte im Volkszählungsbogen wurde deshalb zu einem bewussten Statement.

*Durch die Institution geprägte Lebensläufe*

Die Tatsache, dass alle Schüler und Schülerinnen, die 1851 in die Yorkshire Institution aufgenommen, auch mehrfach in den Volkszählungsbögen eingetragen wurden, zeigt eine Akzeptanz der Gehörlosigkeit durch die Betroffenen und ihre Familien, vielleicht sogar ein positives Selbstverständnis. Wichtig ist, dass die überprüften *census returns* keine Zensusbögen der Institution, sondern *Householder's Schedule* waren, d. h. die Schülerinnen und Schüler wurden nicht durch die Institution eingetragen, sondern füllten die Bögen im Rahmen der Haushaltsbefragung, z. T. sogar als Haushaltsvorstand, aus. Die Eintragungen im Volkszählungsbogen können in zweifacher Hinsicht als paradigmatisch für die Absolventen einer Bildungseinrichtung angesehen werden: Erstens waren die Schüler und Schülerin-

237 Ebd., S. 100.

238 Anders als die in diesem Kapitel im Vordergrund stehende Überprüfung der *Householder's Schedules* ging es hier um die Praktiken der Bildungseinrichtungen beim Ausfüllen der Fragebögen für Institutionen.

239 Philo, The Senses and the Census (Concluded), The British Deaf Times 8 (1911) 90, S. 134–136, hier S. 136.

nen durch die Aufnahme in eine Institution für Gehörlose bereits zuvor eindeutig in anderen Listen und Statistiken, wie z. B. den Aufnahmekarteien der Institution, als gehörlos kategorisiert worden, weshalb es ihnen vermutlich leichter fiel, sich auch im Zensus so zu bezeichnen. Zweitens erhielten sie als Mitglieder der Yorkshire Institution eine Ausbildung bzw. hatten sie als Absolventen der Einrichtung erhalten. Dadurch war es ihnen in vielen Fällen möglich, selbst für ihren Lebensunterhalt zu sorgen – sie erfüllten somit die Anforderungen, die die Gesellschaft an sie stellte.

Diese an den gesellschaftlichen Erwartungen gemessene, positive Wahrnehmung lässt sich auch an den weiteren Lebenswegen der Schüler und Schülerinnen erkennen, die anhand von Absolventenbefragungen zwischen 1844 und 1870 von der Yorkshire Institution erhoben wurden.[240] Sie dienen hier zum einen der allgemeinen Einordnung in die Lebenswege von Absolventen einer Ausbildungseinrichtung für Gehörlose, zum anderen ermöglichen sie die weitere Rekonstruktion der Lebenswege der oben angeführten 36 in den *census returns* gefunden Schülerinnen und Schüler. Die Absolventenbefragungen enthielten keine unabhängigen Aussagen von den Schülern selbst. Ihre abgedruckten Briefe und Arbeiten waren im Kontext der Institution mit dem Zweck verbunden, den Erfolg der Einrichtung darzustellen. Selbstgestecktes Ziel der Absolventenbefragungen war es, umfassend die Bildung von Gehörlosen darzustellen, um Vorurteile in der Bevölkerung und bei potentiellen Arbeitgebern zu entkräften. Zudem sollte geprüft werden, ob Gehörlose ihre Arbeiten in gleichem Maße erledigten wie Hörende und ob die Bildung auch in sittlicher und religiöser Hinsicht erfolgreich war.[241] Das Ergebnis fiel für die Institution (wie zu erwarten) sehr positiv aus und gab Hinweise auf die weiteren Lebenswege der Absolventen: Von den 430 Schülerinnen und Schülern, die die Yorkshire Institution bis zum Jahr 1870 verlassen hatten, reagierten 296 auf die Umfrage.[242] Die meisten der insgesamt 174 Jungen, die die Schule erfolgreich absolviert hatten, waren als Schuhmacher, Landarbeiter oder Schneider tätig. Einzelne waren als Maler, Buchbinder, Gärtner oder Bäcker angestellt. Von den 122 Mädchen arbeiteten die meisten als Schneiderinnen und als Hilfen vor allem im häuslichen Bereich. Die wichtige Frage, ob die Absolventen ihre Tätigkeiten genauso gut wie hörende Menschen ausführten, wurde dabei in den Antworten bejaht: Ein Unterschied zwischen gehörlosen und hörenden Menschen könne nicht festgestellt werden;[243] im folgenden Beispiel gab der Arbeitgeber *deaf-and-dumb* sogar den Vorzug.

[240] Yorkshire School, Results of an Inquiry Respecting the Former Pupils of the Yorkshire Institution for the Deaf and Dumb Ordered by the Committee, Februar 1844. Reprinted with Additions 1847, 1854, 1859, Doncaster 1859, RNID Library; Yorkshire Institution for the Deaf and Dumb, Inquiry Respecting Former Pupils, 1870, Together with the School-register, 1829–1870, Doncaster 1870, RNID Library.

[241] Yorkshire School, Results of an Inquiry, Doncaster 1859, RNID Library, S. 1.

[242] Reagieren konnte auch bedeuten, dass jemand für sie antwortete, z. B. der Arbeitgeber.

[243] Ebd., S. 54.

I never knew a boy that had his speech and hearing that I could or would compare with him for good conduct and kindness, and for being grateful and trust worthy. [...] He minds his religion, prays night and morning, attends church every Sunday, and I believe the blessing of God rests upon my roof; and while the Lord spares me, and enables me to do my duty to an apprentice, I will never have any but the deaf and dumb.[244]

Dieser Bericht über einen Schüler aus dem Jahr 1847 demonstriert eine Erfolgsgeschichte. Erfolg ist dabei aus zeitgenössischer Sicht in zweifacher Hinsicht definiert: einerseits als die Möglichkeit für Gehörlose, eine Ausbildung zu erhalten und sich später selbst durch Arbeit zu versorgen, und andererseits in religiöser Hinsicht, denn eine wichtige Frage der Zeit war, wie ein Zugang zu Gott gefunden werden konnte, wenn eine Kommunikation über Sprache nicht möglich war.[245] Eingebunden in die Rhetorik „to be useful members of society“[246] wurde diese Erfolgsgeschichte in erster Linie aus der Perspektive der Bildungsinstitutionen geschrieben. Das war wichtig, damit die finanziellen Förderer der Einrichtung auch künftig ihre Unterstützung geben würden. Besonders wurde im Bericht deshalb erwähnt, dass zahlreiche der Schülerinnen und Schüler durch die Section 56 des *Poor Law Act* überhaupt erst in die Lage versetzt worden waren, in die Yorkshire Institution aufgenommen zu werden.[247] Die Yorkshire Institution unterrichtete Schüler aus verschiedenen gesellschaftlichen Schichten und fungierte als Internat, das „the Home, the Infirmary, the School, the Missionary Society, and in some degree the Church of its pupils“ sein wollte.[248] Was bedeutete das für die einzelnen Schüler und Schülerinnen?

Betrachtet man hier die Antworten zu Jack Storm, der sich unter den oben analysierten 1851 in die Yorkshire Institution aufgenommenen Personen befindet, so ergibt sich – an äußeren Merkmalen und dem zeitgenössischen Verständnis von Erfolg gemessen – ein sehr positiver Lebenslauf: Storm war Sohn eines Seemanns und erlernte im Anschluss an seine Ausbildung in der Yorkshire Institution den Beruf des Malers mit verschiedenen Spezialisierungen. Seine Arbeit wurde als gleichwertig mit der von Hörenden eingeschätzt und sein Charakter als „willing, well-behaved, and strictly to be relied upon, honest and industrious“

244 Ebd., S. 16f.

245 In der großen Debatte in der zweiten Hälfte des 19. Jahrhunderts zwischen den Vertretern der *Sign Language* und der *Oral Method* spielte dieser Aspekt eine wichtige Rolle. Dabei war als Argument gegen die *Sign Language* wichtig, dass mit dieser nach dem Tod nicht kommuniziert werden könne. Zur Abwägung der Methoden siehe: Report of the Royal Commission on the Blind, the Deaf and Dumb, &c., 1889 (C.5781)., S. lxi–lxxiv. Vgl. auch den Titel zur US-amerikanischen Geschichte der Gehörlosen: WOODWARD, How You Gonna Get to Heaven If You Can't Talk With Jesus.

246 Yorkshire School, Letter from J. Armitage Rhodes to Mr. Baker, Yorkshire Institution, in: Results of an Inquiry, Doncaster 1859, RNID Library, S. 51f.

247 Ebd., S. 55: „The benefits of education to the deaf and dumb are rendered so apparent, by the Results of this Inquiry, that the Committee trust there will no longer be any doubt in the minds of guardians of the poor, overseers, and others as to the expediency of advancing funds for this object where the parents of deaf and dumb children are too poor to give them the advantages of education.“

248 Ebd., S. 56.

beschrieben. Ebenso positiv wurden seine religiösen Aktivitäten eingeschätzt und sein Arbeitgeber aus dem Jahr 1859 kam zu dem abschließenden Urteil „his training certainly reflects the highest credit on those under whose care he was placed in the Institution."[249] Für die Absolventenbefragung von 1870 wurde hinzugefügt, dass Storm 13 Jahre bei seinem ersten Arbeitgeber geblieben war und bessere Arbeit leistete, als die meisten seiner hörenden Kollegen: „He is now an efficient workman, capable of being sent to any job."[250] Außerdem wurde angegeben, dass er mit einer ehemaligen Absolventin der Yorkshire Institution verheiratet war. Die Zensusfragebögen bestätigen diese Angaben: Dort wurde Storm ebenso wie seine Frau durchgängig als „deaf and dumb" (teilweise „from birth") vermerkt. Außerdem trug er sich selbst als „painter", später als „house painter", und je nach Vorgabe im Zensus als „employed" oder „worker" ein. Gemeinsam mit seiner Frau hatte er vier Kinder, die nicht in der *disabilities*-Spalte auftauchten. Auch der Lebenslauf seiner Frau wurde in der Absolventenbefragung positiv geschildert. Demnach erlernte sie den Beruf der Schneiderin und war offenbar auch angestellt. Aus den Zensusbögen geht hervor, dass Jack Storm nach der Hochzeit der einzige Verdiener in der Familie war, die in einem eigenen Haus mit vier Zimmern wohnte und 1881, als die beiden jüngeren Kinder noch nicht geboren waren, einen gehörlosen Untermieter aufgenommen hatte. Alle Kinder erhielten eine Schulausbildung, eine Tochter erlernte ebenfalls den Beruf der Schneiderin. Im Großen und Ganzen unterschied sich dieser Lebenslauf also nicht von hörenden Mitgliedern derselben gesellschaftlichen Schicht.

Die Lebensläufe anderer Absolventen können ebenso rekonstruiert werden und lassen einen ähnlichen Weg erkennen.[251] Auffällig ist schon bei den wenigen hier ausgewählten Fällen, dass allein unter den elf 1851 in die Yorkshire Institution aufgenommenen und in den *census returns* gefundenen Schülerinnen und Schülern drei mit gehörlosen Partnern verheiratet waren und gemeinsame Kinder hatten, die alle nicht in den *disabilities*-Spalten aufgeführt wurden. Zum Teil waren auch die Partner bzw. Partnerinnen ehemalige Schüler und Schülerinnen der Yorkshire Institution. Die in dieser Zeit häufig diskutierte und auch in den *Census Reports* aufgenommene Frage der Erblichkeit von Behinderungen, darunter Gehörlosigkeit, hätte sich am Beispiel der Yorkshire Institution mit ihren Absolventenbefragungen in Kombination mit den *census returns* gut überprüfen lassen. Die Sorge, dass Angaben im Zensus für andere Zwecke, z. B. die zeitgenössischen Diskussionen zur Eugenik, relevant werden könnten, war somit im Hinblick auf die Art der im Zensus angegebenen Daten durchaus berechtigt – zumal die vielfach diskutierte und z. B. in der Royal Commission nicht empfohlene Heirat von Gehörlosen durch die Institution ‚gefördert' wurde: Sie fungierte offenbar als Heiratsmarkt.

[249] Yorkshire School, Answers from John Stainforth, 31. 3. 1859, Yorkshire Institution for the Deaf and Dumb, Inquiry Respecting Former Pupils, 1870, Together with the School-Register, 1829–1870, Doncaster 1870, RNID Library, S. 46f.

[250] Ebd., S. 47, Answers from W. Carter, Hull, Januar 1870.

[251] Vgl. z. B. ebd., S. 45, Answers from James Tate.

*Abgrenzungen zu anderen Menschen mit Behinderungen: deaf-and-dumb, nicht imbecile or idiot*

Nicht alle Lebensläufe ließen sich aus der Perspektive der Bildungseinrichtung als Erfolgsgeschichten darstellen. Der Yorkshire Institution war es wichtig, dass der einzige Unterschied zwischen gehörlosen und hörenden Auszubildenden die Art der Wissensvermittlung und nicht etwa die Intelligenz war:

> In his business he should be *shown*, what others are *told* of operations and their effects, and this *showing* will generally pay the little extra trouble required, in the accuracy of its results, compared with *telling* in ordinary cases. He should neither be treated more harshly, nor more indulgently than others, and his general treatment should manifest to him that he is considered morally and mentally responsible in the same sense as others.[252]

Da zwischen gehörlosen und hörenden Menschen keine weiteren Unterschiede gesehen wurden, war insbesondere die Abgrenzung von „deaf and dumb" gegenüber Lernbehinderungen wichtig. In der Auswertung der Absolventenbefragung von 1859 wurden z.B. gleich 32 Schülerinnen und Schüler abgezogen, da diese „deficient in intellect" angesehen wurden. Diese Schülerinnen und Schüler waren nicht die Zielgruppe der Institution und wurden somit von der Absolventenstudie ausgeschlossen.

In der Praxis war die Unterscheidung aber anscheinend nicht immer so eindeutig, wie die Zensuseinträge zu Muriel Brown und vor allem zu ihrer Schwester Ruth zeigen: Im Zensus von 1851 wurde Muriel ebenso wie in den Volkszählungen von 1881 und 1891 als „deaf and dumb" vermerkt, nur 1861 war „from birth" ergänzt worden. Bei ihrer Schwester Ruth, die anscheinend nicht Schülerin der Yorkshire Institution war, wurde 1851 „dumb" notiert, 1861 „dumb from birth", 1881 „imbecile" und 1901 dann „deaf and dumb". Zudem war hinter beiden Namen 1851 in der eigentlich dem Familienstand vorbehaltende *condition*-Spalte „dumb" eingetragen worden. 1881 stand zunächst auch neben Muriels Namen „imbecile", das war aber durchgestrichen und durch „deaf and dumb" ersetzt worden. Die Absolventenbefragung zeigte 1871, dass Muriel in ihrem Lebenslauf keinen Anlass dafür gab, als *dumb* oder *imbecile* kategorisiert zu werden: „She is quite as capable of filling her present post as most persons in the full enjoyment of all their faculties."[253] Auch hier wurde also Wert darauf gelegt, dass die Gehörlosigkeit und nicht die Intelligenz der einzige Unterschied sei. Dass Ruth 1901 als „deaf and dumb" eingetragen wurde, könnte darauf hindeuten, dass sich das Selbstverständnis der Betroffenen geändert hatte. Denn eventuell war auch Ruth gehörlos und konnte ohne die passende Schulausbildung nicht mit ihrer Umwelt kommunizieren.

Mit der vermehrten Organisation in Betroffenenvertretungen änderten sich die Selbstwahrnehmungen, wie sich auch an anderen zeitgenössischen Beiträgen er-

252 Yorkshire School, Analysis, in: Results of an Inquiry, Doncaster 1859, RNID Library, S. 52. Hervorhebung im Original.

253 Yorkshire School, Answers from Welbury Mitton, Vicar of St. Paul's, Manningham, Bradford, in: Yorkshire Institution, Inquiry Respecting Former Pupils, 1870, Doncaster 1870, RNID Library, S. 46.

kennen lässt. So äußerte sich im Rahmen des Zensus von 1911 ein Mitglied des National Deaf Club empört darüber, dass *deaf-and-dumb* gemeinsam mit Blinden und *imbeciles* im Zensusbogen gruppiert waren. In einem Leserbrief an *The British Deaf Times* aus dem Jahr 1912, der sich auf diese Äußerung bezog, wurde *deaf-and-dumb* deutlich von *imbeciles* abgegrenzt:

On the Census paper, blind men, deaf and dumb men, and imbecile men are allotted one column; but that does not mean that all men whose names are in that column are classed alike. It only means that the Government – quite rightly – wishes to know how many blind men, how many deaf men, how many deaf and dumb men, and how many imbeciles there are in the kingdom. It does not mean that the Government claims deaf men as imbeciles, or imbeciles as dumb men, or blind men as deaf and dumb, or deaf and dumb as blind. It only means that the Census paper provided only one column for the description of either of these men.[254]

Insbesondere die Abgrenzung zu Lernbehinderten wurde im weiteren Verlauf des Briefes betont, denn Blinde könnten sogar Kabinettsmitglieder sein (gemeint war Henry Fawcett) und Gehörlose führten Geschäfte, heirateten, erstellten Testamente usw. – „Imbeciles may not do any such thing."[255] Im Kampf um die Anerkennung der eigenen Gruppe erfolgte somit eine Hierarchisierung zu anderen Menschen mit Behinderungen.

*Leben abseits der Institutionalisierung*

Die Erinnerungen von Ted Williams, der 1923 in die Manchester Road School for the Blind in Sheffield aufgenommen wurde, weisen auf den schwierigen Übergang in das Leben in einer Bildungsinstitution hin.

I remember the first night, what a night. I just laid you see and thought about home and wished I was back. I just cowered down under the sheets, beautifully clean, but wickedly cold and I just cowered down underneath pulling the bedclothes over my head, just had a little cry until I got some of it out of me. My home wasn't much to crack about. […] But I remember when the dictate came from the council saying that I had to go away to Manchester Road School, I didn't want to go.[256]

Im Rückblick – die Interviews wurden von Steve Humphries und Pamela Gordon in ihrem Oral-History-Projekt *Out of Sight* u. a. mit Blinden und Gehörlosen 1992 geführt[257] – beschreibt Ted Williams die Aufnahme in die strenge, klar auf ihre Funktion ausgerichtete Institution als Zwang. Seine Erinnerungen verdeutlichen die Fremdbestimmtheit der Entscheidung und die im Zusammenhang der *census returns* der Yorkshire Institution bereits angesprochene Problematik des

254 A.J. Wilson, Are Deaf-Mutes Imbeciles?, The British Deaf Times 9 (1912) 100, S. 95f.
255 Ebd.
256 Humphries und Gordon, Out of Sight, S. 70f.
257 Die Interviews von Gordon und Humphries dienen auch im Folgenden als Quelle. Die Interviewpartner wurden in der ersten Hälfte des 20. Jahrhunderts, vor allem in der Zwischenkriegszeit, geboren. Ihre Erinnerungen aus den 1990ern beziehen sich somit weitgehend auf eine Zeit, zu der die Zensusfrage schon nicht mehr gestellt wurde, und unterliegen zudem als Erinnerungen dem Wandel der Deutungen und zunehmenden gesellschaftlichen Anerkennung von Behinderungen im 20. Jahrhundert. Trotz dieser Einschränkungen lassen sie Vermutungen über die Erfahrungen der Betroffenen zu. Zur Oral History-Methode siehe: Obertreis (Hrsg.), Oral History. Grundlegend: Wierling, Oral History.

Labellingprozesses. Sobald jemand als Teil einer Institution für Menschen mit Behinderungen klassifiziert war, war die Zuordnung in gewisser Weise öffentlich und wurde auch im Zensusbogen angegeben. Während einige Behinderungen nach außen sichtbar waren, wurde von anderen Betroffenen versucht, ihre Einschränkungen, wie z. B. Schwerhörigkeit, nicht zuzugeben, um so dem Label *deaf* und damit der Institutionalisierung zu entgehen. So erinnerte sich die im London der Zwischenkriegszeit aufgewachsene Marie Hagger:

> I soon realised that my deafness was something that I ought to be ashamed of. It was something shameful. The truth is that I couldn't talk to anyone about my hearing. I tried many times to broach the subject, to say that I was going deaf. I tried to talk to my father on one occasion and he said, ‚Don't talk to me about that, you have to get on with your life and that's that.' My mother was a happy woman. All she wanted to do was to laugh so she didn't like to see me miserable at all. Even though she realised that my hearing was not quite right she still thought I was a little bit backward, not as bright as others.[258]

Aus dieser Schilderung geht einerseits hervor in welchem Dilemma sich die Betroffenen befanden, andererseits erklärt sich, warum gehörlose Personen auch als *imbecile, idiot* oder *feeble-minded* im Zensus eingetragen wurden, denn sie konnten nicht mit der Außenwelt kommunizieren. Im Fall von Marie Hagger führte das dazu, dass sie versuchte ihre zunehmende Schwerhörigkeit zu vertuschen, so z. B. im Spiel mit anderen Kindern: „I just hoped and prayed that the school and the other children wouldn't realise it. [...] I couldn't imagine anything worse than going to an institution."[259] Die hier geschilderte Angst macht es nachvollziehbar, dass sich die Betroffenen oder ihre Familien nicht freiwillig in einem Zensus in der Spalte *disabilities* eintrugen. Die bisherigen Beobachtungen zu den Betroffenen lassen die Einschätzung der Entscheidungsträger im Zensusbüro, dass die Frage zu *deaf-and-dumb* und *blind* im Zensus nicht oder nur begrenzt fragbar war, als durchaus berechtigt erscheinen. Noch problematischer war allerdings die Kategorie *lunatic*, mit der sich die folgende Fallstudie beschäftigt.

### b) Fallstudie: Zensuseintragungen in der Spalte *lunatic*

> For the personal experience which I have to tell has taught me this: that the man who comes sane and safe out of the hands of maddoctors and warders, with all the wonderful network of complications which, by Commissioners, certificates, and Heaven knows what, our law has woven round the unlucky victim in the worst of all its various aberrations, is very sane indeed. And very safe too, happily. His lines afterwards are not altogether pleasant. The curious looks and whispers, the first meetings with old friends, the general anxiety that he should not ‚excite himself' [...], magnified, no doubt, by his own natural sensitiveness are difficult in their way.[260]

Diese negativen Erfahrungen eines psychiatrischen Patienten wurden 1879 nach seiner Entlassung aus der Anstalt anonym veröffentlicht. Dahinter verbarg sich der Schriftsteller Herman C. Merivale, der einige Zeit im Ticehurst Private Asylum

[258] Ebd., S. 27f.
[259] Ebd., S. 35.
[260] ANONYM, My Experiences, S. 4f.

verbracht hatte und in keinem Zensus in der *disabilities*-Spalte erwähnt wurde.[261] Merivale war Sohn eines Anwalts und Schriftstellers, der als Beamter für das India Office gearbeitet hatte; seine Mutter kam aus der Familie eines Geistlichen. Merivale erhielt eine gute Ausbildung, u. a. mit Studium in Oxford, und begann eine Karriere als Rechtsanwalt, zudem lernte er im Haus seiner Eltern zahlreiche einflussreiche Personen kennen.[262] Sein Leben war paradigmatisch für die wohlhabenden Patienten des Ticehurst Private Asylum. In den 1870er-Jahren war Ticehurst in politischen und medizinischen Kreisen dafür bekannt, eine der erfolgreichsten und angesehensten privaten Anstalten zu sein. Mit der Auswahl des Ticehurst Private Asylum als Fallstudie zum Umgang mit Zensusformularen stehen somit *middle-* und *upper-class* Patienten und nicht die Erfahrungen von *pauper lunatics*[263] im Zentrum. Zwar war seit 1774 auch für private Aufnahmen in psychiatrische Anstalten eine medizinische Bescheinigung notwendig, bei den Ticehurst-Patienten waren es aber die Familien und nicht staatliche Akteure oder Gerichte, die die Einweisung der Betroffenen veranlassten.[264] Damit lassen sich am Beispiel dieser Fälle die Einstellungen und Praktiken von Familien im Umgang mit psychisch Kranken erkennen und weniger die Einweisungspraktiken durch Institutionen.[265] Ticehurst wurde gerade deshalb bei der *middle-* und *upper class* bevorzugt, weil es die Privatheit und Diskretion für die Familie wahrte. Aufgrund dieser besonderen Stellung von Ticehurst und seinem Bestreben nach Diskretheit lässt sich vermuten, dass ein Eintrag im Zensusbogen unwahrscheinlich war. Die Überprüfung der in der Zulassungsliste genannten Personen, die um die Zensusjahre 1871, 1881, 1891 und 1901 in Ticehurst aufgenommen worden, bestätigt diese These: Von 80 Patienten, die kurz vor oder nach den Volkszählungen von 1871 bis 1901 aufgenommen wurden, konnten 48 eindeutig in den *census returns* gefunden werden. Davon waren nur zwei im Zensus, der ihrem Einweisungsdatum nahe lag, in die *disabilities*-Spalte eingetragen wurden, zwei weitere wurden nicht zum Einweisungszeitpunkt, sondern erst später dort vermerkt (siehe Grafik 2).

Dieses Ergebnis spiegelt die negative Wahrnehmung psychischer Krankheiten im Untersuchungszeitraum von 1871 bis 1911 wider, auf die auch Charlotte MacKenzie in ihrer qualitativen Studie hingewiesen hat. Es ist deshalb weniger interessant danach zu fragen, warum 44 Patienten nicht im Zensus eingetragen wurden, sondern vielmehr danach, warum vier Patienten im Zensus erwähnt wurden. Warum gab es Zensuseintragungen zu Eva Heller, Maria Hawkins, Anthony Hay und Rachel Park? Kann man für Blinde, Gehörlose und auch für Lernbehinderte argumentieren, dass eine Erfassung der Zahl der Betroffenen zu besserer Versorgung mit Schulen und Ausbildungseinrichtungen führen konnte, so gehörten die sog. *lunatics* einer anderen Kategorie an. Ihr Zustand war nicht durch

261 Für Merivale konnten *census returns* für die Jahre 1841, 1871 und 1881 gefunden werden, jeweils ohne Einträge in der *infirmities*-Spalte.

262 Lee, Merivale, Herman Charles (1839–1906).

263 Zu *pauper lunatics* allgemein siehe Walton, Casting out.

264 MacKenzie, History of Ticehurst Private Asylum, S. 98.

265 Vgl. dazu dies., History of the Private Madhouse.

*Grafik 2: Überprüfung der Zensuseintragungen Ticehurst Private Asylum 1871 bis 1911*

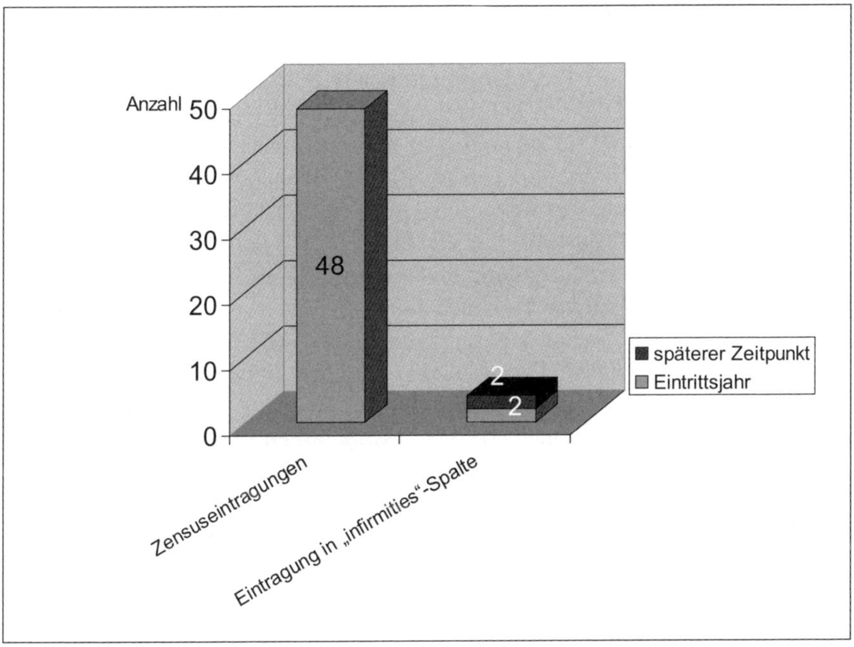


Ausbildung zu bessern und es war auch gar nicht klar, wie anhaltend die Diagnose war. Wieso sollten sich also Betroffene in einen Zensus eintragen, der zudem nur alle zehn Jahre erhoben wurde, wenn gar nicht vorhersagbar war, ob sie in einer Woche, einem Monat oder etwa einem Jahr noch in diese Kategorie fallen würden? Wenn es keinen erkennbaren Nutzen gab, in der Volkszählung als *lunatics* eingetragen zu werden, warum taten es die Betroffenen oder ihre Familien wie in diesen vier Fällen dann trotzdem?

*Die Rolle der Institution*

Eva Heller wurde am 17. Juni 1872 von ihrer Schwester ins Ticehurst Private Asylum gebracht. Laut Aufnahmeprotokoll hatte sie ihren ersten Anfall („attack") im Alter von 21 Jahren, d. h. im Jahr 1835, und war 1860 bereits einmal im Ticehurst aufgenommen worden. Die beiden Ärzte bescheinigten im *Medical Certificate* übereinstimmend, dass Eva Heller „a person of unsound mind" sei.[266] In den beiden *census returns*, die zu ihr gefunden werden konnten, wurde sie 1881 nicht in der *disabilities*-Spalte und 1901 als *lunatic* verzeichnet.[267] Während der Eintrag

266 Ticehurst House Hospital, Patient Certificates and Notices: Eva Heller, Admission Dates 1866–1875, Wellcome Library MS.6327/96. Die Patientennamen wurden anonymisiert.

267 Enumerator Book 1881, TNA, RG 11/1386, Folio 131, 54. Enumerator Book 1901, TNA RG 13/1833, Folio 26, 43.

von 1881 aus einem privaten Haushalt stammte und sie als „visitor“ eingetragen worden war, wurde sie 1901 als „patient“ im Rahmen einer Institution aufgenommen. Das ist durchaus ein typisches Beispiel, denn die größte Zahl der im Zensus als *lunatics* eingetragenen Personen stammte aus *institutional returns.* In diesen Fällen waren aufgrund der offiziell erfolgten Einweisung die Patienten als *lunatics* gelabelt, ihre Zuordnung zur *disabilities*-Spalte war somit in dieser Logik eindeutig. Der *Census Report* von 1901 gab Aufschluss darüber, wie die Verteilung der Zensuseintragungen war. Der weitaus größte Anteil der unter *insane* diskutierten Fälle im *Census Report* von 1901, d. h. alle Einträge zu *lunatic* und *imbecile, feeble-minded,* wurde durch *Public Lunatic Asylums* beigetragen (ca. 65%), wobei diese Bezeichnung weit gefasst war und auch „idiot asylums“ und „imbecile asylums“ umfasste. Knapp 3% stammten aus *Private Lunatic Asylums* wie Ticehurst und weitere 11% aus *Workhouses.* Der gar nicht so geringe Anteil von 27 196 Personen „Elsewhere“ (ca. 21%) beruht vor allem auf den Empfängern von sog. *Out-door Relief,* die ebenfalls institutionell erfasst werden konnten.[268]

*Unklare Definitionen*

Das Definitionsproblem, das die Eintragungen maßgeblich beinflusste, zeigte sich zum Beispiel in den *census returns* zu Maria Hawkins, die am 5. April 1872 im Ticehurst Private Asylum aufgenommen wurde.[269] Nach Angaben ihres Bruders, der sie nach Ticehurst brachte, trat die Krankheit bei der 35-jährigen Maria Hawkins 1872 zum ersten Mal auf. Die beiden Ärzte bescheinigten im *Medical Certificate* übereinstimmend, dass Maria Hawkins „a person of unsound mind“ sei.[270] In den Volkszählungsbogen von 1891, 1901 und 1911 wurde sie als „imbecile“ eingetragen.[271] Alle drei Eintragungen müssen von ihrem Bruder vorgenommen worden sein, in dessen Haushalt sie in diesen Jahren lebte. Da die in den ärztlichen Unterlagen zu findende Diagnose „person of unsound mind“ keine Kategorie im Zensus war, stellt sich die Frage, ob die Bezeichnung „imbecile“ die Einschätzung des Bruders wiedergab oder ob es sich dabei um eine ärztliche Diagnose handelte. Die Standardfragen nach Epilepsie, Selbstmordgefährdung und Gewaltbereitschaft wurden im Einweisungsdokument verneint und die Ärzte, die das *Medical Certificate* unterzeichneten, klassifizierten sie als „insane“:

1. Facts indicating Insanity observed by myself: wild incoherent talk – she says ‚Oh give me back six months.‘ She utterly refuses to swallow.
2. Other facts (if any) indicating Insanity communicated to me by others: Her mother has told

[268] Census of England and Wales 1901, General Report, PP 1904, S. 157.

[269] Ticehurst House Hospital, Patient Certificates and Notices: Maria Hawkins, Admission Dates 1866–1875, Wellcome Library, MS.6327/92.

[270] Ebd.

[271] Census Return 1891, Hawkins, TNA, RG 12/1084, Folio 60,4; Census Return 1901, Hawkins, TNA, RG 13/1267, Folio 30, 47; Census Return 1911, Hawkins, TNA RG 14/7091. Zudem wurden die Volkszählungsbögen von 1851 und 1881 gefunden, in denen Hawkins keine Eintragungen in der *infirmities*-Spalte hinter ihrem Namen trug, obwohl sie 1872 bereits in Ticehurst eingeliefert worden war. Census Return 1851, Hawkins, TNA HO 107/1879, Folio 587, 33; Census Return 1881, Hawkins, TNA RG 11/837, Folio 25, 43.

me that she has a constant desire to destroy clothing and other things – that she is sleepless. Mrs Swaim (her nurse) says that she is violent.[272]

Diese Darstellungen unterschieden sich nicht von der anderer Patienten, die nicht als *imbecile*, sondern als *lunatic* im Zensus verzeichnet wurden – der Grund für die Eintragung von Hawkins als *imbecile* bleibt also unklar. Dies entspricht der zeitgenössischen Kritik, dass es keine verbindliche Unterscheidung zwischen den verschiedenen Bezeichnungen im Zensus gab. Am deutlichsten wurde dies im *Census Report* von 1881, in dem unter der Überschrift „The Insane" als erstes festgestellt wurde: „Persons of unsound mind are variously returned in the schedules as lunatic, idiot and imbecile."[273] Während im *Census Report* von 1881 der Begriff *insanity* als Oberbegriff für die Analyse gewählt wurde, konnten die betroffenen Personen nicht so flexibel mit den Bezeichnungen umgehen, sondern mussten sich in der Praxis – den Vorgaben in den Zensusfragebögen folgend – für *lunatic*, *imbecile* oder *idiot* bzw. 1901 für *feeble-minded* entscheiden.

Anthony Hay war dreimal in Ticehurst aufgenommen worden (1871, 1878 und 1880) und wurde in den zu ihm auffindbaren *census returns* von 1871, 1891 und 1901 als *lunatic* vermerkt. Er wurde 1871 und 1891 in den Zensusfragebögen als *Head of Household* verzeichnet, sodass er es den Vorgaben zufolge selbst gewesen sein müsste, der den Zensusbogen ausfüllte und sich als *lunatic* eintrug. 1901 wurde er unter einem anderen Haushaltsvorstand eingetragen und sein Verhältnis zu diesem als „chancery patient" angegeben.[274] In den ärztlichen Bescheinigungen, die zu seinen Einweisungen in Ticehurst führten, wurde Hay zumeist als „a person of unsound mind" und einmal als „lunatic" diagnostiziert. Immer wurde erwähnt, dass er unzusammenhängend spreche („speaks nonsense") – in der Beschreibung, die zur Diagnose „lunatic" führte, wurde u. a. vermerkt, dass sich Hay für den Archbishop of Canterbury hielt.[275] Wie auch immer Hays Geisteszustand war, im Zensusbogen war er so eingetragen, wie es die Zensusbeamten von ihm erwarteten.

*Die Rolle der Familie*

Am Beispiel von Rachel Park zeigen sich die Kontrollmechanismen und die Schwierigkeiten innerhalb der Familie im Umgang mit sog. geistig Kranken bzw. geistig Behinderten. Die 1850 geborene Rachel Park wurde im Juni 1901 und somit nach dem Zensusstichtag in Ticehurst aufgenommen. Zensuseinträge zu ihr finden sich in den Zählungen von 1851, 1871, 1891 und 1901,[276] wobei sie in den

[272] Ticehurst House Hospital, Patient Certificates and Notices: Maria Hawkins, Admission Dates 1866–1875, Wellcome Library, MS.6327/92.

[273] Census of England and Wales, 1881, General Report, PP 1883, S. 66.

[274] Diese Bemerkung verwies darauf, dass er nicht der Lunacy Commission zugeordnet war.

[275] Ticehurst House Hospital, Patient Certificates and Notices: Anthony Hay, Admission Dates 1875–1883, Wellcome Library, MS.6328/91.

[276] Census Return 1851, Park, TNA, HO 107/1467, Folio 830, 32; Census Return 1871, Park, TNA RG10/1352, Folio 101, 20; Census Return 1891, Park, TNA, RG 12/558, Folio 25, 18; Census Return 1901, Park, TNA, RG 12/558, Folio 25, 18.

ersten beiden Zählungen als Tochter oder Schwester also von Familienmitgliedern eingetragen wurde und nicht als *lunatic* o.ä. verzeichnet ist. In den Zählungen von 1891 und 1901 hingegen ist sie als „lunatic" im Zensus enthalten, lebte aber nicht mehr im Kreise ihrer Familie, sondern wurde als „Boarder" oder ohne Eintrag in der Spalte „Relation to head of family" aufgenommen und mit „no occupation" bzw. „living on own means" angegeben. Ihre Einweisung nach Ticehurst wurde ebenfalls nicht von der Familie veranlasst, sondern durch eine Einrichtung.[277] Das legt die Vermutung nahe, dass betroffene Personen, so lange sie in ihrer Familie lebten, nicht im Zensus als *lunatic* o.ä. eingetragen wurden, sondern erst dann, wenn sie sich außerhalb dieses Kreises bewegten. Denkbar wäre in diesem Fall auch, dass die Krankheit erst später auftrat;[278] trotzdem zeigt sich auch an anderen Beispielen, dass die Einweisung in eine private Einrichtung häufig erst der letzte Weg war, den eine Familie wählte. Alternative Therapieformen, Behandlung oder Pflege in der häuslichen Umgebung und Reisen ins Ausland waren Optionen, die vor einer Einweisung versucht wurden.[279] Denn die Einweisung war mit sozialem Stigma verbunden. So hieß es z. B. in einer Aussage vor dem Select Committee on the Lunacy Laws 1877, dass viele Betroffene alternative Therapien wählten, um dem „stigma of certification" zu entgehen.[280] Auch der eingangs erwähnte Herman Merivale hatte andere Therapien versucht und war zum Beispiel in einer Wasserheilanstalt behandelt worden.[281] Merivale erinnerte sich in seiner autobiografischen Schrift an den Ratschlag eines Nervenarztes: „He spoke to me of private asylums with shrinking and with dread; and in my hypochondriac days had warned me as a friend of the dangers that might await me. ‚Travel,' he said; ‚do anything rather than give way. If once you find yourself in an asylum, Heaven help you!'"[282] Mit dieser Einschätzung stand der behandelnde Arzt von Merivale nicht allein da. Auch Lord Shaftesbury, der Chairman of the Lunacy Commission, schickte seinen epileptischen Sohn lieber in die Schweiz, denn – so seine Einschätzung aus dem Jahr 1851 – „fits are treated like madness, and madness constitutes a right, as it were, to treat people as vermin."[283] Die Sorge der Familie um das Wohlergehen ihrer Angehörigen und die Furcht der Betroffenen selbst trafen so mit dem Gefühl der Scham vor dem Verlust gesellschaftlichen Ansehens zu-

[277] Ticehurst House Hospital, Patient Certificates and Notices: Rachel Park, Admission Dates 1898–1901, Wellcome Library, MS.6332/717.

[278] Aufschluss könnten hier die Patientenakten geben, die auch im Wellcome Trust Archive liegen, aber aufgrund der Sperrfrist noch nicht einsehbar sind.

[279] MacKenzie, History of Ticehurst Private Asylum, S. 99–102.

[280] Ebd., S. 101. MacKenzie bezieht sich auf: Report from the Select Committee on Lunacy Laws; Together with the Proceedings of the Committee, Minutes of Evidence, and Appendix PP1877 XIII.1, S. 75.

[281] MacKenzie, History of Ticehurst Private Asylum, S. 101: Herman Charles Merivale „attributed his ultimate breakdown to the enervating effects of this unsuccessful water cure, the reduced diet dictated by his disturbed liver and excessive medicinal use of chloral hydrate, as well as grief at his father's death."

[282] Anonym, My Experience, S. 84.

[283] G.B.A.M. Finlayson, The Seventh Earl of Shaftesbury, London 1981, S. 335f. Zitiert nach: MacKenzie, History of Ticehurst Private Asylum, S. 99.

sammen. „The feelings of fear and shame [...] a sort of shame about it – that the experience left behind, died slow and hard,“[284] erinnerte sich Merivale und die Tatsache, dass er sein Buch anonym veröffentlichte, spricht ebenfalls dafür, dass er seinen Namen nicht mit seinen Erfahrungen assoziiert haben wollte. Wie auch in diesem Fall zeigt der Abgleich der im Ticehurst Private Asylum eingewiesenen Patienten mit ihren *census returns*, dass die Zensusfrage völlig an der Realität der Betroffenen vorbeiging.

## Zusammenfassung und Ausblick

In diesem Kapitel stand die Wissensproduktion am Beispiel der *disabilities*-Spalte im Zensus im Mittelpunkt. Dabei handelte es sich um eine Frage, die sich schon kurz nach ihrer Einführung 1851 als methodisch schwierig herausstellte und trotzdem 1871 noch um weitere *disabilities* erweitert und in allen Volkszählungen von 1851 bis 1911 enthalten war. Zunächst verwundert ihre Einführung im Zensus von 1851, der sonst vor allem einfache demografische Daten erfragte. Die bisher in der Literatur vertretene These, dass die Einführung im Kontext der medizinischen Anliegen und des *public health movement* zu sehen war, kann nicht erklären, warum zunächst nur eine Frage zu *blind* und *deaf-and-dumb*, aber nicht zu anderen, ebenfalls z. B. von William Farr im GRO vorgeschlagenen Krankheiten oder Behinderungen aufgenommen wurde. Während im *Census Act* von 1851 die Formulierung „further particulars“ einen Spielraum für die Gestaltung der Fragethemen im General Register Office ließ, wurde ab 1861 bis zum *Census Act* von 1920 jedes Fragethema genau vorgegeben. Der Weg zu den jeweiligen Volkszählungsgesetzen war Teil eines politischen Prozesses, auf den verschiedene Akteure Einfluss nahmen. Allerdings zeigt sich in diesem Kontext auch die begrenzte Macht dieser Akteure. Wurde in der bisherigen Forschung vor allem William Farr mit der Einführung der Frage in Verbindung gebracht, so konnte Farr alleine keine Entscheidungen herbeiführen, vielmehr musste er mit dem Registrar-General kooperieren. Zudem war der Handlungsspielraum durch die vorgegebene Konsultation mit den zuständigen Behörden und weiteren Vorgaben aus dem Volkszählungsgesetz begrenzt. Die Einführung der Frage und später ihre Erweiterung waren vielmehr auf eine Anzahl von Impulsgebern zurückzuführen. Die Ideen von Einzelpersonen wie William Farr waren ebenso wichtig wie transnationale Einflüsse, denn zahlreiche andere Länder stellten in dieser Zeit Fragen zu *disabilities*, über die wiederum auf internationalen Kongressen und in Zeitschriften berichtet wurde. Zudem hatten andere Experten wie Ärzte und Interessengruppen, z. B. die Vertreter der Bildungseinrichtungen für Blinde und Gehörlose, sowie *charities*, *friendly societies* und andere Institutionen, die für die Versorgung dieser Menschen aufkamen, ein Interesse an der *disabilities*-Frage im Zensus. Während sich in der Mitte des 19. Jahrhunderts nicht immer klare Grenzen zwischen den

[284] Anonym, My Experiences, S. 71 f.

Experten und den Interessengruppen erkennen lassen, da die jeweiligen Akteure in überschneidenden Bereichen agierten, unterschieden sich ihre Rollen ab den 1880er-Jahren deutlicher. Nun wurden zum einen Kommissionen eingesetzt, die die Situation von Menschen mit Behinderungen eruierten, zum anderen organisierten sich Betroffene auch selbst.

Vom Zensusbüro wurden dabei zunehmend die Interessenvertretungen als schwierig wahrgenommen, da sie immer detailliertere Fragen forderten, die aber nicht in einer nationalen Volkszählung durchsetzbar waren. Die Interessenvertretungen, wie z.B. die Einrichtungen für Gehörlose, argumentierten aus der Logik ihres eigenen Feldes heraus und übersahen dabei die konkreten administrativen, gesetzlichen und methodischen Vorgaben des Zensus. Wichtiger wurden für das GRO deshalb Experten aus dem medizinischen Feld. Ihre Meinung wurde im Hinblick auf eine Verbesserung und Vereinheitlichung der Definitionen geschätzt. Trotzdem konnte das GRO die Interessenvertretungen nicht ignorieren. Allerdings kam ihm hier der Erste Weltkrieg zur Hilfe, der es für die Interessenvertretungen schwierig machte, mit reduziertem Personal weiter Lobbyarbeit zu leisten. Zudem wurden nun andere Statistiken eingeführt, durch die die Interessengruppen zuverlässiger als im Zensus zu den erwünschten Daten gelangen konnten, sodass das Bestreben nach einer funktionierenden Zensusfrage weniger wichtig war.

Die Geschichte der *disabilities*-Frage im britischen Zensus unterstützt die Beobachtung von Michael Oliver und Brendan Gleeson, nach der das Phänomen Behinderung durch die Industrialisierung sichtbar gemacht wurde. Denn nun wurden Menschen mit Behinderungen, die den Bedingungen der industrialisierten Arbeitswelt nicht standhalten konnten, als Problem konstruiert.[285] Dieses Problem sollte in Politik, Gesellschaft und Wirtschaft durch Institutionalisierung und Medikalisierung und, wenn möglich, Rehabilitation und Bildung gelöst werden. Eine grundlegende Voraussetzung dafür war eine zahlenmäßige Erfassung der Personen und die sollte der Zensus liefern.

Während die Vorgaben für die *disabilities*-Frage im politischen Prozess ausgehandelt wurden, entstand für die Zensusmacher das Problem, dass sich die betroffenen Personen nicht einfach zählen ließen – sie widersetzten sich der Wissensproduktion. Das heißt, dass mit dem in der Literatur als *Social Oppression Theory* bekannten sog. materialistischen Modell[286] die Körperlichkeit und der Lebensalltag der Menschen mit Behinderungen nicht allein beschreibbar war. Der Zensus verlangte, dass die betroffenen Personen sich entweder selbst mit dem Label *blind, deaf-and-dumb, lunatic, idiot, feeble-minded* oder *imbecile* versahen oder dass sie von anderen (z.B. der Familie, dem Haushaltsvorstand) so kategorisiert werden sollten. Dieser Forderung des Zensusbogens wurde für die verschiedenen Behinderungen in unterschiedlicher Weise nachgekommen. Zudem unterschie-

[285] OLIVER, Politics of Disablement, S. 69f.; ders., Sociology of Disabilitiy or a Disabilist Sociology?; GLEESON, Disabilities Studies; ABBERLEY, Work, Utopia and Impairment. Siehe zudem die Zusammenfassung der britischen Forschung in BÖSL, Grundlagen und Forschungsstand, S. 9f.

[286] Zusammenfassend siehe PRIESTLEY, Worum geht es bei den Disability Studies. Siehe auch Einleitung zu Kapitel IV.

den sich die Angaben je nachdem, ob jemand in einer Institution untergebracht und somit bereits gelabelt war oder ob jemand im Alltag nicht so eindeutig in die eine oder andere Schublade passte. Schüler und Schülerinnen der Yorkshire Institution for the Instruction of Deaf and Dumb Children waren dabei durchaus bereit, sich im Zensus als „deaf-and-dumb" auszugeben. Dies hing nicht zuletzt mit der aus der Sicht der Bildungseinrichtung und der Gesellschaft positiven Entwicklung der Absolventen der Yorkshire Institution zusammen, eine Meinung, die in ähnlicher Form offenbar auch von den Betroffenen selbst übernommen wurde: Sie wurden durch die Ausbildung in die Lage versetzt, sich selbst zu versorgen, und erreichten somit das durch die Bildungseinrichtung angestrebte Ziel von Politik, Wirtschaft und Gesellschaft. Im Verständnis der *dis/ability studies* wurde hier somit statt der *disability* die *ability* gefördert. Das wirkte sich offenbar positiv auf die Selbstwahrnehmung der Betroffenen aus, d. h. sie trugen sich in die *disabilities*-Spalte ein. Die *census returns* lassen allerdings nur einen begrenzten Einblick in die Sichtweise der Betroffenen zu, da kaum ungefilterte, d. h. nicht im Rahmen der Institution gemachte Aussagen von ihnen vorliegen. Die Ausschnitte aus den Oral-History-Interviews von Humphries und Gordon deuten zumindest eine wesentlich komplexere Wirklichkeit der Betroffenen an, sowohl im Hinblick auf das Regime der Bildungseinrichtung als auch im Hinblick auf den Umgang mit Behinderungen innerhalb der Familie und der nächsten sozialen Umgebung. Es kann hier vermutet werden, dass nur wenige Personen, die nicht in irgendeiner Form mit Institutionen assoziiert waren, tatsächlich im Zensus eingetragen wurden. Das hing auch damit zusammen, dass die Antwort auf die Frage in der Wirklichkeit der Betroffenen gar nicht eindeutig möglich war, geschweige denn von ihrer Familie gewollt war. Die Sorge der Zensusbeamten, dass die *disabilities*-Frage methodisch nicht fragbar war, scheint somit durchaus berechtigt. Völlig an der Wirklichkeit der Betroffenen vorbei ging zudem die Frage nach *lunatic* in den Volkszählungen von 1871 bis 1911. Am Beispiel des Ticehurst Private Asylums zeigt sich, dass nur eine ganz geringe Zahl der dort aufgenommenen Personen sich im Verlauf ihres Lebens als *lunatic* im Zensus ausgab bzw. so von anderen eingetragen wurde. Ganz davon abgesehen, dass der Zustand der Betroffenen es eventuell gar nicht zuließ, sich selbst im Zensus einzutragen, stellte sich zudem wie auch bei den anderen Behinderungen die Frage, was überhaupt unter den Bezeichnungen wie *lunatic* verstanden werden sollte, wenn selbst die Patientenakten andere Diagnosen wie *unsound mind* o.ä. verwendeten. Die Frage war – und das brachten die Zensusmacher auch zum Ausdruck – schlichtweg unfragbar.

Es kann somit kaum verwundern, dass weitere Bestrebungen im 20. Jahrhundert, eine Frage zu Behinderungen wieder einzuführen, zumeist scheiterten. Ein Vorschlag für den Zensus von 1951 wurde mit dem Hinweis auf Definitionsprobleme bereits nach Diskussionen innerhalb des Ministry of Health abgewiesen. In ihm wurde gleichermaßen die Notwendigkeit und die Schwierigkeit betont, Zahlen in Bezug auf Gehörlose zu erheben. Interessant ist in dem Zusammenhang der Verweis auf die Entwicklung der Personen, die in früheren Volkszählungen als *deaf-and-dumb* eingetragen wurden:

Until a generation ago a born deaf person had little education and was greatly neglected. As a result he became dumb. ‚Deaf and dumb' accordingly became an accepted term amongst the public and the deaf-mutes themselves for defining people afflicted. Today, the intelligent public refer to ‚deaf and dumb' as deaf. The born deaf themselves, resent the term ‚deaf and dumb'.[287]

Das veränderte Selbstverständnis zeigt sich auch im Wandel der Erklärungsmodelle. So wurde in der zweiten Hälfte des 20. Jahrhunderts zunehmend betont, dass Menschen mit körperlichen Andersheiten nicht per se Behinderte seien, sondern erst durch Benennungsprozesse und durch materielle Barrieren dazu gemacht werden. Sie werden daran gehindert, an der Gesellschaft teilzuhaben. Dass der Weg hin zu einem sozio-kulturellen Modell und weg von einem medizinischen Modell weit war, zeigte sich z. B. in den Umfragen, die die staatliche Social Survey Division in den 1960er-Jahren im Rahmen des National Health Service durchführte. Für den *Survey of Impairment, Handicap and Disability* wurden die Interviewer beauftragt körperliche Untersuchungen ihrer Interviewpartner durchzuführen. „Since the tests had to be standardised some of the pieces of equipment the interviewers had in their bag were a nylon bag and packet of washing powder as a weight for respondents to lift, a set of nuts and bolts for respondents to put together and a cardigan for respondents to put on to do and undo the buttons."[288] Für den Mitte der 1980er-Jahre erneut durchgeführten OPCS *Disability Survey* wurde betont, dass neue Konzepte und Methoden angewandt wurden. Allerdings stand auch hier die Klassifizierung der Betroffenen nach verschiedenen Graden im Mittelpunkt und bei der Entwicklung der Klassifikation wurden keine Betroffenen, sondern nur „experts including doctors, physiotherapists, psychologists and occupational therapists" integriert.[289] Eine weitere Beschäftigung im Rahmen von Umfragen mit Menschen mit Behinderungen müsste somit außerhalb des Zensus ansetzen und die Umfragen innerhalb der Government Social Survey Division bzw. des OPCS und dem *Register of the Blind* o.ä. näher in den Blick nehmen.[290]

Eine Frage zu *disabilities* fand allerdings auch in den britischen Zensus wieder Eingang, wenn auch in veränderter Form: Im Kontext der Erwerbstätigkeit wurde 1971 danach gefragt, ob man in der letzten Woche beschäftigt oder warum man nicht beschäftigt gewesen sei. Unter den Ankreuzmöglichkeiten fand sich auch die Möglichkeit „intending to seek work but sick". 1981 lautete die vorgegebene Antwortmöglichkeit auf die vergleichbare Frage „permanently sick or disabled". Während diese beiden Fragen eindeutig auf den Arbeitsmarkt bezogen waren und auch in ähnlicher Form in allen folgenden Volkszählungen bis heute zu fin-

[287] Ministry of Health, Internal Memo, März 1949, TNA, MH 58/905. Ein weiterer im House of Commons eingebrachter Versuch für eine *disabilities*-Frage im Zensus von 1981, fand keine Berücksichtigung. Hansard HL Deb 22. 4. 1980, vol. 408, cc729–56.

[288] Office for National Statistics, 60 Years of Social Survey, S. 45.

[289] Ebd., S. 65. Siehe auch die umfangreichen Akten in TNA, siehe z. B. Survey of Disabled 1984–5, TNA, BN 81/232. Überlegungen zum Umgang mit Statistiken finden sich in: Borsay, Disability and Social Policy, S. 8–10; Oliver und Barnes, Disabled People, S. 19–23: The Demography of Disability; Armstrong, Political Anatomy, insb. Kap. 5: Technologies of the Survey, und Kap. 7: Disciplines of the Survey.

[290] Siehe dazu z. B. Abberley, Disabled by Numbers.

den sind, änderte sich mit einer zusätzlichen Frage im Zensus von 1991 die Stoßrichtung erneut und war im Kontext einer alternden Gesellschaft und deren Versorgung zu sehen: Unter der Überschrift „Long-term illness" befand sich folgende Frage: „Does the person have any long-term illness, health problem or handicap which limits his/her daily activities or work he/she can do? Include problems which are due to old age." Dies wurde für den Zensus von 2001 noch einmal konkretisiert: „Do you look after, or give any help or support to family members, friends, neighbours or others because of: long-term physical or mental ill-health or disability, or problems related to old age?" Während diese Fragen im Kontext der Versorgungsleistungen gestellt wurden, wurde 2001 zudem eine eigentümlich anmutende Frage zur Gesundheit hinzugefügt: „Over the last twelve months would you say your health has on the whole been: Good? Fairly good? Not good?" (siehe Abbildung 7). Diese Frage wurde bereits im zweiten Kapitel als Indiz für eine zunehmend unklare Ausrichtung der Volkszählungsbögen behandelt. Sie wurde auch 2011 mit etwas anderen Antwortmöglichkeiten wiederholt (siehe Anhang Abbildung B.4, Frage 13). Für eine andere im zweiten Kapitel aufgestellte These, die hinter der Ausweitung der Fragen und der Fragetypen den Versuch vermutete, sich gegenüber allen politischen Gruppen korrekt zu verhalten, spricht eine andere Entwicklung im Zensusbogen von 2011. Denn nun wurde unter der Frage „What is your main language?" die British Sign Language explizit als Antwortmöglichkeit genannt (siehe Anhang Abbildung B.4, Frage 18).

Während die *disabilities*-Frage in der zweiten Hälfte des 20. Jahrhunderts quasi durch die Hintertür wieder in den Zensus aufgenommen wurde, war es ein anderes Thema, das in dieser Zeit die Zensusmacher in Atem hielt: die Frage nach *race* und *ethnicity*. Wie schon bei den *disabilities* ging es dabei um soziale und diskursive Konstruktionen von Unterschieden und deren Konkretisierung in der Zensusfrage. Das folgende Kapitel bietet in dieser Hinsicht gewissermaßen eine Fortsetzung der hier zum Thema *disabilities* dargestellten Prozesse und verbindet dabei die Diskussionen aus dem 19. mit denen des 20. Jahrhunderts.

# Kapitel V

## Kontroverses Wissen im 20. Jahrhundert: *race/ethnicity*

„‚Race' and ‚ethnicity' are among the most elusive terms to define clearly in social science research."[1] Mit dieser Feststellung begann der Soziologe Martin Bulmer im Jahr 1986 seinen Beitrag zum Sammelband *Key Variables in Social Investigation.* Trotz dieser Schwierigkeiten haben sich *race* und *ethnicity* zu grundlegenden Konzepten der Umfrageforschung in der zweiten Hälfte des 20. Jahrhunderts entwickelt. Als Schlüsselvariablen etablierten sich zum Beispiel auch *age*, *education* oder *occupation*, aber *race* und *ethnicity* brachten unter diesen Konzepten ebenso wie *disabilities* die Schwierigkeit mit sich, dass sie in hohem Maße von der Selbsteinschätzung der Befragten abhingen. Bulmer verdeutlichte dies am Beispiel von *social class*, das ebenfalls – wie das dritte Kapitel dieser Arbeit gezeigt hat – kein einfaches Konzept war, aber von den Umfrageforschern durch die Messung über den Beruf bzw. den beruflichen Status im Zensus operationalisiert wurde: „In contrast to social class, where objective definition in terms of occupation or income, and subjective class identification, are separable dimensions, ‚ethnicity' and ‚race' are socially defined in terms of their meaning for actors."[2] Während auch für andere Variablen in ähnlicher Weise Operationalisierungsmöglichkeiten gefunden wurden, so z. B. für *education* über die Frage nach dem Berufsabschluss, stellte sich dies für den Themenkomplex *race/ethnic group* zunehmend als schwierig heraus. In diesem Kapitel wird es deshalb um die Frage nach der Wissensproduktion am Beispiel *race/ethnicity* gehen, die sich in den größeren Kontext der Frage nach der Identität einordnet.[3] Was war überhaupt mit *race* bzw. *ethnicity* oder auch *ethnic group* gemeint? Wie wurden die Fragen formuliert und wie veränderten sie sich? Welche Akteure nahmen auf die Produktion des Wissens Einfluss?

Während die *disabilities*- und die *ethnicity*-Frage eine Reihe von Gemeinsamkeiten haben, gibt es mindestens zwei signifikante Unterschiede: Der erste Unterschied besteht darin, dass das Themenfeld *race/ethnicity* im 20. Jahrhundert in mehrfacher Hinsicht ein noch stärker politisiertes und öffentlich diskutiertes Feld darstellte. Durch den *Aliens Act* von 1905 und durch weitere Gesetze vor allem nach 1945 war die Zuwanderung nach Großbritannien eingeschränkt worden. Das Thema Zuwanderung stand im Zentrum einer von Parteien und der weiteren Öffentlichkeit geführten Debatte.[4] Zudem handelte es sich um ein Feld, in dem

[1] Bulmer, Race and Ethnicity, S. 54.

[2] Ebd., S. 55.

[3] Vgl. dazu z. B. Caplan und Torpey (Hrsg.), Documenting Individual Identity; Cooper, Colonialism in Question, darin zusammen mit Rogers Brubaker das Kapitel zu Identity; Kertzer und Arel (Hrsg.), Census and Identity.; Kushner, We Europeans?.

[4] Zum *Aliens Act* 1905 siehe z. B. Wray, Aliens Act 1905; Pellew, Home Office; Gainer, Alien Invasion; Garrard, English and Immigration; Lloyd P. Gartner, Jewish Immigrant; Reinecke,

vor allem in der zweiten Hälfte des 20. Jahrhunderts durchgehend Akteure präsent waren, die in hohem Maße selbst politisch aktiv waren und sich zudem mit den zugrunde liegenden Konzepten von *race* und *ethnicity* bestens auskannten. Das zeigt auch das Einleitungszitat von Homi Bhabha, einem Vertreter der *postcolonial studies*: „Statistical facts and figures are not politically neutral. They are powerful tools in the hands of racists, as the long and sorry history of the ‚numbers game' illustrates."[5] Insbesondere das Centre for Contemporary Cultural Studies an der University of Birmingham und sein Direktor Stuart Hall hatten wichtigen Einfluss auf Diskussionen zum Zusammenhang von *race, nation* und *ethnicity*.[6] In der zweiten Hälfte des 20. Jahrhunderts wurde davon ausgegangen, dass *race* in erster Linie ein biologisches Konzept war, das nach angeblich naturgegebenen Unterschieden, wie z. B. der Hautfarbe, suchte; wohingegen *ethnicity*, das sich als Konzept seit den 1970er-Jahren etablierte,[7] auf kulturelle Unterschiede verwies und Grenzen zwischen Personen markierte, die sich an Religion, Geschichte, Sprache und Herkunft orientierten.[8] Weder *race* noch *ethnicity* haben feste Bedeutungen, vielmehr stellen beide Möglichkeiten dar, diskursiv Unterschiede zwischen Menschen zu konstruieren und zugleich Machtverhältnisse zu markieren.[9] Aufgrund ihrer eigenen Erfahrung mit der Kolonialmacht Großbritannien in der Peripherie und als Immigranten im Zentrum, war den Beteiligten sehr bewusst, dass beide Begriffe *race* und *ethnicity* dazu benutzt wurden, Grenzen aufzuzeigen und zwischen „them and us" zu unterscheiden.[10] Eingebunden war in diese Grenzziehungsdebatten somit zugleich auch die Verständigung über *Englishness* oder *Britishness*. In diesem Kontext konnten Zensusfragen, die sich vor allem ab den 1970er-Jahren mit diesem Themenkomplex beschäftigten, nicht im Zensusbüro quasi hinter verschlossenen Türen, d. h. nur unter Hinzuziehung von bestimmten Interessengruppen entwickelt werden, vielmehr mussten sie sich im öffentlichen Diskurs behaupten. Somit fand nicht nur die Festlegung der The-

Grenzen der Freizügigkeit. Für Überblicksdarstellungen zur Geschichte der Immigration nach 1945 vgl. z. B. PANAYI, Immigration, Multiculturalism and Racism; WEBSTER, Immigration and Racism; KUSHNER, Immigration and ‚Race Relations. Vgl. weiterhin: HOLME, John Bull's Island; ders., A Tolerant Country?; PAUL, Whitewashing Britain; KUSHNER und KNOX, Refugees in an Age of Genocide; LAYTON-HENRY, Politics of Immigration; SOLOMOS, Race and Racism; HANSEN, Citizenship and Immigration. In vergleichender Perspektive siehe z. B. STURM-MARTIN, Zuwanderungspolitik; dies. und SCHÖNWÄLDER (Hrsg.), Britische Gesellschaft; FAHRMEIR, Citizens and Aliens.

[5] Jackie und Homi Bhabha, Census Figures that Cannot Defeat Racism, THE GUARDIAN 16. 1. 1980.

[6] Unter den vielen Veröffentlichungen von Stuart Hall siehe z. B. HALL, Ethnicity, Identity and Difference. Siehe auch den grundlegenden Beitrag eines anderen Vertreters des Centre for Contemporary Cultural Studies an der University of Birmingham: GILROY, One Nation Under a Groove.

[7] FENTON, Ethnicity, S. 1.

[8] HALL, MCCLELLAND und RENDALL, Introduction, S. 45. Grundlegend siehe BARTH (Hrsg.), Ethnic Groups and Boundaries. Siehe auch SOLOMOS und BACK, Racism and Society; ELEY und SUNY (Hrsg.), Becoming National.

[9] HALL, MCCLELLAN und RENDALL, Introduction, S. 46.

[10] Ebd.

men, sondern auch die Entwicklung der Fragen in einem vielfältigen politischen Prozess statt, der Organisationen auf *grass-roots level* einbezog.

Der zweite Unterschied zur *disabilities*-Frage bestand darin, dass aus der Perspektive der Zeitgenossen die Fragen zur *ethnic group* aufgrund der verschiedenen (Kolonial)Geschichten der einzelnen Länder so sehr von Land zu Land variierten, dass Standardisierungen nur fehlschlagen konnten und deshalb auch gar nicht erst versucht werden sollten.[11] Ein Beispiel dafür ist die Haltung der Vereinten Nationen, die sich in vielen Bereichen um die Standardisierung von Fragen bemühten, in Bezug auf Fragen zu *race* und *ethnicity* aber keine Vereinheitlichung vorschlugen, sondern explizit betonten, dass Lösungen auf nationaler Ebene gefunden werden müssten. So hieß es z. B. in einer Veröffentlichung der Vereinten Nationen aus dem Jahr 1969: „By the nature of the subject, these groups will vary widely from country to country, so that no internationally accepted criteria can be recommended."[12] Es handelte sich somit um ein Phänomen, das viele Länder und viele Menschen betraf; für die Frageform selbst konnte aber nach Meinung der Akteure anders als bei der Frage zu den *disabilities* weniger auf die Verfahren in anderen Ländern zurückgegriffen werden. Schon ein erster Blick auf den US-amerikanischen Zensus zeigt, dass dort Fragen gestellt wurden, die vor allem auf rassischen Kategorien aufbauten, die in Großbritannien in der Form nicht fragbar waren.[13] In Frankreich hingegen waren jegliche Fragen zur ethnischen Herkunft nicht akzeptabel.[14] Hinzu kam, dass die Geschichte als Warnung vor dem Missbrauch von Zensusdaten herangezogen wurde. So beeinflussten die explizit auf die Identifizierung von Juden und anderen sozialen Gruppen ausgelegten Volkszählungen im Nationalsozialismus weitere Volkszählungen in der Bundesrepublik vor allem in den 1980ern.[15]

Vor diesem Hintergrund steht im Folgenden die Frage im Zentrum, wie die Produktion von Wissen über verschiedene Identitäten im britischen Zensus erfolgte.[16] Dabei können zwei grundlegend getrennte Zeitabschnitte unterschieden werden: erstens die Volkszählungen von 1841 bis 1981, in denen nicht direkt nach *race* oder *ethnicity* gefragt wurde, aber andere in diesen Kontext gehörende Fragen gestellt wurden (siehe Abschnitt V.1). Zweitens wird es um die Volkszählungen ab 1991, die direkte Fragen zur *race* und *ethnicity* enthielten, gehen. Aller-

[11] Siehe dazu LEE, Defining Population, S. 110.

[12] UNITED NATIONS, Principles and Recommendations for the 1970 Population Censuses, S. 23.

[13] Zur US-amerikanischen Geschichte der Zensusfragen zu *race* und *ethnicity* siehe:LEE, Racial Classification in the US Census; SKERRY, Counting on the Census? SCHOR, Mobilising.

[14] BLUM, Resistance to Identity Categorization.

[15] Siehe zur Einordnung der deutschen Erfahrung in einen europäischen Kontext: LEE, Defining Population, S. 89–117. Zum Protest gegen geplante Volkszählungen in der Bundesrepublik in den 1980ern siehe: HANNAH, Dark Territory in the Information Age; BERGMANN, Volkszählung und Datenschutz; FROHMAN, Informationelle Selbstbestimmung. Zur Geschichte der Volkszählungen im Nationalsozialismus bzw. mit Bezug darauf vgl. ALY und ROTH, Restlose Erfassung; EHMER, FERDINAND und REULECKE (Hrsg.), Herausforderung Bevölkerung; MACKENSEN und REULECKE (Hrsg.), Konstrukt ‚Bevölkerung'; WIETOG, Volkszählungen unter dem Nationalsozialismus.

[16] Dieses Kapitel ist eine veränderte und erweiterte Version des 2010 erschienenen Aufsatzes: BRÜCKWEH, Akt planerischer Notwendigkeit.

dings begannen die Diskussionen zu direkten Fragen bereits in den 1970er-Jahren, sodass diese Zeit als Übergangsphase gesehen werden muss, bevor sich die Diskussionen und Aushandlungsprozesse, d. h. die zirkuläre Wissensproduktion, in der Zensusfrage von 1991 manifestierten (siehe dazu Abschnitt V.2).

## 1. Über indirekte Fragen zum gewünschten Wissen

Für das 19. und das frühe 20. Jahrhundert zeigten Diskussionen auf den internationalen Statistikerkonferenzen und Praktiken in anderen Ländern, dass Erkenntnisse über die Identität der Einwohner mithilfe verschiedener Stellvertreterfragen gewonnen wurden: Geburtsort, Religion, Muttersprache, Nationalität, Staatsbürgerschaft und *race* wurden als maßgebliche Indikatoren angesehen.[17] Die nationalen Praktiken waren verschieden und änderten sich auch innerhalb eines Landes je nach politischen Machtverhältnissen, wissenschaftlichen Diskursen und internationalen Diskussionen. Während z. B. deutsche und österreichische Regierungen im 19. Jahrhundert besorgt über die sprachlichen und kulturellen Unterschiede in ihren Territorien waren, spielte die Sprachenfrage für Großbritannien lange Zeit nur eine untergeordnete Rolle und wurde im Zensus nicht bzw. nur im Hinblick auf Wales gefragt.[18] Die Übersetzung der Fragebögen z. B. 1911 ins Deutsche und Hebräische wurde im Zensusbüro in erster Linie im Hinblick auf die Methodik und die Erzielung möglichst genauer Ergebnisse (vgl. Kapitel II), und nicht im Hinblick auf die Identität der Befragten diskutiert. Wichtiger schien den Briten in den Volkszählungen des 19. Jahrhunderts die Abgrenzung von Engländern und Walisern gegenüber Schotten und vor allem gegenüber den katholischen Iren gewesen zu sein.[19] In diesem Kontext spielte auch die Religion eine signifikante Rolle, denn – so die Feststellung von Catherine Hall, Keith McClelland und Jane Rendall – „Religious belonging was one of the most significant markers of ethnicity, and indeed of race, in the four nations in the nineteenth century."[20] Allerdings wurde im britischen Zensus die längste Zeit nicht nach Religion gefragt. Zwar wurde 1851 ein *Religious Census* durchgeführt, aber der war nur als separater Bogen an den allgemeinen Zensus angehängt und wurde auch nicht wiederholt.[21] Im *Census Act* von 1920 wurde Religion nicht aufgenommen, Vorschläge für die Wiedereinführung z. B. für den Zensus von 1961 scheiterten[22]

[17] Vgl. dazu Lee, Defining Population, S. 90.

[18] Vgl. dazu Parry und Williams, Welsh Language and the 1891 Census; Levitan, Cultural History of the British Census, S. 148. Zu Sprachenstatistik und Nationalitäten im Königlich Preußisch Statistischen Bureau siehe: Schneider, Wissensproduktion im Staat, S. 303–342.

[19] Levitan, Cultural History of the British Census, S. 148.

[20] So die Feststellung bei Hall, McClellan und Rendall, Introduction, S. 46.

[21] Zum *Religious Census* siehe Brown, Death of Christian Britain; Thompson, David M., The 1851 Religious Census; ders., The Religious Census of 1851.

[22] Siehe dazu die Diskussionen in: Census Information Religion, 1958–60, TNA, RG 19/223.

und erst 2001 und 2011 tauchte dieses Thema im Zensusbogen auf, die Beantwortung war allerdings im Gegensatz zu den anderen Fragen freiwillig. Ohne Fragen zur Sprache und zur Religion fehlten bereits zwei wichtige Identitätsmarker. Im Folgenden soll es deshalb zunächst darum gehen, wonach im britischen Zensus im Hinblick auf den Themenkomplex *race/ethnicity* überhaupt gefragt wurde. Relativ gleich blieben die Fragen von 1841 bis 1961 (dazu Abschnitt V.1.a und Tabelle 19). Ab dem Jahr 1971 fällt auf, dass es in jedem Zensus einen erneuten Versuch gab, den Themenkomplex Nationalität, *race, ethnicity* in eine oder mehrere Fragen zu fassen. Diese Fragen wichen erheblich voneinander ab. Da es aber ein Grundanliegen von Volkszählungen ist, eine möglichst lange Vergleichbarkeit zu erzielen, war eine wiederholte grundlegende Änderung einer Frage nicht erstrebenswert. Wenn trotzdem für jede der Volkszählungen ab 1971 eine andere Frage formuliert wurde, so lässt das auf ein grundsätzliches Problem zwischen den verschiedenen an der Volkszählung beteiligten Akteuren schließen. Generell werden vier Kriterien in der Fachliteratur genannt, an denen sich die Entscheidung für die Aufnahme einer Zensusfrage orientiert. Celia Moss von der britischen Census Division formulierte dies 1999 wie folgt:[23] Erstens musste nachgewiesen werden, dass ein eindeutiger Bedarf für ein Thema bestand. Zweitens musste sichergestellt werden, dass die Informationen nicht bereits über andere Quellen erhältlich waren. Drittens musste eine Frageform gefunden werden, die akkurate Daten erzeugen konnte. Viertens musste das Thema für die Öffentlichkeit akzeptabel sein und keinen nachteiligen Effekt auf die gesamte Beantwortung des Fragebogens haben. Hinzu kam noch ein fünfter Punkt, der nicht immer explizit formuliert wurde, aber eindeutig Auswirkungen auf die Umfragegestaltung hatte: Die Frage zu einem bestimmten Thema musste ihr (Steuer)Geld wert sein („that they […] represent value for money“[24]). Auf wenig Akzeptanz in der Öffentlichkeit stieß 1971 die Frage nach dem Geburtsort der Eltern (zu den Gründen siehe Abschnitt V.1.b). Nachdem die Zensusmacher durch diese Frage zu erkennen gegeben hatten, dass sie in erster Linie an der Hautfarbe der Einwohner interessiert waren, wurde für die nächste Volkszählung von 1981 offensiv und mit viel Aufwand nach einer Frageform gesucht, die zu eindeutigen Ergebnissen im Sinne der Zensusmacher führen und trotzdem auf die Akzeptanz bei den Befragten stoßen sollte (Abschnitt V.1.c).

### a) Stellvertreterfragen: Geburtsort, Nationalität, Staatsbürgerschaft (1841–1961)

Der britische Zensus war bereits ab 1841, also ab dem Jahr, in dem zum ersten Mal Einzelpersonen aufgenommen wurden, an der Herkunft seiner Einwohner und Einwohnerinnen interessiert (siehe Tabelle 19). Die Zensusfragen zeigen eine

[23] Moss, Selection of Topics, S. 29.
[24] Ebd., S. 28.

*Tabelle 19: Fragen zum Geburtsort in den Volkszählungen von 1841 bis 1961*[1]

| Jahr | Bezeichnung der Spalte im Zensusformular | Erläuterungen im Zensusformular |
|---|---|---|
| 1841 | Where Born | Whether Born in the County<br>Whether Born in England, Ireland or Foreign Parts |
| 1851 | Where Born | Opposite the Names of those born in England write the *County*, and *Town* or *Parish*<br>If Born in Scotland, Ireland, the British Colonies, the East Indies, or in Foreign Parts state the *Country*; in the last case, if a British Subject, add „British Subject“[2] |
| 1861 | Where Born | Opposite the Names of those born in England write the *County*, and *Town* or *Parish*<br>If Born in Scotland, Ireland, the British Colonies, or the East Indies, state the *Country*;<br>If Born in Foreign Parts state *Country* and if also a British Subject, add „British Subject“ or „Naturalised British Subject“, as the case may be. |
| 1871 bis 1891 | Where Born | Opposite the Names of those born in England write the *County*, and *Town* or *Parish*<br>If Born in Scotland, Ireland, the British Colonies, or the East Indies, state the *Country* or *Colony*;<br>If Born in Foreign Parts state *Country* and if also a British Subject, add „British Subject“ or „Naturalised British Subject“, as the case may be. |
| 1901 | Where Born | State the Birthplace of each person<br>(1) If in England or Wales, the County and Town, or Parish,<br>(2) If in Scotland or Ireland, the name of the Country<br>(3) If in a British Colony or Dependency, the name of the Colony or Dependency<br>(4) If in a Foreign country, the name of the Country, and whether the person be a „British Subject," a „Naturalised British Subject," or a „Foreign Subject," specifying nationality, such as „French, German, etc.“ |
| 1911 | Birthplace of every person | (1) If born in the United Kingdom, write the name of the County, and Town or Parish<br>(2) If born in any other part of the British Empire, write the name of the Dependency, Colony, etc., and of the province or State.<br>(3) If born in a Foreign Country, write the name of the Country.<br>(4) If born at sea, write „At Sea.“<br>NOTE.– In the case of persons born elsewhere than England or Wales, state whether „Resident“ or „Visitor“ in this country |
| | Nationality of every Person born in a Foreign Country | State whether<br>(1) „British subject by parentage“<br>(2) „Naturalised British subject," giving year of naturalisation Or<br>(3) If of foreign nationality, state whether „French," „German," „Russian," etc. |

| Jahr | Bezeichnung der Spalte im Zensusformular | Erläuterungen im Zensusformular |
|---|---|---|
| 1921 | Birthplace and Nationality | (1) If born in the United Kingdom, write the name of the County, and Town or Parish<br>(2) If born outside the United Kingdom write the name of the Country, and of the State, Province, District, or<br>(3) If born at sea, write „At Sea."<br>If not born in the United Kingdom state whether Visitor or Resident in the Country and state also nationality if born in a Foreign Country, e.g. „British-born," „Naturalised British Subject", „French," „German," „Russian," etc. |
| 1931 | Birthplace | (1) If born in the *United Kingdom write the name of the County, and Town or Parish<br>(2) If born outside the United Kingdom write the name of the Country, and of the State, Province, or District, or, if born at sea, write „At sea."<br>* United Kingdom means Great Britain and Northern Ireland |
| | Nationality | If born in a foreign country or at sea state nationality, e.g., „French," „German," „Polish," „British Born," „Naturalised British Subject," etc. |
| 1951 | Birthplace | (1) If born in Great Britain or Northern Ireland write the name of the County, and Town or Parish<br>(2) If born outside the United Kingdom write the name of the Country, and of the State, Province, or District, or, if born at sea, write „At sea." |
| | Nationality | For all persons not born in Great Britain or Northern Ireland, state present Nationality, e.g., French, German, Polish, etc., or if British, whether British by British Descent, British by Naturalisation, British through Marriage, British by Registration, etc. |
| 1961 | Country of birth | If born in Great Britain write „England," „Scotland"; or „Wales," whichever applies. *See Note 7*[3]<br>If born in Ireland write „Northern Ireland" or „Irish Republic".<br>If born elsewhere give the country of birth, e.g. Trinidad, Poland, or write „At Sea". |
| | For persons NOT born in Great Britain or Northern Ireland *See Note 8*[4] | (a) If a citizen of the Commonwealth state at (i) citizenship, e.g. United Kingdom and Colonies, Indian, Canadian.<br>(b) If a citizen of the U.K. and Colonies state at (ii) whether citizen by birth, descent, naturalisation, registration, marriage, etc.<br>(c) For other persons stat at (i) nationality, e.g. Italian, Polish, Yugoslav. |

1 Die Fragen wurden den *Householder's Schedules* entnommen.

2 Der Zensusbogen für Schottland war genauso formuliert, tauschte die Landesteile aber aus: „Opposite the Names of those born in Scotland write the County, and Town or Parish, If Born in England, Ireland, the British Colonies, the East Indies, or in Foreign Parts state the Country; in the last case, if a British Subject, add British Subject."

3 „See Note 7" bezog sich auf die Anweisungen auf der Vorderseite des Fragebogens, dort stand: „For the purposes of the Census, persons born in Monmouthshire should write ‚Wales'."

4 Auch dieser Hinweis bezog sich auf die Anweisungen auf der Vorderseite des Bogens, dort stand unter der Überschrift „Citizenship or Nationality. (a) For citizens of the Irish Republic write ‚Irish', (b) For British protected persons give the protectorate or trust territory, e.g. Uganda, Tanganyika."

Kontinuität in den Jahren 1841 bis 1901, in denen nach dem Geburtsort gefragt wurde – „where born" lautete die entsprechende Spalte. In den Erläuterungen, die direkt unter der Überschrift im Zensusbogen abgedruckt waren, lässt sich eine zunehmende Ausweitung der Fragen ablesen (siehe Tabelle 19). Zunächst interessierte die Aufteilung innerhalb der einzelnen Bezirke, Städte und Gemeinden und die Verteilung der Bevölkerung innerhalb Englands, Schottlands und Irlands (Wales wurde auffälligerweise bis 1891 nicht extra erwähnt).[25] Spezifizierungen zu Kolonien und zum Ausland kamen bereits 1851 hinzu und 1861 wurde zudem nach „British subjects" gefragt. 1901 erwähnten die Erläuterungen zum ersten Mal das Wort „nationality", das von 1911 bis 1951 zur Spaltenüberschrift wurde. In diesem Zeitraum wurde in zwei Spalten nach „birthplace" und „nationality" gefragt. 1961 kündigte sich eine weitere Veränderung an, denn nun interessierte nicht mehr die Stadt oder Gemeinde, sondern nur noch das Geburtsland, wobei zusätzlich weiterhin nach England, Schottland, Wales, Irland und Nordirland unterschieden und nach „citizenship"[26] gefragt wurde. Edward Higgs vermutete, dass im 19. und frühen 20. Jahrhundert die zunehmende Spezifizierung in Bezug auf im Ausland geborene Einwohner Großbritanniens einerseits vor dem Hintergrund (möglicher) europäischer Kriege und andererseits aufgrund zunehmender Feindschaft gegenüber jüdischen Immigranten entstand.[27] Higgs nennt in diesem Kontext den *Aliens Act* von 1905, der allerdings nur der erste in einer Reihe von weiteren Gesetzen war, die die Zuwanderung auf die britischen Inseln beschränken sollten. Die zahlreichen kleineren Veränderungen, wie z. B. die Ergänzung von „Colony" im Jahr 1871, sind vermutlich auf die praktischen Erfahrungen des Ausfüllens im vorangegangen Zensus zurückzuführen.

Im Hinblick auf ihre Akzeptanz bei der Bevölkerung war die Frage mit ihren verschiedenen Modifikationen bis 1961 offenbar unproblematisch. Das lag vor allem daran, dass lange Zeit über die Frage nach dem Geburtsort indirekt Auskunft über die Herkunft, Religion oder Hautfarbe der Einwohner erhalten werden konnte; so wurde ein russischer Geburtsort im späten 19. Jahrhundert aufgrund der Pogrome mit jüdischen Einwanderern gleichgesetzt.[28] Ähnliche Analogien wurden nach 1945 für die Herkunft aus dem Empire und dem Commonwealth angewandt. Diese indirekte Form der Befragung funktionierte seit den 1960er-Jahren nur noch bedingt, da zu diesem Zeitpunkt bereits die Kinder der früheren Einwohner aus dem Commonwealth bzw. dem Empire in Großbritannien geboren worden waren. Damit änderte sich die Wissensproduktion, denn nun wurde nicht mehr mit Stellvertreterfragen oder indirekten Fragen, sondern mit direkten Fragen die ethnische Herkunft der britischen Bevölkerung ermittelt.

[25] Vgl. dazu HIGGS, Making Sense of the Census Revisited, S. 89.

[26] Der Hinweis auf *citizenship* fand sich nicht in der Fragebogenspalte selbst, sondern nur in den Anweisungen, siehe Tabelle 15.

[27] HIGGS, Making Sense – Revisited, S. 89.

[28] Vgl. z. B. Leech, Ken, (Community and Race Relations Unit, The British Council of Churches), The census and race. A discussion paper, März 1980, MDX RT, 19/01/B (1 of 2). Vgl. auch Nigel Grizzard, Jews, Race and 1981 Census, THE DEFENDER, Herbst 1979.

## b) Stellvertretend und doch direkt: Der Geburtsort der Eltern (1971)

Da die bisherige Zensusfrage für das Jahr 1971 keine zuverlässigen Ergebnisse in Bezug auf die nun im Fokus des Interesses stehenden Immigranten versprach, entschied sich das Zensusbüro dafür, eine Frage nach dem Geburtsort der Eltern hinzuzufügen (siehe Anhang Abbildung B.3, Frage B10). Diese Frage entwickelte sich aus verschiedenen Gründen zum Ärgernis.

*Sorge vor mangelhaftem Datenschutz*

Der Vorsitzende der Liberal Party, Jeremy Thorpe, verkündete kurz vor dem Zensustag, dass er einige Fragen aus Protest nicht beantworten würde, da er sie zu detailliert finde und zudem einen Missbrauch der Daten befürchte.[29] Genährt wurde diese Angst durch den zunehmenden Einsatz von Computern und die Sorge, dass Datenbanken nicht sicher seien bzw. auch von anderen Regierungsstellen genutzt und an privatwirtschaftliche Unternehmen zum Beispiel für Werbezwecke verkauft werden könnten. Alle Zeitungen berichteten über Thorpes Initiative: „Controversy grew yesterday over the 1971 census to be taken on April 25. Liberal leader Mr Jeremy Thorpe again attacked it as open to abuse and said he was ready to go to jail rather than answer all the questions on the form," so begann zum Beispiel die *Daily Mail* am 13. April ihren Artikel.[30] Der Abgeordnete der Labour-Partei, Leslie Huckfield, teilte Thorpes Bedenken und wollte eine Debatte im Unterhaus des britischen Parlaments anregen.[31] Weiterhin demonstrierten 400 Delegierte der Young Liberals-Konferenz in Plymouth mit Sprechchören „Burn the census" und eine Delegierte zeigte dramatischen Einsatz: „Mrs. Sue Rogers stripped to her flesh coloured brassiere to reveal her ‚census number'."[32] Jeremy Thorpe war durchaus nicht völlig gegen eine Volkszählung, er hielt sie sogar für essenziell; zugleich wollte er aber sichergestellt wissen, dass die detaillierten Fragen wirklich notwendig und die Angaben vor Missbrauch geschützt seien.[33] Zwar wurde von offizieller Seite eingewandt, dass die Zensusdaten ohnehin einer hundertjährigen Sperrfrist unterlägen, aber wie Bernard Levin in seiner Kolumne in der *Times* feststellte, galt das fundamentale Prinzip der britischen Verfassung, dass kein Parlament das folgende binden könne.[34] Die hundertjährige Frist könnte also schon nach der nächsten Wahl aufgehoben werden.

Die Kampagne gegen den 1971er-Zensus setzte somit nicht zuerst (bzw. nicht allein) an der Frage nach dem Geburtsort der Eltern an, sondern war aus der Furcht vor mangelhaftem Datenschutz entstanden. Diese Sorge, die von verschiedensten

[29] Vgl. z. B. John O'Callaghan, Liberals Protest at ‚Prying' by Census, The Guardian, 12. 4. 1971.

[30] Richard Whitehead, Row Over Census Grows, Daily Mail, 13. 4. 1971.

[31] Auch hierüber berichteten alle großen Zeitungen, siehe z. B. Opposition to Census Grows Amid Fear of Disclosures, The Times, 12. 4. 1971.

[32] Woman Strips in Protest Over Census, The Times, 12. 4. 1971.

[33] Dazu z. B. der Bericht in der *Times*: Assurances on Census as Protests Increase, The Times, 14. 4. 1971.

[34] Bernard Levin, A Census without Sense, The Times, 15. 4. 1971.

gesellschaftlichen und politischen Gruppen geäußert worden war, wurde von Immigrantengruppen aufgenommen und am 14. April lautete eine Zeitungsüberschrift: „Immigrants join chorus of complaint about questions in the census."[35] Ebenfalls vor dem Hintergrund eines potenziellen Missbrauchs von Zensusdaten empfahl zum Beispiel die Pakistani Workers' Union ihren 8000 Mitgliedern, die Frage nach dem eigenen Geburtsort und dem der Eltern nicht zu beantworten, und bot gleichzeitig finanzielle Hilfe für diejenigen an, die deshalb mit einer Strafe von 50 Pfund belangt werden sollten.[36]

*Gründe für die Brisanz der Frage*

Worin genau bestand aber nun die Brisanz der Frage für die Immigranten? Eine erste Antwort darauf gibt ein Artikel aus dem *Guardian* vom 16. April 1971: „Many immigrants had expressed fears that a future Government could use the census information to round up and repatriate coloured people."[37] Und Jerry Westall, Community Relations Officer der Newham International Community in London, deutete in seinem Leserbrief am Folgetag auf den politischen Hintergrund hin, der für die Befürchtungen der Immigranten gesorgt hatte: „It is surely a little insensitive to fail to appreciate the fears of immigrants about being asked the country of origin of their parents. This so soon after the publication of the Immigration Bill where the partial/non-partial (white/non-white) clause has been condemned by the commission itself."[38] Tatsächlich begann sich in den 1960er-Jahren die Immigrationspolitik und vor allem -gesetzgebung zu wandeln. Während bis zum Jahr 1905 die Einwanderung nach Großbritannien nahezu ungehindert möglich war, wurde sie in diesem Jahr mit dem *Aliens Act* beschränkt. 1914 und 1919 folgten weitere restriktive Gesetze.[39] 1948 bestätigte der *British Nationality Act* allerdings zunächst das Einreiserecht für britische Staatsangehörige und Bürger aus dem Commonwealth. Erst am Ende der 1950er-Jahre, als man zu befürchten begann, dass der wirtschaftliche Boom nicht ewig währen würde, änderte sich auch die Einwanderungspolitik.[40] Dabei lag das Augenmerk vor allem auf der ansteigenden Einwandererzahl aus den Ländern des ‚New Commonwealth' – eine Bezeichnung, die in den 1960er- und 1970er-Jahren vor allem auf ehemalige Kolonien aus Asien und Afrika angewandt wurde und die eine Fokussierung auf die Hautfarbe mit sich brachte.[41] Dies bedeutete

[35] Immigrants Join Chorus of Complaint about Questions in the Census, THE TIMES, 14. 4. 1971.

[36] Ebd. Da der Zensus verpflichtend für alle Einwohner war, war das Nichtausfüllen mit einer Geldstrafe belegt.

[37] Asian Leader Derides Census Fears, THE GUARDIAN, 16. 4. 1971.

[38] Letters to the Editor. Incensed About the Census, THE GUARDIAN, 17. 4. 1971.

[39] Signifikanterweise war dies genau nach dem Zensus von 1911, als die alte Frage nach dem Geburtsort zum ersten Mal erweitert gefragt wurde.

[40] Zur Bewertung der 1950er-Jahre in der britischen Geschichte vgl. z. B. HENNESSY, Having it so Good; SANDBROOK, Never had it so Good; BLACK und PEMBERTON (Hrsg.), Affluent Society?; TOMLINSON, Politics of Decline; BRÜGGEMEIER, Geschichte Großbritanniens, S. 249–251.

[41] Teilweise wird auch die Bezeichnung ‚New Commonwealth and Pakistan' *(*NCWP*)* verwendet, da Pakistan 1972 das Commonwealth verließ und erst 1989 wieder beitrat (Bangladesch trat dem Commonwealth nach der Trennung von Pakistan bereits 1972 bei).

allerdings nicht, dass die meisten Einwanderer aus diesen Ländern kamen: Die größten Gruppen in der zweiten Hälfte des 20. Jahrhunderts kamen aus Irland, aus dem sog. ‚White or Old Commonwealth' (d. h. Kanada, Australien, Neuseeland),[42] aus den USA und zum Ende des Jahrhunderts aus den anderen europäischen Nationen.[43] Die Gesetzgebung zeigte allerdings eine Konzentration auf Immigranten aus dem ‚New Commonwealth', die gegen Ende der 1950er-Jahre Schätzungen zufolge weniger als ein halbes Prozent der gesamten Bevölkerung in Großbritannien ausmachten.[44] Die Differenzierung in ‚New vs. Old/White Commonwealth' zeigte sich auch in der Gesetzgebung: Ein Dorn im Auge war nicht die Einwanderung per se – Immigranten, auch aus dem Empire, waren zuvor durchaus als Arbeitskräfte in Großbritannien oder als Soldaten im Krieg willkommen gewesen –, vielmehr wandte sich die Gesetzgebung gegen Einwanderer mit ‚nicht-weißer' Hautfarbe. „Their presence caused disproportionate alarm when the economy began to flag in the later 1950s," fasste die Historikerin Pat Thane die Situation zusammen.[45] Dies zeigte sich z. B. 1958 in Unruhen in Nottingham und im Londoner Stadtteil Notting Hill. 1962 wurde dann mit dem *Commonwealth Immigration Act* eine Einwanderungskontrolle eingeführt. Alle Inhaber eines Commonwealth Passes (nicht zu verwechseln mit einem *British passport*) verloren das unbeschränkte Recht, nach Großbritannien einzureisen, und mussten nun an Arbeitsplätze oder besondere Fähigkeiten gebundene Berechtigungsscheine erwerben. Nachdem 1967 Menschen asiatischer Abstammung mit britischem Pass aus den früheren britischen Kolonien Kenia und Uganda, auf die der erste *Commonwealth Immigration Act* keine Anwendung hatte, aufgrund von Diskriminierung in den beiden afrikanischen Ländern nach Großbritannien eingereist waren, wurde 1968 ein zweiter *Commonwealth Immigration Act* erlassen, der die Einschränkungen aus dem Jahr 1962 noch einmal verschärfte. Demnach wurde die Zuwanderung auf Personen begrenzt, deren Eltern oder Großeltern in Großbritannien geboren waren. Vor diesem Hintergrund war die Aufregung über die Zensusfrage 1971 nach dem Geburtsort der Eltern durchaus verständlich – selbst wenn man noch nicht wissen konnte, dass später im Zensusjahr 1971 ein weiterer *Immigration Act* die Einreise zusätzlich erschweren würde.

Hinzu kam ein aufgeheiztes politisches Klima. So fand sich in den Zeitungsberichten und Leserbriefen zum 1971er-Zensus zum Beispiel folgende Aussage: „Such [census] answers could provide a ‚Powellite' government with everything it needed for a round-up of immigrants."[46] Das war ein Bezug auf die lautstark vorgebrachte Meinung des konservativen Politikers Enoch Powell, der 1968 seine

[42] Für Definitionen der verschiedenen Herkunftsgebiete, darunter ‚New Commonwealth' und ‚Old Commonwealth', vgl. z. B. IMMIGRANT STATISTICS UNIT, Country of Birth and Colour 1971–1974, S. 2–8.

[43] THANE, Cassell's Companion, s.v. Immigration.

[44] Ebd.

[45] Ebd.

[46] John O'Callaghan, Liberals Protest at ‚Prying' by Census, THE GUARDIAN, 12. 4. 1971. Woman Strips in Protest over Census, THE TIMES, 12. 4. 1971. Bei der Bezeichnung „Powellite" handelt es sich offenbar um ein Zitat von Jeremy Thorpe.

Aufsehen erregende „Rivers of Blood"-Rede gehalten hatte. Am emotional angereicherten Beispiel einer alten Frau, die als letzte ‚Weiße' in ihrer Straße von Immigranten drangsaliert worden sei, zeichnete Powell ein Schreckensszenario: Wenn nichts gegen die Massenimmigration getan werde, würde die öffentliche Ordnung zusammenbrechen. Der Altphilologe Enoch Powell bezog sich in seiner Rede auf Virgil: „Like the Roman, I seem to see the River Tiber foaming with much blood."[47] Die Rede rief Protest hervor, aber auch Zustimmung: Das öffentliche Klima war also bereits aufgeladen, bevor im Zensus 1971 nach dem Geburtsort der Eltern gefragt werden sollte.[48]

*Britische Immigrationspolitik und die Bedeutung zahlenmäßiger Erfassung*
Einfache (partei-)politische Meinungszuschreibungen sind allerdings mit Vorsicht zu genießen: Edward Heath entließ (den Rivalen) Powell sogleich aus dem Schattenkabinett und bezeichnenderweise wurde der erste *Commonwealth Immigration Act* zwar unter der konservativen Regierung von Harold Macmillan erlassen, der zweite jedoch unter der Labour-Regierung von Harold Wilson. Bereits seit den 1950er-Jahren gab es Bestrebungen für ein besseres Zusammenleben der verschiedenen Bevölkerungsgruppen, die 1965 unter der Labour-Regierung zum ersten *Race Relations Act* führten. Dieses Gesetz wandte sich gegen Rassendiskriminierung an öffentlichen Orten und richtete das Race Relations Board ein, das als Beschwerdestelle dienen und die notwendigen Untersuchungen durchführen sollte. Der *Race Relations Act* wurde 1968 und 1976 erweitert und galt jetzt nicht nur für öffentliche Orte, sondern auch für den Wohnungsmarkt, im Öffentlichen Dienst, am Arbeitsplatz, im Bildungswesen sowie für die Bereitstellung von Gütern und Dienstleistungen. Gleichzeitig wurde das Anschüren von Rassenhass als Straftat definiert.[49] Die britische Immigrationspolitik beinhaltete neben den beiden bisher genannten Gesetzgebungen zur Immigrationsbeschränkung und gegen Rassendiskriminierung auch die Idee, dass die besonderen Lebensbedingungen von Immigranten und ethnischen Minderheiten, die bereits in Großbritannien lebten, durch gezielte Programme verbessert werden sollten. Diese Richtung zeigte sich zuerst 1966 im *Local Government Act*, der in seiner *Section 11* Kommunen mit hohem Migrantenanteil finanzielle Unterstützung versprach.[50] Diese drei Stränge (Immigrationsbeschränkung, Gesetze gegen Rassendiskriminierung und Programme zur Verbesserung der Situation von Immigranten und ethnischen Minderheiten) kennzeichneten die britische Politik und Gesetzgebung nach 1945. Tyrrel Burgess und Tony Travers, Wissenschaftler an der North East London Polytechnic, fassten die Politik 1979 wie folgt zusammen: „This moved from apathy to

[47] Powell, Freedom and Reality, S. 213–219.

[48] Zur Bewertung der 1960er-Jahre vgl. z. B. Sandbrook, White Heat. Für die britische Geschichte ab 1945 vgl. z. B. allgemein Morgan, Britain Since 1945; Marwick, British Society Since 1945. Auf die 1970er-Jahre bezogen vgl. Beckett, When the Lights Went Out. Zudem z. B. Garnett, From Anger to Apathy.

[49] Thane, Immigration. Zum *Race Relations Act* siehe auch Tamme, Race relations-Forschung.

[50] Vgl. Local Government Act 1966, Section 11 (1).

worry about numbers of immigrants; from concern about immigrants to concern about race relations; from these concerns to the belief in provision to meet special needs. The present policy contains all three elements, with laws against discrimination, tight immigration control and special provision for minorities."[51] Alle drei Bemühungen bedurften der statistischen Fundierung, womit sich der Kreis zum Zensus schloss:

> It seemed important to be certain of the facts about the numbers of people entering the country and staying. It was felt important to quantify the extent of discrimination. Finally it was held necessary to use statistics about people as a basis for distributing resources. The development of a question on race and ethnic group has been largely a response to these pressures.[52]

Der Bedarf an statistischen Daten über Immigranten war damit deutlich definiert.

*Nutzen oder Schaden durch Zensusdaten*
In den öffentlichen Diskussionen um die Zensusfrage von 1971 nach dem Geburtsort der Eltern zeigte sich, dass zumindest unter der Mehrzahl der Immigrantengruppen die Sorge vor Datenmissbrauch und Diskriminierung überwog. Die Zensusfrage wurde also eher als Bedrohung wahrgenommen denn als Nutzen im Sinne eines Aktes planerischer Notwendigkeit. Allerdings war bereits 1971 innerhalb einzelner Immigrantengruppen eine Meinung zu erkennen, die die Erfassung im Zensus durchaus auch im Interesse der Immigranten für relevant hielt. So zitierte der *Guardian* z. B. Praful Patel, den Vorsitzenden der East African Asians: „Anyway, electoral rolls, telephone directories, National Insurance records, income tax, schools and Land Registry could already provide a list of 90 per cent of all immigrants in Britain. The census will provide facts, and facts are what we want."[53] Der Glaube an die ‚Objektivität' der Volkszählung als legitimer Datenquelle im Vergleich zu anderen (additiven) Informationsquellen wurde hier sehr deutlich – eine Ansicht, die in den Diskussionen um eine erneute Frage nach dem ethnischen Hintergrund im Zensus 1981 öfter zu finden war.

### c) Vergebliche Suche nach einer Frage zu *race/ethnicity* (1981)

Der Zensus sei die wichtigste Quelle für demografische, soziale, wirtschaftliche und geografische Informationen über ethnische Gruppen in Großbritannien, konstatierte David Lane im Jahr 1979. Im Namen der Commission for Racial Equality, die im Rahmen des dritten *Race Relations Act* von 1976 eingeführt worden war, führte er weiterhin aus: „If advantage is not taken of this opportunity, it will be

[51] Burgess, Tyrell und John Bloomfield, The ethnic question. The origin, development, validity and use of a proposed question on „racial or ethnic origins" in the 1981 census of population (Working Papers on Institutions 1), Preliminary draft for criticism, August 1979, S. 1, MDX RT, Books and Pamphlets.
[52] Ebd., S. 17.
[53] Asian Leader Derides Census Fears, THE GUARDIAN, 16. 4. 1971.

impossible for many years ahead – perhaps throughout the 1980s and into the 1990s – to pursue really well conceived programmes for dealing with the needs of ethnic minorities and others.“[54] Nach der Auffassung der Commission for Racial Equality war die öffentlich geäußerte Sorge über eine Frage zur ethnischen Herkunft vor allem durch das mangelhafte Format der Frage und durch die Furcht vor möglichem Datenmissbrauch bedingt. Die Commission sah in den öffentlichen Protesten jedoch keine grundsätzliche Ablehnung einer solchen Datenerhebung.

*Entscheidend war das Frageformat*

Im Anschluss an den 1971er-Zensus stand die Suche nach einer geeigneten Frageform zur ethnischen Herkunft im Zentrum. Denn die Frage nach dem Geburtsort der Eltern war nicht nur politisch brisant gewesen, auch methodisch hatte sie nicht zum erhofften Ergebnis geführt. In seiner Zusammenfassung der Diskussionen für den Zensus 1981 schilderte Ken Sillitoe von der staatlichen Social Survey Division die beiden Hauptprobleme aus der Perspektive der Umfrageforscher.[55] Erstens sei die Frage nach dem eigenen Geburtsort und dem der Eltern kein zuverlässiger Indikator für die ethnische Herkunft der Person. Als Beispiel nannte Sillitoe Personen, deren Eltern als Kinder von britischen Verwaltungsbeamten, Armeeangehörigen oder Kaufleuten in Indien geboren wurden, die aber im Sinne des Zensus als englisch, walisisch oder schottisch klassifiziert werden müssten.[56] Zwar könnte nach Sillitoe der Name ein starker Indikator für eine asiatische Herkunft sein, dies gelte jedoch nicht für den karibischen Raum, wo europäische Namen üblich seien. Unklar bleibt bei seiner Einschätzung, welche Definition seinem Konzept von Ethnie zugrunde lag, oder anders formuliert: Nach wie vielen Generationen in Indien war jemand nicht mehr Engländer, Waliser oder Schotte, sondern Inder? War der Pass maßgeblich? Fragen dieser Art interessierten Sillitoe nicht. Zweitens nannte er die im Vergleich zu anderen Zensusfragen geringere Antwortquote zum Geburtsland der Eltern – auch dies vermindere die Genauigkeit der Statistik. Hinzu kam, wie bereits erwähnt, dass die Frage nach dem Geburtsort der Eltern mit fortschreitender Zeit und mehreren in Großbritannien geborenen Einwanderergenerationen mit jedem Zensus unzuverlässiger würden. Aus diesen Gründen begann das Office of Population Censuses und Surveys (OPCS) 1974 verschiedene Fragemöglichkeiten zu testen. Zunächst versuchte man, sich an internationalen Empfehlungen und den Praktiken anderer Ländern zu orientieren.[57] Diese Versuche waren allerdings wie oben ausgeführt nur begrenzt erfolgreich – so fasste Ken Sillitoe in einem *Occasional Paper* aus dem Jahr 1978 zusammen:

> As questions about race or ethnic origins have been used so extensively elsewhere it might be thought that it would be easy to find some well-tried form of words and system of classification that could be adapted for use in Britain. However, a review of the questions used in different countries reveals a great variety of approaches to the subject – none of which have very much

[54] David Lane, Letter to the Editor. Ethnic Question in the 1981 Census, The Times, 31. 12. 1979.
[55] Ken Sillitoe, Search for a Question.
[56] Ebd., S. 25.
[57] United Nations, Principles and Recommendations for the 1970 Population Censuses.

application to the British situation. The reasons for this are implicit in the very variety of nomenclature currently in use; namely that the concepts involved are very imprecise and the ethnic distinctions of relevance in each country differ considerably. We have therefore to develop ourselves a system of classification and terminology appropriate for use in Britain.[58]

Ein Blick auf den US-amerikanischen Zensusbogen von 1970 zeigt in Anbetracht der bisher geschilderten britischen Diskussionen und Beschwerden sofort, dass das amerikanische Vorgehen in Großbritannien nicht möglich gewesen wäre (siehe Abbildung 19). Schon die Überschrift der Spalte „Color or Race" wäre nicht akzeptabel gewesen, ganz abgesehen von Kategorien wie „Negro", die sich auch noch im US-amerikanischen Zensus von 2010 finden.[59]

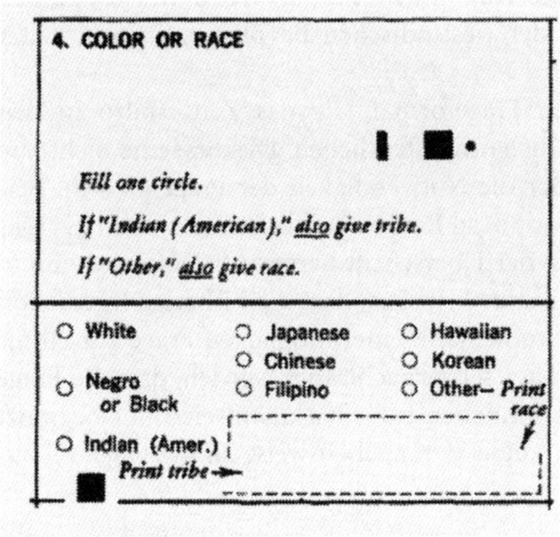
4. COLOR OR RACE

Fill one circle.

If "Indian (American)," also give tribe.

If "Other," also give race.

O White
O Negro or Black
O Indian (Amer.) Print tribe →
O Japanese
O Chinese
O Filipino
O Hawaiian
O Korean
O Other– Print race

*Abb. 19: United States of America, 1970 Census Questionnaire (Ausschnitt). United States Census Bureau, 1970 Census Questionnaire, in: http://www.census.gov/history/pdf/1970_questionnaire.pdf (aufgerufen am 8. 4. 2013).*

Aufgrund der mangelnden Übertragbarkeit von Zensusfragebögen aus anderen Ländern wurden in Großbritannien in den Jahren 1975, 1976 und 1977 erste Frageformen in Stichprobenumfragen getestet. Interessant ist beim ersten Test, dass auch die Interviewer mit in den Datenerhebungsprozess eingebunden wurden. Sie sollten die Ethnizität der Befragten selbst einschätzen: „If this was inconsistant with the answers given on the form she checked again with the respondent."[60] Auch hier ist aufgrund fehlender Definitionen zu vermuten, dass es in erster Linie um eine Feststellung der Hautfarbe bzw. der Physiognomie ging.

*Testfragen, aber kein Konsens*

Die Reaktionen auf die ersten empirischen Tests zu einer direkten Frage zu *race/ethnic origins* waren nicht durchweg negativ. So fasste es zumindest Sillitoe in seinem ersten *Occasional Paper* zusammen: „The general reaction to the proposal that a question on ethnicity be introduced into the census (and social surveys)

[58] Sillitoe, Ethnic Origin 1, S. 2f.

[59] United States Census Bureau, Census 2010 Questionnaire, in: http://www.census.gov/history/pdf/2010questionnaire.pdf (aufgerufen am 6. 4. 2013).

[60] Sillitoe, Ethnic Origin 1, S. 27.

was not unfavourable. Objections came mostly from West Indians and Jewish immigrants."[61] Für eine bessere Akzeptanz von Seiten der Gruppe der West Indians wurde vorgeschlagen, dass neben der Frage zur *ethnic origin* auch nach *nationality* gefragt werden sollte, „and thereby enable someone to record that although of non-UK descent he is nevertheless a UK citizen."[62] Diese Strategie ging allerdings nicht auf: Auch die nächsten Tests zeigten, dass die Gruppe der „West Indians", insbesondere die bereits in Großbritannien Geborenen, die Frage zum *ethnic origin* ablehnte.[63] In der Folgezeit wurden verschiedene Fragen und Begriffe getestet; so wurden Fragen zur Religion und zur Sprachkompetenz integriert, statt *ethnic origin* nun *ethnic group* und z. B. *white* statt *European* verwendet.[64] Im letzten Bericht über die Tests konnte aber trotzdem nur festgestellt werden, dass die Akzeptanz unter der westindischen Bevölkerung noch weiter gesunken war.[65]

Die Suche nach dem geeigneten Frageformat, die das Zensusbüro in den 1970er-Jahren beschäftigte, hatte auch im öffentlichen Diskurs eine sichtbare Tendenz: Es gab keine Einigkeit über die Notwendigkeit der Frage an sich. Beispielsweise gab die British Society for Social Responsibility in Science am 17. Oktober 1979 eine Presseerklärung mit der Überschrift heraus: „Scientists say no to race question on Census."[66] Darin wurde kritisiert, dass die bisherige Diskussion sich zu stark auf die methodische Problematik einer möglichen Frage zur ethnischen Herkunft bezogen habe. Darüber sei vernachlässigt worden, dass die Frage an sich zweifelhaft sei, denn die gewonnenen Informationen seien nur begrenzt nutzbar und die Motive bedenklich; diese Herangehensweise an die Frage sei zudem politisch gefährlich:

> It is politically dangerous to consider the race question as merely a technical issue. The question in the census makes the assumption that it is black people rather than institutional racism which is the problem. The question must therefore be opposed. [...] It should be recognised that it is not any lack of information that is holding back policy developments for the benefits of black people. Rather it is a lack of political will. If the Government were committed to fighting racism, more information might be needed; but let's get the Government committed to fighting racism first.[67]

Diese Zusammenfassung gibt die grundlegende Argumentationslinie der Fragegegner wieder, die sich vor allem auch bei den Vertretern mit westindischer Herkunft findet: Die Benachteiligung sei auch so schon offensichtlich, gebraucht würden nicht zusätzliche Zahlen, sondern ein klarer politischer Wille, diese Benach-

[61] Ebd., S. 46.
[62] Ebd.
[63] Ders., Ethnic Origin 2, S. 37.
[64] Vgl. die zahlreichen Tests und deren Auswertungen in ders., Ethnic Origin 3 und ders., Ethnic Origin 4.
[65] Ders., Ethnic Origin 4, S. 31.
[66] British Society for Social Responsibility in Science, Press Release. Scientists Say No to Race Question on Census, 17. 10. 1979, MDX RT, 19/01/B (2 of 2). Dabei handelte es sich um einen 1969 gegründeten Zusammenschluss von Wissenschaftlern, der das Ziel hatte, auf die soziale Bedeutung von Wissenschaft aufmerksam zu machen.
[67] Ebd.

teiligung zu verändern, und der sei nicht erkennbar. Derartige Stellungnahmen für oder gegen die Frage ließen sich nahezu beliebig ergänzen.[68]

*Probleme der Terminologie: race, ethnicity, colour, nationality*

In den Diskussionen um den 1981er-Zensus wesentlich deutlicher als in den Diskussionen der Vorjahre vertreten war die Kritik an der Terminologie. „Criteria of colour, ancestral connexion, citizenship and religion are oddly mixed", schrieb z. B. Robin M. White von der Rechtsfakultät der University of Dundee und führte weiter aus: „The problems thus created are not simply ones of bad drafting, and assertions that difficulties arise because of a confusion between ‚race' and ‚colour' beg the question of what we mean by ‚race' (or for that matter ‚ethnic origin')."[69] Grundsätzlich schien kein Problem mit dem Begriff *race* an sich zu bestehen, vielmehr wurde die mangelnde Klarheit der Definitionen und deren Abgrenzungen zu anderen Konzepten, wie *ethnicity* oder *nationality*, kritisiert. In einem Bericht der Zensus-Arbeitsgruppe des Haringey Community Relations Council von 1979 hieß es z. B. unter dem Stichwort „Terminology": „It was unanimously agreed that there was obvious confusion, if not contradiction, on racial terminology – colour, race, ethnic or national origins – and it was strongly felt that the authors and users of these terms should be requested to give clear definitions of each term."[70] Auch spätere Analysen kamen zu der Feststellung, dass der britische Zensus seine Klassifikation zwar *ethnic* nannte, aber de facto *racial* meinte.[71] Zur Klärung der verschiedenen Konzepte und der mit ihnen von unterschiedlichen gesellschaftlichen Gruppen verbundenen Inhalte wurde nun – wie in einem *Times*-Leserbrief aus dem Jahr 1980 – auch eine Einbeziehung von Betroffenengruppen in die internen Entscheidungsfindungsprozesse im Zensusbüro gefordert: „The Office of Population Censuses and Surveys should be forced to have discussions with representative minority leaders outside Haringey and with those with some experience of race relations research."[72]

[68] Vgl. z. B. Census Question on Race Backed by Researchers, THE TIMES, 17. 12. 1979; Peter Evans, Trust Regards Census Race Question as Discriminatory, THE TIMES, 23. 6. 1978; Questions on Race Supported, THE GUARDIAN, 17. 12. 1979; Lindsay Mackie, Census Question on Race Attacked, THE GUARDIAN, 18. 12. 1979.

[69] Robin M. White, Letter to the Editor. Ethnic Question in the 1981 Census, THE TIMES, 14. 1. 1980. Ähnliche Ausführungen finden sich z. B. bei Pat Healy, Census Question on Race Backed by Researchers, THE TIMES, 17. 12. 1979.

[70] Haringey Community Relations Council, The 1981 Census of Population, Our Response to the Haringey Test Census (April 1979) and Comments on the Proposed 1981 Questionnaire, MDX RT, 19/01/B (1 of 2). Die abschließende Empfehlung war, in Anbetracht der politischen Situation und der Unklarheit über zukünftige Einwanderungspolitik keine Frage nach der *ethnic group* zu stellen.

[71] So die Feststellung bei KERTZER und AREL, Censuses, Identity Formation, and the Struggle for Political Power, S. 18: „While the enumeration of ‚races', or, visible minorities,' is directly linked to the politics of entitlement, the enumeration of ‚ethnic groups' is linked to a renewed pride in one's ancestry, generally without individual benefits. (In Britain [...] the largely racial classification is actually called ‚ethnic'.)"

[72] John Rex, Letters to the Editor. Race in the 1981 Census, THE TIMES, 29. 1. 1980.

*Der Testzensus von Haringey 1979: Doch kein methodisches, sondern ein politisches Problem*

Einen Höhepunkt erreichte die Debatte im Jahr 1979 mit dem vom Zensusbüro geplanten Testzensus im Londoner Stadtteil Haringey, der aufgrund seines hohen Anteils an verschiedenen Migrantengruppen ausgewählt worden war. In Haringey wurden zwei unterschiedliche Bögen an die Einwohner verteilt: Einer fragte – wie im Zensus von 1971 – nach dem Geburtsort des Befragten und dem der Eltern, der andere fragte nach der „racial or ethnic group". Unter dieser Überschrift hieß es: „Please tick the appropriate box to show the racial or ethnic group to which the person belongs. If the person was born in the United Kingdom of West Indian, African, Asian, Chinese or ‚Other European' descent, please tick one of the boxes numbered 2 to 10 to show the group from which the person was descended."[73] Die dazugehörigen Antwortmöglichkeiten waren wie folgt unterteilt: „1. English, Welsh, Scottish or Irish 2. Other European 3. West Indian or Guayanese 4. African 5. Indian 6. Pakistani 7. Bangladeshi 8. Arab 9. Chinese 10. Any *other* racial or ethnic group or if of *mixed* racial or ethnic descent (please describe below)."[74] Der Rücklauf des Testzensus war auffällig gering (nur 56% der Haushalte antworteten, während die Rücklaufquote bei vergleichbaren Testumfragen bei 70% lag), was der Soziologe Martin Bulmer in seiner Analyse nicht zuletzt auf die Kampagnen gegen den Testzensus zurückführte.[75] „Say no to racist Census!", lautete eine Flugblattaktion gegen den Haringey-Zensus, für die sich die Asian Action Group, Haringey Labour Movement against Racism and Fascism, Tottenham and Hornsey Anti-Nazi Leagues und der United Black Women's Action Group verantwortlich zeichneten.[76] Im Vergleich zu den zuvor von der Social Survey Division durchgeführten Tests, fehlte es jetzt nicht nur in der Bevölkerungsgruppe mit westindischen Vorfahren an Akzeptanz, sondern in allen Gruppen, und zwar sowohl in Bezug auf eine Frage zu *race/ethnicity* als auch im Hinblick auf eine Frage zum Geburtsort der Eltern. Die Umfrageforscher stellten somit fest, dass es eben doch nicht nur – wie von der Commission for Racial Equality und anderen zuvor vermutet – ein methodisches, sondern ein politisches Problem war, dass der Frage zur *ethnic group* zugrunde lag: „The organised opposition it encountered was not directed so much against the form of the question as at the alleged purposes for which the information was being collected. Any ethnicity question, no matter how it was worded, would almost certainly have aroused similar opposition."[77] Dass die Frage nach der ethnischen Herkunft von Akteuren mit verschiedensten politischen Absichten unterstützt wurde, zeigt ein Artikel im *Spearhead*, dem Sprachrohr der National Front, von Dezember 1978:

[73] 1979 Test Census, H1 Form for Households, MDX RT, 19/01/B (2 of 2).

[74] Ebd.

[75] Bulmer, Controversial Census Topic, S. 474.

[76] Say No to Racist Census! Asian Action Group, Haringey Labour Movement against Racism and Fascism, Tottenham and Hornsey Anti-Nazi Leagues, United Black Women's Action Group, Haringey 1979, MDX RT, 19/01/B (2 of 2).

[77] Sillitoe, Ethnic Origin 4, S. 64.

„The 1981 Census MUST ask the vital question ‚What is your ethnic origin?' Only then can we get an idea of the true size of the coloured population. [...] Our repatriation policy demands that we have accurate figures of the number of people who, sooner or later, are going home."[78] Die National Front stand mit solchen Ansichten nicht allein. Als der anglikanische Bischof Ken Leech im Namen der Community and Race Relations Unit der British Council of Churches im März 1980 ein Diskussionspapier „The Census and Race" vorlegte, bewertete er die xenophoben Einstellungen der National Front als ungleich weniger bedeutend als den wachsenden Rassismus innerhalb der konservativen Partei.[79]

*Keine Frage zu race/ethnic group in der Volkszählung von 1981*

In der Vorbereitung der Volkszählung von 1981 zeigte sich einmal mehr die Ambivalenz gegenüber der Frage zur ethnischen Herkunft innerhalb der verschiedenen politischen Richtungen und Interessenvertretungen: Schließlich war es Margaret Thatcher, die in letzter Minute die Frage aus dem Zensus nahm, und das, obwohl sie zuvor im *White Paper* von 1978 eindeutig gefordert worden war.[80] Am 20. März 1980 verkündete Patrick Jenkin, Secretary of State for Social Services, in einer Pressekonferenz, dass eine Frage zur ethnischen Herkunft im Zensus 1981 nicht gestellt werde. Er begründete dies mit den schlechten Erfahrungen in Haringey und der Sorge, dass eine Frage zur *ethnic group* den gesamten Zensus gefährden könnte. An anderer Stelle wurde auf mangelnde finanzielle Mittel für einen langen Zensusfragebogen hingewiesen[81] und darauf, dass man Daten zur *ethnic group* auch über andere Quellen, wie den seit 1973 durchgeführten *Labour Force Survey,* erhalten könne.[82]

„Blacks' revolt ends race quiz", lautete die Überschrift zur zurückgezogenen Zensusfrage im *Daily Mirror.*[83] Der Begriff „revolt" ist in diesem Zusammenhang

78 Spearhead, Dezember 1978, zitiert nach: Leech, The Census and Race, März 1980, MDX RT, 19/01/B (1 of 2), S. 10.

79 Ebd.

80 1981 Census of Population, 1977–78, Cmnd. 7146. In einem Nachruf auf den damaligen Registrar-General, Roger Thatcher, hieß es, dass er die Frage nach einem Treffen mit Margaret Thatcher aus dem Fragebogen nehmen musste. John Fox, Roger Thatcher Obituary, The Guardian, 15. 3. 2010.

81 Martin Bulmer gab später in einer Analyse auch an, dass finanzielle Überlegungen hinter der Entscheidung gestanden haben könnten: Bulmer, Controversial Census Topic, S. 475. Ähnlich argumentierte die Zeitschrift *Economist,* nachdem die Frage „partly on the grounds of expense, but really on the grounds of funk" fallen gelassen wurde. Census – Black is secret, The Economist, 22. 3. 1980. Dass der Sparzwang in den 1980er-Jahren präsent war, zeigt auch der folgende Artikel: David Hencke, Thatcher is Urged to Cut Surveys, The Guardian, 10. 3. 1981.

82 Der *Labour Force Survey* enthielt seit 1979 eine Frage zur *ethnic origin,* vgl. Frances Sly, Estimating Britain's Ethnic Minority Populations Using the Labour Force Survey, Employment Gazette, September 1993, S. 429–431. Häufig genannt wurde zudem der *National Dwelling and Housing Survey.* Vgl. z. B. Trades Union Congress, The Census and Ethnic Origin, Juli 1982, MDX RT, 19/01/B (1 of 2). Als Argument für eine Frage zu *ethnic origin/group* im Zensus sprach allerdings, dass die anderen Umfragen nur mit Stichproben arbeiteten und keine Aussagen auf lokaler Ebene zuließen.

83 Roger Todd, Blacks' Revolt Ends Race Quiz, Daily Mirror, 21. 3. 1980.

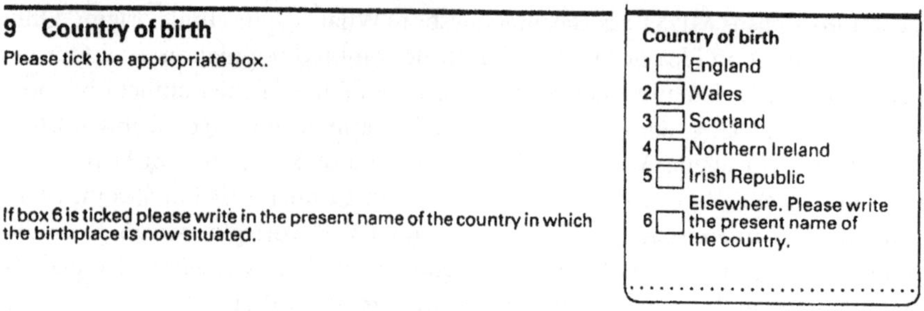

**9 Country of birth**
Please tick the appropriate box.

If box 6 is ticked please write in the present name of the country in which the birthplace is now situated.

**Country of birth**
1 ☐ England
2 ☐ Wales
3 ☐ Scotland
4 ☐ Northern Ireland
5 ☐ Irish Republic
6 ☐ Elsewhere. Please write the present name of the country.
..............................

*Abb. 20:* Household Form *England 1981 (Ausschnitt). Office of Population Censuses and Surveys, 1981 Census England, H Form for Private Household, in: http://census.ukdataservice.ac.uk/media/30988/1981_england_household.pdf (aufgerufen am 20. 4. 2013).*

sicherlich überzogen, knüpfte aber semantisch an weitere Unruhen an, die 1980 in Bristol und 1981 in London, Liverpool und Manchester stattgefunden hatten. Letztlich wurde im Zensus von 1981 nur nach dem Geburtsort gefragt, mögliche Antworten waren „England", „Wales", „Scotland", „Northern Ireland", „Irish Republic" and „Elsewhere". Falls die letzte Möglichkeit zutraf, folgte die Aufforderung „Please write the present name of the country" (siehe Abbildung 20).

Ein Vergleich der Diskussionen um den Zensus von 1971 mit denen der Folgejahre zeigt, dass viele Argumente weiterhin vorgebracht wurden: Sie changierten zwischen der Sorge vor mangelndem Datenschutz und dem Zweifel an der ernsthaften Absicht der Regierung, die Daten wirklich für Programme im Interesse der Minderheiten einsetzen zu wollen. Am Beispiel der Entscheidung zum Zensus von 1981 verdeutlicht sich, dass die Zensusfrage nicht einfach von staatlicher Seite vorgegeben werden konnte; vielmehr handelte es sich um einen Kommunikations- und Aushandlungsprozess, der mit dem Zensus von 1981 nicht abgeschlossen war.

## 2. Entwicklung von direkten Fragen zu *race/ethnicity*

Die Suche nach einer geeigneten Frage wurde in den 1980er-Jahren auf eine wesentlich breitere Basis gestellt: Betroffenengruppen, Kommunen, Wissenschaftler und Interessengruppen wurden in den Entscheidungsprozess einbezogen. Durch die Anhörung der verschiedenen Meinungen im Vorfeld der Volkszählung sollte eine grundsätzliche Akzeptanz der Zensusfrage zur *ethnic group* für das Jahr 1991 erreicht werden. Signifikant war, dass in der Diskussion um die 1991er-Volkszählungsfrage ein Konsens darüber erzielt wurde, dass die Frage gestellt werden sollte, der auch in den nächsten Volkszählungen nicht wieder aufgegeben wurde.[84]

[84] „If social inequality is not a matter of great concern, lack of accurate information which would allow an objective assessment of whether or not the minorities are getting a fair share

Zur Debatte stand in erster Linie das Format der Frage. Zwar gab es, wie zu erwarten, auch Stimmen gegen eine Frage zur *ethnic group*, so z. B. die des Aberdeener Soziologen Robert Moore, der von einer „exercise in applied racism“[85] sprach, aber diese Stimmen waren in der Minderheit. Mark Bonham Carter, einer der Begründer des 1968 entstandenen Runneymede Trust, der sich gegen Rassendiskriminierung und für ein multiethnisches Großbritannien engagierte, setzte in einem Leserbrief an die *Times* vom 3. Januar 1980 einen Stimmungsumschwung bereits Ende der 1970er an: „By 1977 it seemed that most of the leaders of minority groups were convinced that it was in their interest to support the keeping of ethnic records.“[86] Diese Einschätzung stimmte offensichtlich nicht für den Zensus von 1981, in dem die Zensusfrage zur *ethnic group* herausgenommen wurde. Gleichwohl kann man ab den frühen 1980ern mit der neuen Strategie, verschiedene Akteure und Interessengruppen in die Diskussionen mit einzubeziehen, einen Wendepunkt festmachen. Mit dieser Entwicklung zur ersten *ethnic-group*-Frage im britischen Zensus im Jahr 1991 beschäftigt sich der folgende Abschnitt (siehe Abschnitt V.2.a). Bei den Volkszählungen von 2001 und 2011 kam es zu erneuten Änderungen; insbesondere 2011 wurde eine ganze Reihe von Fragen zu diesem Themenkomplex gestellt. Deshalb soll im letzten Abschnitt des Kapitels erörtert werden, ob eine politisch korrekte Frage überhaupt praktikabel ist (siehe Abschnitt V.2.b).

### a) Zensusfragebogen als Ergebnis zirkulärer Wissensproduktion (1991)

Als maßgeblicher Grund für die Entscheidung gegen eine Frage zur ethnischen Herkunft 1981 wurde der Haringeyer Testzensus angesehen. Als „flop“ bezeichnete ihn der Bericht des Home Affairs Committee, das Anfang der 1980er-Jahre vom Unterhaus eingesetzt worden war, um sowohl eine Fehleranalyse dieser Testvolkszählung durchzuführen als auch Vorschläge für eine Frage zur *ethnic group* für den Zensus von 1991 zu formulieren.[87] Das Home Affairs Committee stützte seinen Bericht von 1983 auf eine Vielzahl von Zeugenaussagen, darunter von Wissenschaftlern und Vertretern von Kommunen, von der Commission for Racial Equality, von verschiedenen Regierungsabteilungen (z. B. dem Department of Education and Science und dem Department of Employment and Manpower

of scarce resources, matters little. In the absence of basic statistics, every argument becomes equally plausible, and all discussion soon drifts off into vacuous speculation,“ fasste Roger Ballard prägnant den Glauben an die Objektivität und die Gründe für eine Datenerhebung im Zensus zusammen. Ballard, Race and the Census, S. 212.

[85] Robert Moore, Letter to the Editor. When Ethnicity Shouldn't Count for Anything, The Guardian, 30. 12. 1987.

[86] Mark Bonham Carter, Ethnic Question in the 1981 Census, The Times, 3. 1. 1980.

[87] HC, Home Affairs Committee, Ethnic and Racial Questions in the Census I, 1982–83, HC33-I, S. vi.

Services Commission), von Abgesandten von Interessenvertretungen (wie dem Board of Deputies of British Jews, der West Indian Standing Conference, der Association of Jamaicans (UK) Trust) und vielen weiteren. Zudem wurden 86 schriftliche Stellungnahmen von *Local Authorities, Health Authorities, Community Relations Councils,* Sozialwissenschaftlern sowie von Organisationen und Einzelpersonen (darunter Union of Muslim Families, Britain Turkish Committee, Trades Union Congress, Labour Party Race Action Group und der Runneymede Trust) angeführt. Unter ihnen waren auch die einer Marktforschungsfirma und verschiedener Ministerien der US-amerikanischen Regierung, die um ihre Meinung gebeten worden waren.[88]

*Diskriminierung von Interessenvertretern und britische Immigrationspolitik in den 1980ern*

Es ist fraglich, inwiefern das Home Affairs Committee die Aussagen und Stellungnahmen wirklich ernst nahm. Die Demografin Heather Booth, die zugleich Mitglied der Radical Statistics Group war, stellte zum Beispiel in einer Bewertung der Komissionsarbeit aus dem Jahr 1983 fest, dass die Aufnahme einer Frage zur *ethnic group* in den Zensus von 1991 für das Home Affairs Committee von Anfang an festzustehen schien.[89] Sie bezweifelte, dass das präsentierte Ergebnis der Kommission den Zeugenaussagen wirklich entsprach: „Among local authorities, which were described as supporting a census question on ethnic origin ‚almost without exception' (para 47), four gave a very cool response, while others expressed reservations, and some gave no reply at all."[90]

Ein Blick auf die Behandlung der Minderheitsvertreter in ihren Anhörungen vor dem Home Affairs Committee zeigt offene Feindseligkeiten und Diskriminierung, vor allem wenn sie sich wie Clem Byfield, der Vertreter der Association of Jamaicans (UK) Trust, gegen eine Zensusfrage äußerten. Byfield und seine Organisation konnten keinen erkennbaren Nutzen in der Zensusfrage erkennen, da die Diskriminierung gegenüber Menschen mit nicht-weißer Hautfarbe auch so schon evident genug sei. Byfield wurde von Seiten des Komitees in der Anhörung erklärt: „One really does begin to have great sympathy with the blacks in Britain who are represented by leaders of the calibre we have had evidence from this morning."[91] An anderer Stelle hieß es: „I think Mr Byfield that if I listened to you for another

[88] HC, Home Affairs Committee, Ethnic and Racial Questions in the Census II, 1982–83, HC33-II. HC, Home Affairs Committee, Ethnic and Racial Questions in the Census III, 1982–83, HC33-III.

[89] Booth, Ethnic and Racial Questions in the Census, S. 89. Die Radical Statistics Group (Radstats) wurde 1975 als Teil des sog. „radical science movement" im Rahmen der Entstehung der British Society for Social Responsibility in Science (BSSRS) gegründet. Die Wissenschaftler von Radstats betonten ihr Bewusstsein für die politischen Implikationen ihrer Arbeit und die Möglichkeit des Missbrauchs von Statistiken. So die Darstellung im Internetauftritt von Radstats: http://www.radstats.org.uk/about-radical-statistics/(aufgerufen am 10. 4. 2013).

[90] Ebd.

[91] HC, Home Affairs Committee, Ethnic and Racial Questions in the Census, Minutes of Evidence, 7. 2. 1983, HC33-x, S. 390.

ten minutes I would be a racialist myself."[92] In weniger drastischer Formulierung, aber mit ähnlicher Feindseligkeit wurde den Vertretern der West Indian Standing Conference begegnet, die sich ebenfalls gegen eine Zensusfrage äußerten. An einer Stelle erklärte einer ihrer Vertreter, nachdem ein Kommissionsmitglied ihm mangelnde Kenntnis der Untersuchungsberichte unterstellt hatte:

> I am very sorry that Mr Hunt had such an outburst after I finished speaking. He reminded me of my teacher back in the West Indies. I have put up with a lot of this thing now and I thought that I had grown old enough and reasonable and sensible enough that I would be able to talk to anybody. There are few people in this country who can tell me that they are more qualified than I am.[93]

Am Ende beider Befragungen zeigten sich die Mitglieder des Komitees sarkastisch: „Thank you very much indeed for your attendance and for the evidence that you have given to us, depressing though part of it is."[94] Mit diesen Worten wurden die Vertreter der West Indian Standing Conference entlassen und dem Vertreter der Association of Jamaicans (UK) Trust wurde erklärt: „There is no point in continuing with this, a most depressing Select Committee morning. All I can say is thank you very much for your attendance and for telling us exactly what you think. It is quite clear to us exactly what the problems are. Thank you very much."[95] Von einer Verständigung oder gleichberechtigten Auseinandersetzung kann hier kaum gesprochen werden. Auch mit anderen Interessenvertretern, die gegen eine Zensusfrage zur *ethnic group* waren, wurde in ähnlicher Weise umgegangen.[96] Diese diskriminierende Behandlung ist umso gravierender, da im Nachhinein behauptet wurde, „that the question was developed from empirical criteria and in close consultation with bodies such as the Commission for Racial

[92] Ebd., S. 392. In Bezug auf Byfield war zumindest ein Komiteemitglied nicht unbefangen. So kam in der Anhörung heraus, dass Byfield über Alexander Lyon, Labour MP, in der Zeitung Guardian einen Brief veröffentlicht hatte (ebd., S. 390). Der grundlegende Konflikt wurde in der Anhörung mehrfach deutlich, zum Beispiel: „Mr Lyon 1498. If Enoch became Prime Minister, even the dictator of Britain, and he wanted to send you all back to whence you came or your parents came, do you think he would need to go the Census and to the Registrar General and say, ‚Look here, can you give me the name of Mr Clem Byfield and where he lives so that I can go down there and he can be put on to a cattle boat?' he would go around the streets and send his stormtroopers round and he would be able to see you and put you straight on the cattle boat. You do not even have the problem that you had with the Jews. (*Mr. Byfield*): Actually it is not the extremists that I fear; it is the wolf in sheep's clothing. 1499. You are talking about me again. I already appreciate your view. (*Mr Byfield.*) Right." Ebd., S. 392.

[93] Ebd., S. 384.

[94] Ebd., S. 386.

[95] Ebd., S. 393.

[96] Siehe z. B. die Befragung von Said Abdi (Birmingham Council of Mosques), der dem Komitee berichtete, dass seine Organisation sich nun doch anders als vorab angekündigt nicht für, sondern gegen eine Zensusfrage aussprach: „(Mr Abdi.) I said to you Yes; and you said are you sure. I find it hard to swallow that; I thought I am sure; so you have to take my word for it; I am Secretary General. I do not question you if you say you are a select committee, do I?" HC, Home Affairs Committee, Ethnic and Racial Questions in the Census, Minutes of Evidence, 31. 1. 1983, HC33-ix, S. 344. Anders als bei den Vertretern der West Indian Standing Conference und der Association of Jamaicans (UK) Trust griff hier allerdings der *Chairman* des Sub-Committee vermittelnd ein.

Equality […] and organizations representing ethnic groups.“[97] Die kritischen Stimmen der Interessenvertreter wurden im Kommissionsbericht kaum wahrgenommen, vielmehr wurde die Erfolglosigkeit der Test-Volkszählung in Haringey im abschließenden Bericht auf die fehlerhafte Frageformulierung und die mangelhafte Präsentation des Tests in der Öffentlichkeit zurückgeführt. Zum Beispiel sei nichts unternommen worden, um die Relevanz der Frage für ethnische Minderheiten und den Zweck der Daten für Regierungsstellen deutlich zu machen – nämlich die Beseitigung von Diskriminierung. Die Minderheiten selbst seien somit die größten Nutznießer dieser Frage, so lautete die Argumentation.[98] Die Befragten seien vor allem dadurch verunsichert worden, dass unklar blieb, ob ihre persönlichen Daten eventuell an die Einwanderungsbehörden weiter gegeben würden.[99] Hier findet sich somit die schon aus anderen Kapiteln des Buches bekannte Strategie wieder, über Öffentlichkeitsarbeit die Probleme zu lösen. Allerdings gab es durchaus einen ernst zu nehmenden Hintergrund, der durch PR nicht einfach zu überwinden war: Die Verunsicherung in Haringey und die kritische Meinung der Vertreter der Minderheitengruppen vor dem Home Affairs Committee war vor der bisher geschilderten britischen Politik und Gesetzgebung der 1970er-Jahre nicht unberechtigt. In den 1980er-Jahren verfolgte die britische Regierung noch vehementer eine Politik der Reglementierung der Einwanderung bestimmter ethnischer Gruppen. So wurde 1981 ein *Nationality Act* erlassen, der das Aufenthaltsrecht zunächst nur Personen mit britischen Großeltern zugestand und zudem drei britische Staatsbürgerschaften mit gestuften Rechten einführte. 1988 wurde ein weiterer *Immigration Act* erlassen, der die Kontrollmechanismen verschärfte und die Ausweisung erleichterte, und 1989 versagte die britische Regierung 3,25 Millionen Hong-Kong-Chinesen einen Aufenthalt in Großbritannien, obwohl diese britische Pässe besaßen.

*„Falsche“ Vergleichsländer*

Um im Vorfeld der Volkszählung von 1991 nicht dieselben Fehler wie im Testzensus zu machen, bereiste eine Delegation des Home Affairs Committee u. a. die USA und Kanada, um von Nationen mit vielen Einwanderern und deren Volks-

[97] Sillitoe und White, Ethnic Group and the British Census, S. 163.

[98] Die ganzseitige Anzeige im *Haringey Advertiser* ging zum Beispiel gar nicht auf den Nutzen der Daten für Minderheiten ein, dafür aber auf die Frage des Datenschutzes: Office of Population Censuses and Surveys, Why the Haringey Test Census?, Haringey Advertiser, 15. 03. 1979.

[99] HC, Home Affairs Committee, Ethnic and Racial Questions in the Census I, 1982–83, HC33-I, S. vi–vii. Die Zusammenfassung der Vertreter der Minderheitengruppen las sich im Report wie folgt: „First, they [ethnic minority organisations] presented to us the fears they argued existed amongst ethnic minority groups over confidentiality of Census data and of potential abuse by Government or extremist groups of the data. It was clear from our evidence that these fears are widespread and must be addressed by OPCS if questions are to be successfully asked. Second, their support for a question in principle was subject to the question's stated objective being the purposes we have outlined, rather than for immigration and nationality purposes, and that the form should enable them to identify their ethnic origin in a way acceptable to them.“ Ebd., S. xxv.

zählungen zu lernen. Der Vergleich mit diesen beiden Ländern wurde in Zeugenaussagen vor dem Komitee mehrfach kritisiert. So erklärte eine Vertreterin der National Association for Multi-Racial Education, nachdem sie auf die positive Einstellung zum Zensus von Afro-Amerikanern hingewiesen wurde: „The British experience is entirely different. The Afro/American experience culture-wise, numerically, and historically, is different altogether. I do not think you ought to be looking at that. You ought to be sitting there devising something peculiar to the British situation.“[100] Worin der Unterschied lag, erklärte ein zweiter Vertreter der Gruppe, denn in Amerika würden die Minderheitengruppen feststellen können, dass es einen politischen Willen zur Bekämpfung der Diskriminierung gebe – das gelte für Großbritannien nicht.[101] Diese Meinung wurde auch von Wissenschaftlern bestärkt. So hatten Robert More, Professor für Soziologie aus Aberdeen, und Atam Vetta (Oxford Polytechnic) in ihren Memoranden erklärt, dass keine britische Regierung bisher ernsthaft versucht habe, Programme für *racial equality* wirklich durchzusetzen: „It is this which makes comparisons with the USA largely irrelevant to the present discussion.“[102] Stellungnahmen dieser Richtung wurden vom Home Affairs Committee offenbar völlig ignoriert, vielmehr wurde in der Befragung von Clem Byfield (Association of Jamaicans (UK) Trust) explizit auf die US-amerikanischen Konsultationen der Kommission Bezug genommen, um ihn davon zu überzeugen, dass, wenn Afro-Amerikaner keine Unzufriedenheit mit der Zensusfrage zeigen würden, dies auch in Großbritannien kein Problem sein sollte.[103] Heather Booth stellte in ihrer Bewertung der Arbeit des Home Affairs Committee fest, dass ein Vergleich mit den USA höchstens im Hinblick auf „Hispanics“ möglich wäre, die einen ähnlich schwierigen Status wie sog. „Blacks“ in Großbritannien hätten.[104] Dass sich die Situation in den USA von der in Großbritannien unterschied, lässt sich auch an den akzeptierten auf *race* (nicht *ethnicity*) basierenden Zensuskategorien in den USA erkennen, die in Großbritannien undenkbar waren und sind.[105] Booth empfahl, für Vergleiche lieber auf andere ehemalige europäische Kolonialmächte zu schauen und aus Beispielen wie Frankreich und den Niederlanden zu lernen, wie Länder ohne Fragen zur *ethnic group* oder *race* mit ihren Minderheiten umgehen würden.[106]

[100] HC, Home Affairs Committee, Ethnic and Racial Questions in the Census, Minutes of Evidence, 31. 1. 1983, HC33-ix, S. 354.

[101] Ebd. (Aussage Mr. Morton).

[102] HC, Home Affairs Committee, Ethnic and Racial Questions in the Census II, 1982–83, HC33-II, Memorandum submitted by Professor Robert Moore, S. 138 und Memorandum submitted by Dr. Atam Vetta, S. 142.

[103] HC, Home Affairs Committee, Ethnic and Racial Questions in the Census, Minutes of Evidence, 7. 2. 1983, HC33-x, S. 388. In seiner Antwort verwies Byfield wie schon andere vor ihm auf die unterschiedliche Situation in den USA.

[104] Booth, Ethnic and Racial Questions in the Census, S. 90. Sie betont, dass vom Home Affairs Committee ebenfalls die Zustimmung von sog. ‚Hispanics‘ zum Zensus festgestellt wurde, dafür gebe es aber auch gegenteilige Belege. Ebd.

[105] Für eine Zusammenstellung der US-amerikanischen Klassifikation von 1890 bis 1990 siehe, Lee, Racial Classifications in the US Census, S. 78, Tabelle 1.

[106] Booth, Ethnic and Racial Questions in the Census, S. 90.

Einwände gegen einen Vergleich mit den USA scheinen vom Home Affairs Committee nicht wahrgenommen worden zu sein. Vielmehr leitete dieses Komitee aus den US-amerikanischen und kanadischen Konsultationen und aus den Untersuchungen in Haringey ab, dass keine Verbindung zwischen *ethnic group* und Nationalität hergestellt werden sollte. Dafür sollte eine andere Verbindung fokussiert werden und zwar die von ethnischer Herkunft und Religion – allerdings nur für Personen asiatischer Herkunft. Die Begründung dafür lautete, dass Religion ein wichtiges Merkmal dieser Gruppe sowohl für ihr Selbstverständnis als auch für ihre Benachteiligung sei.[107] Interessanterweise wurde genau umgekehrt für sog. „Blacks" argumentiert: Bei ihnen spiele Religion eine geringe Rolle sowohl für ihre Identitätsbildung als auch für ihre Benachteiligung.

*Die Entwicklung der Frage im Zensusbüro*

Im November 1984, veröffentlichte die Regierung ihre Antwort auf den Bericht des Home Affairs Committee.[108] Grundsätzlich stimmte sie den Vorschlägen zu und beauftragte den Registrar-General als Leiter der Zensusstelle, Pilottests zu zum Thema *race/ethnicity* durchzuführen, um für das Jahr 1991 eine geeignete, akzeptierte Frage formulieren zu können.[109] Damit begann die praktische Arbeit im Zensusbüro. In den internen Diskussionen wurden verschiedene Fragebogendesigns vorgestellt, wobei die Schwierigkeit deutlich wurde, für die verschiedenen Anwendungsbereiche ausrechend differenzierte Kategorien und Bezeichnungen zu finden – dafür wurden verschiedene Ministerien nach ihrem Datenbedarf gefragt –, die zugleich den Gefühlen und dem Selbstverständnis der Befragten nicht widersprachen.[110] Diskutiert wurden beispielsweise die Bezeichnungen „Black British" und „British Asian". Als wichtiges Kriterium für Diskriminierung bzw. Schwierigkeiten bei der Eingliederung wurde weiterhin die Beherrschung der englischen Sprache angesehen. Deshalb sollte auch diese – und zwar nach dem Vorbild des *US-Census* – abgefragt werden. Die Formulierung dieser Frage schien einfach, lediglich bei der Auflistung der verschiedenen Sprachen in alphabetischer Reihenfolge wurde vermutet, dass walisische Gefühle getroffen werden könnten, wenn „Welsh" an letzter Stelle nach „Urdu" erschien.[111] Auch hier war also wieder die implizite Trennung nach britischem Mutterland und ehemaliger Kolonie erkennbar. Erwogen wurde auch eine Frage zur Religion, allerdings nicht für alle Befragten, sondern nur für solche mit „Asian origin or descent". Die Antwort-

[107] Ebd., S. xxxii: „Religion is an important feature both of their identity and their disadvantage." Die Bedeutung von Religion wurde auch von anderen Interessengruppen geäußert, vgl. z. B. Labour Party Race Action Group, Evidence to Home Affairs Committee on an Ethnic Question in the Census, Oktober 1982, MDX RT, 19/ 01/ B (1 of 2).

[108] Government Reply to Report from Home Affairs Committee, Ethnic and Racial Question in the Census, 1984, HC33-I.

[109] Ebd., S. 1 f.

[110] Vgl. die weiteren Diskussionen in: Social Survey Division, Questions Wording Tests for the 1991 Census, TNA, RG 40/397.

[111] Ken Sillitoe, Notes on Alternative Designs for Questions on Ethnicity, Religion and Languages, for the 1991 Census, 29. 5. 1985, TNA, RG 40/ 397.

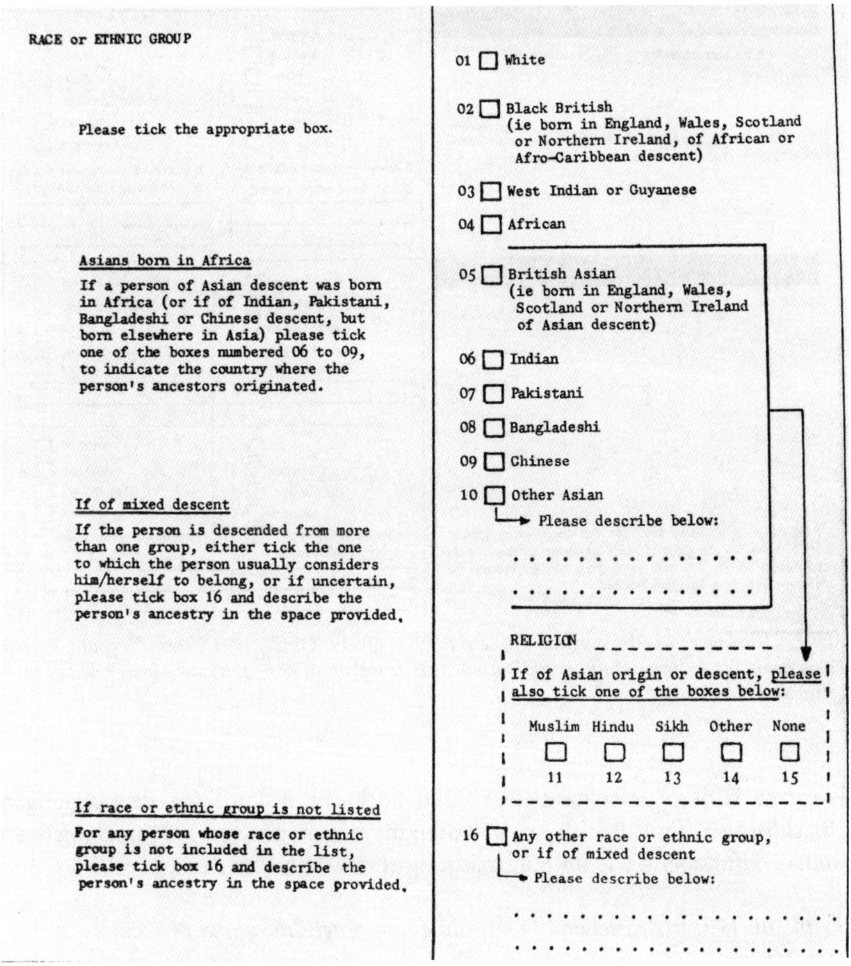

RACE or ETHNIC GROUP

Please tick the appropriate box.

01 ☐ White

02 ☐ Black British
(ie born in England, Wales, Scotland or Northern Ireland, of African or Afro-Caribbean descent)

03 ☐ West Indian or Guyanese

04 ☐ African

Asians born in Africa

If a person of Asian descent was born in Africa (or if of Indian, Pakistani, Bangladeshi or Chinese descent, but born elsewhere in Asia) please tick one of the boxes numbered 06 to 09, to indicate the country where the person's ancestors originated.

05 ☐ British Asian
(ie born in England, Wales, Scotland or Northern Ireland of Asian descent)

06 ☐ Indian

07 ☐ Pakistani

08 ☐ Bangladeshi

09 ☐ Chinese

10 ☐ Other Asian
→ Please describe below:
...............
...............

If of mixed descent

If the person is descended from more than one group, either tick the one to which the person usually considers him/herself to belong, or if uncertain, please tick box 16 and describe the person's ancestry in the space provided.

RELIGION

If of Asian origin or descent, please also tick one of the boxes below:

| Muslim | Hindu | Sikh | Other | None |
|---|---|---|---|---|
| ☐ 11 | ☐ 12 | ☐ 13 | ☐ 14 | ☐ 15 |

If race or ethnic group is not listed

For any person whose race or ethnic group is not included in the list, please tick box 16 and describe the person's ancestry in the space provided.

16 ☐ Any other race or ethnic group, or if of mixed descent
→ Please describe below:
....................
....................

*Abb. 21: Alternative Fragebogenentwürfe für den Zensus von 1991. Ken Silitoe, Notes on alternative designs for questions on ethnicity, religion and languages for the 1991 Census, 29. 5. 1985, TNA, RG 40/ 397.*

möglichkeiten aus Abbildung 21 zeigen, dass ausschließlich nicht-christliche Religionen eruiert werden sollten. Höchstes Interesse galt offensichtlich Muslimen, die als erste unter den nicht alphabetisch angeordneten Antwortmöglichkeiten genannt wurden.

Letztendlich stellte der Zensusbogen von 1991 erstmalig in der Geschichte des britischen Zensus eine Frage zur *ethnic group*, wobei in der kurzen Erläuterung zur Frage *ethnic* und *racial* synonym verwandt wurden („If the person is descended from more than one ethnic or racial group […]“, siehe Abbildung 22). Durchsetzen für den Zensusfragebogen von 1991 konnten sich weder die Religionsfrage, die zudem einer Veränderung des *Census Act* von 1920 bedurft hätte, noch die

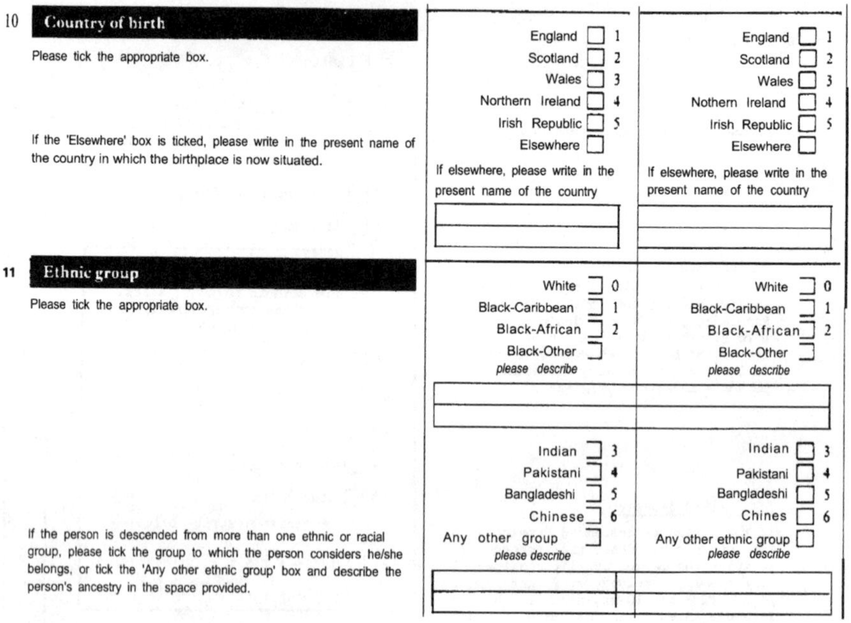

10 **Country of birth**

Please tick the appropriate box.

If the 'Elsewhere' box is ticked, please write in the present name of the country in which the birthplace is now situated.

| | |
|---|---|
| England ☐ 1 | England ☐ 1 |
| Scotland ☐ 2 | Scotland ☐ 2 |
| Wales ☐ 3 | Wales ☐ 3 |
| Northern Ireland ☐ 4 | Nothern Ireland ☐ 4 |
| Irish Republic ☐ 5 | Irish Republic ☐ 5 |
| Elsewhere ☐ | Elsewhere ☐ |
| If elsewhere, please write in the present name of the country | If elsewhere, please write in the present name of the country |

11 **Ethnic group**

Please tick the appropriate box.

If the person is descended from more than one ethnic or racial group, please tick the group to which the person considers he/she belongs, or tick the 'Any other ethnic group' box and describe the person's ancestry in the space provided.

| | |
|---|---|
| White ☐ 0 | White ☐ 0 |
| Black-Caribbean ☐ 1 | Black-Caribbean ☐ 1 |
| Black-African ☐ 2 | Black-African ☐ 2 |
| Black-Other ☐ *please describe* | Black-Other ☐ *please describe* |
| Indian ☐ 3 | Indian ☐ 3 |
| Pakistani ☐ 4 | Pakistani ☐ 4 |
| Bangladeshi ☐ 5 | Bangladeshi ☐ 5 |
| Chinese ☐ 6 | Chines ☐ 6 |
| Any other group ☐ *please describe* | Any other ethnic group ☐ *please describe* |

*Abb. 22: Die Frage zur* ethnic group *im Zensus 1991. Quelle: OPCS, 1991 Census England, Private Households, https://www.census.ac.uk/Documents/CensusForms/1991_England_Household.pdf (aufgerufen am 20. 7. 2010).*

Frage nach der Sprachkompetenz. Und auch die diskutierten Bezeichnungen „Black British" und „British Asian" waren im Fragebogen von 1991 noch nicht zu finden, dafür aber – wie im Eingangsbeispiel erwähnt – im Zensus von 2001.

*Kritik am 1991er-Zensus und Diskussionen um Englishness und Britishness*

Der 1991er-Zensus war nicht an ethnischen Gruppen, sondern an ethnischen Minderheiten interessiert, stellte der Soziologe Steve Fenton im Jahr 1996 fest.[112] Er leitete das von dem Ergebnis ab, dass 94 Prozent der Bevölkerung im Zensus unter *ethnic group* die Kategorie *white* angekreuzt hatten.[113] Während es zu *white* keine Differenzierungen gab, sollten die verbleibenden 6 Prozent sich in weitere Gruppen einordnen: „If we really think that ethnic differentiation is an important dimension of a society such as Britain, then this is an extraordinarily skewed conceptualisation," fasste Fenton seine Analyse zusammen.[114] Die fehlende Differenzierung wurde vor allem im Hinblick auf die irischen Einwanderer angemerkt. Wenn der Zensus tatsächlich soziale Ungleichheiten aufdecken wollte, um Gleichstellungsmaßnahmen einzuleiten, müssten die Lebensumstände der verschiede-

[112] Fenton, Counting Ethnicity, S. 156.
[113] Ebd.
[114] Ebd.

nen Gruppen unabhängig von deren Hautfarbe berücksichtigt werden. Das Argument, Probleme unabhängig von Hautfarben zu adressieren, wurde auch schon im Kontext der Zeugenaussagen des Home Affairs Committee von 1982/83 geäußert. Im Zuge des Zensus von 1991 hieß es, dass insbesondere für die irische Bevölkerung eine materielle Benachteiligung und besonders häufig Gesundheitsbeschwerden festgestellt werden konnten. Gerade deshalb, so folgerte Fenton, wäre eine zahlenmäßige Erfassung im Zensus interessant.[115] Damit konstruierte er zugleich eine neue bzw. altbekannte Gruppe, deren Abgrenzung in der britischen Geschichte eine lange Tradition hatte. Denn die Diskussionen um ethnische Gruppen in Großbritannien waren eng mit der Verständigung über *Englishness* und *Britishness* verbunden.

Zu dieser Debatte trugen in den späten 1980er- und 1990er-Jahren verschiedene Veröffentlichungen bei. Als Paul Gilroy 1987 sein Buch *There Ain't No Black in the Union Jack* veröffentlichte, das auf die Bedeutung des Konzeptes *race* innerhalb der britischen Gesellschaft aufmerksam machte,[116] und britischen Intellektuellen und Politikern aller Richtungen vorwarf, *race* nicht ernst zu nehmen, sorgte er für erheblichen Aufruhr. Ein Ziel seiner Arbeiten war es, das Verhältnis von Staat, hegemonialer Macht und *class* zu hinterfragen.[117] Maßgeblich für eine britische Identität, und vor allem für *Englishness*,[118] war die Konstruktion von „racial differences", die teils auf der Erfahrung des Empire, teils auf Erzählungen vom britischen Niedergang in der postkolonialen Zeit basierten. Beide waren, wenn auch teilweise unausgesprochen, durch die Privilegierung der *whiteness*[119] geprägt, die zugleich die Präsenz und den Einfluss von sog. „Blacks" marginalisiert hatte. Eng damit verbunden war die Sorge, dass ein Zusammenleben vielfältiger Identitäten mit einer Destabilisierung der britischen Nation einhergehen müsse. Dabei wurde der Beginn des vermeintlichen Niedergangs nicht erst mit dem Einsetzen der Dekolonisation im 20. Jahrhundert gesehen, sondern bereits mit der Union von England und Schottland im Jahr 1707 oder dem *Act of Union* von 1800 angesetzt. Im 20. Jahrhundert wurden die Diskussionen zur Definition und Neudefinition natio-

115 Ebd., S. 157–162.

116 GILROY, There Ain't no Black in the Union Jack. Vgl. auch den legendären Band *Policing the Crisis*, der „race" als zentralen Faktor dieser Krise ansah. HALL u. a., Policing the Crisis.

117 So bezieht sich das erste Kapitel in „There aint't no black" sogleich im Titel auf das Verhältnis von „race," „class" und „agency".

118 *Englishness* und *Britishness*, die lange Zeit nahezu als naturgemäße Phänomene wahrgenommen worden waren, wurden ab den 1970er- bzw. 1980er-Jahren historisiert und problematisiert. Einflussreich waren vor allem Eric Hobsbawms und Terence Rangers *The Invention of Tradition* (1983), Robert Colls und Richard Dodds *Englishness* (1986) und das von Raphael Samuel herausgegebene History Workshop-Projekt *Patriotism* (1989). Vgl. dazu auch QUENSEL, Englische Identität. Signifikant war die Präsenz marxistischer Historiker, die nahezu zeitgleich mit den epochalen Werken von Edward Said (Orientalism, 1978) und Benedict Anderson (Imagined Communities, 1983) die Frage nach der Konstruktion der Nation am Beispiel der *Englishness* thematisierten. Vollständige Literaturangaben: HOBSBAWM und RANGER (Hrsg.), Invention of Tradition; COLLS und DODD (Hrsg.), Englishness; SAMUEL (Hrsg.), Patriotism.

119 Vgl. zu diesem Forschungsfeld z. B. ROEDIGER, Wages of Whiteness.

naler Identitäten im Vereinigten Königreich häufig von politischen Absichten geleitet. So gab es Vertreter einer Niedergangsthese (z. B. Christopher Harvie und Tom Nairn), die mit ihren Veröffentlichungen das erneute Anfachen einer Debatte über die angebliche Krise der *Britishness* provozierten.[120] Diese ‚Krise' und damit auch explizit oder implizit das historische Selbstverständnis der Nation wurde in den 1990ern auch von Politikern verschiedener Parteien thematisiert.[121]

Interessant ist im Kontext der Diskussionen zu *Englishness* etc. einerseits und mit Blick auf die Betrachtung sozialer Ungleichheit unabhängig von der Hautfarbe andererseits, dass es im britischen Zensus von 2001 tatsächlich als Unterkategorie von „White" die Antwortmöglichkeiten „British", „Irish" und „Any other White background" gab (siehe Abbildung 23).

## b) Politisch korrekt und praktikabel? Volkszählungen 2001 und 2011

Die Geschichte der Frage zu *race/ethnic group* ist mit der Einführung in den britischen Zensus von 1991 nicht beendet; vielmehr sind die Kategorien im Zensus ebenso wie die zugrunde liegenden Konzepte verhandel- und wandelbar. Die Aufnahme von *Irish* in den Bogen von 2001 ist dafür ein Beispiel, die Differenzierung in *Mixed, Asian or Asian British, Black or Black British* sowie *Chinese or other ethnic group* deuten ebenso auf weitere Aushandlungsprozesse hin (siehe Abbildung 23).

In den Aushandlungsprozessen, die zur Frage im Zensus führten, zeigte sich für Großbritannien ein besonderes Interesse an der Hautfarbe, das nicht notwendigerweise im Konzept der *ethnicity* enthalten sein muss. Das stellte Richard Berthoud, Professor an der University of Essex, für Großbritannien im Jahr 1997 fest:

> The point is that ethnicity is a multi-faceted phenomenon based on physical appearance, subjective identification, cultural and religious affiliation, stereotyping and social exclusion. The key distinguishing characteristics will vary from place to place. [...] In Britain, as in a number of other countries, the primary line of cleavage is based on colour.[122]

Die Grenzziehung über die Hautfarbe involvierte eine Einteilung in *us* und *them*. Die Frage nach der ethnischen Herkunft war damit keine Integrationsfrage, son-

[120] Harvie sah einen kurzen Moment von „Britishness" zwischen 1939 und 1970 gegeben, während Nairn schon 1977 das Zusammenbrechen Großbritanniens vorhersagte. Gut zwanzig Jahre später erklärte er, dass Großbritannien sich nun in einer „period ‚after Britain'" befinde. Vgl. WARD, Britishness Since 1870, S. 2.

[121] In diesem Zusammenhang sorgten Tony und Cherie Blair im Jahr 1999 für Aufregung, als sie im Rahmen der *Millennium Lectures* die Historikerin Linda Colley einluden. Colley schloss an ihr 1992 veröffentlichtes Buch „*Britain. Forging the Nation 1707–1837*" an, in dem sie untersuchte, wie und inwieweit die Einwohner Englands, Schottlands und Wales sich selbst im Verlauf des 18. und frühen 19. Jahrhunderts als britisch wahrgenommen hatten (COLLEY, Britons). Sie kam u. a. zu dem Ergebnis, dass die Eigenwahrnehmung als „britisch" einerseits von außen durch einen Konflikt mit einem Anderen (z. B. Frankreich) und andererseits von innen durch abgrenzende Diskurse und Praktiken zwischen Schotten, Walisern und Engländern hervorgerufen worden sei.

[122] Berthoud, Richard, Defining Ethnic Groups. Origin or Identity?, MDX RT, 19/01/D.

## Person 1

**1 What is your name? (Person 1 in Table 1)**

First name and surname

**2 What is your sex?**

☐ Male ☐ Female

**3 What is your date of birth?**

Day Month Year

**4 What is your marital status (on 29 April 2001)?**

☐ Single (never married)
☐ Married (first marriage)
☐ Re-married
☐ Separated (but still legally married)
☐ Divorced
☐ Widowed

**5 Are you a schoolchild or student in full-time education?**

☐ Yes ► Go to 6
☐ No ► Go to 7

**6 Do you live at the address shown on the front of this form during the school, college or university term?**

♦ Only answer this question if you have answered 'Yes' to Question 5.

☐ Yes, I live at this address during the school/college/university term
► Go to 7
☐ No, I live elsewhere during the school/college/university term
► Go to 36

**7 What is your country of birth?**

☐ England ☐ Wales
☐ Scotland
☐ Northern Ireland
☐ Republic of Ireland
☐ Elsewhere, *please write in the present name of the country*

**8 What is your ethnic group?**

♦ Choose ONE section from A to E, then ✓ the appropriate box to indicate your cultural background.

**A White**
☐ British ☐ Irish
☐ Any other White background, *please write in*

**B Mixed**
☐ White and Black Caribbean
☐ White and Black African
☐ White and Asian
☐ Any other Mixed background, *please write in*

**C Asian or Asian British**
☐ Indian ☐ Pakistani
☐ Bangladeshi
☐ Any other Asian background, *please write in*

**D Black or Black British**
☐ Caribbean ☐ African
☐ Any other Black background, *please write in*

**E Chinese or other ethnic group**
☐ Chinese
☐ Any other, *please write in*

**9 This question is not applicable in England.**

► Go to 10

**10 What is your religion?**

♦ This question is voluntary.
♦ ✓ *one box only.*

☐ None
☐ Christian (including Church of England, Catholic, Protestant and all other Christian denominations)
☐ Buddhist
☐ [illegible]
☐ Jewish
☐ Muslim
☐ Sikh
☐ Any other religion, *please write in*

**11 Over the last twelve months would you say your health has on the whole been:**

☐ Good?
☐ Fairly good?
☐ Not good?

**12 Do you look after, or give any help or support to family members, friends, neighbours or others because of:**
- **long-term physical or mental ill-health or disability, or**
- **problems related to old age?**

♦ Do *not* count anything you do as part of your paid employment.
♦ ✓ time spent in a typical week.

☐ No
☐ Yes, 1 - 19 hours a week
☐ Yes, 20 - 49 hours a week
☐ Yes, 50+ hours a week



*Abb. 23: Die Frage zur* ethnic group *im Zensus 2001. Office for National Statistics, England Household Form 2001, in: http://www.ons.gov.uk/ons/guide-method/census/census-2001/about-census-2001/census-2001-forms/index.html (aufgerufen am 18. 4. 2013).*

dern eine Abgrenzungsfrage, und die bestimmte auch weiterhin das Format der Zensusfrage zur *ethnic group*. Zunehmend wurde nun auch die Religion als maßgeblich zur Bestimmung der ethnischen Gruppe angenommen.

*Die Religionsfrage im britischen Zensus von 2001*

Im Jahr 2001 wurde erstmals seit dem gesonderten *Religious Census* von 1851 eine Frage zur Religion gestellt, die allerdings nicht verpflichtend, sondern freiwillig war.[123] Vor allem Labour-Innenminister Jack Straw setzte sich für diese Frage mit der Annahme ein, „it will help reveal a far more accurate picture of Britain's ethnic communities than the current outdated classes of white, black or Asian."[124] Die Frage wurde u. a. damit begründet, dass Religion eine immer wichtigere Rolle für die Identität spielen würde, häufig wichtiger als die Hautfarbe. Anhand dieser Frage entwickelte sich eine Diskussion, die in ihrer Argumentation zwischen Missbrauch der Daten und Schutz von Minderheiten der um die *ethnic group* sehr ähnlich war.[125] Allerdings hatten inzwischen einige Interessenvertretungen von Religionsgruppen ihre Meinung zur *ethnic-group*-Zensusfrage geändert. Ein Beispiel dafür stellt das Board of Deputies of British Jews dar, das sich vor dem Home Affairs Committee von 1982/83 noch strikt gegen eine Frage zur *ethnic group* geäußert hatte.[126] Ihre Ablehnung setzte sich aus den schon bekannten Gründen zusammen: möglicher Missbrauch von Daten, fehlende Überzeugung, dass die Daten für die Minderheiten positive Auswirkungen haben würden, die Sorge vor durch die Zensusfrage bedingten Feindseligkeiten zwischen den verschiedenen Minderheitengruppen sowie Kritik an der Wortwahl der Frage, die durch die Anordnung ihrer Antwortkategorien eine Rangfolge suggerierte und nicht von organischen sozialen Gruppen, sondern von geografischen und nationalen Kategorien ausgehen würde.[127] Dass sich diese Position des Board of Deputies of British Jews in Zukunft ändern könnte, deutete das damalige Memorandum schon an: „Racial and ethnic classification is a complex social and political issue which is still in a fluid state in this country."[128] Die internen Diskussionen des Board of Deputies

[123] Abweichend davon war die Lage in (Nord-)Irland, wo die Frage eine lange Tradition hatte.

[124] So die Darstellung im *Guardian*: Alain Travis, 2001 Census will put Faith in Religious Beliefs, THE GUARDIAN, 4. 1. 1999.

[125] Vgl. z. B. Hans Kundnani, A Fair Question. Hans Kundnani on the Implications for Muslims of Census Data on Religious Belief, THE GUARDIAN, 10. 2. 1999; Barry Kosmin, Divine and Divide. Plans to Include Religion in a UK Census for 2001 are Already in Trouble as the Government Faces Accusations of Bias, THE GUARDIAN, 4. 8. 1999; David Coleman, Letter to the Editor. Census Plan to ‚Pry' Into Religion, THE TIMES, 12. 1. 1999; Paul Fisher, Census 2001. Sit Down and Be Counted. The Things Politicians Feel They Have to Know about us Constantly Escalate – the Next Head-Count Will Include More Personal Questions than ever Before, plus More Draconian Penalties for Failing to Answer, THE DAILY TELEGRAPH, 28. 1. 1999.

[126] HC, Home Affairs Committee, Ethnic and Racial Questions in the Census, Minutes of Evidence, 7. 2. 1983, HC33-x, Memorandum Submitted by The Board of Deputies of British Jews, Home Affairs Committee, S. 370 f.

[127] Ebd.

[128] Ebd.

of British Jews zeigen in den 1980er-Jahren zunächst Bedauern über die Empfehlung des Home Affairs Committee.[129] Das Board blieb bei seiner prinzipiellen Ablehnung, ging aber zunehmend pragmatisch mit der für 1991 angekündigten neuen Zensusfrage um. So versuchte es z. B., der jüdischen Gemeinde in Großbritannien Hilfestellungen beim Ausfüllen des Bogens von 1991 zu geben und herauszufinden, inwiefern die im Zensus erhobenen Daten für das Board selbst nützlich sein könnten.[130] 1992 erhielt das Board eine Anfrage vom OPCS, ob es für die nächste Volkszählung ein Memorandum einreichen wolle,[131] was zu erneuten Diskussionen und einer Einordnung der Frage in neue Entwicklungen zwischen den verschiedenen religiösen Gruppen in Großbritannien führte: „We must be in on this consultative process as I would imagine the Muslim community will be lobbying for a ‚religious' question – in whatever is finally agreed on."[132] Für den Zensus von 2001 gab es von einer anderen Interessenvertretung, dem Think Tank Institute for Jewish Policy Research, eine klare Empfehlung für „ethnic and religious questions".[133] Neben den inhaltlichen Vorschlägen war dem Institute for Jewish Policy Research – ähnlich wie dem Board of Deputies of British Jews in dessen Aussagen vor dem Home Affairs Committee von 1982/83 – auch das Frageformat ein wichtiges Anliegen: „The question format should avoid any appearance of hierarchy or order of preferred answers/categories, especially by a vertical listing or numbering system. [...] The options and categories for both census questions should appear in random order and adopt an ‚open' response or

129 Board of Deputies of British Jews, 6, Law, Parliamentary & General Purposes, Committee Report, Juni/Juli 1983, LMA, ACC/3121/C/13/2/.

130 Law, Parliamentary & General Purposes, Minutes, 7. 9. 1988, LMA, ACC/3121/C/13/2/6 und Law, Parliamentary & General Purposes, Committee Report, Februar 1989, LMA, ACC/3121/C/13/2/6. Im November 1989 hieß es in einem Schreiben von Marlena Schmool (Board of Deputies of British Jews, Community Research Unit) an den Law & Parliamentary Committee Executive: „The inclusion of Jews as an ethnic category would provide answers to many basic questions about our community. All the basic demographic data on age, employment, geographical distribution, household size etc. would be computable from the census data-set. It would also provide the basis for pinpointing areas where Jews reside in less dense concentrations and thus make future work more efficient." Im Dezember 1989 wurde zu diesem Zweck eine Working Party eingerichtet. Siehe ebd. Law, Parliamentary & General Purposes Committee, Minutes. 4. 12. 1989.

131 Diese Anfrage richtete sich offenbar als Formschreiben an alle registrierten Nutzer von Zensusdaten: OPCS to all Registered Census Users, 17. 3. 1992, LMA, ACC/3121/C/18/4/2.

132 Marlena School (BDJB) an Neville Nagler (cc: David Massel, Eric Moonman), Census Information, 6. 4. 1992, LMA, BDBJ, ACC/3121/C/18/4/2.

133 Kosmini, Ethnic and Religious. Dort finden sich folgende Empfehlungen unter der Überschrift „Religion question":
„1 A religion question should be included in the census.
2 Response should be voluntary.
3 ‚Jewish' should be a recorded response.
4 A variety of Christian denominations and churches should be recorded.
Ethnic question
The ethnic question should be expanded to record a variety of ‚white' ethnic/ancestry groups.
6 ‚English', ‚Scots', ‚Welsh', as well as ‚Irish' , categories should be recorded throughout the UK.
7 ‚Jewish' should be a recorded ethnic category."

***Canada***

*1991 Census Question on Religion*

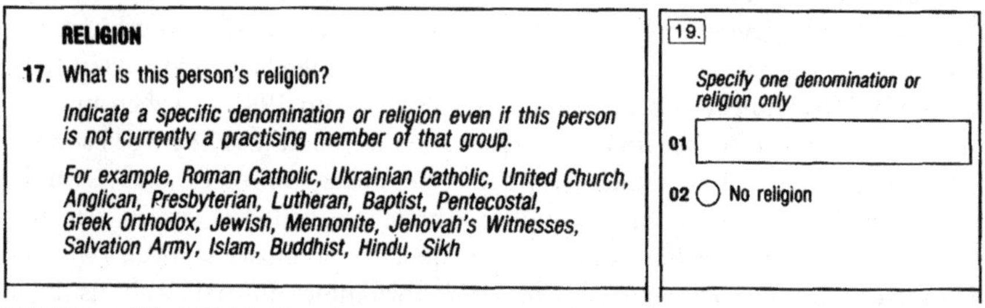

**RELIGION**

**17. What is this person's religion?**

*Indicate a specific denomination or religion even if this person is not currently a practising member of that group.*

*For example, Roman Catholic, Ukrainian Catholic, United Church, Anglican, Presbyterian, Lutheran, Baptist, Pentecostal, Greek Orthodox, Jewish, Mennonite, Jehovah's Witnesses, Salvation Army, Islam, Buddhist, Hindu, Sikh*

19.

*Specify one denomination or religion only*

01

02 ◯ No religion

*1996 Census Ethnic Origin Question*

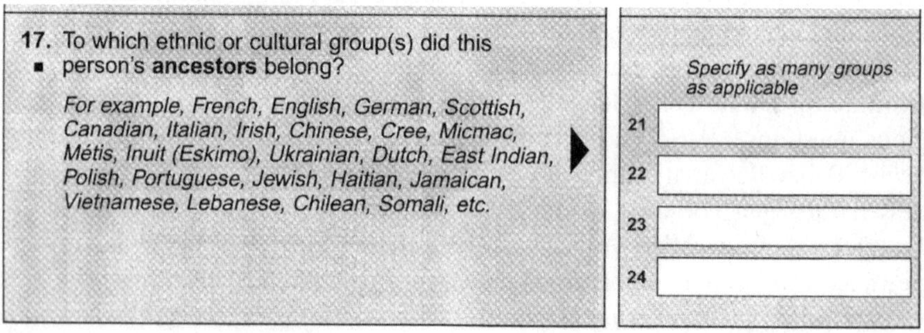

17. To which ethnic or cultural group(s) did this person's **ancestors** belong?

*For example, French, English, German, Scottish, Canadian, Italian, Irish, Chinese, Cree, Micmac, Métis, Inuit (Eskimo), Ukrainian, Dutch, East Indian, Polish, Portuguese, Jewish, Haitian, Jamaican, Vietnamese, Lebanese, Chilean, Somali, etc.*

*Specify as many groups as applicable*

21

22

23

24

*Abb. 24: Vorschlag des Institute for Jewish Policy Research für die Übernahme kanadischer Zensusfragen.* Barry Kosmini, *Ethnic and Religious Questions in the 2001 UK Census of Population Policy Recommendations, in: JPR Policy Paper 2 (1999), http://www.jpr.org.uk/Reports/CS_Reports/PP_no_2_1999/index.htm (aufgerufen am 8.4.2013). Der Vorschlag basiert auf: Statistics Canada, Census 1996, S. 8 und Statistics Canada, Census 1991, S. 10.*

a write-in system."[134] Deshalb wurde die kanadische Zensusfrage als Vorbild vorgeschlagen (siehe Abbildung 24).

Der britische Zensus blieb im Gegensatz zum kanadischen Beispiel dabei, feste Antwortkategorien sowohl für die Religionsfrage als auch für die Frage zur *ethnic group* vorzugeben. Allerdings ist es hier falsch vom britischen Zensus zu sprechen, denn der englische und walisische Fragebogen wichen in Bezug auf die Frage zur Religion vom schottischen erheblich ab. Während es im englischen Bogen schlicht hieß „What is your religion?", stellte der schottische Bogen zwei Fragen: „What religion, religious denomination or body do you belong to?" und „What religion, religious denomination or body were you brought up in?" Das führte zu nicht vergleichbaren Ergebnissen. So kam David J. Graham vom Institue for Jewish Policy Research in seiner Analyse aus dem Jahr 2008 zu dem Ergebnis, dass die sich unterscheidenden Fragen ein radikal anderes Bild der jüdischen Bevölkerung in Schottland im Vergleich zu England und Wales produziert hatten.[135]

[134] Ebd.

[135] Graham, Socio-Spatial Boundaries, S. 202 f. Siehe ebd. seine detaillierte Analyse der Unterschiede.

*Zensus 2011: Nicht eine, sondern zehn Fragen*

Eine verlässliche, von allen akzeptierte Frage zum Themenbereich *race/ethnicity* wurde für Großbritannien bisher nicht gefunden. Vermutlich ist sie aufgrund der sich rapide wandelnden Gesellschaft auch gar nicht für mehrere Volkszählungen formulierbar. Die Tendenz für 2011 ging dahin, immer mehr Fragen zu diesem Themenkomplex zu erheben. So wurden im englischen Zensusbogen 2011 nicht weniger als 10 Fragen gestellt (vgl. dazu Anhang Abbildung B.4): „What is your country of birth?“, „If you were not born in the United Kingdom, when did you most recently arrive to live here?“, „Including the time you have already spent here, how long do you intend to stay in the United Kingdom?“, „How would you describe your national identity?“, „What is your ethnic group?“, „What is your main language?“, „How well can you speak English?“, „What is your religion?“, „One year ago, what was your usual address?“ und „What passport do you hold?“[136] In diese Fragen wurde somit nun auch die Sprache als Indikator für Identität aufgenommen.

Der Fragebogen durchlief den üblichen Prozess an Testumfragen und Modifikationen. Omar Khan vom Runnymede Trust, dem heute führenden *Race Equality Think Tank*, sprach von 600 Antworten, die die Regierung auf ihre Anfrage zu möglichen Veränderungen der Frage erhielt.[137] Ausgeprägten öffentlichen Protest gab es nicht. Die Zensusfragen zur *ethnic group* wurden zunehmend nicht nur im Zensus und in anderen staatlichen Umfragen verwendet, sondern fanden auch Eingang in die privatwirtschaftliche Markt- und Meinungsforschung.[138] Zudem wurden sie in der jeweiligen Zensusform seit 1991 z. B. im Monitoring für Chancengleichheit verwendet: „Census categories are therefore important not only for government policy, but also impact the labour market and educational institutions.“[139] Die Anwendung von Zensusdaten und die Orientierung an Zensusfragen und -konzepten waren also in den verschiedensten Bereichen zu finden.

*Identitätsfragen zu kompliziert für Konsumentenklassifikationen*

Für einige Akteure war diese Differenzierung zu weitgehend: So teilte die Konsumentenklassifikation *ACORN* im Jahr 2006 einfach in „Asian, Black, White“ ein.[140] In der Darstellung der Konsumententypen wurde dabei insbesondere die *Asian Communities* als eigene Gruppe angesehen (siehe die Übersicht in Kapitel III,

136 Office of National Statistics, Census 2011. Household Questionnaire England, http://www.ons.gov.uk/census/2011-census/2011-census-questionnaire-content/index.html (aufgerufen am 17. 7. 2010).

137 KHAN, Ethnicity and Nationality, S. 19.

138 Vgl. z. B. die Umfrage, die das privatwirtschaftliche Meinungsforschungsinstitut Ipsos MORI im Auftrag des nationalen Gesundheitssystems (NHS) 2009 durchführte. The GP Patient Survey 2009, Fragebogen im privaten Besitz.

139 KHAN, Ethnicity and Nationality, S. 19.

140 Jeder der 56 Typen in der *ACORN* Klassifikation wird in sog. *Demographic Features* dargestellt, die Prozentzahlen zu den vier Rubriken *Housing, Families, Education & Work* und *Ethnicity* geben. Unter *Ethnicity* findet sich dann jeweils die Dreiteilung „Asian, Black, White“ mit den dazugehörigen Prozentzahlen, deren Quelle nicht angegeben wird. Vgl. z. B.: The ACORN User Guide, Type 37 Crowded Asian Terraces, 2006, S. 75, http://www.caci.co.uk/brochures.aspx (aufgerufen am 15. 7. 2008).

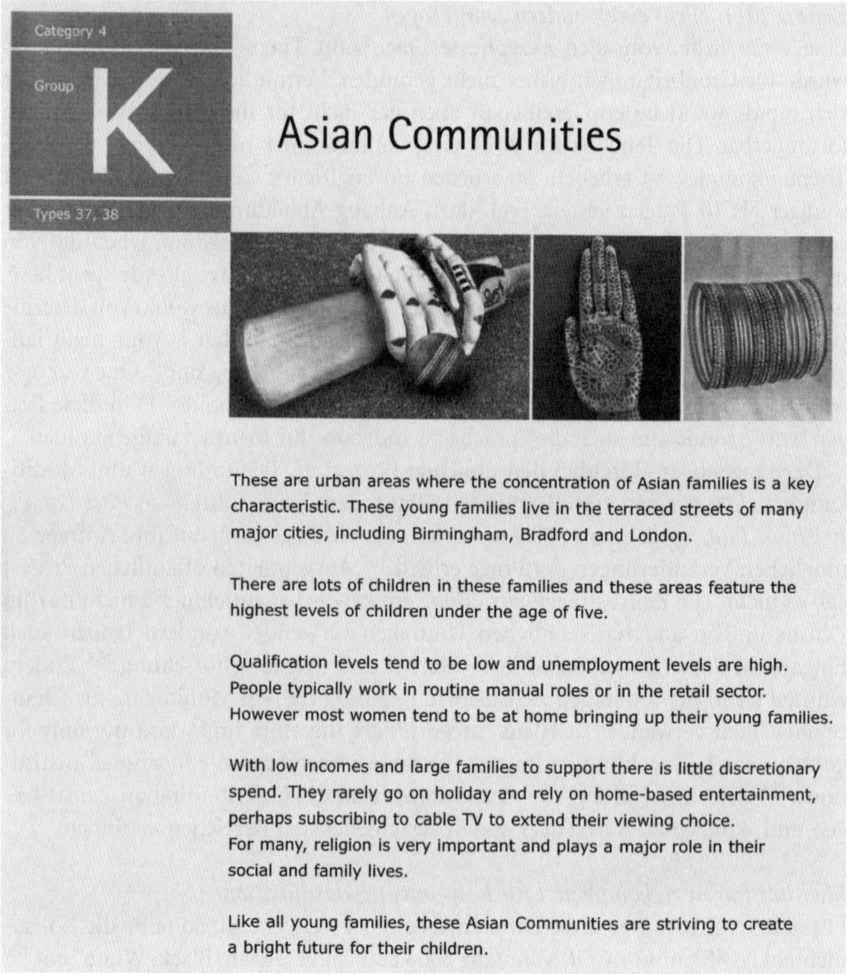


*Abb. 25:* ACORN *Classification 2006. The ACORN user guide, 2006, S. 72, http://www.caci.co.uk/brochures.aspx (aufgerufen am 15. 7. 2008).*

Abbildung 18). Unabhängig von der Sicht der dort Kategorisierten und ihrem Selbstverständnis wurde diese Gesellschaftsgruppe durch ihre Hautfarbe, die Religion, eine große Anzahl von Kindern und wenig Geld (d. h. wenig interessant für den Konsumgütermarkt, aber dafür für Kreditgeber) charakterisiert (siehe Abbildung 25).

Die beiden Typen, in die die Gruppe „Asian Communities“ unterteilt wurde, hießen „Crowded Asian Terraces“ und „Low Income Asian Families“. Sie wurden jeweils mit ihren „Demographic Features“ in Prozentangaben, einer Landkarte mit der geografischen Verteilung, einem typischen Foto sowie einer Grafik zu Konsumverhalten, Interessen, Finanzkraft, Reise- und Medienverhalten sowie einem stereotypen Text dargestellt. Dabei interessierten Fragen der Identität oder Selbstwahrnehmung nicht.

Ebenso ordnen andere Anbieter von Konsumentenklassifikationen die verschiedenen ethnischen Gruppen nach Stereotypen ein. In der 2003er-*MOSAIC* Broschüre standen die Namen Agnes und Joseph stellvertretend für die Gruppe, die mit „Welfare Borderline" überschrieben war. Zu ihnen gehörten vor allem Einwohner aus der Karibik, aus Bangladesh oder gerade angekommene Asylbewerber: „Welfare Borderline people are struggling to achieve the material and personal rewards that are assumed to be open to all in an affluent society. Few hold down rewarding or well-paid jobs; most rely on the council for their accommodation and on state benefits to fund bare essentials."[141] Außerdem wurden weitere Konsumententypen mit asiatischem Hintergrund wie z. B. „Asian Enterprise" und „South Asian Industry" differenziert.[142]

Anders als die auf *social class* basierenden staatlichen Gesellschaftsklassifikationen, die keine Unterteilung in ethnische Gruppen zuließen, nahmen die auf Nachbarschaften basierenden Konsumentenklassifikationen *race* und *ethnicity* auf. Dabei kümmerten sie sich nicht weiter darum, ob sie stereotype, rassistische Einteilungen produzierten, vielmehr galt das schon aus Kapitel III bekannte Prinzip: Was sich verkauft, kann nicht falsch sein. Wie sich diese Geschichte zu *race/ethnicity*-Fragen im britischen Zensus weiter entwickelt, ist unklar – beendet ist sie mit dem Zensus von 2011 nicht.

# Zusammenfassung und Ausblick

Die Entwicklung der Frage zu *race/ethnic group* im britischen Zensus war in einen politischen Prozesses eingebunden, an dem verschiedenste gesellschaftliche, wissenschaftliche und politische Akteure teilhatten. Fragen zur Identität der Einwohner gab es bereits seit 1841, allerdings stießen diese Fragen bis 1961 nicht auf Protest vonseiten der Befragten. Das war u. a. darauf zurückzuführen, dass die Fragen zur Identität in erster Linie über Stellvertreterfragen gestellt wurden. Durch sie wurden in Analogieschlüssen Aussagen über die Bevölkerung getroffen. Insbesondere über die einfache, demografische Frage nach dem Geburtsort ließen sich Aussagen über Migrationsprozesse innerhalb des Landes, von den Kolonien ins ‚Mutterland' und vom Ausland auf die britischen Inseln treffen. Schon ab 1851 spielten die Staatsbürgerschaft und die Art, wie sie erlangt worden war, eine Rolle im Zensus. Dieses rechtliche Konzept schien bei den Befragten nicht auf Widerstand zu treffen. Problematisch wurde es erst, als Fragen dieser Art in der zweiten Hälfte des 20. Jahrhunderts auf eine spezifische Immigrationspolitik und -gesetzgebung trafen und zudem konkretere Auskünfte notwendig wurden, um das Interesse der Zensusmacher zu befriedigen. Im Zentrum der Debatten stan-

[141] Mosaic United Kingdom. The Consumer Classification for the UK, 2003.
[142] Ebd.

den Zensusfragen, die offensichtlich an Immigranten aus den ehemaligen Kolonien adressiert waren und die Hautfarbe als wichtigstes Distinktionsmerkmal hervortreten ließen. Die Frage nach dem Geburtsort der Eltern im Zensus von 1971, die in engem Bezug zur Einschränkung der Einreise- und Aufenthaltsberechtigung wahrgenommen wurde, bildete den Stein des Anstoßes. Hinzu kamen die alltäglichen Diskriminierungserfahrungen der Immigranten, die wissenschaftliche Auseinandersetzung mit Themen wie *race* und *ethnicity* (z. B. der Vertreter der *cultural studies* und der *postcolonial studies*) und das zunehmende Bewusstsein für die Konstruiertheit dieser Kategorien. Versuche, eine für alle Beteiligten akzeptable Frageform zu finden, stießen in den 1970er-Jahren in erster Linie auf Kritik durch die Betroffenen. Sie fürchteten den Missbrauch von Zensusdaten, d. h. konkret die Weitergabe von Zensusdaten an die Einwanderungsbehörden. Zudem wurde das Argument vertreten, dass die Diskriminierung von Menschen mit nicht-weißer Hautfarbe auch ohne spezifische Zensusfrage offensichtlich sei und Zensusdaten dies nur bestätigen würden. Die Notwendigkeit einer zahlenmäßigen Erfassung schien aus dieser Perspektive nicht gegeben. Dagegen stand das Argument, dass erst die genaue Kenntnis des Umfangs der Minderheiten in Großbritannien deren gerechte Förderung ermöglichen würde. Bei den Testversuchen in den 1970er-Jahren, die die Formulierung einer von allen Akteuren akzeptierten Frage zur Identität der Einwohner zum Ziel hatten, wurden vielfach Beschwerden über das Format der Frage geäußert. Weder von den Diskutanten noch den Zensusmachern wurden klar definierte Begriffe verwendet. *Race, ethnicity, ethnic group, ethnic origin* wurden unterschiedlich gedeutet, aber teilweise synonym gebraucht. Eine adäquate Frage zu formulieren, war deshalb schon von vornherein unmöglich. Während für den Zensus von 1981 keine akzeptable Lösung gefunden werden konnte, wurden in den 1980er-Jahren die Diskussionen auf eine neue, breitere Basis gestellt. Das heißt, dass nun alle beteiligten gesellschaftlichen, politischen und wissenschaftlichen Akteure bereits in den Prozess der Frageentwicklung einbezogen wurden. Das führte zu einer Art suggerierter Mitbestimmung, denn nun wurden die verschiedenen Akteure und vor allem die Betroffenen vorab und offiziell nach ihrer Meinung gefragt. Auch wenn in den Anhörungen vor dem Home Affairs Committee 1982–83 klare Machtverhältnisse und Diskriminierung deutlich wurden und das Ergebnis schon vorher festzustehen schien, konnte nun behauptet werden, dass in die Entwicklung der Frage bereits alle, auch kritische, Stimmen einbezogen worden waren.

Zu Hilfe kam den Befürwortern einer Frage zur *ethnic group* für den Zensus von 1991, dass die vor allem in den 1970er-Jahren vielfach geäußerte Sorge vor mangelndem Datenschutz weniger Relevanz hatte. Dazu beigetragen hatten die in den 1970ern eingesetzten Ausschüsse, so z. B. das Younger Committee on Privacy und das Lindop Committee on Data Protection, die zu Datenschutzgesetzen wie dem *Data Protection Act* im Jahr 1984 führten.[143] Allerdings war die Sorge durch-

[143] Vgl. Higgs, Information State, S. 188–193. Higgs weist zudem auf europäische Abkommen hin, die zur nationalen Datenschutzgesetzgebung hinzukamen.

aus nicht unberechtigt. So wurde 1970 die Social Survey Division mit dem General Register Office zusammengeführt, woraus das Office of Population Censuses and Surveys entstand.[144] Alle Daten, die zuvor in den beiden Abteilungen getrennt gesammelt worden waren, kamen somit unter einem neuen Dach zusammen. Als Paradebeispiel für zweifelhaften Datenfluss galt die Weitergabe von Informationen über Personen mit Krankenpflegeausbildungen aus dem Zensus von 1971 an die Social Survey Division für eine Folgeuntersuchung; da beide Abteilungen nun zusammengefasst waren, war dieses Vorgehen legal, entsprach aber nicht den öffentlichen Vorstellungen vom Schutz persönlicher Zensusdaten.[145] Auch der Verkauf von Zensusdaten an Firmen entwickelte sich zur alltäglichen Praxis. Zwar waren die Daten anonymisiert, denn die hundertjährige Sperrfrist wurde nicht geändert, sie konnten aber über das Wahlregister und ein auf wenige Häuser oder Straßen begrenztes Postleitzahlensystem entschlüsselt werden (siehe Kapitel III).

Trotz dieser Beispiele führten die Datenschutzbemühungen für den Zensus von 1991 zunächst dazu, dass die grundsätzlichen Zweifel am Datenmissbrauch minimiert worden waren. Damit ging es nun in erster Linie darum, eine geeignete Frage zu finden, und nicht mehr darum, ob eine Frage überhaupt gestellt werden sollte. Die Interessengruppen selbst kamen in dieser Zeit teilweise ebenfalls zu der Überzeugung, dass nur eine genaue zahlenmäßige Erfassung auch zu einer gerechten (finanziellen) Förderung führen würde. Einige Interessengruppen entwickelten diese Meinung aus einem Zweckrationalismus. So äußerte sich das Board of Deputies of British Jews prinzipiell gegen eine Frage zur *ethnic group* oder zur damit in Zusammenhang gebrachten Religion, versuchte dann aber – nachdem feststand, dass eine Frage gestellt werden würde – den Prozess aktiv mitzugestalten. Auch wenn 1991 erstmals eine Frage zur *ethnic group* im britischen Zensus gestellt wurde, hieß das weder dass diese Frage methodisch eindeutig, noch dass sie politisch akzeptiert war. Die sich weiter verändernden und vor allem ausweitenden Fragen zu diesem Thema lassen auf grundsätzliche Probleme der Frage sowohl in methodischer als auch in politischer Hinsicht schließen, die bis heute nicht gelöst wurden bzw. gar nicht lösbar sind.

Methodisch gesehen verstößt die Frage gegen grundlegende Regeln eines Fragebogens: das Gebot der Einfachheit und der Eindeutigkeit (vgl. dazu Kapitel II). Forschungen in Großbritannien haben z. B. in den 1960ern gezeigt, dass Begriffe wie etwa *region* vielen Befragten völlig unklar waren.[146] Somit ist zu vermuten, dass auch das Wort *ethnic* nicht von allen Befragten verstanden wurde. Auch unter den Umfrageforschern existierte kein einheitliches Konzept. Das fehlende einheitliche Verständnis von *race/ethnicity* war u. a. daran zu erkennen, dass zur Erklärung der Frage in den Fragebögen häufig nähere Erläuterungen gegeben wur-

144 Vgl. Moss, Government Social Survey, S. 73 f.

145 Nissel, People Count, S. 94.

146 William A. Belson, The Impact of Television. Methods and Findings in Program Research, London 1967, zitiert in: Morton-Williams, Questionnaire Design, S. 115.

den. Im Zensus 2001 hieß es z. B. in einer Zwischenunterschrift, dass es sich um den „cultural background" handle. Kurzum, aus methodischer Perspektive war die Frage nicht fragbar und wurde dennoch gefragt. Die eingangs erwähnte Feststellung der Vereinten Nationen, dass es zu diesem Themenkomplex keine allgemein gültigen Vorschläge geben könne, kann somit nicht nur als Aufforderung zum methodischen Nationalismus der Umfrageforscher interpretiert werden, sondern auch als Hinweis auf die Unmöglichkeit der Frage. Der Versuch, alle gesellschaftlichen Akteure in die Konstruktion der Frage einzubeziehen und so eine akzeptable, politisch korrekte Lösung zu finden, hat dazu geführt, dass die Frage in einem Ankreuzverfahren mit eng vorgegebenen Antwortkategorien wie im Zensusbogen eigentlich keine Funktion mehr hat.

Vergleicht man abschließend die Konstruktionsprozesse um die *race/ethnicity*-Frage im 20. Jahrhundert mit denen um die *disabilities* im 19. Jahrhundert, so waren verschiedene gesellschaftliche Gruppen auch schon im 19. Jahrhundert in die Konstruktion der Zensusfragen involviert. David Kertzer und Dominque Arel vermuten in Bezug auf Volkszählungen im Allgemeinen einen „major shift from census categories decided from on high to those crafted through a complex and messy process of political struggle, involving interest groups formed from the people being categorized."[147]Die beiden in diesem Buch behandelten Aspekte der Wissensgeschichte (*race/ethnicity* und *disabilites*) zeigen aber vielmehr, dass es sich um einen graduellen Entwicklungsprozess handelte, der schon im 19. Jahrhundert zu erkennen war. Am Beispiel der *disabilities*-Frage lässt sich erkennen, dass sich Betroffenengruppen seit dem Ende des 19. Jahrhunderts und – wie an der Geschichte der *ethnicity*-Frage zu erkennen – vor allem seit den 1970er-Jahren signifikant in diesen Prozess einbringen konnten. Darüber hinaus beschäftigten sich beide Zensusfragen mit sehr persönlichen Themen.

Insbesondere im Verlauf des 20. Jahrhunderts spielten auch die Identitätssuche und Individualisierungsprozesse im Kontext der vermehrt Einfluss gewinnenden sog. *psy-sciences* eine Rolle.[148] Von Fragen der Identität und Kategorisierungen in race/ethnicity waren auch die Umfrageforscher selbst betroffen und somit – je nach eigenen Erfahrungen – für das Thema unterschiedlich sensibilisiert (vgl. Kapitel I). So setzte sich z. B. Claus Moser im Jahr 1972, als er Direktor des Central Statistical Office und Präsident der Market Research Society war, in einem Artikel mit „Statistics about immigrants" auseinander.[149] Er selbst hatte aus dem nationalsozialistischen Deutschland fliehen müssen, nahm 1947 die britische Staatsbürgerschaft an und bezeichnete sich in einem Interview aus dem Jahr 1992 als „European Jew".[150] Das war eine Kategorie, die der britische Zensus in seiner bis-

[147] Kertzer und Arel, Censuses, Identity Formation, and the Struggle for Political Power, S. 27.

[148] Siehe z. B. Rose, Governing the Soul; ders., Inventing our Selves; Eghigian, Killen und Leuenberger (Hrsg.), Politics and the Human Sciences in the Twentieth Century.

[149] Moser, Statistics about Immigrants.

[150] Angela Lambert, Interview with Claus Moser. 73.5 per cent English, The Independent, 28. 7. 1992. Moser ist hier nur ein Beispiel für die Migrationserfahrungen einiger Umfrageforscher. Ein weiteres Beispiel ist Marie Jahoda, die durch die Studie Die Arbeitslosen von

herigen Geschichte nicht zugelassen hatte. Wie schon bei der Frage zu *disabilities* war es somit nicht zuletzt aus der Sicht der Betroffenen wichtig, zwischen den einzelnen Immigrantengruppen zu unterscheiden. Fragen zur Religion wurden damit von verschiedenen Gruppen als unterschiedlich wichtig erachtet. Gleiches galt für die Akzeptanz der Herkunft für die eigene Biografie. Eine weitere Aussage von Claus Moser lässt erkennen, dass selbst die Beantwortung der Frage nach dem Geburtsort Probleme bereiten konnte:

‚The German background, the Berlin background, the Jewish background are so much part of my life that I can't understand people who came over, as I did, and say they feel 150 per cent English and never look back to their origins. Some of them are in Who's Who, and if you look them up, they weren't born anywhere. Not a day, not a week goes by that I'm not grateful for having been received here – but that's not the same as saying one feels totally English. I feel 73.5 per cent English and I am of course totally British.'[151]

Dieses Zitat aus dem Jahr 1992 zeigt die Komplexität des Themas ebenso wie die Abhängigkeit von der Selbstwahrnehmung, die in vielfältige Diskussionen der Zeit eingebettet ist.[152] Die innereuropäische, vor allem durch die nationalsozialistische Vernichtungspolitik geprägte Immigration wie bei Moser bildete einen Hintergrund, einen zweiten stellten Migrationserfahrungen von Personen aus den ehemaligen Kolonien und ihre umfassende wissenschaftliche Auseinandersetzung mit Themen wie Identität, *race, ethnicity* und Macht im Rahmen der *postcolonial studies* dar. Das Zitat von Jacki und Homi Bhabha von 1980 ist nur ein Beispiel dafür, dass die Vertreter der *postcolonial studies* sich auch aktiv politisch äußerten.[153] In der Forschung wurde dieses Anliegen z. B. in Untersuchungen zum *colonial knowledge* umgesetzt, in denen der Zensus als Instrument der Kolonialmacht eine wichtige Rolle spielte.[154] Auch vor dem Hintergrund dieser differenzierten, intellektuellen Auseinandersetzung mit Themen wie *race* und *ethnicity* waren einfache, stereotype Zensusfragen obsolet.

Das Ende der Geschichte zur *ethnicity*-Frage in der britischen Volkszählung ist offen.[155] Zwei Ausgänge lässt die bisherige Analyse als möglich erscheinen: erstens die Abschaffung der Frage, da sie politisch und methodisch nicht fragbar ist; zweitens die zunehmende Ausweitung der Frage, um eine größtmögliche Akzeptanz unter allen Beteiligten zu erzeugen. Dies würde vermutlich mit sich bringen, dass die Akteure, die an simplen auf Hautfarbe basierenden Unterscheidungen

Marienthal bekannt wurde und 1975 als *Chair* des Advisory Committee on Race Relations Research tätig war, das in seinem Bericht an den Home Secretary in *Section* 3 „The Need for Statistiscs" betonte. Race Relations Research, Report to Home Secretary, 1975, S. 8–18.

151 Angela Lambert, Interview with Claus Moser. 73.5 per cent English, THE INDEPENDENT, 28. 7. 1992.

152 Dabei zeigte sich auch zunehmend ein anderes Selbstverständnis der Umfrageforscher so z. B. in der Gründung der Radical Statistics Group 1975.

153 Jackie und Homi Bhabha, Census Figures that Cannot Defeat Racism, THE GUARDIAN, 16. 1. 1980.

154 Siehe dazu z. B. APPADURAI, Number in the Colonial Imagination. Siehe auch die Arbeiten von Charles Hirschman: HIRSCHMAN, Making of Race; ders., Meaning and Measurement of Ethnicity in Malaysia.

155 Aus aktueller sozialwissenschaftlicher Perspektive siehe SUPIK, Statistik und Rassismus.

interessiert sind, auf andere ‚Informations'quellen, die sich mit stereotypen Lösungen begnügen, zurückgreifen würden. Als solche alternativen Quellen könnten sich die im dritten Kapitel diskutierten Konsumentenklassifikationen herausstellen, die zugleich neue, weit reichende Probleme mit sich bringen.

An dieser Stelle die Offenheit des Ausgangs der Geschichte zu betonen scheint wichtig, denn denkbar wäre auch ein Ende der Darstellung mit der Einführung der Frage im Zensus von 1991. Damit würde man allerdings in eine Modernisierungsfalle tappen, da die Lösung in der Frage zu *race/ethnic group* keinen Bestand hatte. Die Einbeziehung verschiedenster gesellschaftlicher Akteure und der Versuch, eine allgemein akzeptierte, politisch korrekte Frage zu finden, ‚gefährdeten' die Ergebnisse der Volkszählungen, die den Anwendern ihrer Daten gerade durch ihre Simplifizierungen Hilfsmittel an die Hand geben wollten. Aufschlussreich erscheint hier ein Beispiel aus dem 17. Jahrhundert, das James Scott in seinem Buch *Seeing Like a State* zitiert:

> ‚And the Colleges of the Cartographers set up a Map of the Empire which had the size of the Empire itself and coincided with it point by point. … Succeeding generations understood that this Widespread Map was Useless, and not without Impiety they abandoned it to the Inclemencies of the Sun and the Winters.'[156]

In ähnlicher Weise ist ein Zensus, der die Bevölkerung eins zu eins ‚abbilden' will, nutzlos. Die offene Frage des Zensus bleibt aber, was dieser überhaupt sein soll und welche Aufgabe er erfüllen soll. Während der diffuse Verweis auf die Bedeutung der Zensusdaten in vielen Bereichen zu einem stetigen Anwachsen der Fragen führte, hat keine gesellschaftliche Verständigung über den Sinn und Zweck der Daten oder die zugrunde liegenden Vorstellungen von Gesellschaft stattgefunden.

[156] SUAREZ MIRANDA, Viages de varones prudentes (1658), zitiert nach: SCOTT, Seeing Like a State, S. 53.

# Schluss: Von der Einführung der Volkszählung im 19. Jahrhundert bis zu Big Data im 21. Jahrhundert

Keinesfalls an den Rand einer nur wenige Spezialisten interessierenden Geschichte der Sozialwissenschaften, sondern ins Zentrum gesellschaftlicher Debatten um das digitale Zeitalter, Big Data und andere Selbstverständigungen führt dieses Buch. Denn die Idee, dass Menschen und Gesellschaften durch die Summe ihrer Daten zu bestimmen sind, ist im Kern der über zweihundert Jahre andauernden Geschichte der Methoden von Umfragen und Volkszählungen angelegt. Diese im 19. Jahrhundert eingeführte methodische Fokussierung auf gezählte Merkmale trifft im 20. Jahrhundert auf ein verändertes Gesellschafts- und Selbstbild, das vor allem in der zweiten Hälfte des Jahrhunderts durch sozialwissenschaftlich geprägte Begriffe wie Subjektivierung und Individualisierung charakterisiert ist. Zu Beginn des 21. Jahrhunderts lässt dieser methodische Fokus – nach einer Phase der Euphorie über den flächendeckenden Computereinsatz und die neuen Möglichkeiten des Internets – die durch nationale Datenschutzregelungen sicher geglaubten Grundrechte bedroht erscheinen. Es ist aus historischer Perspektive durchaus plausibel, dass Big Data in den 2010er-Jahren die Nische der Technologieexperten verlassen und den Mainstream erreicht hat, wie die New York Times im Jahr 2012 konstatierte.[1] Der *computational turn* sei eingeläutet behaupten andere Autoren.[2] Heute geht es nicht mehr nur um Randgruppen, die durch die Datenerfassung ausgegrenzt werden könnten (wie z. B. im 19. Jahrhundert Menschen mit Behinderungen oder im 20. Jahrhundert Menschen mit Migrationshintergrund), sondern von der umfassenden Datenerhebung und möglichem Missbrauch ist potentiell jeder betroffen. Die Diskussionen um Big Data, einem nicht klar definierten Begriff, der mit der computerbasierten Verarbeitung und Verbindung enormer Datenmengen über menschliches Verhalten umrissen werden kann, können somit in eine lange Geschichte der Umfrageforschung eingeordnet werden.

Die den Methoden zugrunde liegende Idee und die daraus folgenden Praktiken – das war eine Hypothese des Buchs und ein Grund für die Wahl des langen Untersuchungszeitraums – blieben tatsächlich erstaunlich stabil, während sich die Akteure und ihre Forschungsinteressen ebenso veränderten wie der Staat, die Verwaltung und die Gesellschaft. Die Stabilität der Praktiken zeigt sich erstens in der Fixierung auf das Zählen von Individuen sowie auf die Quantität generell, d. h. das Sammeln von immer mehr Daten, zweitens im Fokus auf die Schnelligkeit der Erhebung und Bereitstellung von Daten, drittens in der Komplexität der Methoden, die eine Beschränkung auf kleinteilige Probleme mit sich brachte, und viertens im Wunsch nach Konnektivität von in verschiedenen Bereichen erhobe-

[1] Steve Lohr, How Big Data Became So Big, The New York Times, 11. 8. 2012, zitiert in: Geiselberger und Moorstedt, Vorwort, S. 14.

[2] Vgl. z. B. Berry, Computational Turn; Boyd und Crawford, Big Data, S. 192.

nen Daten. Gleichbleibend war auch, fünftens, das Ringen mit dem sog. ‚menschlichen Element' – sei es in Form der Interviewer und Volkszähler oder der Bevölkerung als Antwortgeber und ihren zunehmenden, die Umfrageforscher störenden Forderungen nach Datenschutz. Die aktuellen Diskussionen um die Vor- und Nachteile des digitalen Zeitalters verdeutlichen eine Entwicklung, die von Anfang an zur Geschichte der Volkszählungen und Umfragen gehörte, durch die Einführung der ersten datenverarbeitenden Maschine in der Volkszählung von 1911 forciert wurde, aber erst heute durch die technischen Möglichkeiten die Ablösung der grundlegenden Umfrageinstrumente (Fragebogen und Interview) und damit die Beseitigung des leidigen ‚menschlichen Elements' in Aussicht stellt. Oder anders formuliert: Durch die derzeitigen technischen Möglichkeiten können erstmals – zumindest theoretisch – ohne Wissen der Befragten computerbasierte Datensammlungen verbunden werden. Das ist aus Sicht der Datensammler ein Vorteil, denn das ‚menschliche Element' stellt in ihrer Logik eine große ‚Fehler'quelle dar. Doch zeigt sich der Eigensinn der Beobachteten auch darin, dass sie sich gegen die theoretisch mögliche Verknüpfung der Daten und damit die Reduzierung ihrer Grundrechte wehren und jetzt auch das Menschen- und Gesellschaftsbild, das diesen Methoden zugrunde liegt, diskutieren. Dieser letzte Aspekt ist in der Methodengeschichte der Umfrageforschung neu, weshalb in den aktuellen Diskussionen der 2010er-Jahre eine erste klare Zäsur seit dem Beginn der britischen Volkszählungen im Jahr 1801 zu erkennen ist. Diese Zäsur ist in die veränderten Möglichkeiten unter Big Data einzuordnen, denn mit ihnen erhielten die Diskussionen um die Abschaffung der Volkszählung in den 2010er-Jahren eine neue Dimension, die auch im Kontext der Debatten innerhalb der Surveillance Studies betrachtet werden kann.[3] Um abschließend den Mehrwert einer langen Geschichte der Umfrageforschung für Diskussionen um Big Data im 21. Jahrhundert in einigen Thesen zu verdeutlichen, sollen zunächst die Ergebnisse dieser Arbeit noch einmal komprimiert dargestellt werden.

*Eine Wissensgeschichte der Umfragemethoden – Konzeption und Ergebnisse*

Den Ausgangspunkt bildete die Beobachtung, dass sich einerseits Volkszählungen in der Neuzeit zu einem wichtigen Instrument der gesellschaftlichen Selbstbeobachtung entwickelt haben und ihre ‚Daten' in vielen Bereichen Verwendung finden, dass aber andererseits die Voranahmen, Methoden und Arbeitsprozesse hinter diesen ‚Daten' selten hinterfragt wurden. Ziel der Arbeit war es deshalb, einen Einblick in die „Fertigungshallen sozialer Fakten"[4] zu liefern und die Produktionsprozesse sogenannter sozialer Fakten am Beispiel von Volkszählungen und Umfragen zu rekonstruieren. Volkszählungen wurden ins Zentrum der Analyse gestellt, da sie in Großbritannien seit 1801 kontinuierlich alle zehn Jahre durchgeführt werden (mit der Ausnahme von 1941) und eine zentrale Datenquelle für weitere Umfragen darstellen. Im Anschluss an aktuelle Forschungsdiskussionen

[3] Siehe dazu z. B. die Diskussionen in der Zeitschrift *Surveillance & Society.*

[4] Raphael, Verwissenschaftlichung des Sozialen, S. 191.

wurde davon ausgegangen, dass Volkszählungen und Umfragen nicht einfach Wirklichkeit abbilden, sondern sie vielmehr selbst konstruieren. In Erweiterung der bisherigen Literatur wurde angenommen, dass zum einen sozialwissenschaftliche Methoden und zum anderen die Auswahl von Fragethemen, die im politischen Prozess mit vielfältigen Akteuren stattfand, Wirklichkeit schufen. Zudem wirkten die Befragten selbst auf die Produktion des Wissens ein, indem sie die Fragebögen eigenwillig ausfüllten. Diese Dimensionen der Wissensproduktion hat die Arbeit in drei großen Teilen aufgenommen: Da die Methoden durch historische Akteure entwickelt, ausgewählt und geprägt wurden, ging es im ersten Teil unter der Überschrift *Akteure und Methoden der Umfrageforschung* zum einen am Beispiel der Umfrageforscher (Kapitel I) sowie der Volkszähler und Interviewer (Kapitel II.2) um die Akteure der Wissensproduktion. Zum anderen lag der Fokus auf den Methoden selbst, indem der Fragebogen in Kombination mit dem Interview als grundlegendem Erhebungsinstrument ins Zentrum der Untersuchung gestellt wurde (Kapitel II.1). Der zweite Buchteil *Die Ordnung der Gesellschaft* bildete in gewisser Weise das Herzstück der Geschichte, da hier die Vorgänge analysiert wurden, wie aus den in den einzelnen Fragebögen aufgenommenen Personen mittels Gesellschaftsklassifikationen eine Gesellschaft geschaffen wurde (Kapitel III). Im dritten Teil *Entscheidungen über Zensusfragen im politischen Prozess und ihre Umsetzung in der Praxis* standen anhand zweier Fallstudien die politischen Prozesse im Mittelpunkt, die zur Entscheidung für oder gegen ein Thema im Zensus führten sowie dessen konkrete methodische Umsetzung bis hin zur Formulierung der Frage im Zensusbogen (Kapitel IV und V). Die Auswahl der beiden Fallbeispiele orientierte sich an Fragen, die nicht vermeintlich einfaches demografisches Wissen – wie z. B. Auskünfte über den Wohnort oder das Alter[5] – ermitteln sollten, sondern kontroversen Themen nachgingen. An diesen Fallbeispielen hat sich gezeigt, dass nicht allein die im ersten Teil fokussierten Akteure auf die Wissensproduktion einwirkten, sondern dass die Entwicklung von Zensusfragen in einen politischen Prozess mit zahlreichen Akteuren eingebunden war. Die vorliegende Geschichte der britischen Volkszählungen verbindet somit die Wissens- mit einer neuen Politikgeschichte.

Im ersten Kapitel der Arbeit standen zunächst die Umfrageforscher selbst im Zentrum. Während diese Bezeichnung grundsätzlich umfassend für Personen verwendet wurde, die in der privatwirtschaftlichen Markt- und Meinungsforschung, in der staatlichen sowie in der universitären Sozialforschung tätig waren und sich über ähnliche Arbeitsmethoden definierten, wurde im ersten Kapitel versucht, stärker zwischen den einzelnen Richtungen zu differenzieren. Diese Unterscheidung hatte zum Ziel, Hintergründe zu den Umfrageforschern und ihre jeweiligen Agenden in der Produktion des Wissens zu beleuchten. Weiterhin sollte für das 20. Jahrhundert festgestellt werden, ob die Umfrageforscher im Zensusbüro eine Sondergruppe darstellten. Ein deutlicher Einschnitt ließ sich 1920 erkennen. Bis zu diesem Zeitpunkt, als durch den *Census Act* von 1920 das Zensusbüro

5 Dass auch diese Fragen nicht eindeutig waren, hat sich z. B. im zweiten Kapitel gezeigt.

verstetigt wurde und sich in den folgenden Jahrzehnten zu einem anonymen Verwaltungsapparat entwickelte, waren die Statistical Superintendents – innerhalb des Rahmens, den die jeweiligen *Census Acts* schufen – die wichtigsten Impulsgeber für die Volkszählungen. Das galt vor allem dann, wenn sie mit den jeweiligen Registrars-General gut zusammenarbeiteten. So prägten insbesondere William Farr als Statistical Superintendent und George Graham als Registrar-General die Ausrichtung der Volkszählungen im 19. Jahrhundert. Im Mittelpunkt standen ihre eigenen Forschungsinteressen zu Fragen der öffentlichen Gesundheit. In ähnlicher Weise beeinflussten T.H.C. Stevenson als Statistical Superintendent und Bernard Mallet als Registrar-General in der zweiten Dekade des 20. Jahrhunderts die Ausrichtung der Zensusfragen, die noch stärker im Spannungsfeld der Diskussionen zwischen Vertretern des *public health movement* und der Eugenik standen. Die Verbindung der Zensusgestaltung mit den Forschungsinteressen und den Namen einzelner Akteure nahm im Verlauf des 20. Jahrhundert ab. Das lag zum einen an der Eingliederung in den Verwaltungsapparat, zum anderen unterlagen Zensusfragen – wie sich am Fallbeispiel in Kapitel V zeigte – jetzt noch stärker der Kontrolle durch verschiedene gesellschaftliche und politische Akteure. Das Amt des Registrar-General war bis weit ins 20. Jahrhundert mit Personen besetzt, die aus angesehenen Familien kamen, traditionelle Verwaltungskarrieren und/oder Ausbildungen zumeist in Oxford und Cambridge absolviert hatten. Das Bild bei den Statistical Superintendents ist hier weniger einheitlich, zumindest kann für die einflussreicheren Amtsinhaber festgestellt werden, dass sie sich in erster Linie durch fachliche Kompetenz und weniger durch soziale Herkunft auszeichneten. Ähnlich facettenreich waren die Hintergründe der Akteure in der seit den 1920er-Jahren entstehenden und nach 1945 boomenden Markt- und Meinungsforschung. Sie stellten sich in die Tradition der sozialreformerischen Sozialforschung am Ende des 19. Jahrhunderts, waren durch Immigrations- und Auslandserfahrungen geprägt und hatten im Zweiten Weltkrieg Umfragemethoden testen können. Diese politisch vielfach dem linken Spektrum nahe stehenden Akteure des Wissens waren zumeist an der London School of Economics and Political Science ausgebildet worden oder standen ihr nahe. Die Zeit von den 1920erbis in die 1960er-Jahre war durch vielfältige Interessen an der gemeinsamen Entwicklung der Methoden gekennzeichnet, was sich am besten in der Gründung und Arbeit der Market Research Society 1946 erkennen lässt. Ab den 1960er-Jahren ist eine zunehmende Spezialisierung der Umfrageforschung zu beobachten.

Mit dem Fragebogen und dem Interview standen im zweiten Kapitel zwei grundlegende Methoden aus dem Werkzeugkasten der Umfrageforscher im Mittelpunkt. Der am Schreibtisch konzipierte Fragebogen entpuppte sich dabei als Objekt mit Eigenleben. Er wurde nicht einfach von den Umfrageforschern im Büro erarbeitet und kehrte mit den von den Umfrageforschern erwünschten Antworten wieder an ihren Schreibtisch zurück, vielmehr erwies er sich in seiner Materialität, die durch Umfang und Größe, Material und Layout geprägt war, als eigener Akteur im Umfrageprozess. Der Fragebogen zirkulierte zwischen den Umfrageforschern, den Befragten und den Volkszählern. Im Verständnis der Umfrageforscher führte all dies zu Ungenauigkeiten der Erhebung. Durch Veränderungen der Frageabfolge, der Frageformulierung und Antwortmöglichkeiten, durch Erklärungen im Fragebogen, durch Öffentlichkeitsarbeit und weitere Maßnahmen versuchten die Umfrageforscher deshalb, das Eigenleben des Fragebogens zu reduzieren. Da die Erstellung des Fragebogens bis weit in das 20. Jahrhundert als Sache der Erfahrung und als Kunst angesehen wurde, gab es erst ab den 1950er-Jahren – und auch dann nur sporadisch – Forschungen zu diesem Thema. Die Entwicklung des Fragebogens erscheint im Untersuchungszeitraum von 1801 bis 2011 deshalb fast statisch. Zwar wurde bereits 1841 ein Selbstausfüllerbogen eingeführt, weitere Veränderungen waren aber vor allem durch technische Innovationen bedingt. Besonders der Einsatz von Computern ab den 1960er-Jahren erlaubte eine größere Anzahl von Fragen und gleichzeitig eine schnellere und umfangreiche Verarbeitung der Daten. Ebenso gleichbleibend wurden im Untersuchungszeitraum die Volkszähler und Interviewer als Schwachpunkt im Umfrageprozess angesehen. Die Anforderungsprofile an Volkszähler änderten sich in den zweihundert Jahren kaum, ihre soziale Zusammensetzung dafür schon. Als grundlegende Probleme erwiesen sich die mangelhafte Schulung und vor allem die geringe Bezahlung. Das generelle Misstrauen der Umfrageforscher gegenüber den Interviewern schien in erster Linie durch die räumliche Trennung der Arbeitsbereiche begründet zu sein. Somit reduzierten die Umfrageforscher die Interviewer auf ein schwer zu kontrollierendes, methodisches Problem.

Die zunehmende Koexistenz der verschiedenen Anwendungsbereiche im letzten Drittel des 20. Jahrhunderts führte zu einem Paralleldasein der Methoden, wie sich im dritten Kapitel am Beispiel der Gesellschaftsklassifikationen zeigte. Methodische Entwicklungen wurden vor allem ab den 1960er-Jahren häufig nur noch in den einzelnen Teilbereichen der Umfrageforschung rezipiert. Mit Blick auf die Gesellschaftsklassifikationen hieß das zum Beispiel, dass die Entwicklungen in anderen Bereichen erst dann wahrgenommen wurden, wenn die eigenen Methoden nicht mehr zu überzeugenden Ergebnissen führten. Da der Fragebogen in Kombination mit dem Interview – trotz sich neuerdings abzeichnender Alternativen – das elementare Erhebungsinstrument im gesamten Untersuchungszeitraum blieb, stellte sich die grundsätzliche Frage, wie aus den auf Individuen bezogenen Angaben in den Fragebögen die Gesellschaft konstruiert werden konnte. Während für die Einteilung in Gesellschaftsgruppen prinzipiell verschiedene Möglichkeiten denkbar waren, wurden im Kontext der britischen Geschichte die beiden Ordnungsmöglichkeiten *class* und Raum ausgewählt. Für die längste Zeit des 20. Jahrhunderts dominierte *class* die staatlichen Gesellschaftsklassifikationen, die sich im Kontext des Zensus von 1911 aus den Diskussionen zwischen Vertretern des *public health movement* und der Eugenik entwickelten hatten. Die ersten Versuche der Markt- und Meinungsforschung orientierten sich an diesen staatlichen Klassifikationsmodellen und übernahmen somit *class* als Ordnungsprinzip. Zwar schien *class* auch mit der Selbstbeschreibung der Bevölkerung im Einklang, aber darin lag das Problem: Da jeder zu wissen glaubte, was mit *class* gemeint sei, definierten die Umfrageforscher ihre Kategorie nicht, sondern lösten das Problem, indem sie den

Beruf und den beruflichen Status als Basis nahmen. Daraus entstanden verschiedene Probleme, die nicht im Kern behoben, sondern immer nur in der Praxis angepasst wurden. Ende der 1970er-Jahre wurde dann im Kontext der Forschungen zu sozialer Benachteiligung ein neues Klassifikationsmodell entworfen, das sich nicht mehr auf *class*, sondern auf Raum und zwar in Form von Nachbarschaften bezog. Diese sog. *geodemographics* wurden in der kommerziellen Umfrageforschung weiter entwickelt und orientierten sich nun zunehmend am Markt. Das hatte zufolge, dass sie nicht mehr am großen Ganzen, d. h. an der Gesellschaft, interessiert waren, sondern sich auf räumlich begrenzte Einheiten konzentrierten, die für zahlungskräftige Auftraggeber von Interesse waren. Da die kommerziellen Anbieter der *geodemographics* auf einem hochgradig wettbewerbsorientierten Markt bestehen mussten, legten sie ihre Methoden nicht offen. Die *geodemographics* fanden nicht nur in den Konsumgüterbereich Eingang, sondern wurden auch von Parteien, Ministerien und weiteren öffentlichen Stellen verwendet. Diese zunehmende Verflechtung der unterschiedlichen Anwendungsbereiche der Umfrageforschung ist eine neue Entwicklung, die bis heute nicht abgeschlossen ist.

Das dritte Kapitel stellt das Gelenk zwischen dem ersten und den letzten Kapiteln des Buches dar, denn einerseits handelt es sich bei den Gesellschaftsklassifikationen um eine Frage der Methoden und der Interessen der Akteure, andererseits wurde bereits eine Zensusfrage genauer betrachtet, da für die auf *class* basierte Klassifikation der Gesellschaft die Frage nach dem Beruf bzw. dem beruflichen Status elementar war. Auf der Grundlage dieses Parameters wurden die Haushalte in *social classes* eingeteilt. Diese Frage nach dem Beruf bzw. dem beruflichen Status wurde im Lauf der Zensusgeschichte mehrfach geändert und unter Umfrageforschern vielfach diskutiert, allerdings waren dies in erster Linie methodische Diskussionen. Im Gegensatz dazu stellten sich die in den letzten Kapiteln im Zentrum stehenden Fragen nach *disabilities* und nach *race/ethnicity* als kontroverse Themen heraus, die nicht nur von Umfrageforschern, sondern von verschiedensten Teilen der Bevölkerung diskutiert wurden. Das lag nicht zuletzt daran, dass dies weniger demografische als persönliche Themen waren, die im Zensus unter Strafandrohung beantwortet werden sollten, deren Sinn sich in einer Volkszählung aber nicht ohne Weiteres erklärte. An ihrem Beispiel konnten die politischen Prozesse nachvollzogen werden, die zur Einführung, Veränderung und ggf. Abschaffung einer Zensusfrage führten. Die Entscheidungen im politischen Prozess gingen dabei mit den methodischen Entwicklungen der Frage Hand in Hand. Aus beiden Perspektiven stand die statistische Konstruktion von Gruppen im Mittelpunkt – sei es durch den Gedanken der Abgrenzung oder der Förderung. Die *disabilities* entstanden als statistische Gruppe im Zuge der Industrialisierung und die verschiedenen Personen, die unter dem Begriff *ethnic group* erfasst werden sollten, entwickelten sich im Zuge bzw. infolge der Dekolonisierung. Beide Gruppen wurden von den Zeitgenossen als Problemgruppen identifiziert und zur Lösung ‚des Problems' wurde die statistische Erhebung als Voraussetzung angesehen. In die komplexe Wissensproduktion wurden dabei zunehmend auch Interessenvertretungen und Betroffene in einem politischen Prozess eingebunden.

Die im vierten Kapitel untersuchte Einführung der Zensusfrage zu *blind* und *deaf-and-dumb* war z. B. nicht einfach ‚von oben' angeordnet worden, vielmehr gab es eine Vielzahl von Faktoren, die die Aufnahme in den Zensusbogen von 1851 bedingten. Die Interessen von Einzelpersonen, wie die des Statistical Superintendent William Farr, waren ebenso wichtig wie die Vorgehensweisen in anderen Ländern, die von den nationalen Akteuren genau beobachtet und auf internationalen Kongressen diskutiert wurden. Zudem setzten sich Experten (vor allem Ärzte) und Interessengruppen (das hieß in der Mitte des 19. Jahrhunderts vor allem Vertreter von Bildungseinrichtungen für Blinde und Gehörlose und andere Institutionen, die für deren Versorgung aufkamen) für eine Frage zu *disabilities* im Zensus ein. Vor der Verabschiedung der Zensusgesetze im 19. Jahrhundert wurde über mögliche Themen im House of Commons und im House of Lords im Rahmen der jeweiligen *Census Bill* debattiert. Für 1851 gab es die Besonderheit, dass durch die Formulierung „further Particulars" im Gesetz ein Handlungsspielraum für weitere Fragen gelassen wurde. Dieser wurde für die Volkszählung von 1851 im General Register Office unter Beratung mit dem Secretary of State im Hinblick auf die Einführung der Frage zu *blind* und *deaf-and-dumb* genutzt. Die Volkszählungsgesetze der folgenden Dekaden ließen keinen vergleichbaren Spielraum, sondern benannten bereits im Gesetzestext die Themen der Volkszählungen. Dem General Register Office oblag es dann in erster Linie, die Themen in geeignete Frageformen zu bringen. Diese Arbeit stellte sich in der Praxis als vielschichtig und kompliziert heraus und bezog eine Vielzahl von historischen Akteuren ein, die sich noch einmal vergrößerte, als 1871 eine Erweiterung der Frage um *imbecile* und *lunatic* per Gesetz vorgegeben wurde. Zudem geriet die Arbeit des General Register Office zum Ende des 19. Jahrhunderts vermehrt in den Fokus anderer Akteure, wie sich am deutlichsten am Treasury Committee von 1890 erkennen ließ, das zur Evaluierung der Volkszählung eingesetzt worden war. Um diese Zeit entwickelten sich auch erste Interessengruppen, die sich nicht nur aus Fürsprechern, sondern auch aus Betroffenen zusammensetzten. Die verschiedenen Interessenvertreter – insbesondere aus dem Bildungsbereich – folgten in erster Linie der Logik ihres eigenen Feldes und forderten umfangreiche Fragen zum Thema *disabilities*, die viel zu detailliert waren und die Möglichkeiten eines nationalen Zensus verkannten. Die Abschaffung der Frage 1921 hing nicht zuletzt mit den methodischen Schwierigkeiten zusammen, denn eine Frage, die zufriedenstellende Ergebnisse erzielen konnte, wurde über den gesamten Zeitraum nicht entwickelt. Wichtig war zudem die Einführung weiterer Statistiken (z. B. *Register of the Blind* 1921), die den Zensus als Informationsquelle an Bedeutung verlieren ließen. Während die Vorgaben und die Umsetzung für die *disabilities*-Frage im politischen Prozess ausgehandelt wurden, entstand für die Zensusmacher im General Register Office in der Praxis das Problem, dass sich die betroffenen Personen nicht einfach kategorisieren ließen. Sie wollten an dieser Form der Wissensproduktion nicht teilhaben oder produzierten Wissen nach ihren eigenen Vorstellungen und Erfahrungen, indem sie nur *deaf* statt *deaf-and-dumb* angaben oder sich gar nicht (oder nicht in allen Volkszählungen) in die *disabilities*-Spalte im

Zensusbogen eintrugen. Insbesondere in der Überprüfung der *census returns* am Beispiel der psychiatrischen Einrichtung Ticehurst Private Asylum zeigte sich, dass die Zensusfrage völlig an der Realität der Betroffenen vorbeiging. Wesentlich positiver fiel das Ergebnis der Überprüfung von *census returns* der Schüler der Yorkshire Institution for the Instruction of Deaf and Dumb Children aus. Die hohe Quote an Eintragungen im Zensus ist in erster Linie darauf zurückzuführen, dass diese Schüler durch die Bildungseinrichtung vielfach in der Lage waren, sich selbst zu versorgen, und somit die von der Gesellschaft an sie gestellten Forderungen erfüllten. Während sich für die Zensusfrage zu den *disabilities* zeigte, dass Zensusfragen in Großbritannien nicht in einem Top-Down-Verfahren vorgegeben werden konnten, sondern vielmehr zahlreiche politische, wirtschaftliche und gesellschaftliche Akteure und Faktoren beteiligt waren, verstärkte sich dies im 20. Jahrhundert noch, wie nach 1945 an der Frage zu *race* und *ethnicity* zu erkennen war.

Das Interesse an *race* und *ethnicity* im britischen Zensus, das im Fokus des fünften Kapitels stand, war in den größeren Kontext von Fragen zur Identität der Einwohner eingebunden. Zu diesem Themenkomplex waren im Verlauf der Zensusgeschichte im 19. und 20. Jahrhundert verschiedene Aspekte von Interesse, die teils über wenig offensichtliche Fragen (z. B. „Where born") beleuchtet werden sollten und über die durch Analogieschlüsse Aussagen über die Bevölkerung getroffen wurden. Während diese (Stellvertreter-)Fragen bis in die Mitte des 20. Jahrhunderts keine Probleme bereiteten, kam es 1971 zu offenen Protesten aus der Bevölkerung. Die 1971er-Frage nach dem Geburtsort der Eltern, die in engem Bezug zu einer spezifischen Immigrationspolitik und -gesetzgebung wahrgenommen wurde, bildete den Stein des Anstoßes. In der Folge des Zensus von 1971 traten Sorgen um fehlenden Datenschutz neben das allgemeine Unverständnis über eine solche Frage, die in erster Linie mit Immigranten aus den ehemaligen Kolonien in Zusammenhang gebracht wurde und eng mit dem Interesse an der Hautfarbe verbunden war. Weiterhin machten gravierende methodische Probleme um die nicht näher definierten Begriffe von *race, ethnicity, ethnic origin* oder *ethnic group* die Frage im Prinzip unfragbar. Während diese Frage ebenso wie die nach den *disabilities* nicht einfach vorgegeben werden konnte, sondern in einem vielfältigen politischen Prozess ausgehandelt wurde, gab es einige signifikante Unterschiede. Im Kontext der *disabilities*-Frage bildeten sich Betroffenenorganisationen erst gegen Ende des 19. Jahrhunderts heraus, weshalb sie auf die Vertretung durch Interessenverbände oder Experten angewiesen waren, die allerdings nicht unbedingt dieselben Anliegen wie die Betroffenen vertraten. Dagegen stellten in den Diskussionen um die *race/ethnicity*-Frage ab den 1970er-Jahren die Betroffenen selbst sowohl ihre eigenen Interessenvertretungen als auch ihre eigenen Experten dar. Unterschiede in der Einschätzung der Frage gab es unter den verschiedenen Immigranten- und Religionsgruppen, ähnliches war aber auch schon im Kontext der Frage zu *disabilities* für die verschiedenen Gruppen von Behinderungen zu beobachten gewesen. Ein signifikanter Unterschied war aber bei der Einbettung in die transnationalen Diskurse zu beobachten, die im Fall der *disabili-*

*ties*-Frage einen wichtigen Einfluss auf die Einführung und Erweiterung der Frage hatten. Im Gegensatz dazu wurden die Praktiken anderer Länder im Fall der *race/ ethnicity*-Frage als wenig hilfreich angesehen. Vielmehr wurde darauf verwiesen, dass jedes Land seine eigene (Kolonial-)Geschichte habe und deshalb spezifische Lösungen finden müsse. Die britische Lösung war es, Beteiligte aus möglichst allen gesellschaftlichen, politischen, wissenschaftlichen und wirtschaftlichen Bereichen schon in die Entwicklung der Frage einzubeziehen (z. B. durch das Home Affairs Committee von 1982/83) und so – trotz offensichtlicher Machtunterschiede – zu einer Art suggerierter Mitbestimmung zu führen. Zwar wurde 1991 ein erster Konsens gefunden und eine Frage zur *ethnic group* in den Zensus aufgenommen, aber schon die beiden folgenden Volkszählungen zeigten, dass eine endgültige Frageform nicht gefunden worden war oder vielleicht auch gar nicht gefunden werden kann. Der Ausgang dieser Geschichte ist offen.

*Periodisierung*
„This story of census taking and the politics of population in the United States does not end.“[6] Dieser Satz stand im Jahr 1988 am Ende von Margo Andersons Geschichte der US-amerikanischen Volkszählungen. Gut 25 Jahre später könnte die Geschichte der britischen Volkszählungen vor ihrem Ende stehen: Der Ausgang der Geschichte ist zwar offen, aber die Abschaffung der Volkszählung ernsthaft in der Diskussion. Blickt man zunächst auf die Geschichte der Volkszählung in Großbritannien seit ihrer Einführung im Jahr 1800, so lassen sich – je nach Fokus der einzelnen Buchkapitel mit unterschiedlicher Akzentuierung – vier Einschnitte erkennen: um 1840, um 1890, um 1920 und um 1970/80. Um 1840 wurde, erstens, der explizite Bezug auf die Bevölkerungsdebatte, die einen Kontext für die Einführung des Zensus gebildet hatte, im Titel der Volkszählungsgesetze gelöscht, zweitens wurde diese Volkszählung erstmals durch das General Register Office organisiert und drittens wurde ab diesem Zensus nicht nur eine Kopfzählung durchgeführt, sondern die Personen im Haushalt mit Namen und weiteren Charakteristika im Selbstausfüllerbogen aufgenommen. Weitere Veränderungen kündigten sich in den 1890er-Jahren u. a. durch das Treasury Committee und seine Empfehlungen an, als die Arbeit des General Register Office zunehmend von außen beobachtet und kritisiert wurde. Um 1880/90 begannen sich zudem Betroffene in Gruppen zu organisieren, die im 20. Jahrhundert ihre Interessen in den Zensus einbrachten. Einen nächsten signifikanten Einschnitt bildete das Jahr 1920 vor allem aus verwaltungsgeschichtlicher Perspektive. Durch den *Census Act* von 1920 fand eine Verstetigung in gesetzlicher und verwaltungstechnischer Hinsicht statt, die zugleich zu einer Anonymisierung der innerhalb der Administration tätigen Akteure führte. 1920 markierte zum anderen einen Einschnitt, da die Umfrageforschung nun auch über den Zensus hinaus größere Verbreitung fand. Nun differenzierte sich das Feld, verfeinerten sich die Methoden, erweiterten sich die Anwendungsbereiche. Auf eine Zeit gemeinsamen Interesses an der Methoden-

6 ANDERSON, American Census, S. 236.

entwicklung folgten ab den 1970er-Jahren zunehmend getrennte Entwicklungen in der Umfrageforschung. 1971 änderte sich auch der Fragebogen durch die Einführung des Computers in die Arbeitsprozesse des General Register Office erheblich: Neben die computerlesbare Form trat in den folgenden Dekaden zunächst eine gleich bleibend hohe Zahl und dann eine weitere erhebliche Zunahme an Fragen in den 2000er-Jahren. Hier wie auch bei den Gesellschaftsklassifikationen und bei der Frage zu *race/ethnic group* schienen Umbrüche in besonderem Maße durch neue Technologien beeinflusst. Während bei den Gesellschaftsklassifikationen elektronische Datensammlungen neue Möglichkeiten schufen, war es im Kontext der Volkszählung von 1971 und der Frage zu *race/ethnic group* gerade die damit verbundene Sorge vor Datenmissbrauch und fehlendem Datenschutz, die Diskussionen entfachte. In diese Zeit fiel auch die Zusammenlegung des General Register Office mit der Government Social Survey unter dem neuen Dach des Office of Population Censuses and Surveys, mit der eine neue Möglichkeit der Datenkombination einherging. In den 1990ern zeigten sich erste Auswirkungen der ständig zunehmenden Zahl von Befragungen in den verschiedensten Bereichen der Umfrageforschung, denn nun wurde von den Umfrageforschern eine Antwortmüdigkeit beobachtet. Damit wurden alternative Datenerhebungen, wie z. B. im Konsumentenbereich über Kundenkarten, noch interessanter, die durch die Möglichkeiten von Big Data zu Beginn des 21. Jahrhunderts zusätzlich erweitert wurden.

Versucht man diese zeitliche Eigendynamik des Feldes in Verbindung mit derzeit diskutierten Periodisierungen oder *master narratives* zu bringen, so fällt zunächst die stark an politikgeschichtlichen Zäsuren orientierte britische Zeitgeschichtsforschung auf, die sich auf die einzelnen Dekaden der Nachkriegszeit konzentrierte, viele wichtige Veröffentlichungen hervorgebracht hat,[7] aber für die Methodengeschichte zu eng ist. Deutsche Zeithistoriker diskutierten – nicht zuletzt angelehnt an US-amerikanische Überlegungen zur *high modernism*[8] – in den letzten Jahren zunehmend verschiedene Periodisierungsmöglichkeiten, die häufig das 19. Jahrhundert integrierten und sich nicht nur auf Nationalstaaten, sondern auf Europa bezogen.[9] Das 19. Jahrhundert bildete zugleich auch in der neuen Politikgeschichte in Großbritannien einen wichtigen Untersuchungszeitraum, aus dem sich Fragestellungen entwickelten, die anschließend auch Forschungen zum 20. Jahrhundert prägten.[10] Anschlussfähig zeigt sich für die Geschichte der Um-

[7] Siehe z. B. Beckett, When the Lights Went Out; Hennessy, Having it so Good; ders., Never Again; Kynaston, World to Build. Die Überblicksdarstellungen beginnen zumeist 1945 und orientieren sich dann an Dekaden oder Regierungswechseln, so z. B. Marwick, British Society Since 1945; Morgan, Britain Since 1945. Zur Bedeutung des Zweiten Weltkriegs auf die Nachkriegsordnung siehe zusammenfassend: Addison, Impact of Second World War.

[8] Besonders prägend war James Scott und sein Konzept des *high modernism*: Scott, Seeing Like a State, S. 4.

[9] Allgemein: Herbert, Europe in High Modernity; Raphael, Ordnungsmuster der „Hochmoderne"? Auf Ordnungsvorstellungen im 20. Jahrhundert bezogen: Doering-Manteuffel, Konturen von ‚Ordnung'. Allgemein z. B.: Maier, Consigning the Twentieth Century to History. Zu England: Higgs, Information State.

[10] Zusammenfassend siehe Brückweh und Steber, Aufregende Zeiten, S. 674–676.

frageforschung u. a. Ulrich Herberts Periodisierung, der die Phase zwischen 1890 und 1980 als einheitliche Epoche der Hochmoderne vorschlägt.[11] In Auseinandersetzung mit marxistischen und aus der (amerikanischen) Modernisierungstheorie stammenden Entwürfen sieht Herbert hier mit den die Bevölkerung treffenden Massenphänomenen wie Industrialisierung und Urbanisierung eine deutliche Ablösung von früheren Sozialstrukturen, Herrschaftsformen und kulturellen Traditionen. Eben diesen Zeitraum von 1890 bis 1980 umschließt die vorliegende Arbeit und geht in beiden Richtungen darüber hinaus: Um 1890 ist dabei ein Einschnitt oder zumindest der Beginn einer Übergangsphase zu erkennen und dasselbe gilt für 1970/80, als sich ein Einschnitt zeigt, bei dem aufgrund der zeitlichen Nähe zur Gegenwart noch nicht absehbar ist, ob es sich um eine deutliche Zäsur oder den Beginn einer Übergangsphase handelt. Deshalb scheint der an einem problemgeschichtlichen Ansatz orientierte Vorschlag von Anselm DoeringManteuffel hilfreich, der im Kontext der Suche nach dem Ort des *social engineering*, Konturen von Ordnung im 20. Jahrhundert herausgearbeitet hat und seine Periodisierung bis in die Gegenwart hineinreichen lässt.[12] Auf dieser Grundlage ergeben sich drei Zeitschnitte: zuerst die Zeit von 1880/90 bis etwa 1950, die durch Erschöpfung des liberalen Fortschrittsverständnisses und antihistoristisches Denken geprägt war und sich zugleich überschnitt mit einem neuen, zweiten Ordnungsmuster, das sich an modernisierungstheoretischem Denken orientierte, um 1930 begann und bis etwa 1980 wichtig war, und schließlich die durch poststrukturalistisches Denken geprägte Periode, die etwa 1970/80 begann und bis heute anzudauern scheint. Wenn man zulässt, dass jedes Feld seine Eigendynamik hat,[13] so passt diese zeitliche Einteilung ziemlich genau auf das Feld der Volkszählungen (um 1840, um 1890, um 1920 und um 1970).

Für die Methodengeschichte der Umfrageforschung ist neben diesen Einschnitten die eigentlich zentrale Zäsur mit der Durchsetzung des digitalen Zeitalters zu Beginn des 21. Jahrhunderts anzusetzen. Einen Beleg dafür bietet auch – auf anderer empirischer Basis und mit Blick auf andere sozialwissenschaftliche Methoden – Mike Savage mit seinem Buch *Identities and Social Change in Britain since 1940. The Politics of Method.* Am Ende seiner historischen Analyse verortet Savage die aktuellen Herausforderungen der (akademischen) Sozialwissenschaften im digitalen Zeitalter ebenfalls in einer langen Geschichte der Sozialwissenschaften, die unterschiedliche Vorstellungen des Sozialen mit sich brachten.[14] Als Soziologe verbindet Savage dies mit Diskussionen zur Zu-

[11] HERBERT, Europe in High Modernity.

[12] DOERING-MANTEUFFEL, Konturen von ‚Ordnung', z. B. S. 46–48.

[13] Moderne Gesellschaften sind – in den Worten von Lutz Raphael – auch Gesellschaften, „in denen die wachsende Komplexität der in ihnen hervorgebrachten Institutionen und Felder schließlich auch zur Koexistenz ganz unterschiedlicher Veränderungszeiten und Rhythmen nebeneinander führt." RAPHAEL, Ordnungsmuster der „Hochmoderne"?, S. 90. In ähnlicher Weise auf verschiedene „Zeittakte" hinweisend siehe DOERING-MANTEUFFEL und RAPHAEL, Nach dem Boom, S. 13.

[14] SAVAGE, Identities and Social Change, S. 248: „These reflections lead us to note that digital data sources are in many respects not new, but actually mark the renewal of older forms of social

kunft seiner eigenen Disziplin unter den Bedingungen von Big Data: „If there is a future for the social sciences, it consists in forming intellectual and technical alliances with ways of knowing – from the humanities, sciences, and informational systems – with which they are currently only weakly affiliated.“[15] Wie wenig die Diskussionen verbunden sind, zeigt sich z. B. in der Verwendung des Begriffes *social engineering*. Im aktuellen Verständnis der praktischen Anwender und Sammler von Big Data ist *social engineering* dann etwas anderes als in der geschichtswissenschaftlichen Forschungsliteratur: „Social Engineering ist eine Form des Informationsdiebstahls durch gezieltes Manipulieren von Menschen, zu denen im Vorfeld ein ausschließlich diesem Zweck dienendes Vertrauensverhältnis aufgebaut wurde,“ schrieb im Jahr 2008 beispielsweise Michael Lardschneider, Chief Information Security Officer der Münchener Rück Gruppe, in der renommierten Zeitschrift Datenschutz und Datensicherheit.[16] „Ein Social Engineer (auch Trickbetrüger oder Hochstapler) verwendet als Angriffstechnik verschiedene Beeinflussungsmethoden. Dabei helfen ihm Faustregeln und Stereotype des menschlichen Verhaltens,“ definiert in ähnlicher Weise ein Autor in der Zeitschrift des Chaos Computer Club 2010.[17] Diese Definition der Akteure im 21. Jahrhundert verweist auf die vor dem Hintergrund der Erfahrungen der ersten Hälfte des 20. Jahrhunderts von Karl Popper vorgeschlagene Form des „piecemeal social engineering“ anstelle des „utopian social engineering.“[18] Wie lässt sich diese Entwicklung in Bezug zur Gegenwart setzen?

*Geschichte als Problemgeschichte der Gegenwart: Volkszählungen in Zeiten von Big Data im 21. Jahrhundert*

Betrachtet man am Ende dieses Buches die über zweihundertjährige Geschichte der Volkszählungen und Umfragen radikal als Problemgeschichte der Gegenwart,[19] so bilden die Debatten um Big Data und die Möglichkeiten und Gefahren des digitalen Zeitalters im 21. Jahrhundert den aktuellen Referenzrahmen. Dazu liefert das vorliegende Buch zwei zentrale Ergebnisse: Erstens ist durch die im 19. Jahrhundert angelegte Fokussierung auf die quantitative Erfassung von Indi-

research, concerned with mapping whole populations using (amongst other things) administrative data. Perhaps, then, I can conclude my book with a suggestion that a particular window on the social which was opened in the middle years of the twentieth century is now being closed, or at least stand as only one, by no means dominant, vantage point over the landscaped social.“

[15] Ebd., S. 249. Burrows und Savage, The Coming Crisis of Empirical Sociology; dies., After the Crisis? An den von Savage und seinem Kollegen Roger Burrows geführten Diskussionen zur Krise der Sozialwissenschaften unter Big Data beteiligen sich dann wiederum auch altbekannte Akteure dieses Buches: Webber, Reponse. Nach seiner Zeit bei Experian ist Webber als Visiting Professor am Kings College tätig.

[16] Lardschneider, Social Engineering, S. 576.

[17] Schumacher, Psychologische Grundlagen des Social Engineering, S. 52.

[18] Popper, Open Society, S. 147–158.

[19] In Anlehnung an die Formulierung und den Vorschlag „Zeitgeschichte als Problemgeschichte der Gegenwart“ zu konzipieren, vgl. Doering-Manteuffel und Raphael, Nach dem Boom, S. 7–11; Hockerts, Zeitgeschichte in Deutschland. Allgemein: Oexle (Hrsg.), Problem der Problemgeschichte.

viduen und der darauf aufbauenden Gesellschaftsklassifikationen die Verständigung über ein den Methoden zugrunde liegendes Menschen- und Gesellschaftsbild in den Hintergrund getreten. Aufgrund der Komplexität der Methoden, die nach Angaben der historischen Akteure kaum noch jemand völlig durchblickt, standen kleinteilige Veränderungen der Methoden und Klassifikationen im Vordergrund. Zweitens: Während Volkszählungen in Forschungen zum 19. Jahrhundert oft – wenn auch nicht ausschließlich – im Kontext von *nation buildung* und *state formation* als Instrument der Obrigkeit betrachtet wurden, zeigt die lange Geschichte der britischen Umfrageforschung, dass der Nationalstaat zu Beginn des 21. Jahrhunderts an die Grenzen seiner Handlungs- und Entscheidungsfähigkeit gekommen ist und zwar aufgrund der seit den 1970ern verstärkten nationalen Datenschutzgesetzgebung, der zunehmenden Bedeutung von Daten und Gesellschaftsklassifikationen aus der Konsumforschung und aufgrund der transnational verfügbaren digitalen Daten. Trotzdem könnte gerade die Debatte um die Volkszählungen in Großbritannien wegweisend für einen Umgang mit Big Data sein. Der Reihe nach:

Das erste Ergebnis ist aus verschiedenen Untersuchungsteilen des Buches ableitbar. Eine Herleitung hängt mit der Geschichte der sozialwissenschaftlichen Methoden zusammen. Denn über den gesamten Untersuchungszeitraum lässt sich eine unstrukturierte Fokussierung auf die quantitative Zunahme von Daten beobachten. Unstrukturiert heißt hier, dass es nirgendwo eine Auseinandersetzung um zugrunde liegende Menschenbilder und Gesellschaftstheorien gab, sondern dass immer eine Orientierung an den Forderungen von Anwendern und an kleinteiligen Problemen in der Praxis stattfand. Besonders die Geschichte der Gesellschaftsklassifikationen zeigt die Orientierung an dem überall verwendeten *class*-Begriff: *class* wird nicht definiert, sondern über die Messung von Berufen methodisch operationalisiert. Als sich *class* in der zweiten Hälfte des 20. Jahrhunderts zunehmend als unbefriedigend für die Nutzer sozialwissenschaftlicher Daten herausstellte, wurde die Gesellschaft reduziert und auf kleine Räume, d. h. auf Nachbarschaften mit ähnlichen Konsumgewohnheiten und Lebensstilen, beschränkt. Diese Lösung wurde von der kommerziellen Markt- und Meinungsforschung vorgeschlagen und von den verschiedensten Bereichen übernommen (Parteien, staatliche Sozialforschung etc.). Sie traf zudem auf ein ähnliches Denken bei führenden Politikern, wie häufig an Margaret Thatchers „There is no such thing as society“ festgemacht wird. Die so entwickelten Methoden der Sozialforschung sind extrem komplex und führen dazu, dass es heute nur noch wenige Experten gibt, die über die notwendige Kompetenz zur Beherrschung dieser Methoden verfügen. Es gibt viele kleinteilige Anwender, aber wenige *master minds.* In den aktuellen Diskussionen wird auf die Sozialfigur des Statistikers verwiesen, der vom Langweiler im 20. Jahrhundert zum Action Hero des Informationszeitalters werde.[20] Die Geschichte der britischen Umfrageforscher lässt allerdings eher vermuten, dass es nicht der statistisch ausgebildete Verwaltungsbeamte ist, der heute

[20] Geiselberger und Moorstedt, Vorwort, S. 17.

wirklich innovativ ist.[21] Vielmehr gleichen die neuen Experten historischen Akteuren wie dem Statistical Superintendent William Farr im 19. Jahrhundert. Das heißt, Personen, die quer zum etablierten System innovative Fragen und Methoden entwickelten und dabei zugleich auch ein gesellschaftliches Anliegen hatten (bei Farr die Verbesserung der öffentlichen Gesundheitsfürsorge), oder aber Sozialforschern des Typs von Charles Booth und Seebohm Rowntree, die auf der Basis gesellschaftlichen Interesses ebenfalls innovative Fragen und Methoden entwickelten. Dabei unterscheiden sich finanziell unabhängige Forschertypen wie Booth und Rowntree um die Jahrhundertwende maßgeblich von am Markt orientierten Experten wie dem Konsumentenforscher Richard Webber in den 1980ern. Er, wie auch andere, wechselte u. a. als Folge der Politik von Margaret Thatcher und der Schließung von Forschungsinstitutionen in die private Umfrageforschung und entwickelte dort Methoden, die sich sehr gut verkaufen ließen. Die zunehmende Orientierung am Markt hat zu einem Verlust wissenschaftlicher Standards geführt. Die Gesetze des Marktes verbieten es, der Konkurrenz einen zu genauen Einblick in das Funktionieren der Konsumentenklassifikationen zu geben. So lange sich die Produkte verkaufen, ist es egal, wie sie funktionieren und welche materialistischen Gesellschaftsbilder ihnen zugrunde liegen. Booth und Rowntree hingegen orientierten sich nicht am Markt, sondern an wissenschaftlichen Standards wie der Offenlegung der Methoden. Ihr Ziel war die Verbesserung der gesellschaftlichen Problemlagen und die Anerkennung der Sozialforschung im wissenschaftlichen System. Das 19. Jahrhundert stellt hier eine innovative Phase der Sozialforschung dar, die sich auch noch im 20. Jahrhundert fortsetzt, dann aber zunehmend von marktorientiertem Denken und Arbeitsbedingungen überlagert wird. Unabhängig davon entwickelte sich zum Ende des 20. Jahrhunderts eine neue innovative Kultur von Bastlern, Computerfreaks, Akademikern und Entrepreneurs, die die vielfältigen Möglichkeiten der computerisierten Welt ausprobierten. Sie treffen im 21. Jahrhundert auf Volkszählungen und Umfragen, wobei sich z. B. bei den Konsumentenklassifikationen herausgestellt hat, dass gerade der Staat über wichtige Datenbanken verfügt; denn erst die Kombination der Konsumentendaten mit den staatlich erfassten Basisdaten über Bürger und Bürgerinnen liefert das umfassende Bild des Individuums bzw. des Konsumenten. Dieses bzw. dieser verschweigt den privaten Datensammlern zunehmend eigensinnig Daten, legt sich mehrere digitale Persönlichkeiten zu oder gibt Informationen bewusst falsch an. So wird der unter Strafandrohung auszufüllende Zensus auch im Jahr 2014 noch als „bedrock of statistical infrastructure“ charakterisiert.[22] Nun könnte der Staat seine begehrten Daten lukrativ verkaufen, aber an diesem Punkt treten die demokratischen Produktionsprozesse des Wissens – und damit das zweite Ergebnis – auf den Plan.

[21] Dazu auch in der aktuellen Diskussion zur Abschaffung des Zensus der Vorwurf an das ONS, nicht kreativ genug zu sein. House of Commons, Public Administration Select Committee, Too Soon to Scrap the Census, Report and Minutes, 2014, HC 1090, S. 3.

[22] House of Commons, Public Administration Select Committee, Too Soon to Scrap the Census, Responses, 2014, HC 601, Appendix 1: Letter from The Rt Hon Francis Maude MP, Minister for the Cabinet Office, to Bernard Jenkin MP, Chair of PASC, 18. 7. 2014.

Der Systemtheoretiker Dirk Baecker hat darauf verwiesen, dass weniger die Menge und Schnelligkeit der Daten das wichtigste Kennzeichen von Big Data sei, als vielmehr die neue Dimension der Konnektivität.[23] Genau das entwickelt sich zum Hauptproblem staatlicher Umfrageforschung, an deren Spitze die Diskussionen um die Abschaffung der Volkszählung stehen. Aufgrund der Datenschutzzusagen an die Bürger ist nämlich die für die Sozialforschung notwendige Konnektivität und damit der kreative Gebrauch der vielfältigen Verwaltungsdaten[24] eigentlich nicht möglich. Während eine Kritik an der Zensusfrage zu *ethnicity* in den 1970er-Jahren noch durch die Einführung von nationalen Datenschutzgesetzen gelöst werden konnte, hat der Staat im Kontext von Big Data an Vertrauen verloren. Zu einem Vertrauensverlust der Bürger in staatliche Datenschutzzusagen hat zum Beispiel der Zusammenschluss der Government Social Survey Division, die für die vielfältigen staatlichen Umfragen zuständig war, mit dem General Register Office, das u. a. für die Volkszählungen verantwortlich ist, im Jahr 1970 beigetragen. Während zuvor betont wurde, dass die Daten nicht über Abteilungen hinaus ausgetauscht würden, konnte durch die Zusammenlegung der Abteilungen nun im neu gegründeten Office of National Statistics über alle Daten verfügt werden. Zum Vertrauensverlust hat auch beigetragen, dass für den Zensus von 2011 zur Kostenreduzierung einzelne Bereiche des Zensus outgesourct wurden.[25] Besonders kritisch wurde die Beteiligung von Lockheed Martin UK gewertet, die mit der Datenerhebung und -auswertung betraut wurden. Gefürchtet wurde, dass Lockheed Martin UK als Zweig des US-amerikanischen Rüstungs- und Technologiekonzerns unter dem amerikanischen *Patriot Act* dazu gezwungen werden könnte, britische Zensusdaten offenzulegen (vgl. Kapitel I.1). In ähnlicher Weise haben transnational diskutierte Ereignisse wie die Gründung von WikiLeaks oder die NSA-Affäre die Aufmerksamkeit von Bürgern darauf gelenkt, dass nationale Datenschutzgesetze nicht mehr verlässlich genug sind.

Von staatlicher Seite ist die Konnektivität der an verschiedenen Stellen erfassten Daten nicht zuletzt aus Kostengründen gewollt. Für die zu diesem Zweck notwendige Reduzierung des Datenschutzes werden in Bezug auf die Volkszählung zwei Wege vorgeschlagen, mit denen das Vertrauen der Bevölkerung gewonnen werden soll und die zugleich die Ohnmacht der staatlichen Akteure verdeutlichen: Erstens soll die Bevölkerung in einen sog. *open policy-making process* eingebunden werden und zweitens soll eine umfassende Öffentlichkeitsarbeit durchgeführt werden, um die Bevölkerung von der Notwendigkeit der Zusammenführung von Daten zu überzeugen. Der *open policy-making process* wendet sich nur an „civil society organisations, experts and stakeholders“[26] und forciert damit eine sog. Big-Data-Klassengesellschaft, in der wenige die Macht und das Wissen über die Daten haben

[23] Baecker, Metadaten, S. 156.

[24] House of Commons, Public Administration Select Committee, Too Soon to Scrap the Census, Report and Minutes, 2014, HC 1090, S. 3, 12, 16, 20.

[25] ONS, Census of England and Wales, 2001, General Report, 2005, S. 5, 11–13 und 75.

[26] Data Sharing. Updates from Civil Society Engagement with the UK Government on Data Sharing http://datasharing.org.uk/ (aufgerufen am 11. 11. 2014).

und viele ihre Daten (unbewusst) preisgeben. Die Öffentlichkeitsarbeit wiederum stellt ein Instrument dar, das in den verschiedensten Formen bereits seit der Mitte des 19. Jahrhunderts zur Geschichte der Volkszählungen gehört. PR anstelle eines politischen Prozesses oder einer Auseinandersetzung über größere gesellschaftliche Themen zu setzen, bedeutet in gewisser Weise eine Kapitulation vor Big Data. Gleichzeitig scheint sich auch das Anspruchsdenken der Konsumbürger seit den 1970ern geändert zu haben: Wenn es für die Herausgabe der Daten eine erkennbare Gegenleistung gibt (z. B. Rabatte über die Tesco Club Card), dann sind sie eher bereit, ihre Daten zu teilen. Der Gegenwert, den sie vom Staat bekommen, ist dabei weniger direkt oder weniger zeitnah zu erkennen – in Großbritannien verfestigt sich somit eine ohnehin schon zu beobachtende Wahrnehmung, dass der Staat gegen die Bürger arbeitet. Mit Blick auf den Zensus als Urform der staatlichen Umfrageforschung würde die Abschaffung der Volkszählung das Ende der zirkulären Wissensproduktion bedeuten, denn nun würden alle Daten hinter verschlossenen Türen, abseits des politischen Prozesses, erhoben.

*Ausblick: Die Geschichte britischer Volkszählungen im Vergleich*

Trotz aller internationalen oder auch transnationalen Entwicklungen im digitalen Zeitalter, ist der jeweilige Umgang mit den identifizierten Problemen auf der nationalen Ebene durchaus verschieden. Das lässt sich abschließend an der Volkszählung und den unterschiedlichen Datenschutzregelungen darlegen. Während man sich in Großbritannien zumindest bisher alle zehn Jahre aus Anlass der Volkszählung erneut über die Themen und (soweit verständlich) Methoden der Umfrageforschung verständigen und dies im demokratischen Rahmen auch im politischen Prozess erfolgen muss, sieht die Geschichte in Deutschland ganz anders aus. Nicht zuletzt aufgrund der Erfahrung mit Volkszählungen im Nationalsozialismus, die der Identifikation von damals nicht erwünschten Bevölkerungsgruppen dienten, wehrten sich 1983 Bürgerinnen und Bürger erfolgreich gegen eine erneute Volkszählung.[27] In diesem Kontext erkämpften sie auch das spezifisch deutsche Recht auf informationelle Selbstbestimmung. Aber: Dass im Jahr 2011 wieder eine Volkszählung in Deutschland stattfand, wurde kaum kontrovers diskutiert.[28] Allerdings hatten die Erfahrungen von 1987 und von 1983, dem gescheiterten Vorläufer, ihre Spuren hinterlassen: Es gab keine vollständige persönliche Erfassung, sondern eine registergestützte, d. h. auf bestehenden Datenbanken wie dem Melderegister aufbauende, die durch an einige ausgewählte Haushalte verteilte Fragebögen ergänzt wurde.[29] Ein ähnliches Vorgehen der Kombination

[27] Zum Protest gegen geplante Volkszählungen in der Bundesrepublik siehe: Hannah, Dark Territory in the Information Age; Frohman, Informationelle Selbstbestimmung; Bergmann, Volkszählung und Datenschutz. Zur Geschichte der Volkszählungen im Nationalsozialismus bzw. mit Bezug darauf vgl. Aly und Roth, Restlose Erfassung; Ehmer, Ferdinand und Reulecke (Hrsg.), Herausforderung Bevölkerung; Mackensen und Reulecke (Hrsg.), Konstrukt ‚Bevölkerung'; Wietog, Volkszählungen unter dem Nationalsozialismus.

[28] Berlinghoff, Computerisierung und Privatheit.

[29] Vgl. Heinzel, Volkszählung 2011.

verschiedener auf staatlicher oder lokaler Ebene vorhandener Datenbanken wird in Großbritannien derzeit als Ersatz für die alle zehn Jahre stattfindende Volkszählung diskutiert und kann sich aus Datenschutzgründen (noch) nicht durchsetzen. In Deutschland hingegen erwies sich der registergestützte 2011er-Zensus als unspektakulär, obwohl er massiv das in den 1980ern erkämpfte Recht auf informationelle Selbstbestimmung angriff.[30] Unspektakulär war er vor allem deshalb, weil er nicht öffentlich diskutiert wurde und – so die Feststellung in der Zeitschrift des Chaos Computer Club – weil keine störenden Einflüsse von Datenschützern im Zensusgesetz zu erkennen waren: „Die Alibi-Beteiligung der Datenschutzbeauftragten der Länder und des Bundes haben offensichtlich nicht dazu geführt, daß das Gesetz dem Grundsatz der Datensparsamkeit gehorcht."[31] Ohne sich auf bestimmte Bereiche zu fokussieren, wurde deshalb eine Verbindung von verschiedenen Datenbänken (Melderegister, Bundesagentur für Arbeit etc.) festgelegt, die bis auf die Einzelperson zurückverfolgt werden können. Der von Scytale und Unicorn verfasste Beitrag in der Zeitschrift des Chaos Computer Club bietet auch Lösungsvorschläge – ob die Anonymisierung und Schaffung von neuen Identitäten zur Absurdität führt oder ob er eine neue Fokussierung auf Inhalte statt auf Personen ankündigt, wird die Zukunft zeigen. Auf jeden Fall führte der 2011er-Zensus in Deutschland nicht zu einer öffentlichen Auseinandersetzung oder gar Protesten. In Großbritannien hingegen muss aufgrund der langen Tradition der Volkszählung eine solche grundlegende Entscheidung öffentlich diskutiert werden. Wenn Großbritannien die Herausforderung von Big Data annimmt, so kann die Volkszählung alle zehn Jahre die Möglichkeit bieten, sich über Rechte und Pflichten im digitalen Zeitalter zu verständigen. Wenn die Volkszählung abgeschafft oder ein registergestützter Zensus eingeführt wird, so würden die ‚Daten' über Bürger und Bürgerinnen ohne deren Wissen erhoben und damit die in diesem Buch untersuchte Wissensproduktion als zirkulärer Prozess zum Ende kommen.

[30] Bergmann, Volkszählung und Datenschutz, S. 63–71.
[31] Scytale und Unicorn, Volkszählung 2011, S. 47.

# Anhang

# Abkürzungsverzeichnis

| | |
|---|---|
| ABMS | Mark Abrams Papers |
| ACORN | A Classification of Residential Neighbourhoods |
| AGB | Audit of Great Britain |
| ARRG | Annual Reports of the Registrar General |
| BARB | Broadcasting Audience Research Bureau |
| BBC | British Broadcasting Corporation |
| BBC WAC | The BBC Written Archives Centre, Reading |
| BDBJ | Board of Deputies of British Jews |
| BIPO | British Institute of Public Opinion |
| BL | The British Library, London |
| BMRB | British Market Research Bureau |
| BSSRS | British Society for Social Responsibility of Science |
| CAC | Churchill Archives Centre, Churchill College, Cambridge |
| CAPI | Computer-Assisted Personal Interviewing |
| CATI | Computer-Assisted Telephone Interviewing |
| COI | Central Office of Information |
| CSO | Central Statistical Office |
| ED | Enumeration District |
| ESOMAR | European Society for Opinion and Marketing Research |
| ESRC | Economic and Social Research Council |
| GB | Großbritannien |
| GIS | Geographische Informationssysteme |
| GRO | General Register Office |
| GSS | Government Social Survey |
| HAT | The History of Advertising Trust Archive, Raveningham, Norwich |
| HC | House of Commons |
| Histpop | The Online Historical Population Reports Website |
| HL | House of Lords |
| HOH | Head of Household |
| HMSO | Her Majesty's Stationary Office |
| IBC | International Broadcasting Corporation |
| IIPA | Incorporated Institute of Practitioners in Advertising |
| IPA | Institute of Practitioners in Advertising |
| ISI | International Statistical Institute |
| JICTAR | Joint Industry Committee for Television Audience Research |
| JMRS | Journal of the Market Research Society |
| JPR | Jewish Policy Research |
| JRSS | Journal of the Royal Statistical Society |
| JSS | Journal of the Statistical Society of London |
| LMA | London Metropolitan Archives |
| Ltd. | Limited |

| | |
|---|---|
| LSE | London School of Economics and Political Science |
| MDX | Middlesex University, Archives and Special Collections, London |
| MOI | Ministry of Information |
| MORI | Market and Opinion Research International |
| MRS | Market Research Society |
| NHS | National Health Service |
| NISRA | Northern Ireland Statistics and Research Agency |
| NOP | National Opinion Polls |
| NPA | Newspaper Publishers' Association |
| NRS | National Readership Survey |
| NSA | National Security Agency |
| NS-SEC | National Statistics Socio-Economic Classification |
| ODNB | Oxford Dictionary of National Biography |
| ONS | Office for National Statistics |
| OPCS | Office of Population Censuses and Surveys |
| ORC | Opinion Research Council |
| PAF | Postcode Address File |
| POQ | Public Opinion Quarterly |
| PP | Parliamentary Papers |
| PPA | Periodical Publishers' Association |
| PRAG | Planning Research Application Group |
| Radstats | Radical Statistics Group |
| RBD | Registrar of Births and Deaths |
| RGSC | Registrar General's Social Classes |
| RNID | Royal National Institute for Deaf People (jetzt: Action on Hearing Loss) |
| SCPR | Social and Community Planning Research |
| SEC | Socio-economic Classification |
| SEG | Socio-economic Groups |
| SHAEF | Supreme Headquarters Allied Expeditionary Force |
| SCPR | Social and Community Planning Research |
| TNA | The National Archives of the UK, Kew |
| UCL | University College London |
| UKDA | UK Data Archive, University of Essex, Colchester |
| WAPOR | World Association for Public Opinion Research |
| WTSS | Wartime Social Survey |

# Verzeichnis der Abbildungen, Tabellen und Grafiken

## 1. Abbildungen



## 2. Tabellen

## 3. Grafiken



## 4. Abbildungen und Tabellen im Anhang

**Abbildungen**



**Tabellen**

# Abbildungen und Tabellen

## 1. Abbildungen

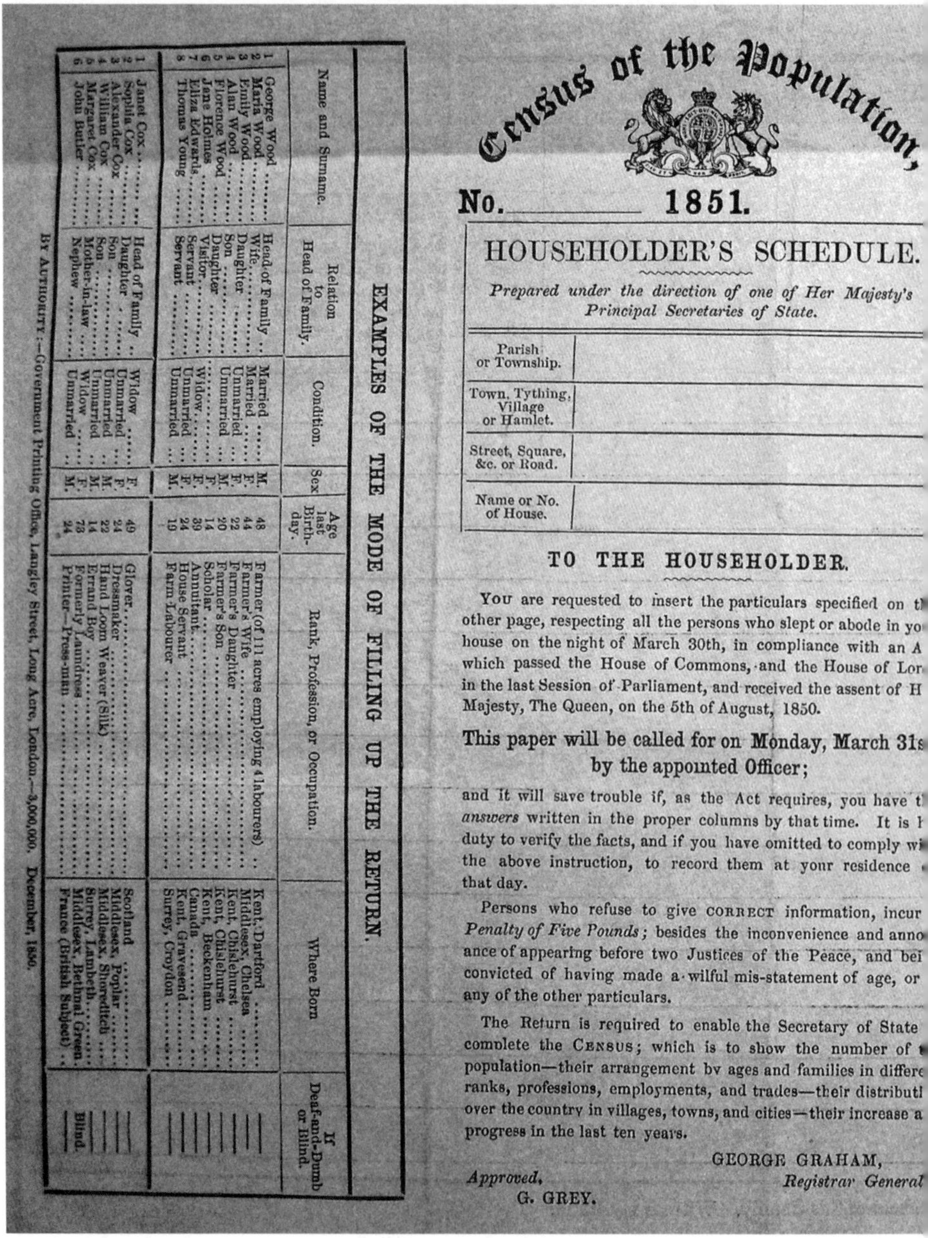

EXAMPLES OF THE MODE OF FILLING UP THE RETURN.

| | Name and Surname. | Relation to Head of Family. | Condition. | Sex | Age last Birthday. | Rank, Profession, or Occupation. | Where Born | If Deaf-and-Dumb or Blind. |
|---|---|---|---|---|---|---|---|---|
| 1 | George Wood | Head of Family | Married | M. | 48 | Farmer (of 111 acres employing 4 labourers) | Kent, Dartford | |
| 2 | Maria Wood | Wife | Married | F. | 44 | Farmer's Wife | Middlesex, Chelsea | |
| 3 | Emily Wood | Daughter | Unmarried | F. | 22 | Farmer's Daughter | Kent, Chislehurst | |
| 4 | Alan Wood | Son | Unmarried | M. | 20 | Farmer's Son | Kent, Chislehurst | |
| 5 | Florence Wood | Daughter | Unmarried | F. | 14 | Scholar | Kent, Beckenham | |
| 6 | Jane Holmes | Visitor | Widow | F. | 39 | Annuitant | Canada | |
| 7 | Eliza Edwards | Servant | Unmarried | F. | 24 | House Servant | Kent, Gravesend | |
| 8 | Thomas Young | Servant | Unmarried | M. | 19 | Farm Labourer | Surrey, Croydon | |
| 1 | Janet Cox | Head of Family | Widow | F. | 49 | Glover | Scotland | |
| 2 | Sophia Cox | Daughter | Unmarried | F. | 24 | Dressmaker | Middlesex, Poplar | |
| 3 | Alexander Cox | Son | Unmarried | M. | 22 | Hand Loom Weaver (Silk) | Middlesex, Shoreditch | |
| 4 | William Cox | Son | Unmarried | M. | 14 | Errand Boy | Surrey, Lambeth | |
| 5 | Margaret Cox | Mother-in-law | Widow | F. | 73 | Formerly Laundress | Middlesex, Bethnal Green | Blind. |
| 6 | John Butler | Nephew | Unmarried | M. | 24 | Printer—Press-man | France (British Subject) | |

By Authority:—Government Printing Office, Langley Street, Long Acre, London.—3,000,000. December, 1850.

Census of the Population,

No.______ 1851.

HOUSEHOLDER'S SCHEDULE.

*Prepared under the direction of one of Her Majesty's Principal Secretaries of State.*

| | |
|---|---|
| Parish or Township. | |
| Town, Tything, Village or Hamlet. | |
| Street, Square, &c. or Road. | |
| Name or No. of House. | |

TO THE HOUSEHOLDER.

You are requested to insert the particulars specified on t other page, respecting all the persons who slept or abode in yo house on the night of March 30th, in compliance with an A which passed the House of Commons, and the House of Lor in the last Session of Parliament, and received the assent of H Majesty, The Queen, on the 5th of August, 1850.

**This paper will be called for on Monday, March 31s by the appointed Officer;**

and it will save trouble if, as the Act requires, you have t *answers* written in the proper columns by that time. It is h duty to verify the facts, and if you have omitted to comply wi the above instruction, to record them at your residence that day.

Persons who refuse to give correct information, incur *Penalty of Five Pounds*; besides the inconvenience and anno ance of appearing before two Justices of the Peace, and bei convicted of having made a wilful mis-statement of age, or any of the other particulars.

The Return is required to enable the Secretary of State complete the Census; which is to show the number of population—their arrangement by ages and families in differe ranks, professions, employments, and trades—their distributi over the country in villages, towns, and cities—their increase a progress in the last ten years.

GEORGE GRAHAM,
*Registrar General*

*Approved,*
G. GREY.

*Abbildung B.1: Volkszählungsbogen 1851. Census of the Population, Householder's Schedule, 1851, TNA, TS 25/524 (Vorderseite).*

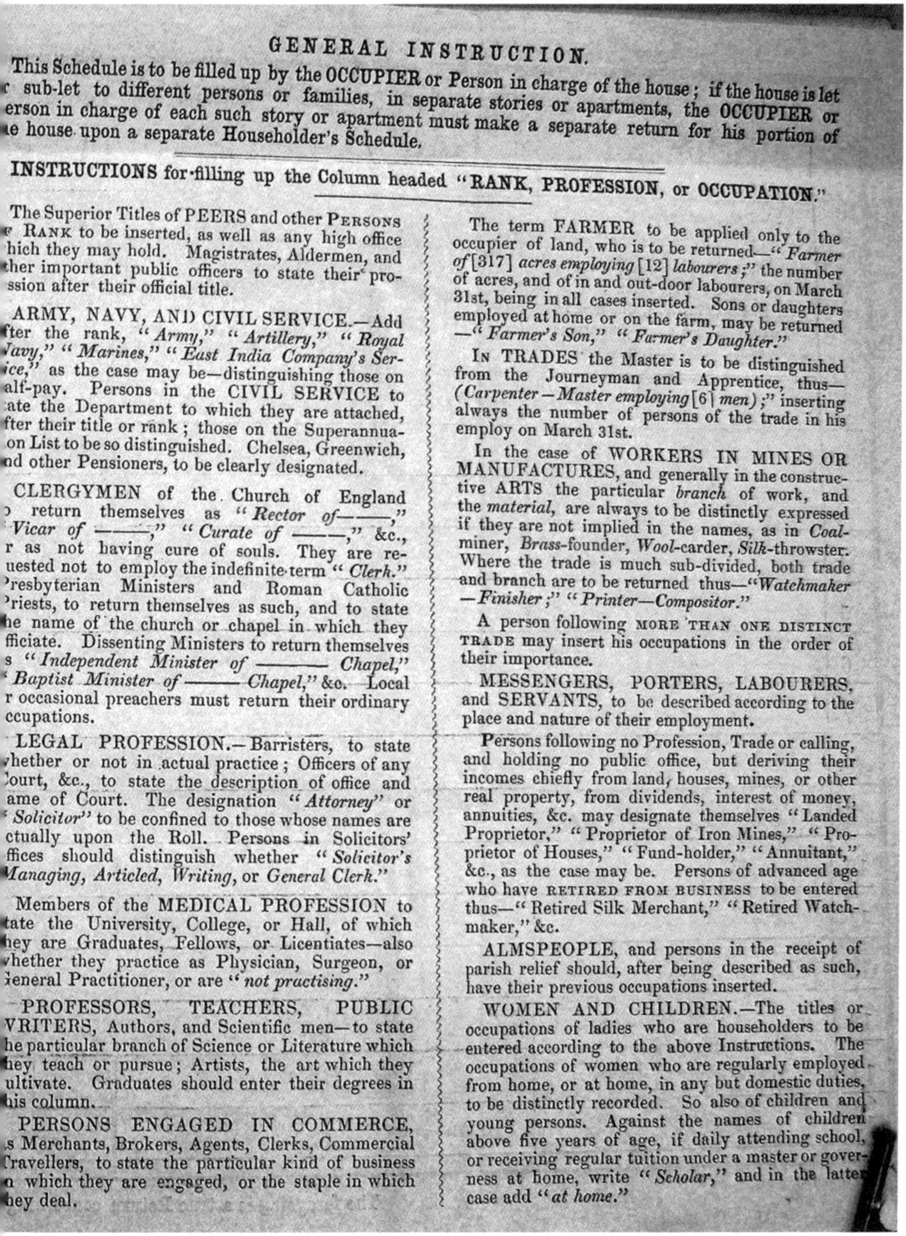

GENERAL INSTRUCTION.

This Schedule is to be filled up by the OCCUPIER or Person in charge of the house; if the house is let r sub-let to different persons or families, in separate stories or apartments, the OCCUPIER or erson in charge of each such story or apartment must make a separate return for his portion of e house upon a separate Householder's Schedule.

INSTRUCTIONS for filling up the Column headed "RANK, PROFESSION, or OCCUPATION."

The Superior Titles of PEERS and other PERSONS r RANK to be inserted, as well as any high office hich they may hold. Magistrates, Aldermen, and ther important public officers to state their pro- ssion after their official title.

ARMY, NAVY, AND CIVIL SERVICE.—Add fter the rank, "*Army*," "*Artillery*," "*Royal Navy*," "*Marines*," "*East India Company's Ser- ice*," as the case may be—distinguishing those on alf-pay. Persons in the CIVIL SERVICE to ate the Department to which they are attached, fter their title or rank; those on the Superannua- on List to be so distinguished. Chelsea, Greenwich, nd other Pensioners, to be clearly designated.

CLERGYMEN of the Church of England o return themselves as "*Rector of*——," *Vicar of* ——," "*Curate of* ——," &c., r as not having cure of souls. They are re- uested not to employ the indefinite term "*Clerk.*" 'resbyterian Ministers and Roman Catholic 'riests, to return themselves as such, and to state he name of the church or chapel in which they fficiate. Dissenting Ministers to return themselves s "*Independent Minister of* —— *Chapel*," *Baptist Minister of* —— *Chapel*," &c. Local r occasional preachers must return their ordinary ccupations.

LEGAL PROFESSION.—Barristers, to state vhether or not in actual practice; Officers of any Court, &c., to state the description of office and ame of Court. The designation "*Attorney*" or *Solicitor*" to be confined to those whose names are ctually upon the Roll. Persons in Solicitors' ffices should distinguish whether "*Solicitor's Managing, Articled, Writing*, or *General Clerk*."

Members of the MEDICAL PROFESSION to tate the University, College, or Hall, of which hey are Graduates, Fellows, or Licentiates—also vhether they practice as Physician, Surgeon, or General Practitioner, or are "*not practising*."

PROFESSORS, TEACHERS, PUBLIC VRITERS, Authors, and Scientific men—to state he particular branch of Science or Literature which hey teach or pursue; Artists, the art which they ultivate. Graduates should enter their degrees in his column.

PERSONS ENGAGED IN COMMERCE, s Merchants, Brokers, Agents, Clerks, Commercial Travellers, to state the particular kind of business n which they are engaged, or the staple in which hey deal.

The term FARMER to be applied only to the occupier of land, who is to be returned—"*Farmer of* [317] *acres employing* [12] *labourers*;" the number of acres, and of in and out-door labourers, on March 31st, being in all cases inserted. Sons or daughters employed at home or on the farm, may be returned —"*Farmer's Son*," "*Farmer's Daughter*."

IN TRADES the Master is to be distinguished from the Journeyman and Apprentice, thus— (*Carpenter—Master employing* [6] *men*);" inserting always the number of persons of the trade in his employ on March 31st.

In the case of WORKERS IN MINES OR MANUFACTURES, and generally in the construc- tive ARTS the particular *branch* of work, and the *material*, are always to be distinctly expressed if they are not implied in the names, as in *Coal*-miner, *Brass*-founder, *Wool*-carder, *Silk*-throwster. Where the trade is much sub-divided, both trade and branch are to be returned thus—"*Watchmaker —Finisher*;" "*Printer—Compositor*."

A person following MORE THAN ONE DISTINCT TRADE may insert his occupations in the order of their importance.

MESSENGERS, PORTERS, LABOURERS, and SERVANTS, to be described according to the place and nature of their employment.

Persons following no Profession, Trade or calling, and holding no public office, but deriving their incomes chiefly from land, houses, mines, or other real property, from dividends, interest of money, annuities, &c. may designate themselves "Landed Proprietor," "Proprietor of Iron Mines," "Pro- prietor of Houses," "Fund-holder," "Annuitant," &c., as the case may be. Persons of advanced age who have RETIRED FROM BUSINESS to be entered thus—"Retired Silk Merchant," "Retired Watch- maker," &c.

ALMSPEOPLE, and persons in the receipt of parish relief should, after being described as such, have their previous occupations inserted.

WOMEN AND CHILDREN.—The titles or occupations of ladies who are householders to be entered according to the above Instructions. The occupations of women who are regularly employed from home, or at home, in any but domestic duties, to be distinctly recorded. So also of children and young persons. Against the names of children above five years of age, if daily attending school, or receiving regular tuition under a master or gover- ness at home, write "*Scholar*," and in the latter case add "*at home*."

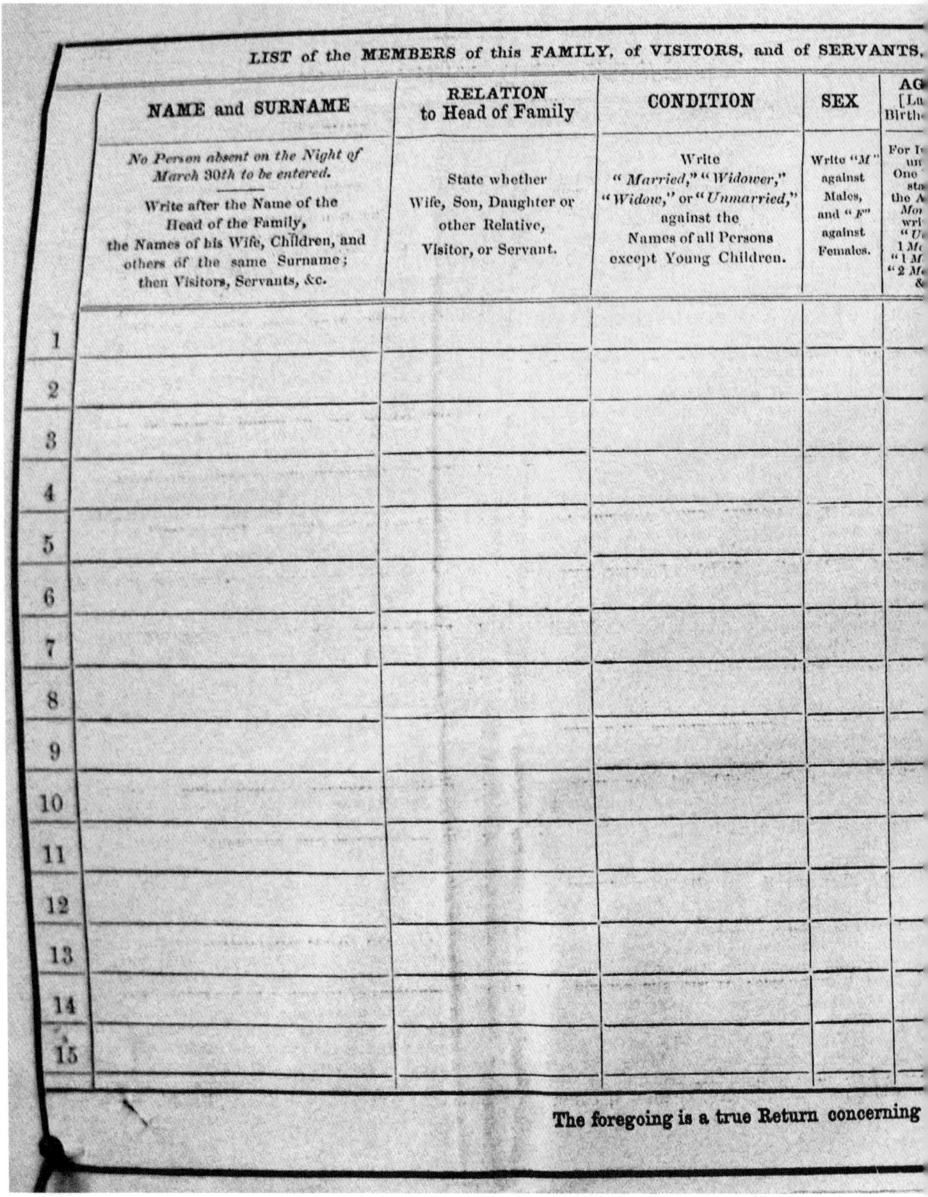
LIST of the MEMBERS of this FAMILY, of VISITORS, and of SERVANTS,

| | NAME and SURNAME | RELATION to Head of Family | CONDITION | SEX | AG [La Birth |
|---|---|---|---|---|---|
| | *No Person absent on the Night of March 30th to be entered.* Write after the Name of the Head of the Family, the Names of his Wife, Children, and others of the same Surname; then Visitors, Servants, &c. | State whether Wife, Son, Daughter or other Relative, Visitor, or Servant. | Write "*Married*," "*Widower*," "*Widow*," or "*Unmarried*," against the Names of all Persons except Young Children. | Write "*M*" against Males, and "*F*" against Females. | For I un One sta the A Mo wri "U 1 M "1 M "2 M & |
| 1 | | | | | |
| 2 | | | | | |
| 3 | | | | | |
| 4 | | | | | |
| 5 | | | | | |
| 6 | | | | | |
| 7 | | | | | |
| 8 | | | | | |
| 9 | | | | | |
| 10 | | | | | |
| 11 | | | | | |
| 12 | | | | | |
| 13 | | | | | |
| 14 | | | | | |
| 15 | | | | | |

The foregoing is a true Return concerning

*Abbildung B.1: Volkszählungsbogen 1851. Census of the Population, Householder's Schedule, 1851, TNA, TS 25/524 (Rückseite).*

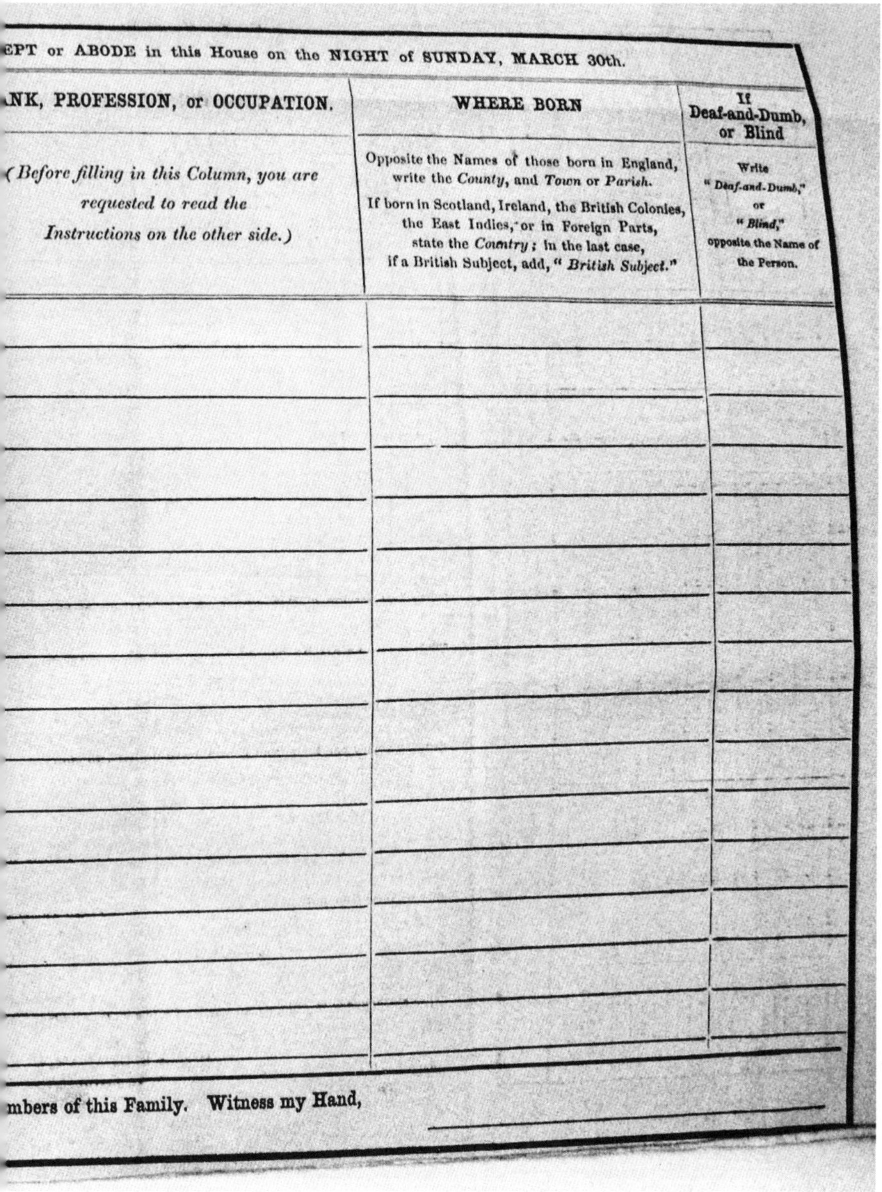

EPT or ABODE in this House on the NIGHT of SUNDAY, MARCH 30th.

| ANK, PROFESSION, or OCCUPATION. | WHERE BORN | If Deaf-and-Dumb, or Blind |
|---|---|---|
| (*Before filling in this Column, you are requested to read the Instructions on the other side.*) | Opposite the Names of those born in England, write the *County*, and *Town* or *Parish*.<br>If born in Scotland, Ireland, the British Colonies, the East Indies, or in Foreign Parts, state the *Country*; in the last case, if a British Subject, add, "*British Subject*." | Write "*Deaf-and-Dumb*," or "*Blind*," opposite the Name of the Person. |
| | | |
| | | |
| | | |
| | | |
| | | |
| | | |
| | | |
| | | |
| | | |
| | | |
| | | |
| | | |
| | | |
| | | |
| | | |

mbers of this Family. Witness my Hand,

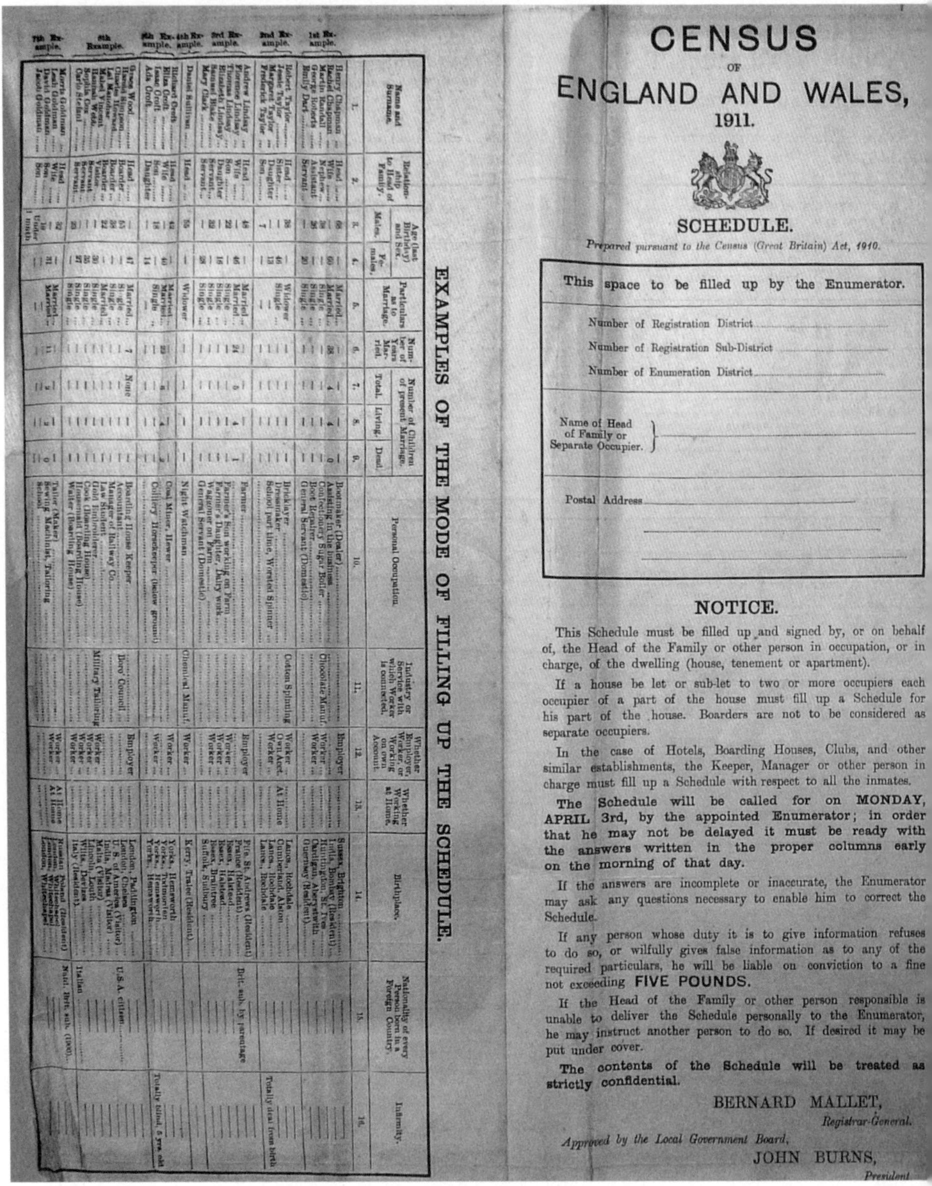

EXAMPLES OF THE MODE OF FILLING UP THE SCHEDULE.

# CENSUS

OF

# ENGLAND AND WALES,

1911.

## SCHEDULE.

*Prepared pursuant to the Census (Great Britain) Act, 1910.*

This space to be filled up by the Enumerator.

Number of Registration District ..................

Number of Registration Sub-District ..................

Number of Enumeration District ..................

Name of Head of Family or Separate Occupier. } ..................

Postal Address ..................

## NOTICE.

This Schedule must be filled up and signed by, or on behalf of, the Head of the Family or other person in occupation, or in charge, of the dwelling (house, tenement or apartment).

If a house be let or sub-let to two or more occupiers each occupier of a part of the house must fill up a Schedule for his part of the house. Boarders are not to be considered as separate occupiers.

In the case of Hotels, Boarding Houses, Clubs, and other similar establishments, the Keeper, Manager or other person in charge must fill up a Schedule with respect to all the inmates.

**The Schedule will be called for on MONDAY, APRIL 3rd, by the appointed Enumerator; in order that he may not be delayed it must be ready with the answers written in the proper columns early on the morning of that day.**

If the answers are incomplete or inaccurate, the Enumerator may ask any questions necessary to enable him to correct the Schedule.

If any person whose duty it is to give information refuses to do so, or wilfully gives false information as to any of the required particulars, he will be liable on conviction to a fine not exceeding **FIVE POUNDS.**

If the Head of the Family or other person responsible is unable to deliver the Schedule personally to the Enumerator, he may instruct another person to do so. If desired it may be put under cover.

**The contents of the Schedule will be treated as strictly confidential.**

BERNARD MALLET,
*Registrar-General.*

*Approved by the Local Government Board,*
JOHN BURNS,
*President.*

*Abbildung B.2: Volkszählungsbogen 1911. Census of England and Wales, Schedule, 1911, TNA, RG27/8 (Vorderseite).*

# INSTRUCTIONS

## For filling up the Columns headed "Profession or Occupation."

### COLUMN 10.

1. DESCRIPTION OF PERSONAL OCCUPATION.—Describe the Occupation **fully** in Column 10. If more than one Occupation is followed, state that by which living is mainly earned.

2. DEALERS, SHOPKEEPERS OR SHOP ASSISTANTS as distinct from MAKERS, PRODUCERS OR REPAIRERS.—All such persons should be so described as to leave no doubt whether they are Dealers or Makers. In many cases "Tailors," "Bootmakers," "Hatters," "Watchmakers," "Goldsmiths," "Silversmiths," "Jewellers," "Chemists," "Bakers," "Seedsmen," "Florists," &c., and their Assistants are not Makers or Producers; in such cases the word "Dealer," "Shopkeeper," or "Shop Assistant" should be added to the occupational name. A person who both makes and deals should be described as "Maker," if chiefly Maker, or "Dealer" if chiefly Dealer.

3. OUT OF WORK.—If out of work or disengaged at the time of the Census, the **usual occupation** must be stated.

4. THE OCCUPATIONS OF WOMEN engaged in any business or profession, including women **regularly engaged in assisting relatives in trade or business**, must be fully stated. No entry should be made in the case of wives, daughters, or other female relatives wholly engaged in domestic duties at home.

5. CHILDREN AT SCHOOL AND STUDENTS.—For all persons over ten years of age attending school write "School," and for those attending colleges, evening schools, or other instructional classes, or receiving instruction privately, write "Student." If studying for any profession, state the profession, as "Law Student," "Medical Student."

If attending school or other classes half time or part time only, write "School part time," or "Student part time."

If also engaged in any employment state the employment, as "School, Newsboy"; "School, Grocer's Errand Boy"; "School part time, Cotton Roving Frame Doffer."

6. RETIRED OR PENSIONED.—If retired or pensioned state the fact, and add former Occupation, as "Retired Farmer," "Retired Butcher," "Police Pensioner," &c. The **present occupation**, if any, of pensioners should also be stated in all cases, as "Army Pensioner, Bank Porter," &c.

7. PRIVATE MEANS.—For persons neither following nor having followed a profession or occupation, but deriving their income from private sources, or allowances, write "Private Means."

8. VAGUE OR INDEFINITE TERMS MUST NOT BE USED ALONE, such for example as Apprentice, Assistant, Canvasser, Collector, Contractor, Foreman, Inspector, Labourer, Machinist, Manager, Manufacturer, Mechanic, Millhand, Overlooker, Superintendent (*see* also paragraphs *a* to *r* below). Care should be taken that no occupational name common to different industries is used without a full and distinctive description; an Enameller should be described as a "Pottery Enameller," "Watch-dial Enameller," "Cycle Enameller," &c.; a Painter as a "Painter (Artist)," "Ship Painter," "House Painter," &c.; a Rivetter, as a "Boiler Rivetter," "Ship Plate Rivetter," "Boot Rivetter," &c.

(*a*) ARMY, NAVY, CIVIL SERVICE, MUNICIPAL SERVICE, &c. State the service and rank or grade.

(*b*) CLERGYMAN, PRIEST, MINISTER. State whether "Clergyman (Established Church)," "Roman Catholic Priest," "Wesleyan Methodist Minister," &c. Clergymen who are also Schoolmasters should be returned as Schoolmasters. In the case of Local or Occasional Preachers, the ordinary occupation only should be given.

(*c*) LEGAL PROFESSION. State whether "Barrister," "Solicitor," "Solicitor's Articled Clerk," "Law Clerk," &c.

(*d*) AGENT, BROKER, BUYER, MERCHANT, SALESMAN, COMMERCIAL TRAVELLER. State particular kind of business or trade, as "Cycle Agent," "Sugar Broker," "Coal Merchant," "Commercial Traveller, Millinery."

(*e*) CLERK. State whether "Bank Clerk," "Insurance Clerk," "Law Clerk," "Bookstall Clerk," "Hotel Clerk," "Railway Clerk," "Theatre Clerk," &c.

(*f*) ENGINEERING AND METAL TRADES. State precise branch of trade and nature of operation, as "Engineer's Pattern Maker," "Ship Plater's Helper." "Iron Worker" is too indefinite; state whether employed at Blast Furnace, Puddling Furnace, Iron Foundry, &c.

(*g*) ENGINEMAN, ENGINE-DRIVER, STOKER, FIREMAN. State whether "Railway Engine Stoker," "Traction Engine Driver," "Stationary Engineman," "Gas Stoker," "Furnace Stoker at Potteries," &c.

(*h*) COTTON, WOOL, SILK OR OTHER TEXTILE OPERATIVE, DYER, BLEACHER, &c. State the material and the precise occupation, as "Bobbin Carrier in Cotton Spinning Room," "Silk Throwster's Piecer," "Plaiter in Cotton Finishing Works."

(*j*) MINER, QUARRYMAN. State kind of mine or quarry, and nature of work, as "Coal Miner, Hewer," "Colliery Horsekeeper (below ground)," "Colliery Lamp Examiner (above ground)," "Colliery Labourer (above ground)," "Cager-on in Ironstone Mine," "Delver in Stone Quarry," "Rockman in Slate Quarry."

(*k*) FARMER. State whether "Farmer," "Grazier," or "Farm Bailiff." Farmers' sons or other relatives assisting in the work of the farm should be returned as "Farmer's Son working on Farm," "Farmer's Brother working on Farm," "Farmer's Daughter, Dairy work," &c.

(*l*) FARM SERVANT. State nature of work, and indicate if mainly in charge of horses, cattle, &c., as "Horseman on Farm," "Waggoner on Farm," "Cowman on Farm," "Shepherd." A Labourer on a Farm whose work is of a general character should be described as "Farm Labourer," **not simply as a Labourer.**

(*m*) LABOURER, PORTER, &c. State nature of employment, as "Bricklayer's Labourer," "Dock Labourer," "Railway Contractor's Labourer," "Farm Labourer," "General Labourer," "Coal Porter," "Railway Porter," &c. **The terms "Labourer," "Porter," should never be used alone.**

(*n*) DOMESTIC SERVICE. State nature of service, as "Cook (Domestic)," "Housemaid (Domestic)," "Gardener (Domestic)," "Coachman (Domestic)," "Nursery Governess."

(*o*) SERVANTS, WAITERS, &c., IN HOTELS, CLUBS, RESTAURANTS AND BOARDING HOUSES. State nature of employment and service in which engaged, as "Hotel Cook," "Hall Porter at Club," "Hotel Waiter," "Restaurant Waitress."

(*p*) NURSE. State whether "Nurse (Domestic)," "Monthly Nurse," "Sick Nurse," &c.

(*q*) GARDENER. State whether "Gardener (Domestic)," "Market Gardener," "Jobbing Gardener," "Nurseryman," &c.

(*r*) COACHMAN, GROOM, MOTOR-CAR DRIVER. State whether employed in Cab, Omnibus, Domestic, or other service, as "Coachman (Domestic)," "Chauffeur (Domestic)," "Motor-Bus Driver," "Tramway Motor Man."

### COLUMN 11.

9. INDUSTRY OR SERVICE WITH WHICH CONNECTED.—The information asked for in this column is required in order to ascertain for each industry or service how many persons are employed therein, or in connection therewith, although following a distinct occupation. Thus, for instance, for breweries it is desired to know how many coopers, blacksmiths, bricklayers, &c., are in the direct employment of the brewery, as well as the numbers actually engaged in brewing processes. Further, it is desired to ascertain the number of persons directly employed by central or local government authorities, whether in administration or in undertakings such as tramways, gasworks, &c. Following are examples of cases in which entries should be made in Column 11 as well as in Column 10.

| Column 10. Personal Occupation. | Column 11. Industry or Service with which worker is connected. | Column 10. Personal Occupation. | Column 11. Industry or Service with which worker is connected. | Column 10. Personal Occupation. | Column 11. Industry or Service with which worker is connected. | Column 10. Personal Occupation. | Column 11. Industry or Service with which worker is connected. |
|---|---|---|---|---|---|---|---|
| Blacksmith's Striker ... | Loco. Dept. Rly. Co. | Copper Roller Engraver | Calico Printer. | Housekeeper ... ... | Drapery Warehouse. | Ship Fitter ... | Harbour Board. |
| Bricklayer ... ... | Blast Furnace. | Cotton Drawing Frame Tenter. | Carpet Manufacture. | Iron Founder ... ... | General Engineer. | Solicitor ... ... | Insurance Company. |
| Cardboard Box Maker | Soap Manufacture. | Head Teacher ... ... | County Council. | Iron Founder ... ... | Stove, Grate Maker. | Typefounder ... | Type Foundry. |
| Carter ... ... ... | General Carrier. | Hotel Manager ... ... | Railway Company. | Iron Founder ... ... | Govt. Dockyard. | Typefounder ... | General Printers. |
| Carter ... ... ... | Railway Company. | House Painter ... ... | Builder. | Lighterman ... ... | Cement Works. | Wooden Box Maker | Glass Bottle Works. |
| Carter on Sewage Farm | Urban Dist. Council. | House Painter ... ... | Chemical Manufac. | Maltster's Labourer ... | Maltster. | Wood Sawyer ... | Joinery Works. |
| Clay Miner ... ... | Pottery Manufacture. | House Painter ... ... | Hotel Company. | Maltster's Labourer ... | Brewer. | Wood Sawyer ... | Pianoforte Works. |
| Coal Porter, Gasworks... | Borough Council. | | | Railway Engine Driver | Brewer. | Wood Sawyer ... | Rly. Co.'s Carriage Wks. |

(M956) Wt. 22314—64. 9,000,000. 12 | 10. No. 1.

Harrison & Sons, Printers, St. Martin's Lane, London, W.C.

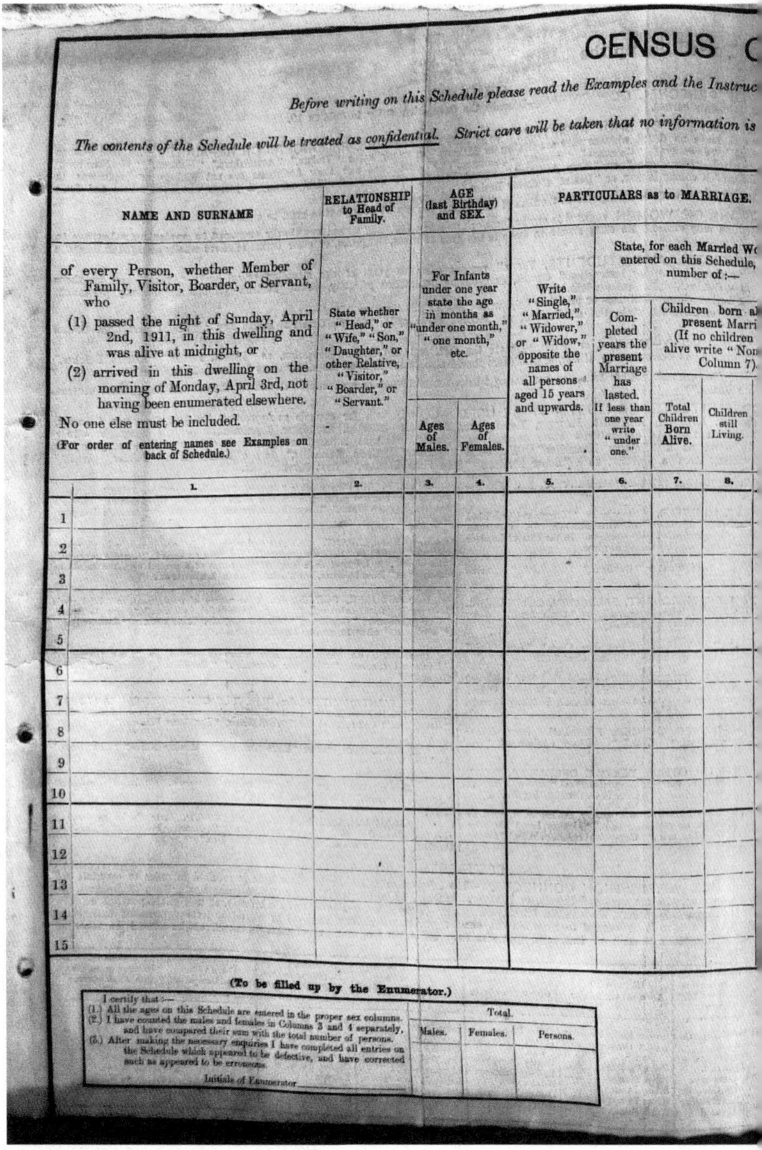

CENSUS O

*Before writing on this Schedule please read the Examples and the Instruc*

*The contents of the Schedule will be treated as confidential. Strict care will be taken that no information is*

| NAME AND SURNAME | RELATIONSHIP to Head of Family. | AGE (last Birthday) and SEX. | | PARTICULARS as to MARRIAGE. | | | |
|---|---|---|---|---|---|---|---|
| of every Person, whether Member of Family, Visitor, Boarder, or Servant, who (1) passed the night of Sunday, April 2nd, 1911, in this dwelling and was alive at midnight, or (2) arrived in this dwelling on the morning of Monday, April 3rd, not having been enumerated elsewhere. No one else must be included. (For order of entering names see Examples on back of Schedule.) | State whether "Head," or "Wife," "Son," "Daughter," or other Relative, "Visitor," "Boarder," or "Servant." | For Infants under one year state the age in months as "under one month," "one month," etc. | | Write "Single," "Married," "Widower," or "Widow," opposite the names of all persons aged 15 years and upwards. | State, for each Married Wo[man] entered on this Schedule, [the] number of:— | | |
| | | Ages of Males. | Ages of Females. | | Completed years the present Marriage has lasted. If less than one year write "under one." | Children born al[ive to] present Marri[age]. (If no children alive write "Non[e]" in Column 7). Total Children Born Alive. | Children still Living. |
| 1. | 2. | 3. | 4. | 5. | 6. | 7. | 8. |
| 1 | | | | | | | |
| 2 | | | | | | | |
| 3 | | | | | | | |
| 4 | | | | | | | |
| 5 | | | | | | | |
| 6 | | | | | | | |
| 7 | | | | | | | |
| 8 | | | | | | | |
| 9 | | | | | | | |
| 10 | | | | | | | |
| 11 | | | | | | | |
| 12 | | | | | | | |
| 13 | | | | | | | |
| 14 | | | | | | | |
| 15 | | | | | | | |

(To be filled up by the Enumerator.)

I certify that:—
(1.) All the ages on this Schedule are entered in the proper sex columns.
(2.) I have counted the males and females in Columns 3 and 4 separately, and have compared their sum with the total number of persons.
(3.) After making the necessary enquiries I have completed all entries on the Schedule which appeared to be defective, and have corrected such as appeared to be erroneous.
Initials of Enumerator

| Total. | | |
|---|---|---|
| Males. | Females. | Persons. |
| | | |

*Abbildung B.2: Volkszählungsbogen 1911. Census of England and Wales, Schedule, 1911, TNA, RG27/8 (Rückseite).*
*Text im Kasten links unten:*
*„(To be filled up by the Enumerator.)*
*I certify that: –*
*(1.) All the ages on this Schedule are entered in the proper sex columns.*
*(2.) I have counted the males and females in Columns 3 and 4 separately, and have compared their sum with the total number of persons.*
*(3.) After making the necessary enquiries I have completed all entries on the Schedule which appeared to be defective, and have corrected such as appeared to be erroneous.*
*Initials of Enumerator"*

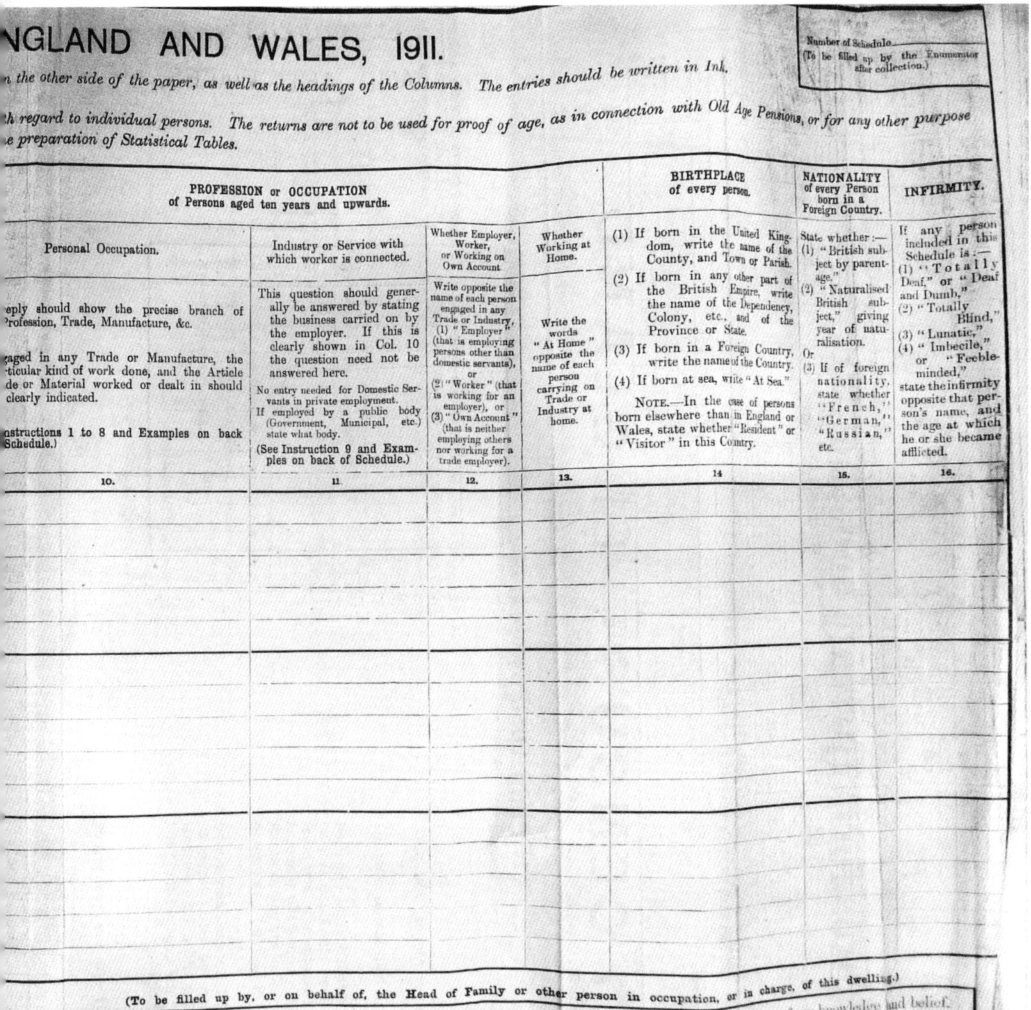

NGLAND AND WALES, 1911.

Number of Schedule
(To be filled up by the Enumerator after collection.)

n the other side of the paper, as well as the headings of the Columns. The entries should be written in Ink.

h regard to individual persons. The returns are not to be used for proof of age, as in connection with Old Age Pensions, or for any other purpose
e preparation of Statistical Tables.

| PROFESSION or OCCUPATION of Persons aged ten years and upwards. | | | | BIRTHPLACE of every person. | NATIONALITY of every Person born in a Foreign Country. | INFIRMITY. |
|---|---|---|---|---|---|---|
| Personal Occupation. | Industry or Service with which worker is connected. | Whether Employer, Worker, or Working on Own Account | Whether Working at Home. | (1) If born in the United Kingdom, write the name of the County, and Town or Parish. (2) If born in any other part of the British Empire, write the name of the Dependency, Colony, etc., and of the Province or State. (3) If born in a Foreign Country, write the name of the Country. (4) If born at sea, write "At Sea." NOTE.—In the case of persons born elsewhere than in England or Wales, state whether "Resident" or "Visitor" in this Country. | State whether:— (1) "British subject by parentage." (2) "Naturalised British subject," giving year of naturalisation. Or (3) If of foreign nationality, state whether "French," "German," "Russian," etc. | If any person included in this Schedule is:— (1) "Totally Deaf," or "Deaf and Dumb," (2) "Totally Blind," (3) "Lunatic," (4) "Imbecile," or "Feeble-minded," state the infirmity opposite that person's name, and the age at which he or she became afflicted. |
| eply should show the precise branch of Profession, Trade, Manufacture, &c. gaged in any Trade or Manufacture, the ticular kind of work done, and the Article de or Material worked or dealt in should clearly indicated. nstructions 1 to 8 and Examples on back Schedule.) | This question should generally be answered by stating the business carried on by the employer. If this is clearly shown in Col. 10 the question need not be answered here. No entry needed for Domestic Servants in private employment. If employed by a public body (Government, Municipal, etc.) state what body. (See Instruction 9 and Examples on back of Schedule.) | Write opposite the name of each person engaged in any Trade or Industry, (1) "Employer" (that is employing persons other than domestic servants), or (2) "Worker" (that is working for an employer), or (3) "Own Account" (that is neither employing others nor working for a trade employer). | Write the words "At Home" opposite the name of each person carrying on Trade or Industry at home. | | | |
| 10. | 11. | 12. | 13. | 14. | 15. | 16. |

(To be filled up by, or on behalf of, the Head of Family or other person in occupation, or in charge, of this dwelling.)

Write below the Number of Rooms in this Dwelling (House, Tenement, or Apartment). Count the kitchen as a room but do not count scullery, landing, lobby, closet, bathroom; nor warehouse, office, shop.

I declare that this Schedule is correctly filled up to the best of my knowledge and belief.

*Signature*

*Postal Address*

# Appendix I 1971 Census form (private households)

## 1971 CENSUS — ENGLAND

### H Form For Private Households

**To the Head (or Acting Head) of the Household.**

Please complete this form and have it ready for collection on Monday 26th April. If you need help, do not hesitate to ask the enumerator.

The enumerator may ask you any questions necessary to help him to complete or correct the form.

The information you give on the form will be treated as CONFIDENTIAL and used only for compiling statistics. No information about named individuals will be passed by the Census Office to any other Government Department or any other authority or person. If anyone in the census organisation improperly discloses information you provide, he will be liable to prosecution. Similarly you must not disclose information which anyone (for example, a visitor or boarder) gives you to enable you to complete the form.

The legal obligation to fill in the whole form rests on YOU, but each person who has to be included is required to give you the information you need. However, anyone who wishes can ask the enumerator or local Census Officer for a personal form which can be returned direct to the enumerator or local Census Officer and then you need answer only questions B1 and B5 for that person.

**PLEASE TAKE NOTE**

There are penalties of up to £50 for failing to comply with the requirements described above, or for giving false information.

When you have completed the form, please sign the declaration at the foot of the last page.

Office of Population Censuses and Surveys.

MICHAEL REED
Director and

*A household comprises* ***either*** *one person living alone* ***or*** *a group of persons (who may or may not be related) living at the same address with common housekeeping. Persons staying temporarily with the household are included.*

| To be completed by enumerator | | | |
|---|---|---|---|
| C.D. No. | E.D. No. | Form No. | Ref. |
| | | | |

If sharing with another household:—

Hall, staircase, passage, etc., shared *only/not only** for entry to accommodation.

*delete whichever is inapplicable.

Number of rooms shared. ........................

Name and full postal address:

..................................................

..................................................

..................................................

..................................................

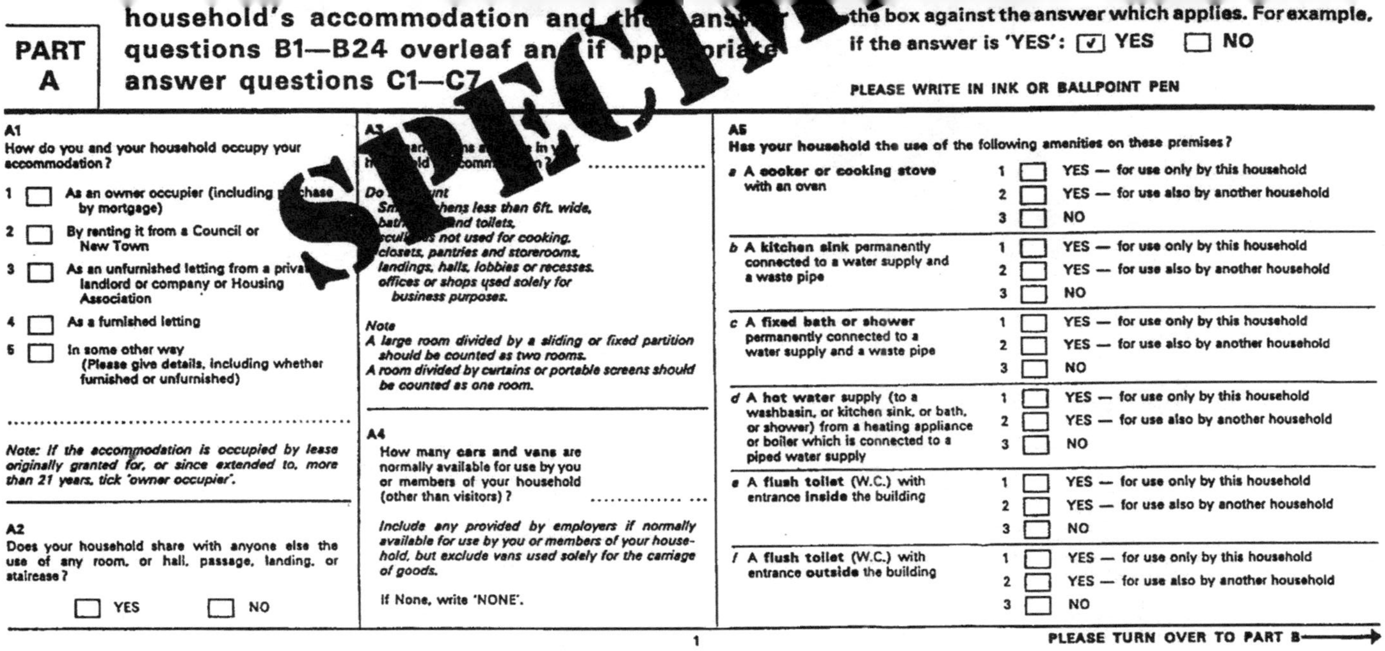

PART A

household's accommodation and [illegible] the box against the answer which applies. For example, if the answer is 'YES': ☑ YES ☐ NO

questions B1—B24 overleaf an[illegible] if [illegible] answer questions C1—C7

PLEASE WRITE IN INK OR BALLPOINT PEN

**A1**
How do you and your household occupy your accommodation?

1 ☐ As an owner occupier (including [illegible]chase by mortgage)
2 ☐ By renting it from a Council or New Town
3 ☐ As an unfurnished letting from a priva[illegible] landlord or company or Housing Association
4 ☐ As a furnished letting
5 ☐ In some other way (Please give details, including whether furnished or unfurnished)

*Note: If the accommodation is occupied by lease originally granted for, or since extended to, more than 21 years, tick 'owner occupier'.*

**A2**
Does your household share with anyone else the use of any room, or hall, passage, landing, or staircase?

☐ YES ☐ NO

**A3**
[illegible]

*Do [illegible]nt*
*Sm[illegible]hens less than 6ft. wide,*
*bat[illegible]nd toilets,*
*[illegible] not used for cooking,*
*closets, pantries and storerooms,*
*landings, halls, lobbies or recesses,*
*offices or shops used solely for business purposes.*

*Note*
*A large room divided by a sliding or fixed partition should be counted as two rooms.*
*A room divided by curtains or portable screens should be counted as one room.*

**A4**
How many **cars and vans** are normally available for use by you or members of your household (other than visitors)?

*Include any provided by employers if normally available for use by you or members of your household, but exclude vans used solely for the carriage of goods.*

If None, write 'NONE'.

**A5**
**Has your household the use of the following amenities on these premises?**

*a* **A cooker or cooking stove** with an oven
1 ☐ YES — for use only by this household
2 ☐ YES — for use also by another household
3 ☐ NO

*b* **A kitchen sink** permanently connected to a water supply and a waste pipe
1 ☐ YES — for use only by this household
2 ☐ YES — for use also by another household
3 ☐ NO

*c* **A fixed bath or shower** permanently connected to a water supply and a waste pipe
1 ☐ YES — for use only by this household
2 ☐ YES — for use also by another household
3 ☐ NO

*d* **A hot water** supply (to a washbasin, or kitchen sink, or bath, or shower) from a heating appliance or boiler which is connected to a piped water supply
1 ☐ YES — for use only by this household
2 ☐ YES — for use also by another household
3 ☐ NO

*e* **A flush toilet** (W.C.) with entrance **inside** the building
1 ☐ YES — for use only by this household
2 ☐ YES — for use also by another household
3 ☐ NO

*f* **A flush toilet** (W.C.) with entrance **outside** the building
1 ☐ YES — for use only by this household
2 ☐ YES — for use also by another household
3 ☐ NO

1

PLEASE TURN OVER TO PART B ⟶

*Abbildung B.3: Volkszählungsbogen 1971. Census England, H Form For Private Households, 1971, in: http://census.ukdataservice.ac.uk/media/30951/1971_england_household.pdf (aufgerufen am 20. 4. 2013).*

PART B continues on the next page.

**PART B**

**Complete a line in Part B for every person present, that is every person who**
**a spends Census night 25/26 April 1971 in this household**
**or b joins this household on Monday 26 April and has not been included as present on a Census form elsewhere.**

*For any **other** person who usually lives in this household complete a line in Part C on the back page.*

| B1 | B2 | | | B3 | B4 | B5 | B6 | B7 |
|---|---|---|---|---|---|---|---|---|
| Fill in this column first for **every person present.** (see note above)<br>Write **name and surname.**<br>Begin with the head of the household (if present).<br>*For a baby who has not yet been given a name write 'BABY' and the surname.* | Write the **date of birth** of the person. | | | Write the **sex** of the person. (M for male, F for female). | If the person usually lives here, write 'HERE'.<br>If not, write the person's **usual address.**<br>*For boarders write 'HERE' only if they consider this their usual address.*<br>*For students and children who are away from home during term time give their home address.*<br>*For persons with no settled address write 'NONE'.*<br>BLOCK CAPITALS PLEASE | Write 'HEAD' for the head of the household and **relationship** to the head for each of the other persons; for example 'Wife', 'Son', 'Daughter-in-law', 'Visitor', 'Boarder', 'Paying Guest'. | Write 'SINGLE', 'MARRIED', 'WIDOWED' or 'DIVORCED' as appropriate.<br>*If separated and not divorced write* 'MARRIED'. | Did the person have a **job last week (the week ended 24th April 1971)?** (see note B7)<br>Tick box 1 if the person had a job even if it was only part-time or if the person was temporarily away from work, on holiday, sick, on strike, or laid off.<br>If the person did not have a job tick whichever of boxes 2, 3, 4 or 5 is appropriate; if box 5 is ticked state the reason; for example 'Housewife', 'Student', 'Permanently sick'.<br>*This question need not be answered for children under 15 years of age.* |
| 1st person | Day | Month | Year | | | | | 1 ☐ YES — in a job at some time during the week<br>2 ☐ NO — seeking work or waiting to take up job<br>3 ☐ NO — intending to seek work but sick<br>4 ☐ NO — wholly retired<br>5 ☐ NO — not seeking work for some other reason, namely ........................ |
| 2nd person | Day | Month | Year | | | | | 1 ☐ YES — in a job at some time during the week<br>2 ☐ NO — seeking work or waiting to take up job<br>3 ☐ NO — intending to seek work but sick<br>4 ☐ NO — wholly retired<br>5 ☐ NO — not seeking work for some other reason, namely ........................ |
| 3rd person | Day | Month | Year | | | | | 1 ☐ YES — in a job at some time during the week<br>2 ☐ NO — seeking work or waiting to take up job<br>3 ☐ NO — intending to seek work but sick<br>4 ☐ NO — wholly retired<br>5 ☐ NO — not seeking work for some other reason, namely |

| | | | | | | | | |
|---|---|---|---|---|---|---|---|---|
| | | | | | | | | 3 ☐ NO — intending to seek work but sick<br>4 ☐ NO — wholly retired<br>5 ☐ NO — not seeking work for some other reason, namely<br>.............................................. |
| 5th person | Day | Month | Year | | | | | 1 ☐ YES — in a job at some time during the week<br>2 ☐ NO — seeking work or waiting to take up job<br>3 ☐ NO — intending to seek work but sick<br>4 ☐ NO — wholly retired<br>5 ☐ NO — not seeking work for some other reason, namely<br>.............................................. |
| 6th person | Day | Month | Year | | | | | 1 ☐ YES — in a job at some time during the week<br>2 ☐ NO — seeking work or waiting to take up job<br>3 ☐ NO — intending to seek work but sick<br>4 ☐ NO — wholly retired<br>5 ☐ NO — not seeking work for some other reason, namely<br>.............................................. |

**If there are more than six persons present continue on a new form.**
**(The enumerator will supply you with one if he has not already done so.)**

| B8 Will the person be a **student attending full-time** at an educational establishment during the term starting April/May 1971? (see note B8)<br><br>*This question need not be answered for children under 15 years of age.* | B9<br>*a* If the person was born in England or Wales or Scotland or Northern Ireland tick the appropriate box.<br>or<br>*b* If the person was born in another country, write the name of the country (using the name by which it is known today) and the year in which the person first entered the United Kingdom (that is England, Wales, Scotland and Northern Ireland). | B10 Write the country of birth of:<br>*a* the person's **father**<br>*b* the person's **mother**<br>*This question should be answered even if the person's father or mother is no longer alive. (If country not known, write 'NOT KNOWN'.)*<br>*Give the name by which the country is known today.* |
|---|---|---|
| ☐ YES<br>☐ NO | *a* Born in<br>☐ England 01 ☐ Scotland<br>02 ☐ Wales (incl. Monmouthshire) 03 ☐ Northern Ireland<br>or *b*<br>Born in ............................ (country)<br>and entered U.K. in ...................... (year) | *a* Father born in (country)<br><br>*b* Mother born in (country) |
| ☐ YES<br>☐ NO | *a* Born in<br>☐ England 01 ☐ Scotland<br>02 ☐ Wales (incl. Monmouthshire) 03 ☐ Northern Ireland<br>or *b*<br>Born in ............................ (country)<br>and entered U.K. in ...................... (year) | *a* Father born in (country)<br><br>*b* Mother born in (country) |
| ☐ YES<br>☐ NO | *a* Born in<br>☐ England 01 ☐ Scotland<br>02 ☐ Wales (incl. Monmouthshire) 03 ☐ North... Ire...<br>or *b*<br>Born in ...................... (cou...<br>and entered U.K. in ...... (year) | *a* F... born in ...<br><br>*b* Moth... in (country) |
| | *a* Born in ... | *a* Father born in (country) |

SPECIMEN

PART B continues on the next page.

TO BE DETACHED BEFORE C... QUESTIONNAIRE

**1971 CENSUS FORM**

**NOTES**

**These notes are to help you** answer some of the questions in Part B (for persons present). In cases where they also apply to Part C (absent persons) this is shown in Part C.

If you have any further difficulty with these, or any other questions, please ask the enumerator about them when he calls to collect your form.

**B7 Job last week**

A job means any work for payment or profit. In particular it includes:

(a) work on a person's own account

(b) part-time work, even if only for a few hours, such as jobbing gardening or paid domestic work

(c) casual or temporary work of any kind (for example seasonal work, week-end work and vacation work by students)

(d) unpaid work in a family business, for example a shop or farm.

Unpaid work, other than in a family business, does not count as a job.

**B8 Students**

Do not count as full-time students people who are:

(a) on day release from work to attend school or college

(b) attending night school only

(c) attending an educational establishment provided by employers, such as an apprenticeship school.

**B9 Employer's name and business**

Describe the business fully and try to avoid abbreviations or initials. General terms such as 'manufacturer', 'merchant', 'agent' 'broker', 'factor', 'dealer', 'engineering', are not enough by themselves and further details should be given about the articles manufactured or dealt in.

For civil servants, local government officers and other public officials give the name of the Government department, local authority or public body and the branch in which they are employed.

For people employed solely in private domestic service write 'PRIVATE' in answer to this question.

| | | |
|---|---|---|
| | and entered U.K. in .................... (year) | |
| ☐ YES<br>☐ NO | *a* Born in<br>☐ England 01 ☐ Scotland<br>02 ☐ Wales (incl. Monmouthshire) 03 ☐ Northern Ireland<br>or *b*<br>Born in .............................. (country)<br>and entered U.K. in ...................... (year) | *a* Father born in (country)<br>*b* Mother born in (country) |
| ☐ YES<br>☐ NO | *a* Born in<br>☐ England 01 ☐ Scotland<br>02 ☐ Wales (incl. Monmouthshire) 03 ☐ Northern Ireland<br>or *b*<br>Born in .............................. (country)<br>and entered U.K. in ...................... (year) | *a* Father born in (country)<br>*b* Mother born in (country) |

3

PLEASE TURN OVER TO THE NEXT PAGE ⟶

If a person's job is known in the trade or industry by a special name use that name.

Terms such as 'scientist', 'technician', 'engineer', 'machinist', 'fitter', 'foreman', 'checker' should not be used by themselves. Greater detail is required as for example:—

woodworking machinist, civil engineer, toolroom foreman.

For civil servants, local government officers and other public officials give their rank or grade.

**B17 Self-employed**

'Self-employed, employing others' means having one or more employees other than 'family workers'. A 'family worker' is one who lives in the same household as the employer and is related to him. Although 'family workers' are not counted for the purpose of deciding whether an employer has employees, they should themselves be recorded as employees.

**B18 Apprentices, etc.**

Answer this question only for a person who is undergoing training for a period fixed in advance and leading to recognition as a skilled worker or technician or to a recognised technical, commercial or professional qualification or managerial post.

Do not answer this question for a young person undergoing probationary training who has not yet entered into formal apprenticeship.

**B20 Place of work**

For people who do not work regularly at one place or who travel during the course of their work (for example, sales representatives, seamen and some building and transport workers):

(a) if they report daily to a depot or other fixed address give that address;

(b) if they do not report daily to a fixed address write 'NO FIXED PLACE'.

For people such as building workers employed on a site for a long period give the address of the site.

For dock workers give the name and address of the dock or wharf at which they are usually employed.

**B21 Means of transport**

If the person uses different means of transport on different days give the means used most often.

Do not use terms such as 'public transport' or 'private transport' but give the actual means used, for example, 'train', 'bus', 'car', 'bicycle'.

EFORE COMPLETING THE QUESTIONNAIRE

**Answers should be written on the line on which the person's name appears in column B1**

| | B11<br>Was the person's **usual address one year ago (on 25th April 1970)** the same as that shown by the answer to **question B4?**<br>Write 'YES' or 'NO'.<br>If no, write also the usual address on 25th April 1970.<br>*For a child now under one year of age, write* 'UNDER ONE'.<br>BLOCK CAPITALS PLEASE | B12<br>Was the person's **usual address five years ago (on 25th April 1966)** the same as that shown by the answer to **question B11?**<br>Write 'YES' or 'NO'.<br>If no, write also the usual address on 25th April 1966.<br>*For a child now under five years of age, write* 'UNDER FIVE'.<br>BLOCK CAPITALS PLEASE | B13<br>Has the person obtained any of the following?<br>G.C.E. **'A' level**<br>Higher School Certificate (HSC)<br>**Higher** grade of Scottish Certificate of Education (SCE)<br>**Higher** grade of Scottish Leaving Certificate (SLC)<br>Ordinary National Certificate (ONC)<br>Ordinary National Diploma (OND)<br>*This question need not be answered for children under 15 or retired persons over 70.* |
|---|---|---|---|
| *1st person* | | | 1 ☐ GCE 'A' level or HSC<br>2 ☐ SCE higher or SLC higher<br>3 ☐ ONC or OND<br>4 ☐ None of these |
| *2nd person* | | | 1 ☐ GCE 'A' level or HSC<br>2 ☐ SCE higher or SLC higher<br>3 ☐ ONC or OND<br>4 ☐ None of these |
| *...d person* | | | 1 ☐ GCE 'A' level or HSC<br>2 ☐ SCE higher or SLC higher<br>3 ☐ ONC or OND<br>4 ☐ None of these |

PART B continues on the next page.

**SPECIAL NOTE FOR MEMBERS OF ARMED FORCES**

At B15 (or, if appropriate, C5) give arm and branch of service.

At B16 (or C6) give rank or rating only.

Questions B17 (or C7), B18, B19 and B22 need not be answered.

| | | | |
|---|---|---|---|
| *4th person* | | | 2 ☐ SCE higher or SLC higher<br>3 ☐ ONC or OND<br>4 ☐ None of these |
| *5th person* | | | 1 ☐ GCE 'A' level or HSC<br>2 ☐ SCE higher or SLC higher<br>3 ☐ ONC or OND<br>4 ☐ None of these |
| *6th person* | | | 1 ☐ GCE 'A' level or HSC<br>2 ☐ SCE higher or SLC higher<br>3 ☐ ONC or OND<br>4 ☐ None of these |

4

PART B continues on the next page.

**B14**
**Has the person obtained any of the following qualifications since reaching the age of 18?**

*a* H.N.C. or H.N.D.
*b* Nursing qualifications
*c* Teaching qualifications
*d* Degrees, diplomas or other educational qualifications
*e* Graduate or corporate membership of professional institutions
*f* Any other professional or vocational qualifications

**If so, give full details of all such qualifications in the order in which they were obtained, even if not relevant to the present job or if the person is not working.**
**If none, write 'NONE'.**

***Please check these details by asking each person about his qualifications.***

*This question need not be answered for persons under 18 or retired persons over 70.*

| Qualification | Major Subject or Subjects | Awarding Institution |
|---|---|---|
| | | |
| | | |
| | | |
| | | |

5

PLEASE TURN OVER TO THE NEXT PAGE →

PART B continues on the next page.

*The remaining questions in Part B do not apply to children under 15 years of age.*

**Answer questions B15—B17 in respect of the main employment last week, or of the most recent job if retired or out of work.**
*For persons who have never had a job and for a housewife who did not have a job last week write 'NONE' at B15.*

| | B15 | B16 | B17 | B18 |
|---|---|---|---|---|
| | What was the **name and business** of the person's employer (if self-employed, the name and nature of the person's business)? (see note B15) *Give the trading name if one was used.* | *a* What was the person's **occupation?** Give full details. (see note B16) *b* Describe the **actual work** done in that occupation. | Was the person an employee, or self-employed employing others (see note B17), or self-employed without employees? | If the person is an **apprentice or trainee**, write 'Apprentice', 'Articled clerk', 'Articled pupil', 'Student apprentice', 'Graduate apprentice', 'Management trainee', 'Trainee technician', or 'Trainee craftsman' as appropriate. (see note B18) |
| *1st person* | *a* Name of business<br>*b* Nature of business | *a* Occupation<br>*b* Description of work | 1 ☐ An employee<br>2 ☐ Self-employed employing others (see note B17)<br>3 ☐ Self-employed without employees | |
| *2nd person* | *a* Name of business<br>*b* Nature of business | *a* Occupation<br>*b* Description of work | 1 ☐ An employee<br>2 ☐ Self-employed employing others (see note B17)<br>3 ☐ Self-employed without empl... | |
| *3rd person* | *a* Name of business<br>*b* Nature of business | *a* Occupation<br>*b* Description of work | 1 ☐ ...ploye...<br>... ployed ... ing oth... (... B17) | |

...MEN

| | | | | |
|---|---|---|---|---|
| 4th person | *b* Nature of business | *b* Description | 2 ☐ Self-employed employing others (see note B17)<br>3 ☐ Self-employed without employees | |
| 5th person | *a* Name of business<br>*b* Nature of business | *a* Occupation<br>*b* Description of work | 1 ☐ An employee<br>2 ☐ Self-employed employing others (see note B17)<br>3 ☐ Self-employed without employees | |
| 6th person | *a* Name of business<br>*b* Nature of business | *a* Occupation<br>*b* Description of work | 1 ☐ An employee<br>2 ☐ Self-employed employing others (see note B17)<br>3 ☐ Self-employed without employees | |



6

| For all persons with a job last week. *For persons with more than one job these questions apply to the main employment last week.* | | | | For women aged under 60 who are married, widowed or divorced. | | | |
|---|---|---|---|---|---|---|---|
| **B19** How many hours per week does the person usually work in this job? *Exclude overtime and meal breaks.* | **B20** What is the full address of the person's place of work? (see note B20) *If the work is carried on mainly at home write* 'AT HOME'. BLOCK CAPITALS PLEASE | **B21** What means of transport does the person normally use for the longest part, by distance, of the daily journey to work? (see note B21) *If the person walks to work, or works mainly at home, write* 'NONE'. | **B22** Was the person's occupation one year ago the same as last week? If so, write 'SAME'. If not, give details of the occupation one year ago. (see note B16) If none, write 'NONE'. | **B23** Enter the month and year of birth of each child born alive to her in marriage; include any who have since died. If none, write 'NONE'. *Enter the dates in order of birth, starting with the first born.* *If she has been married more than once give the dates for the children of all her marriages.* | | **B24** *a* Write the month and year of marriage (the first marriage if married more than once). *b* If the first marriage has ended (by the husband's death or by divorce) write the month and year when it ended. If not ended, write 'NOT ENDED'. | **FOR OFFICIAL USE** |
| | | | | Month Year | Month Year | *a* Date of (first) marriage Month Year<br>*b* Date (first) marriage ended Month Year | HCA ..............<br>GCE ..............<br>QM<br>MIG 6..............<br>MIG 1.............. |
| | | | | Month Year | Month Year | *a* Date of (first) marriage Month Year<br>*b* Date (first) marriage ended Month Year | HCA ..............<br>GCE ..............<br>QM<br>MIG 5..............<br>MIG 1.............. |
| | | | | Month Year | Month Year | *a* Date of (first) marriage Month Year<br>*b* Date (first) marriage ended Month Year | HCA ..............<br>GCE ..............<br>QM<br>MIG 5..............<br>MIG 1.............. |
| | | | | Month Year | Month Year | *a* Date of (first) marriage Month Year<br>*b* Date (first) marriage ended Month Year | HCA ..............<br>GCE ..............<br>QM<br>MIG 5.............. |

PECIMEN

| | | | | | | | |
|---|---|---|---|---|---|---|---|
| | | | | | | *b* Date (first) marriage ended<br>Month Year | GCE ..............<br>QM<br>MIG 5..............<br>MIG 1.............. |
| | | | | Month Year | Month Year | *a* Date of (first) marriage<br>Month Year<br>*b* Date (first) marriage ended<br>Month Year | HCA ..............<br>GCE ..............<br>QM<br>MIG 5..............<br>MIG 1.............. |



PLEASE TURN OVER TO PART C →

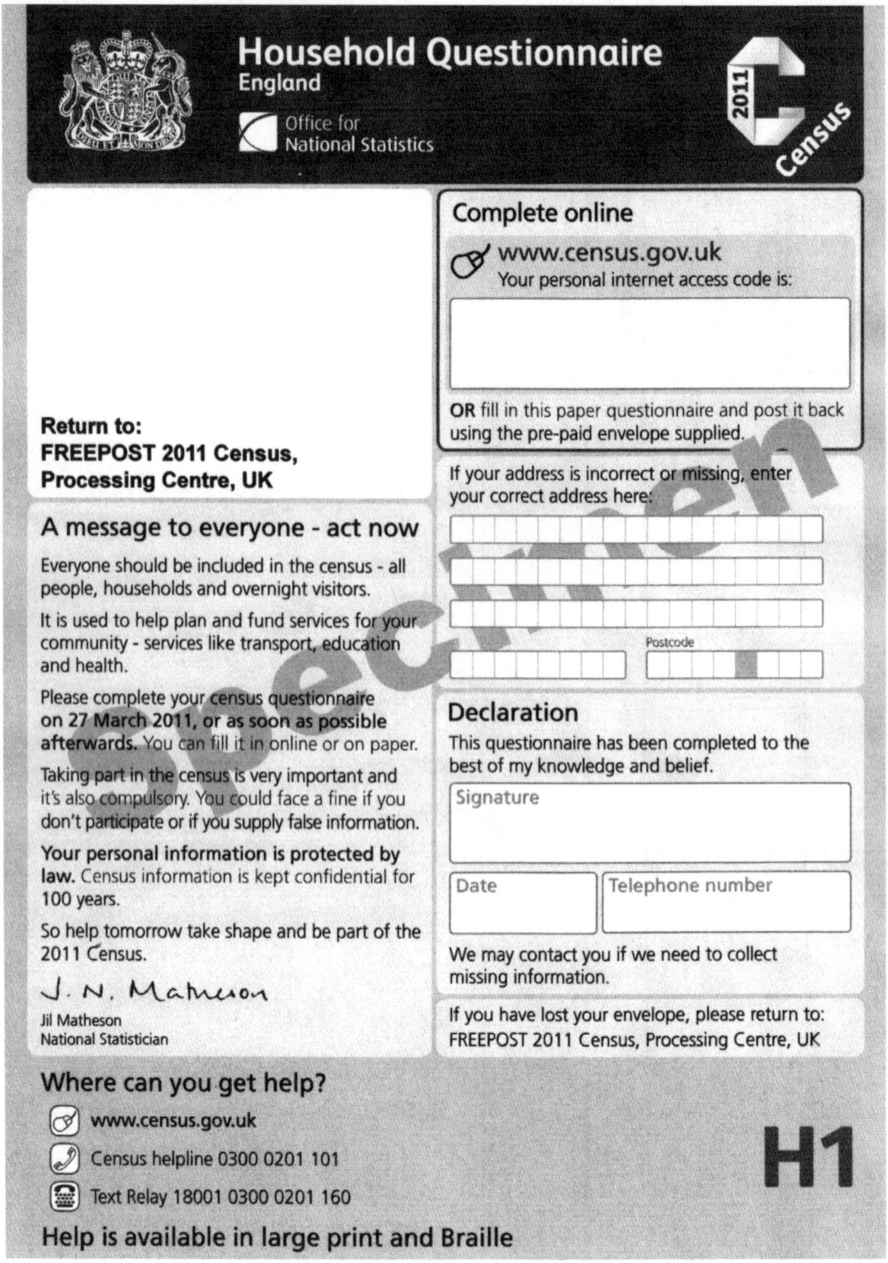

# Household Questionnaire
England

Office for National Statistics

2011 Census

## Complete online

www.census.gov.uk
Your personal internet access code is:

**OR** fill in this paper questionnaire and post it back using the pre-paid envelope supplied.

**Return to:**
**FREEPOST 2011 Census,**
**Processing Centre, UK**

If your address is incorrect or missing, enter your correct address here:

Postcode

## A message to everyone - act now

Everyone should be included in the census - all people, households and overnight visitors.

It is used to help plan and fund services for your community - services like transport, education and health.

Please complete your census questionnaire **on 27 March 2011, or as soon as possible afterwards.** You can fill it in online or on paper.

Taking part in the census is very important and it's also compulsory. You could face a fine if you don't participate or if you supply false information.

**Your personal information is protected by law.** Census information is kept confidential for 100 years.

So help tomorrow take shape and be part of the 2011 Census.

J. N. Matheson

Jil Matheson
National Statistician

## Declaration

This questionnaire has been completed to the best of my knowledge and belief.

Signature

Date | Telephone number

We may contact you if we need to collect missing information.

If you have lost your envelope, please return to: FREEPOST 2011 Census, Processing Centre, UK

## Where can you get help?

www.census.gov.uk

Census helpline 0300 0201 101

Text Relay 18001 0300 0201 160

**Help is available in large print and Braille**

**H1**



101001

*Abbildung B.4: Volkszählungsbogen 2011 (Ausschnitt S. 1–10). Household Questionnaire England, Census 2011, UK Data Service, Census Support, University of Essex and University of Manchester, in: http://census.ukdataservice.ac.uk/media/50966/2011_england_household.pdf (aufgerufen am 25. 5. 2015).*

# Before you start

## Who should complete this questionnaire?

The householder is responsible for ensuring that this questionnaire is completed and returned.

The **householder** is the person who lives, or is present, at this address who:

- owns/rents (or jointly owns/rents) the accommodation; and/or
- is responsible (or jointly responsible) for paying the household bills and expenses

A **household** is:

- one person living alone; or
- a group of people (not necessarily related) living at the same address who share cooking facilities and share a living room or sitting room or dining area

## What should you complete on this questionnaire?

- **Household questions on pages 3-6** about this household and its accommodation
- **Individual questions on pages 7-30** for every person who usually lives in this household.
  Every person who has been, or intends to be, in the UK for 3 months or more should be included in these questions at their usual UK address
- **Visitor questions on the back page (page 32)** for all other people staying overnight in this household on 27 March 2011

  It is important to include visitors staying overnight in this household to make sure no-one is missed. Visitors who usually live elsewhere in the UK must also be included on a census questionnaire at their usual address.

You will find further information about who to include in this questionnaire on page 31.



## Will you need extra questionnaires?

- If there are more than six people in this household, or there are more than three visitors staying overnight, you can choose either to complete the entire questionnaire online, or fill in this questionnaire and contact us to request one or more **Continuation Questionnaires**
- If any member of this household aged 16 or over does not want to disclose their information to others in the household, you can request an **Individual Questionnaire**. Remember to include these people in Household questions (H1 to H14) on this questionnaire, but leave blank their Individual questions (1-43)
- If there is more than one household at this address, contact us to request one or more additional **Household Questionnaires**

You can request extra questionnaires online at **www.census.gov.uk** or by calling 0300 0201 101.

## This questionnaire will be scanned by a computer

You should:

- use black or blue ink to answer
- tick your answers within the box like this: ✓
- print your answers within the box like this: SMITH Use capital letters - one letter per box
- correct any mistakes by filling in the box like this: ■ or: SM■ITH
- continue onto the next line (if possible) when a word will not fit, like this: PADDINGTO / N STREET
- follow the ➔ **Go to** instructions and leave any questions or pages you do not need to answer completely blank; any marks or lines can be mistaken for answers



101002

# Household questions

**H1 Who usually lives here?**

➲ Tick all that apply

- ☐ Me, this is my permanent or family home
- ☐ Family members including partners, children, and babies born on or before 27 March 2011
- ☐ Students and/or schoolchildren who live away from home during term time
- ☐ Housemates, tenants or lodgers
- ☐ People who usually live outside the UK who are staying in the UK for 3 months or more
- ☐ People who work away from home within the UK, or are members of the armed forces, if this is their permanent or family home
- ☐ People who are temporarily outside the UK for less than 12 months
- ☐ People staying temporarily who usually live in the UK but do not have another UK address, for example, relatives, friends
- ☐ Other people who usually live here, including anyone temporarily away from home

**OR** ☐ No-one usually lives here, for example, this is a second address or holiday home ➔ **Go to H4**

**H2 Counting everyone you included in question H1, how many people usually live here?**

☐☐

**H3 Starting with yourself, list the names of all the people counted in question H2 including children, babies and lodgers.**

➲ If a member of this household has requested an Individual Questionnaire, tick the box beside their name and leave blank the Individual questions 1 to 43 for that person

| | First name | Last name | Individual Questionnaire requested? |
|---|---|---|---|
| Yourself (Person 1) | | | ☐ |
| Person 2 | | | ☐ |
| Person 3 | | | ☐ |
| Person 4 | | | ☐ |
| Person 5 | | | ☐ |
| Person 6 | | | ☐ |

If there are more than six people, complete the entire questionnaire online or contact us to get a Continuation Questionnaire.



**H4 Apart from everyone counted in question H2, who else is staying overnight here on 27 March 2011? These people are counted as visitors. Remember to include children and babies.**

➲ Tick all that apply

- ☐ People who usually live somewhere else in the UK, for example, boy/girlfriends, friends, relatives
- ☐ People staying here because it is their second address, for example, for work. Their permanent or family home is elsewhere
- ☐ People who usually live outside the UK who are staying in the UK for less than 3 months
- ☐ People here on holiday

**OR** ☐ There are no visitors staying overnight here on 27 March 2011 ➔ **Go to H6**

**H5 Counting only the people included in question H4, how many visitors are staying overnight here on 27 March 2011?**

☐☐

➲ Remember to answer the Visitor questions on the back page (page 32) for these people

➲ If there is no-one usually living here (there are only visitors staying here) answer questions H7 to H11 on page 6 and then go to the back page (page 32) to answer the Visitor questions

## Household questions - continued

**H6 How are members of this household related to each other? If members are not related, tick the 'Unrelated' box.**

- If there are more than six people, contact us to request a Continuation Questionnaire
- If you live alone ➜ **Go to H7**
- If no-one usually lives here and there are no visitors staying overnight here on 27 March 2011, answer questions H7 to H11 on page 6 and then go to the Declaration on the front page

**Example:**
This shows how a household with two parents and four children are related to each other

| Name of Person 1 | Name of Person 2 | Name of Person 3 |
|---|---|---|
| First name: ROBERT | First name: MARY | First name: ALISON |
| Last name: SMITH | Last name: SMITH | Last name: SMITH |

| How is Person 2 related to Person: → | 1 |
|---|---|
| Husband or wife | ☑ |
| Same-sex civil partner | ☐ |
| Partner | ☐ |
| Son or daughter | ☐ |
| Step-child | ☐ |
| Brother or sister | ☐ |

| How is Person 3 related to Persons: → | 1 | 2 |
|---|---|---|
| Husband or wife | ☐ | ☐ |
| Same-sex civil partner | ☐ | ☐ |
| Partner | ☐ | ☐ |
| Son or daughter | ☑ | ☑ |
| Step-child | ☐ | ☐ |
| Brother or sister | ☐ | ☐ |

- Using the same order you used in question H3 (page 3), write the name of everyone who usually lives here at the top of each column. Remember to include children, babies and people who have requested an Individual Questionnaire
- Tick a box to show the relationship of each person to each of the other members of this household

**Name of Person 1**
First name
Last name

ENTER NAME OF PERSON 1 HERE AS IN QUESTION H3

**Name of Person 2**
First name
Last name

| How is Person 2 related to Person: → | 1 |
|---|---|
| Husband or wife | ☐ |
| Same-sex civil partner | ☐ |
| Partner | ☐ |
| Son or daughter | ☐ |
| Step-child | ☐ |
| Brother or sister | ☐ |
| Step-brother or step-sister | ☐ |
| Mother or father | ☐ |
| Step-mother or step-father | ☐ |
| Grandchild | ☐ |
| Grandparent | ☐ |
| Relation - other | ☐ |
| Unrelated (including foster child) | ☐ |

**Name of Person 3**
First name
Last name

| How is Person 3 related to Persons: → | 1 | 2 |
|---|---|---|
| Husband or wife | ☐ | ☐ |
| Same-sex civil partner | ☐ | ☐ |
| Partner | ☐ | ☐ |
| Son or daughter | ☐ | ☐ |
| Step-child | ☐ | ☐ |
| Brother or sister | ☐ | ☐ |
| Step-brother or step-sister | ☐ | ☐ |
| Mother or father | ☐ | ☐ |
| Step-mother or step-father | ☐ | ☐ |
| Grandchild | ☐ | ☐ |
| Grandparent | ☐ | ☐ |
| Relation - other | ☐ | ☐ |
| Unrelated (including foster child) | ☐ | ☐ |





101004

Text Relay 18001 0300 0201 160 — Census helpline 0300 0201 101 — www.census.gov.uk

For Person 5 (James), there is a tick next to 'Son or daughter' in the columns for Persons 1 and 2 to show he is the son of Robert and Mary. Columns 3 and 4 show he is the brother of Persons 3 and 4 (Alison and Stephen).

**Name of Person 4**
First name: STEPHEN
Last name: SMITH

| How is Person 4 related to Persons: → | 1 | 2 | 3 |
|---|---|---|---|
| Husband or wife | ☐ | ☐ | ☐ |
| Same-sex civil partner | ☐ | ☐ | ☐ |
| Partner | ☐ | ☐ | ☐ |
| Son or daughter | ☑ | ☑ | ☐ |
| Step-child | ☐ | ☐ | ☐ |
| Brother or sister | ☐ | ☐ | ☑ |

**Name of Person 5**
First name: JAMES
Last name: SMITH

| How is Person 5 related to Persons: → | 1 | 2 | 3 | 4 |
|---|---|---|---|---|
| Husband or wife | ☐ | ☐ | ☐ | ☐ |
| Same-sex civil partner | ☐ | ☐ | ☐ | ☐ |
| Partner | ☐ | ☐ | ☐ | ☐ |
| Son or daughter | ☑ | ☑ | ☐ | ☐ |
| Step-child | ☐ | ☐ | ☐ | ☐ |
| Brother or sister | ☐ | ☐ | ☑ | ☑ |

**Name of Person 6**
First name: SARAH
Last name: SMITH

| How is Person 6 related to Persons: → | 1 | 2 | 3 | 4 | 5 |
|---|---|---|---|---|---|
| Husband or wife | ☐ | ☐ | ☐ | ☐ | ☐ |
| Same-sex civil partner | ☐ | ☐ | ☐ | ☐ | ☐ |
| Partner | ☐ | ☐ | ☐ | ☐ | ☐ |
| Son or daughter | ☑ | ☑ | ☐ | ☐ | ☐ |
| Step-child | ☐ | ☐ | ☐ | ☐ | ☐ |
| Brother or sister | ☐ | ☐ | ☑ | ☑ | ☑ |



**Name of Person 4**
First name
Last name

| How is Person 4 related to Persons: → | 1 | 2 | 3 |
|---|---|---|---|
| Husband or wife | ☐ | ☐ | ☐ |
| Same-sex civil partner | ☐ | ☐ | ☐ |
| Partner | ☐ | ☐ | ☐ |
| Son or daughter | ☐ | ☐ | ☐ |
| Step-child | ☐ | ☐ | ☐ |
| Brother or sister | ☐ | ☐ | ☐ |
| Step-brother or step-sister | ☐ | ☐ | ☐ |
| Mother or father | ☐ | ☐ | ☐ |
| Step-mother or step-father | ☐ | ☐ | ☐ |
| Grandchild | ☐ | ☐ | ☐ |
| Grandparent | ☐ | ☐ | ☐ |
| Relation - other | ☐ | ☐ | ☐ |
| Unrelated (including foster child) | ☐ | ☐ | ☐ |

**Name of Person 5**
First name
Last name

| How is Person 5 related to Persons: → | 1 | 2 | 3 | 4 |
|---|---|---|---|---|
| Husband or wife | ☐ | ☐ | ☐ | ☐ |
| Same-sex civil partner | ☐ | ☐ | ☐ | ☐ |
| Partner | ☐ | ☐ | ☐ | ☐ |
| Son or daughter | ☐ | ☐ | ☐ | ☐ |
| Step-child | ☐ | ☐ | ☐ | ☐ |
| Brother or sister | ☐ | ☐ | ☐ | ☐ |
| Step-brother or step-sister | ☐ | ☐ | ☐ | ☐ |
| Mother or father | ☐ | ☐ | ☐ | ☐ |
| Step-mother or step-father | ☐ | ☐ | ☐ | ☐ |
| Grandchild | ☐ | ☐ | ☐ | ☐ |
| Grandparent | ☐ | ☐ | ☐ | ☐ |
| Relation - other | ☐ | ☐ | ☐ | ☐ |
| Unrelated (including foster child) | ☐ | ☐ | ☐ | ☐ |

**Name of Person 6**
First name
Last name

| How is Person 6 related to Persons: → | 1 | 2 | 3 | 4 | 5 |
|---|---|---|---|---|---|
| Husband or wife | ☐ | ☐ | ☐ | ☐ | ☐ |
| Same-sex civil partner | ☐ | ☐ | ☐ | ☐ | ☐ |
| Partner | ☐ | ☐ | ☐ | ☐ | ☐ |
| Son or daughter | ☐ | ☐ | ☐ | ☐ | ☐ |
| Step-child | ☐ | ☐ | ☐ | ☐ | ☐ |
| Brother or sister | ☐ | ☐ | ☐ | ☐ | ☐ |
| Step-brother or step-sister | ☐ | ☐ | ☐ | ☐ | ☐ |
| Mother or father | ☐ | ☐ | ☐ | ☐ | ☐ |
| Step-mother or step-father | ☐ | ☐ | ☐ | ☐ | ☐ |
| Grandchild | ☐ | ☐ | ☐ | ☐ | ☐ |
| Grandparent | ☐ | ☐ | ☐ | ☐ | ☐ |
| Relation - other | ☐ | ☐ | ☐ | ☐ | ☐ |
| Unrelated (including foster child) | ☐ | ☐ | ☐ | ☐ | ☐ |

101005

Page 5

# Household questions - continued

**H7 What type of accommodation is this?**

**A whole house or bungalow that is:**

- ☐ detached
- ☐ semi-detached
- ☐ terraced (including end-terrace)

**A flat, maisonette or apartment that is:**

- ☐ in a purpose-built block of flats or tenement
- ☐ part of a converted or shared house (including bedsits)
- ☐ in a commercial building (for example, in an office building, hotel, or over a shop)

**A mobile or temporary structure:**

- ☐ a caravan or other mobile or temporary structure

**H8 Is this household's accommodation self-contained?**

➲ This means that all the rooms, including the kitchen, bathroom and toilet, are behind a door that only this household can use

- ☐ Yes, all the rooms are behind a door that only this household can use
- ☐ No

**H9 How many rooms are available for use only by this household?**

➲ Do NOT count:

- bathrooms
- toilets
- halls or landings
- rooms that can only be used for storage such as cupboards

➲ Count all other rooms, for example:

- kitchens
- living rooms
- utility rooms
- bedrooms
- studies
- conservatories

➲ If two rooms have been converted into one, count them as one room

☐☐ **Number of rooms**

**H10 How many of these rooms are bedrooms?**

➲ Include all rooms built or converted for use as bedrooms, even if they are not currently used as bedrooms

☐☐ **Number of bedrooms**

**H11 What type of central heating does this accommodation have?**

➲ Tick all that apply, whether or not you use it

➲ Central heating is a central system that generates heat for multiple rooms

- ☐ No central heating
- ☐ Gas
- ☐ Electric (including storage heaters)
- ☐ Oil
- ☐ Solid fuel (for example wood, coal)
- ☐ Other central heating

**H12 Does your household own or rent this accommodation?**

➲ Tick one box only

- ☐ Owns outright ➔ **Go to H14**
- ☐ Owns with a mortgage or loan ➔ **Go to H14**
- ☐ Part owns and part rents (shared ownership)
- ☐ Rents (with or without housing benefit)
- ☐ Lives here rent free

**H13 Who is your landlord?**

➲ Tick one box only

- ☐ Housing association, housing co-operative, charitable trust, registered social landlord
- ☐ Council (local authority)
- ☐ Private landlord or letting agency
- ☐ Employer of a household member
- ☐ Relative or friend of a household member
- ☐ Other

**H14 In total, how many cars or vans are owned, or available for use, by members of this household?**

➲ Include any company car(s) or van(s) available for private use

- ☐ None
- ☐ 1
- ☐ 2
- ☐ 3
- ☐ 4 or more, write in number ☐☐





101006

# Individual questions - Person 1 start here

**1 What is your name? (Person 1 on page 3)**

First name

Last name

**2 What is your sex?**

☐ Male ☐ Female

**3 What is your date of birth?**

Day Month Year

**4 On 27 March 2011, what is your legal marital or same-sex civil partnership status?**

☐ Never married and never registered a same-sex civil partnership

☐ Married

☐ Separated, but still legally married

☐ Divorced

☐ Widowed

☐ In a registered same-sex civil partnership

☐ Separated, but still legally in a same-sex civil partnership

☐ Formerly in a same-sex civil partnership which is now legally dissolved

☐ Surviving partner from a same-sex civil partnership

**5 Do you stay at another address for more than 30 days a year?**

☐ No ➜ Go to 7

☐ Yes, write in other UK address below

Postcode

OR ☐ Yes, outside the UK, write in country

**6 What is that address?**

☐ Armed forces base address

☐ Another address when working away from home

☐ Student's home address

☐ Student's term time address

☐ Another parent or guardian's address

☐ Holiday home

☐ Other

**7 Are you a schoolchild or student in full-time education?**

☐ Yes ☐ No ➜ Go to 9

**8 During term time, do you live:**

☐ at the address on the front of this questionnaire?

☐ at the address in question 5? ➜ Go to 43

☐ at another address? ➜ Go to 43

**9 What is your country of birth?**

☐ England ➜ Go to 13

☐ Wales ➜ Go to 13

☐ Scotland ➜ Go to 13

☐ Northern Ireland ➜ Go to 13

☐ Republic of Ireland

☐ Elsewhere, write in the current name of country

**10 If you were not born in the United Kingdom, when did you most recently arrive to live here?**

➲ Do not count short visits away from the UK

Month Year

**11** If you arrived before 27 March 2010 ➜ Go to 13

If you arrived on or after 27 March 2010 ➜ Go to 12

**12 Including the time you have already spent here, how long do you intend to stay in the United Kingdom?**

☐ Less than 6 months

☐ 6 months or more but less than 12 months

☐ 12 months or more

**13 How is your health in general?**

| Very good | Good | Fair | Bad | Very bad |
|---|---|---|---|---|
| ☐ | ☐ | ☐ | ☐ | ☐ |

**14 Do you look after, or give any help or support to family members, friends, neighbours or others because of either:**

- **long-term physical or mental ill-health/disability?**
- **problems related to old age?**

➲ Do not count anything you do as part of your paid employment

☐ No

☐ Yes, 1 - 19 hours a week

☐ Yes, 20 - 49 hours a week

☐ Yes, 50 or more hours a week



101007

# Person 1 - continued

**15 How would you describe your national identity?**

➲ Tick all that apply

☐ English
☐ Welsh
☐ Scottish
☐ Northern Irish
☐ British
☐ Other, write in

**16 What is your ethnic group?**

➲ Choose **one** section from A to E, then tick **one** box to best describe your ethnic group or background

**A White**

☐ English/Welsh/Scottish/Northern Irish/British
☐ Irish
☐ Gypsy or Irish Traveller
☐ Any other White background, write in

**B Mixed/multiple ethnic groups**

☐ White and Black Caribbean
☐ White and Black African
☐ White and Asian
☐ Any other Mixed/multiple ethnic background, write in

**C Asian/Asian British**

☐ Indian
☐ Pakistani
☐ Bangladeshi
☐ Chinese
☐ Any other Asian background, write in

**D Black/African/Caribbean/Black British**

☐ African
☐ Caribbean
☐ Any other Black/African/Caribbean background, write in

**E Other ethnic group**

☐ Arab
☐ Any other ethnic group, write in

**17 This question is intentionally left blank ➔ Go to 18**

**18 What is your main language?**

☐ English ➔ Go to 20
☐ Other, write in (including British Sign Language)

**19 How well can you speak English?**

| Very well | Well | Not well | Not at all |
|---|---|---|---|
| ☐ | ☐ | ☐ | ☐ |

**20 What is your religion?**

➲ This question is voluntary

☐ No religion
☐ Christian (including Church of England, Catholic, Protestant and all other Christian denominations)
☐ Buddhist
☐ Hindu
☐ Jewish
☐ Muslim
☐ Sikh
☐ Any other religion, write in

**21 One year ago, what was your usual address?**

➲ If you had no usual address one year ago, state the address where you were staying

☐ The address on the front of this questionnaire
☐ Student term time/boarding school address in the UK, write in term time address below
☐ Another address in the UK, write in below

Postcode

OR ☐ Outside the UK, write in country





101008

Text Relay 18001 0300 0201 160 | Census helpline 0300 0201 101 | www.census.gov.uk

**22 What passports do you hold?**

➲ Tick all that apply

☐ United Kingdom

☐ Irish

☐ Other, write in

☐ None

**23 Are your day-to-day activities limited because of a health problem or disability which has lasted, or is expected to last, at least 12 months?**

➲ Include problems related to old age

☐ Yes, limited a lot

☐ Yes, limited a little

☐ No

**24 If you are aged 16 or over ➜ Go to 25**

**If you are aged 15 or under ➜ Go to 43**

**25** Which of these qualifications do you have?

➲ Tick **every** box that applies if you have **any** of the qualifications listed

➲ If your UK qualification is not listed, tick the box that contains its nearest equivalent

➲ If you have qualifications gained outside the UK, tick the 'Foreign qualifications' box and the nearest UK equivalents (if known)

☐ 1-4 O levels/CSEs/GCSEs (any grades), Entry Level, Foundation Diploma

☐ NVQ Level 1, Foundation GNVQ, Basic Skills

☐ 5+ O levels (passes)/CSEs (grade 1)/GCSEs (grades A*-C), School Certificate, 1 A level/ 2-3 AS levels/VCEs, Higher Diploma

☐ NVQ Level 2, Intermediate GNVQ, City and Guilds Craft, BTEC First/General Diploma, RSA Diploma

☐ Apprenticeship

☐ 2+ A levels/VCEs, 4+ AS levels, Higher School Certificate, Progression/Advanced Diploma

☐ NVQ Level 3, Advanced GNVQ, City and Guilds Advanced Craft, ONC, OND, BTEC National, RSA Advanced Diploma

☐ Degree (for example BA, BSc), Higher degree (for example MA, PhD, PGCE)

☐ NVQ Level 4-5, HNC, HND, RSA Higher Diploma, BTEC Higher Level

☐ Professional qualifications (for example teaching, nursing, accountancy)

☐ Other vocational/work-related qualifications

☐ Foreign qualifications

☐ No qualifications

**26 Last week, were you:**

➲ Tick all that apply

➲ Include any paid work, including casual or temporary work, even if only for one hour

☐ working as an employee? ➜ **Go to 32**

☐ on a government sponsored training scheme? ➜ **Go to 32**

☐ self-employed or freelance? ➜ **Go to 32**

☐ working paid or unpaid for your own or your family's business? ➜ **Go to 32**

☐ away from work ill, on maternity leave, on holiday or temporarily laid off? ➜ **Go to 32**

☐ doing any other kind of paid work? ➜ **Go to 32**

☐ none of the above

**27 Were you actively looking for any kind of paid work during the last four weeks?**

☐ Yes ☐ No

**28 If a job had been available last week, could you have started it within two weeks?**

☐ Yes ☐ No

**29 Last week, were you waiting to start a job already obtained?**

☐ Yes ☐ No

**30 Last week, were you:**

➲ Tick all that apply

☐ retired (whether receiving a pension or not)?

☐ a student?

☐ looking after home or family?

☐ long-term sick or disabled?

☐ other

**31 Have you ever worked?**

☐ Yes, write in the year that you last worked

➜ **Go to 32**

☐ No, have never worked ➜ **Go to 43**

# Person 1 - continued

**32** **Answer the remaining questions for your main job or, if not working, your last main job.**
- Your main job is the job in which you usually work (worked) the most hours

**33** **In your main job, are (were) you:**
- ☐ an employee?
- ☐ self-employed or freelance without employees?
- ☐ self-employed with employees?

**34** **What is (was) your full and specific job title?**
- For example, PRIMARY SCHOOL TEACHER, CAR MECHANIC, DISTRICT NURSE, STRUCTURAL ENGINEER
- Do not state your grade or pay band

**35** **Briefly describe what you do (did) in your main job.**

**36** **Do (did) you supervise any employees?**
- Supervision involves overseeing the work of other employees on a day-to-day basis

☐ Yes ☐ No

**37** **At your workplace, what is (was) the main activity of your employer or business?**
- For example, PRIMARY EDUCATION, REPAIRING CARS, CONTRACT CATERING, COMPUTER SERVICING
- If you are (were) a civil servant, write GOVERNMENT
- If you are (were) a local government officer, write LOCAL GOVERNMENT and give the name of your department within the local authority

**38** **In your main job, what is (was) the name of the organisation you work (worked) for?**
- If you are (were) self-employed in your own organisation, write in the business name

☐ No organisation, for example, self-employed, freelance, or work (worked) for a private individual

**39** **If you had a job last week ➔ Go to 40**

**If you didn't have a job last week ➔ Go to 43**

**40** **In your main job, what is the address of your workplace?**
- If you work at or from home, on an offshore installation, or have no fixed workplace, tick one of the boxes below
- If you report to a depot, write in the depot address

Postcode

OR ☐ Mainly work at or from home
☐ Offshore installation
☐ No fixed place

**41** **How do you usually travel to work?**
- Tick one box only
- Tick the box for the longest part, by distance, of your usual journey to work

- ☐ Work mainly at or from home
- ☐ Underground, metro, light rail, tram
- ☐ Train
- ☐ Bus, minibus or coach
- ☐ Taxi
- ☐ Motorcycle, scooter or moped
- ☐ Driving a car or van
- ☐ Passenger in a car or van
- ☐ Bicycle
- ☐ On foot
- ☐ Other

**42** **In your main job, how many hours a week (including paid and unpaid overtime) do you usually work?**
- ☐ 15 or less
- ☐ 16 - 30
- ☐ 31 - 48
- ☐ 49 or more

**43** **There are no more questions for Person 1.**
➔ **Go to** questions for Person 2

OR If there are no more people in this household,
➔ **Go to** the Visitor questions on the back page

OR If there are no visitors staying here overnight,
➔ **Go to** the Declaration on the front page



Page 10

101010

## 2. Tabellen

*Tabelle C.1: Administration des Zensus*

| Jahr | |
|---|---|
| 1. PERIODE | |
| 1801–1831 | erste Volkszählungen unter John Rickman |
| 1834 | Poor Law Amendment Act |
| 1835 | Municipal Corporation Act |
| 1836 | Marriage Act |
| 1836 | Registration Act<br>Ernennung des ersten Registrar-General: Thomas Henry Lister |
| 1837 | Einrichtung General Register Office for England and Wales im Somerset House |
| 2. PERIODE | |
| 1840 | Übertragung des Zensus auf GRO |
| 1855 | General Register Office (Scotland) gegründet |
| 1864 | General Register Office (Ireland) gegründet |
| 1871 | GRO wird dem Local Government Board zugeordnet (zuvor dem Home Office unterstellt) |
| 1874/75 | Public Health Acts |
| ÜBERGANGSZEIT | |
| 1890 | Committee appointed by the Treasury to inquire into certain questions connected with taking the Census |
| 1894 | Local Government Act |
| 1911 | erster Einsatz der Hollerith-Maschine |
| 1915 | National Registration Act |
| 1919 | Ministry of Health Act: Zusammenschluss von National Health Insurance Commission und Local Government Board (und damit auch des GRO) zum neuen Ministry of Health unter der Leitung des Minister for Health |
| 3. PERIODE | |
| 1920 | Einrichtung eines ständigen Zensusbüros |
| 1939 | An Act to make provision for the establishment of a National Register, for the issue of identity cards, and for purposes connected with the matters aforesaid. [15 December 1939] 2 & 3 Geo. 6 c.91 |
| 1941 | Wartime Social Survey als Teil des Ministry of Information (MOI) gegründet |
| 1941 | Central Statistical Office (CSO) gegründet |
| 1946 | Wartime Social Survey wird als Social Survey Division in das neue Central Office of Information (COI) überführt |
| 1952 | Abschaffung National Registration |
| 1967 | Government Social Survey Department wurde gegründet (Leitung: Louis Moss), Social Survey Division geht darin auf |
| 1969 | Business Statistics Office gegründet |
| 4. PERIODE | |
| 1970 | Zusammenschluss von Government Social Survey und GRO und Neugründung des Office of Population Censuses and Surveys OPCS |
| 1970 | General Household Survey gestartet |
| 1989 | Business Statistics Office mit Central Statistical Office fusioniert |
| 1996 | Office for National Statistics durch Zusammenschluss von CSO, OPCS und der statistischen Abteilung des Department of Employment gegründet |
| 2001 | Outsourcing ausgewählter Bereiche der Volkszählung |
| ab 2011 | ernsthafte Diskussionen über die Abschaffung der Volkszählung; Substitution durch andere Verwaltungsdaten |

*Tabelle C.2: Gesetzgebung*

| Datum | Titel des Gesetzes | | Geltungsraum |
|---|---|---|---|
| 1. PERIODE | | | |
| 31. 12. 1800 | An Act for taking an Account of the Population of Great Britain, and of the Increase or Diminution thereof. | 41 Geo. III c.15 | Großbritannien (GB) |
| 22. 3. 1811 | An Act for taking an Account of the Population of Great Britain, and of the Increase or Diminution thereof. | 51 Geo. III c.6 | GB |
| 24. 7. 1820 | An Act for taking an Account of the Population of Great Britain, and of the Increase or Diminution thereof. | 1 Geo. IV. c.94 | GB |
| 23. 6. 1830 | An Act for taking an Account of the Population of Great Britain, and of the Increase or Diminution thereof. | 11 Geo. IV. c.30 | GB |
| 2. PERIODE | | | |
| 10. 8. 1840 | An Act for taking an Account of the Population of Great Britain. | 3 & 4 Vict. c.99 | GB |
| 6. 4. 1841 | An Act to amend the Acts of the last Session for taking Account of the Population. | 4 Vict. c.7 | GB |
| 7. 10. 1841 | An Act to provide for Payment of the Persons employed in taking Account of the Population in England. | 5 Vict. c.9 | England/ Wales |
| 5. 8. 1850 | An Act for taking account of the Population of Great Britain. | 13 & 14 Vict. c.53 | GB |
| 6. 8. 1860 | An Act for taking the Census of England. | 23 & 24 Vict. c.61. | GB |
| 10. 8. 1870 | An Act for taking the Census of England. | 33 & 34 Vict. c.107 | England/ Wales |
| 7. 9. 1880 | An Act for taking the Census of England | 43 & 44 Vict. c.37 | England/ Wales |
| 18. 8. 1890 | An Act for taking the Census of England | 53 & 54 Vict. c.61 | England/ Wales |
| 27. 3. 1900 | An Act for taking the Census for Great Britain in the year one thousand nine hundred and one. | 63 Vict. c.4 | GB |
| 3. 8. 1910 | An Act for taking the Census for Great Britain in the year nineteen hundred and eleven. | 10 Edw. 7 & 1 Geo. 5 c.27 | GB |
| 3. PERIODE | | | |
| 16. 8. 1920 | An Act to make provision for the taking from time to time of a Census for Great Britain or any area therein and for otherwise obtaining Statistical Information with respect to the Population of Great Britain. | 10 & 11 Geo. 5 c.41 | GB |
| 21. 12. 1920 | The Census Order, 1920 | 1920. No. 2440 | GB |
| 14. 2. 1921 | The Census Regulations, 1921 | 1921. No. 195 | England/ Wales |
| 10. 6. 1921 | The Census (Postponement of Date) Order, 1921 | 1921. No. 1021 | GB |
| 10. 6. 1921 | The Census Order, 1921 | 1921. No. 1022 | England/ Wales |
| 12. 2. 1931 | The Census Order, 1931 | 1931. No. 73 | GB |
| 10. 3. 1931 | The Census General Regulations, 1931 | 1931. No. 150 | England/ Wales |
| 28. 7. 1950 | The Census Order, 1950 | S. I. 1950 No. 1269 | GB |

| Datum | Titel des Gesetzes | | Geltungsraum |
|---|---|---|---|
| 15. 12. 1950 | The Census Regulations, 1950 | S. I. 1950 No. 2028 | England/ Wales |
| 23. 6. 1960 | The Census Order, 1960 | S. I. 1960 No. 1269 | GB |
| 11. 7. 1960 | The Census Regulations, 1960 | S. I. 1960 No. 1175 | England/ Wales |
| 14. 4. 1965 | The Census Order, 1965 | S. I. 1965 No. 983 | GB |
| 15. 6. 1965 | The Census Regulations, 1965 | S. I. 1965 No. 1267 | England/ Wales |
| 24. 3. 1970 | The Census Order, 1970 | S. I. 1970 No. 481 | GB |
| 15. 6. 1970 | The Census Regulations, 1970 | S. I. 1970 No. 776 | England/ Wales |
| 21. 6. 1980 | The Census Order 1980 | S. I. 1980 No. 702 | GB |
| 31. 7. 1980 | The Census Regulations 1980 | S. I. 1980 No 897 | England/ Wales |
| 14. 2. 1990 | The Census Order, 1990 | 1990 No. 243 | GB |
| 1990 | The Census Regulations 1990 | 1990 No. 307 | |
| 1991 | The Census (Amendment) Regulations 1991 | 1991 No. 796 | |
| 7. 3. 1991 | Census (Confidentiality) Act 1991 | 1991 c.6 | GB |
| 2000 | The Census Order | 2000 No. 744 | GB |
| 2000 | The Census Regulations 2000 | 2000 No. 1473 | |
| 2000 | The Census (Amendment) Order 2000 | 2000 No. 3249 | GB |
| 2000 | Census (Amendment) Act 2000 | 2000 c.24 | GB |
| 2000 | The Census (Amendment) Regulations 2000 | 2000 No. 3351 | |
| 2009 | The Census (England and Wales) Order 2009 | 2009 No. 3210 | England/ Wales |
| 2010 | The Census (England) Regulations 2010 | 2010 No. 532 | England |

*Tabelle C.3: Überblick zur Entwicklung der Umfrageforschung in Großbritannien*

| Jahr | |
|---|---|
| VORGESCHICHTE/ IMPULSGEBER/ EINFLÜSSE | |
| 1834 | Gründung der Statistical Society of London (ab 1887 Royal Statistical Society) |
| 1849–1851 | Henry Mayhew (1812–1887): Artikelserie im *The Morning Chronicle*; 1851 als *London Labour and the London Poor* veröffentlicht |
| 1889–1903 | Charles Booth (1840–1916): *The Life and Labour of the People of London* |
| 1901 | Benjamin Seebohm Rowntree (1871–1954): *Poverty. A Study of Town Life* |
| 1911 | erster Einsatz der Hollerith-Maschine im britischen Zensus |
| 1915 | Arthur L. Bowley (1869–1957): *Livelihood and Poverty. A Study in the Economic Conditions of Working-class Housholds in Northampton , Warrington, Stanley and Reading* |
| KONSOLIDIERUNG UND DIFFERENZIERUNG | |
| 1933 | British Market Research Bureau Ltd (BMRB) gegründet |
| 1936 | BBC Audience Research gegründet |
| | Durchbruch der *sample surveys*: Gallup US vs. Literary Digest |
| 1937 | Mass-Observation gegründet |
| | British Institute of Public Opinion (BIPO) |
| 1939 | IIPA Press Readership Survey gestartet |
| 1941 | Wartime Social Survey als Teil des Ministry of Information (MOI) gegründet |
| 1946 | Wartime Social Survey wird als Social Survey Division in das neue Central Office of Information (COI) überführt |
| | Market Research Society (MRS) gegründet |
| | Research Service Ltd gegründet |
| 1947 | World Association for Public Opinion Research (WAPOR) gegründet |
| | Attwood Statistics gegründet |
| 1948 | European Society for Opinion and Marketing Research (ESOMAR) gegründet |
| 1953 | Household Budget Survey (Vorläufer der Family Expenditure Survey) eingeführt |
| | National Food Survey (ab jetzt von Social Survey Division durchgeführt) |
| 1957 | Family Expenditure Survey gestartet |
| | Joint Industry Committee for Television Audience Research (JICTAR) gegründet |
| | First Annual Conference of the Market Research Society |
| | National Opinion Polls gegründet |
| 1959 | Marplan gegründet |
| 1959/60 | erste Ausgabe der Fachzeitschrift der MRS: Commentary (später: Journal of the Market Research Society) |
| 1961 | International Passenger Survey gestartet |
| 1962 | Audit of Great Britain (AGB) gegründet |
| 1964 | British General Election Surveys gestartet |
| 1966 | erste British credit card eingeführt (Barclaycard) |
| 1967 | Government Social Survey Department gegründet (Leitung: Louis Moss); Social Survey Division geht darin auf |
| 1968 | Survey of the Handicapped and Impaired in Great Britain |
| | Opinion Research Centre Ltd gegründet |
| 1969 | Social and Community Planning Research (SCPR) gegründet |
| | Market and Opinion Research International (MORI) gegründet |
| DURCH NEUE TECHNOLOGIEN GEPRÄGTE UMFRAGEFORSCHUNG | |
| 1970 | Zusammenschluss von Government Social Survey und GRO, bilden das neue Office of Population Censuses and Surveys OPCS |

| Jahr | |
|---|---|
| | Polls sagen falsche Wahlergebnisse voraus |
| | Social Trends gestartet |
| 1971 | General Household Survey gestartet |
| 1973 | Labour Force Survey gestartet |
| 1979 | Konsumentenklassifikation ACORN Geodemographics durch CACI Ltd eingeführt |
| 1980 | Broadcasting Audience Research Bureau (BARB) ersetzt JICTAR |
| 1983 | SCPR beginnt mit British Social Attitudes series |
| 1985 | Konsumentklassifikation MOSAIC von Credit Reference Agency Experian Ltd. gestartet |
| 1987 | Computer-Assisted Telephone Interviewing (CATI) in der Social Survey Division getestet |
| 1980er | Computer-Assisted Personal Interviewing (CAPI) eingeführt |
| 1989 | ICM gegründet |
| 1990 | OPCS Omnibus survey gestartet |
| 1991 | National Readership Survey (NRS) wird jetzt von National Readership Surveys Ltd (vorher: JICNARS) erhoben |
| 1995 | Office for National Statistics entsteht aus Zusammenschluss von CSO, OPCS und der statistischen Abteilung des Department of Employment |

*Tabelle C.4: Daten der Volkszählungen**

| England, Wales und Schottland |
|---|
| 1. PERIODE |
| 10. März 1801 |
| 27. Mai 1811 |
| 28. Mai 1821 |
| 30. Mai 1831 |
| 2. PERIODE |
| 6. Juni 1841 |
| 30. März 1851 |
| 7. April 1861 |
| 2. April 1871 |
| 3. April 1881 |
| 5. April 1891 |
| 31. März 1901 |
| 2. April 1911 |
| 19. Juni 1921 (geplant 24. April) |
| 26. April 1931 |
| 1941 – keine Volkszählung |
| 8. April 1951 |
| 23. April 1961 |
| 25. April 1966 |
| 25. April 1971 |
| 5. April 1981 |
| 21. April 1991 |
| 29. April 2001 |
| 27. März 2011 |

* Die Volkszählungsgesetze legten den Zeitpunkt der Volkszählungen fest. Während für die ersten drei Volkszählungen der Jahre 1801 bis 1831 eine Zeitspanne benannt wurde, wurde ab 1841 ein fester Zeitpunkt vorgegeben. Es sollte erstens ein Sonntag sein, da an diesem Tag die meisten Einwohner zu Hause erwartet wurden, und zweitens wurde Mitternacht als Zählungszeitpunkt festgelegt. Für gewöhnlich gab der *Householder's Schedule* vor, dass diejenigen gezählt werden sollten, „who slept or abode in your house on the night of March 30th" (Householder's Schedule 1851, TNA, HO 45/3579). Drittens wurden März und April als am besten geeignet befunden, da sie über genügend Tageslicht für die Wege der Volkszähler verfügten und zugleich noch nicht von der höheren Mobilität der Folgemonate (z. B. durch Erntetätigkeiten) betroffen waren (Woollard, Census Date). Seit 1851 wurden die Zählungen im März oder April durchgeführt, wobei es 1921 eine Abweichung gab: Der drohende Streik von Eisenbahnern und weiteren Transportarbeitern im Kontext der Krise der Bergarbeiter sorgte für eine Verschiebung der Volkszählung auf den 19. Juni 1921. Im *Census Report* wurde deshalb darauf verwiesen, dass die Vergleichbarkeit zu vorherigen Volkszählungen leiden würde, da zum Zensustag 1921 bereits das „periodical summer movement" begonnen hatte (Census of England and Wales, 1921, General Report, 1927, S. 11).

# Quellen- und Literaturverzeichnis

## 1. Archivalien


### The BBC Written Archives Centre, Reading (BBC WAC)
R44/30 Audience Research, Projects, First, Random Sample, 1937/38

### The British Library, London (BL)
*1) Archives and Manuscripts Collection*
*Florence Nightingale Papers (BL Nightingale Papers)*
VI–VIII Add MS 43398–43400, Correspondence with William Farr, 1857–1877
XIII–XX Add MS 45751–45758, Correspondence with John Sutherland, M.D., The Sanitary Reformer; 1856–1888
Second Series, XII–CXI, Add MS 45751, Correspondence with William Farr

*The Avebury Papers*
Add MS 49638–49681 C, Correspondence, etc., of John Lubbock

*2) Unpublished Conference Proceedings – Market Research Society (BL MRS)*
Bermingham, John, Colin McDonald, Colin und Ken Baker, The Utility to Market Research of the Classification of Residential Neighbourhoods, Conference Papers, The Market Research Society, 22nd Annual Conference, 21-23 March 1979, Metropole Hotel, Brighton 1979.
Leventhal, Barry, Birds of a Feather? Or, Geodemographics – an Endangered Species?, Conference Papers, The Market Research Society, 36th Annual Conference, 24–26 February 1993, International Convention Centre, Birmingham 1993.
Meier, Erhard, The New NRS Classification Measurements. The Differences Between Chief Income Earner, Head of Household, Housewife and Shopper, Conference Papers, The Market Research Society, 37th Annual Conference, 16–18 March 1994, International Convention Centre, Birmingham 1994.
Ders. und Corrine Moy, Social Classifications. A New Beginning or Less of the Same?, Conference Papers, The Market Research Society, 42nd Annual Conference, 17–19 March 1999, Metropole Hotel, Brighton 1999.
Morton-Williams, Jean und Penny Young, Interviewer Strategies on the Doorstep, Conference Papers, The Market Research Society, 29th Annual Conference, 11–14 March 1986, Metropole Hotel, Brighton 1986.
O'Brien, Sarah und Rosemary Ford, Can We at Last Say Goodbye to Social Class? An Examination of the Usefulness and Stability of Some Alternative Methods of Measurement, Conference Papers, The Market Research Society, 31st Annual Conference, Metropole Hotel, Brighton 1988.
Rose, David, Peter Elias und Abigail McKnight, The National Statistics Socio-economic Classification. An Overview, Conference Papers, The Market Research Society, 42nd Annual Conference, 17–19 March 1999, Brighton Metropole 1999.
Sleight, Peter, Geodemographics – What Might the 90's Hold in Store?, Conference Papers, The Market Research Society, 36th Annual Conference, 24–26 February 1993, International Convention Centre, Birmingham 1993.

### Churchill Archives Centre, Churchill College, Cambridge (CAC)
*Mark Abrams Papers (CAC, ABMS)*
Box 84, Working Papers on Social Research: Class and Values, 1952–1960

### The History of Advertising Trust Archive, Raveningham, Norwich (HAT)
*Incorporated Institute of Practitioners in Advertising bzw. ab 1954 Institute of Practitioners in Advertising (HAT IPA)*

IPA Council and Sub-committee Reports, Meeting Minutes and Correspondence
IPA Press Circulation and Readership Surveys

*The History of Advertising Trust Library*
The Attwood National Publications. Readership Survey, Part I, March 1947

## London Metropolitan Archives (LMA)

*Board of Deputies of British Jews, Law, Parliamentary & General Purposes*
ACC/3121/C/13 Law, Parliamentary & General Purposes Committee 1859–1993
ACC/3121/C/18 Community Research Unit 1921–1994

## London School of Economics and Political Science, Archive (LSE Archives)

*Charles Booth Papers*
Maps Descriptives of London Poverty, 1898–1899

*William Farr Collection*
Manuscript Works, II, Items 15–17

*William Piercy Collection*
Section 15: Other Appointments and Interests, 1923–1966

*Folio FHN/F54*
Planning Research Application Group PRAG, Centre for Environmental Studies, R.J. Webber, The National Classification of Residential Neighbourhoods. An Introduction to the Classification of Wards and Parishes, PRAG Technical Paper TP 23, November 1977.

## Market Research Society, Library, London (MRS Library)

Market Research Society Sub-Committee, 1949 Report On Socio-Economic Group Usage.
Market Research Society, Readership Surveys. A Comparative Study (A Publication of the Market Research Society, No. 1), London 1954.
Market Research Society, Working Party on Social Class Definition, Social Class Definition in Market Research Objectives and Practice. First Report October 1963, London 1963.
Wolfe, Alan R. (Hrsg.), Standardised Questions. A Review for Market Research Executives. A Report by the Research and Development Committee Edited by Alan R. Wolfe, London, 1973–74.
Ders. (Hrsg.), Standardised Questions. A Review for Market Research Executives. A Report by the Market Research Society, 1973–74.
Ders. (Hrsg.), Standardised Questions. A Review for Market Research Executives. A Report by the Market Research Society, 1984.

## Middlesex University, Archives and Special Collections, London (MDX)

*The Runnymede Collection (MDX RT)*
MDX RT/19, Demography and the Ethnic Population in Britain, 1969–1997:
19/01/B (1 of 2)
19/01/B (2 of 2)
19/01/D

MDX RT Books and Pamphlets

**The National Archives of the UK, Kew (TNA)**

*Department of Health and Social Security*
BN 81/232

*Home Office*
HO 45/1056
HO 45/3251
HO 45/3579
HO 107/1879
HO 107/1056

*Ministry of Health*
MH 19/195
MH 19/225
MH 58/905

*General Register Office, Government Social Survey Department, and Office of Population Censuses and Surveys*
RG 11/837
RG 11/1039
RG 11/1386
RG 12/1084
RG 13/1267
RG 13/1833
RG 14/7091
RG 18/48B
RG 18/123
RG 19/2
RG 19/6
RG 19/7
RG 19/8
RG 19/11
RG 19/45
RG 19/47
RG 19/48B
RG 19/49
RG 19/52
RG 19/54
RG 19/111
RG 19/121
RG 19/123
RG 19/124
RG 19/125
RG 19/127
RG 19/179
RG 19/182
RG 19/223
RG 19/227
RG 19/230
RG 19/258
RG 19/278
RG 19/279
RG 19/368
RG 19/369
RG 19/370
RG 19/371
RG 19/372
RG 19/373
RG 19/374
RG 19/401
RG 19/404
RG 19/475
RG 20/203
RG 27/1
RG 27/3
RG 27/4
RG 27/5
RG 27/8
RG 27/9
RG 27/11
RG 27/13
RG 27/33
RG 27/127
RG 29/1
RG 29/21
RG 30/9
RG 30/10
RG 30/11
RG 30/16
RG 30/19
RG 30/20
RG 30/22
RG 40/190
RG 40/199
RG 40/202
RG 40/335
RG 40/352
RG 40/355
RG 40/397

*Records created or inherited by the Treasury Solicitor and HM Procurator General's Department*
TS 25/254

**The UCL Ear Institute and RNID Library, London (RNID Library)**
*Yorkshire Residential School for Deaf Children*
Box 1–2, Annual Reports 1840–1922

**UK Data Archive, University of Essex, Colchester (UKDA)**
*Gallup Polls*
SN 2550, Monthly Purchase Index, Oktober 1968, Social Surveys (Gallup Poll) Limited, Interviewer's Manual, Nr. 19, Januar 1967
SN 696, Social Surveys (Gallup Poll) Limited, Gallup Polls, Januar 1974 (Computer File), Januar 1979

**The Wellcome Library, Archives and Manuscripts, London (Wellcome Library)**
*Ticehurst House Hospital Collection*
MSS.6284–6316, Ticehurst House Hospital 1787–1975 Collection, Admission Records and Registers of Patients, 1828–1975: 6286 Registry of Admissions Book
MS.6327, Ticehurst House Hospital, Patient Certificates and Notices: Admission Dates 1866–1875
MS.6328, Ticehurst House Hospital, Patient Certificates and Notices, Admission Dates 1875–1883
MS.6332, Ticehurst House Hospital, Patient Certificates and Notices: Admission Dates 1898–1901

## 2. Periodika

The British Deaf Times
Daily Herald
Daily Mail
Daily Mirror
The Daily Telegraph
The Economist
Employment Gazette
The Guardian
The Haringey Advertiser
The Independent
The Manchester Guardian
NOP Political Bulletin
The Observer
Punch
Quarterly Review of Deaf-Mute Education
The Teacher of the Deaf
The Times
Times Higher Education
A Voice of the Dumb

## 3. Offizielle Publikationen

**Gesetze**
An Act for Taking an Account of the Population of Great Britain, and of the Increase or Diminution Thereof, 31. 12. 1800 (41 Geo. III c.15).

An Act for Taking an Account of the Population of Great Britain, and of the Increase or Diminution Thereof, 22. 3. 1811 (51 Geo. III c.6).
An Act for Taking an Account of the Population of Great Britain, and of the Increase or Diminution Thereof, 24. 7. 1820 (1 Geo. IV. c.94).
An Act for Taking an Account of the Population of Great Britain, and of the Increase or Diminution Thereof 23. 6. 1830 (11 Geo. IV. c.30).
An Act for Taking an Account of the Population of Great Britain, 10. 8. 1840 (3 & 4 Vict. c.99).
An Act for Taking an Account of the Population of Ireland, 10. 8. 1840 (3 & 4 Vict. c. 100).
An Act to Amend the Acts of the last Session for Taking Account of the Population, 6. 4. 1841 (4 Vict. c. 7).
An Act to Provide for Payment of the Persons Employed in Taking Account of the Population in England, 7. 10. 1841 (5 Vict. c. 9).
An Act for Taking Account of the Population of Great Britain, 5. 8. 1850 (13 & 14 Vict. c. 53).
An Act for Taking the Census of England, 6. 8. 1860 (23 & 24 Vict. c. 61).
An Act for Taking the Census of England, 10. 8. 1870 (33 & 34 Vict. c. 107).
An Act for Taking the Census of England, 7. 9. 1880 (43 & 44 Vict. c. 37).
An Act for Taking the Census of England, 18. 8. 1890 (53 & 54 Vict. c. 61).
An Act for Taking the Census for Great Britain in the Year One Thousand Nine Hundred and One, 27. 3. 1900 (63 Vict. c. 4).
An Act for Taking the Census for Great Britain in the Year Nineteen Hundred and Eleven., 3. 8. 1910 (10 Edw. 7 & 1 Geo. 5 c. 27).
An Act to Make Provision for the Taking from Time to Time of a Census for Great Britain or Any Area Therein and for Otherwise Obtaining Statistical Information with Respect to the Population of Great Britain, 16. 8. 1920 (10 & 11 Geo. 5 c. 41). [= Census Act 1920]
The Census Order, 1920, 21. 12. 1920, (1920. No. 2440).
The Census Regulations, 1921, 14. 2. 1921, (1921. No. 195).
The Census (Postponement of Date) Order, 1921, 10. 6. 1921, (1921. No. 1021).
The Census Order, 1921, 10. 6. 1921, (1921. No. 1022).
The Census Order, 1931, 12. 2. 1931, (1931. No. 73).
The Census General Regulations, 1931, 10. 3. 1931, (1931. No. 150).
The Census Order, 1950, 28. 7. 1950, (S. I. 1950 No. 1269).
The Census Regulations, 1950, 15. 12. 1950, (S. I. 1950 No. 2028).
The Census Order, 1960, 23. 6. 1960, (S. I. 1960 No. 1269).
The Census Regulations, 1960, 11. 7. 1960, (S. I. 1960 No. 1175).
The Census Order, 1965, 14. 4. 1965, (S. I. 1965 No. 983).
The Census Regulations, 1965, 15. 6. 1965, (S. I. 1965 No. 1267).
The Census Order, 1970, 24. 3. 1970, (S. I. 1970 No. 481).
The Census Regulations, 1970, 15. 6. 1970, (S. I. 1970 No. 776).
The Census Order 1980, 21. 6. 1980, (S. I. 1980 No. 702).
The Census Regulations 1980, 31. 7. 1980, (S. I. 1980 No. 897).
The Census Order, 1990, 14. 2. 1990, (1990 No. 243).
The Census Regulations 1990, (1990 No. 307).
The Census (Amendment) Regulations 1991, (1991 No. 796).
Census (Confidentiality) Act 1991, 7. 3. 1991, (1991 c.6).
The Census Order, 2000, (2000 No. 744).
The Census Regulations 2000, (2000 No. 1473).
The Census (Amendment) Order 2000, (2000 No. 3249).
Census (Amendment) Act 2000, (2000 c.24).
The Census (Amendment) Regulations 2000, (2000 No. 3351).
The Census (England and Wales) Order 2009, (2009 No. 3210).
The Census (England) Regulations 2010, (2010 No. 532).

## Census Reports

Census of Great Britain 1801, Abstract of the Answers and Returns Made Pursuant to an Act, Passed in the Forty-first Year of His Majesty King George III. Intituled ‚An Act for Taking an

Account of the Population of Great Britain, and the Increase or Diminution Thereof', Enumeration, I. England and Wales, II. Scotland, PP 1801–02 VI (9).
Report of the Commissioners Appointed to Take the Census of Ireland for the Year 1841, PP 1843 XXIV.1 (504).
Census of Great Britain, 1841, Abstract of the Answers and Returns Made Pursuant to Acts 3 & 4 Vic. c. 99 and 4 Vic. c. 7 Intituled Respectively ‚An Act for Taking an Account of the Population of Great Britain,' and ‚An Act to Amend the Acts of the Last Session for Taking an Account of the Population.' Enumeration Abstract. M.DCCC.XLI, I. England and Wales, and Islands in the British Seas. II. Scotland, PP 1843.
The Census of Ireland for the Year 1851. VI. General Report, PP 1856 XXXI (2134).
Census of Great Britain 1851, Population Tables I, Number of the Inhabitants in 1801, 1811, 1821, 1831, 1841 and 1851. I, PP 1852–53.
Census of Great Britain 1851, Population Tables II, Ages, Civil Condition, Occupation, and Birth-place of the People with the Numbers and Ages of the Blind, the Deaf-and-dumb, and the Inmates of Workhouses, Prisons, Lunatic Asylums, and Hospitals, I, PP 1852–53.
The Census of Ireland for the Year 1851, III. Report on the Status of Disease in Ireland, PP 1854 LVIII.1 (1765) Dublin.
Census of England and Wales 1861, III. General Report PP 1863,LIII, I.
The Census of Ireland for the Year 1861, III Vital Statistics, I. Report and Tables Relating to Death, PP 1863 LVIII.1 (3204–II).
Census of Ireland 1871, II Vital Statistics, I. Report and Tables Relating to the Status of Disease, PP 1873 LXXII, II.477 (C. 876).
Census of England and Wales 1871, IV, General Report, PP 1873 (C. 872 I).
Census of England and Wales 1881, IV, General Report, PP 1883 (C. 3797).
Census of England and Wales 1891, IV, General Report, with Summary of Tables and Appendices, PP 1893–4 CVI (C. 7222).
Census of England and Wales 1901, Preliminary Report and Tables of the Population and Houses Enumerated in England and Wales, and in the Islands in the British Seas on 1st April 1901, PP 1901 (Cd. 616).
Census of England and Wales 1901, General Report with Appendices, PP 1904 (Cd. 2174).
Census of the British Empire 1901, Report with Summary and Detailed Tables for the Several Colonies, &c., Area, Houses, and Population, also Population Classified by Ages, Condition as to Marriage, Occupations, Birthplaces, Religions, Degrees of Education, and Infirmities, PP 1906 (Cd. 2660).
Census of England and Wales 1911, Preliminary Report with Tables of the Population Enumerated in England and Wales (Administrative, Registration, and Parliamentary Areas) and in Scotland, Ireland, the Isle of Man and the Channel Islands on 3rd April 1911, PP 1911 LXXI.
Census of England and Wales 1911, General Report with Appendices PP 1917 (Cd. 8491).
Census of England and Wales 1921, General Report with Appendices, HMSO, London 1927.
Census of England and Wales 1931, General Report, HMSO, London 1950.
General Register Office (GRO), Census 1951 England and Wales, General Report, HMSO, London 1958.
General Register Office (GRO), London/ General Register Office Edinburgh, Census 1961 Great Britain, General Report, HMSO, London 1968.
General Register Office (GRO) London/ General Register Office Edinburgh, Sample Census 1966. Great Britain. Summary Tables, HMSO, London 1967.
Office of Population Censuses and Surveys (OPCS), Census 1971 England and Wales, General Report, 1: Definitions, HMSO, London 1979.
Office of Population Censuses and Surveys (OPCS), Census 1971 England and Wales, General Report, 2: Administration, Fieldwork, Processing, HMSO, London 1983.
Office of Population Censuses and Surveys (OPCS), Census 1981, General Report, England and Wales, HMSO, London 1990.
Office of Population Censuses and Surveys (OPCS)/ General Register Office (GRO) for Scotland, 1991 Census, General Report, Great Britain, HMSO, London 1995.

Office for National Statistics (ONS), Census 2001. General Report for England and Wales, Basingstoke 2005.
Office for National Statistics (ONS), Summary Report on the 2011 Census in England and Wales, Juli 2012.

## Verschiedenes

1st Annual Report of the Registrar General for 1836, PP 1839 XVI (187), Appendix P: Letter to the Registrar-General from William Farr, Esq., Respecting Abstracts of the Recorded Causes of Deaths Registered During the Half-year Ending December 31, 1837, with Numerous Tables.
Report of the Royal Commission on the Blind, the Deaf and Dumb, &c., of the United Kingdom, London 1889 (C. 5781).
Appendix to the Report of the Royal Commission on the Blind, the Deaf and Dumb, &c., of the United Kingdom, II, London 1889 (C.5781–I).
Minutes of Evidence Taken Before of the Royal Commission on the Blind, the Deaf and Dumb, &c., of the United Kingdom with List of Witnesses, III, London 1889 (C.5781–II).
Report of the Committee Appointed by the Treasury to Inquire into Certain Questions Connected with the Taking of the Census with Minutes of Evidence and Appendices and a Copy of the Treasury Minute Appointing the Committee, PP 1890 (C. 6071).
Royal Commission on the Care and Control of the Feeble-Minded. Minutes of Evidence (Relating to England and Wales on the Original Reference). Taken Before the Royal Commission on the Care and Control of the Feeble-Minded with Appendices and Witnesses Index, I, 1908 (Cd. 4215).
Royal Commission on the Care and Control of the Feeble-Minded. Minutes of Evidence (Relating to England and Wales on the Original Reference). Taken Before the Royal Commission on the Care and Control of the Feeble-Minded with Appendices and Indexes, III, 1908 (Cd. 4217).
Royal Commission on the Care and Control of the Feeble-Minded. Report of the Royal Commission on the Care and Control of the Feeble-Minded, VIII. 1908 (Cd. 4202).
74th Annual Report of the Registrar-General of Births, Deaths, and Marriages in England and Wales for 1911, Dated August 1913, PP 1912–13 XIII (Cd. 6578).
Royal Commission on Population, The Trend and Pattern of Fertility in Great Britain. A Report on the Family Census of 1946, Part I: Report by D.V. Glass und E. Grebenik, HMSO, London 1954.
General Register Office (GRO), Classification of Occupations 1960, HMSO, London (o.J.).
Office of Population Censuses and Surveys (OPCS), Classification of Occupation 1970, HMSO, London 1970.
Security of the Census of Population (Cmnd. 5365), HMSO, London 1971.
Race Relations Research. A Report to the Home Secretary by the Advisory Committee on Race Relations Research (Chair: Professor Marie Jahoda), HMSO, London 1975.
1981 Census of Population, 1977–78 (Cmnd. 7146), 23 and 24, HMSO, London 1978.
Office of Population Censuses and Surveys (OPCS), Classification of Occupation 1980 und Coding Index, HMSO, London 1980.
Security of the Census of Population (Cmnd. 8201), HMSO, London 1981.
House of Commons (HC), Second Report from the Home Affairs Committee, Session 1982–83. Ethnic and Racial Questions in the Census, I. Report together with the Proceedings of the Committee, HC33-I.
House of Commons, Second Report from the Home Affairs Committee, Session 1982–83, Ethnic and Racial Questions in the Census, II. Minutes of Evidence, HC33-II.
House of Commons (HC), Second Report form the Home Affairs Committee, Session 1982–83, Ethnic and Racial Questions in the Census, III. Appendices, HC33-III.
House of Commons (HC), Race relations and immigration Sub-Committee, session 1982–83, Ethnic and racial questions in the Census, Minutes of evidence, 31. 1. 1983, HC 33-ix.
House of Commons (HC), Home Affairs Committee, Race Relations and Immigration Sub-Committee, Session 1982–83, Ethnic and Racial Questions in the Census, Minutes of Evidence, 7. 2. 1983, HC33-x.

The Government Reply to the Second Report from the Home Affairs Committee. Session 1982–83, Ethnic and Racial Questions in the Census, November 1984. HC 33-I.
Office of Population Censuses and Surveys (OPCS), 1991 Census User Guide. Social Class Based on Occupation. Definitions in Terms of Standard Occupational Classification (SOC) Unit Groups and Employment Status, London, 1990.
1991 Census of Population: Confidentiality and Computing (Cm 1447), HMSO, London 1991.
Office for National Statistics (ONS)/ General Register Office for Scotland (GRO)/ Northern Ireland Statistics and Research Agency (NISRA), 2001 Census of Population, Report on the Reviews of Security and Confidentiality and Statement by the Registrars General for England and Wales, Scotland, and Northern Ireland, 2001.
Office for National Statistics (ONS)/ General Register Office for Scotland (GRO)/ Northern Ireland Statistics and Research Agency (NISRA), Census 2001 Definitions. Laid Before Parliament Pursuant to Section 4(1) Census Act 1920 and Census (Northern Ireland) Act 1969 Laid Before the Scottish Parliament Pursuant to Section 4(1) Census Act 1920, TSO, London 2004.
House of Commons (HC), Public Administration Select Committee, Fifteenth Report of Session 2013–14, Too Soon to Scrap the Census, Report Together with Formal Minutes Relating to the Report, 17.4.2014, HC 1090.
House of Commons (HC), Public Administration Select Committee, Second Special Report, Session 2014–15, Too Soon to Sscrap the Census. Government and UK Statistics Authority Responses to the Committee's Fifteenth Report of Session 2013–14, 25.7.2014, HC 601.

**Parlamentsdebatten**

Hansard HC Deb 6.6.1850, vol. 111.
Hansard HC Deb 15.7.1850, vol. 112.
Hansard HC Deb 23.7.1850, vol. 114.
Hansard HC Deb 14.3.1851, vol. 114.
Hansard HC Deb 11.7.1860, vol. 159.
Hansard HC Deb 22.7.1870, vol. 203.
Hansard HC Deb 26.7.1870, vol. 203.
Hansard HC Deb 21.7.1890, vol. 347.
Hansard HC Deb 6.8.1890, vol. 348.
Hansard HC Deb 21.2.1967, vol. 741.
Hansard HC Deb, 25.10.1979, vol. 972.

Hansard HL Deb 16.7.1850, vol. 113.
Hansard HL Deb 23.7.1850, vol. 113.
Hansard HL Deb 14.3.1851, vol. 114.
Hansard HL Deb 22.4.1980, vol. 348.

## 4. Elektronische Quellen

1911 Census.co.uk: *www.1911census.co.uk*
Ancestry UK: *www.ancestry.co.uk*
Caci, ACORN Consumer classification: *www.acorn.caci.co.uk/*
Experian, MOSAIC UK: *www.experian.co.uk/business-strategies/mosaic-uk.html*
Find My Past: *www.findmypast.co.uk*
Histpop, The Online Historical Population Reports Website: *www.histpop.org*
Institute of Practitioners in Advertising: *www.ipa.co.uk/*
LSE Library and Archive, Charles Booth Online Archive: *booth.lse.ac.uk*
Margaret Thatcher Foundation, Archive Online: *www.margaretthatcher.org/*
Market Research Society: *https://www.mrs.org.uk/*
Office for National Statistics: *www.ons.gov.uk*
*Oxford University Press, Who's Who 2013*, online 2012: *www.ukwhoswho.com*

UK Data Service, Census Support: *http://census.ukdataservice.ac.uk/*
Unites States Census Bureau: *www.census.gov*
University of Portsmouth, A vision of Britain through time: *www.visionofbritain.org.uk*
University of Portsmouth, Great Britain Historical Geographical Information System *Project: www.gbhgis.org*

## 5. Gedruckte Quellen und Literatur


Abberley, Paul, Disabled by Numbers, in: Ruth Levita und Will Guy (Hrsg.), Interpreting Official Statistics, London und New York 1996, S. 166–184.

Ders., Work, Utopia and Impairment, in: Len Barton (Hrsg.), Disability and Society. Emerging Issues and Insights, London 1996, S. 61–79.

Abel, Rhoda, The Identification of the Blind, unveröffentlichte PhD. Thesis, University of London, London 1987.

Abrams, Mark, Introduction, in: Paul Redmayne und Hugh Week, Market Research (überarb. v. R.N. Wadsworth und B.D. Copland), London ²1951, S. ix–xi.

Abrams, Philip, The Origins of British Sociology 1834–1914. An Essay with Selected Papers, Chicago 1968.

The ACORN User Guide, 2006, http://www.caci.co.uk/brochures.aspx (aufgerufen am 15. 7. 08).

Addison, Paul, The Impact of Second World War, in: Ders. und Harriet Jones (Hrsg.), A Companion to Contemporary Britian 1939–2000, Oxford 2007, S. 3–22.

Adler, Max K., Modern Market Research. A Guide for Business Executives, London 1956.

Agar, Jon, The Government Machine. A Revolutionary History of the Computer, Cambridge (Mass.) und London 2003.

Alborn, Timothy L., Lubbock, John, first Baron Avebury (1834–1913), in: Oxford Dictionary of National Biography, Oxford 2004; online-Ausg. Januar 2012, http://www.oxforddnb.com/view/article/34618 (aufgerufen am 24. 8. 2012).

Aly, Götz und Karl Heinz Roth, Die restlose Erfassung. Volkszählen, Identifizieren, Aussondern im Nationalsozialismus, überarb. Aufl., Frankfurt a. M. 2000.

Anderson, Benedict, Imagined Communities. Reflections on the Origin and Spread of Nationalism, überarb. Aufl., London 1991, Kapitel: Census, Map, Museum, S. 163–185, abgedruckt in: Geoff Eley und Ronald Grigor Suny (Hrsg.), Becoming National: A Reader, New York 1996, S. 243–258.

Anderson, Julie und Ana Carden-Coyne, Enabling the Past. New Perspectives in the History of Disability, in: European Review of History 14 (2007), S. 447–457.

Anderson, Margo J., The American Census. A Social History, New Haven und London 1988.

Anonym [Herman C. Merivale], My Experiences in a Lunatic Asylum, by a Sane Patient, London 1879.

Anter, Andreas, Die Macht der Ordnung. Aspekte einer Grundkategorie des Politischen, Tübingen 2004.

Appadurai, Arjun, Number in the Colonial Imagination, in: Carol Breckenridge und Peter van der Veer (Hrsg.), Orientalism and the Postcolonial Predicament. Perspectives on South Asia, Philadelphia 1993, S. 314–340.

Arkell, Tom, Identifying the Census Enumerators. Cornwall in 1851, in: Local Population Studies 53 (1994), S. 70–75.

Armstrong, David, Political Anatomy of the Body. Medical Knowledge in Britain in the Twentieth Century, Cambridge 1983.

Armstrong, W.A., Social Structure from the Early Census Returns. An Analysis of Enumerators' Books for Censuses after 1841, in: E.A. Wrigley (Hrsg.), An Introduction to English Historical Demography from the Sixteenth to the Nineteenth Century, London 1966, S. 209–237.

Ash, Mitchell, Wissenschaft und Politik. Eine Beziehungsgeschichte im 20. Jahrhundert, in: Archiv für Sozialgeschichte 50 (2010), S. 11–46.

Atkinson, Jean, A Handbook for Interviewers. A Manual for Government Social Survey Interviewing Staff, Describing Practice and Procedures on Structured Interviewing, London 1967.

Bachmann-Medick, Doris, Cultural Turns, Version: 1.0, in: Docupedia-Zeitgeschichte, 29.3.2010, https://docupedia.de/zg/Cultrual_Turns?oldid=84593 (aufgerufen am 29.1.2013).
Baecker, Dirk, Metadaten. Eine Annäherung an Big Data, in: Heinrich Geiselberger und Tobias Moorstedt (Hrsg.), Big Data. Das neue Versprechen der Allwissenheit, Frankfurt a.M. 2013, S.156–186.
Bailey, Joanne, Is the Rise of Gender History ‚Hiding' Women from History Again?, in: History in Focus 5 (Spring 1995), http://www.history.ac.uk/ihr/Focus/Gender/articles.html (abgerufen am 12.3.2013).
Baines, J. A., On Census-Taking and Its Limitations, in: Journal of the Royal Statistical Society 63 (1900), S.41–71.
Baker, S. und K. Baker, Market Mapping. How to Use Revolutionary New Software to Find, Analyze and Keep Customers, New York 1992.
Bales, Kevin, Charles Booth's Survey of „Life and Labour of the People in London 1889–1903", in: Martin Bulmer, Kevin Bales und Kathryn Kish Sklar (Hrsg.), The Social Survey in Historical Perspective 1880–1940, Cambridge u.a. 1991, S.66–110.
Ballantyne, Tony, Colonial Knowledge, in: Sarah Stockwell (Hrsg.), The British Empire. Themes and Perspectives, Malden und Oxford 2008, S.177–197.
Ballard, Roger, Race and the Census. What an ‚Ethnic Question' Would Show, in: New Society (12.5.1983), S.212–214.
Banks, J.A., The Social Structure of Nineteenth Century England as seen Through the Census, in: Richard Lawton (Hrsg.), The Census and Social Structure. An Interpretative Guide to Nineteenth Century Censuses for England and Wales, London 1978, S.179–223.
Barnes, Colin u.a. (Hrsg.), Exploring Disabilitiy. A Sociological Introduction, Cambridge 1999.
Barth, Fredrik (Hrsg.), Ethnic Groups and Boundaries. The Social Organization of Culture Difference, London 1969.
Bartlett, Peter, Review of the Borderland of Imbecility. Medicine, Society and the Fabrication of the Feeble Mind in Late Victorian and Edwardian England (Review 289), http://www.history.ac.uk/reviews/review/289 (aufgerufen am 31.08.2012).
Barton, Allen H., Asking the Embarrassing Question, in: Public Opinion Quarterly 22 (1958), S.67–68.
Barton, Len (Hrsg.), Disability and Society. Emerging Issues and Insights, London 1996.
Bavaj, Riccardo, Was bringt der ‚Spatial Turn' der Regionalgeschichte? Ein Beitrag zur Methodendiskussion, in: Westfälische Forschungen 56 (2006), S.457–484.
Bayly, Christopher, Empire and Information. Intelligence Gathering and Social Communication in India 1780–1870, Cambridge 1996.
Becker, Howard S., Telling about Society, Chicago 2007.
Becker, Peter, Überlegungen zu einer Kulturgeschichte der Verwaltung, in: Jahrbuch für europäische Verwaltungsgeschichte 15 (2003), S.311–336.
Ders., Formulare als ‚Fließband' der Verwaltung? Zur Rationalisierung und Standardisierung von Kommunikationsbeziehungen, in: Peter Collin und Klaus-Gert Lutterbeck (Hrsg.), Eine intelligente Maschine? Handlungsorientierungen moderner Verwaltung (19./20. Jahrhundert), Baden-Baden 2009, S.281–298.
Ders. und William Clark (Hrsg.), Little Tools of Knowledge. Historical Essays on Academic and Bureaucratic Practices, Ann Arbor 2001.
Beckett, Andy, When the Lights Went Out. Britain in the Seventies, London 2009.
Beers, Laura Dumond, Whose Opinion? Changing Attitudes Towards Opinion Polling in British Politics, 1937–1964, in: Twentieth Century British History 17 (2006), S.177–205.
Behrisch, Lars (Hrsg.), Vermessen, Zählen, Berechnen. Die politische Ordnung des Raumes im 18. Jahrhundert, Frankfurt a.M. 2006.
Bellamy, Christine, Administering Central-Local Relations, 1871–1919. The Local Government Board in its Fiscal and Cultural Context, Manchester 1988.
Belson, William A., Increasing the Power of Research to Guide Advertising Decisions, London 1965.
Ders., The Design and Understanding of Survey Questions, Aldershot 1981.

Benjamin, B., Memoir. Victor Percival Augustine Derrick, in: Journal of the Institute of Actuaries 87 (1961), S. 121–122.

Berger, Peter L. und Thomas Luckmann, Die gesellschaftliche Konstruktion der Wirklichkeit. Eine Theorie der Wissenssoziologie, Frankfurt a. M. 1997.

Bergmann, Nicole, Volkszählung und Datenschutz. Proteste zur Volkszählung 1983 und 1987 in der Bundesrepublik Deutschland, Hamburg 2009.

Berlinghoff, Marcel, Computerisierung und Privatheit. Historische Perspektiven, in: Aus Politik und Zeitgeschichte APuZ 15–16 (2013), S. 14–19.

Bermingham, John, Have You Been ‚DE'-Classified, Recently? (Paper Given at the Admap Seminar ‚Re-classifying People'), in: Admap (Nov. 1981), S. 584–588.

Berry, David M., The Computational Turn. Thinking About the Digital Humanities, in: Culture Machine 12 (2011), S. 1–22.

Bhabha, Homi, The Location of Culture, London 1994.

Black, Lawrence und Hugh Pemberton (Hrsg.), An Affluent Society? Britain's Post-War ‚Golden Age' Revisited, Aldershot 2004.

Blondiaux, Loic, La fabrique de l'opinion. Une histoire sociale des sondages, Paris 1998.

Blum, Alain, Resistance to Identity Categorization in France, in: David I. Kertzer und Dominique Arel (Hrsg.), Census and Identity. The Politics of Race, Ethnicity, and Language in National Census, Cambridge 2002, S. 121–147.

Blythe, Ian, The Making of an Industry. The Market Research Society 1946–1986. A History of Growing Achievement, London 1988.

Bösl, Elsbeth, Dis/ability History. Grundlagen und Forschungsstand, in: H-Soz-u-Kult (7. 7. 2009), http://hsozkult.geschichte.hu-berlin.de/forum/2009-07-001 (aufgerufen am 29. 3. 2013).

Dies., Disability History. Einleitung, in: Elsbeth Bösl, Anne Klein und Anne Waldschmidt (Hrsg.), Disability History. Konstruktion von Behinderung in der Geschichte. Eine Einführung, Bielefeld 2010, S. 7–10.

Dies., Was ist Disability History? Zur Geschichte und Historiografie von Behinderung, in: Elsbeth Bösl, Anne Klein und Anne Waldschmidt (Hrsg.), Disability History. Konstruktion von Behinderung in der Geschichte. Eine Einführung, Bielefeld 2010, S. 29–43.

Bonß, Wolfgang, Die Einübung des Tatsachenblicks. Zur Struktur und Veränderung empirischer Sozialforschung, Frankfurt a. M. 1982.

Booth, Charles, Life and Labour of the People in London (5 Bände, Nachdruck der überarb. Aufl. v. 1902), New York 1969.

Booth, Heather, Ethnic and Racial Questions in the Census. The Home Affairs Committee Report, in: New Community 11 (1983), S. 83–91.

Borsay, Anne, Disability and Social Policy in Britain Since 1750. A History of Exclusion, Basingstoke 2005.

Bourdieu, Pierre, Meinungsforschung. Eine ‚Wissenschaft' ohne Wissenschaftler, in: Ders. (Hrsg.), Rede und Antwort, Frankfurt a. M. 1992, S. 208–216.

Bourke, Joanna, Working Class Cultures in Britain 1890–1960. Gender, Class and Ethnicity, London und New York 1994.

Bowker, Geoffrey C. und Susan Leigh Star, Sorting Things Out. Classification and its Consequences, Cambridge (Mass.) und London 2000.

Bowley, Arthur und A.R. Burnett-Hurst, Livelihood and Poverty. A Study in the Economic Conditions of Working-Class Households in Northampton, Warrington, Stanley and Reading, London 1915.

Box, K. und G. Thomas, The Wartime Social Survey, in: Journal of the Royal Statistical Society 107 (1944), S. 151–177.

Boyd, Danah und Kate Crawford, Big Data als kulturelles, technologisches und wissenschaftliches Phänomen. Sechs Provokationen, in: Heinrich Geiselberger und Tobias Moorstedt (Hrsg.), Big Data. Das neue Versprechen der Allwissenheit, Frankfurt a. M. 2013, S. 187–218.

Bradshaw, Jonathan und Roy Sainsbury (Hrsg.), Getting the Measure of Poverty. The Early Legacy of Seebohm Rowntree, Aldershot 2000.

Brendecke, Arndt, Tabellen und Formulare als Regulative der Wissenserfassung und Wissenspräsentation, in: Wulf Oesterreicher, Gerhard Regn und Winfried Schulze (Hrsg.), Autorität der Form – Autorisierungen – Institutionelle Autoritäten, Münster u. a. 2003, S. 37–53.

Ders., Imperium und Empirie. Funktionen des Wissens in der spanischen Kolonialherrschaft, Köln u. a. 2009.

Ders., Die Fragebögen des spanischen Indienrates. Ein Beschreibungsstandard in der kolonialen Praxis, in: Gert Melville und Karl-Siegbert Rehberg (Hrsg.), Dimensionen institutioneller Macht. Fallstudien von der Antike bis zur Gegenwart, Köln u. a. 2012, S. 155–176.

Ders., Markus Friedrich und Susanne Friedrich (Hrsg.), Information in der Frühen Neuzeit. Status, Bestände und Strategien, Münster u. a. 2008.

Broughton, David, Public Opinion Polling and Politics in Britain, London u. a. 1995.

Brown, Callum G., The Death of Christian Britain. Understanding Secularisation 1800–2000, London und New York 2001.

Brown, Peter et al., Adding Value to Census Data. Public Sector Applications of the Super Profiles Geodemographic Typology (Paper), in: www.car.busmgt.ulst.ac.uk/papers/brown.pdf (aufgerufen am 4. 10. 2009), auch veröffentlicht in: Journal of Cities and Regions 2000, S. 19–31.

Brown, Samuel, On the Statistics of the Kingdom of the Netherlands, in: Journal of the Statistical Society of London 32 (1869), S. 192–214.

Ders., Report of the Proceedings at the Statistical Congress, Held at Brussels, 19th to 22nd September, 1853 (Concluded), in: The Assurance Magazine, and Journal of the Institute of Actuaries 5 (1855), S. 25–45.

Ders., Report on the International Statistical Congress, Held at Vienna, September, 1857, in: Journal of the Statistical Society of London 21 (1858), S. 1–17.

Ders., Report on the Eight International Statistical Congress, Held at St. Petersburg 1872, in: Journal of the Statistical Society of London 35 (1872), S. 431–457.

Brückweh, Kerstin, Ein Akt planerischer Notwendigkeit oder „An Exercise in Applied Racism"? Die Produktion von Wissen über ethnische Herkunft in britischen Volkszählungen, in: Archiv für Sozialgeschichte 50 (2010), S. 353–371.

Dies. (Hrsg.), The Voice of the Citizen Consumer. A History of Market Research, Consumer Movements, and the Political Public Sphere, Oxford 2011.

Dies. und Martina Steber, Aufregende Zeiten. Ein Forschungsbericht zu Neuansätzen der britischen Zeitgeschichte des Politischen, in: Archiv für Sozialgeschichte 50 (2010), S. 671–701.

Dies., Dirk Schumann, Richard F. Wetzell und Benjamin Ziemann (Hrsg.), Engineering Society. The Role of the Human and Social Sciences in Modern Societies, 1880–1980, Basingstoke 2012.

Brüggemeier, Franz-Josef, Geschichte Großbritanniens im 20. Jahrhundert, München 2010.

Bryson, Maurice C., The Literary Digest Poll. Making of a Statistical Myth, in: American Statistician 30 (1976), S. 184–185.

Buck, Peter, People who Counted. Political Arithmetic in the Eighteenth Century, in: Isis 73 (1982), S. 28–45.

Budde, Gunilla, Sebastian Conrad und Oliver Janz (Hrsg.), Transnationale Geschichte. Themen, Tendenzen und Theorien, Göttingen 2006.

Bulmer, Martin (Hrsg.), Essays on the History of British Sociological Research, Cambridge 1985.

Ders., A Controversial Census Topic. Race and Ethnicity in the British Census, in: Journal of Official Statistics 2 (1986), S. 471–480.

Ders., Race and Ethnicity, in: Robert G. Burgess (Hrsg.), Key Variables in Social Investigation, London u. a. 1986, S. 54–75.

Ders., Kevin Bales und Kathryn Kish Sklar (Hrsg.), The Social Survey in Historical Perspective 1880–1940, Cambridge u. a. 1991.

Dies., The social survey in historical perspective, in: Dies. (Hrsg.), The social survey in historical perspective 1880–1940, Cambridge u. a. 1991, S. 1–48.

Burch, Susan, Disability History. Suggested Readings – An Annotated Bibliography, in: The Public Historian 27 (2005), S. 63–74.

Burrows, Roger und Mike Savage, The Coming Crisis of Empirical Sociology, in: Sociology 41 (2007), S. 885–99.

Dies., After the Crisis? Big Data and the Methodological Challenges of Empirical Sociology, in: Big Data and Society 1 (2014), S. 1–6.
Buxton, David, The Census of the Deaf and Dumb in 1851, in: Journal of the Statistical Society of London 18 (1855), S. 174–185.
Caine, Sydney, The History of the Foundation of the London School of Economics and Political Science, London 1963.
Calder, Angus, Mass Observation, 1937–1949, in: Martin Bulmer (Hrsg.), Essays on the History of British Sociological Research, Cambridge 1985, S. 121–135.
Campbell-Kelly, Martin, Information Technology and Organizational Change in the British Census, 1801–1911, in: Information Systems Research 7 (1996), S. 22–36.
Ders. und William Aspray, Computer. A History of the Information Machine, Boulder ²2004.
Cannadine, David, Class in Britain, London 2000.
Cantril, Hadley, Foreword, in: Stanley Payne, Art of Asking Questions, Princeton 1951, S. ix–xii.
Caplan, Jane und John Torpey (Hrsg.), Documenting Individual Identity. The Development of State Practices in the Modern World, Princeton 2001.
The Census of 1901, in: Journal of the Royal Statistical Society 62 (1899), S. 385–389.
The Census of 1901 and the Proposed Quinquennial Census, in: Journal of the Royal Statistical Society 63 (1900), S. 107–111.
Chick, Martin, Piercy, William Stuckey, First Baron Piercy (1886–1966), in: Oxford Dictionary of National Biography, Oxford 2004, online-Ausg., http://www.oxforddnb.com/view/article/35528 (aufgerufen am 4. 1. 2013).
Christian, Peter und David Annal, Census. The Expert Guide. Tools, Techniques, Lives Revealed, Kew 2008.
Coffin, Judith G, Between Opinion and Desire. Elle Magazine's Survey Research in 1950s France, in: Kerstin Brückweh (Hrsg.), The Voice of the Citizen Consumer. A History of Market Research, Consumer Movements, and the Political Public Sphere, Oxford 2011, S. 51–73.
Cohen, Liz, A Consumers' Republic. The Poltics of Mass Consumption in Postwar America, New York 2003.
Cohen, Patricia Cline, A Calculating People. The Spread of Numeracy in Early America, Chicago und London 1982.
Cohn, Bernard S., The Census, Social Structure and Objectification in South Asia, in: Ders. (Hrsg.), An Anthropologist Among the Historians and Other Essays, Delhi u. a. 1987, S. 224–254.
Cole, Joshua, The Power of Large Numbers. Population, Politics, and Gender in Nineteenth-Century France, Ithaca (N.Y.) 2000.
Colley, Linda, Britons. Forging the Nation, 1707–1837, New Haven und London 1992.
Collin, Peter und Thomas Horstmann (Hrsg.), Das Wissen des Staates. Geschichte, Theorie und Praxis, Baden-Baden 2004.
Colls, Robert und Philip Dodd (Hrsg.), Englishness. Politics and Culture 1880–1920, London 1986.
Conrad, Christoph, Observer les Consommateurs. Études de Marché et Histoire de la Consommation en Allemagne, des Années 1930 aux Années 1960, in: Le Mouvement Social 206 (2004), S. 17–39.
Converse, Jean M., Survey Research in the United States. Roots and Emergence, 1890–1960, Berkeley u. a. 1987.
Cook, Edward, The Life of Florence Nightingale, Bd. 1: 1820–1861, London 1913.
Cooper, Frederick, Colonialism in Question. Theory, Knowledge, History, Berkely 2005.
Crawford, E. Margaret, Counting the People. A Survey of the Irish Censuses, 1813–1911, Dublin 2003.
Crespi, Leo P., The Cheater Problem in Polling, in: Public Opinion Quarterly Winter 6 (1945), S. 431–445.
Crompton, Rosemary, Class and Stratification. An Introduction to Current Debates, Cambridge 1993.
Crook, Tom und Glen O'Hara (Hrsg.), Statistics and the Public Sphere. Numbers and the People in Modern Britain, c. 1800–2000, Abingdon und New York 2011.

Cuff, David J. und Mark J. Matson, Thematic Maps. Their Design and Production, London 1982.
Cullen, Michael J., The Statistical Movement in Early Victorian Britain. The Foundations of Empirical Social Research, Hassocks 1975.
Curtis, Bruce, Taking the State Back Out. Rose and Miller on Political Power, in: British Journal of Sociology 46 (1995), S. 575–589.
Ders., Moving Beyond the Great Abstraction. Abrams and Foucault on the State and Government, in: Les Cahiers d'histoire 17 (1997), S. 9–18.
Ders., The Politics of Population. State Formation, Statistics and the Census of Canada, 1840–1875, Toronto 2001.
Dahrendorf, Ralf, A History of the London School of Economics and Political Science, 1895–1995, Oxford 1995.
Darwin, Charles, Marriages Between First Cousins in England and Their Effects, in: Journal of the Statistical Society of London 38 (1875), S. 153–184.
Daston, Lorraine und Peter Galison, Objectivity, New York 2007.
Daston, Lorraine und Elizabeth Lunbeck (Hrsg.), Histories of Scientific Observation, Chicago u. a. 2011.
Delens, A.H.R., Principles of Market Research, London 1950.
Desrosières, Alain, The Part in Relation to the Whole. How to Generalise? The Prehistory of Representative Sampling, in: Martin Bulmer, Kevin Bales und Kathryn Kish Sklar (Hrsg.), The Social Survey in Historical Perspective 1880–1940, Cambridge u. a. 1991, S. 217–244.
Ders., Die Politik der großen Zahlen. Eine Geschichte der statistischen Denkweise, Berlin und Heidelberg 2005.
Deutsch, Albert, The First U.S. Census of the Insane (1840) and its Use as Pro-Slavery Propaganda, in: Bulletin of the History of Medicine 15 (1944), S. 469–482.
Dewdney, John C., Census Past and Present, in: David Rhind (Hrsg.), A Census User's Handbook, London und New York 1983, S. 1–15.
Dietz, Bernhard und Christopher Neumaier, Vom Nutzen der Sozialwissenschaften für die Zeitgeschichte. Werte und Wertewandel als Gegenstand historischer Forschung, in: Vierteljahrshefte für Zeitgeschichte 60 (2012), S. 293–304.
Dirks, Nicholas B., Castes of Mind. Colonialism and the Making of Modern India, Princeton (N.J.) 2001.
Discussion on Mr. Baines's Paper „On Census-Taking and its Limitations", in: Journal of the Royal Statistical Society 63 (1900), S. 41–71.
Dobraszczyk, Paul, ‚Give in Your Account'. Using and Abusing Victorian Census Forms, in: Journal of Victorian Culture, 14 (2009), S. 1–25.
Doering-Manteuffel, Anselm, Konturen von ‚Ordnung' in den Zeitschnitten des 20. Jahrhunderts, in: Thomas Etzemüller (Hrsg.), Die Ordnung der Moderne. Social Engineering im 20. Jahrhundert, Bielefeld 2009, S. 41–63.
Ders. und Lutz Raphael, Nach dem Boom. Perspektiven auf die Zeitgeschichte seit 1970, Göttingen 2008.
Doll, Richard, Stocks, Percy (1889–1974), in: Oxford Dictionary of National Biography, Oxford 2004, online-Ausg., http://www.oxforddnb.com/view/article/57335 (aufgerufen am 16. 7. 2012).
Downham, John, How Did the MRS Journal Start?, in: International Journal of Market Research 50 (2008), S. 7–9.
Drake, M., The Census, 1801–1891, in: E.A. Wrigley (Hrsg.), Nineteenth-Century Society. Essays in Use of Quantative Methods for the Study of Social Data, Cambridge 1972, S. 7–46.
Durant, Henry, From POQ Readers. The ‚Cheater' Problem, in: Public Opinion Quarterly 10 (1946), S. 288–291.
Dutta, Pradip Kumar, Carving Blocks. Communal Ideology in Early Twentieth Century Bengal, Dehli und Oxford 1999.
Dworkin, Dennis, Class Struggles, Harlow 2007.
Eghigian, Greg, Andreas Killen und Christine Leuenberger (Hrsg.), The Self as Project. Politics and the Human Sciences in the Twentieth Century (Osiris 22), Chicago 2007.
Ehmer, Josef, Volkszählungslisten als Quelle der Sozialgeschichte, in: Beiträge zur Sozialgeschichte des 19. Jahrhunderts = Wiener Geschichtsblätter 35 (1980) 3, S. 106–123.

Ders., Bevölkerungsgeschichte und historische Demographie 1800–2000 (Enzyklopädie deutscher Geschichte, Bd. 71), München 2004.
Ders., Volkszählung, in: Enzyklopädie der Neuzeit, Bd. 14, Stuttgart 2011, S. 435–438.
Ders., Ursula Ferdinand und Jürgen Reulecke (Hrsg.), Herausforderung Bevölkerung. Zur Entwicklung des modernen Denkens über die Bevölkerung vor, im und nach dem ‚Dritten Reich', Wiesbaden 2007.
Eley, Geoff und Ronald Grigor Suny (Hrsg.), Becoming National: A Reader ‚New York 1996.
Eley, Geoff und Keith Nield, Future of Class in History. What's Left of the Social, Ann Arbor 2007.
Emery, George, Facts of Life. The Social Construction of Vital Statistics, Ontario 1869–1952, Montreal u. a. 1993.
Emmett, B. P., Silvey, Robert John Everett (1905–1981), in: Oxford Dictionary of National Biography, Oxford 2004, online-Ausg., http://www.oxforddnb.com/view/article/65434 (aufgerufen am 3. 1. 13).
Englander, David und Rosemary O'Day, Retrieved Riches. Social Investigation in Britain, 1840 – 1914, Aldershot 1995.
James Epstein, In Practice. Studies in the Language and Culture of Popular Politics in Modern Britain, Stanford 2003.
Erikson, Robert und John H. Goldthorpe, The Constant Flux. A Study of Class Mobility in Industrial Societies, Oxford 1992.
Etzemüller, Thomas (Hrsg.), Die Ordnung der Moderne. Social Engineering im 20. Jahrhundert, Bielefeld 2009.
Ders., Social Engineering. Version: 1.0, in: Docupedia-Zeitgeschichte, 11. 2. 2010, https://docupedia.de/zg/Social_Engineering (aufgerufen am 29. 10. 2014).
Eyler, John M., Victorian Social Medicine. The Ideas and Methods of William Farr, London 1979.
Fahrmeir, Andreas, Citizens and Aliens. Foreigners and the Law in Britain and the German States, 1789–1870, New York und Oxford 2000.
Farr, William, Vital Statistics; or, the Statistics of Health, Sickness, Diseases, and Death', in: J. R. McCulloch (Hrsg.), A Statistical Account of the British Empire. Exhibiting its Extent, Physical Capacities, Population, Industry, and Civil and Religious Institutions (Bd. 2), London 1837, S. 567–607.
Ders., Reports of the Official Delegates from England at the Meeting of the International Statistical Congress, Berlin, September 1863, in: Journal of the Statistical Society of London 26 (1863), S. 412–419.
Fenton, Steve, Ethnicity. Key Concepts, Cambridge und Malden (Mass.) 2003.
Ders., Counting Ethnicity. Social Groups and Official Categories, in: Ruth Levita und Will Guy (Hrsg.), Interpreting Official Statistics, London und New York 1996, S. 143–165.
Finer, S.E., The Life and Times of Sir Edwin Chadwick, London 1952.
Fleck, Christian, Transatlantische Bereicherungen. Zur Erfindung der empirischen Sozialforschung, Frankfurt a. M. 2007.
Fleck, Ludwik, Entstehung und Entwicklung einer wissenschaftlichen Tatsache. Einführung in die Lehre vom Denkstil und Denkkollektiv (Originalausgabe 1935). Mit einer Einleitung herausgegeben von Lothar Schäfer und Thomas Schnelle, Frankfurt a. M. 1980.
Foucault, Michel, Die Ordnung der Dinge. Eine Archäologie der Humanwissenschaften, Frankfurt a. M. 1974.
Ders., Archäologie des Wissens, Frankfurt a. M. 1981.
Ders., Geschichte der Gouvernementalität, 2 Bde., Frankfurt a. M. 2004.
Fraser, Derek, The Evolution of the British Welfare State, Basingstoke 1973.
Freitag, Sabine, Kriminologie in der Zivilgesellschaft. Wissenschaftsdiskurse und die britische Öffentlichkeit, 1830–1945, London 2013.
Frevert, Ute, Neue Politikgeschichte. Konzepte und Herausforderungen, in: Dies. und Heinz-Gerhard Haupt (Hrsg.), Neue Politikgeschichte. Perspektiven einer historischen Politikforschung, Frankfurt a. M. und New York 2005, S. 7–26.
Frie, Ewald, ‚Bedrohte Ordnungen' zwischen Vormoderne und Moderne. Überelgungen zu einem Forschungsprojekt, in: Klaus Ridder und Steffen Patzold (Hrsg.), Die Aktualität der Vormoderne. Epochenentwürfe zwischen Alterität und Kontinutität, Berlin 2013, S. 101–109.

Fried, Johannes und Michael Stolleis (Hrsg.), Wissenskulturen. Über die Erzeugung und Weitergabe von Wissen, Frankfurt 2009.

Froggatt, P., The Demographic Work of Sir William Wilde, in: Irish Journal of Medical Science 6 (1965), S. 213–230.

Ders., Sir William Wilde, 1815–1876. A Centenary Appreciation. Wilde's Place in Medicine, in: Proceedings of the Royal Irish Academy 77, C, 10 (1977), S. 261–278.

Frohman, Larry, „Nur Schafe werden gezählt". Informationelle Selbstbestimmung, politische Kultur und die Volkszählungsboykotte 1983/87, in: Archiv für Sozialgeschichte 52 (2012), S. 335–78.

Fuchs, Stephan, The New Wars of Truth: Conflicts over Science Studies as Differential Modes of Observation, in: Social Science Information 35 (1996), S. 307–326.

Fulda, Bernhard, The Market Place of Political Opinions. Public Opinion Polling and its Publics in Transnational Perspective, 1930–1950, in: Comparativ 21 (2011), S. 13–28.

Gainer, Bernard, The Alien Invasion. The Origins of the Aliens Act of 1905, London 1972.

Gallup, George, Foreword [für den Nachdruck von 1980], in: Stanley Payne, Art of Asking Questions, Princeton 1951 (unverändert. Nachdruck 1980), S. vii–viii.

Gallus, Alexander, Biographik und Zeitgeschichte, in: Aus Politik und Zeitgeschichte APuZ 1-2 (2005), S. 40–46.

Garfield, Simon, On the Map. Why the World Looks the Way it Does, London 2012.

Garnett, Mark, From Anger to Apathy. The British Experience Since 1975, London 2007.

Garrard, John A., The English and Immigration, 1886–1910, Oxford 1971.

Garrett, Eilidh, Alice Reid, Kevin Schürer und Simon Szreter, Changing Family Size in England and Wales. Place, Class and Demography, 1891-1911, Cambridge 2001.

Gartner, Lloyd P., The Jewish Immigrant in England, 1870–1914, London 1972.

Gehrmann, Rolf, Geman Census-Taking Before 1871, Max Planck Institute for Demographic Research MPIDR Working Papers WP-2009-023, Rostock 2009; http://www.demogr.mpg.de/papers/working/wp-2009-023.pdf (aufgerufen am 24. 11. 2014).

Geiselberger, Heinrich und Tobias Moorstedt, Vorwort, in: Dies. (Hrsg.), Big Data. Das neue Versprechen der Allwissenheit, Frankfurt a. M. 2013, S. 7–20.

Geppert, Alexander C.T., Uffa Jensen und Jörn Weinhold, Verräumlichung. Kommunikative Praktiken in historischer Perspektive, 1840–1930, in: Dies. (Hrsg.), Ortsgespräche. Raum und Kommunikation im 19. und 20. Jahrhundert, Bielefeld 2005, S. 15–49.

Gerhardt, Uta, Denken der Demokratie. Die Soziologie im atlantischen Transfer des Besatzungsregimes. Vier Abhandlungen, Stuttgart 2007.

Dies., Wirklichkeit(en). Soziologie und Geschichte, Baden-Baden 2014.

Gigerenzer, Gerd u. a., The Empire of Chance. How Probability Changed Science and Everyday Life, Cambridge 1989.

Gillard, Derek, Education in England. A Brief History, Kap. 3, in: www.educationengland.org.uk/history (aufgerufen am 29. 08. 2012).

Gilroy, Paul, There Ain't no Black in the Union Jack. The Cultural Politics of Race and Nation (1. Aufl. 1987), London und New York 2002.

Ders., One Nation Under a Groove. The Cultural Politics of ‚Race' and Racism in Britain, in: David Theo Goldberg (Hrsg.), Anatomy of Racism, Minneapolis 1990, S. 263–282.

Glass, D.V. (Hrsg.), Social Mobility in Britain, London 1954.

Ders. (Hrsg.), The Development of Population Statistics. A Collective Reprint of Materials Concerning the History of Census Taking and Vital Registration in England and Wales, Westmead 1973.

Ders., Numbering the People. The Eighteenth Century Population Controversy and the Cevelopment of Census and Vital Statistics in Britain, London 1978.

Gleeson, Brendan, Disabilities Studies. A Historical Materialist View, in: Disability and Society 12 (1997), S. 179–202.

Goldman, Lawrence, Statistics and the Science of Society in Early Victorian Britain. An Intellectual Context for the General Register Office, in: Social History of Medicine 4 (1991), S. 415–434.

Ders., Fawcett, Henry (1833–1884), in: Oxford Dictionary of National Biography, Oxford 2004; online-Ausg. Mai 2006, (http://www.oxforddnb.com/view/article/9218, aufgerufen am 10.4.2013).
Goldthorpe, John H. u.a., The Affluent Worker. Industrial Attitudes and Behaviour (Cambridge Studies in Sociology Bd. 1), Cambridge 1968.
Ders. u.a., The Affluent Worker. Political Attitudes and Behaviour (Cambridge Studies in Sociology Bd. 2), Cambridge 1968.
Ders. u.a., The Affluent Worker in the Class Structure (Cambridge Studies in Sociology Bd. 3), Cambridge 1969.
Ders. und Keith Hope, Occupational Grading and Occupational Prestige, in: Keith Hope (Hrsg.), The Analysis of Social Mobility. Methods and Approaches, Oxford 1972, S. 19–79.
Goss, Jon, ‚We Know Who You Are and We Know Where You Live'. The Instrumental Rationality of Geodemographic Systems, in: Economic geography 71 (1995), S. 171–198.
Graf, Rüdiger und Kim Christian Priemel, Zeitgeschichte in der Welt der Sozialwissenschaften. Legitimität und Originalität einer Disziplin, in: Vierteljahrshefte für Zeitgeschichte 59 (2011), S. 479–508.
Graham, David J, The Socio-Spatial Boundaries of an ‚Invisible' Minority. A Quantative (Re) appraisal of Britain's Jewish Population, unveröffentlichte Dphil Thesis in Geografie, St Catherine's College, Oxford, 2008.
Grant, Brian, The Deaf Advance. A History of the British Deaf Association 1890–1990, Edinburgh 1990.
Gray, P. und T. Corlett, Sampling for the Social Survey, in: Journal of the Royal Statistical Society, Series A 113 (1950), S. 150–199.
Gries, Rainer und Stefan Schwarzkopf (Hrsg.), Ernest Dichter. Doyen der Verführer. Zum 100. Geburtstag des Vaters der Motivforschung, Wien 2007.
Groves, Robert M., Three Eras of Survey Research, in: Public Opinion Quarterly 75 (2011) 5, S. 861–871.
Habermas, Jürgen, Strukturwandel der Öffentlichkeit. Untersuchungen zu einer Kategorie der bürgerlichen Gesellschaft. Mit einem Vorwort zur Neuauflage 1990, Frankfurt a. M. 1991.
Hacking, Ian, The Emergence of Probability. A Philosophical Study of Early Ideas about Probability, Induction and Statistical Inference, Cambridge 1975.
Ders., The Taming of Chance, Cambridge 1990.
Ders., The Social Construction of What? Cambridge (Mass.) 1999.
Ders., Making up People, in: London Review of Books 28 (2006) 16, S. 23–26.
Hakim, Catherine, Social Monitors. Population Censuses as Social Surveys, in: Martin Bulmer (Hrsg.), Essays on the History of British Sociological Research, Cambridge 1985, S. 39–51
Hall, Catherine, Keith McClelland und Jane Rendall, Introduction, in: Dies. (Hrsg.), Defining the Victorian Nation. Class, Race, Gender and the British Reform Act of 1867, Cambridge 2000, S. 1–70.
Hall, John, Looking Back. Mental Deficiency – Changing the Outlook in: The Psychologist 21 (2008), S. 1006–1007.
Hall, Stuart u.a., Policing the Crisis. Mugging, the State, and Law and Order, London 1978.
Ders., Ethnicity, Identity and Difference, in: Radical America 23 (1989), S. 9–20.
Halsey, A. H., A History of Sociology in Britain. Science, Literature, and Society, Oxford 2004.
Ders. und W.G. Runciman (Hrsg.), British Sociology Seen from Without and Within, Oxford 2005.
Hammack, James T., Report to the Statistical Society on the Proceedings of the Fourth Session of the International Statistical Congress, Held in London, July, 1860, in: Journal of the Statistical Society of London 24 (1861), S. 1–21.
Hannah, Matthew G., Dark Territory in the Information Age. Learning from the West German Census Controversies of the 1980s, Farnham und Burlington 2010.
Hansen, Randall, Citizenship and Immigration in Post-War Britain. The Institutional Origins of a Multicultural Nation, Oxford 2000.
Harris, Bernard, The Origins of the British Welfare State. Society, State and Social Welfare in England and Wales, 1800–1945, Basingstoke 2004.
Harris, Jose, Private Lives, Public Spirit. Britain 1870–1914, London 1993.

Harris, Muriel, A Handbook for Interviewers (The Social Survey/ Central Office of Information), London 1950.
Hartmann, Arthur, Deafmutism and the Education of Deaf-Mutes by Lip-Reading and Articulation, übersetzt v. J.C. Cassells, London 1881.
Hartmann, Heinrich und Corinna R. Unger, Einleitung. Zur transnationalen Wissensgeschichte der Demografie, in: Berichte zur Wissenschaftsgeschichte 33 (2010), S. 235–245.
Hatton, Timothy J. und Roy E. Bailey, Seebohm Rowntree and the Postwar Poverty Puzzle, in: Economic History Review 53 (2000), S. 517–543.
Haupt, Heinz-Gerhard und Jürgen Kocka (Hrsg.), Comparative and Transnational History. Central European Approaches and New Perspectives, New York und Oxford 2009.
Hawes, Donald, Lister, Thomas Henry (1800–1842), in: Oxford Dictionary of National Biography, Oxford 2004; online-Ausg. Mai 2012, http://www.oxforddnb.com/view/article/16768 (aufgerufen am 16. 07. 2012).
Heinzel, Annemarie, Volkszählung 2011. Deutschland bereitet sich auf einen registergestützten Zensus vor, in: Berliner Statistik, Monatsschrift 7 (2006), S. 321–327.
Hendricks, Frederick, On the Vital Statistics of Sweden, from 1749 to 1855, in: Journal of the Statistical Society of London 25 (1862), S. 111–174.
Hennessy, Peter, Never Again. Britain 1945–51, London 2006.
Ders., Having it so Good. Britain in the Fifties, London 2007.
Hennock, E.P., The Measurement of Urban Poverty. From the Metropolis to the Nation, 1880–1920, in: Economic History Review 40 (1987), S. 208–227.
Ders., Concepts of Poverty in the British Social Surveys from Charles Booth to Arthur Bowley, in: Martin Bulmer, Kevin Bales und Kathryn Kish Sklar (Hrsg.), The Social Survey in Historical Perspective 1880–1940, Cambridge u. a. 1991, S. 189–216.
Henry, Harry, Origins and Birth of the NRS, in: Admap (September 1991), www.warc.com (aufgerufen am 4. 6. 2008).
Herbert, Ulrich, Europe in High Modernity. Reflections on a Theory of the 20th Century, in: Journal of Modern European history 5 (2007), S. 5–20.
Herbst, Susan, Numbered Voices. How Opinion Polling has Shaped American Politics, Chicago und London 1993.
Dies., Polling in Politics and Industry, in: Theodore M. Porter und Dorothy Ross (Hrsg.), The Modern Social Sciences (The Cambridge History of Science, Bd. 7), Cambridge 2003, S. 577–590.
Higgs, Edward, Women, Occupations and Work in the Nineteenth-Century Censuses, in: History Workshop Journal 23 (1987), S. 59–80.
Ders., Disease, Febrile Poisons, and Statistics: The Census as a Medical Survey, 1841–1911, in: Social History of Medicine 4 (1991), S. 465–478.
Ders., The Statistical Big Bang of 1911. Ideology, Technological Innovation and the Production of Medical Statistics, in: Social History of Medicine 9 (1996), S. 409–426.
Ders., The General Register Office and the Tabulation of Data, 1837–1939, in: Martin Campbell-Kelly u. a. (Hrsg.), The History of Mathematical Tables. From Sumer to Spreadsheets, Oxford 2003, S. 209–234.
Ders., The Information State in England. The Central Collection of Information on Citizens, 1500–2000, Basingstoke 2003.
Ders., Life, Death and Statistics. Civil Registration, Censuses and the Work of the General Register Office, 1837–1952, Hatfield 2004.
Ders., Making Sense of the Census Revisited. Census Records for England and Wales, 1801–1901. A Handbook for Historical Researchers, London 2005.
Ders., Graham, George (1801–1888), in: Oxford Dictionary of National Biography, Oxford 2007; online-Ausg. Jannuar 2008, http://www.oxforddnb.com/view/article/75323 (aufgerufen am 16. 07. 2012).
Ders., Census of England and Wales, 1861, in: Histpop, www.histpop.org (aufgerufen am 19. 3. 2013).
Ders., Healthy Districts, in: Histpop, www.histpop.org (aufgerufen am 5. 2. 2013).
Ders., Imperial Censuses, in: Histpop, www.histpop.org (aufgerufen am 28. 8. 2011).
Ders., Institutions, in: Histpop, www.histpop.org (aufgerufen am 17. 10. 2012).

Ders., Introduction to Administrative Units of England and Wales, in: Histpop, www.histpop.org (aufgerufen am 15. 3. 2013).
Ders., Pre 1801-Population Estimates, in: Histpop, www.histpop.org (aufgerufen am 11. 9. 2011).
Ders., Printing and Distribution of the GRO's Reports, in: Histpop, www.histpop.org (aufgerufen am 17. 10. 2012).
Ders., Questions about Infirmities, in: Histpop, www.histpop.org (aufgerufen am 21. 3. 2013).
Ders., Registrar General's Reports for England and Wales, 1838–58, in: Histpop, www.histpop.org (aufgerufen am 17. 10. 2012).
Ders., Sir Brydges Henniker (1835–1906), in: Histpop, www.histpop.org (aufgerufen am 28. 12. 2012).
Ders., The Early Development of the General Register Office, in: Histpop, www.histpop.org (aufgerufen am 27. 8. 2011).
Ders., The Use of Statistical and Data Processing Equipment in the GRO, in: Histpop, www.histpop.org (aufgerufen am 28. 8. 2011).
Ders., Thomas Henry Lister (1800–1842), in: Histpop, www.histpop.org (aufgerufen am 28. 12. 2012).
Hilts, V.L., Aliis exterendum, or, the Origins of the Statistical Society of London, in: Isis 69 (1978), S. 21–43.
Hinde, Andrew, England's Population. A History Since the Domesday Survey, London 2003.
Hinton, James, „The ‚Class' Complex". Mass-Observation and Cultural Distinction in Pre-War Britain, in: Past and Present (2008) 199, S. 207–236.
Hirschhausen, Ulrike von, People that Count. The Imperial Census in Nineteenth- and Early Twentieth-Century Europe and India, in: Dies. und Jörn Leonhard (Hrsg.), Comparing Empires. Encounters and Transfers in the Long Nineteenth Century, Göttingen 2011, S. 145–170.
Hirschman, Charles, The Making of Race in Colonial Malaya. Political Economy and Racial Ideology, in: Sociological Forum 1 (1987), S. 330–362.
Ders., The Meaning and Measurement of Ethnicity in Malaysia. An Analyis of Census Classification, in: Journal of Asian Studies 46 (1987), S. 552–582.
Hobsbawm, Eric und Terence O. Ranger (Hrsg.), The Invention of Tradition, Cambridge 1983.
Hockerts, Hans Günter, Zeitgeschichte in Deutschland. Begriff, Methoden, Themenfelder, in: Historisches Jahrbuch 113 (1993), S. 98–127.
Hoinville, Gerald, Methodological Research on Sample Surveys. A Review of Developments in Britain, in: Martin Bulmer (Hrsg.), Essays on the History of British Sociological Research, Cambridge 1985, S. 101–120.
Ders., Developing Survey Methods, in: Journal of the Market Research Society 28 (1986), S. 3–14.
Ders. und Roger Jowell, Survey Research Practice, London 1982.
Hollerith, Herman, The Electrical Tabulating Machine (Read Before the Royal Statistical Society, 4. 12. 1894), in: Journal of the Royal Statistical Society 57 (1894), S. 678–689.
Holme, Colin, John Bull's Island. Immigration and British Society, 1871–1971, Basingstoke 1988.
Ders., A Tolerant Country? Immigrants, Refugees and Minorities in Britain, London 1991.
Hubble, Nick, Mass Observation and Everyday Life. Culture, History, Theory, Basingstoke 2005.
Hüntelmann, Axel und Michael C. Schneider (Hrsg.), Jenseits von Humboldt. Wissenschaft und Staat 1850–1990, Frankfurt a. M. u. a. 2010.
Humphries, Stephen und Pamela Gordon, Out of Sight. Experience of Disability, 1900–1950, Plymouth 1992.
Igo, Sarah E., The Averaged American. Surveys, Citizens, and the Making of a Mass Public, Cambridge (Mass.) und London 2007.
Dies., Hearing the Masses. The Modern Science of Opinion in the United States, in: Kerstin Brückweh, Dirk Schumann, Richard F. Wetzell und Benjamin Ziemann (Hrsg.), Engineering Society. The Role of the Human and Social Sciences in Modern Societies, 1880–1980, Basingstoke 2012, S. 215–233.
Illingworth, W.H., History of the Education of the Blind, London 1910.

Immigrant Statistics Unit (OPCS), Country of Birth and Colour 1971–1974, in: Population Trends 2 (1975), S. 2–8.
Jackson, Mark, The Borderland of Imbecility. Medicine, Society and the Fabrication of the Feeble Mind in Late Victorian and Edwardian England, Manchester 1999.
Jahoda, Marie, Paul F. Lazarsfeld und Hans Zeisel, Die Arbeitslosen von Marienthal. Ein soziographischer Versuch über die Wirkungen langandauernder Arbeitslosigkeit. Mit einem Anhang zur Geschichte der Soziographie (1. Aufl. 1933), Frankfurt a. M. 1975.
Jeffery, Tom, Mass-Observation. A Short History (Mass-Observation Archive Occasional Papers 10), Brighton 1999.
Jessen, Ralph und Jakob Vogel (Hrsg.), Wissenschaft und Nation in der europäischen Geschichte, Frankfurt a. M. und New York 2002.
Jessen, Ralph und Lydia Langer, Transformations of Retailing after 1945, Farnham und Burlington 2012.
Johnston, Stephen, Making the Arithmometer Count, in: Bulletin of the Scientific Instrument Society 52 (1997), S. 12.
Jones, D. Caradog, Social Surveys, London 1948.
Jones, G.P. und A.G. Pool, A Hundred Years of Economic Development in Great Britain (1840–1940), London 1971.
Joyce, Patrick (Hrsg), Class in Britain, Oxford und New York 1995.
Ders., Die Archivierung Indiens. Zur politischen Technologie des Britischen Kolonialstaats, in: Peter Becker (Hrsg.), Sprachvollzug im Amt. Kommunikation und Verwaltung im Europa des 19. und 20. Jahrhunderts, Bielefeld 2011, S. 275–304.
Kaschuba, Wolfgang, Vorbemerkung. Wissensgeschichte als Gesellschaftsgeschichte, in: Geschichte und Gesellschaft 34 (2008), S. 419–424.
Keller, Felix, Archäologie der Meinungsforschung. Mathematik und die Erzählbarkeit des Politischen, Konstanz 2001.
Kendall, M.G., Obituary. George Udny Yule C.B.E., F.R.S., in: Journal of the Royal Statistical Society. Series A (General), 115 (1952), S. 156–161.
Kertzer, David I. und Dominique Arel, Censuses, Identity Formation, and the Struggle for Political Power, in: Dies. (Hrsg.), Census and Identity. The Politics of Race, Ethnicity, and Language in National Census, Cambridge 2002, S. 1–42.
Dies. (Hrsg.), Census and Identity. The Politics of Race, Ethnicity, and Language in National Census, Cambridge 2002.
Khan, Omar, Ethnicity and Nationality. Review of ONS Census Proposals, in: Runneymede's Quarterly Bulletin, Juni 2008, S. 19–21, http://www.runnymedetrust.org/uploads/publications/pdfs/354BulletinJune08.pdf (aufgerufen am 19. 7. 2010).
Kieserling, André, Selbstbeschreibung und Fremdbeschreibung. Beiträge zur Soziologie des soziologischen Wissens, Frankfurt a. M. 2004.
Knöbl, Wolfgang, Das Problem „Europa". Grenzen und Reichweite sozialtheoretischer Deutungsansprüche im 20. Jahrhundert, in: Lutz Raphael (Hrsg.), Theorien und Experimente der Moderne. Europas Gesellschaften im 20. Jahrhundert, Köln 2012, S. 253–286.
Knorr-Cetina, Karin, Die Fabrikation von Erkenntnis. Zur Anthropologie von Wissenschaft, Frankfurt a. M. 1991.
Körösi, Joseph, On the Unification of Census Record Tables, in: Journal of the Statistical Society of London, Jubilee Volume (1885), S. 159–170.
Kosmini, Barry, Ethnic and Religious Questions in the 2001 UK Census of Population Policy Recommendations, in: JPR Policy Paper 2 (1999), http://www.jpr.org.uk/Reports/CS_Reports/PP_no_2_1999/index.htm (aufgerufen am 8. 4. 2013).
Kroen, Sheryl, Der Aufstieg des Kundenbürgers? Eine politische Allegorie für unsere Zeit, in: Michael Prinz (Hrsg.), Der lange Weg in den Überfluss. Anfänge und Entwicklung der Konsumgesellschaft seit der Vormoderne, Paderborn u. a. 2003, S. 533–564.
Krüger, Lorenz, Lorraine J. Daston und Michael Heidelberger (Hrsg.), The Probalistic Revolution. Ideas in History, Bd. 1, Cambridge (Mass.) 1987.
Ders., Gerd Gigerenzer und Mary S. Morgan (Hrsg)., The Probalistic Revolution. Ideas in the Sciences Bd. 2, Cambridge (Mass.) 1987.

Kruke, Anja, Demoskopie in der Bundesrepublik Deutschland. Meinungsforschung, Parteien und Medien 1949–1990, Düsseldorf 2007.
Kruskal, William und Frederick Mosteller, Representative Sampling IV. The History of the Concept of Statistics, 1895–1939, in: International Statistical Review 48 (1980), S. 169–195.
Kuczynski, Jürgen, Darstellung der Lage der Arbeiter in England von 1832 bis 1900 (Die Geschichte der Lage der Arbeiter unter dem Kapitalismus, Teil II; Die Geschichte der Lage der Arbeiter in England, in den Vereinigten Staaten von Amerika und Frankreich, Bd. 24), Berlin 1965.
Kudlick, Catherine, Why We Need Another „Other", in: American Historical Review 108 (2003), S. 763–793.
Kushner, Tony, Immigration and ‚Race Relations' in Postwar British Society, in: Paul Johnson (Hrsg.), Twentieth-Century Britain. Economic, Social and Cultural Change, Harlow 1994, S. 411–426.
Ders., We Europeans? Mass-Observation, ‚Race' and British Identity in the Twentieth Century, Aldershot 2004.
Ders. und Katherine Knox, Refugees in an Age of Genocide. Global, National and Local Perspectives During the Twentieth Century, London 1999.
Kynaston, David, A World to Build. Austerity Britain 1945–51, London 2007.
Lacey, Michael J. und Mary O. Furner (Hrsg.), The State and Social Investigation in Britain and the United States, Cambridge 2004.
Ladd, Paddy, Understanding Deaf Culture. In Search of Deafhood, Clevedon u. a. 2003.
Landwehr, Achim (Hrsg.), Geschichte(n) der Wirklichkeit. Beiträge zur Sozial- und Kulturgeschichte des Wissens, Augsburg 2002.
Ders., Diskurs – Macht – Wissen. Perspektiven einer Kulturgeschichte des Politischen, in: Archiv für Kulturgeschichte 85 (2003), S. 71–117.
Ders., Das gezählte Volk. ‚Bevölkerung' als Gegenstand einer Kulturgeschichte des Politischen, in: Barbara Stollberg-Rilinger (Hrsg.), Was heißt Kulturgeschichte des Politischen? (Zeitschrift für historische Forschung, Beiheft 35), Berlin 2005, S. 207–224.
Ders., Die Erschaffung Venedigs. Raum, Bevölkerung, Mythos 1570–1870, Paderborn u. a. 2007.
Lardschneider, Michael, Social Engineering. Eine ungewöhnliche aber höchst effiziente Security Awareness Maßnahme, in: Datenschutz und Datensicherheit 9 (2008), S. 574–578.
Latour, Bruno und Steve Woolgar, Laboratory Life. The Construction of Scientific Facts, Princeton 1986.
Latour, Bruno, Science in Action. How to Follow Scientists and Engineers Through Society, Milton Keynes 1987.
Ders., Die Hoffnung der Pandora. Untersuchungen zur Wirklichkeit der Wissenschaft, Frankfurt a. M. 2000.
Ders., Eine neue Soziologie für eine neue Gesellschaft. Einführung in die Akteur-Netzwerk-Theorie, Frankfurt a. M. 2007.
Lawrence, Jon, Speaking for the People. Party, Language and Popular Politics in England, 1867–1914, Cambridge 1998.
Ders., Social-Science Encounters and the Negotiation of Difference in early 1960s England, in: History Workshop Journal 77 (2014), S. 215–239.
Ders. und Miles Taylor, The Poverty of Protest. Gareth Stedman Jones and the Politics of Language. A Reply, in: Social History 18, 1993, S. 1–15.
Lawton, Richard (Hrsg.), The Census and Social Structure. An Interpretative Guide to Nineteenth Century Censuses for England and Wales, London 1978.
Lazarsfeld, Paul, Notes on the History of Quantification in Sociology. Trends, Sources and Problems, in: Isis 52 (1961), S. 277–333.
Layton-Henry, Zig, The Politics of Immigration. Immigration, ‚Race' and ‚Race' Relations in Post-War Britain, Oxford 1992.
Lee, Elizabeth, Merivale, Herman Charles (1839–1906), rev. William Baker, in: Oxford Dictionary of National Biography, Oxford 2004; online-Ausg., http://www.oxforddnb.com/view/article/34993 (aufgerufen am 21. 9. 2012).
Lee, Raymond (Hrsg.), A Beginner's Introduction to Deaf History, Feltham und Middlesex 2004.

Lee, Robert, Defining Population by Statistics c. 1850–1939. German Practices Within a European Context, in: Rainer Mackensen (Hrsg.), Bevölkerungsforschung und Politik in Deutschland im 20. Jahrhundert, Wiesbaden 2006, S. 89–117.

Lee, Sharon M., Racial Classification in the US Census, 1890–1990, in: Ethnic and Racial Studies 16 (1993), S. 75–94.

Leete, Richard und John Fox, Registrar General's Social Classes. Origins and Uses, in: Population Trends 8 (1977), S. 1–7.

Lent, H. Statistik der Taubstummen des Regierungsbezirks Köln, etc., Köln 1870.

Leventhal, Barry (Hrsg.), The Introductory Guide to the 1991 Census, Henley-on-Thames 1993.

Levi, Leone, Resume of the Statistical Congress, Held at Brussels, September 11th, 1853, for the Purpose of Introducing Unity in the Statistical Documents of all Countries, in: Journal of the Statistical Society of London 17 (1854), S. 1–14.

Levitan, Kathrin, A Cultural History of the British Census. Envisioning the Multitude in the Nineteenth Century, New York 2011.

Liddington, Jill und Elizabeth Crawford, ‚Women do not Count, Neither Shall They be Counted'. Suffrage, Citizenship and the Battle for the 1911 Census, in: History Workshop Journal 71 (2011), S. 98–127.

Lima Andrews, Leonora de, A Symposium on Interviewing Problems. That Dreadful Interviewer Problem Again, in: International Journal of Opinion and Attitude Research 3 (1949–50), S. 587–590.

Lindner, Ulrike, Neuere Kolonialgeschichte und Postcolonial Studies, Version: 1.0, in: Docupedia-Zeitgeschichte, 15. 4. 2011, https://docupedia.de/zg/Neuere_Kolonialgeschichte_und_Postcolonial_Studies?oldid=84642 (aufgerufen am 11. 3. 2013).

Lingelbach, Gabriele und Sebastian Schlund, Disability History, Version: 1.0, in: Docupedia-Zeitgeschichte, 8. 7. 2014, http://docupedia.de/zg/Disability_History?oldid=92951 (aufgerufen am 18. 11. 2014).

Logan, W.P.D., Medical Significance of the Census, in: British Medical Journal (7. 4. 1951), S. 720–722.

Longmore, Paul K. und Lauri Umansky (Hrsg.), The New Disability History. American Perspectives, New York 2001.

Longstaff, G. B., Suggestions for the Census of 1891, in: Journal of the Royal Statistical Society, 52 (1889), S. 436–467.

Lowe, Rodney, Of Mice and Men. Constructing an Administrative History of Twentieth-Century Britain, in: Twentieth Century British history 16 (2005), S. 103–115.

Ders., The Welfare State in Britian Since 1945, Basingstoke ³2005.

Lüdtke, Alf, Was ist und wer betreibt Alltagsgeschichte?, in: Ders. (Hrsg.), Alltagsgeschichte. Zur Rekonstruktion historischer Erfahrungen und Lebensweisen, Frankfurt a. M. und New York 1989, S. 9–46.

Luhmann, Niklas, Die Wissenschaft der Gesellschaft, Frankfurt a. M. 1990.

Ders., Die Beobachtung der Beobachter im politischen System. Zur Theorie der öffentlichen Meinung, in: Jürgen Wilke (Hrsg.), Öffentliche Meinung. Theorien, Methoden, Befunde. Beiträge zu Ehren von Elisabeth Noelle-Neumann, Freiburg 1992, S. 77–86.

Ders., Die Gesellschaft der Gesellschaft, 2. Teilbd., Frankfurt a. M. 1998.

Lumas, Susan, Women Enumerators, in: Local Population Studies Society Newsletter 14 (1994), S. 3–5.

Lysons, C.K., The Development of Social Legislation for Blind or Deaf Persons in England 1834–1939, unveröffentl. Thesis, University of Brunel, London 1973.

Maasen, Sabine, Wissenssoziologie. Eine Einführung. Bielefeld ²2009.

MacDonagh, Oliver, The Nineteenth-Century Revolution in Government. An Reappraisal, in: Historical Journal 1 (1958), S. 52–67.

Mackensen, Rainer und Jügen Reulecke (Hrsg.), Das Konstrukt ‚Bevölkerung' vor, im und nach dem ‚Dritten Reich', Wiesbaden 2005.

MacKenzie, Charlotte, Psychiatry for the Rich. A History of the Private Madhouse at Ticehurst in Sussex, 1792–1917, in: Psychological Medicine 18 (1988), S. 545–549.

Dies., Psychiatry for the Rich. A History of Ticehurst Private Asylum, 1792–1917, London und New York 1992.

Mackenzie, Donald A., Statistics in Britain 1865–1930. The Social Construction of Scientific Knowledge, Edinburgh 1981.
MacLeod, Roy (Hrsg.), Government and Expertise. Specialists, Administrators and Professionals 1860–1919, Cambridge 1988.
Madge, John, The Tools of Social Science, London 1953.
Maier, Charles S., Consigning the Twentieth Century to History: Alternative Narratives for the Modern Era, in: The American Historical Review 105 (2000) 3, S. 807–831.
Mallet, Bernard, Registration in Relation to Eugenics, in: The Eugenic Review 14 (1922), S. 23–30.
[Malthus, Thomas Robert], An Essay on the Principle of Population, as it Affects the Future Improvement of Society. With Remarks on the Speculations of Mr. Godwin, M. Condorcet, and Other Writers, London 1798.
Marsh, Catherine, The Survey Method. The Contribution of Surveys to Sociological Explanation, London 1982.
Marwick, Arthur, Class. Image and Reality in Britain, France and the USA Since 1930, London 1980.
Ders., British Society Since 1945, London ⁴2003.
McCrossan, Liz, A Handbook for Interviewers. A Manual of Social Survey Practice and Procedures on Structured Interviewing (Office of Population Censuses and Surveys. Social Survey Division), London 1991.
McDonald, Colin und Stephen King, Sampling the Universe. The Growth, Development and Influence of Market Research in Britain Since 1945, London 1996.
McGeachie, James, Wilde, Sir William Robert Wills (1815–1876), in: Oxford Dictionary of National Biography, Oxford 2004; online-Ausg., http://www.oxforddnb.com/view/article/29403 (aufgerufen am 30. 07. 2012).
McKibbin, Ross, Classes and Cultures. England 1918–1951, Oxford 2000.
McLaine, Ian, Ministry of Morale. Home Front Morale and the Ministry of Information in World War II, London 1979.
Mergel, Thomas, Kulturgeschichte – die neue „große Erzählung"? Wissenssoziologische Bemerkungen zur Konzeptualisierung sozialer Wirklichkeit in der Geschichtswissenschaft, in: Wolfgang Hardtwig und Hans-Ulrich Wehler (Hrsg.), Kulturgeschichte heute, Göttingen 1996 (Geschichte und Gesellschaft Sonderheft 16), S. 41–77.
Ders., Überlegungen zu einer Kulturgeschichte der Politik, in: Geschichte und Gesellschaft 28 (2002), S. 574–606.
Miller, Peter und Nikolas Rose, Governing the Present. Administering Economic, Social and Personal Life, Cambridge 2008.
Monk, Donald, Social Grading on the National Readership Survey, London 1970.
Ders., Social Grading on the National Readership Survey, akt. Aufl., London ⁴1978.
Ders., Social Grading on the National Readership Survey, akt. Aufl. Lonon ⁵1985.
Moon, Nick, Opinion Polls. History, Theory and Practice, Manchester und New York 1999.
Moore, David W., The Superpollsters. How They Measure and Manipulate Public Opinion in America, New York 1992.
Moran, Joe, Mass-Observation, Market Research, and the Birth of the Focus Group, 1937–1997, in: Journal of British Studies 47 (2008), S. 827–851.
Morgan, Keenneth O., Britain Since 1945. The People's Peace, Oxford ³2001.
Mort, Frank, Competing Domains. Democratic Subjects and Consuming Subjects in Britain and the United States since 1945, in: Frank Trentmann, (Hrsg.), The Making of the Consumer. Knowledge, Power and Identity in the Modern World, Oxford/New York 2006, S. 225–248.
Morton-Williams, Jean, Questionnaire Design, in: Robert M. Worcester und John Downham (Hrsg.), Consumer Market Research Handbook, Amsterdam 1986, S. 111–146.
Mosaic United Kingdom. The Consumer Classification for the UK, 2003, http://www.business-strategies.co.uk/upload/downloads/mosaic/uk/brochure.pdf (aufgerufen am 15. 7. 2008).
Mosaic United Kingdom. The Consumer Classification for the UK, 2006, http://www.business-strategies.co.uk/upload/downloads/mosaic/uk/brochure.pdf (aufgerufen am 15. 7. 2008).

Moser, Claus A., The Use of Sampling in Great Britain, in: Journal of the American Statistical Association, 44 (1949), S. 231–259.
Ders., Survey Methods in Social Investigation, London u. a. 1961.
Ders., Statistics about Immigrants. Objectives Sources, Methods and Problems, in: Social Trends 3 (1972), S. 20–30.
Moss, Celia, Selection of Topics and Questions for the 2001 Census, in: Population Trends 97 (1999), S. 28–36.
Moss, Louis, The Government Social Survey. A History, London 1991.
Mouat, Frederic J., Reports on: 1. The Fourth Session of the Permanent Commission of the International Statistical Congress, Held in Paris, 10th–20th July, 1878; 2. The First Session of the International Congress of Demography and Medical Geography, Held in Paris, 5th–10th July, 1878; 3. The Second Session of the International Prison Congress, Held in Stockholm, 20th–27th August 1878, in: Journal of the Statistical Society of London 42 (1879), S. 1–35.
Ders., Note on the Tenth Census of the United States of America, in: Journal of the Statistical Society of London 43 (1880), S. 573–604.
Mykkänen, Juri, ‚To Methodize and to Regulate Them'. William Petty's Governmental Science of Statistics, in: History of Human Sciences 7 (1994), S. 65–88.
Negt, Oskar, Die Konstituierung der Soziologie als Ordnungswissenschaft. Strukturbeziehungen zwischen den Gesellschaftslehren Comtes und Hegels, Frankfurt a. M. 1974.
Nikolow, Sibylla, Die Nation als statistisches Kollektiv. Bevölkerungskonstruktion im Kaiserreich und in der Weimarer Republik, in: Ralph Jessen und Jakob Vogel (Hrsg.), Wissenschaft und Nation in der europäischen Geschichte, Frankfurt 2002, S. 235–259.
Dies. und Arne Schirrmacher (Hrsg.), Wissenschaft und Öffentlichkeit als Ressource füreinander. Studien zur Wissenschaftsgeschichte im 20. Jahrhundert. Frankfurt a. M. 2007.
Nissel, Muriel, People Count. A History of the General Register Office, London 1987.
Nixon, J.W., The History of the International Statistical Institute, 1885–1960, The Hague 1960.
Nolte, Paul, Die Ordnung der deutschen Gesellschaft. Selbstentwurf und Selbstbeschreibung im 20. Jahrhundert, München 2000.
Nossiter, Tom, Survey and Opinion Polls, in: Brian Brivati, Julia Buxton und Anthony Seldon (Hrsg.), The Contemporary History Handbook, Manchester und New York 1996, S. 326–341.
Oberschall, Anthony, Empirische Sozialforschung in Deutschland 1848–1914, München 1997.
Obertreis, Julia (Hrsg.), Oral History, Stuttgart 2012.
O'Brien, John, How Do Market Researchers Ask Questions?, in: Journal of the Market Research Society 26 (1984), S. 93–107.
Oexle, Otto Gerhard (Hrsg.), Das Problem der Problemgeschichte 1880–1932, Göttingen 2001.
Office for National Statistics, 60 Years of Social Survey. 1941–2001, Norwich und London 2001.
Dass., 200 Years of the Census. Produced by the Office for National Statistics to Celebrate 200 Years of Census Taking, London 2001, in: http://www.ons.gov.uk (aufgerufen am 16. 10. 2012).
Dass., Harmonised Concepts and Questions for Social Data Sources. Primary Standards. Demographic Information, Household Composition and Relationships, Version 1.0. Office for National Statistics, Juni 2004, in: http://surveynet.essex.ac.uk/SQB/QB/resources/harmonisation/P2.pdf (aufgerufen am 17. 4. 2009)
Dass., Population Trends. Index to Articles 1975–2003, London 2004.
Dass., Labour Force Survey User Guide, Bd. 8: Household and Family Data, 2008, in: http://www.ons.gov.uk/ons/guide-method/method-quality/specific/labour-market/labour-market-statistics/volume-8---2008.pdf (aufgerufen am 17. 2. 2013).
Dass., The National Statistics Socio-economic Classification (NS-SEC Rebased on the SOC2010), in: http://www.ons.gov.uk/ons/guide-method/classifications/current-standard-classifications/soc2010/soc2010-volume-3-ns-sec--rebased-on-soc2010--user-manual/index.html#7 (aufgerufen am 6. 2. 2013).
Dass., Background to Beyond 2011, in: http://www.ons.gov.uk/ons/about-ons/what-we-do/programmes---projects/beyond-2011/background-to-beyond-2011/index.html (aufgerufen am 18. 4. 2013).
Dass., Why we have a Census, in: Office for National Statistics, http://www.ons.gov.uk/ons/guide-method/census/2011/why-we-have-a-census/index.html (aufgerufen am 4. 3. 2013).

Dass., Census 2011 – Help Tomorrow Take Shape, in: http://www.ons.gov.uk/ons/guide-method/census/2011/index.html (aufgerufen am 18. 10. 2012).
Office for Population Censuses and Surveys and General Register Office, Edinburgh, Guide to Census Reports, Great Britain 1801–1966, London 1977.
Oliver, Michael, The Politics of Disablement. A Sociological Approach, London und New York 1990.
Ders., Understanding Disability. From Theory to Practice, London 1996.
Ders., A Sociology of Disabilitiy or a Disabilist Sociology?, in: Len Barton (Hrsg.), Disability and Society. Emerging Issues and Insights, London 1996, S. 18–42
Ders. und Colin Barnes, Disabled People and Social Policy. From Exclusion to Inclusion, London 1998.
Openshaw, Stan, Making Geodemographics More Sophisticated, in: Journal of the Market Research Society 31 (1989), S. 111–131.
Oppenheim, A.N., Questionnaire Design and Attitude Measurement, London 1966.
Osborne, Thomas und Nikolas Rose, Do the Social Sciences Create Phenomena? The Example of Public Opinion Research, in: The British Journal of Sociology 50 (1999), S. 367–396.
Osborne, Thomas, Nikolas Rose und Mike Savage, Reinscribing British Sociology. Some Critical Reflections (Editors' Introduction), in: The Sociological Review 56 (2008), S. 519–534.
Osterhammel, Jürgen, Die Verwandlung der Welt. Eine Geschichte des 19. Jahrhunderts, München 2008.
Overath, Petra und Patrick Krassnitzer (Hrsg.), Bevölkerungsfragen. Prozesse des Wissenstransfers in Deutschland und Frankreich (1870–1939), Köln u. a. 2007.
Pagel, Martin, On our own Behalf. An Introduction to the Self-Organisation of Disabled People, London 1998.
Panayi, Panikos, Immigration, Multiculturalism and Racism, in: Francesca Carnevali und Julie-Marie Strange (Hrsg.), Twentieth-Century Britain. Economic, Cultural and Social Change, Harlow u. a. 2007, S. 247–261.
Payne, Stanley, The Art of Asking Questions, Princeton 1951.
Parry, Gwenfair und Mari A. Williams, The Welsh Language and the 1891 Census, Cardiff 1999.
Parry-Jones, William, The Trade in Lunacy. A Study of Private Madhouses in England in the Eighteenth and Nineteenth Centuries, London 1971.
Patriarca, Silvana, Numbers and Nationhood. Writing Statistics in Nineteenth-Century Italy, Cambridge 2003.
Paul, Kathleen, Whitewashing Britain. Race and Citizenship in the Postwar Era, Ithaca und London 1997.
Pedersen, Susan, What is Political History Now?, in: Cannadine, David (Hrsg.), What is History Now?, New York 2002, S. 36–56.
Peet, Harvey P., Statistics of the Deaf and Dumb. A Paper Read Before the Medical Society of the State of New York, New York 1852.
Pellew, Jill, The Home Office and the Aliens Act, 1905, in: The Historical Journal 32 (1989), S. 369–385.
Perrot, Jean-Claude und Stuart J. Woolf, State and Statistics in France, 1789–1815, New York 1984.
Perkyns, A., Age Checkability and Accuracy in the Censuses of Six Kentish Parishes 1851–81, in: Local Population Studies 50 (1993), S. 19–38.
Pfister, Christian, Bevölkerungsgeschichte und historische Demographie 1500–1800. (Enzyklopädie deutscher Geschichte, Bd. 28), München [2]2007.
Pfister, Ulrich und Georg Fertig, The Population History of Germany. Research Strategy and Preliminary Results, Max Planck Institute for Demographic Research Working Papers WP-2010-035, Rostock 2010; http://ideas.repec.org/p/dem/wpaper/wp-2010-035.html (aufgerufen am 24. 11. 2014).
Phillips, Gordon Ashton, The Blind in British Society. Charity, State, and Community, c.1780–1930, Aldershot 2004.
Piirto, Rebecca, Beyond Mind Games. The Marketing Power of Psychographics, Ithaca 1991.

Pimlott Baker, Anne, Glass, Ruth Adele (1912–1990), rev. Oxford Dictionary of National Biography, Oxford 2004, online-Ausg. http://www.oxforddnb.com/view/article/39973 (aufgerufen am 3.1.2013).
Platt, Jennifer, Realities of Social Research. An Empirical Study of British Sociologists, London 1976.
Dies., A History of Sociological Research Methods in America 1920–1960, Cambridge 1996.
Pleinen, Jenny und Lutz Raphael, Zeithistoriker in den Archiven der Sozialwissenschaften. Erkenntnispotentiale und Relevanzgewinne für die Disziplin, in: Vierteljahrshefte für Zeitgeschichte 62 (2014) 2, S. 173–95.
Pond, C. C., Vardon, Thomas (1799–1867), in: Oxford Dictionary of National Biography, Oxford 2004, online-Ausg. http://www.oxforddnb.com /view/article/38557 (aufgerufen am 17.7.2012).
Poovey, Mary, Making a Social Body. British Cultural Formation, 1830–1864, Chicago 1995.
Popper, Karl, The Open Society and its Enemies, (1. Aufl 1945), Abingdon 2011.
Porter, Theodore, The Rise of Statistical Thinking 1820–1900, Princeton 1986.
Ders., Trust in Numbers. The Pursuit of Objecitivity in Science and Public Life, Princeton 1995.
Ders., Statistics and Statistical Methods, in: Ders. und Dorothy Ross (Hrsg.), The Modern Social Sciences (The Cambridge History of Science, Bd. 7), Cambridge 2003, S. 238–250.
Ders. und Dorothy Ross (Hrsg.), The Modern Social Scienes (The Cambridge History of Science, Bd. 7), Cambridge 2003.
Ders. und Dorothy Ross, Introduction. Writing the History of Social Science, in: Dies. (Hrsg.), The Modern Social Sciences (The Cambridge History of Science, Bd. 7), Cambridge 2003, S. 1–10.
Potter, Robert G., The British Family Census of 1946, in: *Population Index* 21 (1955), S. 88–90.
Powell, J. Enoch, Freedom and Reality (hrsg. von John Wood), London 1969.
Power, D'A., Robertson, Sir William Tindal (1825–1889), überarb.v. D. Ben Rees, in: Oxford Dictionary of National Biography, Oxford 2004, online-Ausg., http://www.oxforddnb.com/view/article/23820 (aufgerufen am 10.4.2013).
Presser, Harriet B., Decapitating the U.S. Census Bureau's ‚Head of Household'. Feminist Mobilization in the 1970s, in: Feminist Economics 4 (1998), S. 145–158.
Priestley, Mark, Worum geht es bei den Disability Studies. Eine britische Sichtweise, in: Anne Waldschmidt (Hrsg.), Kulturwissenschafltiche Perspektiven der Disability Studies. Tagungsdokumentation, Kassel 2003, S. 23–35.
Prinz, Michael, Bürgerrecht Konsum, in: Archiv für Sozialgeschichte 44 (2004), S. 678–690.
Proceedings of the Census Committee of the Statistical Society of London, 1850, in: Journal of the Statistical Society of London 13 (1850), S. 267–269.
Quantative and Qualitative Method in Sociological Research, in: Nature 149 (9.5.1942) 3784, S. 516–518.
Quensel, Carsten, Englische Identität. Neuere Studien zum Problem nationaler Einheit, in: Archiv für Sozialgeschichte 43 (2003), S. 542–564.
Raphael, Lutz, Die Verwissenschaftlichung des Sozialen als methodische und konzeptionelle Herausforderung für eine Sozialgeschichte des 20. Jahrhunderts, in: Geschichte und Gesellschaft 22 (1996), S. 165–193.
Ders., Ordnungsmuster der „Hochmoderne"? Die Theorie der Moderne und die Geschichte der europäischen Gesellschaften im 20. Jahrhundert, in: Ders. und Ute Schneider (Hrsg.), Dimensionen der Moderne. Festschrift für Christof Dipper, Frankfurt a. M. 2008, S. 73–91.
Ders., Embedding the Human and Social Sciences in Western Societies, 1880–1980. Reflections on Trends and Methods of Current Research, in: Kerstin Brückweh, Dirk Schumann, Richard F. Wetzell und Benjamin Ziemann (Hrsg.), Engineering Society. The Role of the Human and Social Sciences in Modern Societies, 1880–1980, Basingstoke 2012, S. 41–56.
Ders., Ordnungsmuster und Selbstbeschreibungen europäischer Gesellschaften im 20. Jahrhundert, in: Ders. (Hrsg.), Theorien und Experimente der Moderne. Europas Gesellschaften im 20. Jahrhundert, Köln 2012, S. 9–20.
Recommendations of the Council of the Statistical Society as Regards the Census of 1861, in: Journal of the Statistical Society of London 23 (1860), S. 222–223.

Recommendations of the Council of the Statistical Society with Respect to the Census of 1871, in: Journal of the Statistical Society of London 33 (1870), S. 113.
Redfern, Philip, Obituary. George (‚Toby') Paine CB, DFC, 1918–92, in: Journal of the Royal Statistical Society. Series A (Statistics in Society), 156 (1993), S. 121–122.
Redmayne, Paul und Hugh Week, Market Research, London 1931.
Dies., Market Research (überarb. v. R.N. Wadsworth und B.D. Copland), London ²1951.
Reid, Ivan, Social Class Differences in Britain. A Sourcebook, London 1977.
Reinecke, Christiane, Grenzen der Freizügigkeit. Migrationskontrolle in Großbritannien und Deutschland, 1880–1930, München 2010.
Dies. und Thomas Mergel, Das Soziale vorstellen, darstellen, herstellen. Sozialwissenschaften und gesellschaftliche Ungleichheit im 20. Jahrhundert, in: Dies. (Hrsg.), Das Soziale ordnen. Sozialwissenschaften und gesellschaftliche Ungleichheit im 20. Jahrhundert, Frankfurt a. M. und New York 2012, S. 7–30.
Dies. und Malte Zierenberg, Vermessungen der Mediengesellschaft im 20. Jahrhundert. Eine Einleitung, in: Comparativ 21 (2011), 4, S. 7–12.
Report to the Council of the Statistical Society of London, from the Committee Appointed to Consider the Best Mode of Taking the Census of the United Kingdom in 1841, in: Journal of the Statistical Society of London 3 (1840), S. 72–102.
Report of a Committee with Reference to the Census of 1881, in: Journal of the Royal Statistical Society 43 (1880), S. 134–139.
Report of a Committee with Reference to the Census of 1891, in: Journal of the Royal Statistical Society 51 (1888), S. 816–818.
Report of the Census Committee, in: The Journal of the Royal Statistical Society 71 (1908), S. 496–498.
Report of the Census Committee, 1908–09, in: The Journal of the Royal Statistical Society 72 (1909), S. 574–593.
Report on the Census, in: Journal of the Royal Statistical Society 83 (1920), S. 134–139.
Report on the Census, in: Journal of the Royal Statistical Society 93 (1930), S. 573–575.
Rheinberger, Hans-Jörg, Experimentalsysteme und epistemische Dinge. Eine Geschichte der Proteinsynthese im Reagenzglas, Göttingen 2001.
Ders., Historische Epistemologie zur Einführung, Hamburg 2007.
Rhind, David (Hrsg.), A Census User's Handbook, London und New York 1983.
Rickman, John, Thoughts on the Utility and Facility of Ascertaining the Population of England, in: The Commercial and Agricultural Magazine, Bd. 2, London June 1800, S. 391–399, abgedruckt in D.V. Glass, Numbering the People. The Eighteenth Century Population Controversy and the Cevelopment of Census and Vital Statistics in Britain, London 1978, S. 106 f.
Robinson, Arthur H., Early Thematic Mapping in the History of Cartography, Chicago 1982.
Robinson, Daniel J., The Measure of Democracy. Polling, Market Research, and Public Life 1930–1945, Toronto und Buffalo 1999.
Rödder, Andreas, Klios neue Kleider. Theoriedebatten um eine Kulturgeschichte der Politik in der Moderne, in: Historische Zeitschrift 283 (2006), S. 657–688.
Roediger, David R., The Wages of Whiteness. Race and the Making of the American Working Class, London 1991.
Roodhouse, Mark, Durant, Henry William (1902–1982), in: Oxford Dictionary of National Biography, Oxford 2008, online-Ausg., http://www.oxforddnb.com/view/article/94322 (aufgerufen am 3. 1. 13).
Rose, David, Official Social Classification in the UK, in: Social Research Update, University of Surrey 9 (1995), http://sru.soc.surrey.ac.uk/SRU9.html (aufgerufen am 18. 10. 2007).
Rose, Nikolas, Governing the Soul. The Shaping of the Private Self, London 1990.
Ders., Inventing Our Selves. Psychology, Power, and Personhood, Cambridge 1998.
Rose, Sonya O., What is Gender History?, Cambridge 2010.
Rusnock, Andrea, Vital Accounts. Quantifying Health and Population in Eighteenth-Century England and France, Cambridge 2002.
Samuel, Raphael (Hrsg.), Patriotism. The Making and Unmaking of British National Identity, London 1989.

Samuels, John, Social Class in the Future, in: Admap (Juli 1988), www.warc.com (aufgerufen am 4.6.2008).
Sandbrook, Dominic, Never had it so Good. A History of Britain from Suez to the Beatles, London 2005.
Ders., White Heat. A History of Britain in the Swinging Sixties, London 2006.
Sarasin, Philipp, Was ist Wissensgeschichte?, in: Internationales Archiv für Sozialgeschichte der deutschen Literatur 36 (2011), S. 159–172.
Savage, Mike, Identities and Social Change in Britain since 1940. The Politics of Method, Oxford 2010.
Ders. und Roger Burrows, The Coming Crisis of Empirical Sociology, in: Sociology 41 (2007), S. 885–899.
Schlögel, Karl, Kartenlesen, Raumdenken. Von einer Erneuerung der Geschichtsschreibung, in: Merkur 56 (2002), S. 308–318.
Ders., Im Raume lesen wir die Zeit. Über Zivilisationsgeschichte und Geopolitik, München und Wien 2003.
Schmidt, Daniel, Statistik und Staatlichkeit, Wiesbaden 2005.
Schneider, Michael C., Wissensproduktion im Staat. Das königlich preußische statistische Bureau 1860–1914, Frankfurt a. M. und New York 2003.
Schor, Paul, Mobilising for Pure Prestige? Challenging Federal Census Ethnic Categories in the USA (1850–1940), in: International Social Science Journal 57 (2005) 183, S. 89–101.
Schröder, Wilhelm Heinz, Kollektive Biographien in der historischen Sozialforschung. Eine Einführung, in: Ders. (Hrsg.), Lebenslauf und Gesellschaft. Zum Einsatz von kollektiven Biographien in der historischen Sozialforschung, Stuttgart 1985, S. 7–17.
Ders., Kollektivbiographie. Spurensuche, Gegenstand, Forschungsstrategie, in: Ders. (Hrsg.), Kollektivbiographie als interdisziplinäre Methode in der Historischen Sozialforschung. Eine persönliche Retrospektive (Historical Social Research, Beiheft 23), Köln 2011, S. 74–152.
Schützeichel, Rainer (Hrsg.), Handbuch Wissenssoziologie und Wissensforschung, Konstanz 2007.
Schumacher, Stefan, Psychologische Grundlagen des Social Engineering, in: Die Datenschleuder. Das wissenschaftliche Fachblatt für Datenreisende. Ein Organ des Chaos Computer Clubs 94 (2010), S. 52–59.
Schwarzkopf, Stefan, Kontrolle statt Rausch? Marktforschung, Produktwerbung und Verbraucherlenkung im Nationalsozialismus zwischen Phantasien von Masse, Angst und Macht, in: Árpád v. Klimó und Malte Rolf (Hrsg.), Rausch und Diktatur. Inszenierung, Mobilisierung und Kontrolle in totalitären Systemen, Frankfurt a. M. und New York 2006, S. 193–216.
Ders., A Radical Past? The Politics of Market Research in Britain, 1900–1950, in: Kerstin Brückweh (Hrsg.), The Voice of the Citizen Consumer. A History of Market Research, Consumer Movements, and the Political Public Sphere, Oxford 2011, S. 29–50.
Schweber, Libby, Disciplining Statistics. Demography and Vital Statistics in France and England, 1830–1885, Durham und London 2006.
Scott, James C., Seeing Like a State. How Certain Schemes to Improve the Human Condition Have Failed, New Haven 1998.
Scytale und Unicorn, Die Volkszählung 2011. SELECT*FROM BUERGER, in: Die Datenschleuder. Das wissenschaftliche Fachblatt für Datenreisende. Ein Organ des Chaos Computer Clubs 94 (2010), S. 45–47.
Searle, G.R., The Quest for National Efficiency. A Study in British Politics and Political Thought, 1899–1914, Oxford 1971.
Ders., Eugenics and Politics in Britain, 1900–1914, Leyden 1976.
Sengupta, Indra und Daud Ali, Introduction, in: Dies. (Hrsg.), Knowledge Production, Pedagogy, and Institutions in Colonial India, New York 2011, S. 1–15.
Sheridan u. a., Writing Ourselves. Mass-Observation and Literacy Practices, Cresskill 2000.
Sillitoe, Ken, Ethnic Origin. The Search for a Question, in: Population Trends 13 (1978), S. 25–30.
Ders. (Social Survey Division, OPCS), Ethnic Origin 1. An Experiment in the Use of a Direct Question about Ethnicity for the Census (Occasional Paper 8), London 1978.
Ders. (Social Survey Division, OPCS), Ethnic Origin 2. An Experiment in the Use of a Direct Question about Ethnicity for the Census (Occasional Paper 9), London 1978.

Ders. (Social Survey Division, OPCS), Ethnic Origin 3. An Experiment in the Use of a Direct Question about Ethnicity for the Census (Occasional Paper 10) London 1978.
Ders. (Social Survey Division, OPCS), Ethnic Origin 4. An Experiment in the Use of a Direct Question about Ethnicity for the Census (Occasional Paper 11), London 1979.
Ders. und P.H. White, Ethnic Group and the British Census. The Search for a Question, in: Journal of the Royal Statistical Society. Series A, 155 (1992), S. 141–163.
Silvey, Robert, Methods of Listener Research Employed by the British Broadcasting Corporation, in: Journal of the Royal Statistical Society 107 (1944), S. 190–220.
Ders., Who's Listening? The Story of BBC Audience Research, London 1974.
Skerry, Peter, Counting on the Census? Race, Group Identity, and the Evasion of Politics, Washington D.C. 2000.
Sklar, Kathryn Kish, Hull-House Maps and Papers. Social Science as Women's Work in the 1890s, in: Martin Bulmer, Kevin Bales und Kathryn Kish Sklar (Hrsg.), The Social Survey in Historical Perspective 1880–1940, Cambridge u. a. 1991, S. 111–147.
Slack, Paul, Government and Information in Seventeenth-Century England, in: Past and Present 184 (2004), S. 33–68.
Sleight, Peter, Targeting Customers. How to Use Geodemographic and Lifestyle Data in Your Business, Henley-on-Thames 1993.
Ders., Targeting Customers. How to Use Geodemographic and Lifestyle Data in Your Business, Henley-on-Thames 32004.
Smith, D. A.,Sir George Cornewall Lewis (1806–1863) in: Oxford Dictionary of National Biography, Oxford 2004; online-Ausg. Mai 2009, http://www.oxforddnb.com/view/article/16585, (aufgerufen am 24. 3. 2013).
Snow, John, On the Mode of Communication of Cholera, London 1855, abgedruckt in: Simon Foxell, Mapping London. Making Sense of the City, London 2007, S. 146–147.
Solomos, John, Race and Racism in Contemporary Britain, Basingstoke 32003.
Ders. und Les Back, Racism and Society, Basingstoke 1996.
Spivak, Gaytri Chakravorty, Can the Subaltern Speak?, in: Carey Nelson und Lawrence Grossberg (Hrsg.), Marxism and the Interpretation of Culture, London 1988 S. 271–313.
Stagl, Justin, Vom Dialog zum Fragebogen. Miszellen zur Geschichte der Umfrage, in: Kölner Zeitschrift für Soziologie und Sozialpsychologie 31 (1979), S. 611–638.
Ders., Eine Geschichte der Neugier. Die Kunst des Reisens 1550–1800, Wien u. a. 2002.
Statistical Results of the Last Census of France, Prussia, Austria, Italy, Switzerland, and Belgium, in: Journal of the Statistical Society of London 48 (1885), S. 288–297.
Stedman Jones, Gareth, Languages of Class. Studies in English Working Class History 1832–1982, Cambridge 1983.
Steinmetz, Willibald, Neue Wege einer historischen Semantik des Politischen, in: Ders. (Hrsg.), „Politik". Situationen eines Wortgebrauchs im Europa der Neuzeit, Frankfurt und New York 2007, S. 9–40.
Ders. (Hrsg.), „Politik". Situationen eines Wortgebrauchs im Europa der Neuzeit, Frankfurt und New York 2007.
Stevenson, T.H.C, The Fertility of Various Social Classes in England and Wales 1850– 1911, in: Journal of the Royal Statistical Society 83 (1920), S. 401–444.
Ders., The Vital Statistics of Wealth and Poverty, in: Journal of the Royal Statistical Society 91 (1928), S. 207–230.
Stigler, Stephen M., The History of Statistics. The Measurement of Uncertainty before 1900, Cambridge (Mass.) und London 1986.
Stiker, Henry-Jacques, A History of Disability, Ann Arbor 1997.
Stollberg-Rilinger, Barbara (Hrsg.), Was heißt Kulturgeschichte des Politischen? (Zeitschrift für historische Forschung, Beiheft 35), Berlin 2005.
Stone, Lawrence, Prosopography, in: Daedalus 100 (1971) 1, S. 46–79.
Sturm-Martin, Imke, Zuwanderungspolitik in Großbritannien und Frankreich. Ein historischer Vergleich, 1945–1962, Frankfurt a. M. und New York 2001.
Dies. und Karen Schönwälder (Hrsg.), Die britische Gesellschaft zwischen Offenheit und Abgrenzung. Einwanderung und Integration vom 18. bis zum 20. Jahrhundert, Berlin 2001.

Sudman, Seymour und Norman M. Bradburn, Asking Questions. A Practical Guide to Questionnaire Design, San Francisco 1982.
Dies., Response Effects in Surveys. A Review and Synthesis, Chicago 1974.
Supik, Linda, Statistik und Rassismus. Das Dilemma der Erfassung von Ethnizität, Frankfurt a. M. und New York 2014.
Survey on Problems of Interviewer Cheating, in: International Journal of Opinion and Attitude Research 2 (1948), S. 93–106.
Szreter, Simon, The Genesis of the Registrar-General's Social Classification of Occupations, in: British Journal of Sociology 35 (1984), S. 522–546.
Ders., The GRO and the Public Health Movement in Britain 1837–1914, in: Social History of Medicine 4 (1991), S. 435–463.
Ders., The Official Representation of Social Classes in Britain, the United States, and France. The Professional Model and ‚Les Cadres', in: Comparative Studies in Society and History. An International Quarterly 35 (1993), S. 285–317.
Ders., Fertility, Class and Gender in Britain, 1860–1940, Cambridge 1996.
Ders., Hania Sholkamy und A. Dharmalingam (Hrsg.), Categories and Contexts. Anthropological and Historical Studies in Critical Demography, Oxford 2004.
Ders., Stevenson, Thomas Henry Craig (1870–1932), in: Oxford Dictionary of National Biography, Oxford 2004; online-Ausg. 2008, http://www.oxforddnb.com/view/article/70331 (aufgerufen am 16.07.2012).
Szöllösi-Janze, Margit, Wissensgesellschaft in Deutschland. Überlegungen zur Neubestimmung der deutschen Zeitgeschichte über Verwissenschaftlichungsprozesse, in: Geschichte und Gesellschaft 30 (2004), S. 275–313.
Tamme, Reet, „Promoting Racial Harmony". Race relations-Forschung und soziale Ungleichheit in Großbritannien in den 1950er bis 1960er Jahren, in: Christiane Reinecke und Thomas Mergel (Hrsg.), Das Soziale ordnen. Sozialwissenschaften und gesellschaftliche Ungleichheit im 20. Jahrhundert, Frankfurt a. M. und New York 2012, S. 183–217.
Tanner, Jakob, Der Tatsachenblick auf die ‚reale Wirklichkeit'. Zur Entwicklung der Sozial- und Konsumstatistik in der Schweiz, in: Schweizerische Zeitschrift für Geschichte 45 (1995), S. 94–108.
Taylor, A.J., The Taking of the Census, 1801–1951, in: British Medical Journal (7. 4. 1951), S. 715–720.
Taylor, Andrew, ‚The Record of the 1950s is Irrelevant'. The Conservative Party, Electoral Strategy and Opinion Research, 1945–64, in: Contemporary British History 17 (2003), S. 81–110.
te Heesen, Anke, Naturgeschichte des Interviews, in: Merkur 67 (2013), S. 317–328.
Thane, Pat, Cassell's Companion to Twentieth-Century Britain, London 2001.
Dies., The Foundations of the Welfare State, London 1982.
Thirsk, Joan und J.P. Cooper (Hrsg.), Seventeenth-Century Economic Documents, Oxford 1972.
Thomas, Carol, Theorien der Behinderung. Schlüsselkonzepte, Themen und Personen, in: Jan Weisser und Cornelia Renggli (Hrsg.), Disability Studies. Ein Lesebuch, Luzern 2004, S. 31–55.
Thompson, David M., The 1851 Religious Census. Problems and Possibilites, in: Victorian Studies 11 (1967), S. 87–97.
Ders., The Religious Census of 1851, in: Richard Lawton (Hrsg.), The Census and Social Structure, London 1978, S. 241–286.
Thompson, Mathew, The Problem of Mental Deficiency. Eugenics, Democracy and Social Policy in Britain, c. 1870–1959, Oxford 1998.
Tomlinson, Jim, The Politics of Decline. Understanding Post-War Britain, London 2000.
Trentmann, Frank, Citizenship and Consumption. Introduction, in: Journal of Consumer Culture 7 (2007), S. 147–158.
Trier, Jost, Umfrage und Meinung, in: Archiv für Begriffsgeschichte 9 (1964), S. 189–201.
Twyman, Tony, Re-Classifying People: the Admap Seminar, in: Admap (Nov. 1981), S. 568–571.
United Nations (Department of Economic and Social Affairs, Statistical Office of the United Nations), Principles and Recommendations for the 1970 Population Censuses, 2nd Printing with Changes of Non-Substantive Nature (Statistical Papers, Series M, 44), New York 1969.
Vismann, Cornelia, Akten. Medientechnik und Recht, Frankfurt a. M. 2010.

Vogel, Jakob, Von der Wissenschafts- zur Wissensgeschichte. Für eine Historisierung der „Wissensgesellschaft“, in: Geschichte und Gesellschaft 30 (2004), S. 639–660.
Wagner, Peter (Hrsg.), Social Sciences and Modern States. National Experiences and Theoretical Crossroads, Cambridge 1991.
Ders., Social Science and Social Planning, in: Theodore M. Porter und Dorothy Ross (Hrsg.), The Modern Social Sciences (The Cambridge History of Science, Bd. 7), Cambridge 2003, S. 591–607.
Waldschmidt, Anne, Warum und wozu brauchen die Disability Studies die Disability History? Programmatische Überlegungen, in: Elsbeth Bösl, Anne Klein und Anne Waldschmidt (Hrsg.), Disability History. Konstruktion von Behinderung in der Geschichte. Eine Einführung, Bielefeld 2010, S. 7–27.
Walker, John, Rev. William Blomefield Sleight M.A. (1850–1927), in: Sussex Deaf History. Celebrating Deaf people's histories in Sussex, http://www.sussexdeafhistory.org.uk/page_id_71_path_0p34p.aspx (aufgerufen am 30. 08. 2012).
Walter-Busch, Emil, Faktor Mensch. Formen angewandter Sozialforschung der Wirtschaft in Europa und den USA 1890–1960, Konstanz 2006.
Walton, John K., Casting Out and Bringing Back in Victorian England. Pauper Lunatics, 1840–70, in: W.F. Bynum, R. Porter und M. Shepherd (Hrsg.), The Anatomy of Madness (Bd. II), London 1985, S. 132–146.
Ward, Paul, Britishness Since 1870, London und New York 2004.
Warf, Barney und Santa Arias (Hrsg.), The Spatial Turn. Interdisciplinary Perspectives, New York 2008.
Warren, Michael, Abrams, Mark Alexander (1906–1994), in: Oxford Dictionary of National Biography, Oxford 2004, online-Ausg., http://www.oxforddnb.com/view/article/54696 (aufgerufen am 3. 1. 2013).
Webb, Norman L., Obituary Henry Durant, 1903–1982, in: Journal of the Royal Statistical Society. Series A (General), 146 (1983), S. 439–440.
Webber, Richard, The Use of Census-Derived Classifications in the Marketing of Consumer Products in the United Kingdom, in: Journal of Economic and Social Measurement 13 (1985), S. 113–124.
Ders., Response to ‚The Coming Crisis of Empirical Scoiology'. An Outline of the Research Potential of Administrative and Transactional Data, in: Sociology 43 (2009), S. 169–178.
Webster, Wendy, Immigration and Racism, in: Paul Addison und Harriet Jones (Hrsg.), A Companion to Contemporary Britain, 1939–2000, Malden und Oxford 2007, S. 93–109.
Weingart, Peter, Wissenschaftssoziologie, Bielefeld 2003.
Weischer, Christoph, Das Unternehmen ‚Empirische Sozialforschung'. Strukturen, Praktiken und Leitbilder der Sozialforschung in der Bundesrepublik Deutschland, München 2004.
Wheeler, Michael, Lies, Damn Lies, and Statistics. The Manipulation of Public Opinion in America, New York 1976.
White, Ian, No Vote – No Census. An Account of Some of the Events of 1910–1911, in: Population Trends 142 (2010), S. 1–19.
Whitehead, Frank, The Government Social Survey, in: Martin Bulmer (Hrsg.), Essays on the History of British Sociological Research, Cambridge 1985, S. 83–100.
Wierling, Dorothee, Oral History, in: Michael Maurer (Hrsg.), Neue Themen und Methoden der Geschichtswissenschaft, Stuttgart 2003, S. 81–151.
Wietog, Jutta, Volkszählungen unter dem Nationalsozialismus. Eine Dokumentation zur Bevökerungsstatistik im Dritten Reich, Berlin 2001.
Wilde, William R., Statistics of the Deaf and Dumb in Ireland, in: Journal of the Statistical Society of London 16 (1853), S. 69–77.
Ders., On the Physical, Moral, and Social Conditions of the Deaf and Dumb, London 1854.
Wildt, Michael, Konsumbürger. Das Politische als Optionsfreiheit und Distinktion, in: Manfred Hettling und Bernd Ulrich (Hrsg.), Bürgertum nach 1945, Hamburg 2005, S. 255–283.
Williams, Mari und Gwenfair Parry, The Welsh Language and the 1891 Census, Cardiff 1999.
Witt, Edith, A Symposium on Interviewing Problems. The San Francisco Program for Improving Standards, in: International Journal of Opinion and Attitude Research 3 (1949), S. 435–446.

Wittrock, Björn, Peter Wagner und Richard Whitley (Hrsg.), Discourses on Society. The Shaping of the Social Science Disciplines, Dordrecht 1991.

Wolfenstein, Gabriel, Public Numbers and the Victorian State. The General Register Office, the Census, and Statistics in Nineteenth-Century Britain, unveröffentl. DPhil Diss., University of California, Los Angeles 2004.

Ders., Recounting the Nation. The General Register Office and Victorian Bureaucracies, in: Centaurus 49 (2007), S. 261–288.

Woodward, James, How You Gonna Get to Heaven If You Can't Talk With Jesus. On Depathologizing Deafness, Silver Springs 1982.

Woollard, Matthew, Census of Ireland 1841, in: Histpop, www.histpop.org (aufgerufen am 19.7.2012).

Ders., Census Date, in: Histpop, www.histpop.org (aufgerufen am 27.09.2012).

Ders., The Influence of the Royal Statistical Society on the Census, in: Histpop, www.histpop.org (aufgerufen am 28.2.2013).

Woollings, Barbara, An Orsett Census Enumerator, in: Local Population Studies 56 (1996), S. 54–59.

Wray, Helena, The Aliens Act 1905 and the Immigration Dilemma, in: Journal of Law and Society 33 (2006), S. 302–323.

Wrigley, E.A. und R.S. Schofield, The Population History of England 1541–1871, Cambridge 1989.

Wright, David, Mental Disability in Victorian England: The Earlswood Asylum 1847–1901, Oxford 2001.

Yeo, Eileen Janes, The Social Survey in Social Perspective, 1830–1930, in: Martin Bulmer, Kevin Bales und Kathryn Kish Sklar (Hrsg.), The Social Survey in Historical Perspective 1880–1940, Cambridge u. a. 1991, S. 49–65.

Dies., Social Surveys in the Eighteenth and Nineteenth Centuries, in: Theodore M. Porter und Dorothy Ross (Hrsg.), The Modern Social Sciences (The Cambridge History of Science, Bd. 7), Cambridge 2003, S. 83–99.

Young, Pauline V., Scientific Social Surveys and Research. An Introduction to the Background, Content, Methods, Principles, and Analysis of Social Studies, Englewood Cliffs 1966.

Ziegeldorf, Vera, Transnationale Geschichte – eine Zwischenbilanz. Editorial, in: H-Soz-u-Kult, 9.10.2006, http://hsozkult.geschichte.hu-berlin.de/rezensionen/id=810&type=revsymp (aufgerufen am 7.3.2012).

Ziemann, Benjamin, Katholische Kirche und Sozialwissenschaften 1945–1975, Göttingen 2007.

Ders., Die Metaphorik des Sozialen. Soziologische Selbstbeschreibungen westeuropäischer Gesellschaften im 20. Jahrhundert, in: Lutz Raphael (Hrsg.), Theorien und Experimente der Moderne. Europas Gesellschaften im 20. Jahrhundert, Köln 2012, S. 193–227.

Ders., Sozialgeschichte und Empirische Sozialforschung. Überlegungen zum Kontext und zum Ende einer Romanze, in: Pascal Maeder, Barbara Lüthi und Thomas Mergel (Hrsg.), Wozu noch Sozialgeschichte? Eine Disziplin im Umbruch, Göttingen 2012, S. 131–149.

Ders., Richard F. Wetzell, Dirk Schumann und Kerstin Brückweh, Introduction. The Scientization of the Social in Comparative Perspective, in: Dies. (Hrsg.), Engineering Society. The Role of the Human and Social Sciences in Modern Societies, 1880–1980, Basingstoke 2012, S. 1–40.

# Britain Counts. Knowledge Production in Censuses and Survey Research from the Nineteenth Century to the Digital Age

## – Abstract –

Depending on epoch and context, societies and their administrators used various methods of self-observation. From the 19th century onwards, in the context of the scientization of the social, surveys became an important instrument for producing knowledge about the population. The census, the original form of continuous social observation, forms the core of this book. The data produced by them and other surveys were used in many spheres, but the assumptions on which they were based, the methods used, and the way they were carried out have rarely been examined. So the aim of the book is to provide an insight into the "production halls of social facts" (L. Raphael). Starting with the premise that social-scientific constructions forged the perceptions and arrangements of society, the example of Britain is used to examine actors, key methods such as questionnaire and interview (part I) and social classifications (part II), as well as specific questions on *race/ethnicity* and *disabilities* (part III). The book thus combines the history of knowledge with new political history. For census questions could not simply be prescribed top-down, but rather emerged from the political process, were forumlated in the census office and answered "eigen-sinnig" by the population: the census data were the product of a circular knowledge production. So far censuses and their use have mainly been looked at in terms of *state formation, nation building* and the history of statistics for research on the 19th century and for the 20th century opinion surveys based on random samples dominated the research landscape. This book, on the other hand, offers a knowledge history of the methods used for surveys, starting with the first census in 1801.

A key result is that the fundmental idea behind the methods and practices remained remarkably stable, while the actors and their research interests changed as much as state, administration and society. For the idea that people and societies can be determined by the sum of their data is at the core of a history of survey and census methods for the last two hundred years. This focus on the quantitative assessment of characteristics and the social classifications they produced that started in the 19th century has diverted attention from understanding the image of people and society that lies behind the methods. Due to the complexity of the methods, which hardly anyone is able to penetrate anymore, minor methodological changes were at the forefront. Around 1840, 1890, 1920 and 1970/80 caesuras in the history of methods can be perceived, but the really key caesura was the advent of the digital age in the early 21st century. For only now is it possible to supplement the basic methods, that is questionnaires and interviews, with other indirect methods of raising data, thus ending the circular production of knowledge by data raised in only one way.

# Personenregister

n verweist auf den Text einer Fußnote

# Sachregister

n verweist auf den Text einer Fußnote